Physikdidaktik | Grundlagen

Ernst Kircher
Raimund Girwidz
Hans E. Fischer
(*Hrsg.*)

Physikdidaktik | Grundlagen

4. Auflage

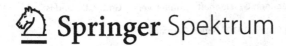

Hrsg.
Ernst Kircher
Fakultät für Physik und Astronomie
Universität Würzburg
Würzburg, Deutschland

Raimund Girwidz
Didaktik der Physik
Ludwig-Maximilians-Universität München
München, Deutschland

Hans E. Fischer
Fakultät für Physik
Universität Duisburg-Essen
Essen, Nordrhein-Westfalen, Deutschland

ISBN 978-3-662-59489-6   ISBN 978-3-662-59490-2   (eBook)
https://doi.org/10.1007/978-3-662-59490-2

Die Deutsche Nationalbibliothek verzeichnet diese Publikation in der Deutschen Nationalbibliografie;
detaillierte bibliografische Daten sind im Internet über ► http://dnb.d-nb.de abrufbar.

Einbandabbildung: © peterschreiber.media/stock.adobe.com

Planung/Lektorat: Lisa Edelhäuser
Springer Spektrum ist ein Imprint der eingetragenen Gesellschaft Springer-Verlag GmbH, DE und ist ein
Teil von Springer Nature.
Die Anschrift der Gesellschaft ist: Heidelberger Platz 3, 14197 Berlin, Germany

Vorwort zur 4. Auflage

Seit den TIMS- und PISA-Studien um die Jahrtausendwende stehen Bildung und Ausbildung im Blickpunkt der bundesrepublikanischen Gesellschaft, denn nach den internationalen Schulleistungstests lagen deutsche Schülerinnen und Schüler nur im Mittelfeld. Die Position hat sich aus unterschiedlichen Gründen etwas gebessert, bezüglich des monetären Aufwands für Bildung und Ausbildung liegt die Bundesrepublik Deutschland allerdings auch heute noch nur im Mittelfeld – gemessen am Bruttosozialprodukt eines Staates. Aber die technologische und wirtschaftliche Zukunft eines an Rohstoffen armen Staates wie die der Bundesrepublik entscheidet sich in der Politik der Gegenwart und auch daran, in welchem Umfang und in welcher Qualität in Bildung und Ausbildung investiert wird, vor allem in die naturwissenschaftlichen Fächer.

Die mathematisch-naturwissenschaftlichen Fächer haben seit den Ergebnissen der oben genannten internationalen Studien eine gewisse Aufwertung im Fächerkanon unseres dreigliedrigen Schulsystems erfahren: Das Bundesministerium für Bildung und Forschung und die Deutsche Forschungsgemeinschaft haben Programme für Forschungsförderung und zur Verbesserung der Qualität der Lehrerbildung ausgeschrieben sowie viele Projekte zur Klärung der Lehr- und Lernbedingungen auf allen Ebenen des Bildungssystems finanziert. Außerdem haben Stiftungen aus der Industrie den mathematisch-naturwissenschaftlichen Unterricht intensiver als bisher durch Sachspenden, durch Gelder für Lehrerfortbildungsmaßnahmen in den Bundesländern oder durch die Einrichtung von Schülerlaboren gefördert. Diese Änderungen der Rahmenbedingungen und der dadurch bedingte Fortschritt in der physikalischen und der physikdidaktischen Forschung und Lehre sind ein Motiv für eine weitere, nun in zwei Bänden erscheinende Auflage.

Aufgrund der zentralen Rolle von Lehrkräften für das Wissen und Können von Schülerinnen und Schülern bleibt insbesondere die Lehrerbildung im Blickpunkt und damit auch die aktuellen Bemühungen um administrative und inhaltliche Verbesserungen in Schulen und Hochschulen (siehe z. B. die *Qualitätsoffensive Lehrerbildung* des Bundesministeriums für Bildung und Forschung). Wegen der Länderhoheit in Bildungsangelegenheiten waren notwendige Anpassungen (wie die Realisierung von einheitlichen Prüfungsanforderungen für das Abitur) nur über Jahre voranzubringen (zu Problemen der deutschen Lehrerbildung s. auch Band 2 Methoden und Inhalte, ► Kap. 33). Von den Bundesländern wurde das *Institut zur Qualitätsentwicklung im Bildungswesen* (IQB) an der Humboldt Universität Berlin gegründet; es soll die Bundesländer in Bildungsfragen unterstützen. Das IQB kooperiert z. B. in Forschungsfragen mit Kolleginnen und Kollegen an den Hochschulen.

Die *Physikdidaktik* erscheint mittlerweile in der vierten Auflage (berücksichtigt man die Vorgeschichte beim Vieweg-Verlag, bereits in der fünften Auflage). Die Kapitel wurden überarbeitet, ergänzt, und einige neue Themen sind mit aufgenommen. Bei dem gewachsenen Seitenumfang war die Herausgabe in einem Band nicht mehr praktikabel. Die neue Auflage erscheint deshalb in zwei Bänden.

Der vorliegende erste Band enthält überarbeitete Themenbereiche der *Lehrerausbildung* an den Hochschulen und im Referendariat, speziell natürlich auch zur Vorbereitung auf Abschlussprüfungen. Aufgenommen ist der aktuelle wissenschaftliche Diskussionsstand aus der qualitativen und quantitativen Unterrichtsforschung – insbesondere aus der Physikdidaktik. Aktualisierte Beiträge betreffen auch die *Sprache im Physikunterricht* (▶ Kap. 10), was beim *Erklären* im Physikunterricht zu bedenken ist (▶ Kap. 11), wie Diagnostik und Leistungsbeurteilungen zu realisieren sind (▶ Kap. 14) und wie Lehrkräfte in der Primarstufe *Physikalische Fachkonzepte anbahnen* können (▶ Kap. 15).

Der zweite Band *Methoden und Inhalte* behandelt bis zum 14. Kapitel Themen aus der physikdidaktischen Forschung und zur Lehrerausbildung, die das gesamte Spektrum des Professionswissens deutlich machen. Lehrkräfte sollten z. B. die Grundlagen fachdidaktischer Forschung kennen, damit sie neue Forschungsergebnisse verstehen und sich an der physikdidaktischen Forschung beteiligen können (▶ Kap. 1, 2), aber auch die philosophischen Grundlagen der Erkenntnisgewinnung auf unterrichtliche Lernprozesse anwenden können (▶ Kap. 6). Der Kompetenzbegriff wird in ▶ Kap. 4 erklärt, weil Kompetenzen die Grundlage für die in den Schulen benutzten Lehrpläne bilden. Aktuelle Themen aus der physikalischen Forschung gehen speziell auf moderne Teilgebiete der Physik ein. Moderner Physikunterricht soll auch Einblicke in aktuelle Arbeitsgebiete und Forschungsbereiche der Physik vermitteln können. Deshalb stellen Experten aus verschiedenen Bereichen der Physik zentrale Inhalte aus ihren Arbeitsgebieten vor. Dabei werden auch aktuelle physikalische Forschungsmethoden und experimentelle Verfahrensweisen skizziert, die neue Erkenntniswege in der Physik erschließen. Sehr gut erkennbar werden beispielsweise neue Erkenntniswege und messtechnische Vorgehensweisen bei den Gravitationswellen (▶ Kap. 14). Die Elementarisierung ist dabei immer eine wichtige Zielsetzung – zunächst in Form einer inhaltlichen Elementarisierung, bei der wesentliche fachliche Inhalte ausgewiesen werden. Zudem wird immer wieder direkt deutlich, wie fachwissenschaftliche Kommunikation und spezielle, fachspezifische Darstellungen aussehen und dass jedes Forschungsgebiet eigene Möglichkeiten für die Entwicklung von fachspezifischen Kompetenzen bietet, aber auch besondere Anforderungen an Lehrkräfte stellt.

Die Beiträge sollen nicht nur einen Überblick über aktuelle Forschungsgebiete geben, sondern auch fachliche Reduktionen aufzeigen, die Wege für Erklärungen im Unterricht vorbereiten. Häufig werden Analogien und Einordnungen von Größen und Relationen angeboten, was bei besonders großen physikalischen Dimensionen, z. B. in der Astronomie hilfreich ist, aber auch bei sehr kleinen Messwerten wie in der Nanophysik oder bei den Gravitationswellen (s. ▶ Kap. 9, 11, 14). Bei dem letzten Beispiel wird auch deutlich wie heute empfindlichste Messungen der Physik weltweit und vernetzt realisiert werden müssen.

Wie bisher setzen wir zur weiteren Verbesserung von *Physikdidaktik – Theorie und Praxis* auf eine Kommunikation mit Ihnen, Ihren Vorstellungen, Erfahrungen und neuen

Ideen zur Verbesserung des Physikunterrichts und der Ausbildung von Physiklehr-kräften:

Ernst Kircher – kircher@physik.uni-wuerzburg.de
Raimund Girwidz – girwidz@physik.uni-muenchen.de
Hans E. Fischer – hans.fischer@uni-due.de

Wir verwenden hier die weiblichen und männlichen Formen von Lernenden und Leh-renden in den verschiedenen Ausbildungsphasen. Aus sprachlichen und aus Platz-gründen werden nicht in jedem Falle beide Ausdrücke verwendet.

Unser herzlicher Dank gilt den Autorinnen und Autoren, sowie der Fachabteilung des Springer Verlags.

Ernst Kircher
Raimund Girwidz
Hans E. Fischer
Würzburg
März 2019

Inhaltsverzeichnis

Herausgeber- und Autorenverzeichnis

Über die Herausgeber

Ernst Kircher, Prof. Dr.
Fakultät für Physik und Astronomie
Universität Würzburg
Würzburg, Deutschland
kircher@physik.uni-wuerzburg.de

Hans E. Fischer, Prof. Dr.
Fakultät für Physik, Didaktik der Physik
Universität Duisburg-Essen
Campus Essen, Deutschland

Raimund Girwidz, Prof. Dr.
Didaktik der Physik
Ludwig-Maximilians-Universität München
München, Deutschland
girwidz@lmu.de

Autorenverzeichnis

Claudia von Aufschnaiter, Prof. Dr.
Didaktik der Physik
Universität Gießen
Gießen, Deutschland
cvaufschnaiter@jlug.de

Alexander Kauertz, Prof. Dr.
Physikdidaktik
Universität Koblenz – Landau
Landau, Deutschland
kauertz@uni-landau.de

Reinders Duit, Prof. Dr.
Didaktik der Physik
Universität Kiel (IPN)
Kiel, Deutschland

Ernst Kircher, Prof. Dr.
Fakultät für Physik und Astronomie
Universität Würzburg
Würzburg, Deutschland
kircher@physik.uni-wuerzburg.de

Hans E. Fischer, Prof. Dr.
Fakultät für Physik, Didaktik der Physik
Universität Duisburg-Essen
Essen, Deutschland
hans.fischer@uni-due.de

Heiko Krabbe, Prof. Dr.
Didaktik der Physik
Ruhr-Universität Bochum
Bochum, Deutschland
heiko.krabbe@rub.de

Raimund Girwidz, Prof. Dr.
Didaktik der Physik
Universität München
LMU, Deutschland
girwidz@lmu.de

Christoph Kulgemeyer, PD Dr.
Didaktik der Naturwissenschaften,
Physikdidaktik
Universität Bremen
Bremen, Deutschland

Karsten Rincke, Prof. Dr.
Didaktik der Physik
Universität Regensburg
Regensburg, Deutschland

Heike Theyßen, Prof. Dr.
Didaktik der Physik
Universität Duisburg-Essen
Essen, Deutschland
heike.theyssen@uni-due.de

Rita Wodzinski, Prof. Dr.
Didaktik der Physik
Universität Kassel
Kassel, Deutschland

Themen der Physikdidaktik

Ernst Kircher, Raimund Girwidz und Hans E. Fischer

© Springer-Verlag GmbH Deutschland, ein Teil von Springer Nature 2020
E. Kircher et al. (Hrsg.), *Physikdidaktik | Grundlagen*, https://doi.org/10.1007/978-3-662-59490-2_1

1

Trailer

Die Physikdidaktik umfasst ein breites Themenfeld. Nur eine Auswahl von zentralen Fragestellungen, Aussagen und Aufgaben können in diesem Buch abgedeckt werden.
Das erste Kapitel soll auch keine Aufzählung der verschiedenen Aufgaben und Unterdisziplinen sein, sondern ordnet das Themengebiet der Physikdidaktik in das Spektrum anderer wissenschaftlicher Disziplinen ein. Außerdem verweist das Kapitel auf wesentliche Elemente, die von der Physikdidaktik in die Lehre eingebracht werden. Der Blick ist hierbei aber nicht ausschließlich auf das Hochschulstudium beschränkt. Am Ende dieses Kapitels wird schließlich im Hinblick auf die professionelle Handlungskompetenz von Physiklehrkräften das Themengebiet der Physikdidaktik in das Spektrum der Nachbarwissenschaften eingeordnet.

Startet man mit einem analytischen Ansatz und beleuchtet die einzelnen sprachlichen Bestandteile von *Physikdidaktik*, so führt dies zu einer oberflächlichen Zerlegung in *Physik* und *Didaktik*. In dem nachfolgenden Kapitel werden aber zusätzliche Aspekte erkennbar, die neben der reinen Fachwissenschaft für die Physikdidaktik relevant sind (◘ Abb. 1.1). Bei den komplexen Verknüpfungen ist das Ganze, die Physikdidaktik also, mehr als die Summe seiner Einzelteile, was auch die nachfolgende Präzisierung des Begriffs klarmacht.

Die Physikdidaktik befasst sich in Forschung und Lehre mit dem Lehren und Lernen der Physik auf allen Ebenen unseres Bildungswesens. Ihr Forschungs- und Lehrgebiet umfasst also Lehr- und Lernprozesse aller Altersgruppen und Ausbildungsbereiche nicht nur in Schulen, sondern auch in Vorschuleinrichtungen, Universitäten und Studienseminaren, in Lernlaboren

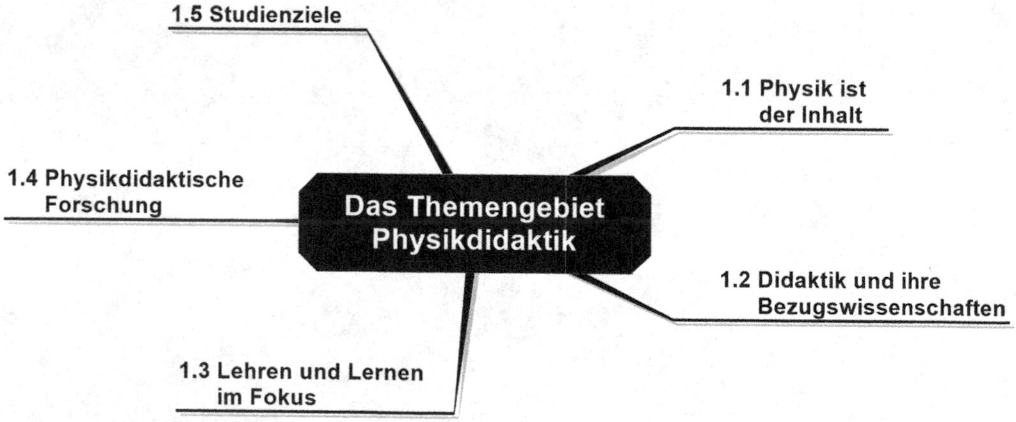

◘ **Abb. 1.1** Überblick über die Teilkapitel

und in nichtschulischen Institutionen, wie etwa Museen oder naturwissenschaftlichen Zentren (Science Center).

1.1 Physik ist der Inhalt

> » Es gibt keine völlig eindeutige Definition darüber, was Physik ist oder welche Gebiete zur Physik gehören und welche nicht. (von Oy 1977, S. 5).

Eine nahe liegende Beschreibung lautet: Physik ist, was die Physiker tun. Dabei können sich auch folgende Fragen stellen: Dürfen Physiker arbeiten was und wie sie wollen? Was ist das Ziel dieser Tätigkeiten? Gibt es ein immer wiederholbares Schema für diese Tätigkeiten, eine genau festgelegte Methode der Physik? Warum sind die Tätigkeiten so, wie sie sind? Könnten sie auch andersartig sein? Wie kann man zwischen Physik und Nichtphysik unterscheiden? Wie zuverlässig ist physikalisches Wissen?

Eine oberflächliche Einteilung, die durchgängig in physikalischen Instituten anzutreffen ist, mag für eine erste Klassifizierung genügen, nämlich die Unterscheidung zwischen *theoretischer und experimenteller* Physik.

1. Die theoretische Physik befasst sich mit der *Beschreibung, Erklärung, Prognose von raum-zeitlichen Änderungen von physikalischen Objekten.* Das bedeutet das Entwerfen, den Aufbau, Ausbau und Präzisierung, die Änderungen, Vereinfachungen und Erläuterungen, die Konsistenzprüfungen von physikalischen Theorien. Anstatt „physikalische Theorie" verwendet man auch die Ausdrucksweise: Das begriffliche System der Physik *beschreibt, erklärt, prognostiziert, systematisiert und modelliert* die raum-zeitlichen Änderungen von physikalischen Objekten. Dazu werden Begriffe und Begriffszusammenhänge verwendet, z. B. Theorien, Gesetze, Regeln, Axiome, Konstanten. Ein Problem für das Lernen der Physik ist dabei, dass Begriffe wie *Arbeit* oder *Kraft,* die ursprünglich der Umgangssprache entstammen, in der Physik häufig eine andere, vor allem auch eine präzisere Bedeutung haben. Ein wichtiges Hilfsmittel insbesondere der theoretischen Physik ist die Mathematik. Etwas vereinfachend kann man sagen: Die theoretische Physik entwirft, prüft und entwickelt das *begriffliche System* der Physik. Ihr wichtigstes Handwerkszeug ist die Mathematik, und natürlich werden heutzutage für die häufig sehr schwierigen und langwierigen Berechnungen für das prognostizierte Verhalten von physikalischen Objekten Computer eingesetzt.

2. Die theoretische Physik steht in engem Bezug zur Experimentalphysik. Dort werden Experimente konzipiert (meist

Theoretische Physik

Experimentalphysik

in Zusammenarbeit mit Theoretikern), komplexe Versuchsanordnungen aufgebaut, für den Betrieb vorbereitet, (wie z. B. das Evakuieren von Messapparaturen), Messgeräte kontrolliert, beobachtet, Messdaten aufgenommen, auf verschiedene Weisen dargestellt und interpretiert, kritisch überprüft, verworfen, nach Fehlern gesucht, Alternativen entwickelt für den experimentellen Aufbau. Zur Verifizierung der Daten wird das Experiment wiederholt. Erst wenn mehrere Replikationen erfolgreich waren, werden die Ergebnisse eines neuen Experiments von den anderen Physikerinnen und Physikern akzeptiert.

Methodische Struktur der Physik

Wir fassen zusammen: Experimentalphysiker und theoretische Physiker entwickeln die methodische Struktur der Physik, entwerfen und sichern die begriffliche Struktur der Physik und schaffen Grundlagen für technische Anwendungen der Physik.

Begriffliche Struktur der Physik

3. Durch diese Erläuterungen ist noch vieles über Physik offengeblieben: Was ist eigentlich ein physikalisches Objekt, was eine physikalische Theorie, ein Experiment? Wie unterscheidet sich eine physikalische Definition (z. B. elektr. Widerstand: $R = U/I$) von einem physikalischen Gesetz (z. B. Ohm'sches Gesetz: $I = U/R$ für $R = const.$)? Wie ist die Physik aufgebaut? Welche Bedeutung hat die Physik für die Gesellschaft, für das Individuum? Dürfen Naturwissenschaftler erforschen und entwickeln, was sie wollen? Wie unabhängig ist die naturwissenschaftliche Forschung?

www:
* Was?
* Wann?
* Wie?

Vor allem aber bleibt zunächst ganz offen, welche Inhalte, Verfahren, Darstellungen physikalischer Sachverhalte und Zusammenhänge im Physikunterricht wann und wie behandelt werden sollen. Solche Fragen werden in den nachfolgenden Kapiteln behandelt.

1.2 Physikdidaktik und ihre Bezugswissenschaften

Didaktik im weiteren Sinne

Der Ausdruck *Didaktik* entstammt dem pädagogischen Bereich. Didaktik im weiteren Sinne beschäftigt sich mit dem Lehren und Lernen, allen Voraussetzungen in und außerhalb von Institutionen und den historischen, politischen, individuellen und gesellschaftlichen Bedingungen von Lehren und Lernen im Allgemeinen. Sie beschreibt und reflektiert also auch historische Schulmodelle und auch die Konzeption neuer Entwürfe für schulisches Lernen aufgrund von gesellschaftlichen Veränderungen, seien diese durch Änderungen der Lebensgrundlagen oder durch politische oder technische Entwicklungen bedingt. Verglichen mit dem erziehungswissenschaftlichen Studium sind diese und

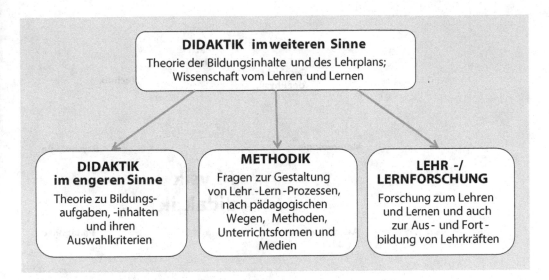

DIDAKTIK im weiteren Sinne
Theorie der Bildungsinhalte und des Lehrplans;
Wissenschaft vom Lehren und Lernen

DIDAKTIK im engeren Sinne
Theorie zu Bildungs-
aufgaben, -inhalten
und ihren
Auswahlkriterien

METHODIK
Fragen zur Gestaltung
von Lehr -Lern -Prozessen,
nach pädagogischen
Wegen, Methoden,
Unterrichtsformen und
Medien

LEHR -/ LERNFORSCHUNG
Forschung zum Lehren
und Lernen und auch
zur Aus - und Fort -
bildung von Lehrkräften

◘ Abb. 1.2   Bereiche der Didaktik. (In Anlehnung an Jank und Meyer 1991)

die folgenden Bemerkungen nur vereinfachende Zusammenfassungen.

In ◘ Abb. 1.2 ist dargestellt, was im Folgenden unter *Didaktik
im weiteren Sinne* verstanden wird:

Zur Unterscheidung von *Didaktik (i. e. S.)* und *Methodik*
hier noch eine vereinfachende Formulierung: Die Didaktik
(i. e. S.) befasst sich mit dem *Was*, d. h. mit *Zielen und Inhalten*, die Methodik mit dem *Wie*, d. h. den möglichen *Wegen
des Unterrichts*, den *Verfahrensweisen und den Medien*. In der
traditionellen Auffassung bestimmen die *Ziele und Inhalte* die
Methoden und Medien. Heutzutage ist man der Auffassung, dass
zwischen Didaktik im engeren Sinne und Methodik ein enger
Zusammenhang besteht; man verwendet dafür auch den Ausdruck *Implikationszusammenhang*. Wie in ▶ Kap. 6 und 8 noch
näher ausgeführt ist, gibt es auch *Methoden* (z. B. Gruppenunterricht) und *Medien* (z. B. Computer), die bestimmte wichtige Ziele
einschließen. In solchen Fällen bestimmen die Methoden und
Medien die physikalischen Inhalte, d. h. die traditionelle pädagogische Auffassung wird in solchen Fällen aufgebrochen.

Den wichtigsten Bezug zu Forschung und Lehre der Physikdidaktik haben die Fächer Physik und Mathematik, die allgemeine Didaktik und die Lehr-Lern-Psychologie.

Im naturwissenschaftlichen Unterricht der Schulen geht
es u. a. darum, einen systematischen und erfahrungsbasierten
(empirischen) Bezug zur Welt zu vermitteln. Ausgehend von in
den Schulen organisierten Lernprozessen werden deshalb die
kognitiven Voraussetzungen und der Entwicklungsstand von
Lernenden unterschiedlichen Alters (Entwicklungspsychologie,

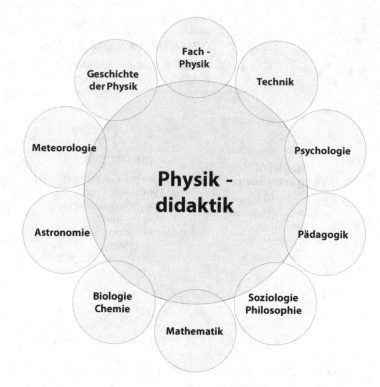

◘ Abb. 1.3   Einige Bezugswissenschaften der Physikdidaktik

Lehr-Lern-Psychologie) mit Inhalten und Erkenntniswegen der Physik (Themen der Physik, Erkenntnistheorie) konfrontiert. Um diesen Prozess zu beschreiben und erfolgversprechende Lernumgebungen anbieten zu können, benötigt die Physikdidaktik deshalb mehrere wissenschaftliche Disziplinen (Bezugswissenschaften), die sowohl bei der fachdidaktischen Lehre als auch bei der fachdidaktischen Forschung und der Entwicklung von Unterrichtssettings eine Rolle spielen (◘ Abb. 1.3).

1.2.1 Bezugswissenschaft Lehr-Lern-Psychologie

Lehr-Lern-Psychologie ist Forschung zu Prozessen, Bedingungen und Wirkungen des Lehrens und Lernens innerhalb und außerhalb von Bildungsinstitutionen. Nach Klauer und Leutner (2012) ist sie für den Fachunterricht relevant, weil sie die Bedingungen, Prozesse und individuellen Wirkungen des Lehrens und Lernens innerhalb und außerhalb von Bildungsinstitutionen erforscht. Dazu gehören Variablen (Merkmale) des Lernens, der Gedächtnisleistung, der Motivation, aber auch der sozialen Handlungen, wie der Kommunikation und Interaktion. Das Messen der Leistungen, der Einstellungen und der Motivation von Lehrenden und Lernenden ist ein wesentlicher Bestandteil der Forschung, da durch die Messergebnisse Kriterien für fördernde und hemmende Bedingungen von Lehr-Lern-Situationen abgeleitet werden können. Da die jeweilige der Forschung zugrunde liegende Theorie entscheidend für die Zielsetzungen der Forschung ist, werden im Folgenden die relevanten theoretischen Modelle skizziert, die sich im Laufe des letzten Jahrhunderts entwickelt haben.

■ **Lernen als Reiz-Reaktions-Verhalten, Behaviorismus**

Am Anfang des letzten Jahrhunderts wurde in der Psychologie begonnen, Verhalten zu erklären. Eine erste, sehr einfache Theorie von Iwan Petrowitsch Pavlow (1849–1936) ging davon aus, dass menschliches Verhaltens durch Reize aus der Umwelt hervorgerufen und gesteuert werden kann. Nach dieser Theorie der klassischen Konditionierung wurden einfache Lernprozesse durch die Kopplung externer Reize ausgelöst (Pavlov und Drischel 1972). Um auch komplexeres Verhalten erklären zu können, führte Burrhus Frederic Skinner (1904–1990) den Begriff des operanten Konditionierens ein (Skinner 1978). Auch in diesem Modell wird Verhalten durch seine Konsequenzen geformt. Obwohl sich die beobachteten Lernprozesse auf kognitive (Gedanken) und affektive (Gefühle), also nicht direkt beobachtbare Bereiche menschlichen Verhaltens beziehen, waren sie nicht Gegenstand behavioristischer Forschung. Insofern wurde der Mensch als eine Art Blackbox aufgefasst, deren Inhalt nicht bekannt ist und nicht untersucht werden kann. In Erweiterung der Theorie wurde Lernen auch auf regelgeleitetes Verhalten bezogen, das durch positive und negative Verstärkung zu einer vom Lernenden akzeptierten Konsequenz seines Verhaltens führen soll.

In diesem Sinne ist Lehrerverhalten nach dieser Theorie bis heute in Bereichen jenseits des fachlichen Lernens relevant (z. B. Klassenführung, Beteiligung am Unterricht, Schüler-Emotionen). Ziel der Lehrkraft ist es, beim Lernenden durch eine Intervention ein vorgegebenes (erwartetes) Verhalten zu erreichen. Dazu werden komplexe Lernprozesse häufig in einfache Schritte untergliedert (s. Reduktion in ▶ Kap. 5) und durch Beobachtung des Verhaltens und Verstärkung oder Bestrafung gesteuert.

■ **Lernen als Informationsaufnahme**

Cube (1968) beschreibt den Lehrprozess als einen kybernetischen Regelungsprozess (Kybernetik ist die Wissenschaft von der Steuerung und Regelung von Maschinen, Organismen und

1

Organisationen). Lernziele werden von außen in den Regelkreis des Lehrens und Lernens als Sollwert eingegeben. Lernen wird dadurch reguliert, dass die Menge aller in einer neuen Situation vorhandenen Informationen so geordnet wird, dass nur noch wenige davon übrigbleiben, um die Situation zu verstehen und um die Erkenntnis auf ähnliche Situationen anzuwenden.

Elemente aus dem kybernetischen Ansatz sind auch heute noch im lehrerzentrierten Frontalunterricht erkennbar. Die Entwicklung der Unterrichtsinhalte findet durch dialogische Unterrichtsgespräche (fragend-entwickelnder Unterricht) statt, die auf die Unterrichtsplanung orientiert sind (lehrerorientiert). Experimente werden hauptsächlich als Demonstrationsexperimente in den Unterricht integriert. Nach Hattie (2013) führt den Unterrichtszielen angemessener zentraler Unterricht zu guten Lernergebnissen.

▪ **Lernen als kognitiver Prozess, Kognitivismus**

Albert Bandura, *1925
Jean Piaget, 1896–1980

Die Grundthese der Informationstheorie besagt, dass nur die Lernangebote variiert und die Reaktionen reguliert werden müssen, um erfolgreiche Lernprozesse zu ermöglichen. Der *Kognitivismus* fügt die Aspekte der kognitiven Entwicklung (Piaget und Inhelder 1972), des Lernens am Modell (Bandura 1979) oder des Lernens durch Einsicht und Auseinandersetzung mit dem Lerngegenstand (Wertheimer 1964) hinzu. Der Lernende wird zunehmend als Individuum aufgefasst und nicht als von außen steuerbare Maschine. Die Handlungen der Individuen werden als eigenständig und zielgerichtet angesehen und es werden Dialoge zwischen den Beteiligten am Lernprozess initiiert (Schülerorientierung). Lehrziel ist der Erwerb von Wissen und das Lösen von Problemen (Hobmair 1996, S. 173).

Max Wertheimer, 1880–1943

In der Weiterentwicklung kognitivistischer Theorien wird die Verarbeitung von Wahrnehmung im Gehirn zum zentralen Thema. Es wird davon ausgegangen, dass sowohl die Aufnahme unterschiedlicher Ereignisse (z. B. textlicher und bildlicher) als auch ihre Verarbeitung in unterschiedlichen Bereichen des Gehirns nach bestimmten Regeln optimiert werden kann. Multimediales Lernen wird häufig mit der Theorie der kognitiven Belastung (Cognitive-Load-Theorie, CLT) nach Sweller (2010) verknüpft. Weitere Details sind in den ▸ Kap. 8 und 13 zu finden.

Parallel zur Cognitive-Load-Theorie hat Richard E. Mayer die Cognitive Theory of Multimedia Learning (CTML) entwickelt (Mayer 2009). Über die Weiterentwicklung der Theorie zur kombinierten Text- und Bildwahrnehmung (Schnotz 2002) wurde zunächst das Lernen mit unterschiedlichen Repräsentationen untersucht (Schnotz und Bannert 2003), und die Ergebnisse wurden auf digitale Medien angewandt (Karapanos et al. 2018).

■ Lernen als Konstruktion von Wissen

Im letzten Jahrhundert wurden neurobiologische und psychologische Begründungen für eine individuelle Wissenskonstruktion und Wissensverarbeitung herausgearbeitet. Die Neurobiologen Maturana und Varela (1987) haben das Gehirn als ein auf sich selbst bezogenes (selbstreferenzielles) System ausgefasst, das hauptsächlich wahrnimmt, was es bereits gespeichert hat. Es wird als informationell geschlossen angesehen (autopoietisch), und es hat nur strukturelle Schnittstellen mit der Realität, z. B. beim Hören (auditiv) oder Sehen (visuell). Beim Wahrnehmen wird nach dieser Theorie keine Information von außen an das Gehirn übergeben, da jede Wahrnehmung ausschließlich neuronale Gleichspannungen von etwa 20–30 mV erzeugt. Durch die Retina werden also keine Lichtwellen/Photonen als Informationen in das Gehirn geleitet, sondern die Lichtwellen/Photonen erzeugen in den Neuronen der Retina einen Spannungspuls, der weitergeleitet und verarbeitet wird. Wissen kann also danach nicht von außen eingegeben werden – Bedeutung wird im Gehirn selbst erzeugt (Konstruktivismus nach Roth 2003). Damit wird die Existenz einer für alle geltenden Realität negiert.

Lernprozesse können mit diesen Annahmen auf der Basis neuronaler Funktionen allerdings noch nicht beschrieben werden; die Idee der informationellen Abgeschlossenheit (Autopoiese) des Gehirns wird aber benutzt, um individuelle Lerngelegenheiten zu begründen. Weil Information grundsätzlich nicht in menschliche Gehirne übertragen werden kann, hat jede(r) Lernende einen individuellen Zugang zur Welt und zum Lernen, aus dem die individuelle Bedeutung konstruiert wird (von Glasersfeld 1987). Dementsprechend tritt die Lehrkraft als Moderator des Lernprozesses auf, indem sie durch die (ebenfalls individuell konstruierte) Bewertung der Handlungen des Lernenden durch Variation der Lernumgebung neue Angebote zur Verfügung stellt. Es müssen im Unterricht auf Schülerseite also individuelle Handlungen ermöglicht werden, die kooperativ, interaktiv und reflexiv umgesetzt werden können. Dadurch soll ermöglicht werden, komplexe Zusammenhänge zu erkennen und in komplexen Lebenssituationen zu handeln. Die konstruktivistisch logische Negierung der Realität wird dabei nicht berücksichtigt, da sie in letzter Konsequenz zur Negierung von Kommunikation führen würde.

Heute gehen Psychologen deshalb davon aus, dass die beiden Partner eines Lehr-Lern-Prozesses relativ unabhängig voneinander agieren und sich auch weitgehend unabhängig voneinander kognitiv entwickeln. Merrill (1991) spricht vor diesem Hintergrund von *instruktionalem Design der zweiten Generation*. Der Lernprozess wird dabei als Wechselwirkung

1

zwischen Konstruktion und Instruktion beschrieben. Der Prozess des Lehrens stellt die Balance zwischen Selbst- und Fremdbestimmung im Sinne einer adaptiven Gestaltung der Lernumgebung in den Vordergrund (Leutner 1992). Das zugehörige Lehr-Lern-Modell fasst den Prozess als Gestaltung eines Angebots der Lehrenden an die Lerner und die Nutzung dieses Angebots mit einem bestimmten Ergebnis des Lernprozesses auf, das mit Blick auf ein vorher festgelegtes Ziel optimiert werden kann. Helmke (2009) hat diese konstruktivistisch begründete Theorie vom Lernen als Angebot-Nutzungs-Modell beschrieben, wobei die Angebote nicht nur als Einzelaktion der Lehrpersonen, sondern als System in multiplen Zusammenhängen betrachtet werden (Fischer et al. 2003).

Ergänzende Literatur zu diesen Aspekten findet sich bei Klauer und Leutner (2012), Ingenkamp und Lissmann (2008), Fiorella und Mayer (2015), Hasselhorn und Gold (2017).

Dank an Prof. Dr. Dr. Leutner, der mich beim Schreiben des Abschnitts Bezugswissenschaft Lehr-Lern-Psychologie kritisch beraten hat.

1.2.2 Bezugswissenschaft Allgemeine Didaktik

Allgemeine Didaktik beschäftigt sich mit der Theorie, der Organisation und der Durchführung des Unterrichts mit all seinen Voraussetzungen und Abläufen. Dazu gehören auch die Theorie und die Praxis des Lehrens und Lernens. Klafki (2011) unterscheidet die Didaktik als theoretische Wissenschaft strikt von der Methodik, die sich ausschließlich mit der praktischen Durchführung (dem *Wie*) des Unterrichts beschäftigt.

Die Allgemeine Didaktik untersucht die Struktur und die Ziele organisierten Lehrens und Lernens (in Institutionen), und zwar unabhängig von den lernenden Individuen oder Gruppen und unabhängig von den fachlichen Lehrzielen, insbesondere unabhängig vom unterrichteten Fach. Die Fachdidaktiken berücksichtigen dagegen die Fachinhalte und die individuellen Bedingungen der Lernenden. Die Allgemeine Didaktik beschreibt die allgemeinen Techniken und die organisatorischen und praktischen Zusammenhänge organisierter Lehr-Lern-Prozesse. Sie schafft einige Grundlagen, mit denen die Fachdidaktiken eigene Theorien und Modelle entwickeln können. Zum Beispiel werden allgemeine Prinzipien der Klassenführung entwickelt, die dann von den Fachdidaktiken auf die speziellen Bedingungen des Faches angewandt werden können. Experimentelle Gruppenarbeit gibt es z. B. hauptsächlich in den naturwissenschaftlichen Fächern, es müssen deshalb für diese speziellen Situationen aus den allgemeinen Prinzipien spezifische Anwendungen entwickelt werden. In der allgemeinen Didaktik werden z. B. Unterrichtsstrukturen allgemein behandelt, wie etwa die Beziehungen zwischen syntaktischer, semantischer, pragmatischer und ästhetischer Zeichendimension oder die Beziehung zwischen Wissen und Handlungsorganisation in problemlösendem Unterricht. In den Fachdidaktiken müssen diese allgemeinen Analysen auf Unterricht mit der jeweiligen Sachstruktur angewandt und weiter untersucht werden. Im Physikunterricht könnten das z. B. kausale Sprachstrukturen zum Schreiben eines Versuchsprotokolls (s. ▶ Kap. 9) oder die Ziele experimentellen problemlösenden Unterrichts sein (s. ▶ Kap. 6 und 11).

Im Laufe der Entwicklung der allgemeinen Didaktik sind mehrere Schwerpunkte entstanden, von denen die beiden wichtigsten dargestellt werden.

▪ Die bildungstheoretische Didaktik

Nach Terhart (2009) stehen die Inhalte im Zentrum der bildungstheoretischen Didaktik. Die Auswahl der Inhalte und deren Begründung, die Reihenfolge ihrer Behandlung im Unterricht und die Erklärung der zu unterrichtenden Konzepte Methoden und Medien spielen bei dieser Betrachtung keine Rolle. Nach Klafki (2007) ist die Methodik der Didaktik untergeordnet. Die zentrale Frage nach dem Inhalt des Unterrichts ist mit der gesellschaftlichen Entwicklung verbunden. Es muss in einer Gesellschaft geklärt werden, mit welchen Inhalten sich junge Menschen in der Schule beschäftigen sollen, damit sie selbstbestimmte, mündige Bürger werden können. Die bildungstheoretische Didaktik sieht dabei den Menschen als Ganzes und eine exemplarische Auswahl an Inhalten, mit denen die allgemeinen Prinzipien der geistigen Weltordnung (z. B. Sprachstrukturen, mathematische Strukturen, physikalische Modelle) zugänglich werden. Diese Zugänge sind grundlegend unterschiedlich und deshalb nicht austauschbar.

Bildungstheoretische Didaktik

Das Fach Physik wird nach Baumert (2002, S. 113) unter anderen naturwissenschaftlichen Fächern als Modus der Weltbegegnung eingeordnet. Zu den Modi gehören:

Die naturwissenschaftlichen Fächer sind ein Modus der Weltbegegnung.

1. die Naturwissenschaften als kognitiv-instrumentelle Modellierung der Welt mit der Grundfrage: Wie ist Natur zu beschreiben?
2. Politik und Recht als normativ-evaluative Auseinandersetzung mit Wirtschaft und Gesellschaft mit der Grundfrage: Wie ist die soziale Welt verbindlich zu ordnen?
3. die Kunst als ästhetisch-expressive Begegnung und Gestaltung mit der Grundfrage: Wie kann Realität ästhetisch-expressiv aus Sicht des individuellen Erlebens und Empfindens kognitiv konstruiert werden?
4. Religion und Philosophie als Probleme konstitutiver Rationalität mit der Grundfrage der grundlegenden Überprüfung der unterschiedlichen Modi der Konstruktion von Realität unabhängig vom Individuum in der Philosophie

1

und der Frage nach dem individuellen Sinn von individuellen Entscheidungen und Handlungen in der Realität aus der Sicht der Religionen.

Zugänglich werden die Modi der Weltbegegnung durch die basalen Kulturwerkzeuge: Beherrschung der Verkehrssprache, mathematische Modellierungsfähigkeit, fremdsprachliche Kompetenz, IT-Kompetenz und Selbstregulation des Wissenserwerbs. Obwohl Naturwissenschaften nicht den basalen Kulturwerkzeugen zugeordnet werden, gilt breites Wissen in diesen Fächern in Deutschland als Ressource für wirtschaftliche und soziale Entwicklung und wissenschaftlich-technischen Fortschritt.

Beiträge zur bildungstheoretischen Didaktik leisteten u. a. Herman Nohl (1879–1960), Theodor Litt (1880–1962), Eduard Spranger (1882–1963), Wilhelm Flitner (1889–1990), Erich Weniger (1894–1961), Wolfgang Klafki (1927–2016), Jürgen Baumert (1941*), Heinz-Elmar Tenorth (1944*), Ewald Terhart (1952*).

Lerntheoretische Didaktik

▪ Die lerntheoretische Didaktik

Hans Aebli (1923–1990)
Jean Piaget (1896–1980)

Die lerntheoretische Didaktik stellt Instrumente zur Analyse und Planung von Unterricht zur Verfügung (Heimann et al. 1979). Es wird angenommen, dass es eine verallgemeinerbare Instruktionsstruktur gibt, die an Fragen nach dem *Wozu* (Intention), dem *Was* (Inhalt), dem *Wie* (Methode) und dem *Womit* (Medien) orientiert ist. Intention, Inhalt und Methode hängen wiederum von den soziokulturellen und anthropologisch-psychologischen Voraussetzungen der Lernenden und des Schulumfeldes ab. Zur Kontrolle der Wirkung des Unterrichts wird eine professionelle Analyse vorgeschlagen, die auch die Lernergebnisse berücksichtigt. Auf der Basis der Arbeiten von Piaget (1978) über die Struktur kognitiver Aktivitäten von Kindern wurden von Aebli (2006) die Forschungsergebnisse der Lernpsychologie in die Planung von Unterricht einbezogen. Oser und Patry (1990) haben Aeblis Idee weiterentwickelt, Unterricht mit prototypischen Lernverläufen zu organisieren. Sie formulieren an Lernprozessen orientierte Basismodelle, wie z. B. den Aufbau von Konzepten, Lernen durch Eigenerfahrung oder Problemlösen, die den Unterricht strukturieren, um den Lernverlauf zu optimieren (s. ▶ Kap. 3). Maier (2012, S. 171 ff.) nennt die folgenden fünf Kategorien für die Planung von Unterricht, die sich auf Befunde der Lernpsychologie, der Neurowissenschaft, der Lehr-Lern-Forschung und der pädagogisch-psychologischen Diagnostik beziehen. Diese Planungskategorien lauten:

1. curriculare und fachwissenschaftliche Vorgaben zu Lernzielen bzw. Kompetenzzielen identifizieren
2. Lernvoraussetzungen zu einer lerntheoretisch begründeten Verlaufsplanung erarbeiten
3. methodische Dimensionen der Gestaltung von Lehr-Lern-Prozessen kennen und berücksichtigen
4. organisatorische Aspekte der Unterrichtsdurchführung anwenden
5. Reflexion und Evaluation des Lehr-Lern-Prozesses durchführen

Lehr-Lern-Prozesse können danach nur unter Berücksichtigung des aktuellen lernpsychologischen Wissens in Unterricht umgesetzt werden.

Als ergänzende Literatur kann herangezogen werden: Meyer et al. (2009), Terhart (2009) und Tulodziecki et al. (2017), zur Geschichte der Pädagogik s. Blankertz (1982) und Tenorth (2000).

1.3 Weitere Aspekte zum Lehren und Lernen im Physikunterricht

1. Der Physikunterricht blickt nicht nur auf die Physik; offensichtlich werden im Physikunterricht auch technische Themen behandelt. Manchmal werden Fachdisziplinen wie Biologie, Chemie, Meteorologie, Astronomie tangiert; das geschieht insbesondere dann, wenn man Projekte im Unterricht durchführt. Diese sind typischerweise *interdisziplinär*, d. h. zwischen verschiedenen Disziplinen angesiedelt und damit auch das Fach überschreitend.
Aber auch ohne Projekte und ohne integrierten naturwissenschaftlichen Unterricht, d. h. im ganz normalen Physikunterricht, reicht die Fachphysik allein nicht aus. Manchmal wird die Geschichte der Physik mit einbezogen. Um etwas über die Physik zu sagen, benötigt die Lehrkraft erkenntnis- und wissenschaftstheoretisches Wissen. Außerdem gibt es Bezüge zur Pädagogik, zur Psychologie und zur Soziologie. Aufgrund dieser Zusammenhänge mit einer Vielzahl anderer Fächer spricht man von der Physikdidaktik als einer interdisziplinären Wissenschaft.
Die Einflüsse dieser Bezugswissenschaften können recht unterschiedlich sein. Im Allgemeinen kann man davon ausgehen, dass u. a. *Physik, Technik, Pädagogik, Philosophie, Soziologie und Psychologie* von besonderer Bedeutung für die Physikdidaktik sind.

Physikdidaktik ist eine interdisziplinäre Wissenschaft

1

Das bedeutet:

- ein zeitgemäßer Physikunterricht ist auch fachüberschreitend,
- bei *Unterrichtsprojekten* können für eine gewisse Zeit thematische Bereiche aus anderen Disziplinen, z. B. aus der Medizintechnik, eine zentrale Rolle spielen, und
- allgemeine didaktische und methodisch-psychologische Überlegungen bestimmen den Unterricht ebenso wie die Fachphysik.

Bezugswissenschaften aus den Geistes- und Erziehungswissenschaften

2. Nicht immer waren Physikdidaktiker dieser Auffassung. So schrieb beispielsweise (Grimsehl 1911, S. 2), dass „die naturwissenschaftliche Forschungsmethode … auf jeder Stufe des Physikunterrichts das Vorbild für die Unterrichtsmethode" sein soll. Der Physikunterricht sollte also ein vereinfachtes Abbild der Physik sein, hinsichtlich der Inhalte und auch hinsichtlich der Methode.

Drei Perspektiven des Physikunterrichts
Die fachliche „Brille" genügt nicht mehr

Aber diese Betrachtung durch eine *fachliche „Brille"* genügt heutzutage nicht mehr. Denn aus der fachlichen Perspektive allein kommt dem Physikunterricht nur die Bedeutung zu, Physik als eine Art Kulturgut zu vermitteln, ähnlich wie Musik, Malerei oder klassische Gedichte. *Staat und Gesellschaft haben ein berechtigtes Interesse für den Fortbestand unserer technikorientierten Zivilisation, aber auch für eine intakte Umwelt für die gegenwärtige Generation und vor allem für die künftige.*

Die gesellschaftliche „Brille"

Durch die *gesellschaftliche „Brille"* bilden sich neue didaktische Schwerpunkte und neue Ziele des Physikunterrichts. Damit ändern sich auch die Methoden, weil die neuen Ziele komplexere Fragestellungen behandeln und nicht nur physikalisches Wissen vermitteln oder physikalische Probleme lösen sollen. Gesellschaftliche Fragen unserer Zeit sollen mit naturwissenschaftlichem Hintergrundwissen erörtert werden; damit sind z. B. auch Verhaltensänderungen in Zusammenhang mit dem Umweltschutz intendiert.

Die pädagogische „Brille"

3. Noch eine dritte Perspektive ist für Lehrkräfte besonders wichtig; es ist die pädagogische. Wagenschein (1976) hat hierauf besonders in seinem Buch: *Die pädagogische Dimension der Physik* aufmerksam gemacht. Noch stärker auf den Unterricht bezogen geht es um die *Pädagogische Dimension des Physikunterrichts* (Kircher 1995). Was ist damit gemeint? Wenn eine Lehrkraft nur durch eine fachliche „Brille" blickt, vergisst sie die Schülerinnen und Schüler, die Kinder, die Jugendlichen. Für diese muss eine Lehrkraft mehr sein als ein sprechendes Physikbuch und ein experimentierender Roboter. Sie muss Physik und physikalische Kontexte allen Schülerinnen und Schülern *erklären können,* trotz unterschiedlicher Lernvoraussetzungen und Interessen in einer Klasse. *Physikalische Gespräche,*

*Diskussionen zwischen Schülerinnen und Schülern sind anzu-
regen und zu moderieren.* Das ist jedoch nicht alles, was die
pädagogische Dimension des Physikunterrichts charakterisiert: Lehrkräfte müssen die Schülerinnen und Schüler nicht
nur in ihren Schulleistungen *gerecht beurteilen,* sondern
auch deren alltägliches Verhalten gegenüber Mitschülern
und der Klassengemeinschaft, *d. h. Zwistigkeiten schlichten,
in gewisser Hinsicht auch Vorbild für die Schülerinnen und
Schüler sein.*

4. Während Lehrkräfte die fachliche bzw. die gesellschaftliche „Brille" mal aufsetzen, mal absetzen können, sollten
sie versuchen, die pädagogische Brille während der ganzen
Zeit aufzubehalten, in der sie unterrichten. Während des
Studiums und während der Referendarzeit sollte die pädagogische Perspektive zu einer Grundeinstellung jeder Lehrkraft werden. Man sollte sie in einer Klasse auch in solchen
Situationen beibehalten, wo dies sehr schwer fällt.
Dies wird hier betont, da insbesondere künftige Naturwissenschaftslehrer durch ihr intensives Fachstudium in
Gefahr kommen, die pädagogische Dimension des Physikunterrichts aus den Augen zu verlieren. Man kann von einer
subjektorientierten Physikdidaktik sprechen, in der i. A. die
lernenden Kinder und Jugendlichen im Mittelpunkt stehen
– nicht nur die Physik.

> Die pädagogische „Brille"
> sollte ein Lehrer nie
> absetzen

> Subjektorientierte
> Physikdidaktik

5. Hilfen sind auch im Internet zu finden (u. a.):
   - ▶ www.schulportal.de
   - ▶ http://www.bildungsserver.de/Landesbildungsserver-450.
     html (zentrale Seite der Landesbildungsserver)
   - ▶ www.leifiphysik.de

1.4 Physikdidaktische Forschung in der Ausbildung

Ab dem 5. und 6. Semester geht es auch um die Frage, in welchem Studienfach die Wissenschaftliche Hausarbeit/Bachelor-/
Masterarbeit angefertigt werden soll. In der Physikdidaktik bieten sich eine ganze Reihe von attraktiven Themenstellungen an,
z. B.:

> Physikdidaktische
> Forschung

- fachlich/gesellschaftlich orientierte Projekte im PhU (z. B.
  Energie, Alternative, Lärm und Lärmschutz, Farben …)
- Elementarisierung neuer physikalischer Theorien/neuer tech-
  nischer Geräte (z. B. Chaostheorie, Moderne Astrophysik,
  Computer im Unterricht,Moderne Kamera, Laser …)
- Lernvoraussetzungen, Einstellungen und Interessen der
  Schüler (empirische Untersuchungen über Alltagsvor-
  stellungen …)

1

— Konzeption von Unterrichtseinheiten und Analysen im
Unterricht (Projekte, Lernzirkel, Spiele, Elementarisierungen
neuer Fachinhalte, z. B. der modernen Physik, …)
— Auswirkungen von Medien im PhU (empirische Unter-
suchungen über Computer, Schulbuch, Internet, spezifische
Schulexperimente, Analogien …)
— Teilnahme an empirischer Forschung der fachdidaktischen
Lehrstühle (Projekte zum Lernen von Physik, zur Wirkung
spezifischer Unterrichtsmethoden und neuer Inhalte, zur
Schülermotivation, …).

Die Ergebnisse der physikdidaktischen Forschung werden in Zeitschriften und wissenschaftlichen Buchreihen publiziert, die von
Kolleginnen und Kollegen herausgegeben werden (s. auch die Beispiele in Band 2 Methoden und Inhalte dieser „Physikdidaktik").

Einen weiteren Einblick in Forschungsthemen und Methoden
geben die Sammelbände von Krüger et al. (2014, 2018).

▪   **Zeitschriften im deutschsprachigen Raum**

Zeitschriften im
deutschsprachigen Raum

— *Unterricht Physik* (UP Physik): Themenhefte, vorwiegend
Sekundarstufe I (▶ https://www.friedrich-verlag.de/sekundar-
stufe/naturwissenschaften/physik/unterricht-physik/)
— *Praxis der Naturwissenschaften Physik – Physik in der Schule*
(PdN-PhiS): Themenhefte Sekundarstufen I, II, Primarstufe
(2017 eingestellt)
— *MNU-Journal* (MNU – Verband zur Förderung des
MINT-Unterrichts): Gymnasium, Realschule (▶ http://www.
mnu.de/publikationen)
— *Zeitschrift für die Didaktik der Naturwissenschaften* (ZfDN):
Naturwissenschaftsdidaktische Forschung (▶ https://link.
springer.com/journal/40573)
— *Physica didactica* (1991 eingestellt)
— *Physik und Didaktik* (1994 eingestellt)
— *PhyDid A*: Internetzeitschrift der DPG: Schule und Hoch-
schule (▶ http://www.phydid.de)
— *Plus Lucis*: Zeitschrift des Vereins zur Förderung des physika-
lischen und chemischen Unterrichts: Österreich, alle Schul-
arten (▶ https://www.pluslucis.org/)

Dissertationen und
Habilitationen

Aktuelle Forschungsbeiträge und Diskussionen der Physikdidaktik finden sich insbesondere auch in den publizierten *Dissertationen und Habilitationen,* (z. B. in der von H. Niedderer,
H. Fischler und E. Sumfleth herausgegebenen Reihe Studien
zum Physik- und Chemielernen im Logos Verlag, Berlin).

Um den internationalen Stand der Forschung in der Physikdidaktik zu verfolgen, sind englischsprachige Zeitschriften hilfreich. Sie sind an vielen Universitäten auch digital zugänglich.

- ■ **Internationale Zeitschriften**
- ▬ Eurasia Journal of Mathematics, Science and Technology
  Education (▶ http://www.ejmste.com/)
- ▬ European Journal of Physics (▶ http://iopscience.iop.org/jour-
  nal/0143-0807)
- ▬ European Journal of Science and Mathematics Education
  (▶ http://www.scimath.net/)
- ▬ International Journal of Environmental & Science Education
  (▶ http://www.ijese.com/)
- ▬ International Journal of Math and Science Education
  (▶ https://www.springer.com/education+%26+language/mathe-
  matics+education/journal/10763)
- ▬ International Journal of Science Education (▶ https://www.
  tandfonline.com/toc/tsed20/current)
- ▬ Journal of Astronomy and Earth Sciences Education
  (▶ http://jaese.org/)
- ▬ Journal of Science Education and Technology (▶ https://www.
  springer.com/journal/10956)
- ▬ Journal of Research in Science Teaching (▶ https://online-
  library.wiley.com/journal/10982736)
- ▬ Physics Education (▶ http://iopscience.iop.org/jour-
  nal/0031-9120)
- ▬ Physical Review Physics Education Research (▶ https://www.
  aapt.org/Publications/perjournal.cfm)
- ▬ Research in Science and Technological Education (▶ https://
  www.tandfonline.com/loi/crst20)
- ▬ Research in Science Education (▶ https://www.springer.com/
  education+%26+language/science+education/journal/11165)
- ▬ Science Education (▶ https://onlinelibrary.wiley.com/jour-
  nal/1098237x)
- ▬ Science Education Review Letters (▶ https://edoc.hu-berlin.de/
  handle/18452/151)
- ▬ Science & Education (▶ https://www.springer.com/educa-
  tion+&+language/science+education/journal/11191)
- ▬ The Physics Teacher (▶ https://www.aapt.org/Publications/tpt.
  cfm)
- ▬ The Canadian Journal of Science, Mathematics and Technology Education (▶ https://link.springer.com/journal/42330)
- ▬ The Journal of Science Teacher Education (▶ http://link.sprin-
  ger.com/journal/10972)

Internationale Zeitschriften

1

1.5 Studienziele – physikdidaktische Kompetenzen und Professionswissen

1.5.1 Orientierungsgrößen aus der Studienreform

1. Im Zuge der Studienreformen an Hochschulen der Länder der Europäischen Union (Bologna – Prozess) wurden auch die Studienpläne für die Lehrerbildung berücksichtigt (ländergemeinsame inhaltliche Anforderungen für die Fachwissenschaften und die Fachdidaktiken in der Lehrerbildung, KMK 16.10.2008, i. d. F. 2017). Mobilität und Durchlässigkeit im deutschen Hochschulsystem und eine zielgerechte Ausbildung für die Lehrberufe sind übergeordnete Ziele.

   Lehrveranstaltungen sind in *Modulen* zusammengefasst, die je nach zeitlichem Umfang mit einer bestimmten Anzahl von Punkten *(credit points)* belegt sind. Neu ist dabei auch, dass jedes Modul mit einer Prüfung abgeschlossen wird; die dabei gezeigte Leistung geht in die Endnote der universitären Prüfung ein. Der an das Studium anschließende Vorbereitungsdienst ist die schulpraktisch ausgerichtete abschließende Phase der Lehrerausbildung (KMK 06.12.2012; Bd.2, Kap. 3).

2. Mit verschiedenen Vorschlägen der Gesellschaft für Fachdidaktik (GFD 2004) und der Deutschen Physikalischen Gesellschaft (DPG 2006) hat die Kultusministerkonferenz der Bundesländer (KMK 2008) *Ländergemeinsame inhaltliche Anforderungen für die Fachwissenschaften und Fachdidaktiken in der Lehrerbildung* beschlossen. Für das Lehramtsstudium im Fach Physik ist das folgende fachspezifische Kompetenzprofil für Absolventinnen und Absolventen ausgewiesen:

» Die Studienabsolventinnen und -absolventen verfügen über die grundlegenden Fähigkeiten für gezielte und nach wissenschaftlichen Erkenntnissen gestaltete Vermittlungs-, Lern- und Bildungs-prozesse im Fach Physik. Sie

   — verfügen über anschlussfähiges physikalisches Fachwissen, das es ihnen ermöglicht, Unterrichtskonzepte und -medien fachlich zu gestalten, inhaltlich zu bewerten, neuere physikalische Forschung in Übersichtsdarstellungen zu verfolgen und neue Themen in den Unterricht einzubringen,

   — sind vertraut mit den Arbeits- und Erkenntnismethoden der Physik und verfügen über Kenntnisse und Fertigkeiten im Experimentieren und im Handhaben von (schultypischen) Geräten,

- kennen die Ideengeschichte ausgewählter physikalischer Theorien und Begriffe sowie den Prozess der Gewinnung physikalischer Erkenntnisse (Wissen über Physik) und können die gesellschaftliche Bedeutung der Physik begründen,
- verfügen über anschlussfähiges fachdidaktisches Wissen, insbesondere solide Kenntnisse fachdidaktischer Konzeptionen, der Ergebnisse physikbezogener Lehr-Lern-Forschung, typischer Lernschwierigkeiten und Schülervorstellungen in den Themengebieten des Physikunterrichts, sowie von Möglichkeiten, Schülerinnen und Schüler für das Lernen von Physik zu motivieren,
- kennen Möglichkeiten zur Gestaltung von Lernarrangements unter dem besonderen Gesichtspunkt heterogener Lernvoraussetzungen und kennen den Stand physikdidaktischer Forschung und Entwicklung zum fachbezogenen Lehren und Lernen in inklusiven Lerngruppen,
- verfügen über erste reflektierte Erfahrungen im Planen und Gestalten strukturierter Lehrgänge (Unterrichtseinheiten) sowie im Durchführen von Unterrichtsstunden. (KMK 2008, i. d. F. 2017, S. 50)

Bei den *physikdidaktischen Studieninhalten* wird im Allgemeinen nicht zwischen dem Studium für das Lehramt der Sekundarstufe I und dem der Sekundarstufe II unterschieden (KMK 2008, i. d. F. 2017, S. 5).

Die Bundesländer, das Bundesministerium für Bildung und Forschung und die Kultusministerkonferenz haben sich inzwischen dem in der Bildungswissenschaft entwickelten Modell der Professionskompetenz angenähert (weiter Details sind in Bd.2, ► Kap. 3 zu finden).

1.5.2 **Professionskompetenz**

Im Rahmen der Lehrerbildung beinhaltet Professionskompetenz die Fähigkeit einer Lehrkraft, die grundlegenden Konzepte und Wissensbestände der beteiligten Fachwissenschaften, der Fachdidaktik, der Bildungswissenschaft und der Sozialwissenschaft zu kennen und für die Optimierung von Lernprozessen der Schülerinnen und Schüler anwenden zu wollen und zu können.

Dabei spielen auch volitionale Komponenten, Motivation, Überzeugungen und Werthaltungen eine wichtige Rolle. Überzeugungen und Werthaltungen werden durch verschiedene psychologische Modelle dargestellt. Nach Oser (1998) wird zum

Beispiel *Wertbindung* mit Berufsmoral und der Verpflichtung auf Fürsorge (Fördern und Fordern), Gerechtigkeit und Wahrhaftigkeit modelliert. *Epistemologische Überzeugungen* (Epistemologie = Erkenntnistheorie) werden nach Schraw (2001) mit verschiedenen Arten von Überzeugungen *(beliefs)*, u. a. zu Nature of Knowledge (Natur des Wissens, Entwicklung von Wissen in der Gesellschaft) und Nature of Knowing (z. B. welche Quellen, und Rechtfertigungen von Wissen gibt es) gekennzeichnet. Patrick und Pintrich (2001) charakterisieren Zusammenhänge von subjektiven Theorien über Lehren und Lernen über allgemeine Zielvorstellungen im Unterricht, Wahrnehmung und Deutung von Unterrichtssituationen und Erwartungen an Schülerinnen und Schüler (Baumert und Kunter 2006). Subjektive Theorien entstehen durch persönliche Erfahrungen im gesamten Leben und durch gesellschaftliche und berufliche Praxis. Wenn der Entschluss gefasst wird, Lehrerin oder Lehrer zu werden, bestehen bereits Denkgewohnheiten, Überzeugungen und Vorstellungen vom Unterrichten in der Schule und von schulischen Regeln, die in der eigenen Schulzeit entstanden sind (Reusser und Pauli 2014, S. 644).

Eine zentrale Bedeutung für kompetentes Handeln in der Lehre hat natürlich auch das Professionswissen. Es wird nach Shulman (1987) in die Bereiche Fachwissen (Content Knowledge, CK), fachdidaktisches Wissen (Pedagogical Content Knowledge, PCK) und pädagogisches Wissen (Pedagogical Knowledge, PK) unterteilt (s. speziell Bd. 2, ▸ Kap. 4). Dazu kommt heute mit den Fortschritten in der Digitalisierung zunehmend auch das technologiebezogene Professionswissen TPACK (Technological Pedagogical Content Knowledge; Mishra und Koehler 2006). TPACK erweitert die ursprünglichen Komponenten des Professionswissens von Shulman (1986, 1987) um zusätzliche technologiebezogene Bereiche und bezieht sich speziell auf den Einsatz von Technologien mit der Intention, sie zur besseren Vermittlung komplexer Unterrichtsinhalte zu nutzen (Niess 2005). Nach Schmidt et al. (2009) bezieht sich TPACK auf das Wissen und das Verständnis für das Zusammenspiel von CK, PK und TK (Technological Knowledge) bei dem Einsatz von Technologie im Lehr-Lern-Prozess, berücksichtigt aber auch die Komplexität der Beziehungen zwischen Schülern, Lehrern, Inhalten, Methoden und Technologien (Archambault und Crippen 2009).

Für den einordnenden Überblick ist ◻ Abb. 1.4 hilfreich, die in Anlehnung an Baumert und Kunter (2006) eine Einordnung des Professionswissens in ein Modell professioneller Handlungskompetenz zeigt. Markiert ist zudem der Bereich, den dieses Lehrbuch abdecken will.

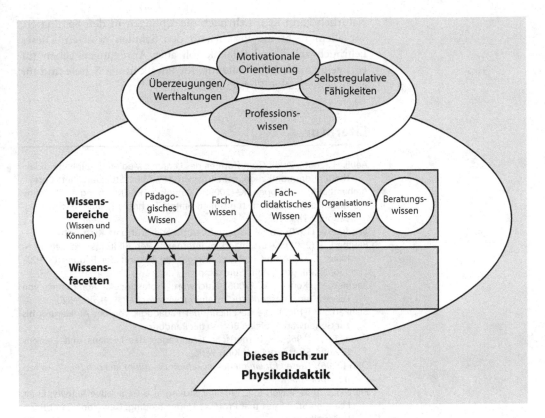

◘ Abb. 1.4 Professionswissen im Modell professioneller Handlungskompetenz nach Baumert und Kunter (2006, S. 482), ergänzt um den Schwerpunkt, der durch dieses Buch abgedeckt ist

Durch dieses Lehrbuch wird der Ausbau folgender Kompetenzen unterstützt (kleine Auswahl):

— Fähigkeit zur begründeten Darlegung von Bildungszielen des Physikunterrichts (speziell ► Kap. 2 und 3)

— Kenntnis und Beurteilung beispielhafter fachdidaktischer Ansätze für die Unterstützung von Lernprozessen (speziell ► Kap. 13, Bd. 2, ► Kap. 1 und Bd. 2, ► Kap. 3)

— Fähigkeit zur Auswahl von Medien und Methoden sowie zur Gestaltung von Einsatzkontexten, um fachliche Lernprozesse zu unterstützen (speziell ► Kap. 6, 8, 13 und Bd. 2, ► Kap. 5)

— Fähigkeit zur Elementarisierung und didaktischen Rekonstruktion ausgewählter Fachkonzepte und Erkenntnisweisen (speziell ► Kap. 5)

— Kenntnis von Standarddefinitionen, von Studien und Methoden zur Erfassung und Beurteilung von Schülerleistungen (speziell ► Kap. 14)

1

Natürlich kann kein Lehrbuch die Übungen in den Seminaren, vor allem nicht die Praktika in den Schulen ersetzen. Dieses Lehrbuch zur Physikdidaktik soll aber Anregungen geben für eine zeitgemäße Lehrerbildung, für Physik in der Schule und für einen zeitgemäßen Physikunterricht.

Literatur

Aebli, H. (2006). Zwölf Grundformen des Lehrens: Medien und Inhalte didaktischer Kommunikation, der Lernzyklus (13. Aufl.). Stuttgart: Klett-Cotta.

Archambault, L., Crippen, K. (2009). Examining TPACK Among K-12 Online Distance Educators in the United States. Technology and Teacher Education, 9(1), 71–88.

Bandura, A. (1979). Sozial-kognitive Lerntheorie. Stuttgart: Klett-Cotta.

Baumert, J. (2002). Deutschland im internationalen Bildungsvergleich. In N. Kilius, J. Kluge und L. Reisch (Hrsg.), Die Zukunft der Bildung (S. 100–150). Frankfurt a. Main: Suhrkamp.

Baumert, J., Kunter, M. (2006). Stichwort: Professionelle Kompetenz von Lehrkräften. Zeitschrift für Erziehungswissenschaft, 9(4), 469–520.

Blankertz, H. (1982). Die Geschichte der Pädagogik von der Aufklärung bis zur Gegenwart. Wetzlar: Büchse der Pandora.

Cube, F. v. (1968). Kybernetische Grundlagen des Lernens und Lehrens (2 Aufl.). Stuttgart: Ernst Klett Verlag.

DPG (2006). Thesen für ein modernes Lehramtsstudium im Fach Physik. (Internet April 2009).

Fiorella, L. und Mayer, R. E. (2015). Learning as a Generative Activity: Eight Learning Strategies that Promote Understanding. New York: Cambridge University Press.

Fischer, H. E., Klemm, K., Leutner, D., Sumfleth, E., Tiemann, R., Wirth, J. (2003). Naturwissenschaftsdidaktische Lehr-Lernforschung: Defizite und Desiderata. Zeitschrift für Didaktik der Naturwissenschaften, 9, 179–208.

GFD (2004). Fachdidaktische Kompetenzbereiche, Kompetenzen und Standards für die 1. Phase der Lehrerbildung (BA + Ma). Positionspapier der GFD. ▶ http://www.fachdidaktik.org/veroeffentlichungen/positionspapiere-der-gfd/ (01.12.2018).

Glasersfeld, E. v. (1987). Wissen, Sprache und Wirklichkeit, Arbeiten zum radikalen Konstruktivismus. Braunschweig, Wiesbaden: Vieweg.

Grimsehl, E. (1911). Didaktik und Methodik der Physik. München: Beck'sche Verlagsbuchhandlung.

Hasselhorn, M., Gold, A. (2017). Pädagogische Psychologie. Erfolgreiches Lernen und Lehren (4 Aufl.). Stuttgart: Kohlhammer Verlag.

Hattie, J. (2013). Lernen sichtbar machen. Baltmannsweiler: Schneider Verlag Hohengehren.

Heimann, P., Otto, G., Schulz, W. (1979). Unterricht: Analyse und Planung (10. Aufl.). Hannover: Schroedel.

Helmke, A. (2009). Unterrichtsqualität und Lehrerprofessionalität. Diagnose, Evaluation und Verbesserung des Unterrichts. Seelze: Kallmeyer.

Hobmair, H. (1996). Pädagogik. Köln, München: Stam.

Ingenkamp, K. H., Lissmann, U. (2008). Lehrbuch der Pädagogischen Diagnostik. Weinheim: Beltz.

Jank, J., Meyer, H. (1991). Didaktische Modelle. Frankfurt: Cornelsen Scriptor.

Karapanos, M., Becker, C., Christophel, E. (2018). Die Bedeutung der Usability für das Lernen mit digitalen Medien. MedienPädagogik: Zeitschrift für Theorie Und Praxis Der Medienbildung, 00, 36–57.

Kircher, E. (1995). Studien zur Physikdidaktik. Kiel: IPN.

Klafki, W. (2007). Neue Studien zur Bildungstheorie und Didaktik: Zeitgemäße Allgemeinbildung und kritisch-konstruktive Didaktik (6 Aufl.). Weinheim, Basel: Beltz.

Klafki, W. (2011). Die bildungstheoretische Didaktik im Rahmen kritisch-konstruktiver Erziehungswissenschaft. In H. Gudjons (Hrsg.), Didaktische Theorien (13 Aufl.). Hamburg: Bergmann + Helbig.

Klauer, K. J., Leutner, D. (2012). Lehren und Lernen. Einführung in die Instruktionspsychologie (2 Aufl.). Weinheim, Basel: Beltz/PVU.

KMK. (2008, i. d. F. 2017). Ländergemeinsame inhaltliche Anforderungen für die Fachwissenschaften und Fachdidaktiken in der Lehrerbildung. Heruntergeladen am 01.09.2018 von ► https://www.kmk.org/fileadmin/Dateien/veroeffentlichungen_beschluesse/2008/2008_10_16-Fachprofile-Lehrerbildung.pdf.

KMK (2012). Vorbereitungsdienst und abschließende Staatsprüfung. (Internet September 2018).

Krüger, D., Parchmann, I., Schecker, H. (2014). *Methoden in der naturwissenschaftsdidaktischen Forschung.* Springer: Berlin Heidelberg.

Krüger, D., Parchmann, I., Schecker, H. (2018). *Theorien in der naturwissenschaftsdidaktischen Forschung.* Springer: Berlin Heidelberg.

Leutner, D. (1992). Adaptive Lehrsysteme. Instruktionspsychologische Grundlagen und experimentelle Analysen. Weinheim: Beltz.

Maier, U. (2012). Lehr-Lernprozesse in der Schule: Studium: allgemeindidaktische Kategorien für die Analyse und Gestaltung von Unterricht. Bad Heilbrunn: Klinkhardt.

Maturana, H. R., Varela, F. J. (1987). Der Baum der Erkenntnis. Die biologischen Wurzeln des Erkennens. München: Goldmann.

Mayer, R. E. (2009). Multimedia learning (2 Aufl.). Cambridge: Cambridge University Press.

Merrill, M. D. (1991). Constructivism and Instructional Design. Educational Technology, 31, 45–53.

Meyer, M. A., Prenzel, M., Hellekamps, S. (2009). Perspektiven der Didaktik. Zeitschrift für Erziehungswissenschaft, Sonderheft 9, 317.

Mishra, P., Koehler, M. J. (2006). Technological Pedagogical Content Knowledge: A Framework for Teacher Knowledge. Teachers College Record, 108(6), 1017–1054.

Niess, M. (2005). Preparing teachers to teach science and mathematics with technology: Developing a technology pedagogical content knowledge. Teaching and Teacher Education, 21(5), 509–523. ► https://doi.org/10.1016/j.tate.2005.03.006.

Oser, F. (1998). Ethos – die Vermenschlichung des Erfolgs. Zur Psychologie der Berufsmoral von Lehrpersonen. In w. Melzer, M. Horstkemper, M. Hascher, I. Zürchner (Hrsg.), Schule und Gesellschaft. Opladen: Leske + Budrich.

Oser, F. & Patry, J. L. (1990). Choreographien unterrichtlichen Lernens: Basismodelle des Unterrichts. Freiburg: Pädagogisches Institut der Universität Freiburg.

Oy, K. v. (1977). *Was ist Physik?* Stuttgart: Klett.

Patrick, H. & Pintrich, P. R. (2001). Conceptual change in teachers' intuitive conceptions of learning, motivation, and instruction: The role of motivational and epistemological beliefs. In: B. Torff & R. J. Sternberg (Hrsg.), Understanding and teaching the intuitive mind (S. 117–143). Hillsdale, NJ: Lawrence Erlbaum.

Pavlov, I. P., Drischel, H. (1972). Die bedingten Reflexe: eine Auswahl aus dem Gesamtwerk. München: Kindler.

Piaget, J. (1978). Das Weltbild des Kindes. La représentation du monde chez l'enfant, Alcan: Paris 1926. Stuttgart: Klett-Cotta.

Piaget, J & Inhelder, B. (1972). Die Psychologie des Kindes. Olten: Walter-Verlag.

Reusser, K., Pauli, C. (2014). Berufsbezogene Überzeugungen von Lehrerinnen und Lehrern. In: E. Terhart, H. Bennewitz, M. Rothland (Hrsg.), Handbuch der Forschung zum Lehrerberuf (S. 642–661). Münster: Waxmann.

Roth, G. (2003). Fühlen, Denken, Handeln. Wie das Gehirn unser Verhalten steuert. Berlin: Suhrkamp Verlag AG.

Schmidt, D. A., Baran, E., Thompson, A. D., Mishra, P., Koehler, J. M., Shin, T. S. (2009). Technological Pedagogical Content Knowledge (TPACK): The Development and Validation of an Assessment Instrument for Preservice Teachers. Journal of Research on Technology in Education (JRTE), 42(2), 123–149.

Schnotz, W. (2002). Wissenserwerb mit Texten, Bildern und Diagrammen. In: L. J. Issing, P. & Klimsa (Hrsg.), Information und Lernen mit Multimedia (S. 65–82). Weinheim: Psychologie Verlags Union.

Schnotz, W. & Bannert, M. (2003). Construction and interference in learning from multiple representation. Learning and Instruction, 13, 141–156.

Schraw, G. (2001). Current themes and future directions in epistemological research: A commentary. Educational Psychology Review, 14, 451–464.

Shulman, L. (1987). Knowledge and teaching: foundations of the new reform. Harvard Educational Review, 57, 1–22.

Shulman, L. S. (1986). Those who understand: Knowledge growth in teaching. Educational Researcher, 15(2), 4–14.

Skinner, B. F. (1978). Was ist Behaviorismus? Reinbek: Rowohlt.

Sweller, J. (2010). Element Interactivity and Intrinsic, Extraneous, and Germane Cognitive Load. Educational Psychology Review, 22(2), 123–138.

Tenorth, H.-E. (2000). Geschichte der Erziehung: Einführung in die Grundzüge ihrer neuzeitlichen Entwicklungen. (3 Aufl.). Weinheim: Juventa.

Terhart, E. (2009). Didaktik. Eine Einführung. Stuttgart: Reclam.

Tulodziecki, G., Herzig, B., Blömeke, S. (2017). Gestaltung von Unterricht. Eine Einführung in die Didaktik (3 Aufl.). Bad Heilbrunn: Klinkhardt/utb.

Wagenschein, M. (1976). Die pädagogische Dimension der Physik. Braunschweig: Westermann.

Wertheimer, M. (1964). Produktives Denken. Frankfurt am Main: Kramer.

Grundlagen der Physikdidaktik

Ernst Kircher

© Springer-Verlag GmbH Deutschland, ein Teil von Springer Nature 2020
E. Kircher, R. Girwidz, H. E. Fischer (Hrsg.), *Physikdidaktik | Grundlagen*,
https://doi.org/10.1007/978-3-662-59490-2_2

■ **Trailer**

In Kap. 2 werden die *fachlichen, gesellschaftlichen und pädagogischen Gründe* näher ausgeführt, die *für Physikunterricht an den allgemeinbildenden Schulen* sprechen. Zunächst werden die traditionellen Begründungen kurz gestreift, die in Deutschland vor allem auf der *Bildungstheorie,* in den USA auf dem *philosophischen Pragmatismus* basieren (▶ Abschn. 2.1). Aufgrund von Anmerkungen über die gegenwärtige *Physik* (▶ Abschn. 2.2), über *Änderungen in der Gesellschaft* (▶ Abschn. 2.3) und über *Akzentverschiebungen in den pädagogischen Auffassungen über Bildung und Erziehung* (▶ Abschn. 2.4) werden aktuelle Eckpunkte für den Physikunterricht skizziert (▶ Abschn. 2.5). Das Ziel dieser Überlegungen ist eine zeitgemäße Begründung des Physikunterrichts als eine zentrale Aufgabe einer *zeitgemäßen Physikdidaktik.*

In ◘ Abb. 2.1 sind die theoretischen Ausgangspunkte schematisch dargestellt.

2.1 Bildungstheoretische und pragmatische Begründungen

2.1.1 Zur Bildungstheorie und zu ihrem Einfluss auf den Physikunterricht

》 Fachdidaktik ohne Beziehungen zur Bildungstheorie müsste ein Torso bleiben, da sie in solcher Isolierung ihr eigentliches, nämlich ihr pädagogisches Thema gar nicht zu Gesicht bekäme. (Klafki 1963, S. 90).

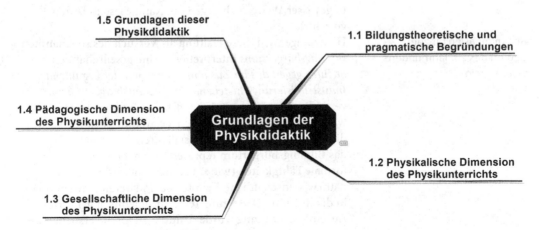

1.5 Grundlagen dieser Physikdidaktik

1.1 Bildungstheoretische und pragmatische Begründungen

1.4 Pädagogische Dimension des Physikunterrichts

Grundlagen der Physikdidaktik

1.2 Physikalische Dimension des Physikunterrichts

1.3 Gesellschaftliche Dimension des Physikunterrichts

◘ **Abb. 2.1**   Übersicht über die Teilkapitel

2

W. v. Humboldt (1767–1835) Individualität, Totalität, Universalität

Naturwissenschaften führten in Gymnasien ein Schattendasein

Formale Bildung

Materiale Bildung

Realgymnasien bis zum Beginn des 20. Jahrhunderts zweitklassig

Die Bildungstheorie ist ein deutsches Kind mit europäischen Eltern. Sie ist in den Epochen der Aufklärung und des Neuhumanismus zu Beginn des 19. Jahrhunderts entstanden. Zu ihren geistigen Vätern zählen Platon, Rousseau und Kant im weiteren Sinne, der Bildungspolitiker Wilhelm v. Humboldt und der Pädagoge Friedrich Schleiermacher im engeren Sinne. Die Bildungstheorie hat im Verlaufe ihrer fast zweihundertjährigen Geschichte vielerlei Deutungen und Missdeutungen erfahren; aber sie lebt immer noch.

In den *Anfängen der Bildungstheorie* wird nach idealisierten antiken Vorbildern ein allseitig gebildeter, ausgeglichener Mensch mit spezifischen Schwerpunkten gefordert. Er soll im Hinblick auf die Gesellschaft auch *verantwortungsbewusst, handlungsbereit und handlungsfähig* sein. Aus unterschiedlichen Gründen *spielen bei den Leitfiguren der klassischen Bildungstheorie, W. v. Humboldt und J. H. Pestalozzi, die Naturwissenschaften weder für die Gymnasien noch für die Volksschulen eine wesentliche Rolle.*

1. Die mit der Bildungstheorie neu begonnene Diskussion um Begründungen und um Ziele allgemeinbildender Schulen setzte den Schwerpunkt auf *die Entwicklung der im Menschen angelegten Fähigkeiten.* Man sprach von *„formaler Bildung"* (s. Kerschensteiner 1914; Lind 1996). Dagegen spielten *Kenntnisse von Fakten, von Gesetzmäßigkeiten in der Natur und die Erklärung theoretischer Zusammenhänge* eine geringe Rolle. Diese *„materiale Bildung"* galt zu Beginn des 19. Jahrhunderts zumindest in den Gymnasien als ungeeignet für die „wahre Bildung", als zweitklassig, weil sie mit Berufsausbildung, Geld verdienen, mit Alltäglichem und Nützlichem in Verbindung stand. Diese Einstellung der für die gymnasiale Schulpolitik Verantwortlichen war in gewisser Weise auch gegen die Naturwissenschaften gerichtet.

Heutzutage wird diese Haltung als Versuch des sogenannten *Bildungsbürgertums* interpretiert, seine gesellschaftliche *Stellung gegen das im Zusammenhang mit der beginnenden Industrialisierung entstehende Wirtschaftsbürgertum* zu verteidigen (s. Lind 1997, S. 6 ff.). Der Interessenkonflikt war offensichtlich. Die höheren Verwaltungsbeamten, die Universitäts- und Gymnasiallehrer, die Richter, die das Bildungsbürgertum repräsentierten, benötigten eher formale Fähigkeiten (wie z. B. „Menschenführung"), als naturwissenschaftliche Kenntnisse und deren Anwendung in der Technik. Diese zum Teil sehr polemisch geführte Auseinandersetzung wurde dadurch zu lösen versucht, dass man das Gymnasium aufspaltete.

In den neu entstandenen Oberrealschulen sollten die anders gelagerten Interessen des Wirtschaftsbürgertums berücksichtigt werden durch das Lehren und Lernen der „Realien". Um den Status dieser „geschlossenen" Gesellschaft des höheren Berufsbeamtentums zu sichern, verstanden es ihre Mitglieder bis zum Beginn des 20. Jahrhunderts, die Realgymnasien als zweitklassig darzustellen im Vergleich mit humanistischen Gymnasien. Ein deutliches äußeres Zeichen dafür war, dass der erfolgreiche Schulabschluss an einem Realgymnasium keine allgemeine Studierfähigkeit an den Universitäten beinhaltete. Erst im Jahre 1900 wurde durch kaiserlichen Erlass festgelegt, dass die höheren Lehranstalten gleichwertig sind (Schöler 1970, S. 241).

Auch im Hinblick auf die theoretischen Erörterungen der formalen und materialen Bildung durch den naturwissenschaftlichen Unterricht setzten sich bis in das 20. Jahrhundert die „Philologen" durch (s. Muckenfuß 1995, S. 192 ff.), auch wenn man schließlich dem naturwissenschaftlichen Unterricht einen *formalen Bildungswert* zugestand. Dieses ist insbesondere ein Verdienst von Georg Kerschensteiner. Er argumentierte, dass die Naturwissenschaften besonders geeignet seien, um die „Beobachtungskraft", die „Denkkraft", die „Urteilskraft" und die „Willenskraft" zu fördern.

Georg Kerschensteiner
(1854–1932)
Methodenbildung

Einen anderen Weg als das Gymnasium ist die „Volksschule" (Grundschule/Hauptschule) gegangen. Sie orientierte sich stärker an Schulpraktikern wie Stephani und Diesterweg, die auch über ein besseres Verständnis der Naturwissenschaften verfügten und relevantere Auffassungen über den naturwissenschaftlichen Unterricht vertraten als der Schweizer Pädagoge Pestalozzi. Man kann sie als *Väter des naturwissenschaftlichen Unterrichts der Volksschule* bezeichnen.

Johann Heinrich Pestalozzi
(1746–1827)

Zwar lesen wir schon bei Heinrich Stephani (1813, S. 9 zit. Schöler 1970, S. 140): „Es ist die selbsttätige Kraft im Menschen zweckmäßig zu entwickeln". Aber dieses übergeordnete formale Bildungsziel muss sich bei ihm an geeigneten Unterrichtsinhalten vollziehen. Stephani betrachtet daher die *Einheit von formaler und materialer Bildung* als notwendig. Diese Auffassung trägt mit dazu bei, dass in Stephanis „Erziehungshilfen" die „Naturlehre" (dazu gehören u. a. Physik und Chemie) und die „Naturgeschichte" (u. a. Biologie) als *eigenständige Fächer* konzipiert sind. Das bedeutete auch die Trennung des naturwissenschaftlichen Unterrichts von dem bis dahin üblichen theologischen Überbau.

Stephani (1761–1850):
Einheit von formaler und materialer Bildung ist notwendig

Adolf Diesterweg
(1790–1866)

2

Menschenbildung durch
die naturwissenschaftliche
Methode

Bekannter als das Wirken Heinrich Stephanis in Bayern ist
das Wirken Adolf Diesterwegs in Preußen. Über die Lehrerausbildung und über seine Schriften reichte sein Einfluss bis
in die Schulstuben. Seine didaktischen und methodischen
Auffassungen über naturwissenschaftlichen Unterricht
fanden auch Eingang in die Gymnasien. Für Diesterweg gilt:
In einer von der Technik geprägten Welt gehören naturwissenschaftliche Kenntnisse zur Allgemeinbildung, weil
sie Grundlagen dieser Welt darstellen und zum Verständnis
dieser Welt beitragen. Naturwissenschaften gehören zum
modernen Leben, auf das die Schule vorbereiten soll, ebenso
wie die modernen Sprachen. Im Geiste der Bildungstheorie
betrachtet Diesterweg die *Menschenbildung* als höchstes
Ziel. Dazu tragen auch die Naturwissenschaften ein *spezifisches Element* bei: *die naturwissenschaftliche Methode*.
Dieser pädagogische Hintergrund im Zusammenhang mit
der naturwissenschaftlichen Methode besitzt auch heutzutage noch Relevanz. H. v. Hentig (1966, S. 30) führte dazu
aus: „Die Wissenschaft erzieht durch ihre Methode … zur
Selbstkritik und Objektivität, zu Geduld und Initiative, zu
Kommunikation und Toleranz, zur Liberalität und Humanität, zum Aushalten der grundsätzlichen Offenheit des
Systems und zu ständigem Weiterstreben".

Aufschwung des
naturwissenschaftlichen
Unterrichts zu Beginn des
20. Jahrhunderts

Vorläufiges Fazit

In einer wechselvollen Geschichte konnte sich der naturwissenschaftliche Unterricht bis zum Beginn des 20. Jahrhunderts in allen
Schularten etablieren. Dafür waren gesellschaftlich zivilisatorische
Entwicklungen maßgebend, wozu auch der Aufschwung der Naturwissenschaften an den Universitäten und in der Industrie zu zählen ist. Nicht nur Professoren, wie die Physiker Grimsehl und Mach
oder der Mathematiker Klein, sondern auch Ingenieure wie Werner
v. Siemens traten am Ende des 19. und am Beginn des 20. Jahrhunderts engagiert für einen angemessenen Platz und eine Verbesserung des naturwissenschaftlichen Unterrichts ein.

Theodor Litt (1880–
1967): Ambivalenz der
naturwissenschaftlichen
Methode

2. Eine inhaltliche Erneuerung erfuhr die Bildungstheorie in
der zweiten Hälfte des 20. Jahrhunderts vor allem durch
Theodor Litt und Wolfgang Klafki. Theodor Litt (1959)
leistete einen spezifischen, auch heute noch relevanten Beitrag zur Begründung des naturwissenschaftlichen Unterrichts. Philosophisch fundierter als Kerschensteiner setzte
sich Litt in den 1950er-Jahren mit „Naturwissenschaften
und Menschenbildung" auseinander. Die von Litt heraus-
gearbeitete Antinomie besagt, dass die naturwissenschaftliche Methode wegen der *Forderung nach Objektivität*

notwendigerweise das Subjekt zurückdrängt, ja ausschließt
(s. Litt 1959, S. 56): Die Strenge der naturwissenschaftlichen
Methode führt „weitab vom Menschsein" (Litt 1959, S. 113).
Andererseits kann die naturwissenschaftliche Methode eine
existenzielle Bedeutung erlangen: *Bei der Suche nach Wahr-*
heit wird der Mensch verwandelt. Die naturwissenschaftliche Methode wird zu einer „mein ganzes Menschentum
umgestaltenden Macht" (Litt 1959, S. 63). Zur naturwissenschaftlichen Bildung und damit auch zum Physikunterricht
gehört wesensmäßig, diese Antinomie zu erkennen. Dazu
„bedarf es nun einmal jener Reflexion, die aus dem logischen Kreis heraustritt und sie von höherem Standort aus
als Glied des übergreifenden Lebensganzen ins Auge fasst"
(Litt 1959, S. 93). Gemeint ist die philosophische Reflexion
der Naturwissenschaften, im Speziellen die erkenntnis- und
wissenschaftstheoretische Reflexion der Physik (s. Kircher
1995, S. 25 ff.).

Notwendig: philosophische Reflexion der Naturwissenschaften

Für die wohl schon von Stephani (1813) vorgedachte Lösung,
die von der *Einheit der formalen Bildung und der materialen*
Bildung ausgeht, hat Klafki den Begriff „kategoriale Bildung"
geprägt: „,Bildung' ist immer ein Ganzes, nicht nur die
Zusammenfügung von ,Teilbildungen'" (Klafki 1963, S. 38)
formaler und materialer Art. Kategoriale Bildung erfolgt
durch „*doppelseitige Erschließung*" *von allgemeinen das*
Fach erhellenden Inhalten, an denen die Schüler allgemeine
Einsichten, Erlebnisse, Erfahrungen gewinnen (Klafki 1963,
S. 43 f.).

Wolfgang Klafki „kategoriale" Bildung (1927–2016)

Diese „allgemeinen das Fach erhellenden Inhalte" erfordern
eine sorgfältige Auswahl und eine gründliche Behandlung
der beispielhaften Unterrichtsinhalte. Man spricht von
„exemplarischem Lernen" und von „exemplarischem
Unterricht" (s. ▶ Abschn. 6.2). Die allgemeinen Einsichten,
Erlebnisse und Erfahrungen gewinnen die Schüler durch
„genetischen Unterricht". Beide Fachausdrücke wurden
von Martin Wagenschein in der Physikdidaktik bekannt
gemacht und neu interpretiert (s. Wagenschein 1968).
Wagenscheins Werk kann als physikdidaktische Interpretation der *kategorialen Bildung* aufgefasst werden.

Physikdidaktische Interpretation der Bildungstheorie

3. Reicht der klassische Bildungsbegriff aus, um Kinder
   und Jugendliche für die Lösung ihrer gegenwärtigen und
   zukünftigen Probleme auszubilden und zu erziehen?
   Für Klafki (1996, S. 39) ist eine zu optimistische Geschichts-
   philosophie der Hintergrund für die Grenzen des klassischen Bildungsbegriffs. Diese Philosophie, mit ihrem Credo
   von einer Geschichte des Fortschritts der Humanität, führt
   zu einer zu optimistischen Interpretation der Geschichte
   und zu einem zu optimistischen Menschenbild.

Grenzen des klassischen Bildungsbegriffs

2

Aus der Sicht Klafkis (1996, S. 46) charakterisieren drei Momente den *Verfall der klassischen Bildungsidee:*

- Bildung wird als ihrem Wesen nach *unpolitisch* interpretiert.
- v. Humboldts Forderung nach *Individualisierung* wird vernachlässigt; stattdessen werden für die Schulfächer verbindliche Lehrpläne vorgeschrieben.
- Bildung wird zu einem Privileg der davon profitierenden Gesellschaftsschicht.

Die Kritik der beiden ersten Momente trifft auch auf die Praxis des naturwissenschaftlichen Unterrichts zu: Viele Naturwissenschaftslehrer tun sich immer noch schwer, politikträchtige und gesellschaftlich umstrittene Themen wie „Kernkraftwerke" (Mikelskis 1977) im Unterricht zu behandeln. Auch die spezifischen Chancen des Physikunterrichts, die Idee der *Individualisierung durch Schülerversuche, durch forschenden Unterricht* oder Projekte zu realisieren, sind in der Bundesrepublik immer noch die Ausnahme (s. Duit und Tesch 2005).

4. Als Reaktionen auf diese Kritikpunkte können die Lehrpläne der 1990er-Jahre betrachtet werden. *Durch „Freiräume" sollen Projekte, „offener" Unterricht, unter anderem Schülerversuche gefördert werden. Im Physikunterricht sollen aus der Sicht der Schüler und der Gesellschaft interessante und bedeutsame Inhalte und Arbeitsweisen thematisiert und gelernt werden.* Ob sich dadurch auch die Schulpraxis verbessert, liegt vor allem an der Lehrerbildung und daher auch an Ihnen, den künftigen Physiklehrerinnen und Physiklehrern.

Zeitgemäße Allgemeinbildung durch epochaltypische Schlüsselprobleme

Klafki (1996, S. 56 ff.) hat mit der Formulierung von „epochaltypischen Schlüsselproblemen" konkrete inhaltliche Hinweise für eine *zeitgemäße Allgemeinbildung* gegeben: Er betrachtet *die Friedensfrage, die Umweltfrage, die gesellschaftlich produzierte Ungleichheit in den Gesellschaften, die Gefahren und Möglichkeiten der neuen technischen Steuerungs-, Informations- und Kommunikationsmedien und die zwischenmenschlichen Beziehungen* als Schlüsselprobleme unserer Zeit. Diese „Schlüsselprobleme" bieten Leitideen an, um einen moderaten, pädagogisch begründeten Physikunterricht zu etablieren, etwa ausgehend von den Umweltproblemen, der Friedensfrage (s. z. B. Mikelskis 1986; Westphal 1992) und insbesondere auch in Bezug auf die Möglichkeiten der neuen Informations- und Kommunikationsmedien. In der „Laborschule Bielefeld" zeigte v. Hentig in beeindruckender Weise pädagogische Alternativen zu den Fehlentwicklungen des deutschen Bildungswesens. Aber dies geschieht immer noch im Horizont von v. Humboldts Ideen (v. Hentig 1996, S. 182).

Eine zeitgemäße Allgemeinbildung erfordert nicht den nur rückwärtsgewandten, eher kontemplativen Menschen, sondern auch einen an Gegenwart und Zukunft orientierten mündigen Bürger, der kritisch, sachkompetent, selbstbewusst und solidarisch denkt und handelt (Klafki 1996). Dazu kann und soll der Physikunterricht inhaltlich und methodisch beitragen.

Mündiger Bürger denkt und handelt kritisch, sachkompetent, selbstbewusst und solidarisch

Trotz der bedeutsamen Erneuerungen der Bildungstheorie durch Litt (1959), v. Hentig (1996), Klafki (1963, 1996) bleibt die Bildungstheorie weiterhin auf Distanz zur Lebenswelt und einer auch kritisch zu betrachtenden „Erlebnisgesellschaft" (Schulze 1993).

5. Baumert hat eine Grundstruktur der schulischen Allgemeinbildung entwickelt. Sie umfasst vier unterschiedliche Arten der „Weltbegegnung", die *kognitiv instrumentelle Rationalität,* die *ästhetisch-expressive Rationalität,* die *Rationalität von Normen und Bewertungen* und die *philosophisch-religiösen Rationalität* (Baumert 2002, S. 113). Der naturwissenschaftliche Unterricht und die Mathematik befassen sich mit der Beschreibung materieller Wirkungszusammenhänge, mit deren Regelhaftigkeit, mit deren technisch-instrumentellen Nutzen.

Baumert (2002, S. 113) schließt außerdem von den „Modi der Weltbegegnung" auf fünf Basiskompetenzen:

1. Beherrschung der Verkehrssprache,
2. Mathematisierungskompetenz,
3. fremdsprachliche Kompetenz,
4. IT-Kompetenz, sowie
5. Selbstregulation des Wissenserwerbs.

Diese Basiskompetenzen gingen in die neuen Lehrpläne der deutschen Bundesländer ein. Dazu wurden fachspezifische „Standards" und „Kompetenzen" formuliert anstatt der bisherigen Lehr- und Lernziele.

Zur Unterstützung der Lehrkräfte und zur Überprüfung der Schulreformen in den Bundesländern wurde das „Institut zur Qualitätsentwicklung" an der Humboldt-Universität (Berlin) gegründet. Die Konkretisierungen für den Physikunterricht sind in ▶ Abschn. 3.3 dargestellt und kommentiert.

2.1.2 Pragmatische Schultheorie und naturwissenschaftlicher Unterricht

» Logisch und pädagogisch gesehen ist die Naturwissenschaft die vollkommenste Erkenntnis, die letzte erreichbare Stufe des Erkennens. (Dewey 1964, S. 289).

John Dewey (1859–1952)

2 Ursprünge des philosophischen Pragmatismus im 19. Jahrhundert

1. Der Ausdruck „pragmatische Schultheorie" ist bisher in der Pädagogik nicht in der Weise erörtert und dadurch festgelegt wie der Ausdruck „Bildungstheorie"; er ist auch nicht in pädagogischen Lexika aufgeführt. Die Bezeichnung bezieht sich vor allem auf das pädagogische Werk Deweys, das in der Auseinandersetzung mit dem philosophischen Pragmatismus eines Charles S. Peirce (1839–1914) und William James (1842–1910) entstanden ist.

   Deweys Auffassungen über Erziehung haben das Schulwesen in den USA mindestens in ähnlich intensiver Weise beeinflusst wie die Bildungstheorie das deutsche Schulwesen. Man kann die pragmatische Schultheorie als Kind Amerikas betrachten, die in wesentlichen Zügen von dem Pädagogen und Philosophen John Dewey (1859–1952) formuliert wurde. Sie wurzelt im philosophischen Pragmatismus, der gegen Ende des 19. und zu Beginn des 20. Jahrhunderts als Gegenentwurf zu klassischen europäischen Philosophien (Idealismus und Humanismus) formuliert wurde. Die pragmatische Schultheorie richtet sich gegen Theorie und Praxis der Bildungstheorie im alten Europa, von der Dewey in geschichtlicher Retrospektive mit Recht sagt, dass sie im 19. Jahrhundert dem Erhalt einer „Mußeklasse" diente. Dewey setzt sich auch mit dem Kern der Bildungstheorie auseinander, dem „Humanismus". Dabei kommt er zu einer völlig anderen Einschätzung der Bedeutung der Naturwissenschaften und des naturwissenschaftlichen Unterrichts als die Bildungstheorie.

Was sich im Alltag bewährt, ist gut

2. Grundideen des Pragmatismus: Was und wer sich im konkreten Leben, im Alltag bewährt, ist gut. Der *lebenswichtige Vorteil (vital benefit),* den Pflanzen und Tiere in ihrem Überlebenskampf nutzen, steht auch den Menschen zu. Der erfolgreiche Mensch ist aus biologischer Sicht der bessere. Die Versuchung ist groß, diese Sicht zu verallgemeinern und auf die Moral auszudehnen.

Pragmatismus ist zweckgerichtet, fortschrittsgläubig an der Zukunft orientiert, aber oberflächlich

   Die Grundtendenz dieser Philosophie ist *zweckgerichtet.* Sie ist optimistisch, fortschrittsgläubig an der Zukunft orientiert, aber *aus der Sicht der europäischen Tradition oberflächlich.* Die Maximen sind: Was funktioniert, was zahlt sich aus, was passt am besten? Konsequenterweise führt die pragmatische Grundeinstellung auch zur Relativierung traditioneller Werte wie „Wahrheit". Für sie gilt (in verkürzter Form): „Wahr ist, was nützt." Mit solchen Auffassungen wird der Pragmatismus anfällig gegen Kritik.

Deweys höchster Wert ist das Leben

3. Dewey hat das Kernproblem dieses älteren Pragmatismus etwa eines James erkannt, nämlich die Notwendigkeit von traditionellen *Idealen und Werten.* Deweys höchster Wert ist „das Leben"; diese Auffassung hat natürlich Konsequenzen für seine Pädagogik.

„‚Leben' bedeutet Sitten, Einrichtungen, Glaubens-
anschauungen, Siege und Niederlagen, Erholungen und
Beschäftigungen" (Dewey 1964, S. 16). Es besagt auch
Selbsterneuerung, sodass die *Erziehung* als Prozess stän-
diger Erneuerung gemeinsamer Erfahrungen für das
Leben gesellschaftlicher Gruppen *unabdingbar ist*. Der
Fortbestand des Lebens wird also durch Erneuerung und
Erfahrung gesichert. Die Erfahrung wird über soziale
Gruppen weitergegeben. Der Erziehung kommt hier ein
fundamentaler Stellenwert zu, denn sie dient zur Erhaltung
und Erneuerung des Lebens. Wird diese Grundlage akzeptiert, so ist die Frage naheliegend: Welche Inhalte, welche
Methoden tragen vorrangig zur Erhaltung und Erneuerung
des menschlichen „Lebens" bei? Wir werden sehen, dass aus
dieser pragmatischen Perspektive die Naturwissenschaften
nicht nur gute, sondern die besten „Karten" haben.

Erziehung ist das Werkzeug zur sozialen Fortdauer des Lebens

4. Man kann die *erzieherische Bedeutung der Naturwissenschaften*, Dewey folgend, so begründen: Das für die Naturwissenschaften, insbesondere für die Physik typische
   Ergebnis ist eine *Theorie in mathematischer Gestalt*. In dieser
   symbolischen Darstellung wird gegenwärtige und künftige
   Erfahrung in „nicht zu überbietender Klarheit" repräsentiert; es ist die vollkommene Form kondensierter Erfahrung.
   Diese ist *unabhängig von persönlicher Erfahrung und wird
   allen zur Verfügung gestellt*. Dewey fasst dies als *immanenten
   demokratischen Aspekt* der Naturwissenschaften auf.
   Ein weiteres Argument Deweys: Indem die *äußeren
   Eigenschaften der Dinge in Symbolen eingefangen werden*, entlasten diese Symbole das Lernen und das Behalten.
   Außerdem ermöglichen die Symbole zu den Problemen und
   Zwecken zurückzukehren, denen die Symbole angepasst
   wurden. Diese Fähigkeit, die *abstrakten Darstellungen der
   Naturwissenschaften zu interpretieren, die Symbolsprache
   anzuwenden und zu beherrschen*, ist angesichts der Flut
   naturwissenschaftlicher Fakten lernökonomisch. In der Sprache Deweys ist dies eine das „Leben" erhaltende Fähigkeit,
   ein lebenswichtiger Vorteil.
   Diese Lernökonomie der naturwissenschaftlichen Darstellungen macht „die Befreiung des Geistes von der Hin-
   gabe an die gewohnheitsmäßigen Zwecke und Ziele" und
   „die geordnete Verfolgung neuer Ziele möglich" (Dewey
   1964, S. 285) und wird damit zur treibenden Kraft des
   Fortschritts. Die Arbeitserleichterungen in Beruf und
   Haushalt führen nicht nur zur Reduktion körperlicher
   Anstrengungen, sondern schaffen auch freie Zeit, Freizeit
   für alle. Durch dieses neue gesellschaftliche Phänomen
   werden neue Bedürfnisse geschaffen, die nach Befriedigung
   verlangen. Man denke etwa an die neuen Möglichkeiten,

Ein demokratischer Aspekt der Naturwissenschaften

Symbole entlasten das Lernen und das Behalten

Lernökonomie der naturwissenschaftlichen Darstellungen: treibende Kraft des Fortschritts

2

große Entfernungen in kurzer Zeit zurückzulegen, mit dem Computer und anderen Medien mit weit entfernten Menschen zu kommunizieren, sich über jedes Problem, über jedes Ereignis der Erde zu informieren, wenn das Problem, das Ereignis genügend Relevanz besitzen oder zu besitzen scheinen. Die durch Naturwissenschaften hervorgerufenen Möglichkeiten des Handelns haben wirtschaftliche und soziale Folgen für das Individuum und die Gesellschaft. Sie führten zu globalen Abhängigkeiten von Interessen und Zwängen, des Wohn-, Erholungs- und Vergnügungsorts, des Arbeitsplatzes.

Durch die neuen technischen Möglichkeiten wird nicht nur das Handeln, sondern auch *das Denken, Wollen und Fühlen der Menschen geprägt*. Der Gedanke einer dauernden Verbesserung des Zustandes der Menschheit – deren Fortschrittsglaube – fällt zeitlich mit dem Fortschritt in den Naturwissenschaften zusammen. Auch wenn heutzutage die Fortschrittseuphorie da und dort einen Dämpfer bekommen hat, bleibt festzuhalten, dass die durch Technik und Naturwissenschaften hervorgerufenen Änderungen die Umwelt und das „Leben" auf unserem Planeten nachhaltig beeinflusst werden. Diese Beeinflussung ist auch von der Einsicht einerseits oder der Ignoranz andererseits in die Naturvorgänge abhängig, d. h. vom Verständnis der Naturwissenschaften. Für Dewey besteht das Problem der „pädagogischen Verwertung" darin, die menschlichen Gewohnheiten mit der Methode der Naturwissenschaften zu „durchtränken" und die Menschen von der „Herrschaft der Faustregeln" und der durch sie geschaffenen Gewohnheiten zu befreien.

> Naturwissenschaften haben wirtschaftliche und soziale Folgen
> Dewey:
> — Menschliche Gewohnheiten mit der Methode der Naturwissenschaften „durchtränken"
> — Menschen von der „Herrschaft der Faustregeln" befreien

> Werden Geisteswissenschaften unterschätzt?

5. Hat sich Dewey in seiner Bewunderung für die Naturwissenschaften und für die naturwissenschaftlichen Methoden geirrt?

   Mit der Überschätzung der Naturwissenschaften und der naturwissenschaftlichen Methode geht eine Unterschätzung der geisteswissenschaftlichen Methode und deren Medium, der Sprache, einher. Zweifellos haben Technik und Naturwissenschaften die Welt verändert, aber dies gilt auch für die Sprache eines Jesus von Nazareth und seiner Apostel, eines Propheten Mohammed, die Reden eines Cicero, die demagogischen Appelle eines Hitlers und Goebbels.

   Ein weiterer Kritikpunkt ist Deweys Begriff „Fortschritt". Er ist zu eng mit technischem Fortschritt verknüpft, sodass er nicht in der Lage ist, Auswüchse der Technik, unsinniges Konsumverhalten, Gefährdungen durch die Technik zu kritisieren. Ist die Möglichkeit, fünfzig Fernsehprogramme zu empfangen, ein Fortschritt? Ist diese

> Leitbilder für die Gesellschaft und für die Wissenschaft benötigen ethische Grundlagen. Diese können nicht aus den Naturwissenschaften kommen

Programmvielfalt nötig, um ein sinnvolles, gewissermaßen notwendiges Informationsbedürfnis zu stillen? Sind etwa rechtsradikale oder sadistische Informationen im Internet ein Fortschritt? Wir kommen zum Kern der Kritik nicht nur an Deweys Begriff „Fortschritt", sondern am (philosophischen) Pragmatismus überhaupt. Der Pragmatismus gefällt sich in der Attitüde, ohne Werte außer der Erneuerung des „Lebens" auszukommen: „Vom Wachstum wird angenommen, dass es ein Ziel haben müsse, während es in Wirklichkeit eines ist" (Dewey 1964, S. 76). Aber eine Philosophie, die sich der Erhaltung und Erneuerung des „Lebens" verpflichtet, kommt ohne Werte über das menschliche Zusammenleben und das individuelle Verhalten nicht aus. Man benötigt Leitbilder, leitende Ideen für das Leben und auch für die wissenschaftliche Arbeit, ethische Normen. Diese Leitbilder bedeuten nach wie vor nicht nur Kosten-Nutzen-Rechnungen im Leben und in der Wissenschaft. Tatsächlich waren die großen naturwissenschaftlichen Revolutionen durch Newton, Maxwell, Einstein und die Schöpfer der Quantentheorie vorrangig nicht pragmatisch motiviert, sondern von der Suche nach letzten Wahrheiten über die Realität. Es ist nicht ohne Ironie, dass gerade die Naturwissenschaften, auf die Dewey im Hinblick auf den Fortschritt allein setzt, ein Leitbild verfolgen, das aus pragmatischer Sicht nichts mit der Erneuerung des Lebens zu tun hat, die „Suche nach Wahrheit" (s. Kircher 1995, S. 48 ff.).

> Wichtiges Motiv der naturwissenschaftlichen Forschung: Suche nach Wahrheiten über die Realität

6. In den USA wurden angesichts unbefriedigender Ergebnisse des naturwissenschaftlichen Unterrichts neue Curricula Science – Technology – Society (STS) und neue Vorschläge über naturwissenschaftliche Grundbildung (Scientific Literacy) publiziert, u. a. „Project 2061: Science for all Americans" (AAAS 1989), „Benchmarks for Science Literacy" (AAAS 1993), ohne dabei Deweys Grundideen zu verlassen (s. de Boer 2000). Das gilt auch für Shamos (1995), der aber den naturwissenschaftlichen Unterricht in den USA und damit auch Scientific Literacy kritisiert. Zwischen den derzeit formulierten Ansprüchen an naturwissenschaftliche Grundbildung und der Schulwirklichkeit klafft nicht nur in den USA eine große Lücke.

Shamos (1995) hält ein bescheideneres Ziel für notwendig; anstatt „naturwissenschaftliche Grundbildung für alle", soll „naturwissenschaftliches Bewusstsein" (Scientific Awareness) als Leitidee genügen, vergleichbar mit dem „Orientierungswissen", das Muckenfuß (1995) fordert.

> Genügt „naturwissenschaftliches Bewusstsein" (Scientific Awareness)?

2

2.1.3 Zusammenfassende Bemerkungen

1. Der philosophische Pragmatismus ist ein Abbild der neuzeitlichen, von Naturwissenschaften geprägten Welt. Bei
   Dewey – der den Ausdruck „Instrumentalismus" verwendet,
   um inhaltliche Differenzen zum Pragmatismus anzu-
   zeigen – ist der Einzelne verpflichtend in die Gesellschaft
   eingebunden. Das Wohlergehen einer demokratischen
   Gesellschaft ist dem Glück des Einzelnen übergeordnet; die
   demokratische Verfassung räumt dem Individuum weitgehende Freiheiten ein.
   Die Erhaltung und Erneuerung des „Lebens" ist der Sinn
   des Lebens. Mit dem Wachstum, auch dem geistigen Wachstum, konzentriert sich Dewey auf die Kindheit und Jugend,
   in der die geistigen Fähigkeiten zur Erneuerung ausgebildet
   werden.
   Bei diesem theoretischen Hintergrund nimmt der naturwissenschaftliche Unterricht in den USA im beginnenden
   20. Jahrhundert einen großen Aufschwung, quantitativ
   durch die Stundenzahl und qualitativ z. B. durch die Einführung von Schülerexperimenten. Es werden technische
   Fragestellungen im Unterricht berücksichtigt.
2. Durch die skizzierte Anfälligkeit des philosophischen
   Pragmatismus gegen Kritik findet die pragmatische Schultheorie im deutschen Sprachraum nur geringe Resonanz.
   Erst in den 1960er-Jahren – nach dem Sputnik-Schock –
   wurde eine Intensivierung des naturwissenschaftlichen
   Unterrichts auch staatlicherseits nach amerikanischem
   Vorbild gefördert. Auf diesem gesellschaftlichen und
   pädagogischen Hintergrund wurden in pädagogischen
   Forschungs- und Fortbildungsinstituten der Länder
   (u. a.) naturwissenschaftliche Curricula entwickelt. Eine
   überregionale Bedeutung hatten die am Institut für die
   Pädagogik der Naturwissenschaften (IPN) entwickelten
   Unterrichtseinheiten für den Physik-, Chemie- und Bio-
   logieunterricht. Diese Lernmaterialien sind nicht an der
   Fachsystematik orientiert, sondern an der *Relevanz für das
   Fach, für die Gesellschaft, für die Umwelt, für die Schüler* (s.
   Häußler und Lauterbach 1976). Diese Curricula sollten den
   Schülern in der Gegenwart nützen und sie auf die Zukunft
   vorbereiten; sie haben insgesamt nur eine geringe Ver-
   breitung in der Schulpraxis erfahren.
3. Für eine Begründung des naturwissenschaftlichen
   Unterrichts wird versucht, die Vitalität und offensive
   Argumentation des Pragmatismus mit dem philo-
   sophisch-pädagogischen Hintergrund der von Litt (1959), v.
   Hentig (1966, 1994, 1996), Klafki (1963, 1996) und Baumert

et al. (2000a,b) *erneuerten Bildungstheorie* zu verbinden, zu der auch Terhart (2002) und Tenorth (2006, 2015) wichtige Beiträge publiziert haben.

2.2 Die physikalische Dimension des Physikunterrichts

„Was ist die Wahrheit der Physik?", fragt v. Weizsäcker (1988, S. 15) einleitend in seinem Buch Der Aufbau der Physik.

Es werden die Entwicklung, der Aufbau und der philosophische Status der Physik skizziert. Die in der „Einführung" begonnene Diskussion *über die Physik* wird wieder aufgegriffen und vertieft. Bei der Beschreibung des Aufbaus der Physik orientieren wir uns an Einstein und Infeld (1950), Lüscher und Jodl (1971) und v. Weizsäcker (1988). Bei erkenntnistheoretischen Fragen, z. B. „Was ist die Wahrheit der Physik?", wird von Auffassungen des (philosophischen) Realismus ausgegangen (s. Ludwig 1978; Kircher 1995; Mikelskis-Seifert 2002; Leisner 2005; Günther 2006).

2.2.1 Historische Beiträge zum Aufbau der Physik

1. Wir betrachten den *Aufbau der Physik* vorwiegend aus der Sicht der Physik als einer *eigenständigen* Naturwissenschaft. Ihre Eigenständigkeit gewann die Physik um 1600 mit Galilei und Kepler als ersten wichtigen Repräsentanten der neuzeitlichen Physik.

   Zu diesem Zeitpunkt war die vorgängige aristotelische Physik 2000 Jahre alt. Sie war eingebettet in eine umfassende Kosmologie, in der Götter und andere mythische Wesen die Welt und damit die Natur beherrschten. Die Physik war ein Teil der aristotelischen Philosophie. Diese ist ein so geschlossenes, eng zusammenhängendes Ganzes, dass ein einzelner Bereich wie die Physik kaum getrennt behandelt werden kann (s. Dijksterhuis 1983, S. 19). Aber man kann die aristotelische Physik insofern mit der neuen Physik vergleichen, als sie ebenfalls „empirisch" war: Das Wissen über die „Welt" entstammt in letzter Instanz sinnlichen Eindrücken und Erfahrungen. Ich füge hinzu: Diese Eindrücke enthalten auch *Spuren der Realität*. Aus diesem Grunde ist die Physik nicht nur „gemacht", und wir finden in der Physik nicht „nur unsere eigene Spur", wie Eddington und Heisenberg meinen, aber – unbezweifelbar – auch „unsere Spur", z. B. in Form einer besonderen „Versprachlichung".

Galileo Galilei (1564–1630) Johannes Keppler (1571–1630)

Die aristotelische Physik wird im 17. Jahrhundert abgelöst durch die „neuzeitliche" Physik

2

Die heute als „klassisch" bezeichnete *neuzeitliche Physik* entstand vor allem durch eine neue theoretische Zugriffsweise und durch eine neuartige Auseinandersetzung mit der Realität, durch das *quantitative Experiment*. Dieses systematische Vorgehen schuf die Voraussetzung dafür, die in den experimentellen Daten enthaltenen „Spuren der Realität" in mathematischen Gleichungen darzustellen. Albert Einstein war fasziniert von dieser Möglichkeit, die Realität in „einfache" mathematische Gleichungen zu fassen. Es war für ihn ein wesentliches Ziel der Physik.

Physikalismus: Newton'sche Mechanik und physikalische Methoden gelten überall

Aus der qualitativen Physik des Aristoteles wird die *quantitative Physik* der Neuzeit (s. dazu Hund 1972). Letztere befasste sich zunächst vorwiegend mit raum-zeitlichen Änderungen von Gegenständen. Die entsprechenden physikalischen Gesetze (z. B. das Fallgesetz) ermöglichen damit nicht nur genaue Beschreibungen der Gegenwart, sondern auch der Vergangenheit und der Zukunft. Diese prinzipiellen Möglichkeiten der neuen Physik führten schließlich zu einem Physikalismus, vor allem in Gestalt eines mechanistischen, materialistischen Weltbildes, zu übertriebenen Hoffnungen und Erwartungen auch außerhalb der Physik: Da alle „Dinge" der Welt aus Materie bestehen, gehen die Veränderungen in dieser „Dingwelt" als raum-zeitliche Änderungen von Materie vor sich, gemäß der Newton'schen Mechanik.

Neben der Tendenz, physikalische Gesetze und Theorien in allen Bereichen des Lebens anzuwenden, wurde und wird auch versucht, die *naturwissenschaftliche Methodologie* auf andere Gebiete der Wissenschaft (z. B. Psychologie) und vereinzelt auch auf Literatur und Kunst (Bense 1965) auszudehnen. Man könnte meinen, dass (u. a.) Deweys Glorifizierung der *naturwissenschaftlichen Methode* auch in diesen Bereichen auf fruchtbaren Boden gefallen ist; sie wird Vorbild, das Ideal von Forschungsmethoden schlechthin. Dieser Ansatz ist natürlich legitim, weil Wissenschaft grundsätzlich methodologisch offen sein muss, aber man kann auch skeptisch sein, dass etwa die Quantifizierung von Kunst überzeugend gelingen kann.

Ungereimtheiten und Widersprüche der Newton'schen Physik

2. Die Ablösung des mechanistischen Weltbildes erfolgte nicht abrupt. Vielmehr versuchten die Physiker im 19. und beginnenden 20. Jahrhundert zunächst, die mit neuentdeckten Phänomenen aufgetretenen Ungereimtheiten und Widersprüche zur Newton'schen Physik als unwesentlich beiseite zu schieben, gar nicht zu beachten. Oder sie wählten einen anderen Ausweg: Sie unterstellten, dass nicht sorgfältig experimentiert, bewusst oder unbewusst nicht professionell gearbeitet wurde.

Wir können hier Einsteins und Infelds detaillierte Schilderung *des Niedergangs des mechanistischen Denkens* nur knapp skizzieren: Im Grunde begann der Niedergang der mechanischen Vorstellungen schon mit Voltas und Oersteds neuen elektrischen bzw. elektromagnetischen Phänomenen und der sich daraus entwickelnden Elektrizitätslehre, insbesondere dem Entwurf von Feldtheorien. Der Keim des Verfalls steckt auch in Youngs Interferenzversuchen und der Wellentheorie des Lichts (s. Einstein und Infeld 1950, S. 79 ff.).

Selbst als Maxwell diese beiden Theorien in seiner Elektrodynamik vereinte, versuchte er nicht, die dominierenden mechanistischen Auffassungen zu überwinden. Er ließ mechanische Analogversuche zur elektromagnetischen Induktion durchführen (s. z. B. Teichmann et al. 1981), weil er, der Zeit um 1850 entsprechend, überzeugt war, dass sich schließlich *alle neuen physikalischen Entdeckungen und Theorien auf die Mechanik zurückführen* und in diese integrieren ließen.

James C. Maxwell (1831–1870)

In der Folgezeit wurde allerdings deutlich, dass die in den Maxwell'schen Gleichungen beschriebenen *elektrischen und magnetischen Felder mehr sind als bloße Vorstellungshilfen*. Als eine neue Art „Träger" von Energie sind sie heute physikalische *Realität* wie die materiellen Objekte. Mit der wachsenden Bedeutung des Feldbegriffs schwindet die Bedeutung des traditionellen Substanzbegriffs in der Physik, der für die mechanistische Denkweise unerlässlich war. Diese Änderungen in der Physik sind auch auf Albert Einsteins Arbeiten zurückzuführen. Sie bewirkten die *endgültige Ablösung des mechanistischen Weltbildes*.

Albert Einsteins Arbeiten veränderten das physikalische Weltbild

Der Anlass hierfür lag allerdings nicht allein in den elektromagnetischen Phänomenen, die Einstein 1905 zur speziellen Relativitätstheorie anregten, sondern wird zu Recht auch mit Max Plancks Strahlungsformel verknüpft, die Planck im Jahre 1900 publizierte. Die Bedeutung der Formel widerspricht der klassisch-mechanistischen Auffassung: „Die Natur macht keine Sprünge". Auf der Ebene der *Atome und Moleküle gibt es keine kontinuierlichen Übergänge, sondern nur Diskontinuität, „Sprünge"*. Gemäß der Planck'schen Formel wird Strahlungsenergie immer in Form von „*Energiepaketen*" emittiert bzw. absorbiert. Diese Energiepakete (Photonen) werden durch ein elementares Wirkungsquantum h und durch die Frequenz f bestimmt.

Max Planck (1858–1947)

Damit ist Folgendes gemeint: Die Quantentheorie wird gegenwärtig als eine Fundamentaltheorie der Physik aufgefasst. Gegenwärtig ist kein Gebiet der Physik bekannt, das nicht den Prinzipien der Quantentheorie genügt. Das

Die Naturkonstante h durchzieht die moderne Physik

2

bedeutet nicht, dass neue physikalische Theorien mit der Quantentheorie zusammenhängen müssen; die Chaostheorie ist dafür ein aktuelles Beispiel.

Neben der Quantentheorie gilt auch die allgemeine Relativitätstheorie als „fundamental". Bisher ist es nicht gelungen, diese beiden grundlegenden Theorien der modernen Physik zu vereinen. Die „Grand Unified Theory" (GUT) ist ein wesentliches Ziel der heutigen Physikergeneration.

Das methodologische Verständnis einer Messung ändert sich

3. Wie unterscheidet sich die moderne Physik von der klassischen? Im Rahmen einer Einführung in die Physikdidaktik kann man darauf nur holzschnittartig eingehen: Das methodologische Verständnis einer Messung ändert sich grundlegend durch die *Heisenberg'sche Unschärferelation*. Ungenauigkeiten bei der gleichzeitigen Messung von verbundenen (sogenannten „konjugierten") Variablen (z. B. Ort x und Impuls p, bzw. Energie E und Zeit t) sind keine Folge der prinzipiell ungenauen Messinstrumente, sondern liegen in der Natur der physikalischen Objekte. Etwas präziser formuliert: Bei gleichzeitiger Orts- und Impulsmessung ist die Unschärfe von Δp umso größer, je kleiner die Unschärfe von Δx ist, das bedeutet je genauer der Ort z. B. eines Elektrons bestimmt wird. Das Produkt $\Delta p \cdot \Delta x$ (bzw. $\Delta E \cdot \Delta t$) ist $\gtrsim \hbar/2$. Die Heisenberg'sche Unschärferelation „ist die quantitative Formulierung für die Unverträglichkeit zweier Messungen … Es ist dies ein der klassischen Physik völlig fremder Sachverhalt" (Theis 1985, S. 33 f.).

Während man in der klassischen Physik den Einfluss der Messapparatur auf die physikalischen Objekte im Allgemeinen vernachlässigen kann, müssen in der Quantentheorie der Messapparat und das Messobjekt als „quantentheoretisches Gesamtobjekt" behandelt werden (v. Weizsäcker 1988, S. 520).

Indeterminismus

Feynman hebt ein weiteres Grundprinzip der Quantentheorie hervor: Die Physik hat es aufgegeben, genau vorherzusagen, was unter bestimmten Umständen mit einem physikalischen Objekt geschieht. Das Einzige, was vorhergesagt werden kann, ist die Wahrscheinlichkeit verschiedener Ereignisse. Man spricht in diesem Zusammenhang auch von Indeterminismus. „Man muss erkennen, dass dies *eine Einschränkung unseres früheren Ideals, die Natur zu verstehen, ist.*" (Feynman 1971, S. 1–14).

Quantentheorie: Gesetze über die Veränderung von Wahrscheinlichkeiten in der Zeit

Die Quantentheorie zielt nicht mehr auf die Beschreibung von einzelnen Objekten in Raum und Zeit, nicht auf die Beschaffenheit und die Eigenschaften dieser Objekte. Stattdessen wird die Quantentheorie charakterisiert durch *Gesetze über die Veränderung von Wahrscheinlichkeiten in der Zeit* – Gesetze, die für große Ansammlungen von physikalischen Objekten gelten. „Erst nach dieser grundlegenden Umstellung der Physik war es möglich, eine angemessene Erklärung für den offensichtlich diskontinuierlichen und statistischen Charakter von Vorgängen aus dem Reich der Phänomene zu finden, bei denen die Elementarquanten der Materie und der Strahlung ihre Existenz dokumentieren" (Einstein und Infeld 1950, S. 314 f.)

Während die Anwendung des mathematischen Formalismus der Quantentheorie längst geklärt und diese Theorie Grundlage für die Entwicklung technischer Geräte (z. B. Laser) geworden ist, ist die philosophische Diskussion um die Interpretation noch nicht beendet. So sind zum Beispiel v. Weizsäckers (1988) Überlegungen zu einer „Physik jenseits der Quantentheorie" umstritten.

Die philosophische Diskussion ist noch nicht beendet

4. Was hat der Aufbau der Physik mit dem Legitimationsproblem des Physikunterrichts zu tun?
    Relativitätstheorie und Quantentheorie haben nicht nur die Physik verändert, sondern auch die Philosophie der Wissenschaften und das heutige Weltbild der technischen Zivilisation mitbestimmt. Das ist aber nicht so sehr dem Einfluss der *neuen Methodologie* zuzuschreiben, die gewissermaßen *über* den klassischen Objekten und der klassischen Physik angesiedelt ist (s. Einstein und Infeld 1950, S. 312 f.), sondern dies ist das *Resultat dieser beiden fundamentalen Theorien und ihrer Wirkung weit über die Physik* hinaus. Sie haben zunächst die Physiker fasziniert, dann aber auch die Astronomen, Chemiker, Philosophen, Schriftsteller und Künstler. Besonders Einsteins wissenschaftlicher Ruhm hat auch die breite Bevölkerung erreicht; er galt und gilt als das naturwissenschaftliche Genie des 20. Jahrhunderts schlechthin. *Relativitätstheorie und Quantentheorie sind nicht irgendwelche Kulturgüter dieses Jahrhunderts.* Für Feynman (1971) sind sie „ein wesentlicher Teil der wahren Kultur in der modernen Zeit". Man möchte dies ausführen: Es sind dies nicht die zeitgenössische Musik, bildende Kunst, Literatur, sondern diese überragenden menschlichen Produkte, die in der Auseinandersetzung mit der Realität von den Naturwissenschaften im 20. Jahrhundert geschaffen wurden. Da Maßstäbe nicht vorhanden sind, gehen wir von einer *Gleichwertigkeit von Wissenschaft und Kunst* aus.

    Relativitätstheorie und Quantentheorie haben nicht nur die Physik verändert, sondern auch die Philosophie der Wissenschaften und das heutige Weltbild der technischen Zivilisation

    Die Entwicklung der Physik bis in die Neuzeit wurde hier skizziert, um *physikalische Theorien als Kulturgüter* höchsten Ranges zu deklarieren. Es wurde auch ein Grundmotiv der Physiker transparent: Maxwells, Plancks, Einsteins, v. Weizsäckers und Feynmans *Anliegen war nicht, die Natur zu beherrschen*, wie dies Bacon im Jahr 1620 zu Beginn der neuzeitlichen Physik forderte (Bacon, dt. Übersetzung, 1981), sondern immer tiefere Wahrheiten in der Natur zu

2

Einstein:
In der Naturwissenschaft
gibt es keine Theorien von
ewiger Gültigkeit

suchen. Das faustische Motiv der zweckfreien Wissenschaft: Sehen, was die Welt im Innersten zusammenhält, durchzieht die abendländische Kultur seit ihren griechischen Anfängen.

Einstein war klar, dass dies *keine endgültigen Wahrheiten* sein können: „In der Naturwissenschaft gibt es keine Theorien von ewiger Gültigkeit" (Einstein und Infeld 1950, S. 87). Und an anderer Stelle: „Unser Wissen erscheint im Vergleich zu dem der Physiker des 19. Jahrhunderts beträchtlich erweitert und vertieft, doch gilt für unsere Zweifel und Schwierigkeiten das Gleiche" (Einstein und Infeld 1950, S. 136).

Als Vergleich zur Arbeit des Physikers kann die Schwerstarbeit des Sisyphos aus der griechischen Mythologie herangezogen werden, die niemals endet. Aber wie Sisyphos trotzdem ein glücklicher Mensch ist (Camus 1959), können auch Physiker und Physikdidaktiker glückliche Menschen sein.

Naturwissenschaften sind in
ihrem *Kern zutiefst human*

Die Biografien erfolgreicher Physiker wie Einstein und Heisenberg, zeigen dies: Die „Wahrheit der Physik" ist ein unendlicher, schwieriger Weg, der nur zu vorläufigen, nicht zu endgültigen Resultaten führt. Man kann diese naturwissenschaftliche Suche nach Wahrheit mit „Humanismus als Methode" (v. Hentig 1966) bezeichnen.

Zusammenfassung

1. Die *neuzeitliche Physik* hat, wenn nicht den entscheidenden, so doch einen beträchtlichen Einfluss auf das jeweilige Weltbild in einer bestimmten Zeit.

2. Die Methodologie und die Theorien der *modernen Physik* führen *weg von einem mechanistischen Weltbild,* das determiniert ist von der klassischen Mechanik. In der Quantentheorie werden *naturgegebene Grenzen der menschlichen Erkenntnis* deutlich.

3. Die Entwicklung der Physik folgt keinem festgelegten „Regelwerk". Daher ist die *physikalische Begriffs- und Theoriebildung ein kreativer Vorgang.* Das Eindringen in submikroskopische Bereiche führt zu *unanschaulichen Begriffen und Theorien.*

4. Trotz ihrer nicht ewigen, aber *in ihrer Zeit objektiven Wahrheiten* in Form von Theorien und Gesetzen wirken die Naturwissenschaften tendenziell emanzipatorisch gegenüber Ideologien.

5. Im Physikunterricht sind prototypische Beispiele physikalischer Theorien und Methoden auch für sich relevant – für ihre Anwendung in der Technik und für die erkenntnis- und wissenschaftstheoretische Reflexion der Physik.

2.2.2 Über die Natur der Naturwissenschaften lernen

Die Redeweise „Über die Natur der Naturwissenschaften lernen"
bedeutet im engeren Sinne, im Physik-, Chemie-, Biologieunterricht
erkenntnis- und wissenschaftstheoretische Fragen zu thematisieren.

Wie in ▶ Abschn. 2.1.1 ausgeführt, hat Litt die *philosophische Reflexion der Naturwissenschaften* in der Tradition der Bildungstheorie begründet. Auch Dewey (1964) forderte schon zu Beginn des 20. Jahrhunderts *„learning about the nature of science"*. Man kann die Redewendung „über Physik lernen" (s. Jung 1979; Niedderer und Schecker 1982) auch in einem weiteren Sinne verstehen: „Welche Bedeutung hat die Physik für Nichtphysiker oder für die Gesellschaft?" „Können die Naturwissenschaften zur Erhaltung des Friedens beitragen?" „Welche Rolle können oder müssen die Naturwissenschaften übernehmen bei der Bewältigung der ökologischen Krisen?" In neuerer Zeit stellen u. a. Aikenhead (1973), Mikelskis (1986), Westphal (1992) und Jonas (1984) solche gesellschaftlichen, politischen, ethischen Fragen. Ergänzt durch technik- und wirtschaftsethische Fragen und die Geschichte der Physik (s. Höttecke 2001), kann man von der *„Metastruktur der Physik"* sprechen, die im Unterricht diskutiert und gelernt werden soll.

> „Über Physik lernen"

Aus den Ergebnissen der TIMS-Studie folgern Baumert et al. (2000b, S. 269), „ … dass *epistemologische Überzeugungen* ein wichtiges, bislang nicht ausreichend gewürdigtes Element motivierten und verständnisvollen Lernens in der Schule darstellen".

Bisher fehlen in Deutschland Studienpläne für die *„Metastruktur der Naturwissenschaften"* in der Lehrerbildung. In England, den USA wurden Lehr- und Lernmaterialien publiziert, die auch für die Lehrerbildung verwendet werden können (z. B. McComas 1998). Die in Deutschland publizierten Beispiele (Kircher et al. 1975; Meyling 1990; Hößle et al. 2004; Grygier et al. 2007; Höttecke 2008) sind ermutigende Anfänge. Empirische Untersuchungen, die das lernpsychologische Argument stützen, wurden (u. a.) von Meyling (1990; Sek II), Mikelskis-Seifert (2002), Sodian et al. (2002), Leisner (2005; Sek I), Priemer (2006), Grygier (2008; Grundschule), durchgeführt.

In Bd. 2, ▶ Kap. 6 „Über die Natur der Naturwissenschaften lernen – Nature of Science" wird dieser Themenkreis ausführlich dargestellt.

2.2.3 Zusammenfassende Bemerkungen

1. Das naturwissenschaftliche Denken hat sich als enorm fruchtbar erwiesen, weil es ihm gelungen ist, eine ungeheure Vielfalt verschiedenartiger Phänomene auf einfachere,

> Wirklichkeitserfahrung wird durch naturwissenschaftliches Denken nie vollständig ausgeschöpft

begrifflich bestimmte Sachverhalte und einfache Interpretationen zurückzuführen. Durch Abstraktionen ist dieses Denken über seine ursprünglichen begrifflichen Grenzen hinausgewachsen. Auch prinzipielle Grenzen dieses Denkens sind erkennbar geworden: Wirklichkeitserfahrung wird durch naturwissenschaftliches Denken nie vollständig ausgeschöpft.

2. Allgemeinbildende Aspekte der Physik
   - Die moderne Physik hat das heutige Weltbild der technischen Zivilisation wesentlich geprägt. Es ist wichtig, die Grundzüge und die Grenzen dieser Weltbilder zu verstehen.
   - Naturwissenschaften können emanzipatorisch wirken wegen der Freiheit der Wissenschaft und der Freiheit des Geistes, speziell
     durch die Loslösung von der „Herrschaft der Faustregeln" und von obrigkeitsstaatlichem Denken,
     durch die Befreiung von ideologischen Zwängen und durch die Entlarvung von Vorurteilen,
     durch das Offenlegen metaphysischer Implikationen.
   - Die „Suche nach Wahrheit" war und ist ein wesentliches Motiv der physikalischen Forschung.
   - Leitideen der modernen Physik wie „Einfachheit" und „Einheit" der Theorien sollen im Physikunterricht transparent werden.
   - Physikalische Theorien sind Kulturgüter (wie andere Wissenschaften, wie künstlerische und religiöse Erzeugnisse).

2.3 Die gesellschaftliche Dimension des Physikunterrichts

» Der endgültig entfesselte Prometheus, dem die Wissenschaft nie gekannte Kräfte und die Wirtschaft den rastlosen Antrieb gibt, ruft nach einer Ethik, die durch freiwillige Zügel seine Macht davor zurückhält, dem Menschen zum Unheil zu werden. (Jonas 1984, S. 7)

Inn diesem Abschnitt wird die Legitimation des Physikunterrichts in einer technischen Gesellschaft behandelt. Es wird die Ambivalenz der Technik skizziert und daran anschließend argumentiert, dass der Physikunterricht verpflichtet ist, Grundlagen für eine notwendige *fachliche Aufklärung* zu liefern. Diese ist eingebunden in die *Diskussion über Sinn und Zweck der Technik*.

Die gesellschaftliche Dimension des Physikunterrichts ist erst in der zweiten Hälfte des 20. Jahrhunderts Allgemeingut der Physikdidaktik geworden und hat, damit auch zusammenhängend, erst in neuerer Zeit Einzug in die Lehrpläne aller Schularten gehalten.

Der enge Zusammenhang von Gesellschaft und Physik (Naturwissenschaften) erfolgt vor allem über die Technik.

Was ist Technik? Wie verhält sich Technik zu anderen Bereichen unseres Lebens, zu Wirtschaft und Wissenschaft, zu Politik, zu Kunst und Religion? Ist sie etwas Gutes oder etwas Böses oder steht sie jenseits moralischer Werte? Wohin führt der Weg, wenn wir mit der Technik die Welt verändern – und mit der Technik auch uns selbst?

Was ist Technik?

2.3.1 Die moderne technische Gesellschaft

1. Der Mensch hat seit seinen Anfängen versucht, durch Technik seine biologischen „Mängel" zu beheben. Der Aspekt des technischen Handelns durchzieht den Weg des Menschen bis in unsere Zeit. Zunächst ermöglichte Technik das Überleben unserer erst vor einigen Millionen Jahren entstandenen Spezies. Die heutige Technik entbindet weitgehend von Schwerstarbeit – etwa im Bergbau, der Landwirtschaft, im Hoch- und Tiefbau usw. Sie versetzt die Gesellschaft auch in die Lage, sich eine artifizielle Welt an die Stelle der ursprünglich gegebenen zu setzen.

Sachsse (1978) folgend, bedeutet *technisches Handeln* einen Umweg zu wählen, um ein Ziel leichter oder schneller zu erreichen. War bei der Verwendung des Faustkeils die Wirkung und damit der Nutzen noch unmittelbar zu erkennen, so hat sich durch Arbeitsteilung der Weg über die technischen Mittel immer mehr und unüberschaubar verlängert.

„Der Mensch holt immer weiter aus. Immer umfassender, langfristiger und unanschaulicher sind die Umwege und die Bemühungen um die Herstellung von Hilfsmitteln" (Sachsse 1978, S. 15), etwa bei der Weitergabe von Erfahrung durch die Sprache, die Schrift, den Buchdruck, durch die technischen Medien unserer Tage.

Da technisches Handeln als Folge der immanenten Möglichkeit zur Arbeitsteilung dann auch soziales Handeln ist, ist im Fall der Arbeitsteilung der soziale Effekt offensichtlich: In immer kürzerer Zeit ist es möglich, Arbeit und Freizeit zu organisieren und dabei beispielsweise mit immer mehr Menschen zu kommunizieren. Hand in Hand mit der Entwicklung der Technik hat sich die Lernfähigkeit des Menschen entwickelt. Heute ist die Entwicklung der Lernfähigkeit durch Personen und Medien ein sehr wichtiger Teil der modernen technischen Gesellschaft.

Die Eigenschaften und Merkmale der Industrietechnik bergen große Potenziale für Leben ermöglichenden, Leben erleichternden, Leben erhöhenden Nutzen, aber auch Leben zerstörende, Leben erschwerende, Leben erniedrigende

Technisches Handeln: einen Umweg wählen, um ein Ziel leichter oder schneller zu erreichen

Mit der Entwicklung der Technik hat sich die Lernfähigkeit des Menschen entwickelt

Potenziale der Technik

Probleme in sich. Die Technik liefert „die Fülle der notwendigen Voraussetzungen für die Verwirklichung des Menschen auf dieser Erde, jedoch nicht die hinreichenden Bedingungen dafür" (Sachsse 1978, S. 56).

2

Veränderung der menschlichen Grundparameter durch die Technik

2. Die Summe dieser Merkmale der Technik führt zu einer Veränderung der biologischen Grundparameter unserer menschlichen Existenz, „wie das unmittelbar durch die Steigerung der Bevölkerungsdichte und durch die Eruption der Lebensansprüche in die Augen springt" (Sachsse 1978, S. 91 f.).

Überwindung der Armut, soziale Sicherheit, Erleichterung der Arbeit

In Lübbes optimistischer Interpretation der modernen Technik (Lübbe 1990, S. 152) sind es die offensichtlichen Lebensvorzüge und lebenswichtige Vorteile, die zur rasanten Entwicklung der Technik und damit zur Dynamik in der Industriegesellschaft führen. Es sind vor allem die Überwindung der Armut, die damit verbundene soziale Sicherheit und die Erleichterung der Arbeit. Zu Letzterem zählt nicht nur die Verringerung der Schwerstarbeit durch die Erfindung und den Einsatz immer besserer und spezifisch einsetzbarer Maschinen, sondern auch die Vermeidung negativer Arbeitsfolgen wie Unfälle und arbeitsbedingtes Siechtum und frühes Altern. Mit der Produktivitätssteigerung mittels der modernen Technik ist neben der Arbeitserleichterung auch Zeitgewinn verbunden, der, sinnvoll genutzt, zur Bereicherung des Lebens und zur Selbstverwirklichung mithilfe der Technik führt (s. z. B. Storck 1977, S. 64 ff.). Sachsse (1978), Jonas (1984), Kornwachs (2013), Lesch und Kamphausen (2018) heben dagegen die Eigendynamik der technischen Entwicklungen hervor. Der Mensch ist in der Rolle des Zauberlehrlings gegenüber der von ihm geschaffenen Technik, durch diese manipulierbar und manipuliert.

2.3.2 Veränderte Einstellungen zur Technik – Wertewandel

1. Die Gründe für Einstellungsänderungen zur modernen Technik liegen vor allem in den Technikfolgen. Dazu gehört auch, wie die Gesellschaft mit dem durch Technik gewonnenen „Überfluss" lebt, wie sie ihn produziert, wie sie ihn konsumiert.

Einstellungsänderungen durch globale Schäden und Bedrohungen:
- Treibhauseffekt
- Lärm
- Bodenerosion
- Waffen

Die Stichworte sind bekannt: die Energieverschwendung und die *Ressourcenknappheit,* die *Schädigung der natürlichen Umwelt durch die übermäßige Nutzung fossiler Brennstoffe,* die einen globalen Treibhauseffekt hervorrufen kann, *die Energiegewinnung durch Kernbrennstoffe,* die im Katastrophenfall über Menschenalter hinweg zu Genschädigungen und Tod in der belebten Natur führt, *der Müll und die Müllentsorgung*. Die durch die kürzere Arbeitszeit und entsprechende technische Entwicklungen möglich gewordene Mobilität von Abermillionen von Menschen rund um den Globus führt zu Verkehrstaus, jährlich Tausenden von *Verkehrstoten, Lärm, Stress der Verkehrsteilnehmer, zu ökologischen Schäden durch den Bau immer neuer Verkehrswege, Autobahnen und Eisenbahntrassen, Luftverschmutzung durch Auto- und Flugzeugabgase*. Das bedeutet *Beeinträchtigung von Lebensqualität für das Individuum und langfristige, globale Schädigungen des Ökosystems*.

Schließlich sei an ein weiteres Produkt der modernen Technik erinnert, das ganz evident als unmittelbare Bedrohung empfunden wird, die Waffentechnik. Mittels atomarer, biologischer und chemischer Waffen ist die Vernichtung nicht nur der Menschen, sondern wahrscheinlich aller höherentwickelten Lebewesen auf dem Erdball in den Bereich des Möglichen gerückt. Zusammen mit dem Eindringen in die Privatsphäre, den Möglichkeiten, mithilfe der modernen Technik in Wohnungen Gespräche zu überwachen, entsteht ein *Gefühl des permanenten Ausgeliefertseins*.

2. Die Lebensbedingungen in der modernen technischen Gesellschaft ändern Einstellungen nicht nur durch Angst und Schrecken. Auch die positiven Seiten der Technik tragen zu Einstellungsänderungen bei. Der Zeitgewinn, mehr Freizeit und die höhere Prosperität großer Bevölkerungsschichten in den westlichen Demokratien führten zu einem anderen Umgang mit den Produkten. Ausdrücke wie „Wegwerfgesellschaft", „Freizeitgesellschaft" oder „Konsumgesellschaft" deuten solche Einstellungsänderungen an. *Hedonismus wurde spätestens seit den 1970er-Jahren zum Lebenssinn* einer „Gesellschaft im Überfluss" (Galbraith 1963).

Einstellungsänderungen durch Überfluss

3. In soziologischer Betrachtung (Hillmann 1989, S. 177 ff.) beginnt in den 1980er-Jahren ein Wertewandel, der alle wichtigen Bereiche der Lebenswelt tangiert:

Wertewandel in allen wichtigen Bereichen der Lebenswelt

- Natur und Leben (z. B. Erhaltung eines menschenwürdigen naturverbundenen Lebens, gesunde Lebensweise und Ernährung)
- Arbeit und Beruf (z. B. Humanisierung der Arbeit, Arbeitsplatzsicherheit, Jobdenken)
- Technik und Wirtschaft (z. B. ökologische Verträglichkeit, energie- und rohstoffsparende Wirtschaftsweise)
- Konsum (z. B. ökologisch orientierte Sparsamkeit, Rücksichtnahme auf die Dritte Welt, Verbraucherschutz)
- Staat, Herrschaft und Politik (z. B. Persönlichkeitsschutz, Entstaatlichung, Rüstungskontrolle)

— gesellschaftliches, mitmenschliches Zusammenleben (z. B. Emanzipation der Frau, Gemeinschaftssinn, Mitmenschlichkeit)

— Persönlichkeitsbereich: Selbstverständnis, Emotionalität, Denkstile (z. B. der Mensch als kreative und aktiv handelnde Sozialpersönlichkeit, seelische Ausgeglichenheit, vernetztes Denken).

Insbesondere der Natur- und Umweltschutz fand sehr aktive Unterstützung durch Gruppen wie Greenpeace. In anderen Bereichen treten „Wertwandlungstendenzen nur als langsam ablaufende, geringfügige Schwerpunktsverlagerungen in Erscheinung" (Hillmann 1989, S. 187).

Leitideen für den naturwissenschaftlichen Unterricht

Dieser seitens der Soziologie diagnostizierte Wertewandel enthält implizite *Leitideen für den naturwissenschaftlichen Unterricht*. Aus den deskriptiven Aussagen der Soziologie werden normative Leitideen, z. B. aus dem Bereich „Arbeit und Beruf":

— Einsicht in die Humanisierung der Arbeitswelt durch die Mikroelektronik gewinnen

— Entwicklung von Fähigkeiten und Einstellungen zur erfolgreichen Teilnahme/Organisation von modernen Arbeitsprozessen (Nutzung von Internet und E-Mail zur Kommunikation und Wissensbeschaffung)

2.3.3 Technik- und Wissenschaftsethik

1. Kurz vor der Jahrtausendwende ist in einigen dicht bevölkerten Staaten mit demokratischen Strukturen das Bewusstsein für die globale und lokale Umwelt gewachsen.

Lokale und globale Umweltschutzmaßnahmen

2. Der Natur- und Umweltschutz wurde in die Verfassungen der deutschen Bundesländer übernommen. Es gibt Umweltministerien, in den Großstädten wurden Umweltreferate geschaffen. Städte und Gemeinden errichteten zur Ressourcenschonung lokale *Recyclingzentren*, „Wertstoffhöfe", in denen Metall, Glas und Papier gesammelt wird. Außerdem wird organischer Müll kompostiert, Sondermüll in speziellen Deponien entsorgt. Lärmbelästigungen durch den Verkehr werden durch Lärmschutzwälle und andere lärmdämmende und lärmverhindernde Maßnahmen reduziert. Luftmessstationen in den Städten können Smogalarm auslösen. Spezielle Abteilungen der Polizei befassen sich ausschließlich mit der Umweltkriminalität. Deutsche Politiker haben auf die Sorgen der Bürger reagiert.

Neues Leitziel Umweltverträglichkeitsprüfung in der Industrie

In den Haushalten werden Energiesparlampen verwendet, Wärmeschutzmaßnahmen an Gebäuden werden ebenso steuerlich begünstigt wie die Modernisierung von Heiz-

anlagen. Auch in der Schule ist der Natur- und Umweltschutz als Leitziel vertreten.

Schließlich seien auch die Anstrengungen in der Industrie
erwähnt, umweltverträgliche Produkte auf umweltverträgliche Weise zu erzeugen.

3. Demgegenüber kann man auch eine *Negativbilanz* auf-
machen, in der Versäumnisse aufgeführt sind, gegenläufige
Tendenzen zum oben aufgeführten Trend. So war z. B. eine
Änderung der Verkehrspolitik mit einer Förderung des
Schienenverkehrs ordnungspolitisch angedacht. Heute steht
die CO_2-Emission im Vordergrund vieler Diskussionen.
Den *„Erfolgen gesetzlicher Zwänge steht das Versagen frei-
williger Selbstkontrolle gegenüber"* (Kümmel 1998, S. 103).
*„Jeder weiß um die Umweltproblematik und kann sie lokal
einsehen; auch die Notwendigkeit globalen Handelns ist
offenkundig – aber wir sind effektiv dazu nicht in der Lage."*
(Kornwachs 2013, S. 119).

Man kann zusammenfassend feststellen:

- Die notwendigen gesetzgeberischen Maßnahmen, um
Technikfolgeprobleme zu beherrschen, sind in der Bundesrepublik recht weit gehend erfolgt. Diese Maßnahmen sind
aber noch nicht durchgängig umgesetzt. Dies gilt insbesondere für internationale Vereinbarungen.
- Das Wissen um die Bedeutung von Natur- und Umweltschutz
hat sich in der bundesdeutschen Bevölkerung verbreitet.
Konsequentes *umweltbewusstes Verhalten beschränkt sich
allerdings auf eine kleine Minderheit.* Weiterhin werden täg-
lich Pflanzen- und Tierarten auf dem Globus ausgerottet; sie
sind für immer verschwunden. Es ist dasjenige Vergehen, das
uns künftige Generationen am wenigsten vergeben werden (s.
Wilson 1995).

2.3.4 Naturwissenschaftlicher Unterricht und das Prinzip Verantwortung

Der Ausgangspunkt für die Überlegungen von Hans Jonas ist:
Einem sensiblen Ökosystem steht eine Menschheit gegenüber,
die die Natur immer mehr nutzt, ausnutzt, ausbeutet, mit immer
mächtigeren Werkzeugen, mit immer effizienterer Technologie.
Jonas argumentiert, dass mit der neuen Technik und dem damit
verbundenen Fortschritt neuartige Fragen verbunden sind, die
mit der herkömmlichen Ethik nicht zu beantworten sind: Fragen im Zusammenhang mit der Lebensverlängerung, mit der
Erzeugung von Leben mithilfe der Technik. Ein wesentliches Element dieser neuen Ethik ist das *„Prinzip Verantwortung".* Dieses

Zur Negativbilanz: Versagen
freiwilliger Selbstkontrolle

Jonas: Neue Ethik
erforderlich

schließt nicht wie herkömmlich vor allem den Menschen ein, sondern auch die belebte und unbelebte Natur (s. Jonas 1984, S. 95).

Dem naturwissenschaftlichen Unterricht fällt dabei die wichtige Aufgabe zu, die Notwendigkeit von Technik auch unter diesem Leitbild verständlich zu machen:

Naturwissenschaftliches Wissen hat eine neue fundamentale Rolle in der Moral

Die ständig wachsende Bevölkerung kann nur durch Anwendung von Technik ein menschenwürdiges Dasein führen. Naturwissenschaftliches Wissen hat damit eine neue fundamentale Rolle in der Moral: „Wissen (wird) zu einer vordringlichen Pflicht über alles hinaus, was je vorher für seine Rolle in Anspruch genommen wurde, und das Wissen muss dem kausalen Ausmaß unseres Handelns größengleich sein." (Jonas 1984, S. 28).

Ethische Reflexionen über Naturwissenschaft und Technik

Jonas folgend liegt das Problem darin, dass das vorhersagende Wissen der Naturwissenschaften hinter dem technischen Wissen zurückbleibt. Auch Jonas schlägt zur Lösung dieses Konflikts *die Reflexion über das Wissen und das Nichtwissen* vor, ethische Reflexionen über Naturwissenschaft und Technik.

Mit Jonas' Argumenten liegt *eine weitere fundamentale Begründung* für den naturwissenschaftlichen Unterricht vor.

2.3.5 Umwelterziehung und Bildung der Nachhaltigkeit

Umweltbewusstsein: Umweltwissen, Umwelteinstellung, Umweltverhalten

Änderung des Lebensstils

1. Das Ziel der Umwelterziehung ist das Wecken eines Umweltbewusstseins. Dieser Ausdruck enthält in der Interpretation von de Haan und Kuckartz (1996) die drei Komponenten: *Umweltwissen, positive Umwelteinstellungen und sinnvolles Umweltverhalten.*

   Ein einfaches Modell der Umwelterziehung nimmt an, dass Umweltwissen positive Umwelteinstellungen bewirkt, die auf einen verbesserten Umweltschutz ausgerichtet sind. Die Analyse der zahlreich durchgeführten empirischen Untersuchungen im In- und Ausland haben dieses einfache Modell nicht bestätigt. Zwischen Umweltwissen, Betroffenheit, Einstellungen und Verhalten bestehen nur geringe Zusammenhänge. Für das tatsächliche Umweltverhalten spielen andere Charakteristika der Menschen einer technischen Gesellschaft eine Rolle: die Sozialisation durch den Beruf, die ökonomischen Interessen und die Lebensstile (s. de Haan und Kuckartz 1996, S. 238). Besonders deutlich wird der Unterschied zwischen Umweltwissen und Umweltverhalten bei Lehrkräften. Denn obwohl Lehrerinnen und Lehrer Umwelterziehung im Unterricht praktizieren und sie auch über kompetentes Umweltwissen verfügen, sind ihre

Umwelteinstellungen nur „durchschnittlich". Jugendliche
(10. Klasse) sehen in den Lehrern bezüglich des Umweltver-
haltens schlechte Beispiele, denn es fällt ihnen u. a. schwer,
öffentliche Nahverkehrsmittel zu benutzen, auf bestimmte
umweltschädigende Sportarten zu verzichten, in der Freizeit
an Natur- und Umweltschutzprojekten mitzuarbeiten oder
diese gar zu initiieren (de Haan und Kuckartz 1996, S. 159).
Es zeigt sich insgesamt, dass Umweltverhalten kein homogener Verhaltensbereich ist. Umweltverhalten, das keine
größeren Opfer verlangt, wie z. B. die Abfallsortierung, wird
eher praktiziert als Abfallvermeidung oder der öffentliche
Einsatz zugunsten des Naturschutzes. Während beim Ein-
kaufsverhalten bei bestimmten Produkten (z. B. Wasch-
mittel) der Umweltschutz eine große Rolle spielt, ist dies
bisher beim Verkehrsverhalten nicht der Fall. Beim umwelt-
gerechten Energiesparen ist auch das finanzielle Motiv wichtig. Es gibt noch weitere hemmende Motive für positives
Umweltverhalten, wie die persönliche Bequemlichkeit und
der Lebensstil.

Umweltverhalten
ist kein homogener
Verhaltensbereich

Trotzdem wäre es verfehlt, der Schule in diesem Bereich
Versagen vorzuwerfen. Umweltbewusstsein ist insbesondere
in der Bundesrepublik zu einem sozialen Tatbestand
geworden. Und sicherlich hat die Umwelterziehung dazu
beigetragen, dass der Umweltschutz in unserer Gesellschaft
für sehr wichtig gehalten wird, auch wenn der Beitrag der
öffentlich-rechtlichen Medien oder von Greenpeace größer
sein dürfte als der der Schule (s. de Haan und Kuckartz
1996, S. 63 ff.).

2. Nachdem sich gezeigt hat, dass Umweltwissen keinesfalls ausreicht, um positives Umweltverhalten ursächlich
hervorzurufen, wird derzeit diskutiert, ob ein neues Leitbild in der Schule angestrebt und vermittelt werden soll.
Nicht mehr Betroffenheit über aktuelle gegenwärtige oder
künftige Katastrophen soll Auslöser für ein bestimmtes
Umweltverhalten sein, sondern rationale Überlegungen,
wie die vorhandenen Ressourcen besser genutzt werden
können, wie auch in den Entwicklungsländern Wohlstand
erreicht werden kann, ohne dafür den gleichen Weg wie
die Industriestaaten zu gehen. Es soll schließlich trotz einer
noch steigenden Weltbevölkerung hinreichend Zeit für die
Entwicklung neuer innovativer Produkte gewonnen werden,
aber auch Zeit für die Verbreitung eines neuen Leitbildes.
Dieses zielt zwar auf Einschränkungen, aber ohne Lebensqualität einzubüßen. Dieses Leitbild der „nachhaltigen
Entwicklung" *(sustainable development)* wurde 1992 auf
der Umweltkonferenz von Rio de Janeiro als Grundlage für
nationale und internationale Umweltpolitik vorgeschlagen.

Umweltwissen reicht nicht
aus

Leitbild: nachhaltige, zukunftsfähige Entwicklung

Eine solche nachhaltige, zukunftsfähige Entwicklung soll folgenden Maximen genügen:

- gleiche Lebensansprüche für alle Menschen (internationale Gerechtigkeit)
- gleiche Lebensansprüche auch für künftige Generationen
- Gestaltung des einer Nation unter diesen Prämissen zur Verfügung stehenden Umweltraums auf der Basis der Partizipation der Bürger
- die Nutzung einer Ressource darf nicht größer sein als die Regenerationsrate …
- die Freisetzung von Stoffen darf nicht größer sein als die Aufnahmefähigkeit *(critical loads)* der Umwelt …
- „nicht erneuerbare Ressourcen sollen nur in dem Maße genutzt werden, wie auf der Ebene der erneuerbaren Ressourcen solche nachwachsen …" (de Haan und Kuckartz 1996, S. 273).

Diese Grundsätze wurden 2012 und 2015 fortgeschrieben, trotz beträchtlicher Defizite in Entwicklungsländern und den Staaten, die diese Resolution erst gar nicht unterschrieben haben (z. B. USA und China).

Umweltbewusstsein führt durch die Bildung

3. Einige dieser Festlegungen durch die UNO implizieren auch Leitideen für den naturwissenschaftlichen Unterricht, die hier im Zusammenhang mit dem Wertewandel skizziert wurden (s. ▶ Abschn. 2.3.2).

De Haan und Kuckartz (1996, S. 283) stellen die Frage, „wie dieses und wer denn dieses neue Umweltbewusstsein auf den Weg bringen soll". Für ihre Antwort: „Der Weg führt durch die Bildung", nennen sie drei Gründe:

- Umweltbewusstsein und -verhalten werden durch Lebens- und Denkstile und durch Vor-Urteile bestimmt. Diese sind erlernt, und sie sind damit auch änderbar.
- Eine nachhaltige, zukunftsfähige Entwicklung fordert von den Menschen der Industriestaaten im Namen künftiger Generationen und im Namen globaler Gerechtigkeit, sich zu beschränken. „Ob man der Aufforderung zur Selbstbeschränkung folgen mag oder nicht, setzt Entscheidungskriterien voraus, über die man erst einmal verfügen muss. Und wie sonst sollen diese zugänglich werden, wenn nicht durch Unterrichtung und Diskurs?" (de Haan und Kuckartz 1996, S. 284).
- Bildung kann die kritische Reflexion vorhandener und die Entwicklung neuer Leitbilder fördern. Diese sind eine wichtige Voraussetzung für ein neues Umweltbewusstsein. Dieses wiederum ist „die Denkvoraussetzung einer epochalen Veränderung" (de Haan und Kuckartz 1996, S. 284).

Weitere komplexe interdisziplinäre technische, wirtschaftliche, soziologische Probleme sind die „Stoffproduktivität" und die „Transportproduktivität" (v. Weizsäcker und Lovins 1996). Es sind ebenso Themen für den Physikunterricht wie „Energieeffizienz", „Klimawandel", „Energiewende" und „Industrie 4.0" (mit Digitalisierung der industriellen Produktion; s. a. Bd. 2, ▶ Kap. 6).

2.3.6　Zusammenfassende Bemerkungen

1. Die Darlegungen von Jonas (1984) machen deutlich, dass mehr naturwissenschaftlicher Unterricht nötig ist, um die anstehenden Probleme einer weiter wachsenden Erdbevölkerung lösen zu können. In der modernen technischen Gesellschaft ist die Individualität des Menschen *eine Notwendigkeit, Mythos und Problem.*

   Mehr naturwissenschaftlicher Unterricht

2. Die mit der nachhaltigen zukunftsfähigen Entwicklung zusammenhängende Bildung stellt eine neue Herausforderung für den naturwissenschaftlichen Unterricht dar. Neue überlebenswichtige Technologien gründen in den Naturwissenschaften, und sie sind auch Teil der neuen Leitbilder.

   Neue überlebenswichtige Technologien

3. Leitideen zur gesellschaftlichen Dimension des Physikunterrichts: Wir sind auf naturwissenschaftlich-technische Bildung und Erziehung angewiesen, damit:
   - Bürgerinnen und Bürger kompetent an Entscheidungen teilnehmen können über naturwissenschaftlich-technische Probleme mit gesellschaftlicher Relevanz (z. B. Energiewende)
   - jedes Individuum sinnvolle Entscheidungen in Bezug auf seinen Beruf und seinen Lebensstil treffen kann
   - lokale und globale Katastrophen in einer modernen technischen Gesellschaft bewältigt oder vermieden werden können

   Neue Leitbilder, neue Bildungsziele und Lebensstile können dazu beitragen, das gegenwärtige, ökologisch unangemessene menschliche Verhalten zu ändern

   Naturwissenschaftlich-technische Bildung erlaubt,
   - die technisch geprägte Welt und ihre Risiken zu verstehen,
   - die Freizeit sinnvoll zu nutzen,
   - persönliche Interessen und geistige Beweglichkeit zu fördern,
   - eigene und fremde körperliche Schäden zu vermeiden,
   - sich einen umweltverträglichen Lebensstil anzueignen,
   - sich gemeinsam aktiv für eine gesunde Umwelt und für verantwortungsvolle Nutzung der natürlichen Ressourcen einzusetzen, sodass die Welt bewohnbar bleibt.

2.4 Die pädagogische Dimension des Physikunterrichts

> » Ich nenne eine Didaktik herzlos, die das eigene Denken der Kinder nicht achtet, statt sich von ihm auf den Weg bringen zu lassen. (Wagenschein 1983, S. 129).

Humanes Lernen im Physikunterricht

Pädagogische Theorien einerseits und Bürgerbewegungen andererseits fordern eine *humane Schule, humanes Lernen in der Schule*.

1. In dieser Skizze werden zunächst verschiedene allgemeine Aspekte des humanen Lernens erörtert (s. Rumpf 1976, 1981, 1986). Es geht dabei um *Auffassungen, Wertschätzungen, Handlungsgewohnheiten, Handlungssysteme, die von Schülern in etablierten Lehreinrichtungen übernommen werden sollen und um Maßnahmen, die Lehrer einsetzen, um diese Änderungen zu bewirken.* Humanes Lernen bedeutet, dass bei der Beurteilung der Lernprozesse nicht nur die Effektivität eine Rolle spielt, sondern auch der Vorgang des Lernens, insbesondere der Umgang des Lehrers mit den Schülern, mit deren Ideen und Weltbildern. In mittelbarer Weise ist für humanes Lernen auch der Umgang mit den Lerninhalten relevant. Denn die Art, wie die Inhalte methodisiert und durch Medien illustriert werden, hat Auswirkungen auf die Schüler. Werden natürliche Zugänge und Wege des menschlichen Lernens durch die Schule verschüttet?

Werden natürliche Zugänge und Züge des menschlichen Lernens durch die Schule verschüttet?

2. Schüler können sich auf den Unterricht freuen – oder sie können die Schule mit Ängsten betreten, hoffend, dass der Schultag, die gesamte Schulzeit bald vorbei ist. Diese Gefühle hängen von Lehrern und Lehrerinnen ab, von den Fächern, von den Mitschülern, von organisatorischen Gegebenheiten, unter denen Lernen stattfindet, humanes und inhumanes. Diese Beschreibung schließt ein, dass es Unterschiede zwischen Fächern und Fachlehrern gibt. So gelten Physiklehrer als streng, und Physik lernen ist schwierig (s. Kircher 1993). Es ist das Ziel dieses Abschnitts zu zeigen, dass humanes Lernen im Physikunterricht möglich ist. Es geht um Konkretisierungen, die aus der Leitidee „Humane Schule" für den Physikunterricht zu ziehen sind.

2.4.1 Die übergangene Sinnlichkeit im Physikunterricht – eine Kritik

Physiklernen in der Schule soll kein Optimierungsprozess sein: möglichst viel Wissen in möglichst kurzer Zeit

1. Nach alter Auffassung ist die Schule eine Vorphase des Berufs; Schüler sind in einer Vorphase eines Erwachsenen. Vorstellungen und „Weltbilder" der Schüler sind aus der Sicht vieler Erwachsener bestenfalls kuriose, vorläufige Ideen. Wegen dieses unreifen, unfertigen Zwischen-

stadiums erscheint es selbstverständlich, legitim, notwendig, die Schülerinnen und Schüler mit Wissen und Fähigkeiten auszustatten, damit sie als Erwachsene in einer von Wissenschaften geprägten Welt zurechtkommen. Dieser Aneignungsprozess ist insbesondere in den Naturwissenschaften zu optimieren im Hinblick auf ein möglichst umfassendes Wissen in möglichst kurzer Zeit, denn das naturwissenschaftlich-technische Wissen vergrößert sich immens, von Tag zu Tag, von Jahr zu Jahr. Für ein Kind bedeutet dies einen „Kurs in einer besonderen Askese: Es muss lernen, seine sinnlichen Welt-Resonanzen auf bestimmte Kanäle zu reduzieren und dort zu kontrollieren" (Rumpf 1981, S. 43). Formales Denken bedeutet, dass „das Subjekt als Träger einer Lebensgeschichte, einer vielfältig bestimmten Affektivität, eines Körpers in einer bestimmten Haltung und Verfassung, eines Geschlechts, einer bestimmten Lebenswelt ausgeklammert bleibt" (Rumpf 1981, S. 135).

2. Bei einer solchen eingeengten Einführung in unsere Kultur und Zivilisation wird in Kauf genommen, dass der körperlich sinnliche Zugang zu den Phänomenen als störend und überflüssig empfunden wird. Es bleibt keine Zeit für die Schüler, ihre eigenen Meinungen zu überprüfen, weiter zu verfolgen, zu verwerfen, über die „Dinge" zu fabulieren, sie in ihre Lebenswelt einzubeziehen, sie zu hassen und zu lieben. So bleiben „die persönlichen, die grüblerischen, die tagträumerischen Gedanken … privat, unterhalb der Grenzlinie dessen, was … als Unterrichtsergebnis und -inhalt" (Rumpf 1981, S. 135) vorgezeichnet ist. Dieser Trend in der Schule „zur Profilierung des Lernens auf eindeutig gemachte Bahnen, die die Lernprozesse zu Punktlieferanten macht" (Rumpf 1981, S. 140), ist allerdings nicht neu, sondern auch ein Ergebnis einer durch und durch verwalteten Lebenswelt, die ihrerseits Folge der neuzeitlichen technischen Gesellschaft und ihrer Weltbilder ist. Dieser Prozess begann in Europa mit der Industrialisierung und der Schaffung zentralistischer Staaten.

> Der körperlich sinnliche Zugang zu den Phänomenen ist nicht störend und überflüssig, sondern notwendig

3. Die hier skizzierte allzu rasche Aneignung des Wissens durch stereotype „Normalverfahren" des Unterrichtens unter weitgehender Ausblendung lebensweltlicher Erfahrungen führt häufig *zu mechanischem Lernen, zu unverstandenem Wissen, das die Schülerinnen und Schüler rasch wieder vergessen.* Zu diesen aus der Sicht der betroffenen Schüler inhumanen Lernwegen kommt eine weitere Ursache für rasches Vergessen hinzu, die „leicht-fertige" Übernahme der Fachsprache. Häufig erhalten Wörter der Umgangssprache, die in der Physik als Fachausdrücke

> Inhumane Lernwege durch Normalverfahren

„Leicht-fertige" Übernahme
der Fachsprache

2

verwendet werden, in diesem Kontext eine neue, andersartige Bedeutung. Ein physikalischer „Körper" ist ohne
Sinnlichkeit, nur ein abstraktes Ding, ist ohne Form und
Farbe, ohne Bezug zur Lebenswelt. Außerdem werden in
der Physik durch die Verwendung mathematischer Symbole
gesetzmäßige Zusammenhänge zusätzlich abstrahiert und
verkürzt dargestellt. Diese Vorteile der Naturwissenschaften,
die Verwendung einer Fachsprache und die mathematische Darstellung, bedeuten für viele Lernende immense
Schwierigkeiten. Es wird verfrüht eine Auskunft gegeben,
nach der die Schüler nicht verlangen. Wagenschein (1976,
S. 85) nennt dies „Korruption ihres Denkens". Unterrichts-
und Schulbuchanalysen ergaben, dass in einer Physikstunde mehr neue Fachbegriffe eingeführt werden als in
einer Fremdsprache und das, obwohl physikalische Begriffe
abstrakt, das heißt unanschaulich sind; außerdem sind sie
„theoriegeladen".

Die Umgangssprache ist
für ein ursprüngliches
Verstehen der Physik
notwendig

Andererseits haben Thiel und Wagenschein (s. Wagenschein et al. 1973) in Unterrichtsbeispielen gezeigt, dass
eine sinnlich-lebensweltliche und daher verständliche
Umgangssprache ausreicht, um auch im Physikunterricht zu
kommunizieren, mehr noch, dass die Umgangssprache für
ein ursprüngliches Verstehen der Physik notwendig ist. „Die
Muttersprache führt zur Fachsprache ohne zu verstummen.
Die Umgangssprache wird nicht überwunden sondern über-
baut" (Wagenschein 1983, S. 81).

Exemplarisches Lehren
und Lernen wird im
Physikunterricht kaum
befolgt

4. Ein weiteres Moment der übergangenen Sinnlichkeit rührt
von Einstellungen mancher Lehrer, mit der Stofffülle in
den Lehrplänen fertig zu werden: Sie fühlen sich angesichts
übervoller Lehrpläne gedrängt zur oben skizzierten „Optimierung" der Lernwege in den 45-min-Takt einer Schul-
stunde. Gibt es dazu keine Alternativen? Die pädagogische
Aufforderung „Mut zur Lücke" und damit zusammenhängend das „exemplarische" Lehren und Lernen, wird
bisher nicht nur in der Praxis des Physikunterrichts kaum
befolgt. Die Gründe dafür können ganz unterschiedlich
sein: allgemeines Pflichtbewusstsein, auch einen Lehrplan
möglichst buchstabengetreu auszuführen, Angst vor der
Schulaufsicht, mangelndes Selbstbewusstsein gegenüber
dem Kollegen, der die Klasse im nächsten Schuljahr übernehmen wird. Nicht ganz auszuschließen ist bei Physiklehrern eine gewisse Arroganz gegenüber pädagogischen
Argumenten, falls diese in ihrer Ausbildung ausschließlich
durch die Fachwissenschaft geprägt wurden und ihnen beispielsweise das Wissen über die Bedeutung des Sinnlichen
und die Bedeutung der *Schülervorstellungen* (s. ▶ Kap. 9) für
das Physiklernen fehlt.

2.4.2 Schulphysik als Umgang mit den Dingen der Realität

1. Wagenscheins Aufruf: „Rettet die Phänomene", ist heute so aktuell wie eh und je. Wagenscheins Anlass dazu war die „übergangene Sinnlichkeit", die vorschnelle Einführung von physikalischen Begriffen und Modellen. Heute kommt die Sorge hinzu, dass die Phänomene kaum wahrnehmbar sind, nicht mehr verwundern, nicht überraschen, nicht mehr überzeugend sind, weil miniaturisierte Messfühler verwendet werden, deren „Äußerungen" analog-digital-gewandelt nur der Computer „versteht". Und es beunruhigt auch, dass die Realität vorwiegend nur noch aus zweiter Hand über Medien erfahren wird. Das bedeutet auch, dass die Ästhetik und die Würde der physikalischen Realität verschwinden, wenn der „Umgang" mit den Dingen fehlt.

2. Die physikalischen Objekte der Schulphysik sind im Allgemeinen greifbar und mit der menschlichen Erfahrung der Lebenswelt verbunden: die alte Glühlampe und die moderne Energiesparlampe oder das Metronom. Das Metronom aus dem Musikunterricht können wir beispielsweise als Zeitmesser bei der Einführung des physikalischen Begriffs „Geschwindigkeit" mindestens genauso gut verwenden wie eine Stoppuhr und besser als eine elektronische Uhr, obwohl wir mit dieser auf eine tausendstel Sekunde genau messen können. Aber das Metronom ist immerhin zuverlässiger als unser Pulsschlag und deutlicher wahrnehmbar als dieser. Der Pendelschlag ist unübersehbar, unüberhörbar, alle Schüler können sich an der Zeitmessung beteiligen. Das Metronom ist dann ein didaktisch relevantes Messgerät, wenn ein bewegtes Objekt sich hinreichend langsam fortbewegt, sodass man dessen Änderung im Raum zwischen zwei Taktschlägen leicht verfolgen kann. Münzen, kleine Gewichtstücke oder Kastanien können den jeweils zurückgelegten Weg markieren. Ein anderes Beispiel: Wir bauen aus unserem Klassenzimmer, wie schon von Wagenschein vorgeschlagen, eine Camera obscura, eine „Lochkamera", die uns ein scharfes Panoramabild des nahen Berges liefert, genauso auf dem Kopf stehend wie bei einem Dia, aber ganz ohne Linse. Schön et al. (2003) haben zahlreiche weitere Beispiele aus der Optik publiziert. „Viele der Gegenstände, an denen eine naturwissenschaftlich orientierte Betrachtung anhebt, sind von einem Hof ästhetisch-sinnlicher Bedeutungen umgeben" (Schreier 1994, S. 29). Neue Realitätserfahrungen sollen mit Kopf, Herz und Hand gewonnen werden.

Phänomene werden durch moderne Messgeräte verdeckt

Realität wird vorwiegend aus zweiter Hand erfahren

Geräte aus der Lebenswelt

Realitätserfahrung soll mit Kopf, Herz und Hand gewonnen und zugänglich werden

2

3. Umgang mit den Dingen der Realität bedeutet, deren Eigen-
   art sich entfalten lassen, als ästhetische Phänomene wirken,
   faszinieren lassen. Solche unphysikalischen Auswirkungen
   können bei einzelnen Schülern etwa bei der Beobachtung
   der Brown'schen Molekularbewegung mit dem Schüler-
   mikroskop auftreten oder bei allen Schülern einer Klasse,
   wenn dieses Teilchengewimmel auf die Wand projiziert
   wird und Überraschung, Freude an diesem Phänomen und
   dadurch Dialoge, Kommunikation zwischen den Schülern
   auslöst, nicht nur physikalische.

Umgang mit den Dingen
fördert Sensibilität und
Empathie

Umgang mit den Dingen kann also nicht nur die Entwicklung einer sachgebundenen Sensibilität und Empathie
fördern, sondern auch individuelle und soziale Empfind-
samkeit und individuelles und soziales Einfühlungsvermögen. Daraus kann individuelles Interesse entstehen,
personale Identität, Kompetenz und Selbstbewusstsein
gewonnen werden. Es kann sich in einer Lerngruppe oder
in der Klassengemeinschaft ein „Wir-Gefühl" entfalten,
das die Auseinandersetzung mit der Realität zu einer
gemeinsamen Angelegenheit, zu einem unvergesslichen
Erlebnis der Schulzeit werden lässt, aus der sich soziale
Identität entwickeln kann.

Umgang mit den Dingen
kann zu Respekt und
Ehrfurcht führen

4. Die sachgebundene Sensibilität, die der Umgang mit den
   Dingen hervorrufen kann, lässt auch die Eigenständigkeit und die Fremdheit der Dinge gewahr werden, lässt
   die gewaltige „Autorität der Natur" in kosmischen wie in
   submikroskopischen Bereichen empfinden, erahnen. In die
   Beschreibungen vieler Naturwissenschaftler mischen sich
   Gefühle der Erhabenheit, der Ehrfurcht vor den Phänomenen, Glücksgefühle, ein kleines oder großes Stück der
   Realität verstanden zu haben. Dies kann zu Respekt und
   Ehrfurcht führen wie bei Albert Einstein, der schließlich
   voll Erstaunen feststellt: Das Unbegreiflichste an der Wirklichkeit ist ihre Begreifbarkeit.

5. Mit der belebten Natur, mit höherentwickelten Tieren und
   Pflanzen findet fraglos pädagogischer „Umgang" statt.
   Umgang auch mit niederen Lebewesen, mit der toten
   Materie, mit der sich der Physikunterricht vorwiegend
   beschäftigt?

Wir haben auch gegenüber
der unbelebten Natur
eine ursprüngliche
Verantwortung

Polanyi (1985) und Jonas (1984) argumentieren, dass wir
auch gegenüber der unbelebten Natur eine ursprüngliche Verantwortung haben, mit dieser verantwortungsvoll
umgehen müssen. Polanyi (1985, S. 83) verweist darauf, dass
die tote Materie Lebendiges aus sich entstehen lässt und die
Materie dadurch ihren ursprünglichen Sinn erhält. Jonas
(1984, S. 147) erkennt in der vorbewussten Natur eine nicht
partikuläre und nicht willkürliche „Subjektivität der Natur".

Aufgrund dieser Subjektivität der toten Materie ist ein „Heischen der Sache" möglich, das Verantwortungsgefühl und einen verantwortungsvollen Umgang mit der Sache hervorruft (Jonas 1984, S. 174 ff.).

2.4.3 Begegnung mit den Dingen der Realität in der Schulphysik

1. Bildung wird üblicherweise als ein kontinuierlicher Vorgang betrachtet, der sich über ein Menschenleben erstreckt. Aus der Zeit der Aufklärung stammt die Vorstellung, dass der Lehrer als ein Handwerker betrachtet wird, der durch *„planmäßige Anwendung der richtigen Methoden, … bei hinreichender Ausdauer und hinreichender Materialkenntnis schließlich mit Sicherheit auch das gewünschte Ergebnis erzielt. … Die Ethik lieferte die Ziele, … die Psychologie dagegen die notwendige Kenntnis des Materials"* (Bollnow 1959, S. 17).

Diese Auffassung wurde im 19. Jahrhundert abgelöst von der Vorstellung, dass Erziehung eine *Kunst des Pflegens, des Nicht-Störens, des Wachsen-Lassens* sei. Die Rolle des Lehrers ist die eines Gärtners, der vor allem darauf achten muss, dass die im Inneren des Menschen angelegte Entwicklung zur Entfaltung kommen kann, diese nicht stört oder behindert. So sehr sich diese beiden Grundauffassungen auch in ihren unterrichtlichen Konsequenzen unterscheiden, so ist ihnen doch gemeinsam, dass die menschliche Entwicklung stetig verläuft mit allmählicher Vervollkommnung (s. Bollnow 1959, S. 18).

> Bildung und Erziehung verlaufen stetig: eine Kunst des Pflegens, des Wachsen-Lassens

In der ersten Hälfte des 20. Jahrhunderts wurden u. a. von Copei (1950) menschliche Verhaltensänderungen betrachtet, die durch unstetige Ereignisse hervorgerufen werden. Buber betrachtete die „Begegnung" zwischen Menschen als potenziell prägend für deren Verhalten in der Zukunft. Copei (1950) beschrieb und analysierte den „fruchtbaren Moment" im Bildungsprozess, der sich in der Auseinandersetzung mit den Dingen der Realität ereignen kann. In beiden Begriffen steckt das Aktuale, das Zufällige, das Unstetige, das Kurzzeitige, genau genommen, das „Zeitlose".

> Bildung und Erziehung verlaufen auch unstetig: durch „Begegnungen" und „fruchtbare Momente"

Bollnow (1959) folgend erfolgt eine besonders nachhaltige erzieherische und bildende Wirkung durch „Begegnungen" und „fruchtbare Momente". Dazu muss der Mensch sich so dem Gegenstand widmen, „dass er dessen Seinswirklichkeit erfährt" (Häußling 1976, S. 116). Bezogen auf den Physikunterricht bedeutet das: In fruchtbaren Momenten,

> Die „Begegnung" mit der Realität kann zu neuen tiefen Einsichten führen

2

die durch den Umgang mit den Dingen entstehen können, erfolgen Erschütterungen, Krisen und in deren Gefolge möglicherweise Umstrukturierungen des bisherigen Wissens und bisheriger Einstellungen. Diese „Begegnung" mit der Realität kann zu neuen Einsichten führen, zu einem Übergang auf eine höhere Erkenntnisebene; die „Begegnung" kann Weltbilder und Lebensstile ändern. Die neue Einsicht kommt plötzlich, es fällt einem „wie Schuppen von den Augen" und kann spezielle Probleme der Physik ebenso betreffen wie die gesamte Physik bzw. die Naturwissenschaften. „Begegnung findet erst statt, wenn der Mensch es ist, der mit der Wirklichkeit zusammentrifft" (Guardini 1956, S. 11). In dieser Situation „wird das Dasein voll, reich, heil" (1956, S. 18).

2. Wir verwenden den Ausdruck „Begegnung" sowohl für die skizzierten existenziellen Situationen als auch für die weniger affektbeladene, sehr „sachintensive" Situation des „fruchtbaren Momentes", der zu einem sogenannten „Aha-Erlebnis" führt.

Die existenzielle Begegnung ist nicht methodisierbar

Die „existenzielle Begegnung" hängt von Unwägbarkeiten ab und wird nicht aus einzelnen Stücken zusammengesetzt, „sondern tritt hervor in den tausend Momenten, aus denen sie besteht" (Guardini 1956, S. 16). Da die klügste Auswahl und die sorgfältigste Vorbereitung fragmentarisch und grob bleiben „gegenüber der Vielfalt und sensiblen Beweglichkeit eines echten Situationsgefüges" (Guardini 1956, S. 17), das die existenzielle Begegnung als Voraussetzung benötigt, ist diese besondere pädagogische Situation nicht methodisierbar.

Begegnung:
- **Offenheit der pädagogischen Situation**
- **Freiheit des Subjekts bei der Wahl des Objekts**

Zur Begegnung gehört die Freiheit des Subjekts bei der Wahl des Objekts und die Offenheit der pädagogischen Situation. Charakteristisch ist ferner die *Ambivalenz der existenziellen Begegnung* hinsichtlich ihrer Wirkungen. Denn neben den möglichen bedeutenden „Lernsprüngen" in eine andere Perspektive, in ein neues Weltbild, können Schülerinnen und Schüler an und in dieser herausgehobenen Situation scheitern mit negativen Folgen für die Persönlichkeitsentwicklung. Aus den Merkmalen der existenziellen Begegnung ist ersichtlich, dass eine solche für den Betroffenen sehr wichtige, vielleicht entscheidende Lebenssituation im Physikunterricht selten vorkommt. Im Falle ihres Eintreffens kann es dazu führen, sich lebenslang für die Beschäftigung mit der Physik zu entscheiden oder aber diesen Zugang zur Wirklichkeit abzulehnen, aufgrund des Scheiterns im Moment der Begegnung.

Begegnung als „fruchtbarer Moment" und „Aha-Erlebnis" ist ein wesentliches Element der Physikdidaktik und Physikmethodik

Guardini (1956) spricht auch dann von „Begegnung", wenn das Existenzielle, das notwendig Krisenhafte, die Ausschließlichkeit dieser Situation fehlt und bloß eine besonders intensive Beschäftigung mit den Dingen der Realität und deren Interpretationen durch die Naturwissenschaften vorliegt. Auch hierbei werden Emotionen geweckt, wird intensives Handeln, Forschen ausgelöst, ein „Ethos der Sachgerechtigkeit und der Sachfreudigkeit" (Guardini 1953, S. 42), bis vielleicht in einem „fruchtbaren Moment" die neue Einsicht plötzlich, wie aus „heiterem Himmel" den Lernenden überkommt: In der Pädagogik wird von einem „Aha-Erlebnis" gesprochen. Copei (1950, S. 103 f.) hat dies am Beispiel „Milchdose" gezeigt. Genetisch unterrichtende Lehrer zeigen tagtäglich, dass diese Art der Begegnung ein wesentliches Element der Physikdidaktik und Physikmethodik ist. Wagenschein (1965, S. 229) schreibt darüber: „Je tiefer man sich in ein Fach versenkt, desto notwendiger lösen sich die Wände des Faches von selber auf, und man erreicht die kommunizierende, die humanisierende Tiefe, in welcher wir als ganze Menschen wurzeln, und so berührt, erschüttert, verwandelt und also gebildet werden."

3. Für den Physikunterricht können folgende didaktischen Aspekte einer „Begegnung" bedeutsam werden:

   — in der *Bewährung* in existenzieller oder in „sachintensiver" Situation, wenn Lernende mit einem physikalischen Gegenstand „ringen", diesen zu begreifen und zu verstehen versuchen. Letzteres gelingt nur durch methodische Sauberkeit, d. h. physikalische Methoden sind als Voraussetzung gefordert bzw. werden in dieser Situation gefördert.

   — *in der humanen Bewältigung* einer solchen Situation, wenn Schwierigkeiten auftauchen, aber auch wenn die Situation erfolgreich gemeistert wurde. Es werden Dispositionen wie wissenschaftliche Ehrlichkeit und Bescheidenheit gefördert.

   — in der *Erfahrung von Grenzen* in dieser Situation. Es sind kognitive, affektive, psychomotorische Grenzen des Individuums und der Lerngruppe gemeint. Das heißt, es stehen die *personale und soziale Identität* auf dem Prüfstand.

> Bewährung in existenziellen oder „sachintensiven" Situationen

> Erfahrung von Grenzen

2.4.4 Schülervorstellungen und humanes Lernen

Die Bedeutung von „Schülervorstellungen" wird ausführlich in ▶ Kap. 9 behandelt.

1. Umgang mit den Dingen der Realität und der dabei stattfindende soziale Umgang der Beteiligten (Schüler, Lehrer) sind eine notwendige Voraussetzung für allgemeinbildende Ziele wie etwa die Findung der personalen und sozialen

> Umgang mit den Dingen schafft *Empathie* und *Sensibilität* für die *bewusste und vorbewusste Realität*

2

Identität bzw. damit zusammenhängend die *individuelle und soziale Kompetenz junger Menschen.*

Umgang mit den Dingen der Realität ist auch eine notwendige Voraussetzung für das Lernen der Physik. Es wird dabei jenes *„implizite Wissen"* (Polanyi 1985) erzeugt, das die Grundlage für subjektiv oder objektiv neues Wissen ist. Umgang mit den Dingen der Realität schafft *Empathie* und auch *Sensibilität* für die *bewusste und vorbewusste Realität.* Solcher Umgang erscheint notwendig, um neue Verantwortlichkeit und neue Verhaltensweisen zu evozieren, um die in ▶ Abschn. 2.3 thematisierte Umwelterziehung und die Erziehung zur Nachhaltigkeit über bloß verbales Wissen hinauszuführen.

„Begegnung" kann durch intensive Beschäftigung mit den Dingen und durch geeignetes Lehrerverhalten vorbereitet werden

2. Besonders intensives und effektives Lernen erfolgt in der „Begegnung" mit den Dingen der Realität. Solche sachintensiven Situationen können sich auch im Physikunterricht ereignen. Eine „Begegnung" kann durch sehr intensive Beschäftigung mit den Dingen der Realität und durch geeignetes Lehrerverhalten vorbereitet oder angeregt werden.

3. Komponenten eines solchen Unterrichts sind *der Umgang und die Möglichkeit einer Begegnung mit den Dingen der Realität* sowie die Orientierung an den *vorgängigen bzw. sich im Unterricht entwickelnden Vorstellungen* und Weltbilder der Lernenden.

4. Wie insbesondere aus der Religionsgeschichte bekannt, können *existenzielle Begegnungen zu grundlegenden Verhaltensänderungen von Individuen führen.* Im Unterricht kommt *unstetigen Lernvorgängen in der Situation der „Begegnung"* eine große Bedeutung zu: *für das Verstehen, für das „Sachinteresse, für Einstellungen gegenüber den Naturwissenschaften".* Diese Art des Lernens ist *in der Lehrerbildung* zu thematisieren.

5. Die Thematisierung von wissenschaftstheoretischen Aspekten der modernen Physik in der Primarstufe ist umstritten. In einem DFG-Projekt (2000–2006) wurde allerdings empirisch nachgewiesen, dass bereits Grundschulkindern ein gewisses Verständnis für die „Natur der Naturwissenschaften" vermittelt werden kann (Sodian et al. 2002; Grygier 2008).

2.5 Grundlagen dieser Physikdidaktik

2.5.1 Dimensionen der Physikdidaktik

Suche nach Wahrheit Erwerb und Verwertung von Wissen

Humanistische und pragmatische Zielsetzungen scheinen sich zu widersprechen: einerseits *die Suche nach Wahrheit,* nach Objektivem als etwas Zeitübergreifendem, andererseits Erwerb und

Verwertung von Wissen für den Augenblick und für den späteren Beruf.

Bisher wird die Frage nach dem Verhältnis von humanistischen und pragmatischen Zielvorstellungen in unserer Kultur so beantwortet, dass humanistischen Zielvorstellungen Priorität zukommt. Die primäre Absicht des naturwissenschaftlichen Unterrichts ist nicht, wie Wissen und Können später verwertet werden können, sondern die Weiterführung der abendländischen Tradition, auch *mittels naturwissenschaftlicher Methodologie nach Wahrheit zu suchen.* Bisher war der „Wille zur Wahrheit" (vgl. v. Hentig 1966, S. 90) das den „verschiedenen humanistischen Bewegungen in der Geschichte … gemeinsame Kennzeichen" (v. Hentig 1966, S. 90), in einer hierarchischen Anordnung an die Spitze der Zielvorstellungen des naturwissenschaftlichen Unterrichts gestellt.

Diese Leitidee wird pragmatisch modifiziert und abgeändert, wenn gute Gründe dafür vorliegen. Dabei werden vor allem solche Gründe akzeptiert, *die den Schüler selbst betreffen: seine Interessen, seine Lernvoraussetzungen, seine Rechte als Mensch und künftig mündiger Bürger, seine Pflicht zur lokalen und globalen Verantwortung.*

„Wille zur Wahrheit": pragmatisch modifiziert

Auf die bisherigen Erörterungen aufbauend wird versucht, eine zeitgemäße Physik- bzw. Naturwissenschaftsdidaktik näher zu bestimmen, die die bildungstheoretische und die (US-amerikanische) *pragmatische Tradition* integriert (s. ▶ Abschn. 2.1).

Im Folgenden werden drei Dimensionen eines „physikdidaktischen Dreiecks" skizziert:

1. Die in ◖ Abb. 2.2 formulierte Leitidee „Humanes Lernen der Physik", die den Unterricht prägen soll, meint neben den verschiedenen Aspekten von „Umgang" auch die Möglichkeit einer „Begegnung". Lernen in der Situation der

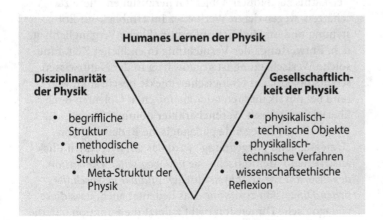

◖ **Abb. 2.2** Humanes Lernen der Physik

2

„Begegnung" soll betroffen machen, Einstellungen verändern, die zu Verhaltensänderungen führen

„Begegnung" ist unstetig, sprunghaft, nicht methodisierbar, aber doch nur, wenn überhaupt, durch „methodische Sauberkeit" etwa beim Experimentieren zu erreichen. „Begegnung ist nicht sachliches Kennenlernen eines bisher noch Unbekannten, sondern betont demgegenüber das Moment der persönlichen Betroffenheit" (Bollnow 1959, S. 129). Physikunterricht muss auch betroffen machen können und darüber hinaus durch innere Erschütterung verwandeln. Diese „Verwandlung" soll nicht nur bildend wirken, wie von Wagenschein (1965, S. 229) argumentiert, sondern soll Einstellungen erzeugen, die zu persönlichen Verhaltensänderungen führen, die über den Unterricht und über die Schulzeit hinausreichen. Schon Klafki (1963, S. 62) spricht von *„exemplarischen Ernsterfahrungen"* und *„echtem Engagement"*, die von Bildungseinrichtungen ausgehen sollen. Im Zusammenhang mit dem naturwissenschaftlichen Unterricht ist dabei an *die nachhaltige Nutzung der Ressourcen, an traditionellen und modernen Natur- und Umweltschutz im Alltag und im Beruf* zu denken, an die *Nutzung neuer Medien in der Freizeit und im Beruf.*

Der Begriff „Umgang" beschreibt das wechselseitige Verhältnis zwischen Lehrer und Schüler, zwischen den Schülern und schließlich als spezifisch *naturwissenschaftsdidaktische Kategorie* die Relation zwischen Lernenden und den Dingen der Realität.

Pädagogischer „Umgang"

Der pädagogische „Umgang" bedeutet gegenseitiges, offenes, partnerschaftliches respektvolles Verhalten, etwa auch gegenüber den in naturwissenschaftlicher Hinsicht unvollständigen, häufig unangemessenen Alltagsvorstellungen der Schüler. „Umgang" mit der Realität schafft Interesse, aber auch Vorerfahrungen und Vorverständnisse. Schließlich führt der Umgang mit der Realität dazu, ein persönliches Verhältnis zu „bloßen" Objekten herzustellen, diese zu schätzen, wegen deren Wert, etwa im Hinblick auf Entstehung und im Hinblick auf mutmaßliche Vergänglichkeit, d. h. Entwertung oder Vernichtung in endlicher Zeit. Eine solche Wertschätzung ist gegenwärtig in der Naturwissenschaftsdidaktik auf biologische Objekte beschränkt, während bei physikalischen oder chemischen Objekten noch überwiegend deren Warencharakter dominiert.

Die pädagogische Dimension hat Priorität vor der physikalischen und der gesellschaftlichen Dimension

Durch die grundlegende pädagogische Bedeutung von „Umgang" und „Begegnung" wird das auf den ersten Blick anscheinend Methodische zur *pädagogischen Dimension, der Priorität vor der physikalischen und der gesellschaftlichen Dimension zukommt.* Das bedeutet auch, dass diese pädagogische Dimension nicht zuletzt die Funktion hat, die Lernenden vor bildenden und verantwortungsfördernden

thematischen Bereichen zu schützen, wenn diese das „Kindgemäße ins Gedränge bringen" (Langeveld 1961, S. 59).
2. Die „Disziplinarität der Physik" beinhaltet im engeren Sinne die physikalische Dimension, d. h. die *begriffliche und methodische Struktur der Physik* (s. ▶ Abschn. 1.2).

Zur begrifflichen Struktur der Physik zählen nicht nur Axiome, Definitionen, Gesetze, Theorien, Basisgrößen, Naturkonstanten, sondern auch mathematische Theorien, protophysikalische und umgangssprachliche Begriffe.

Bei der methodischen Struktur lassen sich unterscheiden (Jung 1999, S. 19):
„1. Allgemeine Verfahren
    a. Verfahren des Experimentierens
    b. Verfahren des Theoretisierens
  2. Spezielle Verfahren"

Relevante begriffliche und methodische Strukturen exemplarisch lernen

Die „Disziplinarität des Faches" schließt „über Natur der Naturwissenschaften lernen" ein, d. h. erkenntnis- und wissenschaftstheoretische, wissenschaftshistorische sowie wissenschaftssoziologische Aspekte. Sie werden als „Metastruktur" der Physik bezeichnet:
1. physikalische Methoden und ihre Entwicklung
    a) wissenschaftstheoretische Reflexion der Physik (u. a. Verifikation/Falsifikation, kritische Reflexion über „Induktion")
    b) physikalische Erkenntnis im Lichte spezieller Erkenntnistheorien (u. a. Probleme des Realismus und des Pragmatismus)
2. physikalische Begriffe und ihre Entwicklung
    a) wissenschaftstheoretische Reflexion der begrifflichen Struktur (u. a. „Experiment", „Theorie", „Modell")
    b) historische Entwicklung der begrifflichen Struktur („Atommodelle", „Kraft und Energie")

„Metastruktur" der Physik

Die *wissenschaftssoziologischen Aspekte* des Physikunterrichts wurden bisher im Physikunterricht wenig berücksichtigt. Es ist z. B. an folgende thematischen Bereiche zu denken:
− Physiker in der „wissenschaftlichen Gemeinschaft" (s. Kuhn 1976)
− Physik und deren Verwertung in der Gesellschaft (u. a. Lärmschutz)
− Gesellschaft/Politik und deren Einstellung zur Physik/zu den Naturwissenschaften (u. a. „Energiewende")
− Physik und Kunst (Realismus und Surrealismus in der Kunst)

2

Die oben skizzierten erkenntnis-, wissenschaftstheoretischen und die wissenschaftssoziologischen Aspekte der Physik weisen diese vor allem als *gesellschaftlich bedingtes Kulturgut* aus.

3. In jeder Lebenswelt des Menschen werden materielle Gegenstände, Ereignisse, Tatbestände *zu Natur-, Sozial- und Kulturwelten* (vgl. Schütz und Luckmann 1979).

In der von der Technik geprägten neuzeitlichen Lebenswelt kann sich der Physikunterricht nicht mehr darauf beschränken, nur die Naturwelt zu beschreiben, zu interpretieren, denn Sozial- und Kulturwelt sind heutzutage eng mit der Technik verknüpft. Die mit der Sozial- und Kulturwelt befassten Unterrichtsfächer sollen durch die Naturwissenschaften nicht verdrängt, sondern in gemeinsamen Projekten integriert werden, wenn dies erforderlich und möglich ist.

Die gesellschaftliche Dimension des Physikunterrichts befasst sich im engeren Sinne mit technischen Anwendungen der Naturwissenschaften und ihren Auswirkungen auf die Menschen, insbesondere auf die Schüler. Dazu ist es zunächst nötig, Objektstrukturen der technischen Gesellschaft kennen zu lernen, zu bedienen, zu beherrschen.

Bildung der Nachhaltigkeit

Diese sind für den Unterricht vor allem so auszuwählen, dass neben gegenwärtig relevanten technischen Produkten auch die zugrunde liegenden Technologien, deren Technikfolgen und implizierte *wissenschaftsethische* Fragen thematisiert werden (s. Dahncke und Hatlapa 1991), ferner Projekte im Sinne *einer Bildung der Nachhaltigkeit*.

Positive und negative Folgen der Technik

Die positive Seite der Technikfolgen sind individuelle und gesellschaftliche Prosperität mit Annehmlichkeiten bzw. Bequemlichkeiten, wie z. B. die Ausweitung der Freizeit. Die negative Seite der Technikfolgen, die Bedrohung des Lebens auf unserem Planeten, hat bisher zwar zu Aufklärung, aber kaum zu durchgreifenden Handlungskonsequenzen geführt, weder auf der Ebene gesellschaftlich-politischer Institutionen, noch auf der Ebene individuellen Verhaltens. Der naturwissenschaftliche Unterricht muss zur Verantwortung gegenüber der Umwelt und zu einer Veränderung des individuellen Verhaltens beitragen, sodass die Menschheit zwar bescheidener, aber „human" überleben kann.

Prinzip Verantwortung als Leitidee des naturwissenschaftlichen Unterrichts

Hier deutet sich ein Verständnis der Physik- bzw. der Naturwissenschaftsdidaktik an, das *die wissenschaftsethischen Implikationen der Naturwissenschaften,* hier subsumiert unter „Prinzip Verantwortung", (s. ► Abschn. 2.3.4) als zumindest gleichrangige Leitidee neben Wagenscheins Position einer „Wahrheitssuche" (1976, S. 307 ff.) stellt.

2.5.2　Leitideen, physikdidaktische Dimensionen und methodische Prinzipien

Die diskutierten *fachdidaktischen Zielkategorien* stehen in einem Zusammenhang mit *allgemeinen schulischen Leitideen*. Diese bilden die Grundlage der „physikdidaktischen Dimensionen". Das heißt, man kann diese als Implikationen der folgenden Leitideen auffassen (◘ Abb. 2.3):

— humane Schule
— Suche nach Wahrheit
— Verantwortung gegenüber Gesellschaft und Realität

Genetischer Unterricht, bisher im Wesentlichen „geborenen Erziehern" vorbehalten, kann zu einem Unterrichtsverfahren werden, das der Mehrzahl der Lehrer zugänglich ist. Dazu müssen u. a. die Forschungsergebnisse zu „Schülervorstellungen" (s. ► Kap. 9) in der Schulpraxis Eingang finden.

Methodische Prinzipien

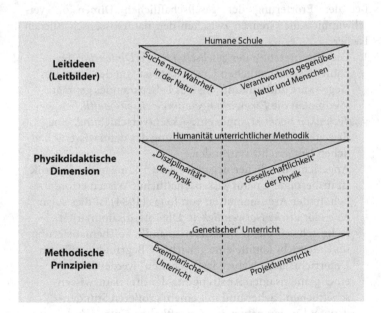

◘ **Abb. 2.3**　Leitideen über Schule, physikdidaktische Dimensionen und methodische Prinzipien

2

Exemplarischer Unterricht soll im Physikunterricht, bzw. dem integrierten naturwissenschaftlichen Unterricht, die Möglichkeit schaffen, typische Merkmale der Fachdisziplinen (Biologie, Chemie, Physik) gründlich zu lernen und effektiv zu lehren.

Durch *Projektunterricht* sollen Fragestellungen der Lebenswelt, die vor allem aus der Sicht des Schülers bedeutungsvoll sind, Eingang in die Schule finden und dort thematisiert werden.

Individualisierter Unterricht hilft, *alle Schüler* zu fördern, sowohl die für Naturwissenschaften weniger als auch die dafür besonders begabten Schüler.

Diese Vorstellungen über Schule sind nicht neu. Sie haben hier teilweise neue Interpretationen und Konkretisierungen auf einer „mittleren" Ebene gefunden – der physikdidaktischen.

2.5.3 Perspektiven des naturwissenschaftlichen Unterrichts

Bei der Erörterung der gesellschaftlichen Dimension verschwimmen die Grenzen zwischen den naturwissenschaftlichen Fächer.

1. Die Interpretation der *gesellschaftlichen Dimension* des naturwissenschaftlichen Unterrichts ist von der Sorge um Gegenwart und Zukunft unseres Lebensraumes geprägt. Wenn man die *Fernwirkungen naturwissenschaftlicher Techniken* bedenkt, muss eine Akzentverschiebung, eine Erweiterung, eine Umstrukturierung des naturwissenschaftlichen Unterrichts stattfinden.

Unterrichtsfach „Naturwissenschaften"

Angesichts möglicher negativer Auswirkungen der Technik ist insbesondere naturwissenschaftliches Wissen erforderlich. In der Argumentation von Jonas (1984) ist dies sogar eine *moralische Notwendigkeit.* Die Interdisziplinarität technischer Projekte und deren gründliche Thematisierung im Unterricht könnte eine gewichtige Begründung für ein Unterrichtsfach „Naturwissenschaften" werden. Nur bei einer gemeinsamen Anstrengung der drei naturwissenschaftlichen Fächer und mit einem größeren Stundendeputat für den naturwissenschaftlichen Unterricht besteht eine gewisse Aussicht, notwendige Einstellungsänderungen, die *Disposition „Verantwortung",* zu evozieren und Änderungen des Lebensstils auch über Bildung (Schule) herbeizuführen. Daneben muss fachtypischer Physik-, Chemie- und Biologieunterricht bestehen bleiben und auch Informatik hinzukommen.

Disposition „Bescheidenheit"

Mit der Disposition „Verantwortung" ist die *Disposition „Bescheidenheit"* verknüpft. Dies bezieht sich auf materielle Ansprüche und Erwartungen, wie sie in sozialen

Utopien (z. B. des Marxismus) geweckt werden (s. Jonas 1984, S. 245 ff.). Angesichts der zur Verfügung stehenden Ressourcen sind bei einer weiter wachsenden Weltbevölkerung die konsumtiven Ansprüche nicht mehr zu verwirklichen, die in der westlichen Zivilisation heutzutage zum Standard gehören. Ein anderer Aspekt der Disposition „Bescheidenheit" hängt mit der notwendigen *Veränderung einseitiger anthropozentrischer Einstellungen* zusammen: Die Beschäftigung mit unserem wunderbaren, im Universum möglicherweise einmaligen Ökosystem: Umwelterziehung sollte im naturwissenschaftlichen Unterricht mehr als nur aufklärend oder bildend wirken.

Umwelterziehung sollte mehr als nur aufklärend oder bildend wirken

2. Litts bildungstheoretische Begründung für den naturwissenschaftlichen Unterricht, auf die auch heute noch rekurriert wird (Wiesner 1989), ist für sich allein weltfremd, weil zu eng auf das traditionelle Verständnis von „Physik" bezogen. Bloß philosophische Reflexion genügt nicht angesichts der in alle Bereiche der Lebenswelt eindringenden Technik. Es müssen die mit Naturwissenschaft und Technik zusammenhängenden „Metastrukturen" an konkreten Fällen transparent gemacht und reflektiert werden.

3. Die bildungstheoretische Begründung des naturwissenschaftlichen Unterrichts verweist auf ein anderes ursprüngliches Motiv, sich mit der Realität auseinanderzusetzen: auf *die Suche nach Wahrheit als eines wesentlichen Merkmals der abendländischen Identität.*

„Metastrukturen" der Physik an konkreten Fällen transparent machen und reflektieren

Um diese Identität zu bewahren, müssen schülerorientierte, konventionelle Züge des naturwissenschaftlichen Unterrichts fortgeführt werden in der Art, wie sie Wagenschein für den Physikunterricht beschrieben hat. Diese Betrachtung führt zu einem exemplarischen Unterricht bzw. exemplarischem Projektunterricht. Unter Berücksichtigung bisher beschriebener (u. a. inhaltlicher) Erweiterungen des naturwissenschaftlichen Unterrichts erscheinen derartige Unterrichtsformen nur dann realisierbar, wenn das bisherige Stundendeputat für den naturwissenschaftlichen Unterricht erweitert wird.

Schülerorientierte, konventionelle Züge des Physikunterrichts müssen fortgeführt, das bisherige Stundendeputat muss erweitert werden

Die Aufgabe des naturwissenschaftlichen Unterrichts besteht auch darin, Schülerinnen und Schüler für die Ambivalenz naturwissenschaftlich-technischer Entwicklungen zu sensibilisieren. Hierfür erscheint beispielsweise ein *Einblick in aktuelle Bereiche der naturwissenschaftlichen Forschung durch Laborarbeit* geeignet (s. z. B. Hodson 1988).

Zur Aufgabe eines künftigen naturwissenschaftlichen Unterrichts gehört, an einer reflektierten Einführung in die heutige „Erlebniswelt" mitzuwirken. Dazu gehören Projekte ebenso wie „Spiele" aller Art (s. ▶ Abschn. 2.4.1).

Mitwirken an reflektierter Einführung in die heutige „Erlebniswelt"

2

Das bedeutet, dem bisherigen Paradigma der Schule, „Arbeit", wird ein Paradigma „Spiel" an die Seite gestellt.

Aufbau eines adäquaten und sensitiven Realitätsbezugs

4. „Umgang" und „Begegnung" mit der naturwissenschaftlich zugänglichen Realität gewinnen in Bildung und Erziehung zusätzliche Bedeutung. Der Unterricht wirkt kompensatorisch gegenüber den in die Lebenswelt eindringenden „Scheinwelten", die vor allem durch Massenmedien erzeugt werden. Massenmedien können bei Kindern nicht nur zu psychischen Störungen und Krankheiten führen, sie können auch den *Aufbau eines adäquaten und sensitiven Realitätsbezugs verhindern*. Ein solcher Realitätsbezug kann davor schützen, dass das Sein des Menschen künftig nicht zu bloßem Dasein verkümmert.

Es müssen alle Schüler optimal gefördert werden

5. Um inhumanes Lernen zu vermeiden, müssen solche Ziele für den allgemeinbildenden Physikunterricht formuliert und angestrebt werden, die *für alle Schüler erreichbar* sind. Aber es müssen alle Schüler optimal gefördert werden, auch die begabten. Das bedeutet, dass der naturwissenschaftliche Unterricht „Individualisierung" verwirklichen muss, um naturwissenschaftliche Talente zu fördern. Die Klassenräume müssen „Lernlandschaften" (Schorch 1998) werden.

Neue Maßnahmen in der Lehrerbildung

6. Seit der Veröffentlichung der TIMS- und PISA- Studien hat sich in Deutschland die Bildungspolitik von Bund und Ländern verändert. Notwendige Reformen stehen auf der Tagesordnung: In Modellversuchen werden flächendeckend empirische Untersuchungen in Schulen durchgeführt (u. a.): „Bildungsqualität von Schule", BLK- Modellversuche „SINUS Transfer", „Physik im Kontext" (s. Mikelskis-Seifert und Duit 2007). Im Bereich der Naturwissenschaften werden für alle Bundesländer verbindliche „Standards", „Kompetenzstufen", Abschlussprüfungen beschlossen (s. ► Abschn. 2.4). Äußerst wichtig sind auch Maßnahmen zur Verbesserung der Studienpläne für die Lehrerausbildung an den Universitäten (z. B. der Schulpraktika, der Koordination von fachlicher, fachdidaktischer und pädagogisch-psychologischer Ausbildung; KMK 2008) sowie die Ausweitung des physikdidaktischen Lehrdeputats für das Lehramt an Gymnasien (s. Merzyn 2006). Noch wichtiger dürfte die Reorganisation der lebenslangen Lehrerfortbildung sein, z. B. die Verbesserung der Zusammenarbeit zwischen Schule und Hochschule durch die Gründung von *Zentren für Lehrerbildung, durch die schulinterne Lehrerfortbildung, durch Lehrerweiterbildung, durch die Verpflichtung der Lehrkräfte zur Fortbildung* hinsichtlich Umfang in einem vorgegebenen Zeitrahmen. Erste Schritte in diese Richtung sind durch die neueren KMK- Vereinbarungen gemacht (s. a. Bd. 2, ► Kap. 3).

7. Erfreulich ist die *Empfehlung der Hochschulrektoren-konferenz* (21.02. 2006): „Bestehende Professuren müssen vor der Umwidmung mit rein fachwissenschaftlichen Schwerpunkten geschützt werden. Insbesondere muss mit fachdidaktischen Professuren die empirische Erforschung des fachbezogenen Lehrens und Lernens verbunden sein, ohne dass die bildungstheoretischen Grundlagen vernachlässigt werden."

8. In neuerer Zeit spielen „Außerschulische Lernorte" eine größere Rolle für den Physikunterricht (s. dazu speziell auch Bd. 2, ▸ Kap. 5).

2.6 Ergänzende und weiterführende Literatur

Zur Begründung des naturwissenschaftlichen Unterrichts haben sich amerikanische und englische naturwissenschaftliche Gesellschaften (s. z. B. AAAS 1989, 1993) in der Tradition Deweys für Scientific Literacy, („naturwissenschaftliche Grundbildung für alle") entschieden. Dadurch *könnten in der Industriegesellschaft* benötigte *Kompetenzen erworben, gesellschaftliche Probleme gelöst werden.* Kritik an den bisher geringen Auswirkungen von Scientific Literacy in den USA sowie an landesweiten Standards und einheitlichen Tests äußerten Shamos (1995) und de Boer (2000). In der anglo-amerikanischen Diskussion fehlt die Erörterung der *pädagogischen Dimension des Physikunterrichts* weitgehend. Letzteres trifft in geringerem Maße auf die Resolutionen von MNU (1993, 2001) sowie den Festlegungen der KMK (2004a, b, c) zu.

> Amerikanische und englische naturwissenschaftliche Gesellschaften: naturwissenschaftliche Grundbildung für alle

Im deutschen Sprachraum hat Muckenfuß (1995) den Schwerpunkt seines Entwurfs einer zeitgemäßen Physikdidaktik auf *„sinnstiftende Kontexte" für Schüler* gelegt und dies an überzeugenden Beispielen illustriert. Eine lesenswerte Darstellung des Legitimationsproblems gibt Jung (1999). Die gesellschaftliche Dimension des Physikunterrichts wird kritisch gewürdigt; Umweltaspekte und Bildung der Nachhaltigkeit im Physikunterricht werden nicht thematisiert. Brauns „Physikunterricht neu denken" (1998) konzentriert sich bei seiner Interpretation von Hentigs „Schule neu denken" (1994) stärker auf die pädagogische Dimension des Physikunterrichts. Aus einer allgemeinen pädagogischen Sicht diskutiert Kutschmann (1999) „Naturwissenschaft und Bildung". Die *gesellschaftliche Dimension des Physikunterrichts* wird von beiden Autoren ebenfalls vernachlässigt. Merzyn (2002) gibt einen detaillierten Überblick über die Diskussion der gymnasialen Physiklehrerausbildung im 20. Jahrhundert.

> Entwürfe für zeitgemäße Physikdidaktik im deutschen Sprachraum

In der „Didaktik des Physikunterrichts" von Willer (2003) sind relevante Themen ausgewählt. Dazu wird ausführlich auf

deutschsprachige physikdidaktische und erziehungswissenschaftliche Literatur zurückgegriffen. Die Darstellungen sind
für Referate in der Ausbildung gut geeignet. „Physikdidaktik –
Praxishandbuch für die Sekundarstufe I und II" (Mikelskis 2006)
ist ein Sammelband, der einige interessante Beiträge zur Physikdidaktik enthält. Im Bereich der allgemeinen pädagogischen
Literatur sind zu nennen: Baumert et al. (2000a, b), Terhart
(2002), Tenorth (2015).

Literatur

Aikenhead, G.S. (1973). The measurement of high school student's know-
ledge about science and scientists. Sc. E., 57, (4), 539–549.
AAAS – American Association for the Advancement of Science (1989). Project 2061. Science for all American. Washington D.C.
AAAS – American Association for the Advancement of Science (1993).
Benchmarks for science literacy. New York: Oxford University Press.
Bacon, F. (1981). Neues Organ der Wissenschaften (1620). Nachdruck Darm-
stadt: Wissenschaftliche Buchgesellschaft.
Baumert, J. et al. (2000a). Mathematische und naturwissenschaftliche Bil-
dung am Ende der Schullaufbahn. Bd. 1: Mathematische und natur-
wissenschaftliche Grundbildung am Ende der Pflichtschulzeit. Opladen:
Leske + Budrich.
Baumert, J. et al. (2000b). Mathematische und naturwissenschaftliche Bil-
dung am Ende der Schullaufbahn. Bd. 2: Mathematische und physika-
lische Kompetenzen am Ende der Oberstufe. Opladen: Leske + Budrich.
Baumert, J. (2002). Deutschland im internationalen Bildungsvergleich. In N.
Kilius, J. Kluge, L. Reisch (Hrsg.), Die Zukunft der Bildung (S. 100–150).
Frankfurt a. Main: Suhrkamp.
Bense, M. (1965). Ästhetica. Baden-Baden: Agis.
Bollnow, O.E. (1959). Existenzphilosophie und Pädagogik. Stuttgart: Kohl-
hammer.
Braun, J.-P. (1998). Physikunterricht neu denken. Frankfurt: Harri Deutsch.
Camus, A. (1959). Der Mythos von Sisyphos. Reinbek: Rowohlt.
Copei, F. (1950). Der fruchtbare Moment im Bildungsprozeß. Heidelberg:
Quelle und Meyer.
Dahncke, H., Hatlapa, H. (Hrsg.) (1991). Umweltschutz und Bildungswissen-
schaft. Bad Heilbrunn.
de Boer, G.E. (2000). Scientific Literacy: Another Look at Its Historical Con-
temporary Meanings and Its Relationships to Science Education
Reform. J.Res.Sc. Ed., Vol. 36, 582–600.
de Haan, G., Kuckartz, U. (1996). Umweltbewußtsein. Opladen: West-
deutscher Verlag.
Dewey, J. (1964; 1. Aufl. 1916). Demokratie und Erziehung: Braunschweig.
Dijksterhuis, E.J. (1983). Die Mechanisierung des Weltbildes. Berlin: Springer.
Duit, R., Tesch, M. (2005). Von den vielen Möglichkeiten, Schülerinnen und
Schüler mit dem elektrischen Stromkreis vertraut zu machen. NiU Phy-
sik, 16, Heft 89, 4–8.
Einstein, A., Infeld, L. (1950). Die Evolution der Physik. Wien: Zsolnay Verlag.
Feynman, R. (1971). Feynman Vorlesungen über Physik Bd. III Quanten-
mechanik. München: Oldenbourg.
Galbraith, J.K. (1963). Gesellschaft im Überfluß. München: Knaur.
Grygier, P. (2008). Wissenschaftsverständnis von Grundschülern im Sach-
unterricht. Bad Heilbrunn: Klinkhardt.

Grygier, P., Günther, J., Kircher, E. (2007). Über Naturwissenschaften lernen – Vermittlung von Wissenschaftsverständnis in der Grundschule. Baltmannsweiler: Schneider Verlag Hohengehren.

Guardini, R. (1953). Grundlegung der Bildungslehre. Würzburg: Werkbund.

Guardini, R. (1956). Die Begegnung. In R. Guardini, O.F. Bollnow (Hrsg). Begegnung und Bildung. Würzburg: Werkbund, 9–24.

Günther, J. (2006). Lehrerfortbildung über die Natur der Naturwissenschaften – Studien über das Wisseschaftsverständnis von Grundschullehrkräften. Studien zum Physik- und Chemielernen Bd. 52. Berlin: Logos Verlag.

Häußler, P., Lauterbach, R. (1976): Ziele naturwissenschaftlichen Unterrichts. Weinheim: Beltz.

Häußling, A. (1976). Physik und Didaktik. Kastellaun: Henn.

Hillmann, K.H. (1989). Wertwandel. Darmstadt: Wissenschaftliche Buchgesellschaft.

Hodson, D. (1988). Toward a philosophically more valid science curriculum. Sc. Ed. 72(1), 19–40.

Hößle, C., Höttecke, D., Kircher, E. (Hrsg.) (2004). Lehren und lernen über die Natur der Naturwissenschaften. Baltmannsweiler: Schneider Verlag Hohengehren.

Höttecke, D. (2001). Die Natur der Naturwissenschaften historisch verstehen. Berlin: Logos.

Höttecke, D. (Hrsg.) (2008). Was ist Physik? – Über die Natur der Naturwissenschaften lernen. NiU Physik, Heft 103.

Hund, F. (1972). Geschichte der physikalischen Begriffe. Mannheim: Bibliographisches Institut.

Jonas, H. (1984). Das Prinzip Verantwortung. Frankfurt: Suhrkamp.

Jung, W. (1979). Aufsätze zur Didaktik der Physik und Wissenschaftstheorie. Frankfurt: Diesterweg.

Jung, W. (1999). Begründung und Zielsetzung. In W. Bleichroth, H. Dahncke, W. Jung, W. Kuhn, G. Merzyn, Weltner, K. (Hrsg.). Fachdidaktik Physik. Köln: Aulis Verlag, 17–63.

Kerschensteiner, G. (1914). Wesen und Wert des naturwissenschaftlichen Unterrichts. Leipzig: Teubner.

Kircher, E. (1993). Warum ist Physiklernen schwierig? In W. Schneider (Hrsg.). Wege in der Physikdidaktik. Erlangen: Palm & Encke, 124–134.

Kircher, E. (1995). Studien zur Physikdidaktik. Kiel: IPN.

Kircher, E. u. a. (1975). Unterrichtseinheit 9.1. Modelle des Elektrischen Stromkreises. Stuttgart: Klett.

Klafki, W. (1963). Studien zur Bildungstheorie und Didaktik. Weinheim: Beltz.

Klafki, W. (1996). Neue Studien zur Bildungstheorie und Didaktik. Weinheim: Beltz.

KMK (2004a). Vereinbarung über Bildungsstandards für den Mittleren Schulabschluss (Jahrgangsstufe 10) in den Fächern Biologie, Chemie, Physik. (► https://www.kmk.org/fileadmin/Dateien/veroeffentlichungen_beschluesse/2004/2004_12_16-Bildungsstandards-Mittleren-SA-Bio-Che-Phy.pdf).

KMK (2004b). Bildungsstandards im Fach Physik für den Mittleren Schulabschluss. München: Luchterhand.

KMK (2004c). Einheitliche Püfungsanforderungen in der Abitursprüfung Physik. ► https://www.kmk.org/fileadmin/veroeffentlichungen_beschluesse/1989/1989_12_01-EPA-Physik.pdf. (12.11.2018).

KMK. (2008, i. d. F. 2017). Ländergemeinsame inhaltliche Anforderungen für die Fachwissenschaften und Fachdidaktiken in der Lehrerbildung. Heruntergeladen am 01.09.2018 von ► https://www.kmk.org/fileadmin/Dateien/veroeffentlichungen_beschluesse/2008/2008_10_16-Fachprofile-Lehrerbildung.pdf.

Kornwachs, K. (2013). *Philosophie der Technik*: Eine Einführung.

Kümmel, R. (1998). Energie und Kreativität. Stuttgart: B.G. Teubner.

Kuhn, T. S. (1976). Die Struktur wissenschaftlicher Revolutionen. Frankfurt: Suhrkamp.

Kutschmann, W. (1999). Naturwissenschaft und Bildung. Stuttgart: Klett-Cotta.

Langeveld, M.J. (1961). Einführung in die Pädagogik. Stuttgart: Klett.

Leisner, A. (2005). Entwicklung von Modellkompetenz im Physikunterricht. Studien zum Physik- und Chemielernen Bd. 44. Berlin: Logos Verlag.

Lesch, H., Kamphausen, K. (2018). Die Menschheit schafft sich ab. – Die Erde im Griff des Anthropozän. München: Knauer.

Lind, G. (1996). Physikunterricht und formale Bildung. ZfDN, 2, Heft 1, 53–68.

Lind, G. (1997). Physikunterricht und materiale Bildung. ZfDN, 3, Heft 1, 3–20.

Litt, T. (1959). Naturwissenschaft und Menschenbildung. Heidelberg: Quelle & Meyer.

Lübbe, H. (1990). Der Lebenssinn der Industriegesellschaft. Berlin: Springer.

Lüscher, E., Jodl, J. (1971). Physik – Gestern Heute Morgen. München: Heinz Moos Verlag.

Ludwig, G. (1978). Die Grundstrukturen einer physikalischen Theorie. Berlin: Springer.

McComas, W.F. (ed.) (1998). The Nature of Science in Science Education. Dordrecht: Kluwer Academic Publishers.

Merzyn, G. (2002). Stimmen zur Lehrerausbildung. Baltmannsweiler: Schneider Verl. Hohengehren.

Merzyn, G. (2006). Fachdiddaktik im Lehramtsstudium – Qualität und Quantität. MNU 59, 4–7.

Meyling, H. (1990). Wissenschaftstheorie in der gymnasialen Oberstufe. Dissertation, Uni Bremen.

Mikelskis, H. (1977). Das Thema „Kernkraftwerke" im Physikunterricht. Phys. didact., 4, 45–60.

Mikelskis, H. (1986). Physikunterricht in der Herausforderung durch die ökologische Krise und die neuen Technologien. Phys.didact, 13, 43–51.

Mikelskis, H. (Hrsg.) (2006). Physikdidaktik Praxishandbuch für die Sekundarstufe I und II. Berlin: Cornelsen Scriptor.

Mikelskis-Seifert, S. (2002). Die Entwicklung von Metakonzepten zur Teilchenvorstellung bei Schülern Untersuchung eines Unterrichts über Modelle mithilfe eines Systems multipler Repräsentationsebenen. Berlin: Logos Verlag.

Mikelskis-Seifert, S., Duit, R. (2007). Physik im Kontext. MNU, 60, 265–274.

MNU (1993). Initiative zur Verbesserung der Rahmenbedingungen des mathematisch naturwissenschaftlichen Unterrichts. MNU, 46, Heft 6 (Beilage).

MNU (2001). Physikunterricht und naturwissenschaftliche Bildung – aktuelle Anforderungen. MNU, 54, Heft 3 (Beilage).

Muckenfuß, H. (1995). Lernen im sinnstiftenden Kontext. Berlin: Cornelsen.

Niedderer, H., Schecker, H. (1982). Ziele und Methodik eines wissenschaftstheoretisch orientierten Physikunterrichts. PU, 15, Heft 2, 58–71.

Priemer, B. (2006). Deutschsprachige Verfahren der Erfassung von epistemologischen Überzeugungen. Zeitschrift für Didaktik der Naturwissenschaften, 12(1), 159–175.

Polanyi, M. (1985). Implizites Wissen. Frankfurt: Suhrkamp.

Rumpf, H. (1976). Unterricht und Identität. München: Juventa.

Rumpf, H. (1981). Die übergangene Sinnlichkeit. München: Juventa.

Rumpf, H. (1986). Die künstliche Schule und das wirkliche Lernen. München: Ehrenwirth.

Sachsse, H. (1978). Anthropologie der Technik. Braunschweig: Vieweg.

Schöler, W. (1970). Geschichte des naturwissenschaftlichen Unterrichts im 17. bis 19. Jahrhundert. Berlin: de Gruyter.

Schön, L. et al. (2003). Optik in Mittel und Oberstufe. HU Berlin. ▶ http://didaktik.physik.hu-berlin.de/forschung/optik/.

Schorch, G. (1998). Grundschulpädagogik – eine Einführung. Bad Heilbrunn: Klinkhardt.

Schreier, H. (1994). Der Gegenstand des Sachunterrichts. Bad Heilbrunn: Klinkhardt.

Schütz, A., Luckmann, T. (1979). Strukturen der Lebenswelt. Frankfurt: Suhrkamp.

Schulze, G. (1993). Die Erlebnisgesellschaft. Kultursoziologie der Gegenwart. Frankfurt: Campus.

Shamos, M. (1995). The myth of scientific literacy. New Brunswick: Rutgers University Press.

Sodian, B., Thörmer, C., Kircher, E., Grygier, P., Günther, J. (2002). Vermittlung von Wissenschaftsverständnis in der Grundschule. Zeitschrift für Pädagogik, 192–206.

Stephani (1813) zitiert nach Schöler, W. (1970). Geschichte des naturwissenschaftlichen Unterrichts im 17. bis 19. Jahrhundert. Berlin: de Gruyter.

Storck, H. (1977). Einführung in die Philosophie der Technik. Darmstadt: Wissenschaftliche Buchgesellschaft.

Tenorth, H. E. (2006). Professionalität im Lehrerberuf. *Zeitschrift für Erziehungswissenschaft*, *9*(4), 580–597.

Tenorth, H. E. (2015). Evidenzbasierte Bildungsforschung vs. Pädagogik als Kulturwissenschaft. Über einen neuerlichen Paradigmenstreit in der wissenschaftlichen Pädagogik. ▶ http://nevelestudomany.elte.hu/downloads/2014/nevelestudomany_2014_3_5-21.pdf (01.10.2018).

Terhart, E. (2002). Fremde Schwestern-Zum Verhältnis von Allgemeiner Didaktik und empirischer Lehr-Lern-Forschung. Zeitschrift für Pädagogische Psychologie (ZfPP), 16(2), 77–86.

Teichmann, J., Ball, E., Wagmüller, J. (1981). Einfache physikalische Versuche zur Geschichte und Gegenwart. Deutsches Museum München, Kerschensteiner Kolleg.

Theis, W.R. (1985). Grundzüge der Quantentheorie. Stuttgart: Teubner.

v. Hentig, H. (1966). Platonisches Lehren. Stuttgart: Klett.

v. Hentig, H. (1994). Die Schule neu denken. München: Hanser.

v. Hentig, H. (1996). Bildung. München: Hanser.

v. Weizsäcker, C.F. (1988). Der Aufbau der Physik. München: dtv.

v. Weizsäcker, E.U., Lovins, A. B. (1996). Faktor 4. München: Droemer Knaur.

Wagenschein, M. (1965). Ursprüngliches Verstehen und exaktes Denken. I. Stuttgart: Klett.

Wagenschein, M. (1968). Verstehen lehren. Weinheim: Beltz.

Wagenschein, M. (1976). Die pädagogische Dimension der Physik. Braunschweig: Westermann.

Wagenschein, M. (1983). Erinnerungen für morgen. Weinheim, Basel: Beltz.

Wagenschein, M., Banholzer, A., Thiel, S. (1973). Kinder auf dem Wege zur Physik. Stuttgart: Klett.

Westphal, W. (1992). Kriegsgegnerischer Physikunterricht – fachspezifischer Beitrag zur Friedenserziehung. In P. Häußler (Hrsg.). Physikunterricht und Menschenbildung. Kiel: IPN, 55–74.

Wiesner, H. (1989). Beiträge zur Didaktik des Unterrichts über Quantenphysik in der Oberstufe. Essen:Westarp.

Willer, J. (2003). Didaktik des Physikunterrichts. Frankfurt: Verlag Harri Deutsch.

Wilson, E. (1995). Der Wert der Vielfalt. München: Piper.

Ziele und Kompetenzen im Physikunterricht

Ernst Kircher und Raimund Girwidz

© Springer-Verlag GmbH Deutschland, ein Teil von Springer Nature 2020
E. Kircher et al. (Hrsg.), *Physikdidaktik | Grundlagen*,
https://doi.org/10.1007/978-3-662-59490-2_3

3

Ziele und Kompetenzerwartungen strukturieren den Unterricht, sind Leitlinien für die Unterrichtsplanung, für die Arbeit von Lehrkräften, Eltern und Schülern. Schließlich sind sie auch die Grundlage für Beurteilungen. Dieses Kapitel – *Ziele und Kompetenzen im Physikunterricht* – geht zunächst darauf ein, wie Ziele gefunden und definiert werden. Dann stehen verschiedene Zieldimensionen und Aspekte der Strukturierung von Zielen im Fokus. Das dritte Teilkapitel befasst sich mit Kompetenzerwartungen und Vorgaben der Kultusministerkonferenz der Länder. Für die konkrete Konzeption des Fachunterrichts sind inhaltliche Kohärenz und Konsistenz wichtige Qualitätsmerkmale. Daher geht der letzte Abschnitt auf Wege und Werkzeuge ein, die helfen, die fachinhaltliche Struktur für den Physikunterricht angemessen aufzubereiten. Speziell betrachtet werden Concept-Maps und Sachstrukturdiagramme.

1. Eine intensive Beschäftigung mit Zielen ist aus folgenden Gründen wichtig: Sie *organisieren die Unterrichtsplanung* und tragen zur *Strukturierung des Unterrichts* wesentlich bei. Explizit formulierte Ziele sind notwendig *für die Kommunikation* über die Schule für Lehrer, Schüler, Eltern, Politiker. Wegen des Zusammenhangs von Zielen und Leistungsbeurteilungen können Ziele zu *objektiven Beurteilungen* (z. B. Noten) beitragen.

2. Wie kommt man zu Zielen? Zu jeder Unterrichtsstunde und zu jeder Unterrichtseinheit sollte eine *„didaktische Analyse"* durchgeführt werden, um *mögliche Ziele* zu einem bestimmten Thema bzw. zu einem thematischen Bereich *auszuloten*. Eine solche *Zielanalyse* ist die Grundlage für weitere Planungsschritte. In ▶ Abschn. 3.1 werden die klassischen Vorschläge für eine didaktische Analyse skizziert.

3. In ▶ Abschn. 3.2 wird ein Modell skizziert, in dem *Zielebenen, Zielklassen und Lernzielstufen* (Anforderungsstufen) unterschieden werden.

4. Wie werden Zielsetzungen für eine Unterrichtsstunde spezifiziert? Durch die Kultusministerkonferenz der Bundesländer wurden im Jahr 2004 allgemeine verpflichtende Kompetenzen von Schülern am Ende ihrer Schulzeit festgelegt *(Standards)*, um die Leistungsfähigkeit des deutschen Schulsystems zu verbessern. In ▶ Abschn. 3.3 sind die Bildungsstandards im Fach Physik für den Mittleren Schulabschluss, *die Basiskonzepte, Kompetenzbereiche* sowie die *Anforderungsbereiche* dargestellt und kommentiert. Sie werden im Rahmen einer Unterrichtsvorbereitung reflektiert, ausgewählt und dann in einer Anpassung auf die jeweilige Unterrichtssituation schriftlich fixiert.

3.4 Concept-Maps und Sachstrukturdiagramme

3.1 Wie kommt man zu Zielen – didaktische Analyse

Ziele und Kompetenzen im Physikunterricht

3.3 Bildungsstandards und Kompetenzorientierung

3.2 Mehrdimensionalität von Zielen

◘ **Abb. 3.1**   Übersicht über die Abschnitte dieses Kapitels

Die Abschnitte dieses Kapitels helfen bei der „Grobplanung des Unterrichts" (◘ Abb. 3.1).

3.1 Wie kommt man zu Zielen – didaktische Analyse

Das nachfolgend beschriebene Planungsinstrument ist als physikdidaktische Interpretation von Klafkis „didaktischer Analyse" aufzufassen, das insbesondere für die *Konzeption und Entwicklung von Unterrichtseinheiten und Unterrichtsprojekten* eingesetzt werden kann. Es hilft, sinnvolle Akzente im Unterricht zu setzen.

Ein Planungsinstrument für die Konzeption und Entwicklung von Unterrichtseinheiten

3.1.1 Die didaktische Analyse im Physikunterricht

Klafki (1963, S. 101 ff., 135 ff.) folgend kann man vier Zieldimensionen unterscheiden, um ein *Thema didaktisch auszuloten* und verschiedene Zielbereiche zu einem Thema auszumachen (◘ Abb. 3.2).

Der *allgemeine Sinn oder Bildungsgehalt* (z. B. Klafki 1963, S. 130 ff.) eines Themas bedeutet, im Physikunterricht *die wichtigsten Motive, die allgemeinen Strukturen, die ethischen und die fachimmanenten Grenzen, die wesentlichsten Auswirkungen der Physik an geeigneten Beispielen zu kennen, zu verstehen, zu reflektieren.* Auch die mit dem Kürzel „über die Natur der Naturwissenschaften lernen" umschriebenen Zielaspekte können Bildungsgehalte sein (Bd. 2 ▶ Kap. 6).
Aus der Perspektive dieser Zieldimension kann etwa der Bildungsgehalt des Themas „Elektrischer Stromkreis" die

Der Bildungsgehalt

Gegenwartsbedeutung aus der Sicht der Lernenden

3

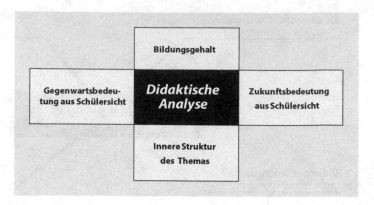

◘ Abb. 3.2   Vier Zieldimensionen einer didaktischen Analyse. (Nach Klafki 1963)

Modellbildung in der Physik sein (s. Kircher et al. 1975). Es kann aber auch sinnvoll sein, die *typischen Anwendungen elektrischer Stromkreise* im Unterricht zu thematisieren, die in vielerlei Geräten unser Leben, unsere Gesellschaft beeinflussen und prägen (z. B. Muckenfuß und Walz 1992). Dieses Beispiel macht deutlich, dass *der Gehalt eines Themas nicht eindeutig und nicht endgültig festgelegt* ist. Die Entscheidungen über Ziele eines thematischen Bereichs treffen im Idealfall Lehrende und Lernende gemeinsam.

Weltbilder und Lebensstile sind „anthropogene" und „soziokulturelle" Voraussetzungen des Unterrichts

Weltbilder und Lebensstile der Schüler entscheiden maßgeblich über die Relevanz bzw. Irrelevanz eines Themas. Die spezifischen Weltbilder und Lebensstile der Kinder und Jugendlichen entstehen nicht nur als Folgen schulischen Lernens, sondern auch durch Gegebenheiten im Elternhaus und durch verschiedenartige Aktivitäten und Einwirkungen in Jugendgruppen und im unorganisierten Freizeitbereich. Weltsichten und Lebensstile beeinflussen, die Alltagsvorstellungen, Interessen, Motive, Einstellungen, Handlungen der Jugendlichen. Zusammen mit individuellen Kenntnissen und Fähigkeiten sind Weltbilder und Lebensstile die „anthropogenen" und „soziokulturellen" Voraussetzungen des Unterrichts.

Inwieweit ist ein bestimmtes physikalisches Thema geeignet, diese Schülerperspektiven zu beeinflussen, zu ändern, zu festigen?

Wir betrachten als Beispiel die fachwissenschaftlichen Themen „Kinematik" und „Dynamik": Sie können im Physikunterricht sowohl als *Aspekte der Verkehrserziehung* als auch *der Umwelterziehung* thematisiert werden.

— Bei einer Unterrichtseinheit: *„Mehr Sicherheit im Straßenverkehr"* können zusätzlich zu den physikalischen Begriffen („Geschwindigkeit", „Beschleunigung") über die Kräfte beim

Abbremsen, bei Kurvenfahrten oder über den Bremsweg neue Einsichten über sinnvolles Verhalten im Straßenverkehr folgen, zur größeren Sicherheit aller Verkehrsteilnehmer.

— Eine Unterrichtseinheit „Folgen des Straßenverkehrs" ist fachüberschreitend. Sie erfordert ein ähnliches physikalisches Grundwissen wie zuvor. Aber nun werden vor allem die Folgen hoher Geschwindigkeiten für den Kraftstoffverbrauch und für die Abgasemission thematisiert, Lösungsmöglichkeiten für die dadurch entstehenden Umweltprobleme ebenso erörtert wie Alternativen zum Individualverkehr. Bei einer solchen Interpretation der Thematik sind die Weltbilder und Lebensstile der Lernenden noch stärker tangiert als im zuerst skizzierten Fall „Verkehrssicherheit".

Eine weitere Folgerung dieser Zieldimension ist, dass *schwierige und komplexe Themen schülergemäß elementarisiert und didaktisch rekonstruiert werden müssen* (▶ Kap. 5 Elementarisierung). Dies hat natürlich auch unterrichtsmethodische Konsequenzen.

Die Zukunftsbedeutung eines Themas für die Schüler wird vor allem aus pragmatischer Sicht interpretiert: *„für das Leben lernen".*

　　Hat der Inhalt eine Bedeutung für das spätere Berufsleben, für die physische und psychische Gesunderhaltung, für Orientierung, für Kritik- und Handlungsfähigkeit in einer von der Technik geprägten Lebenswelt, für Problemlösungen in einer technischen Gesellschaft?

　　In dieser Interpretation der Zieldimension „Zukunftsbedeutung" gewinnt der naturwissenschaftliche Unterricht ein besonderes Gewicht. Das gilt für die neuen Kulturtechniken etwa für die typischen *Darstellungsweisen von Informationen in Blockdiagrammen, Tabellen, grafischen, ikonischen, symbolischen Darstellungen,* die nicht nur im naturwissenschaftlichen Bereich eingesetzt werden.

　　Aber auch Einstellungen gehören dazu, wie die angstfreie Nutzung von technischen Haushaltsgeräten und Instrumenten oder der souveräne Umgang mit Medien zur Beschaffung benötigter Informationen.

　　Der oben erwähnte Aspekt „physische und psychische Gesunderhaltung" kann beispielsweise in einem Projekt „Lärm und Lärmschutz" thematisiert werden. Neben biologischen Grundlagen (Schallwahrnehmung und mögliche Schädigungen durch Schall (Lärm)) sind physikalische Grundlagen über Schallentstehung, Schallmessung, Schalldämmung nötig, ebenso Rechtsgrundlagen zur Verhinderung von Lärmbelästigungen und Lärmschädigungen. Auch Wissen über Behörden zur Kontrolle dieser Rechtsgrundlagen gehören zu

Zukunftsbedeutung eines Themas: für das Leben lernen

Neue Kulturtechniken

Nutzung technischer Geräte und Instrumente

Souveräner Umgang mit Medien

3

einem solchen Projekt. Das ist nötig, damit Betroffene sinnvoll und effektiv gegen Lärmbelastungen vorgehen können.

Strukturen der Physik

Physik und Schulphysik haben im Allgemeinen eine *klare, eindeutige innere Struktur.* Das wurde durch *Festlegungen* (z. B. die Grundgrößen, abgeleiteten Größen, Definitionen) und *empirische Befunde* (z. B. physikalische Gesetze, Natur- und Materialkonstanten), *durch Integration und Zusammenfassung* von Begriffen in Gesetze, von Gesetzen in Theorien, von Theorien in umfassende physikalische Weltbilder (das „Teilchen-" bzw. das „Wellenbild") erreicht. Von besonderer Bedeutung auch für den Physikunterricht sind die „Erhaltungssätze" (Energieerhaltung, Impulserhaltung, Drehimpulserhaltung, Ladungserhaltung) in abgeschlossenen Systemen. Ein die Schulstufen übergreifendes Ziel des Physik- und Chemieunterrichts ist das Lernen des „Teilchenbildes" und dessen Anwendungen in verschiedenen Bereichen der Naturwissenschaften.

Neben der *begrifflichen Struktur* ist die *methodische Struktur* der Physik auch für den Physikunterricht als Lernziel relevant. Eine größere Bedeutung als bisher soll der *Metastruktur der Physik* zukommen (▶ Abschn. 2.2.2 und 2.2.3).

Zusammenfassung

Der allgemeine Sinn eines Themas

– Der *allgemeine Sinn eines Themas* wird in der gesellschaftlichen (politischen, zivilisatorischen, kulturellen) Relevanz und seinem Beitrag zur Erhaltung der natürlichen Umwelt gesehen. Durch eine solche Interpretation eines Themas wird der Physikunterricht ausgeweitet; er wird fachüberschreitend und interdisziplinär. Nicht nur wegen dieser Ausweitung und der gegenwärtigen schulischen Rahmenbedingungen (zu wenig Physikunterricht) ist *exemplarisches Lernen* (▶ Abschn. 6.2.1) *für den Physikunterricht wichtig.*

Bedeutung eines Themas aus der Sicht der Schüler

– Die Frage nach der Bedeutung eines Themas aus Sicht der Schüler führt zu didaktischen Alternativen, zu interessierenden Einstiegen, zu individualisiertem Lernen, zu dauerhaftem Behalten des neuen Wissens, zu pädagogisch und gesellschaftlich wünschenswertem Verhalten.

Zukunftsbedeutung eines Themas

– Die pragmatische Interpretation der *Zukunftsbedeutung eines Themas* geht davon aus, dass der Physikunterricht auch den physikalischen Kern der modernen Techniken und Technologien in elementarisierter Form darstellen, herausarbeiten, verständlich machen kann. Diese sind *einsichtige, rationale Grundlage für deren Handhabung und Nutzung in relevanten Situationen des Alltags, des späteren Berufs, als mündiger Bürger.*

— Die von Menschen gemachte und erforschte, aber nicht willkürliche innere *Struktur der Physik* (begriffliche und methodische Struktur, Metastruktur) bestimmt mit den drei anderen Zieldimensionen den Aufbau, die Gliederung und die Inhalte des Physikunterrichts. Es entsteht daraus die *Sachstruktur des Physikunterrichts*. Diese unterscheidet sich von der *Struktur der Physik* eben dadurch, dass allgemeinbildende und pragmatische Ziele diese Struktur mitbestimmen. Die Mitbestimmung schließt natürlich auch die Lernenden mit ein.

Struktur der Physik

3.1.2 Gesichtspunkte für die Inhaltsauswahl – Fragenkatalog für die didaktische Analyse

In den 1970er-Jahren prägte die Curriculumtheorie die Diskussionen und die Ergebnisse von Lehrplankommissionen und damit die Ziele des naturwissenschaftlichen Unterrichts. Einzelne „curriculare" Lehrpläne waren bis in die 1990er-Jahre gültig. Der pädagogische Ansatz von Häußler und Lauterbach (1976) ist pragmatisch: Schule und Unterricht sollen dabei helfen, *künftige Lebenssituationen zu bewältigen*. Dazu müssen bestimmte *Qualifikationen und Einstellungen (Dispositionen)* mithilfe bestimmter *Curriculumelemente* (z. B. speziell entwickelte Unterrichtsmaterialien) erworben werden.

Entsprechend dieser allgemeinen Vorgehensweise skizzieren Häußler und Lauterbach (1976) *vier unterschiedliche Lebenssituationen*: die drei *Handlungsbereiche* Gesellschaft, Umwelt, Schule und den *Interpretationsbereich* Naturwissenschaft/Technik. Situationsskizzen „dienen der Orientierung, ordnen die Vielfalt, vermerken Ziele und zeichnen Wege zu ihnen" (Häußler und Lauterbach 1976, S. 59).

Lebenssituationen: Interpretationsbereich Naturwissenschaft/Technik, Handlungsbereiche Gesellschaft, Umwelt und Schule

Es werden 16 *Gesichtspunkte für die Inhaltsauswahl* vorgeschlagen, die von Lernzielen zu den vier Lebenssituationen ausgehen. Für die Planung von Unterrichtseinheiten oder von projektorientiertem Unterricht stellen die Gesichtspunkte einen Fragenkatalog für eine didaktische Analyse zu einem vorgegebenen Thema dar. Diese Fragen sind vergleichbar mit den nicht fachspezifischen Fragen, die Klafki (1963, S. 135 ff.) für den gleichen Zweck vorschlägt.

Entsprechend den vier Zieldimensionen (◨ Abb. 3.2) werden die folgenden Gesichtspunkte zur Inhaltsauswahl vorgeschlagen:

Gesichtspunkte zur Inhaltsauswahl

I. *Zum Bildungsgehalt*: Ist der Inhalt geeignet, exemplarisch
   — das idealistische Motiv der Naturwissenschaft „Wahrheitssuche" zu illustrieren

Zum Bildungsgehalt

3

- erkenntnis-/wissenschaftstheoretische Aspekte der naturwissenschaftlichen Wahrheitssuche zu thematisieren
- Grenzen des physikalischen Weltbildes aufzuzeigen
- historische Beispiele der nutzenfreien Forschung (z. B.
  Robert Mayer, Albert Einstein, Elementarteilchenphysik)
  zu kennen
- das pragmatische Motiv der Naturwissenschaften
  „Beherrschung der Natur" zu illustrieren
- positive Auswirkungen der Naturwissenschaften/der Technik in der Lebenswelt (Arbeitswelt, Freizeit, Haushalt und
  öffentliche Dienste) selbstständig zu erarbeiten
- negative Auswirkungen (der Naturwissenschaften)/der
  Physik/der Technik für den lokalen und globalen Frieden,
  für die Arbeitswelt, für die Freizeit, für die lokale/regio-
  nale/globale Umwelt durch Projektarbeit zu analysieren
  und zu problematisieren
- das wertorientierte Motiv „Erhaltung der Lebensgrundlagen für das Biosystem" als Grundeinstellung zu internalisieren
- die Komplexität und Sensitivität des Biosystems zu verstehen, einschließlich dessen Grundlagen Erde, Wasser,
  Luft
- Maßnahmen zum Schutz der natürlichen Lebensgrundlagen kennen, unterstützen, in die Wege zu leiten
- die Notwendigkeit der nachhaltigen, zukunftsfähigen
  Nutzung sowie Recycling von Wertstoffen einzusehen und
  Konsequenzen für den eigenen Lebensstil zu ziehen
- Probleme des anthropozentrischen Weltbildes zu diskutieren

Zur Gegenwartsbedeutung   II. *Zur Gegenwartsbedeutung für Schüler:* Ist der Inhalt
für Schüler   geeignet,
- das *Weltbild/den Lebensstil* der Kinder und Jugendlichen
  zu berühren, zu beeinflussen, zu ändern, zu festigen
- Selbstbewusstsein zu entwickeln im Umgang mit technischen Geräten
- Freude am spielerischen Lernen und Entdecken zu wecken
- selbstorganisiertes, kreatives Lernen zu ermöglichen
- Sorgfalt im Umgang mit den Lebensgrundlagen zu thematisieren
- Rücksichtnahme in der technischen Gesellschaft (Verhalten im Straßenverkehr) zu fördern

Zur Zukunftsbedeutung für   III. *Zur Zukunftsbedeutung für Schüler:* Ist der Inhalt geeignet,
Schüler
- Kindern und Jugendlichen *wichtige Kulturtechniken* zur
  gegenwärtigen und künftigen *Lebensbewältigung* einzuüben

- relevante Geräte der Lebenswelt zu beherrschen und die Handlungsfähigkeit mit technischen Geräten zur eigenen Sicherheit anzueignen (Fahrrad, Moped, Elektrogeräte)
- Arbeitstechniken und Darstellungsweisen einzuüben
- selbstständig Informationen über physikalische/technische Geräte der Lebenswelt beschaffen und adäquat umsetzen zu können
- Informationen darzustellen und zu interpretieren
- im Team (in der Gruppe) zu arbeiten
- Informationen kommunikativ darzustellen (Standpunkte individuell/im Team zu erarbeiten und in Diskussionen zu vertreten)
- Kindern und Jugendlichen wichtige Informationen zu vermitteln zur *physischen und psychischen Gesunderhaltung*
- *über Suchtgefahren Bescheid* zu *wissen* (z. B. Geschwindigkeitsrausch im Straßenverkehr, Spielsucht am Computer)
- Gefahren und Gefährdungen in der technischen Gesellschaft zu kennen (Radioaktivität, Lärm, Laserstrahlen)
- vorbeugende Maßnahmen gegen Gefahren in der technischen Gesellschaft zu erkennen, gegen Ursachen einzutreten, sich zu engagieren

IV. *Zur inneren Struktur der Physik:* Ist der Inhalt geeignet,
- exemplarisch *Strukturen der Physik* zu vermitteln
- grundlegende Begriffe und Gesetze der Physik zu erarbeiten (z. B. Teilchenmodell, Energieerhaltungssatz)
- notwendige Zusammenhänge zwischen Begriffen und Theorien herzustellen
- die natürliche und technische Umwelt zu begreifen (Phänomene: Regenbogen, Gewitter, Sonnenfinsternis; Elektromotor, Steuerungen und Regelungen)
- grundlegende Methoden der Physik kennenzulernen, zu verstehen, anzuwenden,
- Grenzen der Anwendung physikalischer Methoden zu diskutieren
- weitere Unterrichtsinhalte und Projekte vorzubereiten?

Zur inneren Struktur der Physik

3.1.3 Schritte einer didaktischen Analyse

Dieser Fragenkatalog kann, wie die entsprechenden Fragen von Klafki (1963) bzw. von Häußler und Lauterbach (1976), für *die individuelle Unterrichtsvorbereitung oder in einer Arbeitsgruppe bei der Vorbereitung eines Projekts eingesetzt werden.* Duit et al. (1981, S. 241 ff.) haben die *didaktische Analyse im Zusammenhang mit der Unterrichtsplanung* detailliert beschrieben.

Schritte einer didaktischen Analyse

In Anlehnung an diese Ausführungen werden folgende Schritte für eine didaktische Analyse vorgeschlagen:

1. Schritt: Ausloten eines gegebenen Unterrichtsthemas (Stichworte notieren) und auf einen didaktischen Schwerpunkt (eine der Zieldimensionen I, II, III, IV) festlegen.
2. Schritt: Leit- und Richtziele (Näheres s. ▶ Abschn. 3.2) zum Thema formulieren unter Berücksichtigung der Aspekte dieser Zieldimension.
3. Schritt: Die Stichwortliste der ausgewählten Zieldimension ergänzen im Hinblick auf involvierte (vergangene, gegenwärtige, zukünftige) relevante physikalische, technische, politische, umweltpolitische wirtschaftliche, rechtliche Kontexte.
4. Schritt: Aus der Stichwortliste entsteht ein Sachstrukturdiagramm (▶ Abschn. 3.4), das auch die Lernvoraussetzungen der Schüler in Stichworten enthält.

Planungsprodukte:
- Liste der Leit- und Richtziele
- Sachstrukturdiagramm
- Grobstruktur des Unterrichts

5. Schritt: Die Planungsprodukte, die Liste der Leit- und Richtziele sowie das Sachstrukturdiagramm werden auf innere Konsistenz überprüft und ggfs. abgeändert und/oder ergänzt.
6. Schritt: Eine Grobstruktur der Unterrichtseinheit wird entwickelt. Diese Übersicht (Umfang etwa 1–2 Seiten) enthält in vier Spalten: den zeitlichen Umfang, Lehr-/Lernziele, die Teilthemen der Unterrichtseinheit in deren Reihenfolge sowie zentrale Experimente der Schulphysik und besondere Lernformen und Lernorte (z. B. Spiel, Betriebsbesichtigung).

Verantwortliche Unterrichtsführung verlangt eine sorgfältige Reflexion und Analyse der Zielvorstellungen

Unterricht ist natürlich viel mehr als das, was in noch so umfassenden Ziellisten formuliert ist, mehr als in Worten und Symbolen fassbar ist – Erwünschtes und Unerwünschtes. Magers Absicht: „Die Funktion der Zielanalyse ist, *das Undefinierbare zu definieren, das Ungreifbare zu greifen*" (Mager 1969), ist ein Widerspruch in sich, ist unrealistisch. Oder soll man sagen: ein unnötiger Traum?

Andererseits gilt, dass *für eine verantwortliche Unterrichtsführung eine sorgfältige Reflexion und Analyse der in den Unterricht eingehenden Zielvorstellungen unumgänglich* ist (s. Jank und Meyer 1991, S. 300). Das gilt insbesondere aufgrund des Zusammenhangs mit einer verantwortungsbewussten *Beurteilung des Unterrichts*.

3.2 Mehrdimensionalität von Lernzielen

In Theorie und Praxis werden verschiedene Lernziele und Lernzielklassifikationen verwendet, formuliert, hierarchisiert, nicht zuletzt kritisiert.

Die Kritik bezieht sich vor allem auf die *operationalisierten (Fein-)Lernziele* wie sie in den 1970er-Jahren im Gefolge der Curriculumtheorie formuliert wurden. Heute ist man sich weitgehend einig, dass es sinnvoll sein kann, die Bedienung eines elektrischen Multimeters zu operationalisieren, um Schäden des jugendlichen Benutzers und des Gerätes zu verhindern. Komplexe mentale Vorgänge über Physik wie „Verständnis der Newton'schen Mechanik" lassen sich genauso wenig durch Lernziele operationalisieren wie „Verständnis von Schillers Dramen". Wir gehen daher nicht näher auf operationalisierte Lernziele ein (s. dazu Duit et al. 1981), denn: Der Gehalt der Newton'schen Mechanik lässt sich für Lernende nicht in wenigen Formeln fassen, deren „Verständnis" nicht durch Lösen ausgewählter Rechenaufgaben feststellen: Das Ganze ist eben mehr als die Summe seiner Teile.

Die nachfolgenden Abschnitte sollen verschiedene Aspekte verdeutlichen, unter denen Zielsetzungen betrachtet werden können. Es werden die verschiedenen *Zieldimensionen* vorgestellt, die in ◨ Abb. 3.3 veranschaulicht sind.

Um ein Lernziel zu präzisieren, können die *Zielebene,* die *Zielklasse* und die *Zielstufe/Anforderungsstufe* angegeben werden. Dies lässt sich formal in einem Koordinatensystem veranschaulichen, das einen dreidimensionalen *„Lernzielraum"* definiert (◨ Abb. 3.3).

Beispiel: Ein Lernziel, z. B. das Ohm'sche Gesetz, wird als ein *„Konzeptziel"* eingeordnet, das als *„Grobziel"* so umfassend verfügbar sein soll, dass es für weitere, neue Fragestellungen genutzt werden kann. Bei den Lernzielstufen erreicht das dann die Stufe

Kritik an operationalisierten (Fein-) Lernzielen

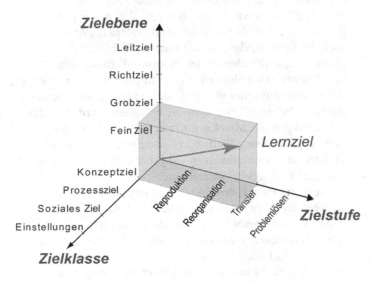

◨ **Abb. 3.3**   Darstellung eines Lernziels im „Lernzielraum"

III („Transfer"). Die verschiedenen Dimensionen werden im Folgenden genauer behandelt.

3.2.1 Zielebenen

Zielebenenmodell

Westphalen (1979) verwendet eine hierarchische Einteilung von Zielen in vier Zielebenen. Wir halten dieses *Zielebenenmodell* nach wie vor für relevant in der Lehrerausbildung und für die Entwicklung von Lehrplänen. Eine solche Einteilung der Ziele ist nicht universell und immer trennscharf. Vielmehr gibt die Zuordnung zu einer Zielebene einen Hinweis darauf, für wie wichtig ein Ziel für die Schulbildung und für das Fach erachtet wird und damit zusammenhängend, wie intensiv es thematisiert werden soll.

Beispiele für Leitziele

Westphalen unterscheidet „Leitziele", „Richtziele", „Grobziele" und „Feinziele". „Leitziele" sind sehr allgemeine Ziele, die die *Lern-, Bildungs-, Erziehungsvorgänge der Schule umfassen und grundsätzlich alle Fächer betreffen.* „Richtziele" umfassen die *allgemeinsten fachspezifischen und fachübergreifenden Ziele.* „Grobziele" spielen *innerhalb eines Faches eine große Rolle.* „Feinziele" sind für die *Planung einer Unterrichtsstunde* wichtig.

1. „Leitziele" finden sich in den Präambeln der Lehrpläne; es sind die allgemeinen Bildungs- und Erziehungsziele einer bestimmten Gesellschaft, einer bestimmten Politik. Sie beziehen sich auf die Prinzipien des Grundgesetzes, wie z. B. „Erziehung zur Demokratie", und auf Gesetze von Bundesländern über das jeweilige Erziehungs- und Unterrichtswesen, z. B. auf Einstellungen und Werte wie „Ehrfurcht vor der Würde des Menschen", „Verantwortungsgefühl", „Verantwortungsbewusstsein", „Verantwortungsfreudigkeit", „Hilfsbereitschaft" und „Toleranz". Aber auch der Erwerb relevanter allgemeiner Fähigkeiten, „Schlüsselqualifikationen", wie Kommunikationsfähigkeit, Kooperationsfähigkeit, Kritikfähigkeit, Problemlösen, „Denken in Zusammenhängen", die Fähigkeit, die Flut von medialen Informationen sinnvoll zu nutzen, werden zu den Leitzielen gezählt. Man kann Klafki (1996, S. 36 ff.) folgen und die angedeutete Vielfalt an Leitzielen in die Begriffe „Selbstbestimmungsfähigkeit", „Mitbestimmungsfähigkeit", „Solidaritätsfähigkeit" subsumieren.

   Auch die Physiklehrerinnen und Physiklehrer tragen dazu bei, dass Leitziele in der Schule realisiert werden:
   - durch die Auswahl und Interpretation der Inhalte
   - durch geeignete methodische Formen (Gruppen-, Projektunterricht, Freiarbeit)
   - durch kritische und souveräne Nutzung verfügbarer Medien.

2. „Richtziele" sind die obersten fachspezifischen Ziele; sie können fachübergreifend sein. Dies gilt auch für die Richtziele des Physikunterrichts, die i. Allg. auch für den naturwissenschaftlichen Unterricht gelten.

Kerschensteiner (1914) hat „Wesen und Wert des naturwissenschaftlichen Unterrichts" in den dort ausschließlich oder besonders geförderten und geübten Fähigkeiten „Beobachten", „Denken", „Urteilen" und physisches und psychisches Durchhaltevermögen („Willenskraft") gesehen. Es lässt sich darüber streiten, ob diese Fähigkeiten als „Leitziele" oder als „Richtziele" aufzufassen sind. Westphalen folgend werden hier die allgemeinsten Inhalte der begrifflichen und methodischen Struktur der Naturwissenschaften als Richtziele aufgefasst. Für die methodische Struktur heißt das Richtziel „naturwissenschaftliches Arbeiten lernen (verstehen, anwenden)", mit den damit zusammenhängenden Aspekten „Theoretisieren" und „Experimentieren". Dabei bleibt vorläufig unberücksichtigt, wie weit dieses Richtziel im gegenwärtigen Physikunterricht realisierbar ist. Die Untersuchungen von Carey et al. (1989) und Welzel (1998) zeigten, dass diese Ziele oft nur rudimentär erreicht werden. Tatsache ist wohl auch, dass das Ziel „Methoden der Physik/der Naturwissenschaften lernen" einen geringeren Stellenwert hat. Der *gegenwärtige Schwerpunkt des Physikunterrichts liegt mehr auf dem Verständnis der begrifflichen Struktur.* Für das idealistisch-abendländische Motiv (Leitziel) „naturwissenschaftliche Wahrheitssuche" und für das pragmatische Motiv „für das Leben lernen" scheinen *das Verständnis und die Anwendung der methodischen Struktur unbedingt erforderlich zu sein.* Bloßes „Reden über Methoden" reicht hierfür nicht aus.

Richtziele, die die begriffliche Struktur der Physik/der Naturwissenschaften betreffen, sind: Das atomistische Weltbild, der begriffliche Aufbau der Physik, Invarianten in der Physik (Erhaltungssätze, Naturkonstanten). Auch die „Basiskonzepte" aus den Standards für den Physikunterricht (▸ Abschn. 3.3.2) können Richtziele definieren.

Als *fachübergreifende Richtziele* nennt Westphalen (1979, S. 67 ff.) unter vielen anderen: „Fähigkeit, Abstraktionen und Symbole zu deuten", „Bereitschaft Leistung zu erbringen", „Fähigkeit zu rationellem Arbeiten: Planung, Zeiteinteilung, Organisation, Erfolgskontrolle".

3. „Grobziele" sind i. Allg. eindeutig auf ein Teilgebiet der Physik bezogen. Sie benennen z. B. *ein relevantes Gesetz oder ein typisches Messverfahren* dieses physikalischen Teilgebietes oder eine *charakteristische Darstellungsweise von experimentellen Daten oder physikalisch-technischen Sachverhalten* dieses Bereichs (z. B. „Schaltskizzen interpretieren können").

Beispiele für Richtziele

Die allgemeinsten Inhalte der begrifflichen und methodischen Struktur der Naturwissenschaften sind Richtziele

Beispiele für Grobziele

Feinziele: in der Lehrerausbildung sinnvoll

4. Eine weitere Differenzierung der Ziele des Physikunterrichts in sogenannte „Feinziele" ist in der 1. und 2. Phase der Lehrerbildung sinnvoll: Die Formulierung von Feinzielen ist nicht nur für die Ausarbeitung von Unterrichtsentwürfen zweckmäßig, sondern auch für die Bewertung von Unterricht im Rahmen eines quantitativen Beurteilungssystems. Für komplexere Fähigkeiten (Ziele) wie „Verstehen" und „Problemlösen" erscheint die Differenzierung nicht angemessen, wegen *der Unschärfe von Ausdrücken* wie „Verstehen" und wegen der *ungenauen Kenntnis des Vorwissens der Lernenden*. Letzteres spielt eine Rolle bei der Beurteilung; denn es ist ein wichtiger Unterschied, ob es sich um originäres Problemlösen oder um die Anwendung eines bekannten Lösungsschemas handelt.

5. Bisher waren Versuche nicht erfolgreich, die Richtziele und *Grobziele* der Schulphysik in den Ländern der Bundesrepublik zu vereinheitlichen.

   Nun sind „Bildungsstandards im Fach Physik für den Mittleren Schulabschluss" und „Einheitliche Prüfungsanforderungen in der Abiturprüfung Physik" beschlossen (KMK 2004b, c). In ▶ Abschn. 3.3 wird die damit zusammenhängende bildungspolitische Initiative dargestellt und die damit verbundenen Hoffnungen, die Vergleichbarkeit der Noten in den Schulabschlüssen in den 16 Bundesländern.

Aus Leitzielen lassen sich die Richt-, Grob- und Feinziele nicht ableiten

6. Zusätzliche Bemerkungen:
Man kann von allgemeinen Zielen (Leitzielen) ausgehend *nicht* die spezifischeren Richt-, Grob-, Feinziele *ableiten*. Es ist eher möglich, eine *negative Eingrenzung* zu geben, d. h. *welche Richt-, Grob-, Feinziele zu einem vorgegebenen übergeordneten Ziel nicht infrage kommen.*

Illustration zum Zielebenenmodell

Zur Illustration des Zielebenenmodells folgender Vergleich: Ein Leitziel kann als Motto über dem Eingang eines Schulhauses angebracht werden. Ein Richtziel kann über der Tür zum Physikraum stehen. Ein Grobziel kann als Stundenthema an die Tafel geschrieben werden. Feinziele prägen im Physikheft die Merksätze oder in einer Klassenarbeit/Schulaufgabe die Aufgaben.

3.2.2 Zielklassen

1. Wenn Lernziele für einen Unterrichtsentwurf formuliert werden, ist damit u. a. folgende Frage verknüpft:

Welche Art von Zielen, welche „didaktische Zielklasse" ist gemeint?

Es werden folgende vier *Zielklassen* unterschieden:

- „Konzeptziele" intendieren die Aneignung des begrifflichen Wissens (vor allem die Basiskonzepte Materie, Wechselwirkung, System, Energie)
- „Prozessziele" charakterisieren Fähigkeiten und Fertigkeiten, (z. B. Wahrnehmen, Ordnen, Erklären, Prüfen, Modelle bilden),
- „Soziale Ziele" streben ein bestimmtes Verhalten an (Kommunikation und Kooperation)
- Ziele über Einstellungen und Werte

Zielklassen

Diese Zielklassen werden durch die kognitionspsychologische (z. B. Mandl und Spada 1988) und die entwicklungspsychologische Standardliteratur (z. B. Oerter und Montada 1998) fundiert. Im Folgenden werden die physikdidaktischen „Zielklassen" genauer beschrieben. Sie zeigen in vieler Hinsicht eine Passung zu den „Kompetenzbereichen", die in den „Bildungsstandards" (KMK 2004a, b, c) formuliert sind (▶ Abschn. 3.3).

Konzeptziele (Begriffliche Ziele)

Konzeptziele sind *kognitive Ziele;* Klopfer (1971) nennt für den naturwissenschaftlichen Unterricht:

1. Wissen von (physikalischen) Einzelheiten, Fakten
2. Wissen über Begriffe und Theorien
3. Verstehen von Zusammenhängen
4. Höhere kognitive Fähigkeiten (z. B. Hypothesen bilden)
5. Bewerten (z. B. Messungenauigkeiten)

Wissen von Einzelheiten und Fakten

Wissen über Begriffe und Theorien

Die fünf Zielebenen unterscheiden sich durch ihre *kognitiven Anforderungen.* Es ist schwieriger, die behandelten Sachverhalte zu *bewerten,* als physikalische Einzelheiten nur zu kennen.

Prozessziele (Fähigkeiten und Fertigkeiten)

Mit *Prozesszielen* sind physikalische und technische Fähigkeiten und Fertigkeiten gemeint, die sich Kinder und Jugendliche in der Schulzeit und in der Schule aneignen sollen. Dazu gehören insbesondere *physikalische Untersuchungsmethoden* (Klopfer 1971), die sich ebenfalls durch ihre Komplexität unterscheiden:

Durch *Untersuchungsmethoden I* werden *Gegenstände und Vorgänge beobachtet und Änderungen gemessen.* Dazu gehören auch die Auswahl geeigneter Messinstrumente und die Beschreibung in physikalischer Ausdrucksweise.

Physikalische Untersuchungsmethoden II bedeuten *das Erkennen einer Aufgabe und das Suchen eines Lösungsweges.* Letzteres meint das Aufstellen von Hypothesen, die Auswahl einer Methode zur Überprüfung der Hypothesen und des Untersuchungsplans.

Prozessziele: physikalische und technische Fähigkeiten und Fertigkeiten

Untersuchungsmethoden I

Untersuchungsmethoden II

3

Untersuchungsmethoden III

Physikalische Untersuchungsmethoden III befassen sich mit dem *Erzeugen und Interpretieren von Daten*. Das bedeutet die Umsetzung des Untersuchungsplanes in eine Experimentieranordnung, die Festlegung der zu messenden Parameter, die Kontrolle und wiederholte Beobachtung der Variablen. Die gewonnenen Daten werden organisiert, verarbeitet, dargestellt, beurteilt und schließlich interpretiert. Hypothesen werden vorläufig bestätigt oder vorläufig widerlegt.

Untersuchungsmethoden IV

Durch Physikalische Untersuchungsmethoden IV werden theoretische Modelle aufgestellt, überprüft, revidiert und in einen allgemeineren theoretischen Zusammenhang eingeordnet. Es dürfen keine Widersprüche zu gesicherten physikalischen Tatbeständen auftreten. Außerdem werden Schlussfolgerungen zu weiteren experimentellen und theoretischen Sachverhalten gezogen. Das Modell wird ausgearbeitet.

Untersuchungsmethoden V

In *Physikalische Untersuchungsmethoden V* werden die bisherigen *methodologischen Schritte reflektiert:* Es werden protophysikalische Begriffe wie Raum und Zeit erörtert oder erkenntnis- und wissenschaftstheoretische Betrachtungen über Physik und Wirklichkeit oder über das Zusammenspiel von Theorie und Experiment angestellt.

Prozessziele charakterisieren schülerorientierten Unterricht

Auch „Fertigkeiten" zählen zu den Prozesszielen. Dazu gehören Fertigkeiten zum souveränen Umgang und der Bedienung von Geräten aller Art, die für das Experimentieren, die Justierung komplexer Versuchsanordnungen und das Auswerten von Daten benötigt werden.

Soziale Ziele

Für das Zusammenleben in der Gesellschaft, d. h. in der Familie, in der Schule, in Jugendgruppen, in Vereinen wird das Einüben sozialer Verhaltensweisen (sozialer Kompetenzen) immer

Beispiele

wichtiger, zum Beispiel: *Rücksichtnahme auf Schwächere, Toleranz und Kompromissbereitschaft gegenüber Andersdenkenden, Solidarität mit Bedrohten, Hilfsbereitschaft bei Notleidenden, Höflichkeit gegenüber den Mitmenschen.* Diese erzieherischen Aufgaben sind in den vergangenen Jahrzehnten in immer stärkerem Maße von der Familie auf die Schule übergegangen, von der Politik und der Pädagogik auf die Schule übertragen worden (s. Oerter und Montada 1998).

Soziale Ziele formulieren wünschenswertes sinnvolles und nützliches Verhalten in der Gesellschaft. Es sind (zum Teil) neue Leitziele unserer Zeit, die explizit die Schule und dort alle Fächer dieser Institution betreffen. Einen spezifischen Beitrag zu adäquatem Sozialverhalten können diejenigen Schulfächer leisten, die besonders für den Gruppenunterricht geeignet sind. Dazu gehört zweifellos auch der Physikunterricht. Außerdem kann in dieser Sozialform des Unterrichts, die in der heutigen

Berufswelt notwendige Kooperationsbereitschaft und -fähigkeit ebenso geübt werden wie die Kommunikationsfähigkeit.

Ziele zu Einstellungen und Werten

Die Erziehungs- und Bildungsaufgaben der Schule erstrecken sich auf wünschenswerte Neigungen, Einstellungen und Werte oder Werthaltungen *(attitudes)*, die auch das künftige Leben der Schülerinnen und Schüler prägen sollen (s. z. B. Oerter 1977).

Neigungen, Einstellungen, Werthaltungen

1. Von der Entwicklungspsychologie als empirisch bestätigte Tatsache betrachtet, haben schulexterne Gruppierungen i. Allg. größeren Einfluss auf Einstellungen der Kinder und Jugendlichen als die Schule, gesellschaftliche Einflussfaktoren wie z. B. die Familie, Jugendgruppen oder politische oder religiöse Organisationen. „Bei der Übernahme von Haltungen aus der Umwelt spielt das Lernen durch Nachahmung und Identifikation eine besondere Rolle. Es hat den Anschein, als ahme das Kind nicht nur periphere Verhaltensweisen und Gewohnheiten nach, sondern übernehme auch ganze Überzeugungs- und Wertsysteme" (Oerter 1977, S. 270). Absichtlich oder unabsichtlich kann auch die Lehrkraft als Vorbild wirken. Aber ist sie darauf vorbereitet, ist sie dazu in der Lage? Die Berufsgruppe „Lehrer" hat keine Sonderstellung. Sie weist z. B. hinsichtlich wünschenswerter Einstellungen für angemessenes Umweltverhalten *keine Unterschiede* zu anderen Berufsgruppen auf (de Haan und Kuckartz 1996), und das, obwohl das *Umweltwissen* von Lehrerinnen und Lehrern *groß ist* aufgrund der in Lehrplänen geforderten Umwelterziehung (► Abschn. 2.3.5). Dem naturwissenschaftlichen Unterricht kommt hier eine zentrale Aufgabe zu: Über Umweltwissen und Umwelthandeln sollen diese Einstellungen angestrebt werden, durch Lehrkräfte und bei Lehrkräften.

Änderung von Einstellungen und Werthaltungen

2. Welches Leitbild? Klafkis Kürzel vom „mündigen Bürger", der die Fähigkeit zur Selbstbestimmung, zu Mitbestimmung und zur Solidarität besitzt, muss so erweitert werden, dass die in ► Abschn. 2.3 erörterten notwendigen Einstellungen „Verantwortung gegenüber der belebten und unbelebten Natur" und „Bescheidenheit des eigenen Lebensstils" zu dem Leitbild gehören. Die Vermittlung von Leitbildern ist Angelegenheit aller Fächer.

Welches Leitbild?

3. Eine besondere Rolle spielt die Einstellung zur Technik. „Souveräner Umgang mit Technik" ist für eine nachhaltige, zukunftsfähige Wirtschaft erforderlich, nicht pauschale Technikfeindlichkeit. Die Bildung der Nachhaltigkeit (► Abschn. 2.3.5) setzt darauf, dass über naturwissenschaftlich-technisches Wissen und Verstehen entsprechende Einstellungen für sorgfältigen Umgang mit

Lebensgrundlagen generiert werden. Solche Dispositionen sind als Voraussetzung für umweltverträgliches Verhalten notwendig. Dieses Verhalten ist auch gegen Auswüchse der Technik, d. h. umweltschädigende Produkte, gerichtet. Nicht selten muss, wie bei der Energieversorgung, unter zwei Übeln das kleinere gewählt werden – ein nur scheinbar leicht lösbares Problem.

„Souveräner Umgang mit der Technik"

„Souveräner Umgang mit der Technik" bedeutet auch die angstfreie Verwendung und Handhabung technischer Produkte.

Interesse, Freude oder Spaß an der Physik

Erstrebenswerte Einstellungen sind Interesse oder Freude oder Spaß an der Physik sowie „Physik als Erlebnis" (Häußler et al. 1980). Gegenwärtig wird Freude an der Physik vor allem in der Primarstufe beobachtet. In den Sekundarstufen ist es nur eine kleine Minderheit, die Physik als ein Erlebnis empfindet und Freude an der Physik hat. Kann „Physik im Kontext" (Duit und Mikelskis-Seifert 2007) dies grundlegend ändern?

3.2.3 Anforderungsstufen

Wie intensiv soll sich der Lernende mit einem Thema befassen? Soll er nur einen *Einblick* in ein Thema *gewinnen* oder soll er mit dem Thema *vertraut werden*?

Anforderungsstufen

Für Lehrpläne, Unterrichtseinheiten und auch bei einzelnen Unterrichtsstunden sind verschiedene *Anforderungsstufen* bei den Zielen sinnvoll. Sie geben Hinweise über die Intensität des Lehrens und Lernens und damit auch Hinweise für die Überprüfung von Lernzielen. In der Lehrerausbildung sind die von Roth (1971) vorgeschlagenen vier „Lernzielstufen" bekannt:

- Reproduktion (Stufe I): *Wiedergabe* einzelner Sachverhalte in einer im Unterricht behandelten Weise
- Reorganisation (Stufe II): *Zusammenhängende Darstellung* bekannter Sachverhalte unter Anwendung eingeübter Methoden
- Transfer (Stufe III): *Übertragung* eines gelernten physikalischen Sachverhalts auf einen (struktur-)ähnlichen Sachverhalt
- Problemlösendes Denken (Stufe IV): *Anwendung* bekannter Begriffe und Methoden *auf ein neuartiges Problem*

Diese Lernzielstufen werden vor allem für schriftliche und mündliche Leistungsbeurteilungen des Fachwissens herangezogen. Auch die aus dem amerikanischen Sprachraum stammende Taxonomie von Bloom und Mitarbeitern kann als Lernzielstufen interpretiert und für Zielformulierungen mit unterschiedlichen Anforderungen herangezogen werden (s. Duit et al. 1981, S. 67 ff.).

Die Lernzielstufen von Roth sind in der Lehrerausbildung und bei der Beurteilung einzelner Unterrichtsstunden relevant. Auch in den „Bildungsstandards im Fach Physik für den Mittleren Schulabschluss" (KMK 2004b, S. 10 ff.) werden ähnliche Ausdrücke für die drei *„Anforderungsbereiche"* verwendet: Anforderungsbereich I „Wissen wiedergeben", Anforderungsbereich II „Wissen anwenden" und Anforderungsbereich III „Wissen transferieren und verknüpfen".

3.3 Bildungsstandards und Kompetenzen

Um naturwissenschaftliche Bildung am Ende der Schullaufbahn zu erfassen, wurden in der TIMSS-Studie Aufgaben formuliert, denen vier Kompetenzniveaus (Sekundarstufe I; s. Baumert et al. 2000a, S. 127 ff.), bzw. fünf Kompetenzniveaus (Sekundarstufe II; s. Baumert et al. 2000b, S. 100 ff.) zugrunde liegen. Im Unterschied zu den Lernzielstufen von Roth sind sie auf den naturwissenschaftlichen Unterricht zugeschnitten. Sie betreffen vor allem die Zielklassen „Konzept-" und „Prozessziele", d. h. Fachwissen und Fachmethoden und deren Anwendung. „Die Kompetenzbereiche geben die Breite der fachlichen und methodischen Anforderungen an. Die fachspezifischen Anforderungsbereiche beschreiben deren Tiefe" (KMK 2004a, S. 10).

Um die von der Kultusministerkonferenz beschlossenen *Bildungsstandards* im Fach Physik (KMK 2004a, b, c; Mittlerer Schulabschluss bzw. Abitur) in den Ländern zu vereinheitlichen und zu überprüfen, wurden die vier *Kompetenzbereiche:* „Fachwissen", „Fachmethoden bzw. Erkenntnisgewinnung", „Kommunikation" und „Reflexion bzw. Bewertung" festgelegt (▶ Abschn. 3.3.2). Es versteht sich, dass sich die Anforderungen bei diesen beiden Schulabschlüssen deutlich unterscheiden.

Vier Kompetenzbereiche:
– Fachwissen
– Fachmethoden
– Kommunikation
– Reflexion/Bewertung

3.3.1 Allgemeine administrative Festlegungen

Durch die nicht zufriedenstellenden Ergebnisse internationaler Vergleichsstudien (TIMSS, PISA) wurde in der Bundesrepublik um die Jahrtausendwende eine lebhafte bildungspolitische Diskussion initiiert. Das für die Bundesrepublik übergeordnete Gremium, die Kultusministerkonferenz der Bundesländer (KMK), einigte sich darauf, in staatlichen Schulen regelmäßig Leistungsüberprüfungen durchzuführen als Grundlage für die *künftige Entwicklung des deutschen Bildungssystems.*

Diese ist wegen der Kulturhoheit der Länder nur auf der Grundlage *allgemeiner administrativer Festlegungen* durch sogenannte „*Bildungsstandards*" möglich.

Sie sollen (u. a.)

= die Qualität des Unterrichts sichern
= den Unterricht weiter entwickeln
= vergleichbare Leistungen in den Bundesländern sichern.

Das bedeutet aber keineswegs standardisierten, einheitlichen Unterricht: In den Bundesländern konkretisieren Lehrplankommissionen die Bildungsstandards für den Unterricht. Außerdem sollen möglichst alle Schulen eines Bundeslandes eigene Schwerpunkte zur Förderung und Verbesserung der Unterrichtsqualität setzen (z. B. „Entwicklungsvorhaben Eigenverantwortliche Schule in Thüringen").

= Bildungsstandards geben Lehrerinnen und Lehrern eine Orientierung für die Analyse, Planung und Überprüfung ihrer Unterrichtsarbeit,
= Bildungsstandards fördern die Entwicklung einer anforderungsbezogenen Aufgabenkultur,
= Bildungsstandards stärken die Kooperation in Fachkonferenzen (KMK 2004a, S. 11 f.).

Zur Unterstützung der Lehrkräfte und zur Überprüfung der Bildungsstandards wurde 2004 von der KMK das bundesweit tätige „Institut zur Qualitätsentwicklung im Bildungswesen" (IQB) an der Humboldt-Universität zu Berlin gegründet.

3.3.2 Die Kompetenzbereiche

Für den Physikunterricht wurden folgende vier Kompetenzbereiche festgelegt: „*Fachwissen*", „*Erkenntnisgewinnung*", „*Kommunikation*" und „*Bewertung*" (KMK 2004b, S. 8 ff.).

Die Standards zu „Fachwissen" und „Erkenntnisgewinnung" entsprechen herkömmlichen Zielen des Physikunterrichts der Sekundarstufe I. Verglichen mit herkömmlichen Lehrplänen wird den Kompetenzbereichen „Kommunikation" und „Bewertung" eine größere Bedeutung zugeschrieben. Die entsprechenden Standards nach KMK (2004b) sind im Folgenden aufgeführt.

Fachwissen

Unter Fachwissen wird die Kenntnis physikalischer Phänomene, Begriffe, Prinzipien, Fakten und Gesetzmäßigkeiten verstanden sowie die Fähigkeit, diese den folgenden „Basiskonzepten" zuzuordnen: Materie, Wechselwirkungen, Systeme und Energie.

„Physikalisches Fachwissen, wie es durch die vier Basiskonzepte charakterisiert wird, beinhaltet Wissen über Phänomene, Begriffe, Bilder, Modelle und deren Gültigkeitsbereiche
sowie über funktionale Zusammenhänge und Strukturen. Als
strukturierter Wissensbestand bildet das Fachwissen die Basis
zur Bearbeitung physikalischer Probleme und Aufgaben" (KMK
2004b, S. 8).

Vier Basiskonzepte zum
Kompetenzbereich
Fachwissen

— Zum Basiskonzept „Materie" gehören der Aufbau und die
Struktur von Materie sowie die verschiedenen Aggregat-
zustände, die sich durch äußere Einwirkungen ändern
können. Als Beispiele dafür sind Form und Volumen von
Körpern, das Teilchenmodell, die Brown'sche Bewegung,
Atome, Moleküle und Kristalle angegeben.

„Materie"

— Das Basiskonzept „Wechselwirkungen" beinhaltet Vor-
gänge, bei denen Körper sich gegenseitig beeinflussen und
Verformungen oder Bewegungsänderungen hervorrufen.
Ebenfalls aufgeführt wird die Einwirkung von Körpern über
Felder und die Wechselwirkung von Strahlung und Materie.
Folgende Beispiele werden genannt: Kraftwirkungen, Träg-
heitsgesetz, Wechselwirkungsgesetz, Impuls oder Impuls-
übertragung, Kräfte zwischen Ladungen, Schwerkraft oder
Kräfte zwischen Magneten, außerdem Stichworte aus der
geometrischen Optik, Farben, aus der Wärmelehre „Treib-
hauseffekt", „globale Erwärmung", „ionisierende Strahlung"
(KMK 2004b, S. 8 f.).

„Wechselwirkungen"

— „Systeme" können im Gleichgewicht sein oder auch durch
Störung von außen in einen Ungleichgewichtszustand
kommen. Folgen solcher gestörten Gleichgewichte können
Schwingungen oder Ströme sein. Bei der Leitidee „Systeme"
geht es zum Beispiel um Kräftegleichgewicht, aber auch um
Druck-, Temperatur- und Potenzialunterschiede und deren
Folgen, wie der elektrische Stromkreis oder thermische
Ströme (KMK 2004b, S. 9).

„Systeme"

— Das Konzept „Energie" beschäftigt sich mit den verschiedenen Energieformen, der Umwandlungen von
einer Form in andere, dem Energiefluss und der Energieerhaltung. Die Schülerin/der Schüler lernt die Energiegewinnung aus fossilen Brennstoffen, die Wind- und
Sonnenenergie sowie die Kernenergie kennen, ebenso die
Funktionsweise von Generator und Transformator, von
Motoren und Wärmepumpen. Die Begriffe „Wärmeleitung",
„Strahlung", „Wirkungsgrad" und „Entropie" gehören ebenfalls zu dieser Leitidee (KMK 2004b, S. 9).

„Energie"

Fünf Standards (Ziel-/Kompetenzformulierungen) sollen den
Kompetenzbereich „Fachwissen" erläutern:
„Schülerinnen und Schüler …

Kompetenzformulierungen

3

- F1 verfügen über ein strukturiertes Basiswissen auf der Grundlage der Basiskonzepte,
- F2 geben ihre Kenntnisse über physikalische Grundprinzipien, Größenordnungen, Messvorschriften, Naturkonstanten sowie einfache physikalische Gesetze wieder,
- F3 nutzen diese Kenntnisse zur Lösung von Aufgaben und Problemen,
- F4 wenden diese Kenntnisse in verschiedenen Kontexten an,
- F5 ziehen Analogien zum Lösen von Aufgaben und Problemen heran. "
(KMK 2004b, S. 11)

Erkenntnisgewinnung

Kompetenzbereich „Erkenntnisgewinnung"

Die physikalische Erkenntnisgewinnung (Experimentelle Untersuchungsmethoden sowie Modelle nutzen) ist ein Prozess, der in fünf Schritten beschrieben wird: *Wahrnehmen, Ordnen, Erklären, Prüfen, Modelle bilden*:

Am Anfang steht die Wahrnehmung eines Phänomens oder einer Problemstellung. Diese versucht man in Bekanntes einzuordnen und sich so eine Hypothese als Erklärung zu erstellen („Modellieren von Realität"). Diese Hypothese wird experimentell überprüft, Daten ausgewertet, beurteilt und kritisch reflektiert. Ein neues Modell wird gebildet durch Idealisieren, Abstrahieren, Formalisieren; gegebenenfalls wird eine einfache Theorie aufgestellt (nach KMK 2004b, S. 10).

Kompetenzformulierungen

Die Standards dieses Kompetenzbereichs sind in zehn Kompetenzformulierungen beschrieben, z. B.:
„Die Schülerinnen und Schüler …

- E1 beschreiben Phänomene und führen sie auf bekannte physikalische Phänomene zurück, ….
- E 4 wenden einfache Formen der Mathematisierung an,
- E 5 nehmen einfache Idealisierungen vor,
- E 6 stellen an einfachen Beispielen Hypothesen auf, …
- E10 beurteilen die Gültigkeit empirischer Ergebnisse und deren Verallgemeinerung. "
(KMK 2004b,11)

Kommunikation

Kompetenzbereich „Kommunikation"

„Die Fähigkeit zu adressatengerechter und sachbezogener Kommunikation ist ein wesentlicher Bestandteil physikalischer Grundbildung" (KMK 2004b, S. 10).

Dazu ist es notwendig, über Kenntnisse und Techniken zu verfügen, die es ermöglichen, sich die benötigte Wissensbasis eigenständig zu erschließen. Es gehören das angemessene Verstehen von Fachtexten, Grafiken und Tabellen dazu sowie der Umgang mit Informationsmedien und das Dokumentieren des in Experimenten oder Recherchen gewonnenen Wissens.

Zur Kommunikation sind eine angemessene Sprech- und Schreibfähigkeit in der Alltags- und Fachsprache, das Beherrschen der Regeln der Diskussion und moderne Methoden und Techniken der Präsentation erforderlich. Kommunikation setzt die Bereitschaft und die Fähigkeit voraus, eigenes Wissen, eigene Ideen und Vorstellungen in die Diskussion einzubringen und zu entwickeln, den Kommunikationspartnern mit Vertrauen zu begegnen und ihre Persönlichkeit zu respektieren sowie einen Einblick in den eigenen Kenntnisstand zu gewähren (KMK 2004b, S. 10).

Die Standards dieses Kompetenzbereichs werden durch sieben Kompetenzformulierungen beschrieben:
„Die Schülerinnen und Schüler …

- K1 tauschen sich über physikalische Erkenntnisse und deren Anwendungen unter angemessener Verwendung der Fachsprache und fachtypischer Darstellungen aus,
- K2 unterscheiden zwischen alltagssprachlicher und fachsprachlicher Beschreibung von Phänomenen,
- K 3 recherchieren in unterschiedlichen Quellen,
- K 4 beschreiben den Aufbau einfacher technischer Geräte und deren Wirkungsweise,
- K 5 dokumentieren die Ergebnisse ihrer Arbeit,
- K 6 präsentieren die Ergebnisse ihrer Arbeit adressatengerecht,
- K 7 benennen Auswirkungen physikalischer Erkenntnisse in historischen und gesellschaftlichen Zusammenhängen."
(KMK 2004b, S. 12)

Bewertung

„Das Heranziehen physikalischer Denkmethoden und Erkenntnisse zu Erklärung, zum Verständnis und zur Bewertung physikalisch-technischer und gesellschaftlicher Entscheidungen ist Teil einer zeitgemäßen Allgemeinbildung. Hierzu ist es wichtig, zwischen physikalischen, gesellschaftlichen und politischen Komponenten einer Bewertung zu unterscheiden. Neben der Fähigkeit zur Differenzierung nach physikalisch belegten, hypothetischen oder nicht naturwissenschaftlichen Aussagen in Texten und Darstellungen ist es auch notwendig, die Grenzen naturwissenschaftlicher Sichtweisen zu kennen" (KMK 2004b, S. 10).

Für den Kompetenzbereich „Bewertung" (Physikalische Sachverhalte in verschiedenen Kontexten erkennen und bewerten) sind folgende Kompetenzformulierungen angegeben:

Kompetenzformulierungen

Kompetenzbereich „Bewertung"

Kompetenzformulierungen

„Die Schülerinnen und Schüler …

- B 1 zeigen an einfachen Beispielen die Chancen und Grenzen physikalischer Sichtweisen bei inner- und außerfachlichen Kontexten auf,
- B 2 vergleichen und bewerten alternative technische Lösungen auch unter Berücksichtigung physikalischer, ökonomischer, sozialer und ökologischer Aspekte,
- B 3 nutzen physikalisches Wissen zum Bewerten von Risiken und Sicherheitsmaßnahmen bei Experimenten, im Alltag und bei modernen Technologien,
- B 4 benennen Auswirkungen physikalischer Erkenntnisse in historischen und gesellschaftlichen Zusammenhängen." (KMK 2004b, S. 12)

3.3.3 Anforderungsbereiche

Drei Anforderungsbereiche

Die Vereinbarungen über Bildungsstandards enthalten zwölf Beispielaufgaben (KMK 2004b, S. 15 ff.), die jeweils auch den *Erwartungshorizont bezüglich der Anforderungen* enthalten. Dabei werden drei Anforderungsbereiche unterschieden:

- Anforderungsbereich I: Wissen wiedergeben
- Anforderungsbereich II: Wissen anwenden
- Anforderungsbereich III: Wissen transferieren und verknüpfen

Die Beispielaufgaben enthalten Angaben über den Erwartungshorizont. Das bedeutet einerseits eine Zuordnung zu den Anforderungsbereichen (I, II, III), andererseits eine Zuordnung zu einem der vier Kompetenzbereiche. Diese Aufgabenbeispiele sollen den Lehrkräften helfen, weitere Aufgaben selbst zu entwerfen. Zur Unterstützung ist in KMK (2004b) die Übersichtstabelle ◘ Tab. 3.1 aufgeführt.

Es wird ausdrücklich darauf hingewiesen, dass diese Anforderungsbereiche *keine Niveau-/Schwierigkeitsstufen* für die jeweiligen Kompetenzbereiche bedeuten, denn eine Zuordnung einer Aufgabe etwa zu „Wissen transferieren" hängt auch vom Vorwissen der Schüler ab. Ist entsprechendes Wissen schon vorhanden, ist eine solche Aufgabe für Schüler keine große Anforderung, die die Anforderungsstufe III „Wissen transferieren" im Kompetenzbereich „Fachwissen" rechtfertigt. Dieses Argument trifft auch auf die Kompetenzbereiche „Kommunizieren" und „Bewerten" zu. Insofern ist es sinnvoll, von „Anforderungsbereichen" zu sprechen und nicht von Anforderungsstufen.

◻ Tab. 3.1 Anforderungsbereiche nach der KMK (2004b, S. 13–14)

Kompetenzbereich	Anforderungsbereich		
	I	II	III
Fachwissen	*Wissen wiedergeben.* Fakten und einfache physikalische Sachverhalte reproduzieren.	*Wissen anwenden.* Physikalisches Wissen in einfachen Kontexten anwenden, einfache Sachverhalte identifizieren und nutzen, Analogien benennen.	*Wissen transferieren und verknüpfen.* Wissen auf teilweise unbekannte Kontexte anwenden, geeignete Sachverhalte auswählen.
Erkenntnisgewinnung	*Fachmethoden beschreiben.* Physikalische Arbeitsweisen, insb. experimentelle, nachvollziehen bzw. beschreiben.	*Fachmethoden nutzen.* Strategien zur Lösung von Aufgaben nutzen, einfache Experimente planen und durchführen, Wissen nach Anleitung erschließen.	*Fachmethoden problembezogen auswählen und anwenden.* Unterschiedliche Fachmethoden, auch einfaches Experimentieren und Mathematisieren, kombiniert und zielgerichtet auswählen und einsetzen, Wissen selbstständig erwerben.
Kommunikation	*Mit vorgegebenen Darstellungsformen arbeiten.* Einfache Sachverhalte in Wort und Schrift oder einer anderen vorgegebenen Form unter Anleitung darstellen, sachbezogene Fragen stellen.	*Geeignete Darstellungsformen nutzen.* Sachverhalte fachsprachlich und strukturiert darstellen, auf Beiträge anderer sachgerecht eingehen, Aussagen sachlich begründen.	*Darstellungsformen selbstständig auswählen und nutzen.* Darstellungsformen sach- und adressatengerecht auswählen, anwenden und reflektieren, auf angemessenem Niveau begrenzte Themen diskutieren.
Bewertung	*Vorgegebene Bewertungen nachvollziehen.* Auswirkungen physikalischer Erkenntnisse benennen, einfache, auch technische Kontexte aus physikalischer Sicht erläutern.	*Vorgegebene Bewertungen beurteilen und kommentieren.* Den Aspektcharakter physikalischer Betrachtungen aufzeigen, zwischen physikalischen und anderen Komponenten einer Bewertung unterscheiden.	*Eigene Bewertungen vornehmen.* Die Bedeutung physikalischer Kenntnisse beurteilen, physikalische Erkenntnisse als Basis für die Bewertung eines Sachverhalts nutzen, Phänomene in einen physikalischen Kontext einordnen.

Außerdem wurden 2004 die einheitlichen Prüfungs-
anforderungen für die die Abiturprüfung Physik neu gefasst. Die
Kompetenzbereiche orientieren sich an den Festlegungen für die
Mittelstufe und wurden für die Oberstufe angepasst.

Kompetenzbereich Fachkenntnisse: Physikalisches Wissen erwerben, wiedergeben und nutzen

„Die Prüflinge

- verfügen über ein *strukturiertes physikalisches Basiswissen*
  (z. B. Begriffe, Größen, Gesetze) zu den zentralen physikalischen Teilgebieten,
- haben ein gefestigtes Wissen über physikalische *Grundprinzipien* (z. B. Erhaltungssätze, Kausalität, Systemgedanke)
  und über zentrale historische und erkenntnistheoretische
  Gegebenheiten,
- kennen die *Funktionen* eines Experiments (Phänomen-
  beobachtung, Entscheidungsfunktion in Bezug auf
  Hypothesen, Initialfunktion in Bezug auf Ideen, Grund-
  lagenfunktion in Bezug auf Theorien) und wissen, was eine
  physikalische *Theorie* auszeichnet (Systemcharakter), was
  sie zu leisten vermag und wie sie gebildet wird,
- können Strategien zur *Generierung* (z. B. Texterschlie-
  ßung, Informationsbeschaffung, Schlussfolgerungen aus
  Beobachtungen und Experimenten) und zur *Strukturierung*
  physikalischen Wissens nutzen.“
  (KMK 2004c, S. 3, 4)

Kompetenzbereich Fachmethoden: Erkenntnismethoden der Physik sowie Fachmethoden beschreiben und nutzen

„Die Prüflinge

- wissen, dass die *Methode der Physik* gekennzeichnet ist
  durch Beobachtung, Beschreibung, Begriffsbildung, Experiment, Reduktion, Idealisierung, Modellierung, Mathematisierung,
- können Beobachtungen und Experimente zur *Informations-
  gewinnung* einsetzen und Ergebnisse in vertraute Modell-
  strukturen einordnen,
- haben eigene Erfahrungen mit *Methoden des Experimentierens* (Planung, Durchführung, Dokumentation,
  Auswertung, Fehlerbetrachtung, Bewertung, moderne
  Messmethoden),

— haben Erfahrungen mit *Strategien der Erkenntnisgewinnung* und *Problemlösung* (z. B. Beobachten, intuitiv-spekulatives Entdecken, Hypothesen formulieren, induktives, deduktives Vorgehen, analoges Übertragen, Modellbilden)."
(KMK 2004c, S. 3, 4)

Kompetenzbereich Kommunikation: in Physik und über Physik kommunizieren

„Die Prüflinge
— verfügen über *Methoden der Darstellung* physikalischen Wissens und physikalischer Erkenntnisse in unterschiedlichen Formen (z. B. Sprache, Bilder, Skizzen, Tabellen, Graphen, Diagramme, Symbole, Formeln),
— verfügen über eine angemessene *Fachsprache* und wenden sie sachgerecht an,
— haben Erfahrungen im adressaten- und situationsgerechten *Präsentieren* von physikalischem Wissen, physikalischen Erkenntnissen, eigenen Überlegungen und von Lern- und Arbeitsergebnissen,
— haben Erfahrungen im *diskursiven Argumentieren* auf angemessenem Niveau zu physikalischen Sachverhalten und Fragestellungen."
(KMK 2004c, S. 3, 4)

Kompetenzbereich Reflexion: über die Bezüge der Physik reflektieren

„Die Prüflinge
— haben Erfahrungen mit der *Natur- und Weltbetrachtung* unter physikalischer Perspektive und dem Aspektcharakter der Physik,
— vermögen die wechselseitige Beziehung zwischen *Physik und Technik* aufzuzeigen,
— sind in der Lage, historische und gesellschaftliche *Bedingtheiten* der Physik zu reflektieren,
— sind vertraut mit *Bewertungsansätzen* und sind in der Lage, persönlich, sachbezogen und kritikoffen *Stellung* zu beziehen."
(KMK 2004c, S. 3, 4)

Für die Aufgabenstellung wird der Gebrauch von sog. Operatoren empfohlen. Dies sind definierte Aktivitäten, die in ◘ Tab. 3.2 zusammengestellt sind. Sie sollen helfen, die Formulierungen stärker zu standardisieren. Es macht Sinn, den Gebrauch der Operatoren schon im Studium einzuüben.

☐ Tab. 3.2   Operatoren nach der KMK (2004c, S. 14–15)

Operator	Beschreibung der erwarteten Leistung
Abschätzen	Durch begründete Überlegungen Größenordnungen physikalischer Größen angeben
Analysieren/ untersuchen	Unter einer gegebenen Fragestellung wichtige Bestandteile oder Eigenschaften herausarbeiten, untersuchen beinhaltet unter Umständen zusätzlich praktische Anteile
Anwenden	Einen bekannten Sachverhalt oder eine bekannte Methode auf etwas Neues beziehen
Aufbauen (Experimente)	Objekte und Geräte zielgerichtet anordnen und kombinieren
Auswerten	Daten, Einzelergebnisse oder sonstige Elemente in einen Zusammenhang stellen und gegebenenfalls zu einer Gesamtaussage zusammenführen
Begründen/zeigen	Sachverhalte auf Regeln, Gesetzmäßigkeiten bzw. kausale Zusammenhänge zurückführen
Berechnen/ bestimmen	Aus Größengleichungen physikalische Größen gewinnen
Beschreiben	Strukturen, Sachverhalte oder Zusammenhänge strukturiert und fachsprachlich richtig mit eigenen Worten wiedergeben
Bestätigen	Die Gültigkeit einer Hypothese, Modellvorstellung, Naturgesetzes durch ein Experiment verifizieren
Bestimmen	Einen Lösungsweg darstellen und das Ergebnis formulieren
Beurteilen	Zu einem Sachverhalt ein selbstständiges Urteil unter Verwendung von Fachwissen und Fachmethoden formulieren und begründen
Bewerten	Sachverhalte, Gegenstände, Methoden, Ergebnisse etc. an Beurteilungskriterien oder Normen und Werten messen
Darstellen	Sachverhalte, Zusammenhänge, Methoden und Bezüge in angemessenen Kommunikationsformen strukturiert wiedergeben
Deuten	Sachverhalte in einen Erklärungszusammenhang bringen
Diskutieren/ erörtern	In Zusammenhang mit Sachverhalten, Aussagen oder Thesen unterschiedliche Positionen bzw. Pro- und Contra-Argumente einander gegenüberstellen und abwägen
Dokumentieren	Alle notwendigen Erklärungen, Herleitungen und Skizzen darstellen
Durchführen (Experimente)	An einer Experimentieranordnung zielgerichtete Messungen und Änderungen vornehmen
Entwerfen/planen (Experimente)	Zu einem vorgegebenen Problem eine Experimentieranordnung erfinden
Entwickeln/auf- stellen	Sachverhalte und Methoden zielgerichtet miteinander verknüpfen. Eine Hypothese, eine Skizze, ein Experiment, ein Modell oder eine Theorie schrittweise weiterführen und ausbauen
Erklären	Einen Sachverhalt nachvollziehbar und verständlich machen
Erläutern	Einen Sachverhalt durch zusätzliche Informationen veranschaulichen und verständlich machen

(Fortsetzung)

◘ **Tab. 3.2** (Fortsetzung)

Operator	Beschreibung der erwarteten Leistung
Ermitteln	Einen Zusammenhang oder eine Lösung finden und das Ergebnis formulieren
Herleiten	Aus Größengleichungen durch mathematische Operationen eine physikalische Größe freistellen
Interpretieren/ deuten	Kausale Zusammenhänge in Hinblick auf Erklärungsmöglichkeiten untersuchen und abwägend herausstellen
Nennen/angeben	Elemente, Sachverhalte, Begriffe, Daten ohne Erläuterungen aufzählen
Skizzieren	Sachverhalte, Strukturen oder Ergebnisse auf das Wesentliche reduziert übersichtlich darstellen
Strukturieren/ ordnen	Vorliegende Objekte kategorisieren und hierarchisieren
Überprüfen/ prüfen/testen	Sachverhalte oder Aussagen an Fakten oder innerer Logik messen und eventuelle Widersprüche aufdecken
Vergleichen	Gemeinsamkeiten, Ähnlichkeiten und Unterschiede ermitteln
Zeichnen	Eine möglichst exakte grafische Darstellung beobachtbarer oder gegebener Strukturen anfertigen

3.3.4 Anmerkungen zu den Bildungsstandards für den Physikunterricht

1. Bisher charakterisieren *Lernziele* den *geplanten* Unterricht, *Kompetenzen* sind das Ergebnis des *realisierten* Unterrichts. Man kann dies als Input- und Output-Orientierung von Bildungsabsichten charakterisieren. Durch die nationalen Bildungsstandards und deren regelmäßige bundesweite Überprüfung wird versucht, einen engeren Zusammenhang als bisher zwischen „Input" und „Output" herzustellen und dadurch das deutsche Bildungssystem weiter zu entwickeln.

2. Die Bildungsstandards sind als allgemeine, noch vor Ort in den Schulen zu interpretierende Standards sinnvoll. Der beschriebene Weg von den Standards zum konkreten Physikunterricht in der Schule hat u. E. größere Erfolgsaussichten, den Physikunterricht in Deutschland zu verbessern, als detaillierte, vorwiegend schulextern geplante Curricula etwa des IPN der 1970er-Jahre. Denn in das aktuelle bildungspolitische Schulentwicklungsmodell sind Lehrplankommissionen in den Bundesländern eingebunden, vor allem auch alle Lehrkräfte mit eigenen Unterrichtsplanungen im Rahmen der implizierten *schulinternen Lehrerfortbildung* (Bd. 2, ► Kap. 3).

Neue Aufgabenkultur
Neue Lehr-/Lernkultur

3. Sofern aber diese schulinterne Lehrerfortbildung sich nur auf die Konstruktion von Aufgaben beschränkt, wäre die in ▶ Abschn. 2.4 skizzierte pädagogische Dimension des Physikunterrichts verfehlt. Es muss nämlich nicht nur eine *neue Aufgabenkultur* (Duit 2007) entwickelt werden, sondern auch eine *neue Lehr-/Lernkultur* (Prenzel et al. 2002). Die Erweiterung der Lernzielbereiche des traditionellen Physikunterrichts durch die Kompetenzbereiche „Kommunizieren" und „Bewerten" reicht dafür nicht aus.

4. Die Lehrkräfte werden bei der Entwicklung neuer Aufgaben nicht nur durch die erwähnten Aufgabenbeispiele unterstützt, sondern außerdem durch das neu gegründete „Institut zur Qualitätsentwicklung im Bildungswesen" (IQB), das weitere Beispiele publiziert und die Lehrplankommissionen berät.

Kritik

5. Schecker und Wiesner (2007) haben aus physikdidaktischer Sicht verschiedene Aspekte der „Bildungsstandards im Fach Physik für den Mittleren Schulabschluss" (KMK 2004b) kritisiert:

— Die Bildungsstandards wurden sehr kurzfristig eingeführt ohne ausreichend Diskussion mit den Fachverbänden.

— Die Basiskonzepte („Leitideen") sind für die Planung eines Unterrichtsgangs kaum geeignet.

— Der Aufbau von solidem fachlichem Wissen könnte zu kurz kommen.

— Die Orientierung an den Basiskonzepten ist wahrscheinlich nicht lernwirksamer als der Unterricht nach bisherigen Themengebieten.

— Einige Kompetenzstandards sind zu anspruchsvoll, z. B. „F1 Schülerinnen und Schüler verfügen über ein strukturiertes Basiswissen auf der Grundlage der Basiskonzepte". Auch Aufgaben zum Kompetenzbereich „Bewerten" erscheinen unter Abwägung physikalisch-technischer und anderer Argumente als sehr hoher Anspruch.

Schecker und Höttecke (2007) kritisieren, dass die Aufgabenbeispiele des Kompetenzbereichs „Bewerten" sehr eng auf die Physik bezogen sind. Stattdessen sollten die Aufgaben gesellschaftspolitische und persönliche Meinungsbildungs- und Entscheidungsprozesse herausfordern, wofür i. Allg. *in der Aufgabe vorgegebenes physikalisches Fachwissen* herangezogen wird.

Mythos über naturwissenschaftliche Erkenntnisgewinnung

Man kann auch den im Kompetenzbereich „Erkenntnisgewinnung" implizierten *Mythos* kritisieren, dass eine vorgegebene Schrittfolge von Phänomenen unmittelbar zu physikalischen Theorien und Modellen führt (KMK 2004b, S. 10). Daher ist auch eine zusätzliche Leitidee „Natur der

Naturwissenschaften" zu fordern (s. auch Schecker und Wiesner 2007, S. 10), deren Bedeutung für den naturwissenschaftlichen Unterricht in ▶ Abschn. 2.2.3 und ausführlicher in Bd. 2, ▶ Kap. 6 erörtert ist.

6. Die in ◘ Abb. 3.4 zusammengefassten Erfahrungen mit Bildungsstandards („Benchmarks") aus *anglophonen Ländern* lassen *Chancen* und *Probleme* erwarten.

    Erfahrungen aus anglophonen Ländern

7. Das neue bildungspolitische Modell zur Steigerung u. a. der naturwissenschaftlichen Bildung ist *insgesamt positiv* zu beurteilen (z. B. Leisen 2005, S. 308; Schecker 2007, S. 8), trotz der Kritik an der praktizierten Einführung der Bildungsstandards und der gegenwärtig noch bestehenden Zweifel an der erfolgreichen bundesweiten Umsetzung der Standards. Die Verantwortlichen aus Bildungspolitik, aus der Wissenschaft (Klieme et al. 2003), aus der Lehreraus- und Lehrerfortbildung wissen, dass eine derartige umfassende Revision der Bildungspolitik mit Anlaufschwierigkeiten und auch Fehlern verbunden ist, die aber überwunden und korrigiert werden können – durch intensive Mitarbeit in den Schulen.

    Anlaufschwierigkeiten und Fehler können überwunden werden durch intensive Mitarbeit in den Schulen

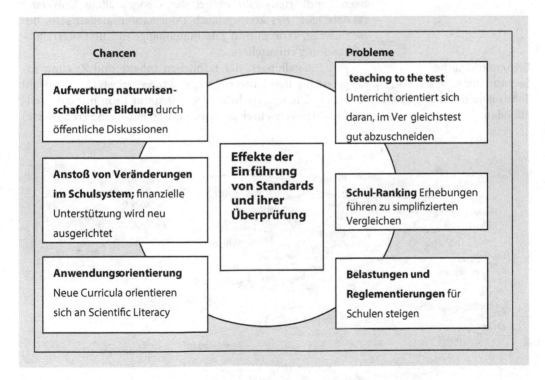

◘ Abb. 3.4   Chancen und Probleme von Bildungsstandards. (Nach Komorek 2007)

3

3.4 Concept-Maps und Sachstrukturdiagramme

Fachinhaltliche Struktur für den Physikunterricht

Inhaltliche Kohärenz und Konsistenz sind für den Fachunterricht wichtige Qualitätsmerkmale. Nicht immer findet dies aber angemessene Berücksichtigung (u. a. Kesidou und Roseman 2002; Schmidt et al. 2002; Wüsten et al. 2010). Somit ist es sinnvoll, nachfolgend kurz auf Wege und Werkzeuge einzugehen, die helfen, die fachinhaltliche Struktur für den Physikunterricht angemessen aufzubereiten.

3.4.1 Concept-Maps

Schneller Überblick über fachliche Strukturen und Zusammenhänge

Concept-Maps können ein Hilfsmittel sein, um die inhaltsspezifische fachliche Struktur einer Unterrichtseinheit aufzuklären. Sie helfen damit auch, inhaltsspezifische Qualitätsmerkmale herauszustellen. Außerdem können die grafischen Darstellungen einen schnellen Überblick über wichtige fachliche Elemente geben. So zeigen auch immer mehr Fachbereiche an Universitäten ihre Inhalte im Internet strukturiert über Concept-Maps an. Viele Beispiele für solche „kognitiven Landkarten" gibt es bei der Georgia State University (◘ Abb. 3.5). Dies können auch Informationsquellen sein, um fachliche Strukturen und Zusammenhänge für die Unterrichtsvorbereitung einzusehen.

Die unterrichtliche Sachstruktur kann nur eine Teilstruktur der Wissenschaft abbilden

Aus Darstellungen der fachlichen Inhalte und Zusammenhänge ist für den Unterricht eine adressatengerechte Auswahl zu treffen. Die unterrichtliche Sachstruktur kann nur eine Teilstruktur der Wissenschaft sein, und es muss eine (reduzierte)

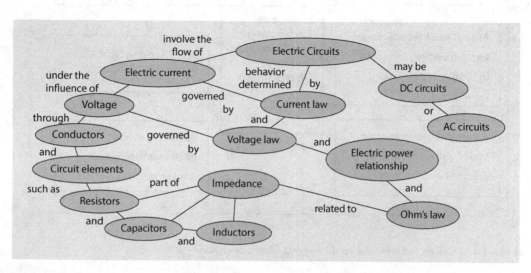

◘ **Abb. 3.5**   Ein Concept-Map der Georgia State University. ► http://hyperphysics.phy-astr.gsu.edu/hbase/hframe.html (01.10.2018)

Auf dem Weg zu Sachstrukturdiagrammen		
Intentionen (auf verschiedenen Ebenen)	Beispiel: Beschleunigte Bewegung an der schiefen Ebene	
	Vorwissen	*Neue Inhalte*
An Phänomene anknüpfen (Grunderfahrungen, Sachbegegnung)	Kräfte an der schiefen Ebene	
Definitionen, Fachbegriffe (inkl. Bedeutung und Aussagewert)	$s, v, t, F, \quad m$	a
Messverfahren kennen und verstehen (Prinzipien, technische Realisierung, Genauigkeit, …)	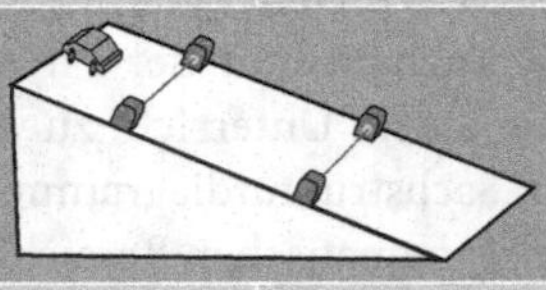	
Beziehungen, einfache Zusammenhänge	$v = \dfrac{ds}{dt};\quad v = \dfrac{ds}{dt};$	$a = \dfrac{\Delta v}{\Delta t};$ bzw. $a = \dfrac{dv}{dt};$
Gesetze (Ursache – Wirkungszusammenhänge)	$s = v \cdot t;$	$v = 2as;$ (für a = const);

◘ Abb. 3.6 Vorbereitende Überlegungen auf verschiedenen Konzept-ebenen für ein Sachstrukturdiagramm

Auswahl von besonders lernrelevanten Inhalten getroffen werden. Dabei kann bereits der Schritt zu einem sachlogischen Flussdiagramm vorgedacht werden, das dann auch eine zeitliche Abfolge für den Unterrichtsgang aufzeigen kann. Hierbei gehen allerdings schon spezifische Rahmenbedingungen und Leitziele ein. Verfolgt man beispielsweise die Intention, einen Weg von Alltags- und Naturphänomenen zu physikalischen Gesetzmäßigkeiten zu gehen, dann kann eine hierarchische Strukturierung hilfreich sein, die bereits eine unterrichtliche Sequenzierung nahelegt (s. z. B. ◘ Abb. 3.6). Die fachlichen Analysen fokussieren zunächst noch auf die verschiedenen Ebenen: Phänomene, Begriffe und Definitionen, Messverfahren, Beziehungen zwischen physikalischen Größen und Gesetze.

Diese fachlichen Vorüberlegungen sind weiter aufzuarbeiten, um dann den Unterrichtsverlauf genauer zu strukturieren. (Es bleibt hier als Übungsaufgabe, die Vorüberlegungen zur beschleunigten Bewegung an der schiefen Ebene in ein Sachstrukturdiagramm nach den nachfolgenden Spezifikationen zu überführen).

3.4.2 Sachstrukturdiagramme

Sachstrukturdiagramme folgen aus didaktischen Analysen

Sachstrukturdiagramme sind Folgeprodukte von didaktischen Analysen. Sie bilden den Abschluss der „Grobplanung" vor allem in *neuen, komplexen Unterrichtsplanungen,* etwa bei der Entwicklung von Unterrichtseinheiten, Lernzirkeln, Projekten.

Sachstrukturdiagramme sind Flussdiagramme

Bei den Sachstrukturdiagrammen handelt es sich nach Müller und Duit (2004) um Flussdiagramme. „Sie stellen die Sachstruktur in einem ‚mittleren' Auflösungsgrad dar; sie sind weniger detailliert als Concepts Maps, die sich ebenfalls zur Darstellung von Sachstrukturen eignen." (Müller und Duit 2004, S. 150). Dabei geht es den Autoren nicht primär um die genaue Sachstruktur der Physik, sondern um die Struktur der Inhalte, die im Unterricht zu vermitteln sind.

Sachstrukturdiagramm

- Ein Sachstrukturdiagramm enthält die *begriffliche Struktur* eines thematischen Bereichs, der im Physikunterricht gelernt wird.
- In einem Sachstrukturdiagramm sind sachlogische Zusammenhänge dargestellt, die sich aus dem Aufbau der Physik ergeben.
- In ein Sachstrukturdiagramm gehen lernpsychologische Überlegungen ein, denn der Ausgangspunkt für Sachstrukturdiagramme ist das *Vorwissen der Lernenden.* Dazu gehören auch die Alltagsvorstellungen der Schülerinnen und Schüler (▶ Kap. 9).

Symbolik von Sachstrukturdiagrammen

Die Symbolik für Sachstrukturdiagramme ist nicht durchgängig standardisiert. Hilfreich ist aber eine Kategorisierung von Müller und Duit (2004). Nachfolgend sind drei wichtige Darstellungselemente charakterisiert, Blöcke, Pfeile und Linien:

Blöcke zeigen „inhaltliche Elemente", z. B. Begriffe, Prinzipien, Anwendungskontexte. Pfeile veranschaulichen die Beziehung der Blöcke untereinander – einfache Pfeile kennzeichnen sachlogische Voraussetzungen, Doppelpfeile wechselseitige Beziehungen. Solche Elemente werden fast einheitlich verwendet. Speziellere Bedeutungen aus den Forschungen von Müller und Duit haben gestrichelte Pfeile, die nur zeitlich begrenzte, im Lernprozess genutzte Zusammenhänge aufzeigen. Zusätzlich enthalten die Sachstrukturdiagramme nach Müller und Duit zwei Linien. Eine obere (gestrichelte) Linie separiert die Vorerfahrungen der Schülerinnen und Schüler und die Inhalte aus dem vorangegangenen Unterricht. Die untere (gepunktete) Linie trennt den eigentlichen Unterrichtsinhalt von Elementen der Vertiefung, Erweiterung, außerschulischen Aktivitäten und dem nachfolgenden Unterricht (vgl. Müller und Duit 2004, S. 150; ◫ Abb. 3.7).

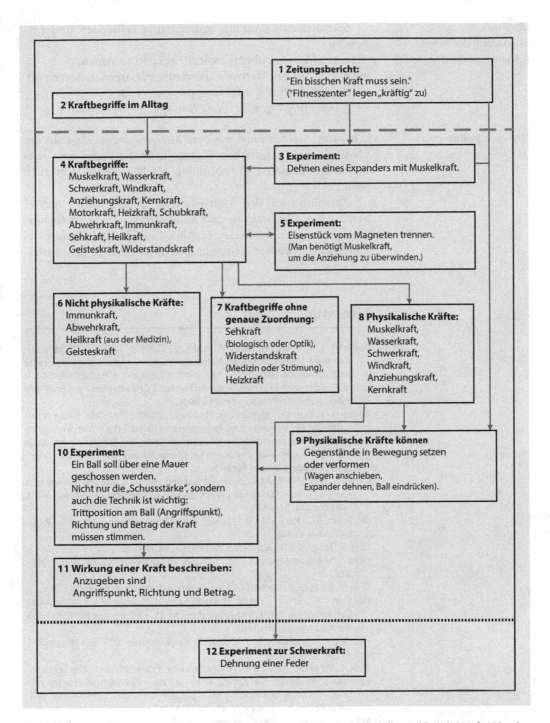

1 Zeitungsbericht:
"Ein bisschen Kraft muss sein."
("Fitnesszenter" legen „kräftig" zu)

2 Kraftbegriffe im Alltag

3 Experiment:
Dehnen eines Expanders mit Muskelkraft.

4 Kraftbegriffe:
Muskelkraft, Wasserkraft,
Schwerkraft, Windkraft,
Anziehungskraft, Kernkraft,
Motorkraft, Heizkraft, Schubkraft,
Abwehrkraft, Immunkraft,
Sehkraft, Heilkraft,
Geisteskraft, Widerstandskraft

5 Experiment:
Eisenstück vom Magneten trennen.
(Man benötigt Muskelkraft,
um die Anziehung zu überwinden.)

6 Nicht physikalische Kräfte:
Immunkraft,
Abwehrkraft,
Heilkraft (aus der Medizin),
Geisteskraft

**7 Kraftbegriffe ohne
genaue Zuordnung:**
Sehkraft
(biologisch oder Optik),
Widerstandskraft
(Medizin oder Strömung),
Heizkraft

8 Physikalische Kräfte:
Muskelkraft,
Wasserkraft,
Schwerkraft,
Windkraft,
Anziehungskraft,
Kernkraft

9 Physikalische Kräfte können
Gegenstände in Bewegung setzen
oder verformen
(Wagen anschieben,
Expander dehnen, Ball eindrücken).

10 Experiment:
Ein Ball soll über eine Mauer
geschossen werden.
Nicht nur die „Schussstärke", sondern
auch die Technik ist wichtig:
Trittposition am Ball (Angriffspunkt),
Richtung und Betrag der Kraft
müssen stimmen.

11 Wirkung einer Kraft beschreiben:
Anzugeben sind
Angriffspunkt, Richtung und Betrag.

12 Experiment zur Schwerkraft:
Dehnung einer Feder

◙ **Abb. 3.7** Beispiel für ein Sachstrukturdiagramm – nach einen Beispiel aus Müller und Duit (2004, S. 152, mit leichten Änderungen)

3

Überblick,
Gliederung der Arbeit,
Reihenfolge der Themen

Sachstrukturdiagramme ermöglichen Lehrenden und Lernenden
- einen *Überblick* über komplexe Unterrichtsthemen,
- erleichtern eine sinnvolle *Gliederung der Arbeit,* z. B. auch für die Arbeitsteilung beim Gruppenunterricht,
- geben *Anregungen für die Reihenfolge von Teilthemen.*

Missverständnis

„Gewarnt" werden muss vor dem *Missverständnis,* dass aus der physikalischen/technischen Sachlogik zwangsläufig eine zeitliche oder thematische Anordnung der Begriffe im Unterricht folgt.

Zusammen mit den Aktivitäten der „didaktischen Analyse" vermittelt die *Entwicklung und Konstruktion eines Sachstrukturdiagramms* einen fundierten Einblick für die „Grobplanung des Unterrichts" (weitere Darstellungen z. B. in Duit et al. 1981, S. 35 ff.).

Literatur

Baumert, J., Bos, W. Lehmann, R. H. (Hrsg.) (2000a). TIMSS/III. Dritte Internationale Mathematik- und Naturwissenschaftsstudie – Mathematische und naturwissenschaftliche Bildung am Ende der Schullaufbahn. Bd.1: Mathematische und naturwissenschaftliche Grundbildung am Ende der Pflichtschulzeit. Opladen: Leske + Budrich.

Baumert, J., Bos, W. Lehmann, R. H. (Hrsg.) (2000b). TIMSS/III. Dritte Internationale Mathematik- und Naturwissenschaftsstudie – Mathematische und naturwissenschaftliche Bildung am Ende der Schullaufbahn. Bd.2: Mathematische und physikalische Kompetenzen am Ende der Oberstufe. Opladen: Leske + Budrich.

Carey, S. et al. (1989). An experiment is when you try it and see if it works: a study of grade 7 students understanding of scientific knowledge. Int. J. Sci. Educ., 11, 514–529.

de Haan, G., Kuckartz, U. (1996). Umweltbewußtsein. Opladen: Westdeutscher Verlag.

Duit, R. (Hrsg.) (2007). Aufgaben. NiU Physik, 13, Heft 67.

Duit, R., Mikelskis-Seifert, S. (2007). Physik im Kontext. MNU, 60, Heft 5, 265–274.

Duit, R., Häußler, P., Kircher, E. (1981). Unterricht Physik. Köln: Aulis.

Häußler, P. et al. (1980). Physikalische Bildung: Eine curriculare Delphi-Studie. Teil 1. IPN-Arbeitsbericht 41. Kiel: Institut für Pädagogik der Naturwissenschaften.

Häußler, P., Lauterbach, R. (1976): Ziele naturwissenschaftlichen Unterrichts. Weinheim: Beltz.

Jank, J., Meyer, H. (1991). Didaktische Modelle. Frankfurt: Cornelsen Scriptor.

Kesidou, S., Roseman, J. E. (2002). How well do middle school science programs measure up? Finding from project 2061'curriculum review. *Journal of Research in Science Teaching, 39,* 522–549.

Kerschensteiner, G. (1914). Wesen und Wert des naturwissenschaftlichen Unterrichts. Leipzig: Teubner.

Kircher, E., Härtel, H., Häußler, P. (1975). Unterrichtseinheit 9.1 Modelle des elektrischen Stromkreises. Stuttgart: Klett.

Klafki, W. (1963). Studien zur Bildungstheorie und Didaktik. Weinheim: Beltz.

Klafki, W. (1996). Neue Studien zur Bildungstheorie und Didaktik. Weinheim: Beltz.

Klieme, E. et al. (Hrsg.) (2003). Zur Entwicklung nationaler Bildungsstandards. Expertise. Bonn: Bundesministerium für Bildung und Wissenschaft (BMBW).

Klopfer, L.E. (1971). Evaluation of learning in science. In: Bloom, B. S., Hastings, J. T., Madaus G.F. (Eds.). Handbook of formative and summative evaluation of student learning (559–641). New York: McGraw-Hill.

KMK (2004a). Vereinbarung über Bildungsstandards für den Mittleren Schulabschluss (Jahrgangsstufe 10) in den Fächern Biologie, Chemie, Physik. (▶ http://www.kmk.org/aufg-org/home1.htm).

KMK (2004b). Bildungsstandards im Fach Physik für den Mittleren Schulabschluss. München: Luchterhand.

KMK (2004c). Einheitliche Püfungsanforderungen in der Abitursprüfung Physik. ▶ http://www.kmk.org. (12.11.2018).

Komorek, M. (2007). Erfahrungen mit Standards in anglo – amerikanischen Ländern. Unterricht Physik, 18, 37–39.

Leisen, J. (2005). Zur Arbeit mit Bildungsstandards – Lernaufgaben zum Einstieg. MNU, 58, 306–308.

Mager, R.F. (1969). Zielanalyse. Weinheim: Beltz.

Mandl, H., Spada, H. (Hrsg.) (1988). Wissenspsychologie. Weinheim: Psychologie Verlags Union.

Muckenfuß, H., Walz, A. (1992). Neue Wege im Elektrikunterricht. Köln: Aulis.

Müller, C., Duit, R. (2004). Die unterrichtliche Sachstruktur als Indikator für Lernerfolg – Analyse von Sachstrukturdiagrammen und ihr Bezug zu Leistungsergebnissen im Physikunterricht. *Zeitschrift für Didaktik der Naturwissenschaften, 10*, 147–161.

Oerter, R. (1977). Moderne Entwicklungspsychologie. Donauwörth: Auer.

Oerter, R., Montada, L. (1998). Entwicklungspsychologie. Weinheim: Beltz.

Prenzel, M. et al. (2002). Lehr-Lern-Prozesse im Physikunterricht – eine Videostudie. Zeitschrift für Pädagogik, 48, (45. Beiheft), 136–156.

Roth, H. (1971). Die Lern- und Erziehungsziele und ihre Differenzierung nach Entwicklungs- und Lernstufen. Die Deutsche Schule, 63, Heft 2, 67–74.

Schecker, H. (2007). Bildungsstandards der Physik – Orientierungsrahmen für den Unterricht. Unterricht Physik, 18, 203–211.

Schecker, H., Höttecke, D. (2007). „Bewertung" in den Bildungsstandards Physik. Unterricht Physik, 18, 29–36.

Schecker, H., Wiesner, H. (2007). Die Bildungsstandards der Physik. Orientierungen – Erwartungen – Grenzen – Defizite. PdN-PhiS, 56, 5–13.

Schmidt, W., Houang, R., Cogan, L. (2002). A coharent curriculum – the case of mathematics. American Educator, Summer, 1–17.

Welzel, M. (1998). Ziele, die Lehrende mit dem Experimentieren in der naturwissenschaftlichen Ausbildung verbinden – Ergebnisse einer europäischen Umfrage. ZfDN, 4, Heft 1, 29–44.

Westphalen, K. (1979). Praxisnahe Curriculumentwicklung. Donauwörth: Auer Verlag.

Wüsten, S., Schmelzing, S., Sandmann, A., Neuhaus, B. (2010). Sachstrukturdiagramme – Eine Methode zur Erfassung inhaltsspezifischer Merkmale der Unterrichtsqualität im Biologieunterricht. ZfDN, 16, 23–39.

Gestaltung von Unterricht

Heiko Krabbe und Hans E. Fischer

© Springer-Verlag GmbH Deutschland, ein Teil von Springer Nature 2020
E. Kircher et al. (Hrsg.), *Physikdidaktik | Grundlagen*,
https://doi.org/10.1007/978-3-662-59490-2_4

4

Die Gestaltung von Physikunterricht (Übersichtsgrafik ◘ Abb. 4.1) orientiert sich in Kapitel 4 an der Unterscheidung von Sicht- und Tiefenstruktur. Sie fokussiert sowohl die Beurteilung als auch die Planung von Unterricht auf die zu erreichenden Lernziele, die nicht nur fachwissenschaftlich, sondern auch physikalisch-methodisch, wissenschaftstheoretisch und vor allem lerntheoretisch verstanden werden. Die Betrachtung von Lernprozessen zum Erreichen lerntheoretischer Ziele, wie z. B. dem *Lernen durch eigene Erfahrung,* von *Konzepten* oder von *Problemlösen* zur Gestaltung der Tiefenstruktur des Unterrichts wird durch die aktuell relevanten und empirisch gesicherten Qualitätskriterien für Unterricht ergänzt. Die Sichtstruktur des Unterrichts, also u. a. der Einsatz von Medien und die Sozialformen, sind frei von der Lehrkraft planbar. Sie sollten der Tiefenstruktur nach der Ausstattung der jeweiligen Schule bestmöglich entsprechen. Die Gestaltung von Unterricht sollte an Lernprozessen orientiert sein (lerntheoretisch und fachlich) und an kognitiver Aktivierung, sie sollte schülerorientiert sein, sich durch klare Unterrichtsführung auszeichnen (Regelklarheit, Störungsprävention) und insgesamt ein förderliches Lernklima anstreben. Diese Merkmale gehören zur Tiefenstruktur des Unterrichts, und sie lassen sich nicht ohne theoriegeleitete Analyse und Bezug zur Unterrichtsqualität beschreiben. An beispielhaften Unterrichtsentwürfen zum Thema optische Linsen werden unterschiedliche Strukturierungsmodelle verdeutlicht.

Alle Lehrkräfte, Referendarinnen und Referendare und Studierende der Lehrämter haben schon einmal Unterricht mit dem Ziel beobachtet, die Interaktionen zu protokollieren, zu kommentieren und zu beurteilen. Das ist eine schwierige Aufgabe, die ohne eine theoretisch begründbare Analyse nur sehr oberflächlich zu lösen ist. Es gibt viele theoretische Ansätze und Modelle, mit denen eine Beobachtung und Beurteilung gezielt durchgeführt und strukturiert werden kann, wir wählen in diesem Kapitel die Unterscheidung von Sicht- und Tiefenstrukturen des Unterrichts als Ausgangsannahme (Aebli 1961; Lipowsky et al. 2018; Seidel 2003). Modelle auf dieser Grundlage haben sich in einigen Untersuchungen bei der Beurteilung der Qualität des Unterrichtsgeschehens bereits bewährt (Geller et al. 2014; Krabbe et al. 2015; Meyer 2016; Oser und Baeriswyl 2001).

Sichtstruktur und Tiefenstruktur

Das, was alle Beteiligten wahrnehmen können, nennt man die Sicht- oder Oberflächenstruktur des Unterrichts. Sie bezieht sich auf alles, was direkt wahrgenommen werden kann. Die sogenannte Tiefenstruktur bezieht sich auf nicht direkt sichtbare Intentionen und Ziele, die eine Lehrperson mit den Schülerinnen und Schülern erreichen will, und auf deren Reaktionen, mit Intentionen, die ebenfalls nicht immer explizit zu erkennen sind.

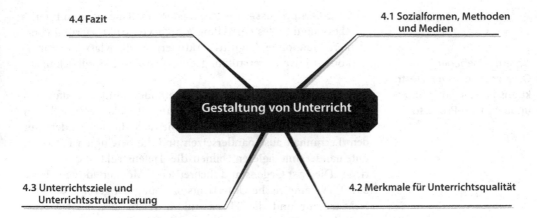

4.4 Fazit

4.1 Sozialformen, Methoden und Medien

Gestaltung von Unterricht

4.3 Unterrichtsziele und Unterrichtsstrukturierung

4.2 Merkmale für Unterrichtsqualität

☑ **Abb. 4.1**   Übersicht über die Teilkapitel

Wie bereits in ▸ Kap. 1 dargestellt, hat sich die wissenschaftliche Auffassung vom Lernen in den letzten Jahrzehnten von einem informationstheoretischen zu einem eher konstruktiven Modell verändert. Lernen in der Schule wird heute auf der Ebene der Schülerinnen und Schüler, der Lehrerkräfte, der Schule, der Familie und der Gesellschaft als Angebot wahrgenommen, das die Lernenden, mit ihren Möglichkeiten, zur selbstbestimmten kognitiven Konstruktion nutzen können (Fischer et al. 2003; Pauli und Reusser 2003). Dabei spielen auf der Seite des Angebots das Professionswissen der Lehrpersonen, und, davon abhängig, die Strukturierung der Lerngelegenheiten eine Rolle (siehe Angebot-Nutzungs-Modell von Helmke, 2012). Auf der Seite der Nutzer, also der Schülerinnen und Schüler, sind die wichtigen Parameter u. a. die kognitiven Fähigkeiten, das Vorwissen, die Bereitschaft und die Motivation, sich mit dem Gegenstand kognitiv auseinanderzusetzen. Damit Unterricht gelingt, müssen Lehrpersonen ihr Professionswissen also so umsetzen können, dass die von ihnen angebotenen zeitlichen Sequenzen am Ort des Lernens von den Lernenden für die Organisation ihres Lernprozesses genutzt werden können. Dabei kann der Unterricht durch Merkmale auf vier verschiedenen Ebenen beschrieben werden (vgl. Kunter und Trautwein 2013, S. 62 f.):

1. **Organisationsformen**: Strukturelle Rahmenbedingungen des Unterrichts, z. B. Klassenunterricht, leistungsdifferenzierte Lerngruppen, Förderunterricht, Lernzeiten.

2. **Instruktionsmodelle**: Methodische Großformen der Unterrichtsplanung und -organisation wie direkte Instruktion, forschend-entdeckender Unterricht, genetischer Unterricht, Projektarbeit usw.

3. **Sozialformen**: Gestaltung der sozialen Interaktion im Unterricht, z. B. Klassenunterricht, Gruppen-, Partner- und Einzelarbeit.

Unterrichtsebenen, Organisationsformen, Instruktionsmodelle, Sozialformen und Lehr-Lern-Prozesse

4. **Lehr-Lernprozesse**: Gestaltung der inhaltsbezogenen Interaktionen und des Lernklimas durch Vorstrukturierung von
Lernsituationen, kognitive Aktivierung, die Klassenführung,
konstruktive Unterstützung, Diagnostik und Feedback usw.

Unterrichtsebenen,
Organisationsformen,Instru
ktionsmodelle,Sozialformen
undLehr-Lern-Prozesse

4

Organisationsformen, Unterrichtsmethoden und Sozialformen
gehören zur Sichtstruktur. Die nicht unmittelbar beobachtbaren
Lehr-Lern-Prozesse, also die Art, wie sich die Lernenden mit
dem Lerninhalt auseinandersetzen und die beteiligten Personen
miteinander interagieren, bilden die Tiefenstruktur des Unterrichts. Diese ist Gegenstand theoretischer Modellbildung (Meyer
2016). Die empirische Unterrichtsforschung hat gezeigt, dass die
Sichtstruktur und die Tiefenstruktur relativ unabhängig voneinander variiert werden können, wobei die Sichtstruktur sowohl
den Rahmen für die Ausgestaltung der Tiefenstruktur vorgibt,
als auch *Choreografie* der intendierten Tiefenstruktur sein kann
(Oser und Baeriswyl 2001). Dabei hängt der Lernerfolg von
Schülerinnen und Schülern weniger von der Sichtstruktur ab; er
wird vor allem durch die Qualität der Tiefenstruktur erklärt.

Typische Unterrichtsmuster

In der IPN-Videostudie wurde von 2002 bis 2004 der Physikunterricht in 50 zufällig gezogenen Schulklassen der neunten
Jahrgangstufe aus vier Bundesländern analysiert (Seidel et al.
2006). Deutscher Physikunterricht erwies sich als vorwiegend
lehrerzentrierter Demonstrationsunterricht mit einem induktiven
naturwissenschaftlichen Zugang. Die Lernaktivitäten der Schülerinnen und Schüler bestanden hauptsächlich in der rezeptiven
Verarbeitung von Inhalten, die im Klassengespräch erarbeitet und
nur selten durch Schülerexperimente erfahrbar gemacht wurden.
In der Regel folgten die Schülerinnen und Schüler bei der Aufgabenbearbeitung den Anleitungen der Lehrkräfte, ohne dass
ihnen die Lernziele transparent gemacht wurden und ein roter
Faden im Unterrichtsverlauf erkennbar war. Auffällig war auch
die fehlende Thematisierung von Fehlern und Fehlvorstellungen
im Unterricht, da Schüleräußerungen lediglich als Stichworte für den Gesprächsverlauf dienten und Rückmeldungen
durch die Lehrkraft nur in weniger als einem Achtel der Fälle
sachlich-konstruktiv und lernförderlich waren. Die Sichtstruktur-
merkmale Lehrer- und Schülerzentrierung erwiesen sich in dieser Untersuchung als unbedeutend für die Kompetenz- und
Interessenentwicklung. Eine aktive Beteiligung der Schülerinnen
und Schüler als gleichberechtigte Gesprächspartner im offenen
Unterrichtsgespräch hatte dagegen positive Effekte, insbesondere
bei denjenigen mit niedrigerem Vorwissen. Schülerinnen und
Schüler mit hohem Vorwissen fühlten sich dagegen durch eine
zu enge Lernbegleitung in ihrer Entwicklung eher behindert
als gefördert. Im Vergleich der Unterrichtsstunden von sechs
Physiklehrkräften beschreiben (Fischer et al. 2002) anhand der
Sichtstruktur zwei unterschiedliche Unterrichtsmuster, eine

lehrerzentrierte Instruktion mit Demonstrationsexperimenten und eine schülerorientierte Erarbeitung mit experimentellen Aufgaben. Diese beiden Grundmuster einer direkten Instruktion bzw. des forschend-entdeckenden Lernens lassen sich auch in den Ergebnissen zum naturwissenschaftlichen Unterricht in PISA 2006 (Prenzel et al. 2007) und PISA 2015 (Schiepe-Tiska et al. 2016) erkennen. Die Schülerinnen und Schüler wurden gebeten, die Qualität ihres Unterrichts auf einer vierstufigen Skala zu beurteilen: Wie häufig sie 1) eigene Ideen äußern, 2) eigene Schlüsse ziehen, 3) Experimente selbst entwickeln, 4) praktische Experimente durchführen dürfen sowie 5) Bezüge zur alltäglichen Lebenswelt hergestellt werden.

Bei PISA 2015 wurden dabei vier Unterrichtstypen ermittelt:

- Typ 1: Kognitiv anregender Unterricht, in dem Schüler Experimente selbst entwickeln und eigene Schlussfolgerungen ziehen (vorzugsweise nichtgymnasiale Schulen, 19 %)
- Typ 2: Kognitiv anregender Unterricht, mit vorgegebenen Experimenten, aber eigenen Schlussfolgerungen (13 %)
- Typ 3: Durchschnittlich kognitiv anregender Unterricht mit wenigen Experimenten (vor allem am Gymnasium, 54 %)
- Typ 4: Wenig kognitiv anregender Unterricht ohne Experimente (14 %)

Insgesamt scheint vor dem Hintergrund der KMK-Bildungsstandards (KMK 2004) eine Entwicklung zu mehr Schüleraktivierung und Lebensweltbezug stattgefunden zu haben. Trotzdem lässt sich aber festhalten, dass in Deutschland nach wie vor ein eher lehrerzentriertes Unterrichtsmuster (Typ 3) mit einem Fokus auf Schlussfolgerungen und Erklärungen von Ideen und nur wenigen Schülerexperimenten überwiegt (Schiepe-Tiska et al. 2016). Betrachtet man für das Gymnasium die naturwissenschaftliche Kompetenz und das Interesse, so zeichnet sich erfolgreicher Unterricht in Deutschland durch die Kombination einer hohen kognitiven Aktivierung durch eigenständige Erklärungen und Schlussfolgerungen *(Minds-on)* mit regelmäßigen experimentellen *Hands-On*-Aktivitäten aus. Im internationalen Vergleich spielt in Deutschland das Anwenden von Prinzipien auf naturwissenschaftliche Phänomene und das Herstellen von Bezügen zur alltäglichen Lebenswelt der Jugendlichen eine eher geringe Rolle. Zudem berichten die Jugendlichen in Deutschland auch über vergleichsweise wenig Unterstützung, individuelle Rückmeldungen und Differenzierung (Schiepe-Tiska et al. 2016). Hattie (2013) hat durch eine Zusammenfassung vieler Untersuchungen (Metastudie) eine umfassende Sammlung wirksamer Mechanismen (u. a. Methoden, Sozialformen, Medien, Schüler/ Lehrerverhalten, Einstellungen, Unterrichtsstrategien und Techniken) für erfolgreiches Lernen zusammengestellt, und nach

Unterricht entwickelt sich: Mehr Schüleraktivierung und Lebensbezug

4

ihrem Effekt auf den Lernerfolg hierarchisch geordnet. Danach ist z. B. lehrerorientierter und lehrerzentrierter Unterricht *(direct instruction)* eine effektive Unterrichtsmethode, die Lernprozesse zur Erarbeitung komplexer theoretischer Konzepte besser unterstützt als z. B. Gruppenunterricht mit entdeckendem Lernen. Das ist gerade für physikalische Konzepte sehr plausibel, die in der Regel in mühevoller theoretischer und experimenteller Arbeit von herausragenden Physikern entwickelt wurden. Newtons Kraftbegriff oder die Maxwell'schen Gleichungen zur Elektrodynamik selbst zu erfinden dürfte für Schülerinnen und Schüler eine Überforderung sein. Konzeptentwicklung erfordert deshalb andere Sozialformen, Methoden und Medien für die Organisation des Lernprozesses, als eigene Erfahrungen mit einem physikalischen Phänomen zu machen. Sozialformen und Methoden sollten deshalb am initiierten Lernprozess (Tiefenstruktur) orientiert werden und natürlich angemessen gestaltet sein (Sichtstruktur). Schlechter Frontalunterricht hilft ebenso wenig, die geplanten Lernziele zu erreichen, wie nicht angemessen gestaltetes Experimentieren, das viel Unterrichtszeit mit geringem Effekt benötigt (Börlin 2012, S. 158).

4.1 Sozialformen, Methoden und Medien

Im Unterricht eingesetzte Sozialformen und Methoden sind nach Meyer (2002, S. 109) „ … die Formen und Verfahren, mit denen sich die Lehrerinnen, Lehrer, Schülerinnen und Schüler die sie umgebende natürliche und gesellschaftliche Wirklichkeit unter Beachtung der institutionellen Rahmenbedingungen der Schule aneignen." Sie gehören zur Sichtstruktur, die auf die Lernprozesse abzustimmen und an die jeweiligen Gegebenheiten des Systems (der Schule) anzupassen sind. Das bedeutet, dass sie mit bestimmten Zielen planbar und ihre Effekte im Unterricht entsprechend kontrollierbar sein müssen.

Eine Planung nach Oberflächenmerkmalen ist nicht zielführend für guten Unterricht

In der allgemeinen Didaktik findet man vielfältige Aufzählungen und Systematisierungen dieser oberflächlichen Unterrichtselemente unabhängig von Lernzielen, Lernprozessen und fachlichen Kontexten. Unter anderen hat (Klippert 2018) ausführlich zum Methodentraining publiziert und Leisen und Hopf (2011) zu Methodenwerkzeugen. Baumgartner (2014) hat eine umfassende Taxonomie (Klassifikationsschema) erstellt und dabei die wichtigsten Vorgängermodelle bearbeitet (Anderson und Krathwohl 2001; Bloom et al. 1956; Flechsig 1996). Er identifizierte 26 didaktische Dimensionen mit jeweils fünf Ausprägungen und 130 didaktische Prinzipien (Baumgartner 2014, S. 179–218). Die Vielfalt und Unübersichtlichkeit der Unterrichtsstrukturierung wird durch Abhängigkeiten der Merkmale untereinander (Interdependenzen) noch vergrößert. Empirisch ist nicht geklärt, wie die Merkmale und ihre Interdependenzen auf Unterrichtserfolg wirken. Das Problem normativer Taxonomien und Listen von Verhaltensoptionen und Rahmenbedingungen für das Unterrichten ist die Vielfalt der Begriffe und die eher willkürliche Hierarchisierung ihrer Wichtigkeit. Sie zur Unterrichtsplanung oder zur Orientierung während des Unterrichtens zu nutzen ist kaum möglich.

In der Physik gibt es außerdem eine Gruppe vom Methoden und Medien, die nicht von der allgemeinen Didaktik und Methodik beurteilt werden können, da sie vom Fach bestimmt sind. Für den Einsatz von Demonstrationsexperimenten und physikalischen Schülerexperimenten ist wichtig, dass Schülerinnen und Schüler im Physikunterricht gelernt haben, zu experimentieren und das Ziel von Experimenten und die Aussagemöglichkeiten von empirischen Untersuchungen in der Physik zu beurteilen, bevor oder während sie experimentelle Aufgaben lösen sollen (▶ Kap. 7).

In der Physik werden physikspezifische Methoden manchmal zu Lernzielen

Naturwissenschaftliches Arbeiten sollte deshalb in manchen Unterrichtsphasen selbst Lernziel sein. Bezogen auf bestimmte Techniken (Medieneinsatz) gibt es im Physikunterricht außerdem jeweils spezifische Lernziele. Viele Medien können in jedem Unterricht eingesetzt werden, wie Tafeln, Whiteboards oder Tablets. Einige Anwendungen gibt es allerdings nur im Physikunterricht, wie z. B. Tablets oder PCs mit Anwendungen zu einer computergestützten Messwerterfassung, physikalische Simulationen oder physikbezogene Modellbildungen. Für die Unterrichtsplanung und die Struktur des Unterrichts bedeutet dies, dass Methoden und Medien manchmal auf der Sichtstrukturebene behandelt werden müssen oder dass sie selbst zum Lernziel werden, also auf der Tiefenstrukturebene geplant und unterrichtet werden müssen. Für die Nutzung einer Computersimulation zur Verdeutlichung einer funktionalen Beziehung physikalischer Variablen müssen Schülerinnen und Schüler gezielt vorbereitet werden. Der Umgang mit Simulationssoftware oder Software zur computergestützten Messwerterfassung wird in solchen Fällen zum fachlichen Lernziel.

4.2 Merkmale für Unterrichtsqualität

Seidel und Shavelson (2007) konnten nachweisen, dass die auf Lernerfolg bezogene Qualität von Unterricht hauptsächlich von Angeboten abhängt, die sich direkt auf die Lernprozesse beziehen. Dazu gehört u. a. die lernprozessorientierte Strukturierung des Unterrichts, die klar dargestellte Sachstruktur und die kognitive Aktivierung der Schülerinnen und Schüler.

Unterrichtsqualität wird durch effiziente Klassenführung, positives Unterrichtsklima durch unterstützendes Lehrerverhalten und kognitive Aktivierung geprägt

Klieme und Rakoczy (2008) haben als Kategorien der Unterrichtsqualität *effiziente Klassenführung*, *Unterrichtsklima*, *unterstützendes Lehrerverhalten* und *kognitive Aktivierung* dadurch gefunden, dass sie viele andere Merkmale der Unterrichtsqualität zusammengefasst haben. Dadurch sind diese Kategorien klarer voneinander abgegrenzt als Merkmale, die einzeln abgeleitet und ohne Beziehung zueinander gefunden wurden.

Klassenführung und Unterrichtsklima

Effiziente Klassenführung ist eine notwendige (aber nicht hinreichende) Bedingung für guten Unterricht. Sie ist eng mit der Forderung verknüpft, im Unterricht eine maximale Lernzeit zu ermöglichen *(time on task)*. Helmke und Helmke (2014) fassen Klassenführung in vier Komponenten zusammen:

1. verbindliche Abmachungen als Regeln und Prozeduren
2. Allgegenwärtigkeit durch parallele Kontrolle mehrerer Handlungen und Situationen *(Multitasking)*
3. effektive Nutzung der Unterrichtszeit *(time on task)* mit pünktlichem Beginn und Ende einer Unterrichtssequenz und einer zügigen Bewältigung des Übergangs zwischen Unterrichtsphasen (z. B. Klassenunterricht – Gruppenunterricht). Kognitive Aktivierung der ganzen Klasse (s. u.) minimiert die Zeit, die von inaktiven Teilgruppen ungenutzt bleibt.
4. Sanktionen von nicht regelkonformem Verhalten und positiven Bestätigungen regelkonformen Verhaltens

Ein *positives und Lernen unterstützendes Unterrichtsklima* besteht nach Meyer und Bülter (2004, S. 33) aus:

1. gegenseitiger Rücksichtnahme und Toleranz
2. verantwortungsvollem Umgang mit Personen und Gegenständen
3. zufriedener und fröhlicher Grundeinstellung
4. klar strukturierter Führung und Leitung durch den Lehrer
5. Höflichkeit und gegenseitigem Respekt
6. der Selbstachtung jedes Einzelnen und
7. der Kooperationsbereitschaft der für das Unterrichtsgeschehen verantwortlichen Lehrkraft sowie der Schüler

Kognitive Aktivierung

Kognitiv aktivierende Unterrichtsführung ist nach Kunter und Trautwein (2013, S. 89) durch folgende Merkmale geprägt:

1. der Unterricht leitet das Thema mit spannenden, anspruchsvollen und herausfordernden Fragen ein
2. Ansichten und Antworten auf Fragen sollen begründet werden
3. unterschiedliche Antworten auf Fragen und Lösungswege werden gefordert
4. Widersprüche in der Argumentation werden benannt und diskutiert
5. unterschiedliche Meinungen werden herausgearbeitet und diskutiert
6. Fragenstellen und Erklären unter den Schülern werden anregt

7. Rückmeldungen, die anregen, mit dem Problem weiterzu-
   arbeiten

Meyer (2008) fasst nur zehn Merkmale als notwendige Randbe-
dingungen für die Planung und Durchführung guten Unterrichts
zusammen, die von Helmke (2012) mit Ergebnissen seiner eigenen und anderer empirischer Forschung modifiziert wurden:

> **Zehn Merkmale als Rahmen für die Planung und Durchführung guten Unterrichts**

1. Strukturiertheit, Klarheit, Verständlichkeit
2. effiziente Klassenführung und Zeitnutzung
3. lernförderliches Unterrichtsklima
4. Ziel-, Wirkungs- und Kompetenzorientierung
5. schülerorientierte Unterstützung
6. angemessene Variation von Methoden und Sozialformen
7. Aktivierung: Förderung aktiven, selbstständigen Lernens
8. Konsolidierung, Sicherung, intelligentes Üben
9. vielfältige Motivierung
10. Passung: Umgang mit heterogenen Lernvoraussetzungen

Nach Helmke (2012) kann die Liste von Qualitätsmerk-
malen empirisch bestätigt werden, ist allerdings, je nach neuen
Forschungsergebnissen, ständig zu modifizieren. Zurzeit sind
deshalb eine Klassenführung, die transparent ist und möglichst viel Lernzeit ermöglicht *(time on task)*, ein lernförderliches
freundliches und offenes Unterrichtsklima und die kognitive
Aktivierung der Schülerinnen und Schüler durch die von der
Lehrperson gestalteten Unterrichtsangebote und die auf die Schü-
ler(innen) ausgerichtete Kommunikation im Unterricht empirisch belegte, nicht-fachliche Merkmale für guten Unterricht.

4.3 Unterrichtsziele und Unterrichtsstrukturierung

4.3.1 Artikulationsschemata und Lernprozessorientierung

Ganz grob kann eine Unterrichtsstunde durch Stufen (auch
Phasen oder Schritte) gegliedert werden, die von Roth bereits
1953 in der ersten Auflage seines Buches formuliert wurden. Sie
werden noch heute, manchmal in abgewandelter Formulierung,
in den Phasen der Lehrerausbildung benutzt, um eine weniger komplexe Möglichkeit zur Strukturierung des Unterrichts
anzubieten. Sie sind normativ entstanden und Ausgangspunkt
vieler sehr komplexer Modelle, wie im Folgenden beschrieben
wird. Das Artikulationsschema von Roth umfasst in der 16.
Auflage des Werkes sechs Lernschritte, nach denen aus seiner
Sicht Unterricht organisiert werden kann (Roth 1983, S. 223–
227) (◼ Tab. 4.1).

> **Ein Artikulationsschema von Unterricht mit sechs zu planenden Lernschritten**

4

◻ Tab. 4.1 Sechs Stufen nach Roth (1983) aufgeschlüsselt für drei Lernarten (I. Problemlösen, II. Modelllernen III. Wissensaufbau)

1. Lernschritt Stufe der Motivation	I. Eine Handlung kommt zustande
	II. Ein Lernwunsch erwacht
	III. Ein Lernprozess wird angestoßen. Eine Aufgabe wird gestellt. Ein Lernmotiv wird erweckt
2. Lernschritt Stufe der Schwierigkeiten	I. Die Handlung gelingt nicht. Die zur Verfügung stehenden Verhaltens- und Leistungsformen reichen nicht aus bzw. sind nicht mehr präsent. Ringen mit den Schwierigkeiten
	II. Die Übernahme oder der Neuerwerb einer gewünschten Leistungsform in den eigenen Besitz macht Schwierigkeiten
	III. Der Lehrer entdeckt die Schwierigkeiten der Aufgabe für den Schüler bzw. die kurzschlüssige oder leichtfertige Lösung des Schülers
3. Lernschritt Stufe der Lösung	I. Ein neuer Lösungsweg zur Vollendung der Handlung oder zur Lösung der Aufgabe wird durch Anpassung, Probieren oder Einsicht entdeckt
	II. Die Übernahme oder der Neuerwerb der gewünschten Leistungsform erscheint möglich und gelingt mehr und mehr
	III. Der Lehrer zeigt den Lösungsweg oder lässt ihn finden
4. Lernschritt Stufe des Tuns und Ausführens	I. Der neue Lösungsweg wird aus- und durchgeführt
	II. Die neue Leistungsform wird aktiv vollzogen und dabei auf die beste Form gebracht
	III. Der Lehrer lässt die neue Leistungsform durchführen und ausgestalten
5. Lernschritt Stufe des Behaltens und Einübens	I. Die neue Leistungsform wird durch den Gebrauch im Leben verfestigt oder wird vergessen und muss immer wieder neu erworben werden
	II. Die neue Verhaltens- oder Leistungsform wird bewusst eingeübt. Variation der Anwendungsbeispiele. Erprobung durch praktischen Gebrauch, Verfestigung des Gelernten
	III. Der Lehrer sucht die neue Verhaltens- oder Leistungsform durch Variation der Anwendungsbeispiele einzuprägen und einzuüben. Automatisierung des Gelernten
6. Lernschritt Stufe des Behaltens, der Übertragung und der Integration des Gelernten	I. Die verfestigte Leistungsform steht für künftige Situationen des Lebens bereit oder wird in bewussten Lernakten bereitgestellt (siehe dann die Schritte 5 und 6 bei Lernart II)
	II. Die eingeübte Verhaltens- oder Leistungsform bewährt sich in der Übertragung auf das Leben oder nicht
	III. Der Lehrer ist erst zufrieden, wenn das Gelernte als neue Einsicht und Verhaltens- oder Leistungsform mit der Persönlichkeit verwachsen ist und jederzeit zum freien Gebrauch im Leben zur Verfügung steht. Die Übertragung des Gelernten von der Schulsituation auf die Lebenssituation wird direkt zu lehren versucht

Bereits Roth unterteilte Unterricht also in Lernschritte mit jeweils eigenen Lernzielen. Das Problem der Unterrichtsstrukturierung lässt sich aber nicht unabhängig von den fachlichen Zielen des Unterrichts beantworten. Ausgangsüberlegung einer jeden Unterrichtsplanung sollte deshalb die Beschreibung dessen sein, was die Lernenden am Ende des Unterrichts fachlich und lerntheoretisch gelernt haben sollen. Es reicht nicht, das fachliche Ziel anzugeben, z. B. die Lernenden einer 10. Klasse sollen nach der Unterrichtseinheit die Newton'schen Gesetze kennen und anwenden. Es muss ebenfalls geplant werden, ob am Ende der Unterrichtsstunde erste experimentelle Erfahrungen mit Kräften zusammengefasst werden sollen (Erfahrungslernen) oder das physikalische Konzept verstanden sein soll (Konzeptbildung) und Probleme bzw. Aufgaben mit dem Konzept gelöst werden sollen (Problemlösen). Ziel kann ebenfalls sein, dass die Lernenden Gruppenarbeit beim physikalischen Experimentieren als soziale Interaktion organisieren (Aufbau dynamischer Sozialbeziehungen), sie zur Prüfungsvorbereitung das voraussichtliche Prüfungsthema aus einer neuen, selbst gewählten Perspektive betrachten können (Hypertextlernen) oder sie üben, ein bestimmtes Konzept in entsprechenden Aufgaben anzuwenden (Routinebildung und Training von Fertigkeiten).

Ziele und der Unterrichtserfolg lassen sich außerdem nicht unabhängig von empirischer Unterrichtsforschung bestimmen (▶ Kap. 1 und 2 in Band 2), die bei Roth noch keine nennenswerte Rolle für die Unterrichtsplanung und Unterrichtsdurchführung gespielt hat. Die Formulierung geeigneter Unterrichtsziele auf der Basis empirischer Forschung und fachlicher Kriterien sind Voraussetzung für Unterrichtsqualität. Bei der Bestimmung der Unterrichtsqualität müssen die Leistungen der Schülerinnen und Schüler, ihre Motivation, das Professionswissen der Lehrpersonen und ihr Engagement und viele andere Variablen berücksichtigt werden. Das Messen dieser Variablen erlaubt allerdings nur Wahrscheinlichkeitsaussagen und keine absoluten Aussagen über die Qualität des Unterrichts. Je klarer die Unterrichtsziele festgelegt und im Unterricht für die Schülerinnen und Schüler ausgedrückt werden können, umso größer ist allerdings die Wahrscheinlichkeit, im Durchschnitt hohe Schülerleistungen zu erreichen, Leistungsunterschiede abzubauen und durch Erfolgserlebnisse Motivation zu schaffen.

4.3.2 Instruktionsdesign nach Gagné und Briggs

Eine Theorie des Instruktionsdesigns ist nach Reigeluth (1983) der Versuch, Methoden zu beschreiben, die bestmöglich die Bedingungen schaffen, unter denen das Lernziel am wahrscheinlichsten erreicht wird. Gagné und Briggs (1979) haben, ausgehend vom Behaviorismus, in den 1960er-Jahren über mehr als zwanzig Jahre den ersten umfassenden Entwurf einer Theorie des Instruktionsdesigns entwickelt, der auch die nachfolgende kognitivistische Perspektive der Informationsverarbeitung sowie empirische Befunde zu erfolgreicher

Unterschiedliche Typen von Lernzielen erfordern verschiedene Instruktionsmethoden

Fünf Typen von Lernzielen

Lehrpraxis integriert hat (Gagné 1985). Die Theorie, die vor allem in den USA weite Verbreitung gefunden hat, unterscheidet fünf Typen von Lernzielen (◘ Tab. 4.2), unterschiedliche internale und externale Bedingungen für ein erfolgreiches Lernen und jeweils unterschiedliche Instruktionsmethoden, die nach denselben neun Instruktionsschritten gegliedert sind (◘ Tab. 4.3). Sie enthält somit eine große Breite an Instruktionsstrategien und -methoden.

Neun gleichbleibende Instruktionsschritte

Kernidee der Theorie von Gagné und Briggs (1979) ist ein kumulatives Lernen durch die Auswahl und Strukturierung der Inhalte als hierarchisch aufbauende Sequenz von einfachen zu komplexen Fähigkeiten. Hierzu schlagen sie eine Top-down-Analyse der Lernziele vor, die dann in eine Bottom-up-Strategie der Instruktion umgesetzt wird. Dazu werden die Endziele

◘ **Tab. 4.2** Fünf Typen von Lernzielen nach Gagné und Briggs (1979). Die kognitiven Fähigkeiten sind in fünf Unterkategorien gegliedert

Lernergebnis	Definition	Beispiel
Sprachliche Informationen	Wiedergabe vorher gelernter Informationen (Fakten, Begriffe, Prinzipien oder Prozeduren)	Nennen der Merkmale einer konvexen Linse Wiedergeben der Definition des Brennpunkts
Kognitive Fähigkeiten		
Unterscheidungsfähigkeit	Unterscheidung von Objekten, Eigenschaften oder Symbolen	Erkennen, dass Linsen unterschiedlich vergrößern
Anschauliche (konkrete) Begriffe	Erkennen von Klassen konkreter Objekte, Eigenschaften oder Ereignissen	Sortieren von Linsen anhand ihrer äußeren Form (Krümmung)
Abstrakte (definierte) Begriffe	Klassifizieren neuer Beispiele von Ereignissen oder Ideen aufgrund ihrer Definition	Identifizieren einer runden gefüllten Wasserflasche als konvexe Linse Sortieren von Linsen anhand ihrer Brennweite
Regeln/Zusammenhänge	Anwenden eines einfachen Zusammenhangs, um eine Klasse von Aufgaben zu lösen	Berechnung der Bildweite mit der Linsengleichung (Brenn- und Gegenstandsweite sind gegeben)
Konzepte/Schemata/Problemlösung	Anwendung einer neuen Kombination von Regeln zum Lösen eines komplexen Problems	Planung eines Fernrohrs, das ein höhen- und seitenrichtiges Bild bestimmter Vergrößerung erzeugt (Galilei-Fernrohr)
Kognitive Strategien (Selbstregulation)	Einsetzen individueller Möglichkeiten, um das Lernen, Denken, Handeln und Fühlen zu lenken	Wahl der Darstellungsform zur Bestimmung optischer Abbildungen (grafische Konstruktion, mathematische Berechnung)
Motorische Fähigkeiten (Routinen)	Ausführen bestimmter Abfolgen körperlicher Bewegungen	Justieren von Linse oder Schirm für eine scharfe Abbildung
Einstellungen	Entscheidung treffen für eine bestimmte Verhaltensweise	Wissen über Linsen als wertvoll ansehen.

⬛ **Tab. 4.3** Neun Lernschritte nach Gagné und Briggs (1979)

Lernziele Instruktionsschritte	Sprachliche Informationen (Fachwörter, Fakten, Aussagen)	Kognitive Fähigkeiten (Konzepte, Regeln, Schemata)	Kognitive Strategien	Einstellungen (Werte)	Motorische Fähigkeiten (Routinen)
Aufmerksamkeit gewinnen	Verbaler und/oder visueller Stimulus um Interesse und Neugier zu wecken, z. B. durch Bild- oder Filmimpuls, Vorführung eines Phänomens, rhetorische Frage oder Rätsel, Schilderung eines Problems oder einer hypothetische Situation, Kunststück usw.				
Informationen über die Lernziele geben	Erwartetes Wissen mit einfachen Worten umreißen	Anwendung des Konzepts, der Regel bzw. des Schemas beschreiben oder vormachen	Erwartete Problemlösung verdeutlichen; Lösungsstrategie beschreiben oder vormachen	*(erfolgt erst später in Schritt 5)*	Erwartete Ausführung vormachen
Vorwissen aktivieren	Bekanntes Wissen wiederholen (Advance Organizer)	Konzepte, Regeln und Schemata, wiederholen, die Teil des neuen Lerngegenstands sind	Wiederholung vergleichbarer Strategien und relevanter Konzepte und Regeln	Bestimmende Kenntnisse und Fähigkeiten für persönliche Entscheidungen in analogen Situationen aufrufen	Bereits erlernte relevante Teilhandlungen abrufen
Wesentliche Merkmale des Lernstoffs darstellen	Fakten und Aussagen strukturiert und differenziert vorstellen (schriftlich oder mündlich)	Markante Eigenschaften des neuen Lerngegenstands hervorheben; Beispiele für den Lerngegenstand geben	Neuartigkeit des Problems verdeutlichen und zeigen, was die Strategie leistet	Mögliche Vorbilder vorstellen; allgemeine Auswirkung persönlicher Entscheidungen aufzeigen	Ausgangslage aufzeigen; Teilhandlungen vormachen; Hilfen zur Umsetzung geben

(Fortsetzung)

□ Tab. 4.3 (Fortsetzung)

Lernziele Instruktionsschritte	Sprachliche Informationen (Fachwörter, Fakten, Aussagen)	Kognitive Fähigkeiten (Konzepte, Regeln, Schemata)	Kognitive Strategien	Einstellungen (Werte)	Motorische Fähigkeiten (Routinen)
Lernen anleiten	Verbindung mit Vorwissen herstellen; Verwendung aufzeigen; Behalten fördern (Visualisierung, Merkspruch)	Vielfältige, konkrete (ggf. abgrenzende) Fallbeispiele bearbeiten; Hinweise zur korrekten Anwendung bereitstellen	Strategie sprachlich beschreiben und konkret in Beispielen anwenden; Hinweise zur Lösung geben	Auf Vorbilder verweisen; positive Auswirkung von Entscheidungen und Vorgehensweisen beobachten (Verstärkung)	Fortgesetztes, schrittweises Üben anleiten; Rückmeldungen zur Leistungsentwicklung geben
Lernerfolg sichtbar machen (Diagnose)	Informationen abfragen und eigenständig wiedergeben lassen	Auf bislang nicht behandeltes Fallbeispiel anwenden lassen	Unbekanntes, gleichartiges Problem mit der Strategie lösen lassen	Entscheidung in gleichwertiger, unbesprochener Situation treffen lassen	Gesamtablauf vorführen lassen
Informative Rückmeldung geben	Korrektheit der Aussage bestätigen	korrekte Anwendung bestätigen	Eigenständige Problemlösung bestätigen	Erwünschte Entscheidung verstärken	Qualität der Ausführung rückmelden
Leistung kontrollieren und bewerten	Wiedergabe einfordern	Anwendung auf neues Beispiel einfordern	Neuerliche Problemlösung einfordern	Entscheidung in neuer Situation erfragen	Ausführung des Gesamtablaufs einfordern
Behalten und Transfer sichern	Wissen regelmäßig wiedergeben lassen	Fähigkeiten vielfach in weiterem Kontext anwenden lassen	Analoge Probleme in anderem Kontext lösen lassen	Andere Situationen (real oder fiktiv) bewerten lassen	Handlungen regelmäßig ausführen lassen

der Lernsequenz bzw. Unterrichtsreihe festgelegt und notwendige Zwischenziele als zu erreichende Leistungsziele (Kompetenzen) für die Aufgabenanalyse definiert. Die hierarchische Aufgabenanalyse legt anschließend einzelne Lernschritte mit ihren jeweiligen Voraussetzungen fest, die schließlich in eine sinnvolle Progression vom Einfachen zum Komplexen gebracht werden, um aus den einzelnen Teilen ein gemeinsames Ganzes zu bilden. Dabei orientiert sich die Unterrichtsplanung und -strukturierung meist am Aufbau der kognitiven Fähigkeiten. Sprachliche Informationen, kognitive Strategien, motorische Fähigkeiten und Einstellungen werden an den Stellen hinzugefügt, an denen sich die beste Verbindung herstellen lässt.

In ◘ Tab. 4.4 ist der Verlauf einer nach dem Instruktionsdesign von Gagné und Briggs (1979) geplanten Stunde zur geometrischen Strahlenoptik wiedergegeben (Petry et al. 1987). Auch wenn dieser, der direkten Instruktion und dem programmierten Lernen nahestehende Stundenentwurf durch seine behavioristische Grundhaltung aus heutiger Sicht befremdlich anmutet, macht er gut die Idee einer systematisch aufeinander aufbauenden, kumulativen Lernumgebung deutlich.

Beispiel für kumulativ-aufbauenden Unterricht nach Gagné

Wesentliche Elemente sind:

1. klar operationalisierte Ziele, die der Überprüfung zugänglich sind,
2. eine kleinschrittige, aufeinander aufbauende Zerlegung des angebotenen Lerninhalts,
3. schrittweises Einüben des Gelernten,
4. Gelegenheiten zur Verknüpfung des neu gelernten mit dem Vorwissen,
5. begleitende Rückmeldungen zu den einzelnen Schritten.

4.3.3 Forschend-entwickelnder Unterricht nach Schmidkunz und Lindemann

Bereits der Kognitivismus hat deutlich gemacht, dass erfolgreiches Lernen eine aktive, elaborierte Verarbeitung des externen Lernstoffes erfordert (Rekonstruktion). Der Konstruktivismus bestreitet darüber hinaus, dass externes Wissen unabhängig vom Lerner überhaupt existiert. Vielmehr muss der Lerner durch das Bemühen, den eigenen Erfahrungen Sinn zu geben, sich eine individuelle Repräsentation der Welt selbst erarbeiten (Konstruktion, s. Fischer et al. 2003). Dem tragen Unterrichtskonzepte Rechnung, in denen der Lernende neue Erkenntnisse gewinnen soll, indem er weitgehend selbstständig unter Einbezug theoretischen Vorwissens und experimenteller Phasen ein Problem löst (Fries und Rosenberger 1981) Aufgabe des Lehrenden ist es, den Lernprozess zu initiieren und so zu

Wissen muss (re-)konstruiert werden

◻ Tab. 4.4 Unterrichtverlauf gemäß Gagné und Briggs (1979) nach Petry et al. (1987, S. 11–44)

Aufmerksamkeit gewinnen	Die Lehrkraft verteilt Lupen und ermuntert die SuS, viele unterschiedliche Gegenstände dadurch zu betrachten. Sie fragt, was passiert und warum das passiert
Information über die Lernziele geben	L: *In dieser Stunde könnt ihr etwas über Lupen und wie sie funktionieren lernen. Ihr lernt:* 1. *konvexe Linsen zu erkennen,* 2. *grafisch den Verlauf von Lichtstrahlen durch verschiedene Teile einer konvexen Linse darzustellen,* 3. *die Brennweite zu definieren und zu bezeichnen,* 4. *die Brennweite und der Vergrößerung anhand der Krümmung einer konvexen Linse vorherzusagen* Die SuS erhalten dazu Arbeitskarten mit Aufgaben, die sie eigenständig durcharbeiten sollen. Zu den Aufgaben gibt es Musterlösungen zur Selbstkontrolle
Lernziel 1 Merkmale des Lernstoffs darstellen	**Aufgabe 1:** Alle **konvexen** Linsen haben mindestens eine Oberfläche, die nach außen gewölbt ist, sodass die Linse in der Mitte dicker als am Rand ist. Hier siehst du verschiedene Linsen im Querschnitt:
Lernen durch Beispiel anleiten	*Dies sind konvexe Linsen* *Dies sind keine konvexe n Linsen*
Lernerfolg sichtbar machen	Die Linsen unten sind im Querschnitt dargestellt. Kreise die Linsen ein, die konvex sind:
Rückmeldung geben	*Selbstkontrolle anhand Musterlösung. Die Lehrkraft geht dabei herum und unterstützt*

(Fortsetzung)

■ **Tab. 4.4** (Fortsetzung)

Lernziel 2 Vorwissen aktivieren	**Aufgabe 2:** Erinnere dich, was mit Licht geschieht, wenn es ein Medium wie Glas passiert. 1. Das Licht wird _____ *(gebrochen)*
Merkmale des Lernstoffs darstellen	Was geschieht, wenn Licht eine konvexe Linse passiert? 2. *Passieren Lichtstrahlen eine konvexe Linse am Rand, werden sie zur Mitte hin gebrochen* 3. *Passieren Lichtstrahlen eine konvexe Linse in der Mitte, werden sie nicht gebrochen*
Lernen anleiten	Ergänze die folgenden Sätze: 4. *Am Rand bricht eine konvexe Linse die Lichtstrahlen [zur Mitte hin]* 5. *In der Mitte bricht eine konvexe Linse die Lichtstrahlen [nicht]*
Lernerfolg sichtbar machen	**Aufgabe 3:** Zeichne in der Skizze den Verlauf der Lichtstrahlen hinter der konvexen Linse ein:
Rückmeldung geben	*SuS vergleichen ihre Lösungen. Die Lehrkraft geht dabei herum und unterstützt*
Lernziel 3 Vorwissen sammeln	**Aufgabe 4:** Wenn die äußeren Strahlen nach innen gebrochen werden und die Strahlen in der Mitte nicht gebrochen werden, dann schneiden sie sich offensichtlich in einem Punkt. Dieser Schnittpunkt wird Brennpunkt genannt
Merkmale darstellen	Den Abstand des Brennpunkts vom Zentrum der Linse nennt man Brennweite
Lernen sichtbar machen Rückmeldung geben	Zeichne den Brennpunkt und die Brennweite in die Skizze von Aufgabe 3 ein *Selbstkontrolle anhand Musterlösung. Die Lehrkraft geht dabei herum und unterstützt*
Lernziel 4 (a) Merkmale des Lernstoffs darstellen	**Aufgabe 5:** Hier siehst du, wie Lichtstrahlen unterschiedlich gekrümmte konvexe Linsen passieren. Welchen Zusammenhang zwischen der Brennweite und der Krümmung der Linsen stellst du fest?
Lernen anleiten	1. *Je größer die Krümmung der Linse ist, desto __kürzer__ ist die Brennweite* 2. *Je kleiner die Krümmung der Linse ist, desto __länger__ ist die Brennweite*
Lernen sichtbar machen	Zeichne nun den Verlauf der Lichtstrahlen durch die nachfolgenden konvexen Linsen. Beachte den Zusammenhang zwischen der Krümmung und der Brennweite. Markiere jeweils den Brennpunkt und die Brennweite.
Rückmeldung geben	*SuS vergleichen ihre Lösungen. Die Lehrkraft geht dabei herum und unterstützt*

(Fortsetzung)

4

◼ Tab. 4.4 (Fortsetzung)

Lernziel 4 (b) Merkmale des Lernstoffs darstellen	**Aufgabe 6:** Konvexe Linsen werden zur Vergrößerung von Abbildungen verwendet Je größer die Brennweite einer konvexen Linse ist, desto geringer ist die Vergrößerung Je kleiner die Brennweite einer konvexen Linse ist, desto stärker ist die Vergrößerung Für die stärkste Vergrößerung muss man die konvexe Linse mit der _kleinsten_ Brennweite verwenden
Lernen anleiten	Welcher Zusammenhang besteht bei konvexen Linsen zwischen ihrer Vergrößerungsleistung und der Krümmung? Beachte dazu die Ergebnisse aus Aufgabe 5 1. _Je größer die Krümmung der Linse ist, desto größer ist ihre Vergrößerungsleistung_ 2. _Je kleiner die Krümmung der Linse ist, desto kleiner ist ihre Vergrößerungsleistung_ Ordne die Linsen in Aufgabe 5 nach ihrer Vergrößerungsleistung Selbstkontrolle anhand Musterlösung
Lernen sichtbar machen	Du bekommst die folgenden vier Linsen. Sage voraus, mit welcher der Linsen man die stärkste Vergrößerungsleistung erreichen kann
Rückmeldung geben	_Zur Überprüfung ihrer Vorhersage bekommen die SuS die Linsen von der Lehrkraft. Das Ergebnis wird im Plenum besprochen_
Lernerfolg überprüfen	Als **Hausaufgabe** erhalten die SuS ein Arbeitsblatt mit folgender Aufgabe: – Zeichne für die folgenden konvexen Linsen den Verlauf der Lichtstrahlen. Beachte dabei, wie die Krümmung die Brennweite beeinflusst – Markiere jeweils den Brennpunkt und die Brennweite – Ordne die Linsen nach ihrer Vergrößerungsleistung
Behalten und Transfer sichern	Im weiteren Verlauf der Unterrichtsreihe werden analog konkave Linsen behandelt. Die SuS konstruieren Abbildungen mittels Parallelstrahl, Brennpunktstrahl und Mittelpunktstrahl. Außerdem wird untersucht, welche Linsen in unterschiedlichen optischen Geräten verwendet werden. Dabei werden stets die Unterscheidung von konvexen und konkaven Linsen und der Zusammenhang zwischen der Krümmung, Brennweite und Vergrößerungsleistung der Linsen thematisiert

strukturieren, dass der Lernende möglichst weitgehend selbst aktiv sein kann (Handlungsorientierung).

Schmidkunz und Lindemann haben mit ihrem forschend-entwickelnden Unterrichtsverfahren dafür ein System entwickelt, das „die Summe aller Möglichkeiten bei der Vorbereitung, Organisation und Durchführung eines problemorientierten Unterrichts mit den geeignetsten Methoden umfasst" (Schmidkunz und Lindemann 1976, S. 10). Ihre Intention ist „eine Abkehr von dem Bestreben, ein formuliertes Lernziel mit seinem exakten Inhalt zu erreichen, dafür wird dem kreativen Denken, dem Bilden von Hypothesen und Aufstellen von Prognosen Raum gegeben" (Schmidkunz und Lindemann 1976, S. 29). Die Kernidee ist, dass die Lernenden aus einer Vielzahl von Sachverhalten Probleme extrahieren, versuchen, die Probleme zu lösen, und aus den Lösungen die erforderlichen Schlüsse ziehen, die wiederum Grundlage neuer Probleme sein können. Hierfür bieten sie eine in fünf Denkstufen gegliederte Struktur des Unterrichtsverlaufs an, die die Stellung und Bedeutung handlungsorientierter experimenteller Phasen und abstrakter Denkphasen deutlich macht. Die weitere Unterteilung der Denkstufen in jeweils drei Denkphasen soll eine genaue Planung des Unterrichts ermöglichen, wobei hervorgehoben wird, in welchen Phasen die Lehrkraft oder die Lernenden besonders aktiv werden sollten. Vorteil des Systems ist die immanente fachdidaktische Perspektive. Schmidkunz und Lindemann verstehen ihr System als Abbild des Prozesses der naturwissenschaftlichen Erkenntnisgewinnung, der aber durch Phasen der Wissensanwendung und -sicherung ergänzt ist. Dabei ist das Experiment ein besonders wichtiges Element im Unterricht, dessen didaktische Funktion je nach seiner Stellung im Unterrichtsverlauf explizit ausgewiesen wird (◨ Abb. 4.2). Damit entspricht die Grundanlage des Unterrichtsverfahrens den in PISA 2015 festgestellten Typen 1 und 2. Der Fokus liegt auf kognitiven Fähigkeiten als primärem Lernziel.

Forschendes Lernen als Abbild der naturwissenschaftlichen Methode

Nach der Problemgewinnung sollen die Lernenden in der Analyse des Problems genaue Vorstellungen darüber entwickeln, welche Kenntnisse zur Lösung des Problems notwendig und bereits vorhanden sind. Dabei kann es zu vier verschiedenen Situationen kommen (◨ Abb. 4.2).

Je nach Vorkenntnissen soll der Lernprozess induktiv oder deduktiv gestaltet werden

1. Zeigt die Analyse, dass den Lernenden die notwendigen Voraussetzungen fehlen, so müssen zunächst durch die Lehrkraft zusätzliche Informationen bereitgestellt werden. Hierfür kann es notwendig sein, auf andere Unterrichtsverfahren (z. B. darstellenden Unterricht) zurückzugreifen.
2. Im Normalfall wird erwartet, dass die Vorkenntnisse der Lernenden ausreichen, um eigenständig eine „schöpferische" Problemlösung zu finden. In einem induktiven Erkenntnisprozess sollen die Schülerinnen und Schüler dann durch ein Experiment, das den Denkprozess vorantreibt und

4

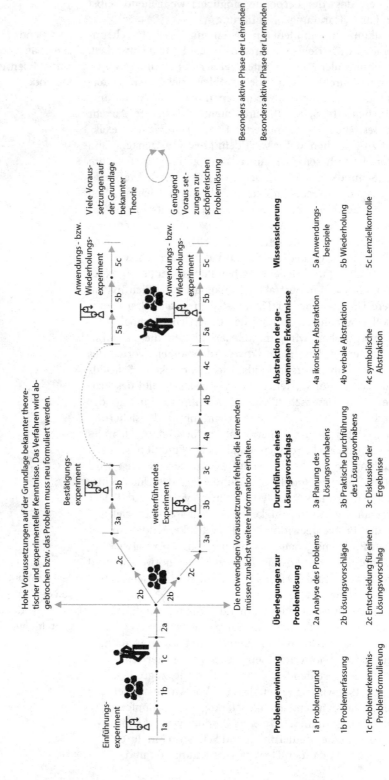

● **Abb. 4.2** Struktur des forschend-entwickelnden Unterrichtsverfahrens von Schmidkunz und Lindemann (1976)

weiterführt, zu neuen Einsichten gelangen, die anschließend abstrahiert und verallgemeinert werden müssen.

3. Besitzen die Lernenden bereits die abstrakten theoretischen Grundlagen, so können sie das Problem deduktiv lösen und die Lösung mit einem Bestätigungsexperiment überprüfen. Damit ist der eigentliche Lernprozess abgeschlossen, der nur noch gesichert werden muss.

4. Sollte den Lernenden die vollständige Lösung des for-mulierten Problems bereits bekannt sein (d. h. auch das Ergebnis des etwaigen Bestätigungsexperiments), so ist zu überlegen, inwiefern innerhalb des Problemfelds noch Fragestellungen offen sind. Hieraus ergibt sich dann eine Neuformulierung des Problems.

Schmidkunz und Linnemann gehen nicht davon aus, dass den Lernenden immer eine erfolgreiche Lösung des Problems gelingt. Wenn die Schülerinnen und Schüler sich mehrheitlich für einen Lösungsvorschlag entscheiden, der absehbar zu keiner Lösung führen wird, so sollte sich die Lehrkraft dennoch nicht scheuen, diesen Lernweg zunächst mitzugehen und die Lösung zu falsifizieren. Anschließend kann mit einem aussichtsreicheren Lösungsvorschlag weitergemacht werden. ◘ Tab. 4.5 stellt einen möglichen Unterrichtsverlauf für den Normalfall des induktiven Vorgehens dar. Ziele der Stunde sind:

Beispiel für einen forschend-entwickelnden Unterrichtsverlauf

1. Die Schülerinnen und Schüler können konvexe und kon-kave Linsen anhand ihrer äußeren Form und ihres Vergrö-ßerungsverhaltens unterscheiden.

2. Die Schülerinnen und Schüler können die Brennweite und Vergrößerung konvexer Linsen bestimmen und mit deren Krümmung in Beziehung setzen.

3. Die Schülerinnen und Schüler können Texte mit optischen Mitteln vergrößern.

Da Problemlösen zu den höchsten kognitiven Fähigkeiten zählt (vgl. Gagné 1985), stellt ein solches entdeckendes Lernen hohe Anforderungen an die Schüler. Auch wenn die Förde-rung derartiger Fähigkeiten erstrebenswert ist, bleibt es frag-lich, ob Unterricht stets darauf abzielen sollte. Zudem ist sehr unwahrscheinlich, dass Schülerinnen und Schüler allein auf der Basis experimenteller Erkenntnisse von selbst adäquate physikalische Konzepte bilden können. Man wird beispiels-weise nicht unbedingt erwarten, dass die Schülerinnen und Schüler in der obigen Stunde den Begriff des Brennpunkts und der Brennweite aus den durchgeführten Experimenten selbst ableiten und bilden. Eine hohe kognitive Aktivierung muss nicht zwangsläufig eine selbstständige Gewinnung (d. h. Erarbeitung) neuer Erkenntnisse bedeuten, sondern kann bereits in einer eigenständigen Verarbeitung von vorher im

Kritik am forschend-entwickelnden Unterrichtsverfahren

4

◘ Tab. 4.5 Unterrichtverlauf nach Schmidkunz und Lindemann (1976) am Beispiel *Eigenschaften von Linsen*

Denkstufe	Inhalt
Denkphase	
1 Problemgewinnung	
1a Problemgrund: Einführung, Einstieg, Anknüpfung: das neue Problem ist schon enthalten, für den S aber noch nicht bewusst	Die Lehrkraft zeigt eine Lebensmittelverpackung. Die Liste der Inhaltsstoffe ist so klein gedruckt, dass sie kaum zu lesen ist. L: *Ältere Menschen müssen oft eine Diät einhalten. Zugleich lässt die Sehkraft mit dem Alter nach. Wie könnten sie sich beim Einkauf im Supermarkt behelfen?*
1b Problemerfassung: SuS wird das Problem bewusst	L bittet die SuS zu beschreiben, was physikalisch gesehen das Problem ist
1c Problemformulierung: klare Verbalisierung des Problems durch L als Unterrichtsziel	L hält an der Tafel fest: Wie kann man im Supermarkt zu kleine Schrift lesbar machen, d. h. die Abbildung der Schrift im Auge vergrößern?
2 Überlegungen zur Problemlösung	
2a Analyse des Problems: Das Problem wird strukturiert, Kenntnisse werden bereitgestellt	Den SuS ist aus dem Alltag bekannt, dass man mit Linsen (Brillen, Lupen) Texte vergrößern kann. Fotoapparate und Handys haben einen optischen und/oder digitalen Zoom zur Vergrößerung. Bei Kameras spielt auch der Begriff der Auflösung eine Rolle
2b Lösungsvorschläge: Hypothesenbildung, Lösungsvorschläge durch die SuS	Die SuS machen folgende Vorschläge: – Packung mit dem Handy abfotografieren und dabei digital groß zoomen – Schrift mit Linsen optisch vergrößern
2c Entscheidung für Lösungsvorschlag	Es wird beschlossen, die optische Vergrößerung mit Linsen zu betrachten (ältere Menschen habe oft kein Handy)
3 Durchführung des Lösungsvorhabens	
3a Planung des experimentellen Lösevorhabens: geistige und praktische Planung der Experimente Diese Phase sollte sehr sorgfältig gehandhabt werden!	Die SuS sollen in Gruppenarbeit die Vergrößerung des Textes (Kopie) mit unterschiedlichen Linsen untersuchen. Die Lehrkraft stellt den Gruppen eine Vielzahl unterschiedlicher (konvexer und konkaver) Linsen zur Verfügung Gemeinsam wird überlegt, worauf geachtet werden könnte: – Form der Linsen – Abstand der Linsen vom Text bzw. vom Auge – maximale Vergrößerung Außerdem wird besprochen, in welcher Form die Ergebnisse festgehalten werden können
3b Praktische Durchführung des Lösevorhabens:	Die SuS probieren die unterschiedlichen Linsen aus und halten ihre Beobachtungen fest
3c Diskussion der Ergebnisse: Bei arbeitsteiligen Experimenten: Zusammentragen und Vorstellen der Ergebnisse, bei zentralem Experiment eher GA/PA/EA zur Diskussion	Sie SuS berichten: – Nach innen gewölbte Linsen verkleinern den Text, nach außen gewölbte vergrößern ihn – Die Linsen vergrößern unterschiedlich gut, je stärker die Linsen gekrümmt sind, desto besser vergrößern sie – Zur optimalen Vergrößerung muss ein bestimmter Abstand der Linse zum Text gewählt werden, dieser hängt von der Linse ab – Der Abstand zum Auge ist nicht so entscheidend – Manche Linsen verzerren das Bild am Rand

(Fortsetzung)

◼ **Tab. 4.5** (Fortsetzung)

4 Abstraktion der gewonnenen Ergebnisse

4a Ikonische Abstraktion: anschauliche Darstellung der experimentellen Erkenntnisse	Die Lehrkraft demonstriert an der optischen Wand den Verlauf von parallelen Lichtstrahlen durch unterschiedlich gewölbte (konvexe und konkave) Linsen Die SuS beschreiben, dass die Strahlen hinter nach außen gewölbten Linsen auseinanderlaufen und hinter nach innen gewölbte Linsen zusammenlaufen und sich in einem Punkt (auf der optischen Achse) treffen. Dieser Punkt liegt umso dichter an der Linse, je stärker die Linse gekrümmt ist
4b Verbale Abstraktion: Formulierung der Erklärung mit Worten in kurzen klaren Sätzen	Die Lehrkraft führt folgende Begriffe ein: – konvexe und konkave Linse – Brennpunkt und Brennweite Die SuS erhalten den Auftrag, die bisherigen Ergebnisse mit diesen Begriffen schriftlich zu formulieren. Die Formulierungen werden zusammengetragen und an der Tafel festgehalten. – Konkave Linsen verkleinern den Text, konvexe Linsen vergrößern den Text – Je stärker eine konvexe Linse gekrümmt ist, desto kürzer ist die Brennweite – Je kleiner die Brennweite ist, desto stärker ist die Vergrößerung
4c Symbolhafte Abstraktion: formale bzw. quantitativ-mathematische Darstellung	Die Lehrkraft definiert die Vergrößerung als Verhältnis der Bildgröße mit Linse zur Bildgröße ohne Linse. Außerdem gibt sie den Zusammenhang zur Brennweite an: $V = \frac{B_{mit}}{B_{ohne}} = \frac{s}{f}$ s ist die *deutliche Sehweite* des Menschen (ca. 25 cm). Die SuS erhalten die Brennweiten der konvexen Linsen aus dem Schülerexperiment und berechnen ihre Vergrößerung. Dann messen sie im Experiment den Abstand der Linsen bei optimaler Vergrößerung und schätzen die tatsächliche Vergrößerung ab. Schließlich wird festgehalten, dass – der optimale Abstand in etwa die Brennweite ist, – die gemessene Vergrößerung antiproportional zur Brennweite ist, – in etwa mit der berechneten übereinstimmt

5 Wissenssicherung

5a Anwendungsbeispiele: Durch die Kontextualisierung gewinnt das erworbene Wissen an Bedeutung und wird so besser gelernt. Es wird für die SuS klar, dass es sich nicht um ein isoliertes Fachwissen handelt, sondern auch im Alltag verwertbar ist	Die Erkenntnisse werden auf die Situation im Supermarkt übertragen L: *Was kann man tun, wenn man keine Linse zur Hand hat?* Runde Wasserflaschen aus Glas oder PET könnten als Linsen verwendet werden Die Lehrkraft zeigt Flaschen mit unterschiedlichem Durchmesser. Im U-Gespräch wird überlegt, welche Flasche die beste Vergrößerung haben sollte Die SuS überprüfen ihre Vorhersagen, indem sie versuchen, die Brennweite und Vergrößerung der Flaschen zu messen. Sie stellen fest, dass das Bild sehr verzerrt ist und immer nur ein kleiner Teil des Textes lesbar vergrößert wird

(Fortsetzung)

□ Tab. 4.5 (Fortsetzung)

5b Wiederholung: In der Regel schließt der Unterricht mit dieser Phase ab	Die Lehrkraft lässt die SuS zusammenfassen, – warum die Begriffe Brennweite und Vergrößerung eingeführt wurden und wie diese definiert sind, – welche Zusammenhänge zwischen der Form, der Brennweite und der Vergrößerung von Linsen bestehen
5c Lernzielkontrolle: kann sowohl diagnostisch als auch beschreibend und bewertend geschehen	Die SuS erhalten dieselbe Hausaufgabe wie in dem Stundenbeispiel zu Gagné-Briggs

Unterricht vorgestellten Inhalten und Informationen bestehen. Auf der anderen Seite kann eine handlungsorientierte Aktivierung der Lernenden durch Schülerexperimente vordergründig bleiben, wenn die Ergebnisse nicht angemessen diskutiert und als Erkenntnis abstrahiert werden. Inwiefern das angestrebte induktive oder deduktive Vorgehen ein angemessenes Abbild der naturwissenschaftlichen Methoden darstellt, soll an dieser Stelle nicht thematisiert werden. In der Regel reicht aber die auf wenige Fallbeispiele begrenzte experimentelle Erfahrung im Unterricht nicht aus, um induktiv generalisierbare Zusammenhänge erkennen und begründen zu können.

4.3.4 Basismodelle nach Oser

Unterschiedliche Lernzieltypen erfordern unterschiedliche Prozesse in der Tiefenstruktur

Ähnlich wie Gagné und Briggs (1979) betrachten auch Oser und Baeriswyl (2001) eine Vielzahl unterschiedlicher Lernzieltypen, die den verschiedenen grundlegenden Typen des Lernens Rechnung tragen. Sie gehen davon aus, dass jeder Lernzieltyp eigene Bedingungen stellt und andere Voraussetzungen erfordert, sodass jeweils spezifische Lernprozesse durchlaufen werden müssen. Die jeweiligen Lernprozesse geben eine unabänderliche Schrittfolge von Denkoperationen der Lernenden in der Tiefenstruktur des Unterrichts vor, die jedoch auf vielfältige Weise choreografiert werden kann.

Tiefenstrukturen können in der Oberfläche frei choreografiert werden

» Our hypothesis is that every sequence of (school) learning is based on a choreography that binds, on the one side, freedom of method, choice of social form, and situated improvisation with, on the other side, the relative rigor of the steps that are absolutely necessary in inner learning activity. (Oser und Baeriswyl 2001, S. 1043).

Die aus lernpsychologischen Theorien abgeleiteten, unabänderlichen Schrittfolgen werden als Basismodelle bezeichnet. Sie müssen laut Oser in der Regel vollständig und in der richtigen

Reihenfolge durchlaufen werden und bilden einen allgemein-didaktischen Rahmen für die Tiefenstruktur des Unterrichts, machen aber keine verbindlichen Vorschriften für konkretes Handeln in der sichtbaren Oberflächenstruktur. Das Verhältnis von Sicht- und Tiefenstruktur bildet die Dichotomie der pädagogischen Freiheit des Lehrens und der Strenge der lernpsychologischen Gesetzmäßigkeiten ab. Sie ermöglicht es Lehrkräften, die Basismodelle im Einklang mit dem eigenen Unterrichtsstil und Methodenrepertoire sowie fachdidaktischen Anforderungen kreativ umzusetzen. Hinsichtlich der Tiefenstruktur ist Oser wichtig, „dass die Sichtweise der strukturierten Lehrverläufe eigentlich immer diejenige des Schülers sein müsste" (Oser und Patry 1990, S. 2). Unterricht nach den Basismodellen ist daher schüler- und lernprozessorientiert, weil der Unterrichtsgang in erster Linie an den Bedürfnissen der Lernenden im Aneignungsprozess orientiert wird und nicht etwa als wissenschaftspropädeutisches Abbild einer Fachmethodik wie beispielsweise bei Schmidkunz und Lindemann.

Nach Oser und Baeriswyl (2001) gibt es die in ◘ Tab. 4.6 beschriebenen 12 Basismodelle (siehe auch Elsässer 2000, S. 13).

Speziell für den Physikunterricht bzw. den physikalischen Sachunterricht wurden bislang die drei wichtigsten Basismodelle Lernen durch Eigenerfahrung, Problemlösen und Konzeptbildung in drei Studien adaptiert und erprobt (Ohle 2010; Trendel et al. 2008; Zander 2016). Nach Zander (2016) hilft nach Lernprozessen organisierter Physikunterricht vor allem Schülerinnen und Schülern, die zur unteren bis mittleren Leistungsgruppe gehören; sie lernen überdurchschnittlich dazu.

Basismodelle im Physikunterricht

Lernen durch Eigenerfahrung

Im Basismodel Lernen durch Eigenerfahrungen sollen Schülerinnen und Schüler in der selbstständigen handelnden Auseinandersetzung mit einem Lerngegenstand Erfahrungen machen und dabei *individuelles, noch wenig strukturiertes Wissen* erwerben. Der Lerngegenstand ist im Physikunterricht in der Regel ein naturwissenschaftliches Phänomen, das durch Manipulationen verändert wird und damit empirische Erfahrung ermöglicht. Eigenerfahrungen sind deshalb kontextgebundene Erlebnisse, die am Anfang des Lernprozesses sehr persönlich, unstrukturiert und unsystematisch sind. Die individuellen episodischen Erfahrungen werden verglichen, verknüpft und in kleinen Schritten verallgemeinert. Ziel ist der Aufbau von reflektiertem Erfahrungswissen in Form von Regeln und Gesetzmäßigkeiten; die Voraussetzungen an das Vorwissen der Lernenden sind gering.

Erfahrungswissen als persönlich bedeutungsvolle Grundlage des Physiklernens

■ Tab. 4.6   Überblick über die Basismodelle nach Elsässer (2000)

Name des Basismodells	Lernzieltyp	Beispiele aus dem Physikunterricht
1a Lernen durch Eigenerfahrung	Aneignung von Erfahrungswissen	Erste experimentelle Erfahrungen mit einem Phänomen
1b Entdeckendes Lernen	Aneignung durch Suchprozesse in der Wirklichkeit, generalisierendes Lernen	Entdecken von Zusammenhängen beim freien Experimentieren
2 Entwicklungsförderndes/strukturveränderndes Lernen	Transformation von Tiefenstrukturen	Herstellen eines kognitiven Konflikts bei Schülervorstellungen
3 Problemlösen (entdeckendes Lernen)	Analytisches Problemlösen	Suche nach einer Erklärung oder technischen Lösung durch Hypothesenbildung und Testung
4a Begriffsbildung	Aufbau von memorisierbaren Fakten, von zu verstehenden Sachverhalten	Einführung von fachlichen Bezeichnungen oder physikalischer Einheiten anhand von Beispielen
4b Konzeptbildung	Aufbau von vernetztem Wissen	Physikalische Konzepte (Kraft, Energie, Elementarteilchen …) werden theoretisch und experimentell erarbeitet
5 Betrachtendes, kontemplatives, meditatives Lernen	Meditative Versenkung	
6 Strategien lernen	Lernen (Metalernen)	Nutzung von Concept-Maps als Advance Organizer oder zusammenfassende Darstellung von Sachstrukturen
7 Routinebildung und Training von Fertigkeiten	Automatisierung	Wiederholte Ausführung von Berechnungen oder Konstruktionen, Aufgaben zu bestimmten Konzepten (z. B. Impulserhaltung) üben
8 Motilitätsmodell	Transformation affektiver Erregung	
9 Aufbau dynamischer Sozialbeziehungen	Bindungsentwicklung durch sozialen Verhaltensaustausch	Funktionale Gruppenphasen zum experimentellen Arbeiten mit Rollenkarten
10 Wert- und Identitätsaufbau	Wertwandel, Wertklärung, Wertschaffung	(Gesellschaftliche) Bewertung physikalischer Forschung
11 Hyptertextlernen	Konstruktion und Erstellung von eigenständigen Vernetzungen	Prüfungsvorbereitung durch Ordnung eines fachlichen Inhalts aus neuer, selbst gewählter Perspektive
12 Verhandeln lernen	Herstellen von Konsens in verschiedenen Situationen des Lebens	Fachliche Kommunikation zur Diskussion von eigenen (Forschungs-)Ergebnissen

Das erworbene Erfahrungswissen ist persönlich bedeutungs-voll und meist tief im episodischen Langzeitgedächtnis verankert. Eigenerfahrungen können zielorientiert gemacht werden, aber auch durch zufälliges, spontanes Entdecken (Trial and Error). Sie erweitern in der Regel einen vorhandenen konzeptionellen Rahmen durch Assimilation, indem die neu wahrgenommenen Inhalte an die bestehenden Denkmuster angepasst werden. Die Schrittfolge für das Basismodell *Lernen durch Eigenerfahrung* ist in ◘ Tab. 4.7 dargestellt und durch eine Beispielstunde verdeut-licht. Die Schülerinnen und Schüler haben Sammellinsen und den Begriff der Brennweite bereits kennen gelernt.

> Beispiel für Lernen durch Eigenerfahrung im Physikunterricht

Das Beispiel zeigt, dass ein Zurückspringen in der Schritt-folge durchaus möglich ist, das Überspringen in Vorwärts-richtung ist dagegen nicht sinnvoll, weil die Schülerinnen und Schüler dann gedanklich nicht folgen können. Das gilt auch, wenn ein Schritt nicht ausreichend durchgeführt wird. Bei-spielsweise wäre eine Verallgemeinerung der Erfahrung nach der ersten Phase der Konstruktion von Bedeutung nicht mög-lich gewesen. Die Schüler hätten keine generalisierenden Regeln formulieren können. Stellt man fest, dass die Schüler die Anforderungen in einem Schritt (noch) nicht leisten können, empfiehlt es sich, zu den vorhergehenden Schritten zurückzu-kehren und diese aufzuarbeiten. Es kann aber auch sein, dass die Lernenden nicht in der Lage sind, dem intendierten Lern-prozess (Basismodell) zu folgen, weil die nötigen Voraus-setzungen dafür fehlen. Um diese zu schaffen, können andere Basismodelle eingeschoben werden. Fehlen beispielsweise grundlegende Erfahrungen für die Konzeptbildung, kann das ursprüngliche Basismodell durch Lernen durch Eigenerfah-rung unterbrochen werden. Das neu angefangene Modell sollte bis zum Ende durchgeführt werden, bevor man dann mit der Konzeptbildung fortfährt und diese ebenfalls zu Ende führt.

> Rückwärtssprünge und Einschübe sind möglich

In der Grundstruktur ähnelt das Basismodell Ler-nen durch Eigenerfahrung mit der Planung, Durchführung und Reflexion eines Experiments sehr der 3. Denkstufe im forschend-entwickelnden Verfahren. Der Unterschied besteht jedoch darin, dass lediglich eine verallgemeinerte Beschreibung der konkret erfahrenen Gesetzmäßigkeiten erwartet wird, aber noch keine anschließende Abstraktion.

Konzeptbildung

Das Ziel von Konzeptbildung ist es, kognitive Strukturen zu erweitern und Begriffe oder Konzepte aufzubauen, die sich Schülerinnen und Schüler in der Regel nicht ohne Lern-umgebung und Instruktion erarbeiten können. Konzepte sind sowohl einfachere theoretische kognitive Konstruktionen, wie z. B. der Name und die physikalische Bedeutung einer Energie-form, als auch komplexere Konstruktionen wie das Prinzip der

> Konzeptbildung als Einführung in physikalische Modelle und Theorien

4

◻ Tab. 4.7   Stundenverlauf nach dem Basismodell Lernen durch Eigenerfahrung

Schrittfolge	Inhalt
LdE 1: Planen der Handlung	L hält eine konvexe Linse hoch. Sie will die Linse eigentlich als Sehhilfe nutzen, aber die Linse verkleinert überraschenderweise das Bild. Ein Schüler, der durch die Linse schaut, bestätigt dies. Ein anderer Schüler vermutet, dass dies mit dem Abstand der Linse zum Objekt zu tun hat. L lässt Gruppen bilden. Jede Gruppe erhält zwei Linsen. Es wird besprochen, dass der Abstand der Linse vom Gegenstand und vom Auge variiert werden kann. Außerdem wird beschlossen, dass die Orientierung und Größe der Abbildung beachtet werden soll
LdE 2: Durchführen der Handlung	Die SuS beobachten durch die Linsen verschiedene Gegenstände im Klassenraum. Sie gehen unterschiedlich nah an die Gegenstände heran und verändern wie besprochen auch den Abstand zum Auge
LdE 3: Konstruieren von Bedeutung	Die SuS berichten unsystematisch von ihren Beobachtungen. Durch die Verbalisierung werden die Erfahrungen bewusstgemacht. L hält die Beobachtungen an der Tafel fest: – kurzer Abstand → Vergrößerung – außen wird das Bild verschwommen – bei großem Abstand: spiegelverkehrt und verkleinert – es gibt eine Position, an der das Bild weg ist (ich sehe mein Auge)
LdE 1: Planen der Handlung	Die Durchführung des Experiments wird präzisiert. Jetzt soll für die dickere Linse der Abstand zwischen Gegenstand und Linse systematisch in 2-cm-Schritten vergrößert werden. Die jeweilige Orientierung und Vergrößerung der Abbildung soll in einer Tabelle festgehalten werden
LdE 2: Durchführen der Handlung	Die SuS führen die Beobachtungen durch
LdE 3: Konstruieren von Bedeutung	L lässt die Ergebnisse von drei Gruppen an die Tafel schreiben. Die Resultate sind nahezu gleich. Bei der Einschätzung der Vergrößerung gibt es jedoch Unterschiede, wo das Bild als gleich groß angesehen wird. L lässt die SuS die Ergebnisse an der Tafel beschreiben: – Im Bereich bis 10 cm ist das Bild aufrecht und wird mit zunehmenden Abstand größer – Bei 10 cm verschwindet das Bild – Bei Abständen über 10 cm steht das Bild auf dem Kopf und wird immer kleiner
LdE 4: Verallgemei- nern der Erfahrung	L bittet SuS zu klären, bei welchem Abstand das Bild gleich groß ist. Die Klasse einigt sich darauf, dass dies bei 20 cm der Fall ist. L teilt nun mit, dass die Brennweite der dickeren Linse 10 cm beträgt, die der dünneren Linse aber 50 cm. Die SuS bestimmen nun für die dünnere Linse, wann sich das Bild umdreht und wann es in etwa gleich groß ist. Nachdem die Ergebnisse verglichen wurden, werden allgemeine Regeln formuliert: – Ist der Abstand des Gegenstands geringer als die Brennweite, so ist das Bild aufrecht und vergrößert – Befindet sich der Gegenstand im Brennpunkt, dann entsteht kein Bild – Für Abstände größer als die Brennweite ist das Bild umgedreht – Dabei wird das Bild vergrößert, wenn der Abstand kleiner als die doppelte Brennweite ist, und verkleinert, wenn der Abstand größer als die doppelte Brennweite ist – Beträgt der Abstand genau die doppelte Brennweite, dann ist das Bild gleich groß wie der Gegenstand
LdE 5: Dekontex- tualisierung durch Reflexion ähnlicher Erfahrungen	L hält eine Wasserflasche hoch. Sie möchte wissen, wie Gegenstände aussehen, die man durch eine Wasserflasche betrachtet. Da die SuS dies noch nie bewusst wahrgenommen haben, werden Flaschen verteilt. Die SuS stellen aus ihren Beobachtungen fest, dass der Brennpunkt sehr dicht hinter der Flasche liegt. In der Hausaufgabe sollen die SuS ihr Spiegelbild auf einem Suppenlöffel untersuchen

Energieerhaltung. Darüber hinaus können noch komplexere Beziehungen zwischen bereits bekannten Konzepten als theoretische Modelle aufgebaut werden. Konzepte sind deshalb immer theoretische physikalische Modelle und kreative *Er*findungen von Wissenschaftlerinnen und Wissenschaftlern, die von Schülerinnen und Schülern nicht ohne Weiteres selbst *ge*funden werden können. Sie werden daher an einem geeigneten Prototyp als exemplarisches Schema entwickelt, abstrahiert und verallgemeinert. Die Lehrkraft führt die Lernenden in die fachlichen Konzepte mit dem Ziel ein, dass sie die Fähigkeit erlangen, die Konzepte auf andere Aufgaben oder Probleme anzuwenden. Für die Sinnstiftung ist es dabei unabdingbar, dass die Lernenden die Gelegenheit bekommen, diese Konzepte mit ihrer eigenen Erfahrung der Realität in Einklang zu bringen und durch den aktiven Umgang damit individuelle Bedeutung konstruieren zu können. Entsprechend sollten die Lernenden für Konzeptbildung bereits über genügend Erfahrungswissen verfügen. In ◘ Tab. 4.8 ist ein Unterrichtsverlauf nach dem

◘ Tab. 4.8	Stundenverlauf nach dem Basismodell Konzeptbildung
Schrittfolge	**Inhalt**
KB 1: Aktivieren von Vorwissen	L wiederholt zunächst die Erfahrungen zur Abbildungen bei konvexen Linsen aus der vorangegangenen Stunde (◘ Tab. 4.7). Dabei werden u. a. die Beobachtungen am Hohlspiegel aus der Hausaufgabe verglichen
KB 2: Durcharbeiten eines Prototyps	Die SuS erhalten ein Informationsblatt, auf dem für den Fall $f < g < 2f$ das Bild eines Gegenstands mithilfe des Mittelpunkt-, Brennpunkt- und Parallelstrahls dargestellt ist L führt an dem Beispiel die Begriffe Mittelpunktstrahl, Brennpunktstrahl und Parallelstrahl ein und erläutert, warum diese stellvertretend für die Konstruktion des Bildes ausreichen. Schließlich wird aus der Konstruktion noch entnommen, dass das Bild umgekehrt und vergrößert ist
KB 3: Abstrahieren der wichtigen Merkmale des neuen Konzepts	Die SuS sollen mit eigenen Worten schriftlich festhalten, wie man mithilfe des Mittelpunkt-, Brennpunkt- und Parallelstrahls die Abbildung bei einer konvexen Linse konstruieren und Eigenschaften der Abbildung daraus ablesen kann. Die Schülertexte werden verglichen und ggf. präzisiert. Dabei werden die wesentlichen Elemente der Konstruktion noch einmal hervorgehoben
KB 4: Üben und Anwenden des neuen Konzepts	Die SuS bekommen ein Arbeitsblatt, auf dem sie die Konstruktion für die Fälle $g > 2f$ und $g < f$ selbst in Einzelarbeit durchführen sollen. Die Ergebnisse werden zunächst in Partnerarbeit verglichen und schließlich durch je einen Schüler im Plenum vorgestellt Anschließend sollen die SuS ohne weitere Konstruktion erläutern, wieso für den Fall $g = 2f$ das Bild genauso groß wie der Gegenstand ist Außerdem werden die Grenzfälle $g \rightarrow 0$ und $g \rightarrow \infty$ betrachtet
KB 5: Vernetzen zu anderen Inhaltsbereichen, Transferieren in andere Kontexte	Die SuS sollen nun die Konstruktion des Bildes bei der Linse für den Fall $f < g < 2f$ auf die Reflexion am Hohlspiegel übertragen. L geht herum, um Hilfestellung zu geben In der Hausaufgabe ist eine weitere Konstruktion für den Hohlspiegel durchzuführen

4

Beispiel für Konzeptbildung
im Physikunterricht

Basismodell Konzeptbildung für das Konzept der Konstruktion von Abbildungen dargestellt.

Bei der Vernetzung mit anderen Inhaltsbereichen könnte ein Bezug zur Mathematik hergestellt werden, z. B. dass bereits zwei Strahlen ausreichen, um einen Punkt eindeutig zu bestimmen. Ebenso ist denkbar, mithilfe der Strahlensätze anhand des Mittelpunktstrahls das Abbildungsgesetz $\frac{B}{G} = \frac{b}{g}$ abzuleiten.

In diesem Unterrichtsbeispiel wird deutlich, dass das Basismodell Konzeptbildung der direkten Instruktion bei Gagné und Briggs (1979) nahesteht. Das zeigt sich u. a. auch im kleinschrittigen progressiven Vorgehen in den Schritten KB4 und KB5. Im Gegensatz zum forschend-entwickelnden Unterrichtsverfahren wird bei der Konzeptbildung nicht erwartet, dass die Schülerinnen und Schüler die Konzepte eigenständig induktiv gewinnen. Das Vorgehen ist häufig deduktiv angelegt, d. h. nachdem das Konzept anhand eines Prototyps kennengelernt wurde, wird es zunächst auf Variationen des Prototyps angewandt. Dabei können Vorhersagen für Spezialfälle abgeleitet werden, die ggf. experimentell überprüft werden können. Ein derartiges schrittweises Einüben neuer Konzepte ist im forschend-entwickelnden Unterrichtsverfahren von Schmidkunz und Lindemann (1976) nur bedingt vorgesehen. In der Arbeit von Maurer (2016), in der das forschend-entwickelnde Unterrichtsverfahren mit Unterricht nach der Basismodell-Theorie von Oser verglichen wurde, zeigte sich ein signifikant besserer Lernerfolg in den Klassen, die nach den Basismodellen unterrichtet wurden, der auf diesen Unterschied zurückzuführen sein könnte.

Problemlösen

Problemlösen als Erwerb
von Strategiewissen durch
Anwendungsaufgaben

Das Basismodell Problemlösen hat die Entwicklung von Problemlösekompetenz zum Ziel. Charakteristisch ist eine Problemstellung, bei der ein unerwünschter Ausgangszustand in einen klar definierten Zielzustand überführt werden soll, auf dem Weg dahin aber eine kognitive Barriere überwunden werden muss. Es wird also nicht die Lösung (d. h. das Ziel), sondern ein neuer, methodisch offener Lösungsweg gesucht, der über die bisher bekannten Routinen hinausgeht. Dafür wird zunächst der Zielzustand als Erfolgskriterium für die Problemlösung präzisiert. Auf der Basis des vorhandenen Erfahrungs- und Konzeptwissens werden dann mögliche Lösungswege generiert und ausprobiert. Zum Schluss wird ausgewertet, ob der Zielzustand erreicht wurde, und verschiedene Lösungswege werden reflektiert, charakterisiert und bewertet. Dadurch wird Strategiewissen aufgebaut. Ein möglicher Stundenverlauf ist in ■ Tab. 4.9 skizziert. Dabei wird vorausgesetzt, dass auch die Abbildung an der Zerstreuungslinse bereits behandelt wurde.

◘ Tab. 4.9   Stundenverlauf nach dem Basismodell Problemlösen

Schrittfolge	Inhalt
PL 1a: Erkennen eines Problems	Die Lehrkraft erläutert die Fehlsichtigkeit beim menschlichen Auge. Den Schülern ist klar, dass die Fehlsichtigkeit z. B. durch Brillengläser behoben werden kann. Die SuS sollen nun herausfinden, mit welcher Form von Linse man die Kurzsichtigkeit beheben kann
PL 1b: Verstehen der Problems (Präzisierung)	Die Problemstellung wird präzisiert: Bei der Kurzsichtigkeit entsteht im Auge das Bild vor der Netzhaut. Wie kann erreicht werden, dass das Bild wieder auf der Netzhaut abgebildet wird?
PL 2: Entwicklung von Lösungswegen	Die SuS können: – experimentell einen Modellaufbau für die Kurzsichtigkeit erstellen und daran die Sehkorrektur ausprobieren – mithilfe von Konstruktionen der Strahlengänge zeigen, welche Korrektur erforderlich ist
PL 3: Testen von Lösungswegen	Die SuS arbeiten in Gruppen. Sie entscheiden sich für einen Lösungsweg und versuchen, diesen zu realisieren
PL 4: Evaluieren der Lösungen und Lösungswege	Die Lösungen der verschiedenen Gruppen werden verglichen und bewertet. Gleichzeitig werden auch die Vor- und Nachteile der beiden Lösungswege reflektiert. Beim experimentellen Vorgehen kann die Lösung durch Ausprobieren (Trial and Error) gefunden werden. Sie liefert aber keine anschauliche Erklärung. Durch die Konstruktion kann zwar erklärt werden, wie die Korrektur erfolgen müsste. Es ist aber nicht gesichert, ob sie tatsächlich funktioniert

Das Basismodell Problemlösen weist hohe Ähnlichkeiten zu den ersten drei Denkstufen des forschend-entwickelnden Unterrichtsverfahrens auf. Während bei Schmidkunz und Lindemann (1976) aber durch das Problemlösen neues Wissen gewonnen werden soll (generatives Problemlösen), das anschließend abstrahiert wird, wird bei dem Basismodell Problemlösen eher erwartet, dass die erforderlichen Wissenselemente bereits vorhanden sind, aber für die Problemlösung strategisch neu zusammengefügt werden müssen (anwendendes Problemlösen vgl. Reusser 2005).

Beispiel für Problemlösen im Physikunterricht

4.3.5 Kompetenzorientierung

Als Reaktion auf die geforderte Kompetenzorientierung durch die KMK-Bildungsstandards (KMK 2004) schlägt Leisen (2011b) ein Lehr-Lern-Modell für kompetenzorientierten Unterricht mit den in ◘ Tab. 4.10 genannten sechs Schritten vor.

Das Lehr-Lern-Modell nimmt keine bestimmten Lernzieltypen oder konkrete Lernprozesse in den Blick, sondern fokussiert auf die Gestaltung von Lernumgebungen, „welche die Lernenden in eine intensive, aktive, selbst gesteuerte kooperative Auseinandersetzung mit dem Lerngegenstand

Kompetenzorientierung zeigt sich in der Art der Aufgabenstellung

materiale und personale Steuerung von Lernprozessen

◘ Tab. 4.10   Schritte im Lehr-Lern-Modell von Leisen (2011b)

Schrittfolge	Handlung
Problemstellung entdecken	Eine Problemstellung (Fragestellung, Thema, Aufgabe, Relevanz usw.) wird entfaltet, um einen Lernanreiz zuschaffen
Vorstellungen entwickeln	Die individuellen Erfahrungs- und Wissensstände (Vorerfahrungen, Vorwissen, Meinungen, Einstellungen usw.) der Lerner werden bewusst und öffentlich gemacht
Lernmaterial bearbeiten/ Lernprodukt erstellen	Von außen werden neue Informationen, Daten, Erfahrungen, Anstöße in Form von Lernmaterialien (Texte, Arbeitsblätter, Bilder, Experimentiermaterialien usw.) oder durch die Lehrkraft (Lehrervortrag, Infoinput) geben Das Lernmaterial wird ausgewertet und in Lernprodukte materieller Form (Tabelle, Mind-Map, Text, Skizze, Bild. Diagramm, Experiment usw.) oder geistiger Form (Erkenntnisse) umgewandelt
Lernprodukt diskutieren	Die neugewonnenen individuellen Vorstellungen werden verbalisiert, abgeglichen und der „gemeinsame Kern" wird ausgehandelt
Lernzugewinn definieren	Das Gelernte wird in neuen Aufgabenstellungen angewendet und so als Kompetenzzuwachs bewusstgemacht
Vernetzen und transferieren	Das neue Wissen und Können wird durch Anwendung in anderen Kontexten dekontextualisiert und in das erweiterte Wissensnetz integriert

bringen" (Leisen 2011b, S. 6). Zentral ist der dritte Schritt, in dem die Lerner im handelnden Umgang mit Fachwissen, Methoden und Strategiewissen ihre Kompetenzen entwickeln und erwerben sollen. Gleichzeitig dienen die dabei zu erstellenden Lernprodukte als Diagnosemöglichkeit für den individuellen Kompetenzstand der Lerner. Damit wird vor allem ein besonderes methodisches Vorgehen vorgeschlagen, das eine bestimmte Art komplexer, authentischer Aufgabenstellungen ins Zentrum stellt, die neben den Arbeitsaufträgen auch Lernmaterialen und Methoden-Werkzeuge enthalten.

Die Steuerung der Lernprozesse erfolgt einerseits material durch die zur Verfügung gestellten Aufgabenstellungen, Lernmaterialien und Methoden und andererseits personal durch die Moderation und Beratung der Lehrkraft bei Lernschwierigkeiten, die Gesprächsführung in Plenumsphasen sowie individuelle Diagnose und Rückmeldung. Das Modell unterscheidet sich in der Schrittfolge nicht wesentlich von dem Instruktionsdesign nach Gagné und Briggs (1979) und auch die dortige Beispielstunde (◘ Tab. 4.4) weist eine ähnliche materiale und personale Steuerung auf. Der zentrale Unterschied besteht jedoch in der Art der kompetenz- und kontextorientierten Aufgabenstellung (Leisen 2011a). Wie die Methoden und Sozialformen gehört die Art der Aufgabenstellung aber eher zur Sichtstruktur. Insofern lassen sich kompetenzorientierte Aufgaben auch innerhalb der Basismodelle realisieren bzw. nach den Basismodellen strukturieren.

4.4 Fazit

Guter Physikunterricht sollte sich an Lernprozessen, der Sachstruktur und an weiteren, durch empirische Forschung herausgearbeiteten Gestaltungsmerkmalen des Unterrichts orientieren. Diese Merkmale gehören zur Tiefenstruktur des Unterrichts und sie lassen sich nicht ohne theoriegeleitete Analyse und Bezug zur Unterrichtsqualität beschreiben. Wie dies aussehen könnte, ist in ◘ Tab. 4.11 dargestellt.

Die Zeile *Lernprozessorientierung und fachliche Inhalte* variiert grundlegend je nach Unterrichtsstunde. Der Unterricht beginnt mit dem Thema, den Zielsetzungen und einer Gestaltung, die der Klassensituation, den Vorkenntnissen und den Schülervorstellungen angemessenen ist. Den Schülerinnen und Schülern muss genügend Zeit zur Verfügung stehen, um Ideen für die Organisation ihrer Erfahrungen mit dem physikalischen Phänomen oder Gegenstand zunächst ungeprüft aufzustellen und beizubehalten. Im nächsten Unterrichtsschritt wird die Fragestellung von den Schülern selbst erarbeitet, die Lehrerperson unterstützt die Aktivität. In welcher Sozialform dies geschieht, ist prinzipiell irrelevant, sie muss nur die Aktivitäten der Schülerinnen und Schüler optimieren. Da erste Erfahrungen mit einem Phänomen gemacht werden sollen, spielen Schülerexperimente eine zentrale Rolle. Danach werden in Experimentiergruppen, orientiert an von den Lernenden selbst formulierten Zielen, mit dem Vorwissen und den Vorerfahrungen der jeweiligen Klasse Zusammenhänge hergestellt und Anwendungen erörtert. Sie werden anschließend z. B. im Klassengespräch diskutiert, verallgemeinert und als Schlussfolgerung und Ausblick auf weitere Unterrichtsstunden formuliert. Während der fortschreitenden Differenzierung im Lernprozess sollte erst dann die nächste Stufe bearbeitet werden, wenn die Lehrkraft den Eindruck hat, dass der zuletzt behandelte Schritt nach den Möglichkeiten der Schülerinnen und Schüler umfassend bearbeitet wurde. Im weiteren Unterrichtsverlauf sollten unterschiedliche Lernzieltypen Berücksichtigung finden. Dabei sollte auf unterschiedliche Unterrichtskonzepte flexibel zurückgegriffen werden. Eine professionelle Unterrichtsgestaltung sollte sich dadurch auszeichnen, dass die Lehrkraft verschiedene Planungs- und Gestaltungsmodelle kennt und zur Erreichung der intendierten Lernziele flexibel einsetzen kann.

Von der kognitiven Aktivierung an beschreiben die Zeilen der ◘ Tab. 4.10 die Merkmale, die über Lernprozesse und fachliche Inhalte hinaus für die Unterrichtsqualität verantwortlich sind. Sie sollten grundsätzlich in jedem Unterricht berücksichtigt und im Verlaufe der Arbeit mit einer Klasse kontinuierlich aufgebaut werden.

> Guter Unterricht sollte seine Tiefenstruktur an empirisch gewonnenen Gestaltungsmerkmalen orientieren

4

◘ Tab. 4.11 Beispiel für eine an Merkmalen der Unterrichtsqualität orientierte Unterrichtsgestaltung

Merkmale der Unterrichtsqualität	Unterrichtsziel	Angebot	Nutzung und Schüleraktivität	Ergebnisse
Lernprozessorientierung und fachliche Inhalte	Erste Erfahrungen mit optischen Linsen	Lernaufgabe, Experimentiermaterial	Erfahrung mit Linsen in Schülerexperimenten	Zusammenfassung der Erfahrungen
Kognitive Aktivierung	Aktives experimentelles und gedankliches Handeln der Schüler	Leitende Fragestellung kognitive Prompts	Eigenständige Auseinandersetzung und individuelle Erfahrungen mit Linsen	Eigenständige Verbalisierung Verallgemeinerung im Klassengespräch
Schülerorientierung	Diskussion wird vom Lerner gesteuert	Dialogische Gesprächsführung	Lernende agieren selbstbestimmt	Entwicklung neuer Fragen in Gruppen, in der gesamten Klasse, usw.
Klare Unterrichtsführung, Regelklarheit, Störungsprävention	Maximale Lernzeit organisieren	Strukturiertes Material verbindliche Verhaltensregeln bei Schülerexperimenten	Lerner arbeiten mit dem vorbereiteten Material, Lehrende moderieren	Lernprozesse laufen ohne Ablenkung effizient ab
Lernförderliches Unterrichtsklima	Selbstbestimmtheit, Autonomie und Kompetenzerleben	Freiräume für selbstbestimmtes, autonomes Handeln Hilfestellungen für Kompetenzerleben	Selbstbestimmtes Verhalten	Motivation, konzeptuelles Verständnis

Literatur

Aebli, H. (1961). *Grundformen des Lehrens. Ein Beitrag zur psychologischen Grundlegung der Unterrichtsmethode*. Stuttgart: Klett.

Anderson, L. W. & Krathwohl, D. A. (2001). *A Taxonomy for Learning, Teaching, and Assessing: A Revision of Bloom's Taxonomy of Educational Objectives*. London: Longman Publishing Group.

Baumgartner, P. (2014). *Taxonomie von Unterrichtsmethoden: Ein Plädoyer für didaktische Vielfalt*: Waxmann Verlag GmbH.

Bloom, B. S., Engelhart, M. D., Furst, E. J., Hill, W. H. & Krathwohl, D. R. (1956). *Taxonomy of Educational Objectives. The classification of Educational Goals*. New York: David McKay Co Inc.

Börlin, J. (2012). *Das Experiment als Lerngelegenheit. Vom interkulturellen Vergleich des Physikunterrichts zu Merkmalen seiner Qualität*. Berlin: Logos.

Elsässer, T. (2000). *Choreografien unterrichtlichen Lernens als Konzeptionsansatz für eine Berufsfelddidaktik*. Zollikofen: Schweizerisches Institut für Berufspädagogik.

Fischer, H. E., Klemm, K., Leutner, D., Sumfleth, E., Tiemann, R. & Wirth, J. (2003). Naturwissenschaftsdidaktische Lehr-Lernforschung: Defizite und Desiderata. *Zeitschrift für Didaktik der Naturwissenschaften*(9), 179–208.

Fischer, H. E., Reyer, T., Wirz, T., Bos, W. & Höllrich, N. (2002). Unterrichtsgestaltung und Lernerfolg im Physikunterricht. *Zeitschrift für Pädagogik, Beiheft 45*, 124–138.

Flechsig, K.-H. (1996). *Kleines Handbuch didaktischer Modelle*. Eichenzell: Neuland. Verlag für Lebendiges Lernen.

Fries, E. & Rosenberger, R. (1981). *Forschender Unterricht. Ein Beitrag zur Didaktik und Methodik des mathematischen und naturwissenschaftlichen Unterrichts in allgemeinbildenden Schulen, mit besonderer Berücksichtigung der Sekundarstufen* (5 Aufl.). Frankfurt am Main: Diesterweg.

Gagné, R. M. (1985). *Conditions of Learning and theory of instruction*. New York: Holt, Rinchart & Winston.

Gagné, R. M. & Briggs, L. J. (1979). *Principles of instructional design* (2 Aufl.). New York: Holt, Rinchart & Winston.

Geller, C., Neumann, K. & Fischer, H. E. (2014). A deeper look inside teaching skripts: Learning process orientations in Finland, Germany and Switzerland. In H. E. Fischer, P. Labudde, K. Neumann & J. Viiri (Hrsg.), *Quality of Instruction in Physics – Comparing Finland, Germany and Switzerland* (S. 81–92). Münster: Waxmann.

Hattie, J. (2013). *Lernen sichtbar machen*. Baltmannsweiler: Schneider Verlag Hohengehren.

Helmke, A. (2012). *Unterrichtsqualität und Lehrerprofessionalität: Diagnose, Evaluation und Verbesserung des Unterrichts* (4. überarb. Aufl. Aufl.). Seelze: Klett-Kallmeyer.

Helmke, A. & Helmke, T. (2014). Wie wirksam ist gute Klassenführung? *Lernende Schule*(65), 9–12.

Klieme, E. & Rakoczy, K. (2008). Empirische Unterrichtsforschung und Fachdidaktik: Outcome-orientierte Messung und Prozessqualität des Unterrichts. *Zeitschrift für Pädagogik, 54*(2), 222–227.

Klippert, H. (2018). *Methoden-Training, Bausteine zur Förderung grundlegender Lernkompetenzen* (22 Aufl.). Weinheim, Basel: Beltz Praxis.

KMK. (2004). *Bildungsstandards im Fach Physik für den Mittleren Schulabschluss*.

Krabbe, H., Zander, S. & Fischer, H. E. (2015). *Lernprozessorientierte Gestaltung von Physikunterricht. Materialien zur Lehrerfortbildung*. Münster: Waxmann.

4

Kunter, M. & Trautwein, U. (2013). *Psychologie des Unterrichts*. Paderborn: Schöningh.

Leisen, J. (2011a). Aufgabenstellungen und Lermaterialien machens. *Naturwissenschaften im Unterricht. Physik, 123/124*, 11–17.

Leisen, J. (2011b). Kompetenzorientiert unterrichten. Naturwissenschaften im Unterricht. *Naturwissenschaften im Unterricht. Physik, 123/124*, 4–10.

Leisen, J. & Hopf, M. (2011). Methoden-Werkzeuge. In M. Hopf, H. Schecker & H. Wiesner (Hrsg.), *Physikdidaktik kompakt* (S. 93–98). Köln: Aulis

Lipowsky, F., Drollinger-Vetter, B., Klieme, E., Pauli, C. & Reusser, K. (2018). Generische und fachdidaktische Dimensionen von Unterrichtsqualität – Zwei Seiten einer Medaille? In M. Martens, K. Rabenstein, K. Bräu, M. Fetzer, H. Gresch, I. Hardy & C. Schelle (Hrsg.), *Konstruktionen von Fachlichkeit* (S. 183–202). Bad Heilbrunn: Klinkhardt

Maurer, C. (Hrsg.). (2016). *Strukturierung von Lehr-Lern-Sequenzen* (Bd. 199). Berlin: Logos Verlag.

Meyer, H. (2002). Unterrichtsmethoden. In H. Kiper, H. Meyer & W. Topsch (Hrsg.), *Einführung in die Schulpädagogik* (S. 109–121). Berlin.

Meyer, H. (2008). *Was ist guter Unterricht?* Berlin: Cornelsen Scriptor.

Meyer, H. (2016). *Theorieband* (17 Aufl.). Berlin: Cornelsen Scriptor.

Meyer, H. & Bülter, H. (2004). Was ist ein lernförderliches Klima? *Pädagogik, 11*, 31–36.

Ohle, A. (2010). *Primary school teachers' content knowledge in physics and its impact on teaching and stundents' achievement*. Berlin: Logos.

Oser, F. & Baeriswyl, F. J. (2001). Choreographies of Teaching: Bridging Instruction to Learning. In V. Richardson (Hrsg.), *Handbook on Research on Teaching* (4th Edition Aufl., S. 1031–1065). Washington: American Educational Research Association (AERA).

Oser, F. & Patry, J. L. (1990). *Choreographien unterrichtlichen Lernens: Basismodelle des Unterrichts*: Pädagogisches Institut der Universität Freiburg.

Pauli, C. & Reusser, K. (2003). Unterrichtsskripts im schweizerischen und im deutschen Mathematikunterricht. *Unterrichtswissenschaft, 31(3)*, 238–272.

Petry, B., Mouton, H. & Reigeluth, C. M. (1987). A lesson based on the Gagné-Briggs theory of instruction. In C. M. Reigeluth (Hrsg.), *Instructional Theories in Action: Lessons Illustrating Selected Theories and Models* (S. 11–44). Hillsdale: Erlbaum Associates.

Prenzel, M., Artelt, C., Baumert, J., W., B., Hammann, M., Klieme, E. & Pekrun, R. (2007). *PISA 06 - Die Ergebnisse der dritten internationalen Vergleichsstudie*. Münster: Waxmann.

Reigeluth, C. M. (Hrsg.). (1983). *Instructional-Design Theories and Models: An Overview of their Current Status*. Hillsdale: Erlbaum Associates.

Reusser, K. (2005). Problemorientiertes Lernen – Tiefenstruktur, Gestaltungsformen, Wirkung. *Beiträge zur Lehrerbildung, 23* (2), 159–182.

Roth, H. (1983). *Pädagogische Psychologie des Lehrens und Lernens* (16 Aufl.). Hannover: Schroedel Schulbuchverlag GmbH.

Schiepe-Tiska, A., Rönnebeck, S., Schöps, K., Neumann, K., Schmidtner, S., Ilka Parchmann, I. & Prenzel, M. (2016). Naturwissenschaftliche Kompetenz in PISA 2015 – Ergebnisse des internationalen Vergleichs mit einem modifizierten Testansatz. In K. Reiss, C. Sälzer, A. Schiepe-Tiska, E. Klieme & O. Köller (Hrsg.), *PISA 2015. Eine Studie zwischen Kontinuität und Innovation* (S. 45–98).

Schmidkunz, H. & Lindemann, H. (1976). *Das forschend-entwickelnde Unterrichtsverfahren*. München: Paul List Verlag.

Seidel, T. (2003). *Lehr-Lernskripts im Unterricht*.

Seidel, T., Prenzel, M., Rimmele, R., Dalehefte, I. M., Herweg, C., Kobarg, M. & Schwindt, K. (2006). Blicke auf den Physikunterricht. Ergebnisse der IPN Videostudie. *Zeitschrift für Pädagogik, 52*(6), 799–821.

Seidel, T. & Shavelson, R. J. (2007). Teaching Effectiveness Research in the Past Decade: The Role of Theory and Research Design in Disentangling Meta-Analysis Results. *Review of Educational Research, 77*(4), 454–499.

Trendel, G., Wackermann, R. & Fischer, H. E. (2008). Lernprozessorientierte Fortbildung von Physiklehrern. *Zeitschrift für Pädagogik, 54*, 322–340.

Zander, S. (2016). *Lehrerfortbildung zu Basismodellen und Zusammenhänge zum Fachwissen.* Berlin: Logos.

Elementarisierung und didaktische Rekonstruktion

Ernst Kircher und Raimund Girwidz

© Springer-Verlag GmbH Deutschland, ein Teil von Springer Nature 2020
E. Kircher et al. (Hrsg.), *Physikdidaktik | Grundlagen*,
https://doi.org/10.1007/978-3-662-59490-2_5

Vermitteln komplizierter Sachverhalte mit vielschichtigen Abhängigkeiten verlangt Vereinfachung und die Konzentration auf wesentliche Elemente. Außerdem muss die Lehrkraft auf den sachgerechten Aufbau von Wissensstrukturen hinarbeiten. Gemäß eines einfachen Modells lässt sich eine didaktische Rekonstruktion untergliedern in Schritte der Elementarisierung und die darauf aufbauende Rekonstruktion einer angemessenen Sachstruktur für den Unterricht.

Nach einem einführenden Rückblick zu klassischen Ansätzen werden in Kap. 5 verschiedene Arten der Elementarisierung physikalischer Inhalte betrachtet. Aufbauend auf Schritten der Elementarisierung wird dann die didaktische Rekonstruktion eines tragfähigen physikalischen Gedankengebäudes behandelt. Dann geht es um Qualitätskriterien für die Elementarisierung und eine didaktische Rekonstruktion. Als besonderes Verfahren für den Unterricht wird der Einsatz von Analogien im Physikunterricht betrachtet.

Es ist kein neues und auch kein spezifisches Problem des Physikunterrichts, komplizierte Zusammenhänge so zu vereinfachen, dass diese möglichst von allen Schülerinnen und Schülern, möglichst gründlich, in möglichst kurzer Zeit und auf humane Weise verstanden werden. Die Aufbereitung von Sachstrukturen für die Schulphysik muss neben den *fachlichen Strukturen und psychischen Strukturen der Schülerinnen und Schüler auch allgemeine Zielvorstellungen* berücksichtigen.

Nach einem einfachen Modell lässt sich die didaktische Rekonstruktion in zwei Abschnitte unterteilen, in die Elementarisierung und die Rekonstruktion. Zunächst werden wichtige Unterrichtselemente herausgearbeitet, die dann in der anschließenden Rekonstruktion zu einem tragfähigen Gedankengebäude zusammengebaut werden (◼ Abb. 5.1).

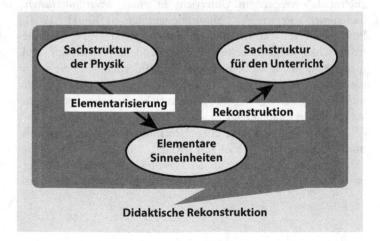

◼ **Abb. 5.1** Didaktische Rekonstruktion mit Ausweisen von „elementaren Bausteinen" und Aufbau einer Sachstruktur für den Unterricht

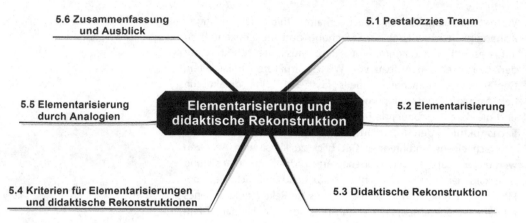

● Abb. 5.2   Übersicht über die Teilkapitel

Die Grundidee ist, zunächst die Fachinhalte in elementare Wissensbausteine zu zerlegen. Aus diesen wird dann mit den Lernenden ein für sie verständliches Gedanken- und Vorstellungsgebäude aufgebaut. Entsprechend werden zunächst Verfahren und Kriterien für die Elementarisierung betrachtet. Dann wird auf Schritte einer didaktischen Rekonstruktion eingegangen. Die Überlegungen und Ansätze werden in den in ● Abb. 5.2 skizzierten Teilkapiteln behandelt.

5.1 Pestalozzis Traum – nicht nur historisch

Der berühmte Schweizer Pädagoge Pestalozzi (1746–1827) glaubte an eine *naturgemäße Methode,* der zufolge man Lehrstoffe in „Elemente" zerlegen kann. Solche angeblich natürlichen „Elemente" werden im Unterricht in einer *unveränderlichen, lückenlosen Reihenfolge* zusammengesetzt (s. Klafki 1964). Eine solche *universelle Methode kann es nicht geben,* weil die psychischen Gegebenheiten der Lernenden verschieden und nicht genau genug zu bestimmen sind. Außerdem sind *die durch die Physik dargestellten Strukturen der physikalischen Objekte nicht beliebig „zerlegbar";* sie beziehen sich ja auf eine von uns im Wesentlichen unabhängige Realität.

Pestalozzis Auffassung über *Elementarisierung* lässt sich als mechanistisch charakterisieren (Klafki 1964, S. 35 ff.). Seine „Elemente" sind *Bestandteile der Lernobjekte,* die sich nach der *Form* und der *Anzahl* unterscheiden. Bei biologischen Objekten wie Blüten mögen diese oberflächlichen Merkmale noch sinnvoll sein. Für die Beurteilung, ob ein physikalischer oder technischer Zusammenhang leicht oder schwierig zu lernen ist, sind die *Anzahl der Objekte* und deren *Form* im Allg. irrelevant; für physikalisches Verstehen sind *Beziehungen zwischen Begriffen und zwischen Objekten* wichtig.

Schwierige Begriffe und komplexe Geräte müssen zunächst vereinfachend so zerlegt werden, dass sie von einer bestimmten Adressatengruppe gelernt werden können. Dabei darf der physikalische Sinn eines Begriffs nicht verfälscht, die Funktionsweise eines Gerätes nicht auf falsche physikalische Grundlagen bezogen und nicht trivialisiert werden. Dieser Vorgang des Vereinfachens und des Zerlegens soll zu kleineren *Sinneinheiten* führen, die dann im Verlauf des Unterrichts wieder aneinander gefügt werden (Schleiermacher 1768–1834). Diese Auffassung kann man als Grundprinzip der Elementarisierung bezeichnen, das bis heute Gültigkeit hat: *„Das Elementare sind Sinneinheiten"*.

Das Elementare sind Sinneinheiten

Elementarisieren: in Bestandteile zerlegen, vereinfachen

Diesterweg (1790–1866) formulierte dieses Prinzip kurz und bündig für die Lehrkräfte: *„Gib kleine Ganze!"* Das bedeutet, dass ein recht komplexes physikalisch-technisches Gerät wie der Kühlschrank nicht bloß in seine Bestandteile zerlegt wird, sondern in physikalische und technische Sinneinheiten. Weltner (1982) hat versucht, diesen Grundgedanken weiter zu präzisieren:

Gib kleine Ganze!

Ein *„Erklärungsmuster"* besteht aus einer Reihe von *„Erklärungsgliedern"*, die additiv das Erklärungsmuster ergeben. Jedes Erklärungsglied sollte jeweils in sich schlüssig und vollständig sein. Das erste Erklärungsglied soll einen möglichst großen Erklärungsanteil enthalten (s. Weltner 1982, S. 195 ff.):

Das Erklärungsmuster entsteht durch eine didaktische Rekonstruktion

$$\text{Erklärungsmuster} = \sum \text{Erklärungsglieder}$$

Das Erklärungsmuster ist eine *didaktische Rekonstruktion*. Dabei gilt, was schon Schleiermacher bewusst war: Das Ganze ist mehr als die Summe seiner Teile. Zum Beispiel ist ein Auto mehr als die Summe der Einzelteile; es ist Fortbewegungsmittel, Kultobjekt, Ärgernis und noch Vieles mehr.

Trotz der vermeintlichen Stringenz in Weltners Darstellung eines Erklärungsmusters als mathematische Reihe *bleiben Spielräume für verschiedenartige Elementarisierungen und alternative didaktische Rekonstruktionen*. Ein Blick in Schulphysikbücher zeigt etwa beim Thema „Elektromotor", wie unterschiedlich die vorgeschlagenen experimentellen Aktivitäten und ihre Reihenfolge sein können, obwohl die Erklärungsmuster für die gleichen Adressaten, d. h. für Schüler mit ähnlichen Lernvoraussetzungen, und bei gleichen Zielen (Grobzielen) konzipiert sind. Bei diesem Beispiel kann man

Spielräume für Elementarisierungen und didaktische Rekonstruktionen

Beispiel: Elektromotor

sich wahrscheinlich darauf verständigen, dass die folgenden Sinneinheiten ($\triangleq$ Erklärungsglieder) relevant sind:

1. Magnete sind Dipole (Magnete haben immer einen Nordpol und einen Südpol; magnetische Monopole gibt es nicht).
2. Gleiche Pole stoßen sich ab, verschiedene Pole ziehen sich an.
3. Ein magnetischer Rotor bewegt sich nur dann ständig im Kreis, wenn ein zweiter Magnet den Rotor zum richtigen Zeitpunkt abstößt bzw. anzieht.
4. Bei einem Elektromagnet lassen sich Nord- und Südpol dadurch ändern, dass man (bei Gleichspannung) die elektrischen Anschlüsse (Pluspol und Minuspol) vertauscht.
5. Die Änderung von Nord- und Südpol am Elektromagneten wird durch den mit dem Rotor verbundenen Polwender gesteuert.

Die *Art der Erklärungsglieder* und deren *Reihenfolge* erscheint aus der Sicht der Physikdidaktik zwar plausibel, beides ist aber nicht notwendig. Das macht das Beispiel „Kühlschrank" deutlich:

Sachstrukturen der Fächer, die Adressaten und die Ziele haben Einfluss auf den Prozess und die Produkte der Elementarisierung und der didaktischen Rekonstruktion
Beispiel: Kühlschrank

Bei fächerüberschreitenden Themen wie dem Kühlschrank kommen zu den physikalischen Sinneinheiten (s. Weltner 1982, S. 211 ff.) weitere hinzu. Aus der Sicht der Chemiedidaktik sollten Eigenschaften des Kühlmittels hinzugefügt werden, weil an dieses bestimmte physikalisch-chemische Anforderungen gestellt werden müssen (z. B. an den Siedepunkt). Aus der Sicht der Umwelterziehung mag eine Sinneinheit „geeignetes Kühlmittel" sogar das Wichtigste sein, weil das herkömmliche Kühlmittel Frigen sich als Ozonkiller in der oberen Atmosphäre herausgestellt hatte. Chemieunterricht und Umwelterziehung werden die Thematik vermutlich auch durch andere Zugänge (Einstiege) erschließen. Es wird an diesem Beispiel deutlich, dass neben den Adressaten die Sachstrukturen der Fachdisziplinen und die Ziele Einfluss auf den Prozess und auf die Produkte der Elementarisierung, die Erklärungsglieder, haben.

Eine Elementarmethode mit unveränderlichen Erklärungsmustern für jedes Thema kann es nicht geben

Eine Elementarmethode mit einer natürlichen lückenlosen Reihenfolge, das bedeutet *ein unveränderliches Erklärungsmuster für jedes Thema, gibt es nicht.* Unterschiedliche Lernvoraussetzungen, Interessen und Motive der Schülerinnen und Schüler, aber auch die kognitive Unerschöpflichkeit der Realität führen dazu, dass eine solche Elementarmethode – Pestalozzis Traum – eine Fiktion bleibt.

5.2 Elementarisierung

▪ Drei verschiedene Aspekte berücksichtigen

Aus *lernpsychologischer Sicht* ist die Vereinfachung ein zentraler Aspekt. Aus *inhaltlicher Sicht* hat die Konzentration auf fachlich grundlegende Begriffe und Verfahren eine besondere

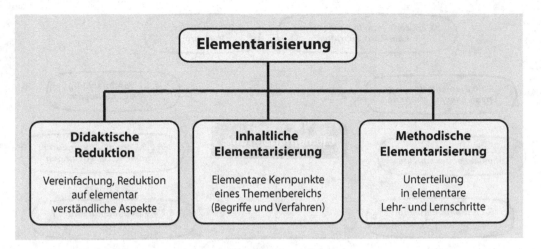

◙ Abb. 5.3 Verschiedene Aspekte zur Elementarisierung

Bedeutung. Aus *methodischer Sicht* sind voraussetzende und
auf einander aufbauende Unterrichtsbausteine auszuweisen.
◙ Abb. 5.3 fasst dies in einer grafischen Übersicht zusammen,
wobei je nach Inhalt und Adressatenkreis einzelne Bereiche
eine besondere Beachtung verlangen.

Bei vielen Inhalten der Physik ist zunächst eine Absenkung
des fachlichen Anspruchsniveaus nötig, um eine Anpassung
an das Aufnahmevermögen und die geistige Leistungsfähigkeit der Lernenden zu erreichen. Für die Elementarisierung
mit dem Ziel einer Vereinfachung (didaktische Reduktion)
gibt es eine Reihe von Maßnahmen. Außerdem sind inhaltlich elementare Sinneinheiten zu identifizieren. Schließlich
sind auch methodisch elementare Schritte zu spezifizieren. Die
nachfolgenden Abschnitte behandeln eine Auswahl von Verfahren, ohne Anspruch auf Vollständigkeit (◙ Abb. 5.4).

5.2.1 Eine Sammlung heuristischer Verfahren

Durch einen Blick auf die Entwicklung der Physik und des
Physikunterrichts sehen wir Arten von Elementarisierungen und
erkennen auch Möglichkeiten für ein Vorgehen im Unterricht
(vgl. auch Jung 1973). Eine solche auf Erfahrung beruhende *Liste
ist weder vollständig, noch unveränderlich.* Die verschiedenen
Möglichkeiten sind vor allem *heuristische Verfahren* für die
Praxis des Physikunterrichts:

- *Abstrahieren:* in der Realität allgemeine Zusammenhänge entdecken, insbesondere Gesetze und Theorien
- *Idealisieren:* Konstruieren von Begriffen mit z. T. unwirk-
  lichen Eigenschaften, z. B. „Massepunkt", „Lichtstrahl"

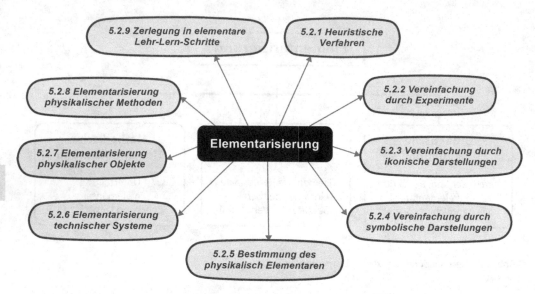

◘ Abb. 5.4   Ausgewählte Verfahren zur Elementarisierung

- *Symbolisieren:* Kurzschreibweise von Begriffen und Gesetzen durch Buchstaben und mathematische Zeichen
- *Theoretische Modelle entwickeln:* Theoretische Entitäten zusammenfassen, vereinheitlichen, vereinfachen, z. B. Modell Lichtstrahl
- *Gegenständliche Modelle 1) (Strukturmodelle) bauen:* theoretische Entitäten durch eigens konstruierte Gegenstände veranschaulichen, z. B. Gittermodelle von Kristallen, Strukturmodelle von Molekülen
- *Gegenständliche Modelle 2) (Funktionsmodelle) bauen:* technische Zusammenhänge veranschaulichen/untersuchen: z. B. Motormodelle
- *Analogien bilden:* theoretische Entitäten durch vertraute Kontexte veranschaulichen; Hypothesen (er)finden

Trotz des Verzichts auf mathematische Darstellungen können in der Primarstufe didaktisch relevante und attraktive physikalische Themen behandelt werden

Obige Verfahren der Elementarisierung werden *sowohl in der Physik als auch in der Physikdidaktik* eingesetzt, um neue Erklärungen zu finden, verbesserte technische Geräte zu entwickeln und zu verstehen. Die damit verbundenen Lernschwierigkeiten erfordern zusätzliche Maßnahmen. Insbesondere für die Primarstufe gilt Wagenscheins Mahnung: „Erklärungen nicht verfrühen"; den Vorgang des Verstehens ausbauen, „stauen", „entschleunigen" (▸ Abschn. 2.4). Das bedeutet i. Allg. den Verzicht auf quantitative mathematische Darstellungen. Trotzdem können in der Primarstufe didaktisch relevante und attraktive Themen behandelt werden. Die folgenden Verfahren der Elementarisierung gelten nicht nur für die Primarstufe oder die Sekundarstufe I, sondern grundsätzlich für das Lehren und Lernen der Physik.

- *Beschränken auf das Phänomen*: z. B. magnetische Phänomene zeigen, betrachten
- *Beschränken auf das Prinzip*: z. B. „Eisenschiffe schwimmen dann, wenn sie nicht mehr wiegen als das Wasser, das sie verdrängen."
- *Beschränken auf das Qualitative*: zwei gleiche Magnetpole stoßen sich ab
- *Experimentell veranschaulichen*: z. B. Brechung des Lichts in Wasser; Brown'sche Bewegung
- *Bildhaft veranschaulichen*: z. B. Wirkung einer Sammellinse
- *Zerlegen in mehrere methodische Schritte*: z. B. Elektromotor; Boyle-Mariotte'sches Gesetz (▶ Abschn. 5.3.1).
- *Einbeziehen historischer Entwicklungsstufen*: historische Atommodelle; historische Messverfahren und Messanordnungen.

Ergänzende Bemerkungen: Wie von Weltner (1982) thematisiert, soll *das erste Erklärungsglied die Kernaussage* einer Erklärung enthalten. Dabei nimmt man i. Allg. in Kauf, dass physikalische Gesetzmäßigkeiten *unzulässig generalisiert* werden („Stoffe dehnen sich bei Erwärmung aus"). Die Erörterung der *Grenzen eines Gesetzes*, dessen Zusammenhang mit weiteren Gesetzen und dessen *Anwendung* erfolgt i. Allg. in *weiteren Erklärungsgliedern*.

Das erste Erklärungsglied soll die Kernaussage einer Erklärung enthalten

- Bei der Einführung physikalischer Begriffe werden diese absichtlich durch das erste Erklärungsglied *nicht hinreichend differenziert* bzw. *auf Sonderfälle reduziert* (vgl. die unterschiedlichen Spannungsbegriffe in ▶ Abschn. 5.4). Dabei ist von Fall zu Fall zu entscheiden, ob weitere Erklärungsglieder in der Unterrichtseinheit folgen, ob diese auf eine andere Unterrichtsstunde, Jahrgangs- oder Schulstufe oder auf ein entsprechendes Fachstudium verschoben werden.

Physikalische Begriffe werden durch das erste Erklärungsglied nicht hinreichend differenziert bzw. auf Sonderfälle reduziert

- Die in dieser Übersicht skizzierten Verfahren betreffen vor allem die Elementarisierung *physikalischer Theorien*. Es sind aber grundsätzlich auch physikalische *Objekte* und physikalische *Methoden* zu betrachten (▶ Abschn. 5.2.7 und 5.2.8).

- Schwierigkeiten und ungelöste Probleme entstehen schon bei traditionellen Themen der Schulphysik, wenn z. B. physikalische Theorien mithilfe eines Teilchenmodells auf elementare Weise erklärt werden sollen. So ist es bisher nicht gelungen, *den Energietransport in einem elektrischen Leiter auf der Basis eines einfachen Elektronenmodells* (d. h. ohne das elektrische Feld bzw. die elektrische Feldenergie) zu erklären. In der Sekundarstufe II steht die *Quantentheorie* seit über 30 Jahren im Mittelpunkt von

Ungelöste Probleme der Elementarisierung

5

Elementarisierungsbemühungen. Wenn es bisher noch keine allgemein akzeptierte Lösung gibt, liegt dies weniger an der schwierigen Mathematik dieser Theorie, sondern vor allem an der unterschiedlichen Interpretation der Quantentheorie durch Bohr, Einstein, Bell oder v. Weizsäcker (Kap. 22).

Didaktische Rekonstruktionen für die Schulphysik sind eine zentrale Aufgabe der Physikdidaktik

— Didaktische Rekonstruktionen für die Schulphysik sind eine Herausforderung und zentrale Aufgabe der Physikdidaktik. Wie erwähnt, gibt es hierfür keine Theorie, die man bloß noch anwenden muss. Man benötigt *Schulerfahrung, Fingerspitzengefühl für die Lernfähigkeit der Schülerinnen und Schüler, einen Überblick über relevante Probleme, zu deren Lösung die Schulphysik beitragen kann, gründliche Kenntnis des Faches und der fachdidaktischen Literatur und vor allem Kreativität für originelle Lösungen.*

5.2.2 Vereinfachung durch Experimente

1. Experimentelle Anordnungen können *charakteristische Eigenschaften* eines physikalischen Begriffs demonstrieren: „Das ist Lichtbrechung", „Lichtbeugung", „Reflexion". Eine solche Demonstration kann *ausdrucksstärker, informativer, lernökonomischer* als eine noch so genaue rein verbale Beschreibung oder Definition des entsprechenden Begriffs sein.

   Experimente können das Lernen der Physik vereinfachen

   Außerdem: Spezielle Messgeräte können implizite *mathematische Operationen eines Begriffs durch einen Zeigerausschlag ersetzen*, ein Tachometer ersetzt: $v = \Delta s / \Delta t$, ein Amperemeter: $I = \Delta q / \Delta t$. Dadurch sind die Begriffe „Geschwindigkeit" bzw. „Stromstärke" noch nicht verstanden, aber sie sind durch und für Messungen zugänglich geworden.

   Durch Experimente können Idealisierungen der Physik in die Lebenswelt zurückgeholt werden

2. Durch Experimente können *Idealisierungen* bei bestimmten physikalischen Begriffsbildungen *veranschaulicht* werden, etwa die Momentangeschwindigkeit $v = ds/dt$. Der äquivalente Ausdruck $v = \Delta s / \Delta t$ für $\Delta t \to 0$ wird durch die Wegdifferenzen Δs_i zwischen zwei Messungen und bei konstanten kleinen Zeitdifferenzen Δt_i in die Alltagswelt zurückgeholt.

3. Heuer (1980) nennt als weitere experimentelle Möglichkeit der Elementarisierung die *direkte Analyse der Abhängigkeit einzelner physikalischer Größen voneinander*. Zum Beispiel die Abhängigkeit des Bremswegs s_b von der Anfangsgeschwindigkeit v_0 (bei konstanter Bremsverzögerung): $s_b \sim v_0^2$ kann experimentell demonstriert werden.

Wagenschein schlägt vor, das Fallgesetz $s = \frac{1}{2} g \cdot t^2$ mithilfe einer „Fallschnur" verständlich zu machen: Die in der Fallschnur befestigten Kugeln schlagen in gleichen Zeitabständen auf, wenn die Längenabstände der Kugeln sich wie 1:3:5:7 … verhalten. Dieses Experiment bestätigt $s \sim t^2$ auf überraschend einfache Weise, verglichen mit den üblichen experimentellen Untersuchungen etwa mithilfe von elektronischen Uhren und Lichtschranken. Und die Schüler lernen noch zusätzlich, dass die Summe der ungeraden Zahlen jeweils n^2 liefert: $\sum (2n - 1) = n^2$ (mit $n = 1, 2, \ldots$), alle Quadratzahlen.

Fallschnur

4. *Analogversuche* können relevante Eigenschaften eines physikalischen Begriffs, einer Gesetzmäßigkeit, eines theoretischen Modells illustrieren: z. B. der „Mausefallenversuch" den Begriff „Kettenreaktion", das „Wassermodell" den elektrischen Stromkreis (▶ Abschn. 5.5.2).

5.2.3 Vereinfachung durch bildliche Darstellungen

Bilder können physikalische Sachverhalte anders darstellen als Sprache und deren symbolhafte Darstellung durch Schriftzeichen oder mathematische Symbole. Bilder helfen bei der geistigen Verarbeitung und Interpretation schwer verständlicher physikalischer Texte. Sie können gegenständliche und strukturelle Zusammenhänge veranschaulichen. Indem Bilder zur Attraktivität eines Textes beitragen, können sie wegen solcher affektiven und motivationalen Aspekte zur psychologischen Relevanz eines Erklärungsmusters beitragen.

Bilder helfen bei der geistigen Verarbeitung und Interpretation schwer verständlicher physikalischer Texte

Wir betrachten *darstellende Bilder, logische Bilder und bildliche Analogien* und deren lernökonomische Funktion (s. Schnotz 1994, 1995 und ▶ Kap. 8).

Darstellende Bilder enthalten Informationen über die Sichtstruktur bzw. das Aussehen von Gegenständen. Für die Erleichterung des Lernens sind *Symboldarstellungen* und die *Darstellung von Bewegungsabläufen* wichtiger als solche „realitätsnahen" Fotografien oder Zeichnungen. Zum Beispiel lassen sich die wichtigen physikalisch-technischen Informationen über einen elektrischen Stromkreis leichter aus einer Schaltskizze (mit festgelegten Symbolen für den elektrischen Widerstand, den Schalter, die elektrische Energiequelle) entnehmen als aus einem experimentellen Aufbau oder einer Fotografie desselben.

Darstellende Bilder

In der symbolischen Darstellung werden physikalisch irrelevante Eigenschaften weggelassen. Die optische Information wird reduziert und zugleich fokussiert auf das Wesentliche.

Symbolische Darstellung: physikalisch irrelevante Eigenschaften weglassen

Dies wird besonders deutlich, wenn ein bestimmtes Verhalten gefährlich für Subjekte und Objekte ist. Man versucht dieses Verhalten zu verhindern durch *Warnsymbole* vor Hochspannung, vor brennbaren Stoffen, vor Radioaktivität usw. Die psychische Wirkung bestimmter Farben (gelb kombiniert mit schwarz) wird dafür eingesetzt, um Aufmerksamkeit für die in den *Symbolen verschlüsselte Botschaft* zu erregen.

Für die Darstellung eines physikalischen Kontextes sind auch die Informationen über Bewegungen und die Änderung des Bewegungszustands charakteristisch. In Bildern wird eine große Geschwindigkeit durch flatternde Haare dargestellt, in der Symboldarstellung eines Versuchs bedeutet ein kurzer bzw. langer Pfeil eine langsame bzw. schnelle Bewegung. Mithilfe des Computers kann die Bewegung eines Objekts nicht nur vermessen, durch Messdaten erfasst und dargestellt werden, sondern auch die Bewegung bzw. Bewegungsänderung. Das Objekt kann synchron zum Realexperiment auf dem Bildschirm in attraktiver Aufmachung verfolgt werden.

Logische Bilder

Durch *logische Bilder* wird versucht, nicht visuell wahrnehmbare Sachverhalte darzustellen, wie dies auch durch die Sprache und deren Codierung in Form von Texten geschieht. Logische Bilder benutzen wie die Sprache eine bestimmte Codierung, die jedoch kürzer und prägnanter ist. Logische Bilder können effizient genutzt werden, weil die dargebotenen Informationen unter Umständen schneller und genauer erfasst werden können. Charakteristisch für logische Bilder sind *alle Arten von Diagrammen*. Wir erläutern diese Überlegenheit an einem fiktiven Beispiel, das sich an Bruner (1970, S. 194 f.) anlehnt:

Schüler sollen die Frage zu beantworten: „Wie kann man auf dem kürzesten Weg von Aachen nach Dresden und zurück fliegen?". Folgende Flugverbindungen sollen möglich sein:

Berlin (B) nach Chemnitz (C)	Dresden (D) nach Chemnitz
Chemnitz nach Essen (E)	Aachen (A) nach Berlin
Aachen nach Essen	Chemnitz nach Dresden
Berlin nach Aachen	Chemnitz nach Aachen

Durch die tabellarische Darstellung der Informationen ist die Ausgangsfrage nur mühsam zu beantworten. Durch eine alphabetische Reihenfolge der Flugverbindungen wird die Problemlösung zwar erleichtert, aber erst durch eine grafische Darstellung, durch *logische Bilder* wird das Problem transparent.

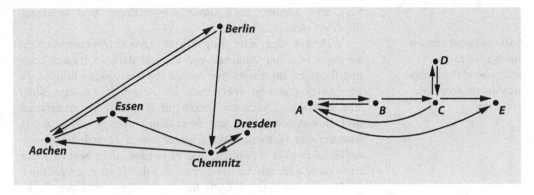

◻ Abb. 5.5 a, b Flugverbindungen in zwei symbolischen Darstellungen (nur ein Hin- und ein Rückflug sind möglich)

Vergleichen Sie die beiden Teilabbildungen von ◻ Abb. 5.5 und 5.5b enthält die relevante Information auf einen Blick: Es gibt nur einen Weg von Aachen nach Dresden und zurück; Essen ist hier eine Sackgasse. ◻ Abb. 5.5a wäre besonders hilfreich, wenn die Weglängen auch zu berücksichtigen wären.

Derartige Pfeildiagramme werden als „topologische Strukturen" bezeichnet (Schnotz 1994, S. 97 ff.). Sie werden für die Darstellung qualitativer Zusammenhänge eingesetzt, z. B. bei komplexen biologischen, physikalischen oder technischen Systemen. Die zahlreichen *Reaktionsmöglichkeiten von Elementarteilchen* (z. B. Photonen, Elektronen) werden in der Physik durch *Feynman-Diagramme* übersichtlich dargestellt.

Für die *Darstellung von Wirkungszusammenhängen* bei vorgegebenem Ausgangszustand und möglichem Endzustand eines Prozesses können *Verlaufsdiagramme* verwendet werden. Wir zählen die im Physikunterricht verwendeten *Blockdiagramme* dazu. Auch ein „*Sachstrukturdiagramm*", ein Produkt der Unterrichtsplanung, kann als ein Verlaufsdiagramm für möglichen Unterricht interpretiert werden. Die *Gestaltung eines logischen Bildes hängt von den Adressaten ab* und von den *Zielen*. Dabei sind mehrere Gestaltungsprinzipien zu berücksichtigen (Schnotz 1994, S. 131 ff.): Diese „Grundprinzipien" für die Konzeption logischer Bilder spielen auch für bildhafte Medien eine Rolle (▶ Abschn. 8.2).

Durch *Analogien* wird versucht, Zusammenhänge zwischen vertrauten Dingen und neuen Lerninhalten herzustellen. Dies kann z. B. durch *Vergleiche (analoges Zuordnen)* geschehen: Das *Größenverhältnis von Atomkern und Atomhülle* entspricht dem *Größenverhältnis von Kirschkern und Eiffelturm*. Solche

Feynman-Diagramm

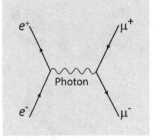

Verlaufsdiagramme

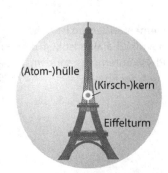

5

Analoge Bilder können
durch zusätzliche
lebensweltliche Bezüge
motivieren, aber auch
verwirren

Beispiel Kernkräfte

Vergleiche können auch durch ein analoges Bild zusätzlich illustriert werden.

Während der hier angeführte *sprachlich-mathematische Vergleich* nur *eine* Analogierelation und darüber hinaus keine überflüssigen Informationen enthält, fehlt analogen Bildern die Eindeutigkeit der zu übermittelnden Botschaft. Analoge Bilder sind einerseits „reich an Einzelstimuli und daher interessant und motivierend für den Betrachter" (Issing 1983, S. 13). Andererseits können analoge Bilder durch zusätzliche lebensweltliche Bezüge verwirren, und es werden nicht beabsichtigte, irrelevante oder falsche Relationen von den Lernenden gebildet.

Die immanente didaktische Ambivalenz analoger Bilder wird an dem folgenden Beispiel deutlich, das die Yukawa-Theorie der Kernkräfte illustrieren soll (s. Gamow 1965, S. 364): Der *vertraute analoge Lernbereich,* hier die um einen Knochen streitenden Hunde, soll die Anziehungskraft zwischen Proton und Neutron verständlich machen, die durch den Austausch von Teilchen (Pionen) entsteht. Es kann durchaus sein, dass dieses *analoge Bild* für fortgeschrittene Physikstudenten als Gedächtnisstütze wirkt, während Schülerinnen und Schüler damit wenig anfangen können.

5.2.4 Vereinfachung durch symbolische Darstellungen

Um physikalische Theorien symbolisch darzustellen, verwendet man *Schriftzeichen verschiedener Alphabete, sowie Symbole der Mathematik.* Außerdem werden *spezielle Zeichen* insbesondere in der theoretischen Physik eingeführt, um physikalische Gesetze und deren Herleitung vereinfacht darstellen zu können. Ein Beispiel ist die von Dirac eingeführte „Bracket"-Schreibweise, wodurch Gleichungen der Quantentheorie kürzer formuliert werden können.

Die in der Physik verwendeten Symbole werden international weitgehend einheitlich verwendet. Dies geschieht wegen den international geltenden Festlegungen von Messverfahren für wichtige physikalische Größen und Konstanten (z. B. die Lichtgeschwindigkeit) und wohl auch wegen der Internationalität der physikalischen Zeitschriften und Lehrbücher.

Die mathematische Darstellung physikalischer Sachverhalte ist maximal informativ bei einem Minimum an verwendeten Zeichen und Symbolen. Diese Leitidee der modernen Physik kulminiert in der Suche nach der Weltformel, mit deren Hilfe alle physikalischen Kontexte interpretierbar sein sollen. Die

Elementarisierung ist nicht
nur ein Charakteristikum des
Physikunterrichts, sondern
auch der Physik

in physikalischen Begriffen und Theorien eingefangene Wirklichkeit wird in solchen Gleichungssystemen vereinfacht und abstrakt dargestellt. Insofern trifft es zu, dass Elementarisierung nicht nur Charakteristikum des Physikunterrichts, sondern auch der Physik ist (s. Jung 1973). Die Ergebnisse dieser „wissenschaftlichen Elementarisierung" sind für Experten in der Forschung oder der Hochschullehre verständlich. Aber auch diese verwenden nicht nur symbolische, sondern zusätzliche ikonische Darstellungen.

Die Charakterisierung vektorieller Größen der Physik (z. B. Kraft, Impuls, Drehimpuls) durch einen Pfeil ist ein Symbol für bestimmte mathematische Eigenschaften von Vektoren (Vektoraddition, -subtraktion, -produkt, Skalarprodukt). Diese sind den Schülern der Sekundarstufe I i. Allg. nicht bekannt. Durch die Repräsentation des Vektorbetrags als Pfeillänge können diese Operationen grafisch durchgeführt werden. Auf diese Weise können die Vektorsumme von Kräften und Bewegungen und das Skalarprodukt z. B. „mechanische Arbeit" bestimmt werden. Das Ersetzen mathematischer Operationen durch geometrische Konstruktionen ist eine typische „didaktische Elementarisierung", eine Darstellung zwischen ikonischer und symbolischer Repräsentation. Mit diesem Hilfsmittel gelingt es auch in der Hauptschule, lebensweltliche Themen wie: „Kann das Auto noch rechtzeitig anhalten?" oder „Doppelte Geschwindigkeit – vierfacher Bremsweg" durch die Physik verständlich zu machen.

> Geometrische Konstruktionen ersetzen mathematische Operationen

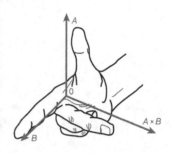

Diese Probleme des Straßenverkehrs lassen sich sowohl rechnerisch mithilfe der Formeln für den Anhalteweg s_a und für den Bremsweg s_b lösen als auch durch eine grafische Darstellung, die die physikalischen Überlegungen unterstützt (◘ Abb. 5.6).

> Rechnerische Lösung

$$\text{Anhalteweg: } s_a = s_r + s_b \qquad (5.1)$$

$$\text{Reaktionsweg: } s_r = v_0 \cdot t_r \qquad (5.2)$$

$$\text{Bremsweg: } s_b = \frac{v_0^2}{2a} \qquad (5.3)$$

(v_0: konstante Anfangsgeschwindigkeit, a: konstante Bremsverzögerung)

Bei dem Reaktionsweg s_r, der infolge der „Schrecksekunde" t_r entsteht, muss wegen der konstanten Geschwindigkeit eine *Rechteckfläche* berücksichtigt werden. Für den Bremsweg s_b muss wegen der konstant abnehmenden Geschwindigkeit eine *Dreieckfläche* in Rechnung gestellt werden (◘ Abb. 5.6).

5

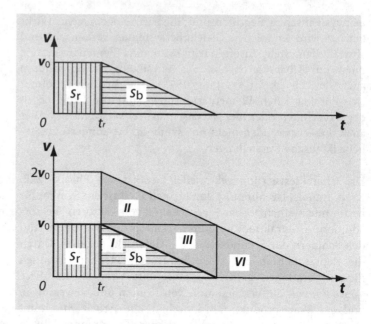

◘ Abb. 5.6 Bei doppelter Anfangsgeschwindigkeit v_0 wird der Bremsweg s_b viermal so groß

Grafische Problemlösung

Die Schwierigkeit dieser grafischen Problemlösung liegt für Schülerinnen und Schüler der Sekundarstufe I darin, dass die *Flächen* s_r und s_b in der physikalischen Wirklichkeit „*Strecken*" bedeuten. Bei diesem Beispiel ist *die geometrische Fläche ein Symbol für die zurückgelegte physikalische Strecke.* Die Bestimmung des Anhalteweges s_a über die beiden Flächen s_r und s_b ist für die Schüler zunächst ungewohnt. Sind die Schüler mit dieser neuen Darstellungsweise vertraut, fällt ihnen die Einsicht leicht, dass bei doppelter Geschwindigkeit und gleicher Bremsverzögerung der Bremsweg s_b viermal so groß ist; man kann es ja wahrnehmen und abzählen (◘ Abb. 5.6).

5.2.5 Inhaltliche Elementarisierung – Bestimmung des physikalisch Elementaren

Die Bestimmung des physikalisch Elementaren verlangt eine fachdidaktische Analyse der Sachstruktur. Inhaltlich elementar sind grundlegende Aussagen der Physik. Dazu gehören auch physikalisch fundamentale Konzepte, Prinzipien und Leitideen für einen bestimmten Fachinhalt (z. B. strukturiert nach den Basiskonzepten der KMK 2004).

Beispielsweise lassen sich elektrische Leitungsvorgänge dem Basiskonzept „Systeme, die sich im Ungleichgewicht befinden" zuordnen. Eine ungleiche Ladungsverteilung kann die Ursache für den Stromfluss sein. Elementar ist dabei die Idee, dass räumliche Unterschiede zu Transportprozessen führen. Ströme haben einen Antrieb (Ursache) und werden durch Widerstände in ihrer Stärke beeinflusst. So lassen sich die elektrische Leitung, die Wärmeleitung, die Diffusion und die Strömung von Flüssigkeiten (genauer laminare Strömung) über gleichartige Prinzipien (Basiskonzepte) erklären und beschreiben. Im einfachsten Fall sind die Materialeigenschaften, z. B. die Leitfähigkeit, räumlich und zeitlich konstant, und die Eigenschaften können in einer einzelnen, einfachen physikalischen Größe zusammengefasst werden. Dies führt dann direkt auf das Ohm'sche Gesetz, die Wärmeleitungsgleichung, die Gleichung für laminare Strömungen von Flüssigkeiten durch ein Rohr oder das Fick'sche Gesetz der Diffusion (z. B. für biologische Transportprozesse). Solche formalen Analogien waren auch in der Entwicklungsgeschichte der Physik hilfreich.

$$\text{Stromstärke} = \frac{\text{Antriebsgröße}}{\text{Widerstand}}$$

Elementar für die fachliche Kommunikation und auch das Verständnis ist die Entwicklung adäquater Begriffe und der damit verknüpften Sinneinheiten. Die entsprechenden Fachbegriffe sind ebenfalls lernpsychologisch für ein weiteres Verständnis wichtig. So geht es bei der Begriffsbildung auch um die Konstruktion von sog. „Chunks", d. h. zusammenfassenden Sinneinheiten, bzw. modularer Wissensbausteine, die für weitere Denkprozesse hilfreich sind. Sie bilden die Bausteine für komplexere Inhalte und Anwendungen, können allerdings auch wieder flexibel zerlegt werden. Begriffliche Beispiele sind innere Energie oder kinetische Energie.

Neben elementaren fachlichen Gesetzmäßigkeiten und Begriffen sind ebenfalls grundlegende Verfahrens- und Arbeitsweisen der Physik zu berücksichtigen.

5.2.6 Elementarisierung technischer Systeme

Grundsätzlich sind experimentelle, ikonische und symbolische Darstellungen auch für das Verständnis technischer Geräte oder Industrieanlagen relevant. Solche technischen Systeme der Lebenswelt unterscheiden sich *durch ihre Komplexität und durch ihre spezifische Zweckhaftigkeit* von den physikalischen Systemen der Schulphysik: Warum geschieht ein A (fliegen Flugzeuge, fliegen Raketen im leeren Weltall, schwimmen Eisenschiffe)? Wie funktioniert ein B (Auto, Fernsehgerät; Kernkraftwerk, Kühlschrank)?

1. Die Warum-Frage *zielt direkt auf den physikalischen Hintergrund,* auf das physikalische Prinzip, das Gesetz, die Theorie. Mit den bisher erörterten Möglichkeiten der Elementarisierung können das Schwimmen des Eisenschiffs (Archimedisches Prinzip), der Antrieb einer Rakete im Weltall (Impulserhaltung) verständlich gemacht werden. Die Fähigkeiten und Interessen der Fragenden und die Bedeutung des involvierten physikalischen Hintergrunds entscheiden darüber, wie detailliert auf eine Warum-Frage eingegangen wird.

Die verschiedenen Funktionseinheiten eines technischen Gerätes müssen einzeln und im Zusammenwirken geklärt werden

2. Für die Beantwortung der Frage „Wie funktioniert ein technisches Ding?" genügt das physikalische begriffliche System nicht. Es müssen die verschiedenen Funktionseinheiten und ihr Zusammenwirken auf physikalisch-technischer Grundlage erklärt werden.

Dies geschieht i. Allg. in folgenden Schritten:

1. *Ikonische bzw. symbolische Darstellung* der relevanten technischen Funktionseinheiten: darstellende Bilder (Fotos) und logische Bilder (Blockdiagramme oder Kreisläufe), z. B. Kernkraftwerk:

$$\boxed{\text{Reaktor}} \rightarrow \boxed{\text{Turbine}} \rightarrow \boxed{\text{Generator}}$$

2. *Darstellung des Zwecks* des technischen Geräts unter physikalischem Aspekt, z. B. Gewinnung elektrischer Energie aus Kernbrennstoffen und die damit verbundenen Energieumwandlungen in diesen technischen Geräten.

$$\boxed{\text{Kernenergie}} \rightarrow \boxed{\text{Wärme}} \rightarrow \boxed{\text{Bewegungsenergie}} \rightarrow \boxed{\text{el. Energie}}$$

3. *Erforschung und Darstellung der physikalischen Grundlagen* z. B. für die Energieumwandlung Kernenergie – Wärme: Kernspaltung, Kettenreaktion, Massendefekt …

5.2.7 Zur Elementarisierung physikalischer Objekte

1. Die Naturwissenschaften der Neuzeit wurden u. a. durch *Vereinfachungen* geschaffen, nämlich dadurch, dass auf die Beschreibung vieler Qualitäten verzichtet wurde, die natürliche und künstliche Objekte in der Alltagswelt charakterisieren. Das trifft insbesondere auf physikalische Objekte zu.

Ein physikalisches Objekt entsteht durch die physikalische Zugriffs- und Betrachtungsweise

Das so „geschaffene" physikalische Objekt ist dadurch gekennzeichnet, dass sinnlich wahrnehmbare Qualitäten eines Objekts wie Geruch, Form, Farbe unter physikalischem Aspekt häufig irrelevant geworden sind

und auf ihre Beobachtung und Registrierung verzichtet
wird. Auch andere, im täglichen Leben wesentliche Eigenschaften, wie Verwendungszweck, Kosten und Nutzen
werden zumindest nicht primär in die physikalische
Betrachtungsweise einbezogen. Die Fülle der Aussagen über
reale Objekte unserer Welt wird reduziert auf solche, die
in einem theoretischen Zusammenhang quantitativ fassbar
sind. Aus dem natürlichen oder künstlichen Objekt ist ein
physikalisches geworden.

Als zu Beginn des 19. Jahrhunderts die Nachfolger
Newtons mit ihrer physikalischen Betrachtungsweise einen
Absolutheitsanspruch verbanden, war dies der Anlass
heftiger Kontroversen, bei denen u. a. Goethe den Wider-
part spielte. Dieser prangerte die Vereinfachung durch die
physikalische Methode als Verarmung und Verlust an, weil
sie Ganzheiten in Elemente zerlegte und dadurch zer-
störte, weil sie die seelische und geistige Bedeutung eines
Phänomens unberücksichtigt ließ. Heute ist der Absolutheitsanspruch der physikalischen Betrachtungsweise
grundsätzlich aufgegeben. Nicht nur von Anti-Science-
Bewegungen wird Naturwissenschaftlern eine gewisse
Blindheit vor den „wahren" Problemen des Lebens unterstellt sowie fehlende ethische Prinzipien hinsichtlich der
Folgen ihres Tuns.

2. Während die ersten Naturwissenschaftler, wie etwa Galilei,
diese *Vereinfachungen an den Objekten* nur in Gedanken
vornahmen, werden im Physikunterricht die *physikalisch
irrelevanten Merkmale* an den Objekten häufig von vornherein weggelassen. Beispielsweise wird ein Pendel durch
eine an einem Faden hängende, farblose Metallkugel
demonstriert, so als könnte das pendelnde Objekt nicht
etwa auch das Tintenfass auf meinem Schreibtisch oder der
große Feldstein sein, den Martin Wagenschein an einem
Seil in das Klassenzimmer hängte, oder, wie bei Galilei, eine
Lampe an einer Kette im Dom zu Pisa, um das nämliche
Phänomen zu untersuchen.

An diesem Beispiel „Pendel" soll eine Kontroverse in der
Physikdidaktik verdeutlicht werden: Sollen physikalische
Objekte auch als Bestandteil unserer Umwelt erkennbar
und verstanden werden, oder sollen physikalisch irrelevante
Eigenschaften möglichst weggelassen werden, damit sie die
Schüler nicht verwirren?

In den vergangenen Jahren ist eine Renaissance
sogenannter *Freihandversuche* (Hilscher 1998) zu
beobachten, bei denen *Objekte der Lebenswelt* für Versuche
des Physikunterrichts verwendet werden. Man schätzt
dabei den *Gewinn an Motivation* durch solche Objekte

> Sollen physikalisch
> irrelevante Eigenschaften
> an den Gegenständen
> weggelassen werden,
> damit sie die Schüler nicht
> verwirren?

höher ein als den *Zeitverlust* durch die noch *nicht lern-ökonomisch maßgeschneiderten lebensweltlichen Dinge,* die in experimentellen Anordnungen verwendet werden. Außerdem ist es ein wichtiges Ziel diesen *Prozess der Vereinfachung der Objekte als Aspekt der physikalischen Methode* im Physikunterricht *einsichtig zu machen.*

Von solchen Zielvorstellungen her ist Wagenscheins Sarkasmus verständlich, wenn er von „der eingemachten Natur" in den Glasschränken der Physiksammlungen spricht (vgl. Wagenschein 1982, S. 66). Denn bei der Vorführung der „eingemachten Natur" wird nicht nur auf diesen *Prozess der Vereinfachung* verzichtet, sondern es ist darüber hinaus auch schwierig sich vorzustellen, dass Physik etwas mit der Welt da draußen außerhalb des Klassenzimmers zu tun hat. Natürliche Objekte wie der mit Eisenpulver bestreute Magnetstein üben auf die Kinder auch heute noch eine größere Faszination aus als der rot-grün gefärbte Stabmagnet.

5.2.8 Elementarisierung physikalischer Methoden

Der Ausdruck „physikalische Methoden" hat mindestens zwei Bedeutungen. Einerseits sind damit Verfahrensweisen in der Wissenschaft gemeint, die man global mit „Experimentieren" und „Theoretisieren" kennzeichnen kann. Andererseits gibt es auch eine Metaphysik der „physikalischen Methode" in der Wissenschaftstheorie, die durch Stichworte wie „induktive Methode", „Verifikation", „Experimentum Crucis" usw. charakterisiert ist.

Die experimentellen und theoretischen Methoden werden notwendig immer raffinierter

1. Im engeren Sinne des Begriffs „Physikalische Methoden" ist das Typische der Physik gemeint, nämlich die experimentellen und theoretischen Methoden, die zur Bestätigung, Widerlegung, Weiterentwicklung von physikalischen Hypothesen und Theorien verwendet werden. Dafür sind eine möglichst große Genauigkeit der aus Hypothesen deduzierten Prognosen notwendig und eine hohe Zuverlässigkeit der im Experiment gewonnenen Daten. Deshalb wurde das Methodenrepertoire vergrößert und spezielle Messtechniken entwickelt und verfeinert.

Metaphysisches Prinzip der Einfachheit in der Physik

Bei der Auswahl der Messmethoden spielt außerdem ein metaphysisches *Prinzip der Einfachheit* eine Rolle, das insbesondere die Theoriebildung in der Physik von Anfang an wie ein roter Faden durchzieht. „Einfachheit" der experimentellen Methode bedeutet: *Transparenz und leichte Verständlichkeit der Messmethode, einfache und zuver-*

lässige Registrierung und Auswertung der Daten, geringer materieller und zeitlicher Aufwand bei großer Genauigkeit.

2. Die physikalische Methodologie ist äußerst schwierig zu lernen. Es genügen weder technische Fertigkeiten für experimentelle Methoden noch mathematische Fertigkeiten im Umgang mit Theorien. *Ein Student muss sich über Jahre hinweg einleben in diese Welt* anscheinend sinnloser Apparaturen, Phänomene und damit verknüpfter wissenschaftlicher Vorstellungen. Der englische Physiker Ziman meint, dass ein Physikstudent in seiner kurzen Ausbildung selten Zeit und Gelegenheit hat, „um das *ganze Paradigma* (der Physik, Anmerkung E. K.) aufzunehmen, und er verlässt die Universität mit wenig mehr als *Indoktrination, was die höheren Aspekte seines Gebietes betrifft*" (Ziman 1982, S. 105). Schweben Physikdidaktiker in den Wolken, wenn sie „physikalische Methoden lernen" auch für Schüler fordern?

3. Im Physikunterricht spielt die experimentelle Methode spätestens seit der Jahrhundertwende eine große Rolle, als von pädagogischer Seite *eine formale, auf Fähigkeiten zielende Bildung* gefordert wurde, anstatt der *„materialen", auf Faktenwissen zielenden Bildung.* Für den Physikunterricht wurde dies als eine notwendige *stärkere Berücksichtigung von Experimenten* interpretiert, und entsprechende Forderungen beispielsweise in den „Meraner Beschlüssen" 1905 aufgestellt.

   Es ist hier nicht die Frage, ob der derzeitige Physikunterricht dem damals antizipierten Unterricht entspricht (s. Muckenfuß 1995, S. 25 ff.), sondern wie die für den Unterricht vorgeschlagenen *Vereinfachungen z. B. der experimentellen Methoden* zu beurteilen sind.

   Dazu einige allgemeine Bemerkungen über Theorie und Experiment: Den Darstellungen von Feyerabend (1981) folgend, können physikalische Theorien grundsätzlich nicht auf *autonomen* Beobachtungsdaten unanfechtbar und sicher aufgebaut werden; solche Daten gibt es nicht. Vielmehr wird gegenwärtig in der Wissenschaftstheorie von *theoriegeleiteten Messverfahren und theorieabhängigen Daten* gesprochen.

   Auch beim Experimentieren stehen am Anfang Theorien oder Hypothesen über die zu untersuchenden Objekte, über die Messgeräte und Messmethoden. Kann ein Schüler zu sinnvollen Daten kommen, wenn er die Theorien nicht kennt? Kann er um sinnvolle Daten ringen, wenn er weder das Methodenrepertoire kennt, geschweige denn beherrscht? Es fehlt ihm noch „physikalisches Fingerspitzengefühl", jenes „implizite Wissen" (Polanyi 1985) und

Die physikalische Methodologie ist äußerst schwierig

Physikalische Theorien können nicht auf autonomen Beobachtungsdaten unanfechtbar und sicher aufgebaut werden

jene Intuition, die beide nur in jahrelanger fachlicher Ausbildung durch „tiefes Eintauchen" in die Physik erworben werden können. Darüber hinaus erscheint der Schüler auch von seinen psychischen Dispositionen her für diesen Kampf nicht gerüstet.

Sind physikalische Methoden für den Physikunterricht zu schwierig?

Wenn obige Charakterisierung zutrifft, kann die Schlussfolgerung nur lauten: Physikalische Methoden sind für den Physikunterricht zu schwierig. Diese These wird im Folgenden noch weiter diskutiert.

5

4. Für den fachdidaktischen Schwerpunkt „Methodenlernen", wurden verschiedenartige Vereinfachungen versucht. Von besonderer Bedeutung ist dabei die Einschränkung von Untersuchungen auf das Qualitative (▸ Abschn. 5.2.1). Man muss sich allerdings im Klaren sein, dass dabei neben dem Verzicht auf Genauigkeit und auf entsprechende mathematische Darstellungen bereits in der *Auswahl der Phänomene durch die Lehrkraft eine Vereinfachung* entsteht. Denn der Lehrer wählt diese Phänomene auf dem Hintergrund seiner eigenen Theoriekenntnisse aus. Böhme und van den Deale (1977) haben an Beispielen aus der Geschichte der Naturwissenschaften deutlich gemacht, wie schwierig der Weg zu einem „zentralen Phänomen" oft ist.

Beobachten Lehrer und Schüler dasselbe?

Beobachten Schüler mit unterschiedlichem Vorverständnis dasselbe? Beobachten Lehrer und Schüler dasselbe „zentrale Phänomen"?

Dieser Gesichtspunkt wird an den Untersuchungen Newtons und Goethes zur Farbenlehre deutlich: Was für Newton ein zentrales Phänomen ist (Farbzerlegung von weißem Licht in einem Prisma), ist für Goethe ein Kunstprodukt, das durch das Glas hervorgerufen wird (Teichmann et al. 1986).

Beschränkung auf charakteristische Phänomene der Schulphysik

Kann man durch eine solche Vereinfachung der Methode, nämlich die *Beschränkung auf charakteristische Phänomene der Schulphysik*, die zuvor entwickelte These als widerlegt betrachten, dass experimentelle Methoden im Unterricht allgemeinbildender Schulen zu komplex und daher zu schwierig sind? Kann ein *bloß qualitatives Programm*, wie es nicht nur in der Hauptschule verfolgt wird, noch den Anspruch erfüllen, der in dem hehren Ziel „physikalische Methoden lernen" impliziert ist?

5. Kann die physikalische Methodologie in elementarisierter Form auf den Unterricht übertragen werden? Wie kann deren wissenschaftstheoretische Reflexion im Unterricht erfolgen, wenn dieses Methodengefüge gar nicht eindeutig festzulegen ist?

Es gibt gute lernpsychologische und didaktische Gründe, dass auf diese Lerninhalte nicht verzichtet wird, sondern dass *Schüler selbst „physikalisch arbeiten"*, d. h. physikalische Fragestellungen auch experimentell zu lösen versuchen. Anstatt einer Trivialisierung dieses Lernziels sollte man wesentliche Züge wissenschaftlichen Arbeitens nicht nur an geeigneten z. B. auch historischen Beispielen illustrieren und simulieren (Höttecke 2001), sondern auch in angemessener *exemplarischer Laborarbeit* die Schüler selbst die Probleme *wissenschaftlichen Arbeitens* erfahren lassen. Dies kann in Projekten erfolgen, in denen die Ergebnisse nicht schon im Voraus vorliegen. Außerdem können *Exkursionen in physikalische Forschungsstätten* einen Einblick in die Komplexität der Methodologie der heutigen Physik gewähren. Sie können in Schülerlaboren arbeiten (Bd.2, ▶ Kap. 5). Auf dem Hintergrund derartiger *eigener Erfahrungen* und Eindrücke ist eine angemessene wissenschaftstheoretische Reflexion über physikalische Methoden sinnvoll.

> Schüler sollen selbst „physikalisch arbeiten"

5.2.9 Methodische Elementarisierung – Zerlegung in elementare Lehr-Lern-Schritte

Komplexere Wissensstrukturen müssen in der Regel schrittweise aufgebaut werden. Beispielsweise müssen vor der Besprechung von Transistoren die Grundlagen zu Halbleitern, Dotierungen von Halbleiterschichten und p-n-Übergänge behandelt werden. Dann kann der bipolare Transistor mit Aufbau, Beschaltung, Funktionsweise (ggf. unterstützt durch die Schleusenanalogie) betrachtet werden. Als Vertiefung oder Erweiterung geht es dann um die Verwendung des Transistors in verschiedenen elektronischen Anwendungen (◼ Abb. 5.7).

Denkbar sind unterschiedliche methodische Wege, was ein Blick in verschiedene Schulbücher schnell zeigt. Wichtig ist aber jeweils, dass alle Wissenselemente (Begriffe, Gesetze, Methoden), die für einen anstehenden Lernschritt benötigt werden, rechtzeitig und in angemessener Vertiefung verfügbar gemacht werden.

Die methodische Elementarisierung geht bereits fließend in eine didaktische Rekonstruktion über. Zuvor sollen aber noch Qualitätskriterien für die Elementarisierung und eine didaktische Rekonstruktion betrachtet werden.

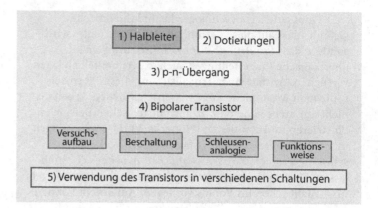

Abb. 5.7   Bausteine für eine methodische Abfolge

5.3 Didaktische Rekonstruktion

Einfach ausgedrückt, wird durch eine didaktische Rekonstruktion eine Vorstellungs- und Wissenswelt aufgebaut. Die Bausteine für diesen Aufbauprozess sind aus Betrachtungen zur Elementarisierung abgeleitet (■ Abb. 5.8). Die Rekonstruktion berücksichtigt dabei fachliche, lernpsychologische und didaktische Aspekte.

Einen theoretischen Rahmen zur Planung, Durchführung und Auswertung fachdidaktischer Unterrichtsforschung haben Kattmann et al. (1997) vorgeschlagen. Dieses Modell der didaktischen Rekonstruktion soll sowohl die fachliche Perspektive als auch individuelle lernerspezifische Anforderungen berücksichtigen (■ Abb. 5.9).

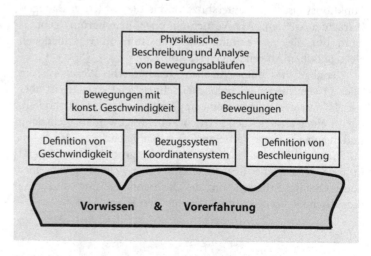

Abb. 5.8   Didaktische Rekonstruktion und Ausweisen von „elementaren Bausteinen" zum Aufbauen eines „Wissens- und Denkgebäudes"

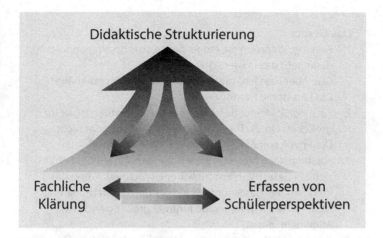

Didaktische Strukturierung

Fachliche Klärung

Erfassen von Schülerperspektiven

◘ **Abb. 5.9** Das fachdidaktische Triplet nach Kattman et al. 1997

» Aus fachdidaktischer Perspektive wird der wissenschaftliche
Gegenstand in seinen bedeutsamen Bezügen
wiederhergestellt, und es wird durch Rückbezug auf die
verfügbaren Schülervorstellungen ein Unterrichtsgegenstand
konstruiert. (Kattmann et al. 1997, S. 4)

5.3.1 Ein Grundmuster des Physikunterrichts

1. Physikalische Begriffe sind *theoriegeladen*. Das bedeutet
   Komplexität und Schwierigkeiten beim Lernen
   physikalischer Begriffe und Gesetze. Denn die Lernenden
   müssten bei der Erklärung eines physikalischen Begriffs
   *die damit zusammenhängende physikalische Theorie schon
   kennen oder die Lehrkraft müsste auch noch die Theorie
   erläutern.* Man versucht dieses Problem durch *kleine Sinneinheiten* und *schrittweise Rekonstruktion* zu lösen
   (s. Weltners Vorschlag in ▶ Abschn. 5.1). Wir bezeichnen
   eine Schrittfolge, die *unabhängig vom fachlichen Inhalt*,
   also für beliebige physikalische Themen verwendbar ist,
   als *„physikdidaktisches Grundmuster der didaktischen
   Rekonstruktion".* Das im Folgenden skizzierte Grundmuster
   ist für lehrerorientierten *darbietenden* und für schülerorientierten gelenkt *entdeckenden* Physikunterricht relevant.
2. Wir betrachten das (etwas abgeänderte) Beispiel von   Physikdidaktisches
   Wagenschein (1970, S. 167 f.), das typisch für die   Grundmuster
   Behandlung physikalischer Gesetze im Unterricht ist:

5

Das Gesetz

1. *Fassung:* Wenn ich die eingesperrte Luft zusammendrücke, dann geht das immer schwerer.
   Gut. Aber das „Ich" muss heraus, der Mensch überhaupt. Die Luft ist die Hauptperson.
2. *Fassung: Je* kleiner der Raum der Luft geworden ist, *desto* größer ihr Druck. Diese Je-desto-Fassung genügt nicht. Die Physik will Zahlen sehen: wie klein, wie groß.
3. *Fassung:* Nach Messung zusammengehöriger Werte ergibt sich ein Gesetz von erstaunlicher Einfachheit: Wenn das Volumen des Gases fünfmal kleiner geworden ist, dann ist der Druck in ihm gerade fünfmal größer geworden. Allgemein: *n*-mal.
4. *Fassung:* Mathematische Formulierung ohne Worte: Neue Betrachtung der Tabelle. Das eben Gesagte äußert sich mathematisch darin, dass das Produkt Druck mal Volumen immer dasselbe bleibt: $p \cdot v = \text{const}$. Damit ist inhaltlich nichts gewonnen. Wir haben uns nur einen hübschen kleinen Rechenautomaten geschaffen, der uns die Worte abnimmt.

Vier Fassungen eines physikalischen Gesetzes im Physikunterricht:
– qualitativ
– halbquantitativ
– quantitativ sprachlich
– quantitativ mathematisch

Die 1. Fassung des Boyle-Mariotte'schen Gesetzes geht von Alltagserfahrungen oder Freihandversuchen mit der Luftpumpe aus. Durch die Formulierung „Wenn … dann" wird ein Phänomen *qualitativ* beschrieben. Die 2. Fassung setzt schon Messungen voraus. Die daraus sich entwickelnde „Je … desto"-Formulierung nennt man *halbquantitativ*. Die 3. Fassung ist schon eine *quantitative Formulierung* des Gesetzes. Dazu müssen die in Tabellen gefassten Messwerte wegen der Messungenauigkeiten idealisiert, häufig grafisch, und dann der gesetzmäßige Zusammenhang *sprachlich dargestellt* werden. In der 4. Fassung wird die *mathematische* Form entdeckt. Zuvor müssen spezielle Symbole für die physikalischen Begriffe Druck und Volumen eingeführt werden.

Diese vier „Fassungen" eines physikalischen Sachverhalts kennzeichnen *typische „methodische Schritte" des Physikunterrichts*. Gelegentlich wird auch von *vier Stufen der didaktischen Rekonstruktion* gesprochen. Man kann diese „Schritte" als ein *methodisches Grundmuster des Physikunterrichts* auffassen, das vom Phänomen zum physikalischen Gesetz führt.

In der Primarstufe beschränken sich die Ziele des physikalischen Sachunterrichts i. Allg. auf den 1. und 2. methodischen Schritt des Grundmusters. Mathematische Formulierungen werden für physikalische Gesetzmäßigkeiten nicht angestrebt. Der Physikunterricht der Sekundarstufe I zielt i. Allg. auf die mathematische Formulierung eines Gesetzes

(3. und 4. Schritt). In dieser Schulstufe werden aber beispielsweise die Phänomene des Magnetismus ebenfalls nur auf der qualitativen und halbquantitativen Stufe thematisiert. Auch das Brechungsgesetz wird nicht in der üblichen mathematischen Formulierung (4. Stufe) behandelt, weil die mathematischen Voraussetzungen (trigonometrische Funktionen) fehlen. Ob dieses Grundmuster vollständig und in dieser Reihenfolge angewendet werden kann, muss von Fall zu Fall entschieden werden. Dies gilt letztlich auch für den Physikunterricht der Sekundarstufe II.

2. Lernpsychologische Theorien enthalten nicht selten methodische Regeln (Grundsätze), die sich zuvor schon in der Schule bewährt haben, etwa: „Vom Einzelnen zum Ganzen", „Vom Einfachen zum Komplexen", „Vom Allgemeinen zum Speziellen", „Vom Anschaulichen zum Abstrakten". Psychologisch analysiert und interpretiert kehren sie dann in die Schule zurück.

> Es muss von Fall zu Fall entschieden werden, ob dieses Grundmuster vollständig und in dieser Reihenfolge angewendet werden kann

Insbesondere Bruners Lerntheorie (1970) wird als eine Art *psychologisches Grundmuster* im Unterricht verwendet. Dieser Theorie folgend muss jeder zu lernende Sachverhalt *„enaktiv", ikonisch und symbolisch* dargestellt werden, und das auch in dieser Reihenfolge. Bruners These wird für die Naturwissenschaftsdidaktik wie folgt interpretiert: Sachverhalte werden zunächst *experimentell handelnd* (= enaktiv) von den Schülern untersucht. Der Versuchsaufbau wird *ikonisch (bildhaft) dargestellt.* Die Ergebnisse, häufig Messdaten, werden dann in einer *Grafik repräsentiert.* Die interpretierten Daten werden dann *symbolisch* (sprachlich und evtl. mathematisch) gefasst.

> Bruners lernpsychologisches Grundmuster

Enaktiv	Schülerexperiment (Realexperiment, Analogversuch, gespielte Analogie)
Ikonisch	Bildhafte Darstellung des Versuchs grafische Darstellung von Messdaten
Symbolisch	Sprachliche Darstellung mathematische Darstellung der Ergebnisse

Sicherlich haben Sie bemerkt, dass das physikdidaktische und das lernpsychologische Grundmuster sich teilweise überschneiden bzw. sich ergänzen. Die aus heutiger physikdidaktischer Sicht notwendige ikonische/grafische Repräsentation wird durch die Lernpsychologie unterstützt (z. B. Schnotz 1994); sie fehlt in Wagenscheins physikdidaktischem Grundmuster.

Die drei Lernschritte für Repräsentationsweisen nach Bruner können drei Repräsentationsweisen *eines* physikalischen Sachverhalts sein. Jede dieser drei Darstellungsarten ist auch für sich relevant, nämlich als *Möglichkeit, physikalische Begriffe, Gesetze und Theorien zu vereinfachen.* Diese drei Darstellungsarten legen wir den folgenden Ausführungen als Gliederung zugrunde.

5.4 Kriterien für Elementarisierungen und didaktischen Rekonstruktionen

Welche Gesichtspunkte bestimmen die Relevanz und die Qualität einer didaktischen Rekonstruktion? Wir illustrieren dieses Problem an einem Beispiel: Auf die Frage: „Was ist elektrische Spannung?" könnten *unterschiedliche Antworten* gegeben werden, etwa folgende Formulierungen:

1. Spannung als die Voltzahl auf einer Batterie
2. Spannung ist das, was man mit dem Voltmeter misst
3. Spannung ist die Kraft, die Elektronen im Leiter bewegt
4. Spannung ist Potenzialdifferenz
5. Spannung ist Elektronen(dichte)unterschied
6. Spannung ist Arbeit pro Ladung
7. Spannung ist die zeitliche Änderung des magnetischen Flusses
8. Spannung kann man mit dem Wasserdruck vergleichen
9. Spannung $U = \int E \, ds$

Viele Antworten auf eine alltägliche Frage im Physikunterricht. *Kriterien* für didaktische Rekonstruktionen sind nötig. Um obige Antwortmöglichkeiten diskutieren zu können, müssen zum Beispiel die *Schulstufe, die Vorkenntnisse und Vorerfahrungen der Schülerinnen und Schüler* bekannt sein. Außerdem sollte man als Lehrkraft wissen: Wurde die Frage in einer Experimentierphase, bei einer Rechenaufgabe, für einen Hefteintrag gestellt, während der Einstiegsphase einer Unterrichtseinheit oder bei deren Abschluss?

Die physikdidaktische Diskussion der früheren Jahrzehnte zusammenfassend (Bleichroth 1991; Jung 1973; Kircher 1985; 1995; Weltner 1982) sollen didaktische Rekonstruktionen folgenden Kriterien genügen: Sie sollen *fachgerecht, schülergerecht, zielgerecht* sein.

Diese schlichten Formulierungen bedürfen der Interpretation.

1. Der Ausdruck „fachgerecht" (≙ fachlich relevant) relativiert das Begriffspaar „fachlich richtig" – „fachlich falsch". Er lässt auch Modellvorstellungen oder Analogien zu, die nur zum Teil mit einer physikalischen Theorie übereinstimmen oder diese illustrieren können. Außerhalb dieser Modell- bzw. Analogbereiche sind die Erklärungen möglicherweise falsch, die Vergleiche hinken, sind irrelevant.

Es wäre reizvoll, diese verschiedenartigen Deutungen des Spannungsbegriffs unter dem Kriterium „fachliche Relevanz" zu betrachten. Wir müssen uns hier auf ein Beispiel beschränken, um *die Problematik dieses Kriteriums* zu beleuchten:

fachgerecht,

schülergerecht,

zielgerecht

„Spannung ist die Kraft, die Elektronen im Leiter bewegt"
ist „fachlich falsch", u. a. weil „Kraft" in der Physik eine
vektorielle Größe mit diesbezüglich charakteristischen
Eigenschaften ist („hat eine Richtung", „hat einen Betrag").
Die elektrische Spannung ist dagegen eine skalare Größe,
die mechanische Spannung eine tensorielle. Ist der
physikalische Kraftbegriff im Unterricht noch nicht eingeführt, könnte die obige Formulierung (3) des Spannungsbegriffs allerdings noch akzeptabel sein, weil für die Schüler
die umgangssprachlichen Bedeutungen von Kraft, Energie
und Arbeit weitgehend zusammenfallen. Unter dieser
Voraussetzung kann obige Aussage als *vorübergehend
fachlich relevant"* eingestuft werden, weil sie die Spannung
als Ursache der Elektronen(drift)bewegung verdeutlicht.
In Schulbüchern oder in Schulheften hat diese vorläufige
Erläuterung trotzdem nichts zu suchen.

> „Fachliche Relevanz" ist nicht immer eindeutig zu klären

    Zur fachgerechten didaktischen Rekonstruktion gehört
die Überprüfung, ob ein neuer Vorschlag *fachlich erweiterbar* ist. Durch die Forderung nach „Erweiterbarkeit" (Jung
1973) soll vermieden werden, dass die Schüler in jeder
Schulstufe oder gar in jeder Jahrgangsstufe *umlernen
müssen.* Erweiterbarkeit bedeutet, dass grundlegende
Bedeutungen eines Begriffs oder eines Modells erhalten
bleiben und neue Eigenschaften, neue Begriffe und Gesetze
hinzugefügt werden. Erweiterbarkeit kann noch mehr
bedeuten: Beispielsweise wird das Modell des elektrischen
Stromkreises der Primarstufe in der Sekundarstufe I
erweitert, indem elektrische Abstoßungs- und Anziehungs-
kräfte zwischen Elektronen und Atomrümpfen hinzugefügt
werden. Das impliziert aber eine *neue Interpretation der
Begriffe* elektrischer Strom, elektrischer Leiter und Nicht-
leiter, der Vorgänge im Lämpchen, in den Leitern usw.,
schließlich auch eine *Änderung des physikalischen Weltbildes: aus einer phänomenologischen Betrachtung wird eine
atomistische.* Mit quantitativen Erweiterungen sind häufig
qualitative Änderungen der skizzierten Art verbunden.

> Erklärungsmuster sollen erweiterbar sein

2. Die obigen Formulierungen über den Spannungsbegriff
sind für *unterschiedliche Adressaten* konzipiert: Spannung
als Voltzahl auf einer Batterie (1. Formulierung) wird im
Sachunterricht der Grundschule verwendet auf eine entsprechende Schülerfrage. Die Formulierung hat keinen
Erklärungswert, sondern ist eher ein Signal einer Lehrkraft
für seine Kommunikationsbereitschaft. Der Spannungsbegriff gilt für Schüler in dieser Schulstufe als zu schwierig.
Auch eine *operationale Definition des Spannungsbegriffs*
(2. Formulierung) bedeutet keine Erklärung und trägt auch
nicht zum Verständnis bei. Diese „Definition" wird in der

> Mit quantitativen Erweiterungen von Modellen sind häufig qualitative Bedeutungsänderungen verbunden

5

Der wichtigste Einzelfaktor, der das Lernen beeinflusst, ist, dass der Lehrer weiß, was die Schüler schon wissen (nach Ausubel 1974)

Schülergerechte Erklärungsmuster müssen Alltagsvorstellungen berücksichtigen

Unterschiedliche Ziele führen zu unterschiedlichen Sachstrukturen

Orientierungsstufe verwendet, wenn mit Messgeräten der elektrische Stromkreis erforscht wird.

Nicht nur allgemeine entwicklungspsychologische Aspekte sind bei einer *schülergerechten* didaktischen Rekonstruktion zu berücksichtigen, sondern auch das Vorwissen und das Vorverständnis, sei dieses fachlich richtig oder falsch.

Dazu gehören Alltagserfahrungen, in der Schule erworbenes Wissen und die Fähigkeiten, altes und neues Wissen zu verbinden, Wissen neu zu strukturieren, sinnvoll damit zu arbeiten. Schließlich sollen didaktische Rekonstruktionen auch anregend und attraktiv sein, sodass sich die Schüler hinreichend intensiv damit beschäftigen.

3. „Schülergerecht" bedeutet hier *psychologisch und soziologisch angemessen*. Aus physikdidaktischer Sicht ist damit vor allem ein angemessener *Umgang mit den Alltagsvorstellungen und dem Vorverständnis der Schüler* gemeint. In diesem Forschungsbereich wurden vor allem in der Physikdidaktik interessante und relevante Ergebnisse erzielt. Man kennt beispielsweise die Alltagsvorstellungen über Batterien und Lämpchen, über verzweigte und unverzweigte Stromkreise recht genau (Maichle 1985; v. Rhöneck 1986).

    Schülergerechte Erklärungsmuster müssen inadäquate Alltagsvorstellungen berücksichtigen. Dies ist eine zentrale Einsicht der Physikdidaktik im ausgehenden 20. Jahrhundert. Weniger klar sind bisher noch die Wege, wie diese hartnäckigen, den Physikunterricht häufig überdauernden „Fehlvorstellungen" geändert werden können.

4. Physik und Schulphysik unterscheiden sich nicht nur hinsichtlich der unterschiedlichen Abstraktion bei der Darstellung physikalischer Inhalte. Sie unterscheiden sich vor allem hinsichtlich ihrer Ziele. *Die unterschiedlichen Ziele führen zu unterschiedlichen Sachstrukturen*. Die Sachstrukturen des Physikunterrichts sind umfassender als die Sachstrukturen der Physik. Das impliziert auch unterschiedliche Sinneinheiten für Erklärungsmuster. Dies ist an dem physikalischen Beispiel „Kinematik und Dynamik" bzw. der entsprechenden Anwendung im Physikunterricht „Mehr Sicherheit im Straßenverkehr" leicht zu zeigen. Kinematik und Dynamik besitzen für sich allein zunächst keine didaktische Relevanz.

    Allerdings: Im Zusammenhang mit der Argumentation in ► Kap. 2, dass Physik und Aspekte der Philosophie im Physikunterricht thematisiert werden sollen, können aus einer didaktisch begründeten *wissenschaftstheoretischen Perspektive* Kinematik und Dynamik, der Energieerhaltungssatz und die Planck'sche Konstante ebenso eine *fundamentale Bedeutung* für den Physikunterricht erhalten wie durch Verknüpfungen mit lebensweltlichen Problemen.

Schließlich können auch pädagogische Zielvorstellungen wie z. B. „humanes Lernen" bestimmte methodische Großformen wie Projektunterricht erfordern oder andererseits Kursunterricht ausschließen. Das bedeutet, dass die in solchen *Unterrichtsmethoden implizierten Ziele* ebenfalls *Erklärungsmuster beeinflussen* können.

Das Kriterium *„zielgerechte didaktische Rekonstruktion"* (= didaktisch relevantes Erklärungsmuster) bedeutet aber nicht nur die bisher erörterte Ausweitung und *Transformation physikalischer Inhalte in physikdidaktische Zusammenhänge.* Es hilft auch, die *vielen Möglichkeiten der didaktischen Rekonstruktion einzuengen. Die Ziele entscheiden darüber, was im Unterricht intensiv, was nur oberflächlich, was nicht behandelt werden soll* (▶ Kap. 3). Letzteres führt zu *negativen Eingrenzungen für didaktische Rekonstruktionen.* Das Kriterium „didaktische Relevanz" ist dadurch zwar kein roter Faden, der mit Sicherheit zu relevanten elementaren Sinneinheiten und dann zu adäquaten didaktischen Rekonstruktionen führt, aber immerhin ein „Besen", der Irrelevantes zur Seite fegen kann.

> Ziele von Unterrichtsmethoden können Erklärungsmuster beeinflussen

> Kriterium „Didaktische Relevanz" hilft, Unwesentliches auszuschließen

5.5 Elementarisierung und Analogien

Kepler ordnete den Analogien eine besondere Bedeutung zu:

> » „Analogien sind meine zuverlässigsten Lehrmeisterinnen, vertraut mit allen Geheimnissen der Natur." (Kepler 1939, nach Kuhn 2016, S. 113)

Allerdings sind aus unterrichtlicher Sicht auch einige Vorsichtsmaßnahmen angebracht. Dennoch sind Analogien auch ein besonderes Werkzeug für die Erkenntnisgewinnung und unterrichtliches Lernen in der Schule. Deshalb wird auf dieses Thema in diesem Abschnitt etwas genauer eingegangen.

5.5.1 Was sind Analogien?

In der Umgangssprache spricht man von *Analogie*, wenn man aufgrund von *Ähnlichkeiten* mit Bekanntem oder durch einen *Vergleich* einen bis dahin unbekannten Sachverhalt erkennt und versteht. Außerdem werden Analogien zum *Lösen von Problemen* verwendet. Aus der Wissenschaftsgeschichte sind eine ganze Reihe von Beispielen bekannt, wo z. B. die mathematische Struktur eines physikalischen Zusammenhangs erfolgreich für einen anderen noch nicht erforschten physikalischen Zusammenhang verwendet wurde: Das Coulomb'sche Gesetz ist *formal ähnlich* dem Gravitationsgesetz,

> Man kann beim Angeln lernen, wie man einen Angelhaken beködert; aber wenn man die Angelschnur ausgeworfen hat, kann man unmöglich wissen, welcher Fisch beißen wird (nach Gentner 1989)

das Newton schon hundert Jahre zuvor entdeckt hatte (s. Tiemann 1993). Ohm hat zur Auffindung seiner Gesetze über strömende Elektrizität die Analogie zur Wärmeleitung herangezogen (Klinger 1987, S. 330).

Analogien sind für den Physikunterricht relevant, wenn sie den *Kriterien für didaktische Rekonstruktionen* genügen. Außerdem ist zu fragen: Gibt es spezifische Probleme bei der Analogienutzung? Lohnt sich der Einsatz von Analogien? Man weiß ja, dass Vergleiche hinken und dass man Äpfel nicht mit Birnen vergleichen kann.

Wir betrachten zunächst die Analogienutzung von einem formalen Standpunkt, um Nutzen und Probleme besser zu verstehen: Physik lernen bedeutet, ein Objekt O und seine „Abbildung" in naturwissenschaftliche Theorien und Modelle M kennen zu lernen, durch Experimente E zu erforschen, Kenntnisse und Fähigkeiten über wichtige Elemente, Eigenschaften und Funktionen dieses Lernbereichs (O, M, E) zu erwerben und auf weitere physikalisch technische Fragen und Probleme anzuwenden (s. Kircher 1995, S. 91 ff.).

Werden Analogien als Lernhilfen herangezogen, so bedeutet dies allerdings immer, *einen Umweg zu machen*. Denn anstatt den Lernbereich (O, M, E) unmittelbar zu lernen, wir sprechen vom „primären Lernbereich", wird zunächst ein *„analoger Lernbereich (O*, M*, E*)"* thematisiert. Die Entitäten des analogen Lernbereichs werden dann *probeweise* auf den primären Lernbereich übertragen und untersucht.

Wir nennen O* gegenständliche, M* begriffliche, E* experimentelle Analogie, wenn zu einem primären Lernbereich (O, M, E) Ähnlichkeitsrelationen (symbolisch: „≈", lies „ähnlich") bestehen. Daher unterscheiden wir folgende Fälle:

- M* ≈ M: Ähnliche begriffliche Strukturen (Gesetze, Theorien, Modelle) werden eingesetzt, um die begrifflichen Strukturen des primären Lernbereichs *zu verstehen*.
- E* ≈ E: Experimentelle Analogien (Analogversuche) werden verwendet, um Versuche des primären Lernbereichs zu *illustrieren*.
- O* ≈ O: Analoge Objekte (gegenständliche Modelle wie z. B. Motormodelle) werden benutzt, um die bisweilen viel größeren, unhandlicheren, eventuell gefährlichen Objekte des primären Lernbereichs zu *veranschaulichen und zu untersuchen*.

Im Physikunterricht kann jede dieser Analogien für sich relevant sein oder auch der gesamte analoge Lernbereich (O*, M*, E*).

Analogien sind für den Physikunterricht relevant, wenn sie den Kriterien für didaktische Rekonstruktionen genügen

5

Analogien im Unterricht verwenden bedeutet immer, einen Umweg zu machen

Was heißt „ähnlich"? Bunge (1973) hat die Relation „ähnlich" durch *mathematische* Ausdrücke charakterisiert. Diese Ähnlichkeitsrelation ist *„reflexiv"* und *„symmetrisch"*, aber *weder „transitiv" noch „intransitiv".* Die Beziehungen zwischen den primären und analogen Bereich sind weder transitiv noch intransitiv: wenn $a \approx b$, $b \approx c$, folgt weder $c \approx a$, noch $c \not\approx a$. Man weiß grundsätzlich nicht, ob *„Ähnlichkeit"* übertragen wird. Wie aus empirischen Studien bekannt, besteht nicht selten Ungewissheit, Unsicherheit bei den Analogienutzern (Duit und Glynn 1992; Kircher et al. 1975; Wilkinson 1972): Das im analogen Lernbereich gewonnene Wissen ist *nicht mehr als eine Hypothese im primären Lernbereich.* Und es gibt auch *keinen logischen Grund* dafür, *dass diese Hypothese erfolgreicher* ist als irgendeine andere, nicht analog gewonnene Hypothese (Hesse 1963). So ist es auch nicht verwunderlich, dass für Analogien bisher noch kein Maß vorliegt, das überzeugt (Hesse 1991, S. 217).

Diese formalen Betrachtungen genügen, um uns mit den Möglichkeiten und Problemen der Analogienutzung genauer zu befassen: Welches sind die *notwendigen* Bedingungen? Gibt es auch *hinreichende* Bedingungen? Gibt es ein *Grundmuster für die Analogienutzung?*

Diese Fragen werden am bekanntesten, aber auch umstrittensten Beispiel, dem „Wassermodell" des elektrischen Stromkreises erörtert.

Bei Analogien weiß man nicht, ob „Ähnlichkeit" immer weitergetragen wird.

Es gibt keinen logischen Grund dafür, dass eine analog gewonnene Hypothese erfolgreicher ist als irgendeine andere.

Eine Analogie kann illustrieren, aber nicht erklären!

5.5.2　Beispiel: Die Wasseranalogie zum elektrischen Stromkreis

Manche Lehrerinnen und Lehrer verwenden einleitend eine Wasseranalogie, um Vorgänge im elektrischen Stromkreis zu veranschaulichen. Der *pauschale Vergleich: In den elektrischen Leitungen fließt Strom, so wie Wasser in einem Wasserrohr,* hat dabei die Funktion eines „Advance Organizers" (Vorausorganisators; ▶ Abschn. 6.2.4).

Im Folgenden ordnet der Lehrer die beiden Lernbereiche (O, M, E) und (O*, M*, E*) einander *zu* und *vergleicht* sie.

Die relevanten *Geräte bzw. Bauteile* des Wasserstromkreises und des elektrischen Stromkreises werden *aufgelistet und beschrieben.* Dann werden *Entsprechungen festgelegt* (◘ Abb. 5.10):

Die relevanten Geräte bzw. Bauteile des Wasserstromkreises und des elektrischen Stromkreises werden aufgelistet

- „Wasserschlauch" ≙ „elektrische Leitung"
- „Wasserhahn" ≙ „elektrischer Schalter"
- „Pumpe" ≙ „Batterie"
- „Wasserrad" ≙ „Elektromotor"

5

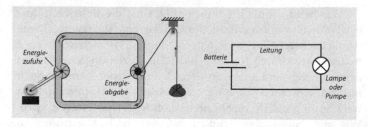

☐ Abb. 5.10   Analogie: Wasserkreislauf – Stromkreis

Das Auflisten dieser *Entsprechungen* auf der Ebene der Objekte O und O* ist nur sinnvoll, wenn die Analogie auf der begrifflichen Ebene fortgeführt wird.

- Wasserstromstärke $J \triangleq$ elektrische Stromstärke I,
- Wasserdruckunterschied $\Delta p \triangleq$ elektrische Spannung U

Durch Experimente E* wird ein gesetzmäßiger Zusammenhang festgestellt:

- Je größer der von der Pumpe erzeugte Druck ist, desto größer ist die Wasserstromstärke.

Das führt zu der Hypothese:

- Je größer die von der Batterie erzeugte „elektrische Spannung" ist, desto größer ist die elektrische Stromstärke.

Überprüfen relevanter Hypothesen im elektrischen Stromkreis

Experimente bestätigen, dass die Hypothese in dieser „Je-desto"-Formulierung auch im primären Lernbereich „Elektrischer Stromkreis" zutrifft.

Für die Verwendung von Wasseranalogien sprechen zwei Gründe: Die *Vertrautheit der Lernenden mit Wasser* und die weitgehend *formal gleichen Gesetze in den beiden Realitätsbereichen* (Schwedes und Dudeck 1993). So kann man beispielsweise auch formal gleiche „Kirchhoff'sche Regeln" für Wasserstromkreise formulieren.

Die Wasseranalogie ist als Lernhilfe ambivalent

Bei der Wasseranalogie ist mit verschiedenen Problemen zu rechnen. Ein Lehrer muss sich u. a. mit dem Argument auseinandersetzen, dass für einen Wasserstromkreis *keineswegs eine „einfachere" physikalische Theorie* bereitsteht als für den elektrischen Stromkreis. Quantitative Messungen, z. B. der Wasserstromstärke, bringen auch *experimentelle Schwierigkeiten* mit sich. Außerdem sind Kinder zwar mit Wasser, *nicht aber mit Wasserstromkreisen vertraut*.

Diese und weitere noch zu erläuternde Gründe führen dazu, dass der analoge Lernbereich „Wasserstromkreis" als Lernhilfe für den elektrischen Stromkreis auch skeptisch beurteilt wird (Kircher 1985).

Die Skepsis richtet sich nicht gegen die *Veranschaulichung der grundlegenden Begriffe Stromstärke, Spannung, Widerstand* durch entsprechende *analoge Bilder* oder durch *qualitative analoge Versuche.* Allerdings ist zu bedenken, ob man andere, also *keine Flüssigkeitsanalogien* für diese Begriffe verwenden soll. So ist es naheliegend, eher „Teilchen"-Analogien zu verwenden, weil man in der heutigen Physik den elektrischen Strom als Bewegung von Elektronen beschreibt. Die analogen „Teilchen", die zur Illustration dieser Begriffe herangezogen werden, sind dann z. B. Autos, Tiere, Schüler. Sie entstammen der Lebenswelt der Kinder und sind diesen vertraut. Es wird ferner vorgeschlagen, dass die *Schüler „ihre" Analogien selbst generieren* sollen (Kircher und Hauser 1995). Wir gehen davon aus, dass grundsätzlich alle Analogien Lernhilfen *sein können,* wenn Lehrer und Schüler die damit verbundenen Probleme kennen und diese im Unterricht diskutieren.

Sind „Teilchen"-Analogien sinnvoller?

Wegen ihrer heuristischen Bedeutung für das Problemlösen und für das Verstehen schwieriger Sachverhalte einerseits, aber auch wegen der Ambivalenz von Analogien andererseits, schlagen z. B. Bauer und Richter (1986); Manthei (1992) vor, das Denken und Arbeiten mit Analogien im Unterricht häufiger und an vielen verschiedenen Beispielen zu üben. Angesichts der gegenwärtig geringen Stundenzahl für den Physikunterricht ist diesen Vorschlägen nur bedingt zu folgen, da *der primäre Lernbereich grundsätzlich Vorrang vor dem analogen hat.*

5.5.3 Notwendige Bedingungen für Analogien im Physikunterricht

Seit den 1980er-Jahren ist die Analogienutzung auch wieder in der Psychologie forschungsrelevant geworden.

Gentner (1989) stellte fest, dass insbesondere bei jugendlichen Lernern ein *Akzeptanzproblem* entsteht, wenn *keine oder nur geringe Oberflächenähnlichkeit* zwischen dem primären Lernbereich („Zielbereich") und dem analogen Lernbereich („Quellbereich") besteht. Dies trifft auch auf viele Erwachsene, selbst auf Studierende zu (Hesse 1991).

Damit unerfahrene Lerner eine Analogie überhaupt akzeptieren, muss sie *oberflächenähnlich* sein, d. h. ähnlich aussehen. Der bisher verwendete Begriff „Vertrautheit"

Analogien müssen vertraut sein, um akzeptiert zu werden

schließt im Allgemeinen die Oberflächenähnlichkeit mit ein, kann aber auch noch zusätzlich affektive Verbundenheit eines Subjekts mit einem Objekt bedeuten. Eine solche Beziehung kann zu einer noch größeren, schneller vollzogenen Akzeptanz einer Analogie führen. Wir verwenden hier weiterhin den umfassenderen Ausdruck *„Vertrautheit"* und betrachten diese Eigenschaft einer Analogie als *notwendige Bedingung für unerfahrene Analogienutzer.*

Zwischen den empirischen und theoretischen Entitäten der beiden Lernbereiche soll weitgehende (partielle) Isomorphie bestehen

„Vertrautheit" allein führt aber in eine Sackgasse, wenn die Analogie nicht auch noch zusätzlich *Tiefenstrukturähnlichkeit* aufweist. Daher eine zweite notwendige Bedingung: Zwischen den empirischen und theoretischen Entitäten der beiden Lernbereiche soll *weitgehende (partielle) Isomorphie* bestehen. Dies ist bei der Wasseranalogie erfüllt. Schwedes und Dudeck (1993) haben es auch erreicht, die Oberflächenähnlichkeit ihres Wassermodells im Verlauf ihrer umfangreichen empirischen Untersuchungen zu erhöhen. Trotzdem kann der Vorbehalt gegen die Wasseranalogie weiterbestehen: Wie soll der eine Phänomenbereich den anderen „erklären", wo Wasser und Elektrizität nicht nur aus lebensweltlicher Sicht grundverschieden sind? Kircher (1981) hat in diesem Zusammenhang von einem „ontologischen Problem" gesprochen. Diese Facette des Akzeptanzproblems wird dadurch gelöst, dass Lernende *ihre Analogien selbst auswählen bzw. selbst erzeugen können* (Kircher und Hauser 1995).

Der analoge Lernbereich weist grundsätzlich auch irrelevante Merkmale und Eigenschaften im Vergleich mit dem primären Lernbereich auf. Man nennt dies die *Eigengesetzlichkeit der Lernbereiche.* Bei der Analogienutzung müssen die physikalischen *Unterschiede zwischen (O, M, E) und (O*, M*, E*) thematisiert* werden.

Reflexion über Analogien ist notwendig

Das führt im Unterricht zu Diskussionen über *Grenzen von Analogien,* zur *Reflexion der Analogienutzung.* Wir betrachten dies als weitere, *didaktisch notwendige Bedingung,* wenn man Analogien im Unterricht verwendet.

5.5.4 Zusammenfassung: Analogien im Physikunterricht

1. *Sprachliche* oder *bildhafte Vergleiche* sind unproblematische, möglicherweise sinnvolle Lernhilfen, wenn Schüler sie benutzen können und benutzen wollen. Wenn solche Analogien anregend sind und nicht zu viel Zeit in Anspruch nehmen, d. h., wenn sie pointiert sind, sind sie fraglos ein

vielseitiges, unerschöpfliches Mittel der Elementarisierung des Physikunterrichts für Lehrende und Lernende.

2. Analogien werden als „Advance Organizer" im Unterricht eingesetzt, durch die Schüler ein vorläufiges Verständnis für einen neuen Lernbereich erhalten. Wenn beispielsweise *der Auftrieb und das Archimedische Prinzip* in Wasser bekannt sind, kann der folgende Vergleich als Advance Organizer hilfreich für das Verständnis des Heißluftballons sein: *Ein Heißluftballon schwebt in der Luft wie ein Unterseeboot im Wasser.* Natürlich sind die „Oberflächen" der beiden Fahrzeuge – deren Aussehen sowie die technische Realisierung der Fortbewegung – verschieden. Aber für das Verständnis, dass ein Gegenstand mit vergleichsweise großem Gewicht in einem Medium mit geringer Dichte aufsteigen, schwimmen und schweben kann, dafür ist das Archimedische Prinzip, das für alle Flüssigkeiten und Gase gilt, *elementar und fundamental.*

   Analogien als Einstieg in einen neuen thematischen Bereich

3. *Vergleiche* sind auch für die individuelle Lernförderung geeignet. Wenn der Lehrer die spezifischen Lernfähigkeiten und Interessen seiner Schüler kennt, kann er für diese auch adäquate Analogien finden. Ein *witziger Cartoon,* der die Lebenswelt der Schüler und Schülerinnen tangiert, kann für Anziehung verschiedener bzw. die Abstoßung gleicher elektrischer Ladungen besser geeignet sein als ein Vergleich mit Magneten. Der Nutzen der Analogie als Lernhilfe hängt in erster Linie von den Schülern ab. Wir, die Lehrenden, sollten die Lernenden dazu anhalten, *geeignete Analogien selbst zu finden, zu erfinden.*

   Vergleiche sind für die individuelle Lernförderung geeignet

4. Problematisch wird die Analogienutzung, wenn ein vermeintlich vertrauter Lernbereich als Analogie eingesetzt werden soll, der letztendlich aber noch neu gelernt werden muss. Dazu müssen im Voraus die didaktische Relevanz und der benötigte Zeitaufwand für diesen zusätzlichen Lernstoff kritisch geprüft werden. Folgendes Muster kann dann dem Unterricht zugrunde gelegt werden:

   Methodisches Muster der Analogienutzung

   — *Schritt 1:* Den *Lernbereich* (O,M,E) in einer allgemeinen, auf das Vorwissen der Schülerinnen und Schüler bezogenen Weise *einführen.*

   — *Schritt 2:* Hinweise auf analoge, den Schülern vertraute Lernbereiche (O*,M*,E*) geben und *Akzeptanz/Nichtakzeptanz* feststellen. (Wünschenswert ist, dass analoge Lernbereiche von den Lernenden vorgeschlagen werden.)

   — *Schritt 3:* Relevante *ähnliche Merkmale* von (O,M,E) und (O*,M*,E*) *aufspüren.*

   — *Schritt 4: Listen anlegen*: Welche Objekte O* aus dem analogen Bereich (O*,M*,E*) können Objekte O im

Lernbereich (O,M,E) darstellen? Welche Begriffe ... sollen sich *entsprechen*?

— *Schritt 5: Stelle Hypothesen* über den analogen Lernbereich (O*,M*,E*) *auf* und überprüfe sie durch Experimente!

— *Schritt 6:* Übertrage die entdeckten Gesetze in den primären Lernbereich und teste sie nun in (O,M,E). Dies ist in jedem Fall nötig!

— *Schritt 7:* Finde heraus, wo die Analogie zusammenbricht (Grenzen der Analogie)!

— *Schritt 8:* Diskutiere über Sinn und Zweck und Grenzen von Analogien (Metatheoretische Reflexion)!

5

Analogversuche in der
Atom- und Kernphysik

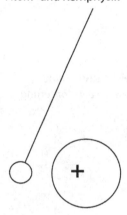

5. Im Bereich der Atom- und Kernphysik werden eine ganze Reihe von analogen Experimenten vorgeschlagen, weil die Versuche im primären Lernbereich nicht durchgeführt werden können bzw. nicht durchgeführt werden dürfen. Beispiel: Bei der Rutherford-Streuung werden α-Teilchen an einer Goldfolie gestreut. Hierzu wird folgender Analogversuch vorgeschlagen: Ein an einem Faden aufgehängter, elektrisch geladener Tischtennisball pendelt in Richtung auf eine *gleichartig geladene* größere Metallkugel. Bei kleiner Geschwindigkeit des Tischtennisballs und geringem Abstand seiner Bahn von der Metallkugel kann man bei sorgfältigem Experimentieren die *Abstoßung des Tischtennisballs durch die Ladung der Metallkugel* beobachten. Aber was hat dieser Analogversuch vom Verfahren her mit den tatsächlichen Streuexperimenten gemeinsam? Auf der Handlungsebene doch nichts. Natürlich lassen sich *formale Analogien* (Tiemann 1993) zwischen den beiden Versuchen herstellen, etwa, dass der an einem Faden aufgehängte, mit Grafit bestrichene Tischtennisball den α-Teilchen entspricht und dass der Tischtennisball so auf die Metallkugel „geschossen" wird wie die α-Teilchen auf die Goldfolie bzw. einen Atomkern. Was ist im Analogversuch vom „Schießen" übrig geblieben?

Das Tischtennisballpendel wird ja nur aus der Mittellage ausgelenkt und pendelt langsam und nahe an der geladenen Kugel vorbei. Nur so lässt sich die Abstoßung in Form einer Richtungsänderung des Tischtennisballs beobachten. Das Bedeutungsumfeld von „Schießen" umfasst sicher nicht dieses gezielte Loslassen einer als Pendel aufgehängten Kugel. „Schießen" ist keine langsame Bewegung. Daher kann das durchgeführte analoge Experiment zu falschen Assoziationen hinsichtlich des Rutherford'schen Streuversuchs führen.

Der offenkundige „*Als-ob-Charakter*" *von Analogversuchen* verhindert häufig eine ernsthafte Auseinandersetzung der Schüler mit dem analogen Lernbereich. Es können motivationale Probleme auftreten.

Das führt den Lehrer in eine scheinbar unlösbare Dichotomie: Damit der Analogversuch für ein besseres Verständnis etwa des Rutherford'schen Streuversuchs eine Lernhilfe
ist, muss er einfach und ungefährlich sein. Wenn er einfach
ist, werden wichtige Ziele des Physikunterrichts verhindert.
Hier beginnt eine *heikle Gratwanderung zwischen diesen
widersprüchlichen Anforderungen an Analogversuche.*
Trotz dieser Problematik sollte man *auch auf experimentelle
Analogien zurückgreifen,* um wichtige Vorgänge und Begriffe
der modernen Physik zu veranschaulichen, um physikalisch
Wesentliches ohne großen Zeitaufwand zu *illustrieren.*

Man kann experimentelle
Analogien einsetzen, um
wichtige Vorgänge und
Begriffe der modernen
Physik zu veranschaulichen

5.6 Zusammenfassung und Ausblick

1. Die Modelle der didaktischen Rekonstruktion machen
   deutlich, dass Elementarisierung kein isolierter Prozess im
   Unterricht ist. Vielmehr sind Zielsetzungen, verschiedene
   Rahmenbedingungen und Gesamtkonzeption des Unterrichtsgangs zu berücksichtigen. Die aufgelisteten Kriterien
   für gute Elementarisierung machen aber eine oftmals
   schwierige Abwägung nötig zwischen a) fachlich (noch)
   zulässiger Vereinfachung und b) schülergerechten, einfachen Darstellungen. Elementarisierung und didaktische
   Rekonstruktion erfordern daher zum einen fachlich
   fundiertes Wissen, zum andern aber auch lernpsychologische Kenntnisse und diagnostische Kompetenz, um
   schülergerechte Lehr-Lern-Angebote zu realisieren. Ein
   schönes Beispiel für eine Elementarisierung zeigt Feynmans
   Buch „QED: Die seltsame Theorie des Lichts und der
   Materie" (1992).

2. Die Elementarisierung und didaktische Rekonstruktion
   physikalischer Inhalte ist ein wesentlicher Teil der Unterrichtsvorbereitung. Die dafür entwickelten heuristischen
   Verfahren (▶ Abschn. 5.2.1) und die daraus entstandenen
   elementaren Darstellungen der Physik sind ein wichtiger
   Bestandteil oder gehören sogar zur „Kernaufgabe der
   Physikdidaktik". Die durch didaktische Rekonstruktionen
   entwickelten Erklärungsmuster müssen auch in ihren
   Einzelheiten (Erklärungsglieder) *begründet und verständlich*
   sein. Dazu wird das begriffliche System der Physik vereinfacht, durch verschiedene Darstellungsweisen veranschaulicht oder mit ähnlichen, vertrauten „Dingen" (Entitäten)
   verglichen.

   Elementarisierung und
   didaktische Rekonstruktion
   sind der Kern der
   Physikdidaktik

3. Drei hauptsächliche Kriterien bestimmen die didaktischen
   Rekonstruktionen der Physikdidaktik: *die fachliche
   Relevanz, die psychologische Angemessenheit (Adäquanz)*

   Drei Kriterien

und die didaktische Relevanz. Das Problem, ob eines dieser Kriterien vorrangig ist, wird für Lernende unterschiedlich beantwortet: Bei Physikstudentinnen und –studenten muss zweifellos die *fachliche Relevanz* der Hauptgesichtspunkt von didaktischen Rekonstruktionen sein, während man bei den Kindern der Grundschule auf jeden Fall *Verständlichkeit* für diese Adressaten fordern muss, d. h. *psychologische Angemessenheit* von Erklärungen. Aufgrund dieses Aspekts sollten Grundschullehrer ein physikalisches Thema im Unterricht wegfallen lassen, wenn keine diesen Aspekt zufriedenstellende Vereinfachungen gelingen. Außerdem beeinflussen auch die *Ziele,* mit welcher Genauigkeit und Gründlichkeit bestimmte Teile der begrifflichen und methodischen Struktur sowie notwendige fachüberschreitende Inhalte im Physikunterricht gelernt werden sollen. Die drei Kriterien stehen in wechselseitiger Abhängigkeit (Interdependenz der drei Kriterien). Ihre Überprüfung gehört zum „Abschlusscheck" jeder Unterrichtsvorbereitung.

4. Um mit heuristischen Verfahren zu „guten" didaktischen Rekonstruktionen zu kommen, sind gründliche Physikkenntnisse, physikdidaktische Literaturkenntnisse, Schulerfahrung und vor allem Kreativität erforderlich.

Offene Liste für mögliche Verfahren der didaktischen Rekonstruktion

Die in ► Abschn. 5.2 beschriebenen Möglichkeiten wurden vor allem aus der Praxis und für die Praxis des Physikunterrichts entwickelt. Diese *Liste ist grundsätzlich unvollständig,* d. h. auch, *offen für neue Verfahren.* Die Praxis wird schließlich über ihre Relevanz für den Unterricht entscheiden. Weil das Unterrichtsgeschehen gegenwärtig noch zu komplex ist, um Erklärungsmuster durch Theorien deduzieren zu können, bleiben neue originelle didaktische Rekonstruktionen für den Physikunterricht weiterhin vor allem das Feld von *Bastlern, Tüftlern, Künstlern an Schule und Hochschule.*

Physikalische Methodologie neu darstellen

5. Die Forderung nach einer „sinnlichen Physik" bedeutet, dass die im Unterricht gezeigten Phänomene und verwendeten Objekte nicht elementarisiert und didaktisch rekonstruiert werden.

Elementarisierung und didaktische Rekonstruktion, dieses „Herzstück" der Physikdidaktik, erscheint gegenwärtig auf der theoretischen Ebene als konsolidiert, auch wenn sich die Bedeutung von „schülergerechter didaktischer Rekonstruktion" mit Entwicklungen in der Lern- und Entwicklungspsychologie weiter verändern wird. Gegenwärtig bedeutet „schülergerecht" vor allem, die Alltagsvorstellungen über Inhalte der Schulphysik zu berücksichtigen (► Kap. 9).

5.7 Ergänzende und weiterführende Literatur

Beispiele für Elementarisierungen der klassischen und modernen Physik: Physikdidaktik Teil II, Kap. 8–10 und Teil III, Kap. 14–19.

Weitere Beispiele finden sich in *physikdidaktischen Zeitschriften* sowie in „Wege in der Physikdidaktik", Bände I–V, von W. B. Schneider (Hrsg.) (1989, 1991, 1993, 1998, 2002), außerdem in physikdidaktischen Promotionen z. B. Komorek (1997), Wilhelm (2005).

Speziell über Analogien im Physikunterricht: Tiemann (1993), Wilbers (2000) und zur didaktischen Rekonstruktion Kattmann et al. (1997).

Literatur

Ausubel, P.D. (1974). Psychologie des Unterrichts. Weinheim: Beltz.

Bauer, F., Richter, V. (1986). Möglichkeiten und Grenzen der Nutzung von Analogien und Analogieschlüssen. Ph. i. d. Sch., 18, 384–386.

Bleichroth, W. (1991). Elementarisierung, das Kernstück der Unterrichtsvorbereitung. NiU Physik, 2, Heft 6, 4–11.

Böhme, G., van den Daele, W. (1977). Erfahrung als Programm. In G. Böhme, W. van den Daele, & W. Krohn (Hrsg.). Experimentelle Philosophie. Frankfurt: Suhrkamp.

Bruner, J. S. (1970) Gedanken zu einer Theorie des Unterrichts. In G., Dohmen, F.Maurer, & W. Popp (Hrsg.). Unterrichtsforschung und didaktische Theorie. München: Piper, 188–218.

Bunge, M. (1973). Method, Model and Matter. Dordrecht/Holland: Reidel Publ. Comp.

Duit, R., Glynn, S. (1992). Analogien und Metaphern, Brücken zum Verständnis im schülergerechten Physikunterricht. In P. Häußler (Hrsg.). Physikunterricht und Menschenbildung. Kiel: IPN, 223–250.

Feyerabend, P.K. (1981). Probleme des Empirismus. Braunschweig: Vieweg.

Feynman, R. (1992): QED. Die seltsame Theorie des Lichts und der Materie. München: Piper 1992.

Gamow, G. (1965). Biographie der Physik. Düsseldorf: Econ.

Gentner, D. (1989) The mechanism of analogical learning. In S. Vosniadou & A. Ortony (Eds.). Similarity and Analogical Reasoning. Cambridge: Cambridge University Press, 199–244.

Hesse, F.W. (1991). Analoges Problemlösen. Weinheim: Psychol. Verlags Union.

Hesse, M. (1963). Models and Analogies in Science. London: Clowes.

Hilscher, H. (1998). Physikalische Freihandversuche. Scheidegg: Multimedia Physik Verlag.

Heuer, D. (1980). Elementarisierung im Physikunterricht durch Reduktion des mathematischen Anspruchsniveaus. PdN-Ph 29, Heft 2, 33–48.

Höttecke, D. (2001). Die Natur der Naturwissenschaften historisch verstehen. Berlin: Logos Verlag.

Issing, L. J. (1983). Bilder als didaktische Medien. In L. J. Issing & J. Hannemann (Hrsg.). Lernen mit Bildern. Grünewald: Institut für Film und Bild in Wissenschaft und Unterricht, 9–39.

Jung, W. (1973). Fachliche Zulässigkeit aus didaktischer Sicht. Kiel: IPN Seminar II.

Kattmann, U., Duit, R., Gropengießer, Komorek, M. (1997). Das Modell der didaktischen Rekonstruktion – Ein Rahmen für naturwissenschaftsdidaktische Forschung und Entwicklung. ZfDN,3, Heft 3, 3–18.

Kepler, J., Gesammelte Werke, hrsg. von Max Caspar, Band 2, Astronomia pars optica. dt. zitiert nach: Kuhn, W. (2016). *Ideengeschichte der Physik: eine Analyse der Entwicklung der Physik im historischen Kontext.* Springer-Verlag.

Kepler, Johannes; Hammer, Franz [Hg./Red.]; Dyck, Walther von [Hg./Red.]; Caspar, Max [Hg./Red.]: Gesammelte Werke. Astronomiae pars optica. München 1939. Kepler. Gesammelte Werke: 2. ▶ http://publikationen.badw.de/de/002334738

Kircher, E. (1981). Allgemeine Bemerkungen über Analogmodelle und Analogversuche im Physikunterricht. Phys. did., 8, 157–173.

Kircher, E. (1985). Elementarisierung im Physikunterricht. Phys.did. 12, Heft 1, 17–23 u. Heft 4, 24–38.

Kircher, E. (1995). Studien zur Physikdidaktik. Kiel: IPN.

Kircher, E., Hauser, W. (1995). Analogien zum Spannungsbegriff in der Hauptschule. NiU-Physik, 27, Heft 3, 18–22.

Kircher, E. et al. (1975). IPN Curriculum Physik 9.1. Modelle des Elektrischen Stromkreises. Stuttgart: Klett.

Klafki, W. (1964). Das pädagogische Problem des Elementaren und die Theorie der kategorialen Bildung. Weinheim: Beltz.

Klinger, W. (1987). Die Rolle der Analogiebildung bei der Deutung physikalischer Phänomene. In

Komorek, M. (1997). Elementarisierung und Lernprozesse im Bereich des deterministischen Chaos. Dissertation, Uni Kiel.

Kuhn, W. (Hrsg.). Didaktik der Physik. DPG 1987 (Berlin). Gießen, 326–333. Maichle, U. (1985). Wissen, Verstehen und Problemlösen im Bereich der Physik. Frankfurt: P. Lang.

Manthei, W. (1992). Das Analogische im Physikunterricht. Ph.i.d.Sch., 30, Heft 7/8, 250–256.

Muckenfuß, H. (1995). Lernen im sinnstiftenden Kontext. Berlin: Cornelsen.

Polanyi, M. (1985). Implizites Wissen. Frankfurt: Suhrkamp.

Schneider, W.B. (1989, 1991, 1993, 1998, 2002). Wege der Physikdidaktik, Erlangen: Palm & Enke.

Schnotz W. (1994). Wissenserwerb mit logischen Bildern. In B. Weidenmann (Hrsg.). Wissenserwerb mit Bildern. Bern: Verlag Hans Huber.

Schnotz W. (1995). Wissenserwerb mit Diagrammen und Texten. In L. J. Issing & P. Klimsa (Hrsg.). Information und Lernen mit Multimedia. Weinheim: Psychologie Verlags Union.

Schwedes, H., Dudeck, W.R. (1993). Lernen mit der Wasseranalogie. NiU/ P, 4, Heft 1, 16–23.

Teichmann, J., Ball, E. & Wagmüller, J. (1986). Einfache physikalische Versuche zur Geschichte und Gegenwart. Deutsches Museum München, Kerschensteiner Kolleg.

Tiemann, A. (1993). Analogie – Analyse einer grundlegenden Denkweise in der Physik. Frankfurt: Harri Deutsch.

v. Rhöneck, C., (1986). Vorstellungen vom elektrischen Stromkreis und zu den Begriffen Strom, Spannung und Widerstand. NiU-P/C,34, Heft 13, 10–14.

Wagenschein, M. (1970). Ursprüngliches Verstehen und exaktes Denken. II. Stuttgart: Klett.

Weltner, K. (1982). Elementarisierung physikalischer und technischer Sachverhalte als eine Aufgabe der Didaktik des Physikunterrichts. In H. Fischler (Hrsg.). Lehren und Lernen im Physikunterricht. Köln: Aulis, 192–219.

5

Wilbers J. (2000). Post-festum- und heuristische Analogien im Physikunterricht. Kiel: IPN.

Wilhelm, T. (2005). Konzeption und Evaluation eines Kinematik – Dynamik Lehrgangs, zur Veränderung von Schülervorstellungen mit Hilfe dynamisch ikonischer Repräsentationen und grafischer Modellbildung. Berlin: Logos Verlag.

Wilkinson, D.J. (1972). A study of the development of flow with reference of the introduction of electric current in the early years of the secondary school. Research Exercise. Leeds.

Ziman, J. (1982). Wie zuverlässig ist wissenschaftliche Erkenntnis? Braunschweig: Vieweg

Methoden im Physikunterricht

Ernst Kircher und Raimund Girwidz

© Springer-Verlag GmbH Deutschland, ein Teil von Springer Nature 2020
E. Kircher et al. (Hrsg.), *Physikdidaktik | Grundlagen*, https://doi.org/10.1007/978-3-662-59490-2_6

Methodenvielfalt gilt als ein Merkmal guten Unterrichts. Unterschiedliche Methoden helfen, den Unterricht für bestimmte Zielsetzungen und inhaltliche Besonderheiten zu optimieren. Sie ermöglichen außerdem, den Unterricht auf verschiedene Individuen abzustimmen.

Die Vielfalt methodischer Überlegungen lässt sich auf verschiedenen Ebenen betrachten. So strukturiert dieses Kapitel nach fünf Methodenebenen (◘ Abb. 6.1): Bei *„methodischen Großformen"* geht es um übergeordnete organisatorische und zeitlich längerfristige Maßnahmen. *„Unterrichtskonzepte"* gehen auf grundsätzliche methodische Aspekte ein. *„Artikulations-/Phasenschemata"* stellen die Strukturierung des Unterrichtsverlaufs in den Vordergrund. *„Sozialformen"* bestimmen Kooperations- und Interaktionsmuster. *„Methodenwerkzeuge"* schließlich sind Inszenierungen mit dem Ziel, die Handlungssituationen in einzelnen Unterrichtsphasen attraktiv zu gestalten.

Zu Unterrichtsmethoden gibt es viele, sehr unterschiedliche Beschreibungen. Baumgartner (2014) unterscheidet fünf Aspekte bei Unterrichtsmethoden:

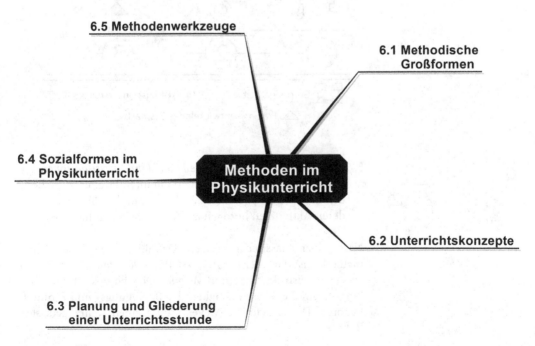

◘ **Abb. 6.1**　Übersicht über die Teilkapitel

6

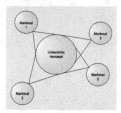

1. Methoden als *zielgerichtete Verfahrensweisen:* Entsprechend der ursprünglichen Wortbedeutung „méthodos" (Arbeitsweise, Verfahren) liegt der Fokus auf dem Weg, wie ein Ziel erreicht werden kann. Kritisiert wird daran allerdings auch, dass Methoden dann einen rein instrumentellen Charakter haben.

2. Methoden als „Brücken" beziehungsweise „Vermittler": Methoden werden dabei nicht nur als technokratische Mittel angesehen – das Vorgehen selbst kann auch zum Thema werden. Methoden gewinnen dann eine doppelte Funktion, als *Lernweg* sowie als *Verfahrensweise,* die vertraut werden soll.

3. Methoden als angewandte Unterrichtskonzepte: Hierbei dienen Methoden dazu, grundlegende Akzente des Unterrichtsverlaufs zu realisieren. Baumgartner nennt exemplarisch den *erfahrungsorientierten, anschauungsorientierten, projektorientierten, lernerorientierten, genetischen* oder *kommunikativen* Unterricht.

4. Methoden als Strukturmuster für die *Unterrichtsaktivitäten der Lehrkräfte:* Dazu gehören unterstützende Maßnahmen für Lernprozesse, z. B. Feedback geben, Impulsvortrag halten, Diskussionen leiten.

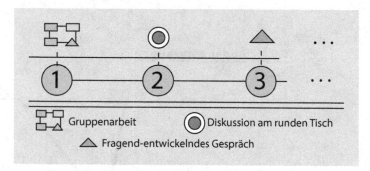

5. Methoden als *Konfigurationen von Handlungssituationen:* Danach spezifizieren Methoden die Interaktionen zwischen den Lernenden, zwischen Lehrkräften und Lernenden sowie deren Aktivitäten bezogen auf fachliche Lerninhalte.

Nach einer klassischen, engen Definition von Unterrichtsmethoden ist darunter die *Art und Weise der Stoffvermittlung* zu verstehen, also das *„Wie und Womit".* Dies berücksichtigt allerdings kaum die Vielschichtigkeit der Bedingungs- und Einflussfaktoren. Daher definiert Meyer (2002) einen weiter gefassten Rahmen:

> » Unterrichtsmethoden sind die Formen und Verfahren,
> mit denen sich die Lehrerinnen, Lehrer, Schülerinnen und
> Schüler die sie umgebende natürliche und gesellschaftliche
> Wirklichkeit unter Beachtung der institutionellen
> Rahmenbedingungen der Schule aneignen. (Meyer 2002,
> S. 109)

Ein wichtiger Ordnungsversuch im Sprachengewirr der Pädagogik und Didaktik unterscheidet *fünf Methodenebenen* (Schulz 1969, 1981; ◘ Abb. 6.2). Dieses Klassifikationsschema ist auch in nachfolgenden pädagogischen Publikationen über Unterrichtsmethoden noch als Gliederungsschema zu erkennen (z. B. Meyer 1987a, b). Allerdings hat sich das, was die fünf Ebenen beinhalten, teilweise verändert, und es sind neue „Methoden" hinzugekommen wie *Gruppenpuzzle* oder *Expertenkarussel.*

Methodenvielfalt gilt als ein Merkmal guten Unterrichts. Dies trifft aber nur zu, wenn die Methoden passend auf Ziele und Inhalte des Unterrichts abgestimmt sind. Das „Primat der Ziele vor den Methoden" war früher ein geläufiger Ausdruck. Allerdings werden heute die Zusammenhänge komplexer gesehen. Denn methodische Leitlinien, wie „vom Bekannten zum Unbekannten", „vom Einfachen zum Komplexen" oder „direkte Sachbegegnung", haben durchaus auch Auswirkungen auf die Auswahl von konkreten Lerninhalten. Die Wechselwirkungen lassen sich in Anlehnung an Meyer (2002) wie in ◘ Abb. 6.3 grafisch verdeutlichen.

Ganser und Haag (2005) haben 720 Lehrerbefragungen zur methodischen Gestaltung von Unterricht einer früheren Befragung von Hage et al. (1985) gegenübergestellt (◘ Tab. 6.1). Sie halten fest, dass kooperative Unterrichtsformen zugenommen haben.

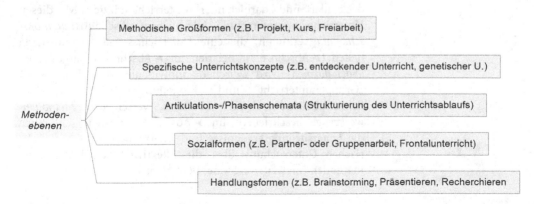

◘ **Abb. 6.2**   Methodenebenen in Anlehnung an Schulz (1981)

6

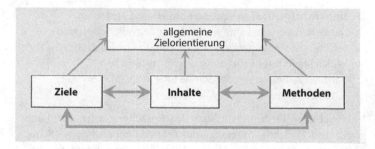

⬛ **Abb. 6.3** Wechselbeziehungen zwischen Methoden, Zielen, Inhalten und übergeordneten Zielsetzungen nach Meyer (2002)

⬛ **Tab. 6.1** Zur methodischen Gestaltung nach Ganser und Haag (2005, S. 22)

	Hage et al. (1985)	Ganser und Haag (2005)
Frontalunterricht	76,86 %	47,11 %
Einzelarbeit	10,24 %	18,15 %
Partnerarbeit	2,88 %	15,64 %
Gruppenarbeit	7,43 %	13,42 %
Projektunterricht	–	6,77 %

Der Gliederung von ⬛ Abb. 6.2 folgend werden im ▶ Abschn. 6.1 unter dem Ausdruck *„methodische Großformen"* (Meyer 1987a) „Projekte", „Spiele" und „Offener Unterricht – Freiarbeit" sowie die traditionellen Großformen „Kurs" und „Unterrichtseinheit" diskutiert. Auf der zweiten Methodenebene (▶ Abschn. 6.2) werden *„physikspezifische Unterrichtskonzepte"*, wie „exemplarischer Unterricht", „genetischer Unterricht", „entdeckender" und „darbietender" Unterricht skizziert. Mit diesen Unterrichtskonzepten sind i. Allg. auch spezifische *Artikulationsschemata* verknüpft, die eine Unterrichtsstunde strukturieren helfen (▶ Abschn. 6.3). Bei den im ▶ Abschn. 6.4 dargestellten *„Sozialformen"* wird zwischen „individualisiertem Unterricht", „Gruppenunterricht" und „Frontalunterricht" differenziert. Schließlich sind noch im ▶ Abschn. 6.5 verschiedene *Methodenwerkzeuge* beschrieben. Im ▶ Abschn. 6.6 werden schließlich die Untersuchungsergebnisse und Interpretationen einer empirischen Untersuchung über die Effektivität von Unterrichtsmethoden (im weiteren Sinne) betrachtet.

- **Erläuterungen zu den verwendeten Fachausdrücken**

Methodische Großformen: Diese Bezeichnung entspricht dem von Schulz (1969) verwendeten Ausdruck „Methodenkonzeptionen". Meyer (1987a, S. 115) nennt als Beispiele den *Lehrgang, das Projekt, das Trainingsprogramm, sowie Kurs, Lektion, Unterrichtseinheit, Workshop, Projektwoche, Praktikum, Exkursion, Vorhaben.* Hier werden auch *Spiele und Freiarbeit* behandelt.

Physikdidaktische Unterrichtskonzepte basieren auf pädagogischen und/oder psychologischen Theorien. Sie sind vor allem durch die Schulpraxis legitimiert. Es wird entdeckender Unterricht und darbietender Unterricht beschrieben.

Artikulationsschemata strukturieren den Unterrichtsverlauf. Gleichbedeutende Ausdrücke dafür sind „Stufen-" oder „*Phasenschemata*". Die Orientierung an einem Artikulationsschema ist Lehranfängern dringend zu empfehlen. Das einfachste Muster strukturiert in Motivationsphase, Erarbeitung, Festigung und Vertiefung.

Sozialformen bestimmen die Kommunikations- und Interaktionsstruktur zwischen Schülerinnen, Schülern und der Lehrkraft.

Handlungsformen des Lehrens und Lernens beziehen sich auf Teilabschnitte des Unterrichts. Hier werden auch sog. *Methodenwerkzeuge* beschrieben. Sie liefern Vorlagen, um die Arbeitssituation in einzelnen Unterrichtsphasen zu strukturieren und Schüleraktivitäten zielgerecht abzustimmen.

6.1 Methodische Großformen

Unter „methodischen Großformen" versteht man i. Allg. eine Unterrichtsform, die sich über einen *längeren Zeitraum* erstreckt. Neben diesem gemeinsamen äußerlichen Merkmal unterscheiden sich methodische Großformen darin, dass sie bestimmte Ziele fördern bzw. andere vernachlässigen. Sie unterscheiden sich *außerdem durch ihre innere Struktur, den Grad ihrer Planbarkeit, ihrer Lenkung durch Lehrer,* durch ihre *Offenheit für Schüleraktivitäten,* durch ihre *Relevanz für die Gesellschaft,* für die *Allgemeinbildung,* durch ihre Möglichkeiten, *moderne Kulturtechniken* zu lernen und anzuwenden.

Lehrende sollten auf jeder Methodenebene „Monokulturen" vermeiden. Die im Folgenden erläuterten Großformen sollen als *methodische Leitlinien* fungieren, die sich *gegenseitig ergänzen.* Dadurch können methodische „Monokulturen" verhindert werden.

6.1.1 Offener Unterricht – Freiarbeit

Offener Unterricht:
mehr Selbstständigkeit
Selbstverantwortung
Mündigkeit

„Offener Unterricht" (Zimmermann 1994) bedeutet vor allem eine Öffnung für Schülerinnen und Schüler zu *mehr Selbstständigkeit, mehr Mitverantwortung* und damit *mehr „Mündigkeit"*. Dabei müssen die Persönlichkeit und die besondere Lerngeschichte der Lernenden beachtet und geachtet werden. Für die Schulpraxis bedeutet das spezifische Lernangebote und Wahlmöglichkeiten für einzelne Schüler oder kleine Schülergruppen, sogenannten *„individualisierten Unterricht"*. Um unterschiedliche anthropogene und soziokulturelle Voraussetzungen sowie unterschiedliche Lernstile zu berücksichtigen, erfolgt eine *„innere Differenzierung"* in der Klasse.

„Offen", d. h. aufgrund des Lehrplans *in begrenztem Rahmen wahlfrei*, können aus inhaltlicher Sicht die Zielsetzung, die Verfahrensweise bzw. das Vorgehen und/oder das Arbeitsergebnis sein. Obwohl manche Lehrkräfte langjährige Erfahrungen mit offenem Unterricht haben, ist die *Effektivität* dieser Unterrichtskonzeption wenig geklärt. (Dafür gibt es auch zu viele Varianten.) Trotz dieses Defizits argumentieren wir in diesem Zusammenhang wie Brügelmann (1998):

» Wenn uns Selbständigkeit, Mitverantwortung und Eigenaktivität als pädagogische Ziele wichtig sind, dann ist ein Unterricht vorzuziehen, der mit diesen Prinzipien übereinstimmt, solange keine Verluste/ Nachteile in anderen bedeutsamen Zielbereichen nachgewiesen sind. (Brügelmann 1998, S. 13)

Traditionelle Lehrerrolle
ändert sich

Erfolgreicher Unterricht, also auch „offener Unterricht" steht und fällt mit entsprechend ausgebildeten Lehrkräften. Gegenüber der traditionellen Lehrerrolle ist allerdings ein Umdenken nötig (Schorch 1998, S. 124). „Offener Unterricht" erfordert:

- intensive Vorbereitung und Organisation sowie ein neues Rollenverständnis (Identifikation mit der Helferrolle)
- kritische Auswahl und ggfs. Selbstherstellung von Materialien
- Bewältigung räumlicher und finanzieller Schwierigkeiten
- vor allem die unerschütterliche Überzeugung, dass Kinder zu eigenverantwortlichem Lernen und Arbeiten bereit und fähig sind.

„Klassenvertrag": Lehrende
und Lernende verpflichten
sich zu selbst bestimmten
Regeln

Auf der methodischen Ebene bedeutet offener Unterricht freies Arbeiten in Einzel-, Partner- oder Gruppenarbeit, – „Freiarbeit". Zu offenem Unterricht zählen Projekte und auch Spiele, die hier in eigenen Abschnitten dargestellt sind. Die Lernenden haben Freiheiten in der Wahl der Aufgaben und damit der Lernmaterialien und deren Anspruchsniveau sowie in der Wahl der Partner, mit denen sie eine Aufgabe lösen wollen. Die

Selbstverantwortung ist freilich durch Regeln eingegrenzt, zu denen sich Lehrende und Lernende in einem „Klassenvertrag" verpflichten. Diese Regeln bestimmen den *sozialen Umgang* zwischen den Betroffenen ebenso wie den *Umgang mit den Lernmaterialien* und die *Art der Bearbeitung und Ausarbeitung eines Themas.* Es wird im Voraus auch festgelegt, ob *auf eine Benotung der Freiarbeit verzichtet* wird.

Neben dem Umdenken der Lehrkräfte in Hinblick auf ihre vorbereitenden organisatorischen Tätigkeiten und auf ihre Helfer- und Moderatorenrolle im Unterricht ist auch eine Umstrukturierung des Klassenzimmers notwendig. Schorch (1998, S. 124) spricht vom *Werkstattcharakter* eines Klassenzimmers, von einer „Lernlandschaft": Ein fester Bestandteil sind eine *Klassenbibliothek,* die während der Freiarbeit beliebig zugänglich ist, eine *Sammlung von Lernmaterialien* und ein Vorrat an Geräten (u. a. Computer mit Internetanschluss) und Büromaterialien. Die dafür benötigten Schränke und Regale teilen auch den Raum in Bereiche, in denen rezeptiv bzw. aktiv z. B. durch Experimente gelernt wird.

> Umwandlung des Klassenzimmers in Lernlandschaft

Freiarbeit muss gelernt werden. Mayer (1992) hat für die Einführung von Freiarbeit die in ◘ Abb. 6.4 gezeigten Phasen vorgeschlagen.

Für die *Einführung der Freiarbeit* können von Lehrkräften vorbereitete „Lernstationen" verwendet werden (Hepp 1999). Dabei entfällt die „Planungsphase" für die Schülerinnen und Schüler. Diese durchlaufen möglichst alle Stationen in selbst gewählter Reihenfolge; man spricht von einem „Lernzirkel" bzw. „Lernen an Stationen".

1	2	3	4	5
Planungs-phase	Info-/Material be-schaffungs-phase	Arbeitsphase	Diskussions-phase (Kontroll-phase)	Integrations-phase
Gesprächs-kreis (Einführung– Planung)	Einzel-/Partner-/Gruppen oder vorbereitende „Hausarbeit"	Einzel-/Partner/ Gruppenarbeit	Gesprächs-kreis (Vorstellung/ Vortrag /Begutach-tung)	Einordnen– Einheften– Ausstellen
Plenum am Klassentisch (Kreisgespräch)	Am Regal, Suchen in Schulräumen und im Schul-bezirk	An den Arbeitsplätzen oder in den Funktions-bereichen	Plenum am Klassentisch (Kreisgespräch)	Regale; Ordner; Ausstellungs-flächen

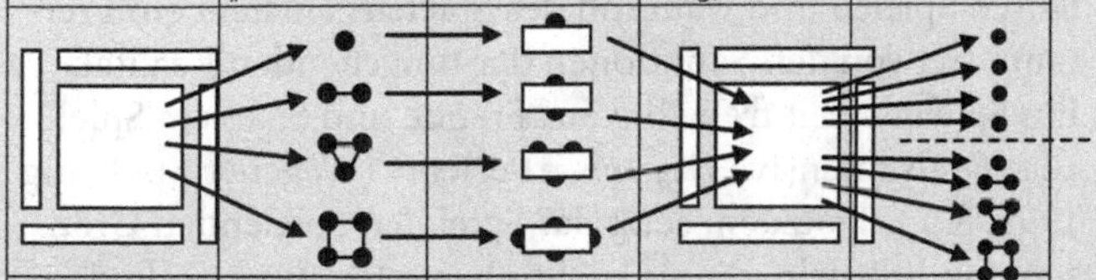

◘ **Abb. 6.4**   Zur Einführung von Freiarbeit (in Anlehnung an Mayer 1992, S. 29)

„Offener Unterricht" hat methodische Implikationen, die für einen zeitgemäßen Physikunterricht relevant sind (Berge 1993). Es hat sich gezeigt, dass insbesondere *Lernzirkel* auf das Interesse von Schülerinnen, Schülern und Physiklehrkräften stoßen.

Die *Lernstationen* sind die kleinsten Sinneinheiten eines Lernzirkels. Sie werden auf Grundlage von *didaktischen Analysen* konzipiert (▶ Abschn. 3.1.1). Zur Gestaltung dieser Lernstationen sind *der methodischen Phantasie keine Grenzen gesetzt*. Spiel und „wissenschaftliches" Arbeiten wechseln sich ab: Schülerinnen und Schüler experimentieren an einer Lernstation, schreiben einen kleinen Aufsatz, lösen an einer anderen Station ein physikalisches Kreuzworträtsel oder finden an einem Computer Informationen über den elektrischen Stromkreis.

Lernzirkel im Physikunterricht sollen *multimedial aufgebaut* sein. Sie können zur Einführung in die Thematik *(„Einführungszirkel")*, zur Erarbeitung eines komplexen Inhalts *(„Erarbeitungszirkel")* oder zur Übung und Sicherung relevanter Fakten, Begriffe und Gesetze eingesetzt werden *(„Übungszirkel")*. Bei der Einführung eines physikalischen Themenbereichs sind der Lernzirkel und die darin vorkommenden Aktivitäten als ein erster Überblick zu verstehen, der Interesse wecken und das Vorwissen aktivieren soll. Natürlich kann man nicht erwarten, dass bei einer Arbeitsphase von ca. 2–3 h z. B. alle Grundlagen zum elektrischen Stromkreis durch einen Lernzirkel gründlich gelernt werden können. Nacharbeit ist erforderlich, z. B. über Lehrer- Schülerdiskussionen; ggf. prüft ein Nachtest den Lernfortschritt.

6

Lernzirkel sollen multimedial aufgebaut sein

6.1.2 Spiele im Physikunterricht

1. Spiele werden als „Urphänomen" (Scheuerl 1994, S. 113), als „primäre Lebenskategorie" (Huizinga 1956, S. 11) charakterisiert. Sie sind in vielerlei Hinsicht ambivalent. „Das Spiel liegt außerhalb der Disjunktion Weisheit – Torheit, … der von Gut und Böse" (Huizinga 1956, S. 14).

    Spielen bedeutet, in eine Quasi-Realität einzusteigen. Durch Spielen und während des Spielens entsteht ein Freiraum frei von den Sanktionen der umgebenden Realität. Ein Spieler spielt freiwillig aus Freude und Spaß am Spiel, „das er als intensive Gegenwart erlebt" (Wegener-Spöhring 1995, S. 7). Trotzdem setzt das Spiel den Spielenden Grenzen durch Regeln, die sie nicht übertreten dürfen. „Frei, unbestimmt ist das Spiel immer nur innerhalb eines Maßes" (Scheuerl 1994, S. 92).

Merkmale des Spiels:
- Ambivalenz
- Quasi-Realität
- Freiheit
- Geschlossenheit
- Gegenwärtigkeit

Außerdem enthalten Spiele häufig das Moment des Wettstreits, der Auseinandersetzung, der Aggressivität, aber daneben Tendenzen zum Ausgleich, der Balance.

Diese Merkmale müssen nicht immer alle und im gleichen Ausmaß bei einem Spiel vorhanden sein. Hinter *Wettkampfspielen* stehen häufig nicht Selbstvergessenheit und Verspieltheit, sondern bitterer Ernst, Verbissenheit, Tränen, manchmal Verlogenheit, Betrug.

2. Spielen wird hier aus *pädagogischer Sicht* betrachtet: Spiele können das Sozialverhalten Jugendlicher z. B. über *Rollenspiele* beeinflussen. Durch Spiele im Unterricht können sich Dispositionen zu den Naturwissenschaften ändern und abstrakte Begriffe werden veranschaulicht. Durch Spiele könnten sich mäßige Fähigkeiten in der Mathematik und in der Physik verbessern.

> Können Einstellungen zur Physik durch Spiele verändert werden?

Einsiedler (1991) folgend hat das Spiel auch einen *kulturellen Eigenwert*. Außerdem sprechen mehrere pädagogische Gründe *für Spiele in Bildung und Erziehung im Unterricht aller Schulstufen*. Dabei wird ein gegenwärtiges Paradigma der Schule, nämlich „Arbeit", nicht infrage gestellt, sondern „Spiel" als weiteres Paradigma hinzugefügt.

> Zwei sich ergänzende Paradigmen der Schule: Arbeit und Spiel

Im Zusammenhang mit einer kompensatorischen Funktion des Spiels zum Paradigma „Arbeit" wird argumentiert:

- Spielen ist ein „soziales Ereignis" von seltener Dichte, das Fähigkeiten zu sozialer Kommunikation und Interaktion erfordert, nämlich Grundqualifikationen zu sozialem Handeln wie Einfühlungsvermögen, Flexibilität, Integrationsfähigkeit, Rücksichtnahme, Toleranz. (Krappmann 1976, S. 42).

> Spiele im Physikunterricht können fördern:

- In Spielen kann das Mögliche, das Ungenaue, wenig Trennscharfe, das Implizite auch des naturwissenschaftlichen Alltagswissens zum Vorschein kommen; es kann das Irreale, Phantastische, Träumerische zugelassen werden – auch Science-Fiction.

- Durch spielerisches Handeln entstehen Entwürfe der Realität nicht nur als Vorstufe, sondern als Voraussetzung des wissenschaftlichen Arbeitens. „Wahrnehmungsleistungen, motorische Fertigkeiten sowie Intelligenzleistungen … werden großenteils durch Spielaktivität erworben" (Oerter 1977, S. 225). Solche Aktivitäten sind „lebensnotwendig und konstitutiv für die Menschwerdung" (Oerter 1993, S. 13).

> Kreativität Voraussetzungen für wissenschaftliches Arbeiten

- Durch Spiele kann der Physikunterricht „entschleunigt" werden durch einen „subjektiven, erlebnisbezogenen, verschwenderischen Umgang mit Zeit" (Wegener-Spöhring 1995, S. 287)

6

„Entschleunigung" des
Physikunterrichts

Allerdings wird auch vor einer Instrumentalisierung der
Spiele durch die Pädagogik gewarnt (Einsiedler 1991, S. 156),
wie auch vor einer engen Interpretation von „Spiel" als bloße
Übungsspiele in der Phase der Vertiefung oder zur bloßen
Motivation als Einstieg.

Erste Publikationen über Spiele im Physikunterricht stammen in Deutschland aus den ersten Jahrzehnten des 20.
Jahrhunderts. Dussler (1932) analysierte zahlreiche Spiele
im Hinblick auf ihre Einsatzmöglichkeiten im Physikunterricht. In der Physikdidaktik wurde „Spielorientierung"
von einer Arbeitsgruppe um v. Aufschnaiter et al. (1980)
und Schwedes (1982) diskutiert und an selbst entwickelten
Unterrichtsbeispielen empirisch untersucht. Darüber hinaus
hat sich vor allem Labudde (1993) an der Diskussion über
pädagogische Perspektiven des Spiels in der Sekundarstufe I
und II beteiligt.

Klassifikation von Spielen

Einsiedler (1991) unterscheidet *psychomotorische Spiele,
Phantasie- und Rollenspiele, Bauspiele, Regelspiele.* Diese
Klassifikation, die vor allem auf Spiele der Grundschule und
des vorschulischen Bereichs zugeschnitten ist, erweist sich
auch für Spiele in einem allgemeinbildenden Physikunterricht der Sekundarstufen als sinnvoll.

3. Die folgenden Beispiele zeigen Breite und Tiefe dieser
methodischen Großform auch für den Physikunterricht
(Treitz 1996).

Psychomotorische Spiele im
Physikunterricht:

‒ Geschicklichkeitsspiele

Mit *„psychomotorischen Spielen"* sind in erster Linie
Geschicklichkeitsspiele in einem physikalischen Kontext
gemeint. Manche sind altbekannt, wie „Ball an die Wand"
oder „Schatten fangen". Häufig können solche Spiele von
den Schülern selbst erfunden, gestaltet, gebaut werden.
Beispiele sind: „Magnetfische angeln", „Fische stechen" (bei
Lichtbrechung an der Wasseroberfläche) oder der „elektronische Irrgarten", bei dem ein Weg ohne Fehler gefunden
werden muss. Weitere Beispiele sind *Trickversuche,* Spielen
mit Gegenständen im „labilem Gleichgewicht" oder „Jong-
lieren".

‒ gespielte Physik
‒ gespielte Analogien

Eine wichtige Untergruppe der *psychomotorischen Spiele*
sind die von Schülern *gespielten physikalischen Sachverhalte und Analogien.* Damit werden abstrakte Begriffe und
Modellvorstellungen illustriert.
Beispiele:

‒ Die Aggregatzustände, Gasdruck und Gasvolumen,
Ausdehnung bei Erwärmung werden durch das von

Schülerinnen und Schülern dargestellte „Teilchenmodell" interpretiert (Labudde 1993).

— Der elektrische Stromkreis, Widerstand, Strom und Stromstärke werden im „Elektronenmodell" gespielt (Kircher und Hauser 1995).

4. Den gespielten Analogien geht im Allgemeinen die physikalische Information voraus. Dann können Schüler und Schülerinnen ihrer Phantasie freien Lauf lassen, wie ein Begriff dargestellt werden soll, unter den nicht sehr strengen Bedingungen, die für Analogien angemessen sind (▶ Abschn. 5.3).

Phantasie- und Rollenspiele fördern Flexibilität und Kreativität. Indem Kinder und Jugendliche in Rollen schlüpfen und diese ohne ernsthafte Folgen durchspielen können, gewinnen sie nicht nur Handlungskompetenz auf Vorrat, sondern auch Zufriedenheit, Stolz und Freude darüber, eine wichtige Rolle kompetent gespielt zu haben. Solche positiven Emotionen im Spiel scheinen die Bedeutung des Phantasiespiels für die seelische Gesundheit auszumachen (Einsiedler 1991, S. 83). Mit dem Hineinschlüpfen in eine Rolle ist häufig ein Perspektivenwandel verbunden, der anschließend Anlass für „Metagespräche" über die verschiedenen Rollen sein kann.

Phantasie- und Rollenspiele können im Physikunterricht besonders in Projekten vorkommen. Ergreifen Sie als Physiklehrerin/-lehrer die Initiative, um z. B. bei einem Projekt „Lärm" mit dem Deutschlehrer zusammenzuarbeiten, um zu dieser Thematik mit einer Schülergruppe ein Phantasiespiel auszuarbeiten (etwa): „Ein Außerirdischer in der Großstadt".

Auch die *Geschichte der Physik* kann Anregungen für *Rollenspiele* liefern, etwa die Auseinandersetzung Goethes mit der Newton'schen Optik. Ein solches Rollenspiel setzt gründliche historische *Fallstudien* voraus, die i. Allg. über die Physik hinausführen (Duit et al. 1981).

Regelspiele sind i. Allg. *Konkurrenzspiele*, bei denen es Gewinner und Verlierer gibt. Spiele für den Unterricht, sogenannte *Kooperationsspiele*, betonen dagegen „das gemeinsame Spielerlebnis, einfallsreiche Bewegungsabläufe und wechselseitiges Vertrauen stärker als Leistung, Gewinnstreben und Kampf" (Einsiedler 1991, S. 139). Optimistische Annahmen über den Einfluss von Kooperationsspielen gehen davon aus, dass in der modernen Gesellschaft

Phantasie- und Rollenspiele

Spielprojekte

Historische Rollenspiele

Regelspiele
— *Konkurrenzspiele*
— *Kooperationsspiele*

wünschenswerte Dispositionen wie *Kooperationsfähigkeit* und *Solidaritätsfähigkeit* über das schulische Spiel hinaus entstehen.

Kritiker argumentieren, dass Kooperationsspielen die Spieldynamik, die Spannung fehlt. Ferner wird konstatiert, dass Kinder mit zunehmendem Alter *Wettbewerbsspiele* bevorzugen. Einsiedler (1991, S. 141 ff.) plädiert dafür, *beide Spielformen* zu *verwenden,* unter Umständen sogar bei der gleichen Thematik. Da kommerzielle physikalische Spiele in der skizzierten Breite bisher nicht vorliegen, gilt es, aus der Not eine Tugend zu machen und die *Schüler selbst Spiele erfinden* zu lassen.

6 · Selbst gebaute Spiele sind Markenzeichen für die Originalität und Kreativität einer Klasse

Neben Regelspielen in Anlehnung an bekannte Würfelspiele mit „Ereigniskarten", „Fragekarten" und einem Punktesystem kommen dafür Kartenspiele (Memory, Frage-Antwort-Spiel), Brettspiele und auch themenspezifisches „physikalisches Roulett" infrage. Durch ein Moment des Zufalls haben auch leistungsschwächere Schüler und Schülerinnen bei diesem *physikalischen Spiel* ihre Gewinnchancen (Walter 1996). Die *eigenen Spiele* können eine Klasse durch die Schule begleiten, als eine Art Markenzeichen für die Originalität und Kreativität einer Klasse.

Konstruktionsspiele

Konstruktionsspiele sollen technisches Verständnis fördern. In der Primar- und Orientierungsstufe ist dabei in erster Linie an kommerzielle Baukästen zu denken, mit reichhaltigen Vorschlägen für den Bau funktionsfähiger mechanischer, elektrischer und elektronischer Geräte und Anlagen. Anspruchsvoller und kreativer kann die Erfindung technischer Spielereien sein, wie „Papierbrücken" oder „Fahrzeuge" in der Grundschule. In der Sekundarstufe können „Fluggeräte", Papierschwalben, Bumerang, Drachen, Heißluftballone, Segelflugzeuge gebastelt werden oder unterschiedliche Antriebe für „Schiffe", die Labudde (1993) von Studierenden konstruieren ließ. In Wettbewerben werden außer der Funktionsfähigkeit der Geräte berücksichtigt: Originalität, Umweltverträglichkeit, Kosten der verwendeten Materialien.

Spezielle Einstellungen und spezifisches Verhalten der Lehrkräfte

5. Spiele im Unterricht erfordern spezielle Einstellungen und spezifisches Verhalten der Lehrkräfte während des Spiels oder der Spielphasen im Unterricht. Bereits 1984 empfahl die Forschungsgruppe „Spielsysteme" (1984, S. 98 ff.) u. a. folgende Verhaltensweisen:

Die Lehrkraft sollte:

- Spielsituationen von anderen Unterrichtssituationen für die Schüler klar unterscheidbar machen,
- ihre Rolle während des Spiels klar beschreiben und sich daran halten,

- möglichst verschiedene und vielfältige Materialien und Problemstellungen für Spielsituationen anbieten,
- Spielanregungen nicht als Arbeitsanweisungen geben,
- Spiele nicht stören, sondern als Berater fungieren,
- Spiele von den Schülern beenden lassen,
- bewusst wahrnehmen und aushalten, dass sie während eines Spiels unterbeschäftigt, auch untätig sein können.

Spielen muss in allen Schulstufen gefördert werden: Spielförderung
- freies Spielen vor dem Unterricht, in den Pausen, in Spielstunden mit selbst entwickelten Spielen
- Spielförderung in speziellen Unterrichtseinheiten und Projekten
- gespielte Analogien zur Veranschaulichung von physikalischen Sachverhalten und Begriffen einsetzen
- durch Nachdenken über Spiele und Spielen (Metakognition).

6. Mit den digitalen Medien sind vor allem auch computer-   Computerbasierte Spiele
basierte Spiele populär geworden. Hainey et al. (2016) geben einen systematischen Literaturüberblick zum „Game-based Learning". In den Fokus rücken Verhalten und Benehmen, affektive und motivationale Wirkungen, Fertigkeiten bei Wahrnehmung und kognitiver Informationsverarbeitung, Aufbau von Wissen und Verständnis für die Inhalte.

Auch wenn Effekte schon nachzuweisen sind, besteht noch ein deutlicher Bedarf an weiteren Studien, um Unterschiede und möglicherweise andersartige Effekte im Vergleich zu klassischen Spielen nachweisen zu können. Mit neuen Medien können reizvolle Spielwelten und eindrucksvolle Kontexte angeboten werden, viele der oben genannten grundsätzlichen Prinzipien für den Einsatz von Spielen bleiben aber nach wie vor bestehen.

6.1.3 Das Projekt

Der Projektunterricht entstand am Anfang des 20. Jahrhunderts in den USA und wurde vor allem durch Dewey und Kilpatrick ausgearbeitet und propagiert (Frey 2002). Dem Motto *„learning by doing"* folgend, tritt der Lehrer bei Projekten in den Hintergrund; er wirkt vor allem organisierend und beratend. Ursprünglich befassten sich schulische Projekte ausschließlich mit *gesellschaftlich relevanten Themen* („Lärm und Lärmschutz", „Die Sonne schickt uns keine Rechnung"). Dabei sind Schülerinnen und Schüler/Lehramtsstudierende an der Planung beteiligt und tragen auch Verantwortung für den Verlauf und die Ergebnisse eines Projekts.

Schüler sind an der Planung beteiligt und tragen Verantwortung für den Verlauf und die Ergebnisse eines Projekts

Im Zusammenhang mit der Reformpädagogik der 1920er-Jahre wurden ähnliche pädagogische Ideen auch in Deutschland z. B. durch Georg Kerschensteiner und andere verwirklicht. In den Reformdiskussionen der 1960er- und 1970er-Jahre wurden in Deutschland von neuem traditionelle Unterrichtsmethoden infrage gestellt und Defizite im Unterricht und in der Schule kritisiert. Kritikpunkte waren dabei u. a. die Diskrepanz zwischen Schule und alltäglichem Leben, der stark fachbezogene Unterricht, das Lehrer-Schüler-Verhältnis und auch Unterrichtsinhalte mit *geringer Relevanz für die Schüler*. Die wiederentdeckte Projektmethode versprach hier Verbesserungen. Sie berücksichtigt ausdrücklich pädagogische Aspekte (z. B. Frey 1982, S. 26 ff.). Das heißt, sie ist maßgeblich an den Interessen und Bedürfnissen der Schüler orientiert, während die gesellschaftliche Bedeutung nicht mehr als eine notwendige Bedingung für „Projekte" in der Schule verstanden wird. Dies hat Auswirkungen sowohl auf die Themenwahl (Hepp et al. 1997; Mie und Frey 1994) als auch für das „Grundmuster" von Projekten (Frey 1982, S. 54; Mie und Frey 1994).

Legt man die Lehrpläne der verschiedenen Schularten und Schulstufen zugrunde, scheint sich die Projektidee in Deutschland durchgesetzt zu haben; Projekte sind in allen Schulstufen (Primarstufe, Sekundarstufe I und II) vorgesehen und auch realisiert worden.

Was ist das Besondere des Projektunterrichts?

Komplexe, für die Schülerinnen und Schüler auch persönlich ansprechende und relevante Themen kommen zur Auswahl und werden von ihnen bearbeitet. Interdisziplinäres und vernetztes Denken ist gefordert, und Projekte ermöglichen eine inhaltliche Öffnung der Schule (auch im Hinblick auf eine spätere Berufspraxis). Folgende Merkmale werden von Mie und Frey (1994) genannt:

— *Bedürfnisbezogen:* Die Schüler sollen für das Projektthema intrinsisch motiviert sein, d. h. die Lösung der durch das Projekt gestellten Aufgabe muss ihnen wichtig sein.
— *Situationsbezogen:* Dies soll eine Brücke schlagen zwischen der „theoretischen" Schule und der Alltagswelt, indem die Thematik so gewählt wird, dass sie dazu beiträgt, Lebenssituationen außerhalb der Schule zu bewältigen.
— *Selbstorganisation des Lehr-Lern-Prozesses:* Hierbei geht es darum, Verantwortungsbewusstsein und Organisationsfähigkeit bei den Kindern zu stärken, indem sie Zielsetzung, Planung und Durchführung eines Projektes wesentlich mitbestimmen oder selbst übernehmen.

6

Die neu konzipierte Projektmethode berücksichtigt pädagogische Aspekte neben den gesellschaftlichen

Merkmale

- *Kollektive Realisierung:* Das notwendige Zusammenarbeiten mehrerer, größtenteils unabhängiger Gruppen fördert die Einsicht in die Nützlichkeit von Teamarbeit zur Bearbeitung und Lösung komplexer Zusammenhänge.
- *Produktorientiert:* Da am Ende des Projekts ein „greifbares" Ergebnis steht, ergibt sich für die Schülerinnen und Schüler eine zusätzliche Motivation, indem sie auf ein konkretes, vorzeigbares Ziel hinarbeiten.
- *Interdisziplinarität:* Ein Projekt ist nicht fach-, sondern sachgebunden, woraus sich die Notwendigkeit zur Zusammenarbeit auch mit fachfremden Sachbereichen ergibt. Dadurch erhalten Lernende erste Einblicke in interdisziplinäre Arbeitsweisen, die nötig sind, um komplexe Situationen lösen zu können. Weiterhin wird deutlich, dass sich unterschiedliche Disziplinen gegenseitig befruchten und so Fortschritte für beide erreicht werden können.
- *Gesellschaftliche Relevanz:* Im Allgemeinen wird ein gesellschaftlich relevantes Problem bearbeitet und so ein Bezug zwischen Schule und Gesellschaft hergestellt.

In einem schulischen Projekt sind in der Regel nicht alle diese Merkmale erfüllt. Treffen nur einige Merkmale aus obiger Auflistung zu, so spricht man von *projektorientiertem Unterricht.* Eine scharfe Trennung zwischen Projekt und projektorientiertem Unterricht ist nicht möglich; die Diskussion darüber ist ein Randproblem, das hier nicht weiter verfolgt wird.

Projektorientierter Unterricht: Nicht alle Merkmale sind erfüllt

Wie verläuft ein Projekt?

Frey (1982, S. 52 ff.) schlägt ein *Grundmuster* für den Ablauf von Projekten vor, das *sieben Komponenten* enthält. Natürlich sind weder dieses Grundmuster noch die einzelnen Komponenten zwingend. Das heißt, das Schema ist als Orientierungshilfe anzusehen und nicht als strikt einzuhaltende Handlungsvorschrift.

Grundmuster nach Frey

▪ Projektinitiative

Ein Projekt wird von Seiten der Schülerinnen und Schüler, der Lehrkraft oder von Eltern angeregt: Eine Idee wird diskutiert und dann entschieden, ob und in welcher Form die Projektidee aufgegriffen wird. Das bedeutet, es werden verschiedene Aspekte (z. B. physikalische, technische, historische, gesellschaftliche, ästhetische, literarische Aspekte) einer Thematik in einer Diskussionsrunde noch im Klassenverband herausgearbeitet. Empfehlenswert ist, zwischen der

Projektinitiative

„Projektinitiative" und dem weiteren Projektverlauf einige Tage „Nachdenkzeit" einzuschieben, um die Ideen ausreifen zu lassen und um das personale Umfeld der Schüler (Eltern, Freunde) informell in das Projekt einzubeziehen.

▪ Die Auseinandersetzung mit der Projektinitiative

Verständigung über zeitlichen und kommunikativen Rahmen

Die Teilnehmer verständigen sich über einen *zeitlichen und kommunikativen Rahmen,* in dem die Auseinandersetzung stattfinden soll. Diese Vereinbarungen sollen dafür sorgen, dass das Projekt nicht schon am Anfang aufgrund von Problemen scheitert, die z. B. mit dem Sozialverhalten der Schüler untereinander zu tun haben.

Gruppenbildung aufgrund sachbezogener Motivation

Vor der inhaltlichen Auseinandersetzung mit der Projektinitiative werden Gruppen aufgrund des Interesses der Schüler an den möglichen Teilthemen gebildet. Falls sich im Verlauf der nun folgenden Diskussion herauskristallisiert, dass das Projekt nicht durchführbar ist oder keine Zustimmung findet, wird es abgebrochen. Ein Abschluss schon im Vorfeld eines Projekts sollte jedoch die Ausnahme sein, um den Schülern nicht die nötige Motivation für die Durchführung weiterer Projekte zu nehmen. Im Falle der Akzeptanz erfolgt die *Anfertigung einer Projektskizze.*

▪ Entwicklung des Betätigungsfeldes

Projektskizze

Bildungsbedeutsame Inhalte des thematischen Bereichs sind auszuloten und zu skizzieren; außerdem wird ein detaillierter Plan über den *zeitlichen Verlauf und den inhaltlichen Umfang des Projekts* erstellt. Die *„Entwicklung des Betätigungsfeldes"* bedeutet *„auszumachen, wer etwas tut, wie jemand etwas tut und unter Umständen auch, wann jemand etwas tut"* (Frey 1982, S. 57). *Mittelbar Beteiligte* – z. B. kommunale Behörden, Fachleute aus dem Handwerk oder der Industrie, kooperierende Lehrer aus anderen Fächern – müssen nun in die Überlegungen mit einbezogen werden. Außerdem muss eine *sinnvolle Arbeitsteilung in den Arbeitsgruppen* diskutiert und entschieden werden.

Projektplan

Als Ergebnis dieser Phase soll *ein Projektplan* stehen, der den weiteren Ablauf festlegt und von dem nicht ohne triftigen Grund abgewichen werden sollte. Der Projektplan jeder Gruppe muss organisatorische Details enthalten wie z. B. *Listen* über die benötigten *Materialien und das Handwerkszeug* (z. B. für informierende Plakate, den Bau eines technischen Gerätes oder für die Durchführung eines physikalischen Versuchs), über die *relevante Literatur,* über *Aktivitäten in und außerhalb der Schule,* über *Geräte zur Dokumentation des Projekts* (Foto, Videokamera, Computer, Smartphone).

- **Aktivitäten im Betätigungsfeld**

Anschließend befassen sich die Gruppen verstärkt mit den *Teilgebieten,* für die sie sich entschieden haben. Dabei sind alle Arten von Tätigkeitsformen möglich: Bei Projekten im Physikunterricht beschäftigt man sich oft mit „Hardware"-Produkten, d. h. mit *physikalischen Grundversuchen* zum thematischen Bereich, mit dem *Zerlegen von Geräten* (z. B. Fahrrad, Fernsehgerät, Fotoapparat, Moped), mit dem *Bau von Geräten oder Modellen* von Geräten (Fernrohr, Solarofen, Heißluftballon, Segelflugzeug, Raketen, Radio). „Software"-Produkte, häufig Plakate, liefern Informationen z. B. *über die historische Entwicklung der Raumfahrt, über die Folgen von Lärm für die Gesundheit, über kommunale Maßnahmen gegen Verkehrslärm, über die Bedeutung von Farben für Menschen und Tiere, über die Probleme der Entsorgung von radioaktivem Abfall.*

Die Aufgabe der Lehrkraft ist hierbei *die Koordination der einzelnen Gruppen sowie die Hilfestellung und Beratung bei evtl. auftretenden Problemen organisatorischer, fachlicher, handwerklicher oder auch sozialer Art.*

Aktivitäten im Betätigungsfeld

- **Projektabschluss**

Wir weichen hier von den Vorschlägen Freys (1982) für den Abschluss eines Projekts ab: Der „normale" Abschluss eines Projekts enthält die Elemente *Vorbereitung der Präsentation, Präsentation, Reflexion des Projektverlaufs, Reflexion „Projekte – Schule – Gesellschaft"*. Wie die Erfahrung zeigt, ist für den im Folgenden skizzierten „bewussten Abschluss eines Projekts" mindestens ein Schultag vorzusehen.

Die übliche und vielleicht auch für die Schüler befriedigendste Art ist die eines *bewussten Abschlusses.* Hierbei werden die Ergebnisse veröffentlicht und Produkte im Rahmen einer Vorführung vorgestellt und in Gebrauch genommen.

Eine solche *Präsentation der Produkte* ist für Schülerinnen und Schüler die Krönung des Projektes, da sie hier im Gegensatz zum sonst üblichen Unterricht ein eigenes Ergebnis vorzuweisen haben und damit zeigen können, welche Leistungen sie im Verlauf des Projektes erbracht haben. Die Erfahrung zeigt, dass diese Präsentation – zu der auch Schüler anderer Klassen, eventuell Eltern, die lokale Presse eingeladen sind – sorgfältig in den Gruppen vorbereitet werden muss. Grundsätzlich gilt: *An der Präsentation ist jedes Gruppenmitglied beteiligt, unterstützt wird jedes Mitglied. Kritische Punkte müssen vorab geklärt werden, nicht während der Präsentation in der (Schul-) Öffentlichkeit.*

– Vorbereitung der Präsentation
– Reflexion des Projektverlaufs
– „Projekt – Schule – Gesellschaft"

Die Präsentation der Produkte muss in der Gruppe sorgfältig vorbereitet werden

6

Reflexion des Projektverlaufs

Am folgenden Unterrichtstag wird in einer ersten Diskussion der *Verlauf des Projekts* reflektiert, das Erhoffte und das Erreichte verglichen, die kleinen und großen organisatorischen, fachlichen, handwerklichen und menschlichen Schwierigkeiten und ihre Bewältigung erörtert.

Bedeutung des Projekts für das Schulleben und darüber hinaus

Bei einem bewussten Abschluss eines Projekts wird diskutiert, welche *Bedeutung das Projekt für das Schulleben und darüber hinaus für den Alltag* hat, wie es auch schulextern weiterwirken kann (z. B. durch die Schülerzeitung, durch das Mitteilungsblatt der Gemeinde, durch die lokale Presse, durch Bürgerinitiativen, durch Diskussionen mit der Stadtverwaltung oder Parteien).

■ **Fixpunkte**

Bisherige Arbeit: Koordinieren – Beurteilen

Fixpunkte sind in Mittel- und Großprojekten wichtig, um nicht in einen orientierungslosen Aktionismus zu verfallen. Auf Wunsch einer Gruppe wird ein „Fixpunkt" in den Projektablauf eingeschoben (für eine Gruppe bzw. alle Gruppen), um bisher Geleistetes zu beurteilen und zu koordinieren oder auch, um Probleme zu besprechen. „Fixpunkte sind die organisatorischen Schaltstellen eines Projekts" (Frey 1982, S. 131).

■ **Metainteraktionen**

Schüler und Lehrer setzen sich kritisch mit dem bisherigen Projektverlauf auseinander

Wie die Fixpunkte, so sind auch die *Metainteraktionen* nicht im Voraus festgelegt, sondern werden bei Bedarf eingeschoben. Hierbei geht es darum, dass *Schüler und Lehrer sich kritisch und distanziert mit ihrem eigenen Tun auseinandersetzen.* Es wird besprochen, ob der kommunikative Rahmen von Anfang an gestimmt hat oder ob er abgeändert werden muss. Es werden besonders gute und/oder schlechte *Arbeitsphasen* diskutiert. Auch Spannungen und soziale Probleme innerhalb der Gruppe sollen hier aufgearbeitet werden.

Zusammenfassende Bemerkungen über Projektunterricht

Die Alltagswelt der Schüler wird immer stärker dominiert von Tätigkeiten, die wenig Raum lassen für eigene Erfahrungen. Selbstständiges und selbsterfahrendes Handeln tritt in den Hintergrund.

Projektunterricht ermöglicht kognitive, affektive und psychomotorische Erfahrungen mit komplexen Situationen der Lebenswelt

Der Projektunterricht bietet Chancen zur „inneren Differenzierung". Schülerinnen und Schüler können je nach Interesse und Begabung *Erfahrungen aus erster Hand* sammeln und bei komplexen Themen der Alltagswelt auch *die Grenzen eigenen Tuns* erfahren. Durch eigenverantwortliche Tätigkeiten in Kleingruppen bietet sich die *Möglichkeit der sozialen Integration* von stilleren und/oder schwächeren Schülern, die sich in der Großgruppe, dem Klassenverband eher zurückziehen. In den kleinen Gruppen sind alle aufeinander angewiesen, die immer aktiven, manchmal vielleicht vordergründigen Schüler ebenso wie die ruhigen, vielleicht nachdenklichen. Die Teilnahme von Schülern aus mehreren Jahrgangsstufen und Klassenverbänden ("Äußere Differenzierung") bietet die Möglichkeit zur "vertikalen Sozialisation", die im üblichen Unterricht nicht vorkommt.

Verschiedene Probleme können ein Projekt erschweren oder gar verhindern:

- Ein Projekt erfordert viel Zeit und kann nicht im Rahmen des üblichen Stundenplans durchgeführt werden. Deshalb sind für Projekte ausdrücklich ausgewiesene *Freiräume in den Lehrplänen* erforderlich.

  Freiräume in den Lehrplänen

- Nicht nur für eine anzustrebende Interdisziplinarität eines Projekts ist man auf die *Kooperationsbereitschaft des Lehrerkollegiums* angewiesen.

  Kooperationsbereitschaft des Lehrerkollegiums

- Nicht jedes physikalische Thema der gegenwärtigen Lehrpläne eignet sich für ein Projekt. Nach einer *didaktischen Analyse* (▶ Kap. 3) erweist es sich, ob zu einem Thema mehrere relevante Sinneinheiten (Teilthemen) entwickelt werden können. Im Idealfall soll diese Untergliederung in *Sinneinheiten durch die Schüler* selbst erfolgen. Bei geringer Projekterfahrung der Schüler werden solche Teilthemen von der Lehrkraft vorgeschlagen.

- Es können juristische Probleme auftauchen, wenn z. B. bei *außerschulischen Aktivitäten* die Aufsichtspflicht berührt wird. Derlei Angelegenheiten müssen im Voraus mit *den Erziehungsberechtigten und der Schulleitung* abgeklärt werden.

- Es widerspricht der Projektidee, Einzelleistungen bzw. Gruppenleistungen zu benoten. Eine Entscheidung, während des Projekts einen "notenfreien Raum" einzurichten, kann immer noch auf Widerstände im Lehrerkollegium und bei Eltern stoßen.

  Noten in Projekten?

- Schulische Erfahrungen deuten an, dass durch Projekte kein zusammenhängendes physikalisches Wissen vermittelt wird. Ein Projekt verfolgt eher ein *Verständnis allgemeiner Zusammenhänge, Verständnis grundlegender physikalischer Begriffe und Gesetze* als Feinziele (Wissen von Fakten, Fachausdrücken, Gesetzen). Das bedeutet, dass es sinnvoll ist, ein *Projekt fachlich nachzuarbeiten,* d. h. nach dem Projekt notwendige physikalische Zusammenhänge herzustellen und relevante Begriffe zu vertiefen und zu integrieren.

  Nacharbeiten zu einem Projekt:
– physikalische Zusammenhänge herstellen
– grundlegende physikalische Begriffe vertiefen

- Frey (1982, 2002) hält einen Abschluss des Projekts prinzipiell nach jedem "Schritt" des Grundmusters für möglich. Ein Projekt sollte aber nicht frühzeitig scheitern; es sollte immer ein *bewusster Abschluss* angestrebt werden.

  Ein Projekt sollte nicht scheitern!

Durch die Präsentation der Produkte und der anschließenden Reflexion des Projekts erfahren die Schülerinnen und Schüler die Sinnhaftigkeit ihres Projekts und werden möglicherweise zu weiteren ähnlichen Aktivitäten im außerschulischen Raum angeregt.

— Mit zunehmender Projekterfahrung wird eine Lehrkraft das notwendige Selbstvertrauen und die Gelassenheit entwickeln, um ein so komplexes Unterrichtsvorhaben in einer angemessenen Form zu koordinieren und zu organisieren, als „Mädchen für alles" einzuspringen und dabei Ruhe auszustrahlen, den Überblick zu bewahren.

6.1.4 Der Kurs

In einem Kurssystem wird Unterricht in Form von wählbaren Einheiten abgehalten. Für einen Kurs sind Ausgangspunkt, Voraussetzungen, Ziele, Arbeitsformen und ggf. Prüfungsformen festgelegt.

Kurssystem soll individuelle Begabungen und Interessen fördern

Im Zusammenhang mit der Reform der gymnasialen Oberstufe in den 1970er-Jahren wurde in der Bundesrepublik ein Kurssystem eingeführt. Ein Ziel war es, individuelle Begabungen und Interessen besser zu fördern als im traditionellen Klassenunterricht. Diese Förderung wird auch dadurch verstärkt, dass eine kleinere Anzahl an Lernenden einen *Kurs* bilden als eine „Schulklasse". Die inhaltlich unterschiedlichen Ausrichtungsmöglichkeiten sollten auch besser auf ein Fachstudium oder eine Berufsausbildung vorbereiten. Eine Lehrkraft kann sich in einem Kurs intensiver um einzelne Schülerinnen und Schüler kümmern.

Charakteristisch für einen Kurs sind seine u. U. sehr *spezielle Thematik*, sein *zeitlicher Umfang* und seine *Zusammensetzung*: Im Kurssystem der gymnasialen Oberstufe dauert ein Kurs i. Allg. ein halbes Schuljahr; die Kurse an der Universität erstrecken sich über ein Semester, aber u. U. auch nur über eine oder zwei Wochen oder sogar nur über ein verlängertes Wochenende. Die Zusammensetzung der Teilnehmer orientiert sich am jeweiligen Interesse am Fach, aber auch an der sozialen Konstellation innerhalb einer Gruppe (Sympathie oder Antipathie zwischen den Kursteilnehmern), an der individuellen Leistungsfähigkeit der jeweiligen Schülerinnen und Schüler im entsprechenden Fachgebiet, an der fachlichen, didaktischen und sozialen Kompetenz der Lehrkraft.

Es gibt eine Vielzahl unterschiedlicher Modelle. So ist z. B. von dem einfachen Kurssystem ein Kern-Kurssystem zu unterscheiden (vgl. Keim 1987). Dort gibt es einen für alle verpflichtenden *Kernunterricht* und ergänzend zu diesem je nach Neigung und Begabung Zusatzkurse, von denen eine festgelegte Mindest-, bzw. Höchstanzahl belegt werden muss. Es wird hier darauf verzichtet, die Unterschiede beider Konzeptionen und die verschiedenen Realisierungsmöglichkeiten weitergehend zu erörtern.

Vor- und Nachteile eines Kursunterrichtes: Viele Arbeiten, die jährlich in dem Programm „Jugend forscht" eingereicht werden, haben ihren Ursprung in Kursen oder kursähnlichen Arbeitsgemeinschaften an den Schulen. Zweifellos können durch die Wahl bzw. die Abwahl von Fächern individuelle Neigungen und Begabungen grundsätzlich besser gefördert und entwickelt werden. Wenn jahrgangsübergreifende oder schulübergreifende Kursbelegungen möglich sind, entstehen neue soziale Beziehungen unter Schülerinnen und Schülern.

Durch die Wahlfreiheit der Lernenden werden demokratische Elemente in die bisher hierarchisch aufgebaute Schule eingebracht. Da die schulischen und sozialen Folgen der Kurswahl unmittelbar erlebt werden, sind Schüler gezwungen, vor ihrer Entscheidung Vor- und Nachteile, Komplikationen und Konsequenzen gründlich abzuwägen. Da Sympathie oder Abneigung zwischen Lehrern und Schülern einen erheblichen Einfluss auf das Unterrichtsklima und damit auf den Lernerfolg haben, ist es im Interesse aller, wenn sich Lernende über die Kurswahl für die Lehrenden entscheiden können, mit deren Art des Umgangs und des Lehrstils sie am besten zurechtkommen.

Individuelle Neigungen und Begabungen können besser gefördert werden

Bei einer mangelnden Beratung von Schülern und Eltern bei gleichzeitigem vielfältigem Kursangebot besteht *die Gefahr der Überforderung der Jugendlichen* bei der Auswahl der für sie geeigneten und sich sinnvoll ergänzenden Kurse. Zudem führt Keim (1987) an, dass die *Auflösung der festen Klassenverbände eine Gemeinschaftsbildung beeinträchtigen* kann und zur Zersplitterung des sozialen Umfeldes der Schüler führt. Das gelegentlich angeführte Argument, in einem Kurs würden soziale Lernziele zu kurz kommen, mag treffend sein. Falls in Physikkursen allerdings Gruppenunterricht oder Projektunterricht praktiziert wird und somit auch Lernziele gefördert werden, die über den kognitiven Bereich hinausgehen (z. B. soziale Lernziele), wird dem entgegengewirkt.

Mit der Wahlfreiheit ist auch eine Reihe von Problemen verbunden

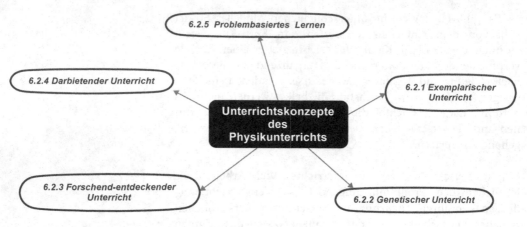

6

�‌ Abb. 6.5   Übersicht über die behandelten Unterrichtskonzepte

6.2   Unterrichtskonzepte des Physikunterrichts

Nachfolgend wird eine Auswahl von Unterrichtskonzepten vorgestellt, die für den Physikunterricht relevant sind (◘ Abb. 6.5).

6.2.1   Exemplarischer Unterricht

Gründlichkeit durch
Selbstbeschränkung

Der Physiker Ernst Mach (1838–1916) forderte angesichts des ständig und immer rasanter anwachsenden Wissens in seiner Disziplin „exemplarisches Lehren". In den 1950er-Jahren führte Wagenschein diesen Begriff in die pädagogische und didaktische Diskussion ein. „Exemplarischer Unterricht" bedeutet vor allem eine *Auswahl didaktisch relevanter Inhalte*. Im Falle des Schulfaches Physik entstammen solche besonders wichtigen Inhalte vor allem *der begrifflichen, der methodischen und der Metastruktur der Physik* (▶ Abschn. 2.2).

Allgemeine Züge der Physik
sollen erarbeitet, verstanden
und auf weitere Beispiele
übertragen werden
Kern der exemplarischen
Methode

Diese Inhalte werden repräsentativ für viele weitere ähnliche Inhalte im Unterricht thematisiert (z. B. Köhnlein 1982, S. 135). Am besonderen Beispiel sollen allgemeine Züge der Physik erarbeitet, verstanden und auf weitere Fälle übertragen werden, etwa *die Bedeutung von Messungen, von Messungenauigkeiten, von Experimenten in der Physik*. Dabei reicht nicht immer ein einzelnes Beispiel. Nur wenn „das vergleichende *Erforschen der Variationsmöglichkeiten* eines Beispiels und die *Heraushebung des Gemeinsamen* als eine Vermutung oder ein methodisches Prinzip" (Köhnlein 1982, S. 9) möglich ist und auch realisiert wird, ist das Beispiel nicht nur ein isolierter Sachverhalt, sondern der *Kern der exemplarischen Methode*. Dabei entsteht eine Beziehung zwischen einem Lerngegenstand und einem Lernenden. Das heißt, eine solche Lernsituation ist *exemplarisch für etwas und für jemanden* (Köhnlein

1982, S. 8 f.). Exemplarischer Unterricht sucht im Einzelnen das Ganze (Wagenschein 1968, S. 12 f.).

Exemplarisches Lehren ermöglicht auch Zeitgewinn, weil Physik nicht mehr umfassend, möglichst vollständig gelehrt/ gelernt wird. Die gewonnene Zeit kann genutzt werden, um einen exemplarischen Inhalt *gründlich zu verstehen*. Von Lehrenden und Lernenden ist allerdings noch ein weiterer Arbeitsschritt zu leisten. Zum Verstehen gehört noch das Wissen um die *Querverbindungen zwischen Einzelphänomenen*.

> Intensives Arbeiten
> Gründliches Verstehen
> Querverbindungen zwischen Einzelphänomenen

Es müssen die „Einzelkristalle des Verstehens" (Wagenschein 1976, S. 207) zusammengefügt werden, sodass für die Lernenden ein *authentisches Bild der Wissenschaft Physik* entsteht. Dieses besitzt Relevanz für die Lebenswelt, d. h. für die *Gesellschaft* und für das Weltbild und den *Lebensstil* der Individuen. Das bedeutet dann auch, dass wichtige *technische Geräte* wie der Computer im Physikunterricht *ebenfalls exemplarisch thematisiert* werden. Wagenschein hat in seinen Seminaren folgende Analogie verwendet, die auch *informierenden Unterricht* einbezieht: Der genetisch-exemplarische Unterricht entspricht *Brückenpfeilern*, informierender Unterricht entspricht den *Brückenbögen, die die Pfeiler verbinden*.

> Genetischexemplarischer Unterricht: „Brückenpfeiler"
> Informierender Unterricht: „Brückenbögen"

Köhnlein (1982, S. 5 ff.) unterscheidet *illustrierende, „belegende"* (bestätigende) und *einführende* Beispiele. Es sind die „einführenden" Beispiele, die für ein erstes Verständnis der Physik unbedingt notwendig sind. Für die einführenden Begriffsbildungen der Physik gibt es anscheinend gar keine andere Möglichkeit, als sich an *überzeugenden, motivierenden* Beispielen aus der Lebenswelt der Schüler zu orientieren. Sie werden zunächst auf dem Hintergrund von Alltagserfahrungen mithilfe der Umgangssprache interpretiert. Bei Bedarf werden dann die Fachausdrücke der Physik eingeführt. Für das *Entdecken neuer Zusammenhänge*, für das *Bilden neuer Begriffe*, für die *Systematisierung des neu Gelernten* muss *die Möglichkeit zu intensiver Beschäftigung* mit dem Lerngegenstand garantiert werden.

> Einführende Beispiele sind notwendig

Zusammenfassung

Auch der exemplarische Unterricht benötigt didaktische Vorgaben darüber, was im Physikunterricht relevant ist, d. h. was „exemplarisch" thematisiert werden soll.

Der exemplarische Unterricht gibt kein Artikulationsschema für den wünschenswerten Verlauf des Unterrichts vor. Exemplarischer Unterricht impliziert:

− konstruktives Auswählen von Themen, aus denen sich typische physikalische Strukturen, Arbeits- und Verfahrensweisen, repräsentative Erkenntnismethoden exemplarisch gewinnen lassen

— intensive Auseinandersetzung mit relevanten, motivierenden „physikhaltigen" Beispielen aus der Lebenswelt der Schülerinnen und Schüler
— die Notwendigkeit, *Zusammenhänge herzustellen* zwischen den Beispielen.

6.2.2 Genetischer Unterricht

Comenius:
Die Dinge werden am besten, am leichtesten, am sichersten so erkannt, wie sie entstanden sind

Die Idee von „natürlichen" und besonders wirksamen Lehr- und Lernmethoden reicht mindestens bis zu Comenius (1592–1670) zurück (Schuldt 1988). Man soll „von der Natur lernen und den Wegen nachgehen, die sie bei der Erzeugung der zu längerer Lebensdauer bestimmten Geschöpfe einschlägt" (Comenius 1960, S. 107). Die Dinge werden „am besten, am leichtesten, am sichersten … so erkannt, wie sie entstanden sind" (Comenius 1960, S. 139). Diese später „historisch-genetisch" bzw. „individual-genetisch" genannten Vorstellungen über das Lernen tauchen auch in der Folgezeit immer wieder auf. Sie orientieren sich an den dominierenden Weltbildern (wie z. B. der Evolutionstheorie) einer Epoche, an psychologischen Theorien (z. B. der genetischen Erkenntnistheorie Piagets) oder normativen pädagogischen Auffassungen („Schule vom Kinde aus") und differenzieren dadurch die ursprünglichen Ideen immer wieder bis in unsere Zeit. Der genetische Unterricht berücksichtigt im Wesentlichen drei Aspekte (z. B. Köhnlein 1982):

Individual-genetischer Aspekt

— Der individual-genetische Aspekt berücksichtigt Vorwissen, Vorerfahrungen und die entwicklungspsychologischen Möglichkeiten zur Entwicklung von Kenntnissen und Fähigkeiten.

Logisch-genetischer Aspekt

— Der logisch-genetische Aspekt betont das Nachentdecken naturwissenschaftlicher Sachverhalte. Es werden die inneren Strukturen des Lerngegenstandes verstehend nachvollzogen.

Historisch-genetischer Aspekt

— Der historisch-genetische Aspekt folgt im Wesentlichen dem Prozess der Erkenntnisgewinnung in der Geschichte der Naturwissenschaften.

Es wird hier nur der individual-genetische Aspekt erläutert, der *schülerorientierten Unterricht* bedeutet.

1. Der individual-genetische Unterricht geht von grundlegenden Erfahrungen, von *Vorverständnissen*, von *Weltbildern* der Schüler aus. Diese Vorstellungen werden im Unterricht weiterentwickelt und geändert, ohne jedoch zu schnell eine dem Lernenden noch fremde Methode der Wissensaneignung vorzuschlagen oder *anzuordnen*

(die naturwissenschaftlichen Methoden), unverstandenes Wissen (z. B. physikalische Begriffe) *überzustülpen*, in *verfrühte Fachterminologie* zu verfallen.

>> Der Weg des Unterrichts ist nicht der Wissenschaftsgeschichte verpflichtet, sondern sucht didaktisch fruchtbare Situationen nach Maßgabe der sich entwickelnden Fassungskraft und Interessenlage der Schüler. (Köhnlein 1982, S. 89)

2. Als besonders relevante Lernvoraussetzungen haben sich die Alltagsvorstellungen der Schüler über physikalische Begriffe, Methoden, Weltbilder herausgestellt. Die Änderung der in der Lebenswelt verankerten Alltagsvorstellungen ist sehr schwierig. In ► Kap. 9 sind Möglichkeiten diskutiert, wie Lehrer angemessen mit solchen Vorstellungen umgehen können.

> *Alltagsvorstellungen sind wesentliche Lernvoraussetzungen*

3. Durch die Kenntnis vieler relevanter Alltagsvorstellungen (Duit 2009) und durch die Forschungsergebnisse über Bedeutungsänderungen von Begriffen und Begriffssystemen *("conceptual change")* besteht die Aussicht, „genetischen Unterricht" als ein physikmethodisches Basiskonzept in die Lehrerbildung aufzunehmen.

> *Genetischer Unterricht als physikmethodisches Basiskonzept der Lehrerbildung*

— Genetischer Unterricht erfordert eine Umdeutung der Lehrerrolle. Lehrkräfte sind keine Instruktoren, sondern in erster Linie *Moderatoren von Lernprozessen*.

> *Lehrkräfte sind keine Instruktoren, sondern Moderatoren von Lernprozessen*

— Die Bezeichnung „genetischer Unterricht" ist auf den deutschen Sprachraum beschränkt. Dieser Ausdruck wird beibehalten als Metapher für „humanes Lernen der Physik".

6.2.3 Forschend-entdeckender Unterricht

Entdeckender Unterricht (Discovery Learning) basiert einerseits auf lernpsychologischen Erkenntnissen und Ansätzen (z. B. Bruner 1970), andererseits kann dieses schülerorientierte Konzept auch pädagogisch begründet werden.

Im schulischen Kontext bedeutet „entdecken" natürlich nicht physikalische Forschung mit neuen Ergebnissen, sondern *subjektiv Neues für Lernende*. Wenn Hinweise, Ratschläge oder Anweisungen für den Entdeckungsprozess von Lehrenden gegeben werden, spricht man von „gelenkter Entdeckung". Fehlen solche Hilfen, wird der Ausdruck „forschen" bzw. „Forschender Unterricht" verwendet.

Forschend-entdeckender Unterricht betont den Unterschied zu einem zufälligen Entdecken von Sachverhalten. Naturwissenschaftliche Arbeitsweisen werden eingesetzt, um Fragestellungen zu verfolgen und Gesetzmäßigkeiten aufzudecken.

In der aktuellen Forschungsdiskussion wird deutlich, dass ein forschend-entdeckendes Lernen kaum ohne Hilfen und erst durch ein Mindestmaß an Lenkung effektiv wird. Alfieri et al. (2011) fanden über ihre Metaanalyse heraus, dass forschende, untersuchungsbasierte *(inquiry-based)* Methoden mit geringster Führung oder ganz ohne Lenkung weniger effektiv sind als eine direkte Instruktion. Entdeckendes Lernen soll durch Feedback, ausgearbeitete Musterbeispiele, Strukturierungshilfen unterstützt werden und eigene Erklärungen der Lernenden anregen (vgl. Alfieri et al. 2011).

Einen weiteren Überblick gibt die Metaanalyse von Lazonder und Harmsen (2016). Eine geläufige Einteilung von Hilfen unterscheidet *Interpretationshilfen,* die Lernenden das Verstehen wichtiger fachlicher Konzepte erleichtern, *experimentelle Hilfen,* die beim Design und der Durchführung von Experimenten unterstützen, und *Reflexionshilfen* für den Blick auf Vorgehen und Wissenserwerb. Lazonder und Harmsen (2016) in Anlehnung an De Jong und Lazonder (2014) unterscheiden aber noch detaillierter sechs Hilfsmaßnahmen, die vor und/oder während des forschend-entdeckenden Lernens realisiert werden können:

- Umfang und Komplexität der Lernaufgabe reduzieren – als Hilfe für Lernende, die im Prinzip das Vorgehen und die Lernaufgabe bewältigen können, denen aber noch die Expertise fehlt, dies unter anspruchsvolleren Rahmenbedingungen zu leisten.
- Einen Überblick zum aktuellen Status des Vorgehens und der Lernaufgabe anbieten – eine Unterstützung für Lernende, die zwar die grundlegenden Fertigkeiten beherrschen, die aber Unsicherheiten beim Planen und dem gezielten Verfolgen ihrer Lernwege zeigen.
- Hinweise mit Aufforderung zu einer weiteren Aktion geben – als Hilfe für Lernende, die einen Arbeitsgang beherrschen, diesen aber u. U. nicht selbstständig starten.
- Anregen zu einer Aktivität mit dem Vorschlag, wie diese zu realisieren ist – für Schülerinnen und Schüler, die nicht genau wissen, wann und wie ein Vorgehen, z. B. eine Denkstrategie, anzuwenden ist.

- Unterstützung durch Erklärung geben oder anspruchsvolle Aufgabenteile als Lehrkraft übernehmen – für Lernende, die nicht die Fertigkeit haben, eine Tätigkeit selbstständig durchzuführen oder das Vorgehen nicht aus dem Gedächtnis abrufen können.
- Exakt erklären, wie vorzugehen ist – für Schülerinnen und Schüler, denen ein bestimmtes Vorgehen gänzlich unbekannt ist.

In die lernpsychologische Begründung des Discovery Learning gehen folgende Hypothesen ein (Ausubel et al. 1981, S. 30 ff.):

- Das entdeckende Lernen erzeugt in einzigartiger Weise Motivation und Selbstvertrauen.
- Das entdeckende Lernen ist die wichtigste Quelle für intrinsische Motivation.
- Entdeckendes Lernen sichert das Gelernte langfristig im Gedächtnis.
- Die Entdeckungsmethode ist eine Hauptmethode zur Vermittlung von neuem Fachwissen.
- Die Entdeckung ist eine notwendige Voraussetzung, um vielfältige Problemlösetechniken zu lernen.

Lernpsychologische Begründung des entdeckenden Lernens

Diese von Kritikern des entdeckenden Lernens zugespitzten Hypothesen wurden relativiert und das methodische Konzept des *darbietenden Unterrichts* dagegen gesetzt, *den sinnvoll übernehmenden Unterricht* (Ausubel 1974; ▶ Abschn. 6.2.4). Beide methodischen Konzepte und die damit zusammenhängenden Unterrichtsformen (Unterrichtsverfahren) sind im Physikunterricht sinnvoll und notwendig.

Im Physikunterricht sind entdeckendes und sinnvoll übernehmendes Lernen wichtig

Kinder sind i. Allg. neugierig, und *entdeckendes Lernen* ist besonders geeignet, diese Neugierde zu befriedigen. Dabei lernen die Kinder und Jugendlichen vor allem *naturwissenschaftliche Fähigkeiten und Fertigkeiten* (Prozessziele) wie *genaues Beobachten, sorgfältiges Experimentieren,* d. h. eine didaktisch reduzierte, methodische Struktur der Physik. Entdeckendes Lernen geschieht in den Sozialformen *Gruppenunterricht* und *individualisierter Unterricht*. Damit sind *soziale Ziele* involviert wie Zusammenarbeit und Hilfsbereitschaft, *Einstellungen* wie Flexibilität und Ausdauer bei der Lösung von physikalisch-technischen Problemen, *Werthaltungen* wie „Freude an der Physik".

Ziele des entdeckenden Unterrichts

Diese Fülle relevanter Ziele ist dafür maßgebend, dass *entdeckendes Lernen* als *unverzichtbar für den Physikunterricht* gehalten wird.

Entdeckendes Lernen ist unverzichtbar für den Physikunterricht

Entdeckender Unterricht in Stichworten

Entdeckender Unterricht
zusammengefasst

> Schülerorientierter Unterricht
>
> Unterrichtsziele
> – *Prozessziele:* Erlernen physikalischer Denk- und Arbeitsweisen
> – *Soziale Ziele* (Gruppenarbeit): Persönlichkeitsentwicklung,
>   Kommunikationsfähigkeit
> – Unmittelbare Realitätserfahrung durch Schülerversuche (führt nicht
>   unbedingt zu besseren Lernergebnissen)
> – Erfolgserlebnisse (intrinsische Motivation, führt zu längerfristigem
>   Interesse)
>
> Organisation
> – Vorbereitung: Schülerarbeitsmittel bereitstellen (oft Ausstattungs-
>   und Zeitproblem)
> – Planung: längerfristige Grobplanung
> – Unterrichtsorganisation: Epochenunterricht (mind. Doppelstunde); Schü-
>   ler agieren, Lehrer berät nur bei Problemen; Unterrichtsverlauf offen
>
> Implizite Probleme
> – Lehrplanerfüllung
> – Zeitlicher Aufwand
> – Organisatorischer (evtl. auch finanzieller) Aufwand
> – Evtl. unscharfe Begriffsbildung

Eine weitere, spezielle Form des entdeckenden Unterrichts sind der *„nacherfindende Unterricht"* und die *„Modellmethode"*. Für letztere liegt auch ein Gliederungsschema vor (Kircher 1995, S. 205 ff.).

6.2.4 Darbietender Unterricht

Darbietender Physikunterricht hängt eng mit rezeptivem Lernen zusammen, mit Wissenserwerb, in dem der Lehrervortrag und ein dazu sinnvolles Demonstrationsexperiment eine wichtige Rolle spielen und in dem die Schüler äußerlich passiv sind. Die dafür typische Sozialform ist der *Frontalunterricht* (▶ Abschn. 6.4.3).

Informationen müssen für
Lernende bedeutungsvoll
sein

Der Psychologe Ausubel wendet sich entschieden gegen eine einseitige Bevorzugung des entdeckenden Lernens (Ausubel et al. 1981, S. 30 ff.). Er hält eine bestimmte Form des rezeptiven Lernens, den *sinnvoll übernehmenden* Unterricht, vor allem für effektiver als entdeckendes Lernen, wenn es um das Lernen und Behalten von begrifflichen Strukturen (Konzeptziele) geht (s. auch die Hattie-Studie in ▶ Abschn. 6.6). Dieses *sinnvolle (rezeptive) Lernen unterscheidet sich von mechanischem Lernen* dadurch, dass bewusst und gezielt an das Vorwissen der Lernenden angeknüpft wird, sodass die *Informationen für den Lernenden eine Bedeutung* haben. Nur dann kann es in der kognitiven Struktur verankert, d. h. dauerhaft behalten werden.

Für darbietenden Unterricht sind spezifische Fähigkeiten des Faches und ihrer Didaktik erforderlich, wie zum Beispiel die *überzeugende Demonstration von Phänomenen* durch souveränes Experimentieren, die *Erklärung komplexer Phänomene* durch Zerlegen der dazugehörigen Theorie *in kleine, aufeinander aufbauende, verständliche Sinneinheiten.* Es gehört auch das überzeugende Auftreten der Lehrkraft vor der Klasse dazu, für das es keine allgemeingültigen Regeln gibt.

Guter darbietender Unterricht stellt hohe Anforderungen an die Lehrkraft

Darbietender Unterricht in Stichworten

> Lehrerorientierter Unterricht
> – Lehrökonomie: Vorbereitung, Durchführung
> – Lernökonomie: effektiver Unterricht (?)
>
> Unterrichtsziele
> – Konzeptziele: die begriffliche Struktur der Physik; Aufbau einer relevanten kognitiven Struktur in einer bestimmten Zeit
> – Förderung der fachlichen Kompetenz *(dafür* spricht, dass Schülerinnen und Schüler *genauer lernen, dagegen,* dass sie bei Überforderung oft völlig *„abschalten")*
>
> Organisation
> – Vorbereitung: Aufbau und Erprobung von Demonstrationsversuchen
> – Planung: kurzfristig und detailliert für erfahrene Lehrende
> – Unterricht: Lehrerversuch und Lehrervortrag, oft fragend-entwickelnder Unterricht, Assistenz von Schülern bei Demonstrationsversuchen
>
> Implizite Probleme
> – Oft nur verbales Wissen
> – Motivation (kann sehr gering sein)
> – Mitarbeit der Schüler (oft nur mäßig)
> – Verständnisschwierigkeiten (z. B. wegen monotoner Darbietung und/ oder ungeeigneten Elementarisierungen)

Der *„sinnvoll übernehmende Unterricht"* (Ausubel 1974) ist die wichtigste Form des darbietenden Unterrichts. Dieses Gliederungsschema folgt dem allgemeinen didaktischen Prinzip „vom Allgemeinen zum Besonderen" und ähnelt dadurch dem „analytischen Verfahren". Eine Besonderheit des darbietenden Unterrichts sind sogenannte Vorausorganisatoren (Advance Organizer). Diese sollen die Kluft überbrücken zwischen dem Vorwissen und dem, was neu gelernt werden soll.

Sinnvoll übernehmender Unterricht

Ein Advance Organizer ist eine Art „Überblick", der das Lernziel, den Lerninhalt, eventuell die Arbeitsmethode und die Arbeitsschritte allgemein umschreibt (Peterßen 2009). Der Advance Organizer kann auch ein *Vergleich* sein, der für Schüler verständlich ist, etwa der Vergleich der Elektrizität mit Wasser bzw. des elektrischen Stromkreises mit dem Wasserstromkreis (▶ Abschn. 5.5.2). Aufgrund der von Ausubel (1974)

Advance Organizer

genannten Merkmale des sinnvollübernehmenden Unterrichts wird das folgende Gliederungsschema rekonstruiert:

Gliederungsschema für sinnvoll übernehmenden Unterricht

- *Einstieg*: Advance Organizer (Überblick, Vergleich, Analogie)
- *Erarbeitung* (Darbietung des organisierten Lernmaterials (Lernstoff) durch den Lehrer)
  - Fortschreitende Differenzierung des Themas/des Vergleichs: Von qualitativen Aussagen zu quantitativen, von physikalischen Eigenschaften zu metrischen Begriffen, Fakten, Gesetzen durch eine Folge kleiner Sinneinheiten, die einer „inneren Logik" (Ausubel 1974, S. 362 f.) folgen.
  - Festigung während der fortschreitenden Differenzierung: In einer Folge von Sinneinheiten wird erst dann zur nächsten Sinneinheit übergegangen, wenn die zuletzt behandelte *klar, gut organisiert und stabil in der kognitiven Struktur verankert* ist.
  - Integrative Aussöhnung: Ähnliche Begriffe (aus Schülersicht) werden *getrennt eingeführt* (z. B. Stromstärke und Spannung) und danach verglichen und „integrativ ausgesöhnt" (im Beispiel durch das Ohm'sche Gesetz).
- *Vertiefung*: Ähnliche Aufgaben und Beispiele (horizontaler Transfer) und Problemlösen (vertikaler Transfer).

6.2.5 Problembasiertes Lernen

Problemlösender Physikunterricht zeigt Wege auf, wie Fertigkeiten und Wissen in Problemsituationen eingesetzt werden können, um von einem Istzustand aus einen gewünschten Zielzustand zu erreichen. Dabei ist nach Dörner (1976) der Lösungsweg durch eine „Barriere" erschwert. Damit stellt Problemlösen erhöhte Anforderungen an Lernende. Speziell in der Physik ist dies besonders im Sinne einer Anwendungs- und Output-Orientierung ein wichtiger Kompetenzbereich.

Oser und Patry (1990), Oser und Sarasin (1995), Oser und Baeriswyl (2001) beschreiben fünf Schritte für einen entsprechenden Unterricht.
- Schritt 1: Problemgenerierung: Aus ihrem Erfahrungsbereich erkennen die Lernenden ein Problem oder es wird eine Diskrepanz zwischen Ist- und Zielzustand vorgestellt.
- Schritt 2: Problemformulierung: Möglichst exakt wird ein Problem beschrieben und charakterisiert. Ein Lösungsweg ist ja definitionsgemäß noch nicht bekannt; deshalb werden Hindernisse ebenfalls möglichst genau dargestellt.
- Schritt 3: Lösungsvorschläge: Vorschläge zur Lösung und mögliche Varianten werden gesammelt.

- Schritt 4: Test und Selektion: Vorgeschlagenen Lösungswege werden geprüft und ggf. ausgewählt. Ggf. müssen – zurückgehend auf Schritt 3 – neue Lösungsvorschläge erstellt werden. Erfolgreiche Lösungswege werden festgehalten und dokumentiert.
- Schritt 5: Anwendung, Vernetzung und Transfer: Charakteristika der erfolgreichen Lösungswege werden spezifiziert, mit dem Ziel, die Übertragung und Anwendung für analoge Fälle sicherzustellen und Transfermöglichkeiten zu erschließen.

In der Regel benötigen Schülerinnen und Schüler weitere Hilfen. Entsprechend spezifizieren Niegemann et al. (2008) in Anlehnung an Smith und Ragan (2005) weitere Details, die für das unterrichtliche Vorgehen relevant sind. Es folgt eine Aufschlüsselung mit beispielhaften Konkretisierungen.

- *Aufmerksamkeit, Interesse und Motivation der Lernenden wecken:* Darbietung eines anspruchsvollen Problems/Problem von den Lernenden entdecken lassen.
- *Lehrziele nennen und Relevanz erläutern:* Kompetenzbereiche benennen; mögliche Alltagsrelevanz aufzeigen.
- *Überblick geben:* Erläutern, dass die Probleme zunehmend komplexer werden.
- *Vorwissen aktivieren:* Relevantes Vorwissen (Fakten, Begriffe, Regeln) bewusst machen; Möglichkeiten aufzeigen, Wissen besser zu organisieren.

Bedarfsgerecht auszurichten sind weitere Maßnahmen wie:

- *Information liefern und Verständnis fördern:* Mit einfacher bzw. vereinfachter prototypischer Version des Problems beginnen; Aufgabenanforderungen beschreiben (lassen); durch „lautes Denken" Verhaltensmodell für Problemlösung anbieten; Probleme in Unterprobleme bzw. Teilaufgaben zerlegen.
- *Aufmerksamkeit fokussieren:* „Gegeben" und „Gesucht" unterscheiden (lassen); Begriffsnetze erstellen und Analogien verwenden; Erfolg bei (Teil-)Lösungen überwachen; anleitende/ weiterführende Fragen stellen und Lösungshinweise geben; Problem auf unterschiedliche Art und Weise repräsentieren; Medien als externe Speicher verwenden; unterschiedliche Lösungsvorschläge von Lernenden einholen und jeweils Wirksamkeit überprüfen.
- *Üben, Anwenden:* Identifizieren von „Gegeben" und „Gesucht"; Zerlegen von Problemen in Teil-/Unterprobleme üben; Bewerten der Angemessenheit von Lösungsverfahren üben; zuerst mit wohldefinierten Problemen üben.
- *Informativ-bewertendes Feedback:* Lösung vormachen oder Lösungsmuster anbieten; Hinweise zum Fragenstellen geben; Informationen zur Wirksamkeit und Effizienz von Lösungen liefern.

— *Rückblick und Zusammenfassung:* Kritische (relevante) Merkmale der Problemkategorie wiederholen; wirksame Vorgehensweisen zusammenfassen; Möglichkeiten zum besseren Behalten aufzeigen.

— *Transfer fördern:* Ähnliche, authentische Probleme aufzeigen; auf Anwendungsmöglichkeiten bei anderen Problemarten explizit hinweisen.

— *Abschließende Motivierung und Abschluss:* Wichtigkeit und Umfang der Anwendbarkeit des Gelernten darstellen.

— *Überprüfung der Leistung:* Fähigkeit prüfen, ähnliche, aber neue Probleme und auch nicht wohldefinierte Probleme zu lösen; Fähigkeit, „Gegeben" und „Gesucht" zu unterscheiden; Fähigkeit, die Lösungen anderer zu bewerten; Fähigkeit, Lösungen zu rechtfertigen.

— *Feedback und Remediation:* Feststellen, ob Schwierigkeiten vorliegen bei der Schemaerkennung, der Problemanalyse, der Erklärung von Lösungen.

(Übersetzung von Niegemann et al. 2008, S. 164 ff.)

Nachfolgend wird ein weiteres Unterrichtsschema zum „*Problemlösenden Unterricht*" vorgestellt (◘ Tab. 6.2). Der

◘ **Tab. 6.2**   Problemlösender Unterricht. (Nach Schmidkunz und Lindemann 1992)

Phasen	Didaktische Strukturierung
1. Problemgewinnung	1a: Problemgrund 1b: Problemerfassung (Problemfindung, Problemstellung) 1c: Problemerkenntnis, Problemformulierung
2. Überlegungen zur Problemlösung	2a: Analyse des Problems 2b: Lösungsvorschläge 2c: Entscheidung für einen Lösungsvorschlag
3. Durchführung eines Lösungsvorschlages	3a: Planung des experimentellen Lösevorhabens 3b: Praktische Durchführung des Lösevorhabens 3c: Kritische Diskussion der Ergebnisse
4. Abstraktion der gewonnenen Erkenntnisse	4a: Ikonische Abstraktion (graf. Darstellung) 4b: Verbale Abstraktion des Ergebnisses 4c: Symbolische Abstraktion (math. Darstellung eines physikalischen Gesetzes) 4d: Fachliche Bewertung.
5. Wissenssicherung und Anwendung	5a: Anwendungsbeispiele 5b: Wiederholung (Festigung) 5c: Messung des Unterrichtserfolgs, 5d: Technische/gesellschaftliche Relevanz

Schwerpunktsetzung entsprechend kann dieses Vorgehen auch einem „gelenkt entdeckendem Unterricht" zugeordnet werden, denn die Lehrkraft lenkt in wesentlichem Ausmaß den Ablauf.

6.3 Planung und Gestaltung – Gliederung einer Unterrichtsstunde

6.3.1 Übersicht

Eine Unterrichtsstunde wird durch „Phasen" oder „Stufen" gegliedert; dafür wurden im Verlaufe der Geschichte der Pädagogik verschiedene Vorschläge gemacht (Meyer 1987). Im deutschen Sprachraum ist weitgehend das Gliederungsschema/ Artikulationsschema von Roth (1963) akzeptiert, das *fünf Phasen* umfasst:

- Phase der Motivation
- Phase der Schwierigkeiten
- Phase der Lösung
- Phase des Tuns und Ausführens
- Phase des Bereitstellens, der Übertragung, der Integration

Artikulationsschema von Roth

Diese fünf Phasen werden für die folgenden Ausführungen zusammengefasst und als *Grundschema für die Artikulation einer Unterrichtsstunde* bezeichnet:

- *Motivierung* (Phase der Motivierung und der Problemstellung)
- *Erarbeitung* (Phase der Problemlösung)
- *Vertiefung* (Phase der Integration, des Behaltens, des Transfers, der Anwendung).

Grundschema für die Artikulation einer Unterrichtsstunde

In der *Phase der Motivierung* wird versucht, die Schülerinnen und Schüler für ein bestimmtes Problem zu interessieren, dieses Problem zu strukturieren und allen Schülern verständlich zu machen, sodass die Schüler sinnvolle Hypothesen bilden können. Dies geschieht durch einen *„Einstieg"*, der dem Thema, den Zielsetzungen, der Klassensituation, den Vorkenntnissen und den Schülervorstellungen angemessen ist. In der *Phase der Motivation* muss den Schülern genügend Zeit zur Verfügung stehen, um Ideen für Problemlösungen unkritisch, d. h. auch ungeprüft, aufzustellen und zunächst auch dann beizubehalten, wenn sie von Mitschülern kritisiert werden.

„Einstieg" in den Physikunterricht

In der anschließenden *Phase der Erarbeitung* werden die Lerninhalte von den Schülerinnen und Schülern selbst erarbeitet oder vom Lehrer dargeboten. Im Physikunterricht spielen hier oft Experimente eine zentrale Rolle.

Schließlich wird in der *Phase der Vertiefung* das Gelernte geübt, um es dauerhaft zu behalten. Es werden Zusammenhänge

Methodenkompetenz der Lehrkraft

mit dem Vorwissen und den Vorerfahrungen hergestellt, außerdem Anwendungen erörtert und ggfs. vorgeführt.

Methodenkompetente Lehrkräfte verfügen im Unterricht über mehrere Gliederungsschemata. Lehranfänger sollten versuchen, derartige Schemata nach und nach flexibel anzuwenden. Bezogen auf das Grundschema bedeutet dies, dass Lehrkräfte *verschiedene Arten des Einstiegs beherrschen, verschiedene methodische Möglichkeiten in der Phase der Erarbeitung einsetzen (z. B. Schüler- und Demonstrationsexperimente, Analogversuche ...)* und *in der Phase der Vertiefung* herkömmliche und/oder neue Medien sinnvoll nutzen. Im Verlauf zunehmender Schulerfahrung entstehen „Mischformen" zwischen entdeckendem und darbietendem Unterricht, d. h. Unterrichtsabschnitte, die eher lehrer- bzw. schülerorientiert sind.

Keine festen Zeitvorgaben für die Phasen des Unterrichts

Für die oben skizzierten drei Phasen des Unterrichts wird *kein festes Zeitmaß* festgelegt, etwa 10 min „Einstieg", 20 min „Erarbeitung" und 15 min „Vertiefung". Die Dauer der verschiedenen Phasen sollte von der motivierenden Wirkung und der Komplexität des Lerngegenstandes sowie von der Leistungsfähigkeit und Leistungsbereitschaft der Schülerinnen und Schüler abhängig gemacht werden.

6.3.2 Die Phase der Motivierung

Motivation durch einen kognitiven Konflikt

Der amerikanische Psychologe Berlyne spricht im Zusammenhang mit dem Wecken des Schülerinteresses durch ungewöhnliche, überraschende und scheinbar widersprüchliche Vorgänge und Phänomene von der *Motivation durch einen kognitiven Konflikt* (Lind 1975). Ein kognitiver Konflikt entsteht, wenn das Wahrgenommene mit dem bisherigen Wissen, den bisherigen Erfahrungen *nicht übereinstimmt*. Die Wahrnehmung wird dann als ungewöhnlich oder überraschend empfunden. Diese Theorie kann man durch eine grafische Darstellung veranschaulichen (◘ Abb. 6.6).

Wenn die Stärke des kognitiven Konflikts zunimmt, dann nimmt zunächst auch die Informationssuche bis zu einem Maximum zu. Wird die Stärke des kognitiven Konflikts weiter erhöht, dann nimmt die Informationssuche wieder ab und schlägt schließlich sogar ins Negative um. Das bedeutet Weigerung nach weiterer Informationssuche, und eine weitere Beschäftigung mit dem Thema wird abgelehnt.

Berlyne nennt fünf Situationen (Lind 1975, S. 97), die geeignet sind, um einen kognitiven Konflikt zu erreichen. Die Situationen werden stichpunktartig durch physikalische Beispiele erläutert.

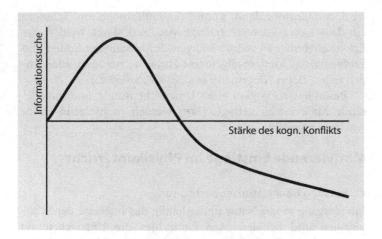

Abb. 6.6   Veranschaulichung von Berlynes Theorie des kognitiven Konflikts

1. *Überraschung:* Konflikt zwischen Erwartung und Beobachtung.
   Beispiel: Aus einer Milchdose fließt keine Milch, wenn die Dose nur ein Loch besitzt und umgedreht wird.

Situationen für kognitive Konflikt

2. *Zweifel:* Konflikt zwischen Glauben und Nichtglauben.
   Beispiel: Behauptungen des Lehrers: „Hans (25 kg) kann mit Fritz (50 kg) wippen".
3. *Ungewissheit:* Mehrere Lösungen eines Problems scheinen möglich, aber welche ist die richtige? Gibt es mehrere Lösungen?
   Beispiel: Hat Licht Wellencharakter *(Huygens)* oder Teilchencharakter *(Newton)?*
4. *Widerstreitende Anforderungen:* Konflikt zwischen verschiedenen, sich widersprechenden Anforderungen hinsichtlich der Problemlösung.
   Beispiel: Ein Auto soll komfortabel, billig und trotzdem energiesparend sein.
5. *Direkter Widerspruch:* Ein kognitiver Konflikt kann entstehen, wenn eine angenommene allgemeine Gültigkeit einer physikalischen Regel durch ein Experiment/eine bewährte Theorie widerlegt ist.
   Beispiel: Ein Körper wird mit 10 m/s^2 beschleunigt. Wie groß ist seine Geschwindigkeit nach 10.000 h? $3,6 \cdot 10^8$ m/s ist aber größer als die Lichtgeschwindigkeit!

Nach *Berlynes* Motivationstheorie können die Unterrichtsgegenstände *dann* Konflikt auslösend sein, wenn sie die Gegenstandsvariablen *Neuheit, Nichtübereinstimmung* (Inkongruität), *Komplexität* und *Unsicherheit* aufweisen. Natürlich wird Unterricht nicht allein dadurch erfolgreich, wenn sie punktuell etwa allein während des Einstiegs ein kognitiver Konflikt erzeugt

Kognitive Konflikte auslösen können:
 – Neuheit,
 – Inkongruität,
 – Komplexität,
 – Unsicherheit

wird, sondern nur dann, wenn bei Schülerinnen und Schülern ein dauerhaftes Interesse erzeugt wird, z. B. durch wiederholte Erfolgserlebnisse in selbstständigem Informationen finden und Problemlösen. Weitere allgemeine Hinweise zur Motivation finden sich z. B. bei Niegemann et al. (2008, S. 359 ff.).

Besonders zu Beginn einer Unterrichtsstunde sind motivierende Maßnahmen gefragt. Dazu werden nachfolgend einige Ansätze vorgestellt.

Motivierende Einstiege im Physikunterricht

- **Einstieg über Naturbeobachtung**

6

Einstieg über Naturbeobachtung

Ein Vorgang in der Natur findet häufig das Interesse der Schülerinnen und Schüler. Man kann hier die Unterscheidung treffen, ob die Beobachtung und die damit verbundene Fragestellung von der Lehrkraft initiiert oder von Schülerseite in den Unterricht eingebracht wird. Häufig muss die Lehrkraft Naturbeobachtungen erst „fragwürdig" machen, wie etwa in dem folgenden Beispiel von *Wagenschein*.

Beispiel: Wie weit ist der Mond entfernt?

Hier wird der kognitive Konflikt vielleicht durch den Zweifel der Schülerinnen und Schüler erzeugt, ob dieses Problem überhaupt und mit welchen Mitteln von ihnen gelöst werden kann. *Wagenschein* (1976, S. 250 ff.) zeigt exemplarisch, wie durch einfache geometrische Konstruktionen die Entfernung aller nicht zu weit von der Erde entfernten Himmelskörper bestimmt werden kann.

- **Einstieg über ein physikalisch- technisches Gerät**

Einstieg über ein physikalisch- technisches Gerät

Bei dem Einstieg über ein physikalisch-technisches Gerät äußern die Schüler z. B. Vermutungen über die Funktion des Geräts, über dessen Inbetriebnahme, über seine Bedeutung usw. Es wird auf die wesentlichen Funktionen des Gerätes aufmerksam gemacht, die im Verlauf des Unterrichts genauer beobachtet und durch entsprechende Experimente untersucht werden. Das Interesse an bestimmten technischen Geräten wird dazu benutzt, um physikalische Denkweise und physikalische Inhalte zu verdeutlichen und zu lernen.

Beispiel: Warum fliegt eine Rakete?

Hier wird an dem komplexen technischen Gerät „Rakete" schließlich das 3. Newton'sche Axiom (*actio* gegengleich *reactio*) erarbeitet.

- **Einstieg über qualitative Versuche**

Einstieg über qualitative Versuche

Bei diesem Einstieg geht es darum, durch verschiedenartige Phänomene eines bestimmten Objektbereiches das Interesse für diesen zu wecken und mit diesem vorläufig vertraut zu werden.

Beispiel: Elektrischer Strom (Wagenschein 1976, S. 276 ff.)

Es werden verschiedene Phänomene des elektrischen Stromes demonstriert (Glühen eines Drahtes, Kurzschluss, Lämpchen in verzweigten und nicht verzweigten Stromkreisen). Es wird untersucht, inwieweit diese Phänomene eine Vorstellung vom „Ladungsfluss" unterstützen.

- ### Einstieg über „Freihandversuche"

Freihandversuche sind qualitative Versuche. Für Freihandversuche werden Materialien aus der Alltagswelt eingesetzt (z. B. eine OHP-Folie für elektrostatische Versuche). Für diese Versuche ist kein großes Experimentiergeschick nötig, sodass sie von den Schülern auch zu Hause durchgeführt werden können. Eine Sammlung solcher Experimente ist z. B. bei Hilscher (2012) zu finden.

Freihandversuche

- ### Einstieg über Schlüsselbegriffe

Schüler können über grundlegende Begriffe eines thematischen Bereiches (Schlüsselbegriffe) wie z. B. „elektrischer Strom" oder „Elektronen" motiviert werden – durch direkte Fragen nach den Vorstellungen der Schüler über diese Begriffe sowie nach der Bedeutung dieser Begriffe: „Was ist eigentlich elektrischer Strom, was ist eigentlich ein Elektron, was stellt ihr euch darunter vor?"

Einstieg über Schlüsselbegriffe

- ### Historischer Einstieg

Es ist zu unterscheiden zwischen einer historischen *Erzählung* und einem historischen Quellentext als Einstieg.

Historischer Einstieg

Bei entsprechender Begabung der Lehrkraft, spannende Erzählungen vorzutragen, ist diese Art des Einstiegs schon in der Grundschule möglich (z. B. „Edison und die Glühlampe"). Dabei muss auf jeden Fall immer der physikalische „Kern" im Mittelpunkt stehen.

Historische Quellentexte müssen für Schüler der Sekundarstufe I. Allg. umgearbeitet werden, damit sie verständlich sind. Durch eine Umarbeitung kann die historische Authentizität verloren gehen. Insgesamt ist ein historischer Einstieg erst möglich, wenn sich durch Quellenstudium z. B. im Geschichtsunterricht Grundlagen für komplexe Textinterpretationen gebildet haben, d. h. eher am Ende der Sekundarstufe I und in der Sekundarstufe II.

Beispiel: Das Beharrungsgesetz (1. Newton'sches Axiom)

Es wird die Entdeckung des Beharrungsgesetzes in der Geschichte mit Quellentexten von *Aristoteles, Kepler, Galilei*, u. a. dargestellt (Wagenschein 1976, S. 266 ff.).

■ Einstieg über ein aktuelles Problem

Einstieg über ein aktuelles
Problem

Im Sinne einiger in ▶ Kap. 2 genannter Zielsetzungen kommt den gegenwärtig in der Gesellschaft diskutierten Problemen dann eine besondere Bedeutung als Einstieg zu, wenn dabei auch physikalisch-technisches Wissen zur Lösung herangezogen werden muss. Themen in Zusammenhang mit neuen Medien, der Energieversorgung oder mit dem Umweltschutz werden in absehbarer Zeit nicht ihre Aktualität verlieren.

Beispiel: „Computer verändern unser Leben". Hier könnten etwa folgende Teilthemen bearbeitet werden: „Computer und Freizeit", „Computer und Arbeitsplatz", „Computer und Verwaltung".

■ Einstieg über ein technisches Problem

Einstieg über ein
technisches Problem

Wenn im Unterricht die induzierte Spannung in Abhängigkeit von der Windungszahl behandelt wurde, kann sich z. B. folgende auf technische *Lösungen* zielende Frage ergeben: „Wie können wir Hochspannungen (niedrige Spannungen) erzeugen?"

■ Einstieg über eine Bastelaufgabe

Einstieg über eine
Bastelaufgabe

Es wird z. B. ein Modell eines Elektromotors nach einer Vorlage gebastelt (nachmachender Unterricht). Danach wird das Elementare eines Elektromotors herausgearbeitet.

■ Einstieg über ein Spiel

Einstieg über ein Spiel

Die in ▶ Abschn. 6.1.2 beschriebenen *Spiele* können grundsätzlich als Einstieg verwendet werden: zur Motivation z. B. zur Erzeugung eines kognitiven Konflikts. Auch „Spielzeuge" wie die „Lichtmühle", der „kartesische Taucher", die „keltischen Wackelsteine" können Einstiegshilfen sein.

6.3.3 Zur Phase der Erarbeitung

Die *Phase der Erarbeitung* ist i. Allg. nur in der *Planung des Unterrichts* von der *Phase der Motivation zu trennen*. Im realen Unterricht ist der Übergang von der Problemerfassung und Problemstrukturierung (Motivationsphase) zur Problemlösung (Phase der Erarbeitung) nicht genau festzulegen. Die Phase der Erarbeitung beginnt dann, wenn sich aus vagen Ideen physikalische Hypothesen zur Lösung des Problems herauskristallisiert haben.

Phase der Erarbeitung:
Experimente werden
bevorzugt eingesetzt

Im Physikunterricht werden in der Phase der Erarbeitung Experimente gegenüber anderen Medien bevorzugt eingesetzt. Die zuvor gewonnenen Hypothesen werden durch ein *qualitatives* oder ein *quantitatives* Experiment überprüft.

(Ausführlichere Erläuterungen zum Experiment in der Physik und im Physikunterricht s. ▶ Kap. 7).

Welche Schritte sind beim Experimentieren in der Phase der Erarbeitung grundsätzlich notwendig?

1. Hypothesenbildung
   - Sammeln von Lösungsvorschlägen
   - Auswahl und Konkretisierung einer Hypothese
2. Planung des Experimentes
   - Aufbau des Experimentes (Skizze und Beschreibung)
   - Festlegung der Variablen, die konstant gehalten/die variiert werden sollen
   - Beschreibung des Ablaufes
   - Voraussage des Ergebnisses des Experimentes
3. Durchführung des Experimentes
   - Kontrolle der Variablen
   - Fixierung der Beobachtungen und Dokumentation der Messergebnisse in einem Protokoll (u. a. z. B. in die Tabellen)
4. Auswertung des Experimentes
   - qualitative Diskussion der Ergebnisse
   - quantitative Auswertung des Experimentes: Darstellung der Messergebnisse in Diagrammen; Auswertung und Interpretation von Diagrammen; Fehlerbetrachtung
   - Formulierung des Ergebnisses
   - Vergleich des Ergebnisses mit der Hypothese
5. Rückblickende Erörterung des Experimentes
   - operative Vereinfachungen und ihr möglicher Einfluss auf das Ergebnis
   - nur näherungsweise erfüllte physikalische Bedingungen und ihr Einfluss auf das Ergebnis
   - Vorschläge zur Verbesserung des Experimentes
6. Allgemeine Erörterung des Ergebnisses
   - Einordnung des Ergebnisses in schon bekannte Theorien
   - Grenzen der neu gewonnenen Aussagen
   - Anwendung der neu gewonnenen Aussagen
   - Diskussion des allgemeinen metatheoretischen Hintergrundes (z. B. historische und aktuelle wissenschaftstheoretische Annahmen über „Raum" und „Zeit").

Nicht jedes Thema kann im Physikunterricht durch ein Experiment so ausführlich erarbeitet werden, wie es die genannten Schritte nahelegen. Häufig müssen auch andere Medien (z. B. das Lehrbuch) herangezogen werden.

In der Phase der Erarbeitung darf keine Übereile entstehen. **Keine Übereile!** Man sollte sich als Lehrer nicht an dem vorschnellen „Ich hab's" des Klassenbesten orientieren, sondern eher an den Langsamen und Bedächtigen (Wagenschein 1968).

6.3.4 **Zur Phase der Vertiefung und Anwendung**

Die Phase der Vertiefung hat folgende Aufgaben:

Behalten, vernetzen, übertragen, anwenden, überprüfen

Das Neugelernte soll *behalten,* in eine Beziehung zum bisher Gelernten gebracht *(vernetzt),* auf neue Situationen *übertragen* (transferiert), technisch *angewendet werden.* Außerdem wird überprüft, inwieweit die Lernziele erreicht wurden.

Die folgenden Vorschläge zur Vertiefung gehen vor allem auf Mothes (1968) und Haspas (1970) zurück:

- Rückschau auf den Verlauf der Stunde (mündlich)
- Stichworte und wesentliche Skizzen in ein von den Schülern gestaltetes Physikheft
- Beobachtungsaufgaben über Anwendungen im Alltag
- selbstständige Arbeit mit dem Schulbuch und Nachschlagewerken (Tabellen, Formelsammlungen, Internet)
- Lösen spezieller Aufgaben zum behandelten Lehrstoff (Anwendungsaufgaben, Denkaufgaben)
- Lösen experimenteller Aufgaben
- ein Modell oder ein Gerät anfertigen
- Hausarbeit über den Stundenverlauf mit weiteren Sinnzusammenhängen des Alltags
- Besichtigungen (Betriebe, Hochschulen, Verwaltungen)
- Wiederholung in periodisch stattfindenden Übungs- und Festigungsstunden

Lehrervortrag

Unabhängig davon, ob durch darbietenden oder entdeckenden Unterricht neues Wissen erworben wurde, kommt dem *Lehrervortrag in der Phase der Vertiefung* eine wesentliche Bedeutung zu. Dies gilt insbesondere für das Behalten und die Integration des Gelernten, weil die Lehrkraft individuell auf die Schüler, auf ihre Fähigkeiten und ihre Interessen eingehen kann – ein Schulbuch kann dies natürlich nicht.

Unterrichtsgespräch

Mindestens genauso wichtig ist ein *Unterrichtsgespräch,* weil unmittelbar Interesse oder Wünsche zur Wiederholung spezieller Lerninhalte artikuliert werden können. Im Unterrichtsgespräch werden auch falsche Auffassungen der Lernenden offenkundig, sodass Missverständnisse korrigiert werden können.2. Erläuterungen zur *Übertragung des Gelernten* (horizontaler und vertikaler Transfer)

Horizontaler Transfer
Beispiel

Beim *horizontalen (lateralen) Transfer* geht es um die *Übertragung des neu Gelernten auf ähnliche Beispiele,* z. B. um die Anwendung eines physikalischen Gesetzes oder eines bestimmten Arbeitsverfahrens in einem *geänderten Kontext.* Horizontaler Transfer liegt beispielsweise vor, wenn man im

Unterricht „Die goldene Regel der Mechanik" bei einfachen Maschinen am Beispiel der schiefen Ebene und des Flaschenzuges erarbeitet hat und ihn dann auf eine Transmissionsmaschine (z. B. Fahrrad) überträgt. Horizontaler Transfer kann etwas vereinfacht mit „Anwendung auf neue Beispiele" interpretiert werden.

Vertikaler Transfer (Problemlösen) stellt an Schüler höhere Anforderungen als der horizontale Transfer. Bei vertikalem Transfer wird (z. B.) das erarbeitete Gesetz auf andere physikalische Themenbereiche übertragen. Dazu werden weitere physikalische Gesetze/Sachverhalte herangezogen. Beispiel: Das Gesetz des exponentiellen Abfalls $(y = c \cdot e^{-\text{const.} \cdot x})$ wird von einem Sachgebiet (z. B. radioaktiver Zerfall) auf ein anderes (z. B. Entladung eines Kondensators) übertragen.

Vertikaler Transfer
Beispiel

Der Transfer von Gelerntem auf einen anderen Themenbereich ist für Schüler im Allgemeinen schwierig:

Transferieren muss geübt werden

- Das neu Gelernte ist zunächst auf den Bereich der vertrauten Phänomene und Sachverhalte beschränkt. Man kann mit der Übertragung des Gelernten durch die Schüler *umso weniger rechnen, je unterschiedlicher die ursprüngliche Lernsituation und die Transfersituation* sind.
- Es braucht Zeit, bis neu erworbenes Wissen so in die kognitive Struktur des Lerners integriert ist, dass es umfassend angewendet werden kann (Häussler 1981).
- Die Schwierigkeiten, die die Lerner beim Transferieren haben, erfordern, dass das Transferieren auf neue Situationen im Unterricht geübt wird.

Die *Phase der Vertiefung* muss nicht mit der Unterrichtsstunde abgeschlossen sein. Eine solche restriktive Auffassung würde ja voraussetzen, dass sich Problemlösungen der Schüler immer in das Zeitmaß einer Unterrichtsstunde einpassen lassen. Häufig wird eine Stunde durch die Überlegung abgeschlossen, welche unerledigten Sonderprobleme in der nächsten Unterrichtsstunde aufgegriffen werden sollen und wie diese z. B. durch Beobachtungsaufgaben, durch Informationen aus Büchern und aus dem Internet vorbereitet werden können.

Die mittelmäßigen TIMSS- Ergebnisse bei internationalen Schülerinnen/Schüler-Tests in Schulen der Bundesrepublik führten zu einer *neuen Aufgabenkultur* im Physikunterricht an Gymnasien (◘ Abb. 6.7). Die folgenden Gesichtspunkte für *Aufgaben und Arbeitsaufträge* beziehen sich nicht nur auf die Phase der Vertiefung und die Mehrzahl der empfohlenen Maßnahmen auch nicht nur auf das Gymnasium.

Aufgaben und Arbeitsaufträge

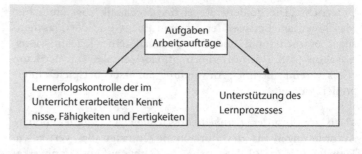

□ Abb. 6.7   Zur Funktion von Aufgaben (MNU 2001, XII)

6

Aufgaben zur
Lernerfolgskontrolle

„Aufgaben, die der Lernerfolgskontrolle dienen, sollen:
- vermittelte Lerninhalte festigen
- Routinen vertiefen helfen
- Themen und Stoffinhalte untereinander vernetzen, d. h. auch länger zurückliegende Unterrichtsinhalte systematisch einbeziehen
- abwechslungsreich und lebensweltorientiert formuliert sein und aktuelle Bezüge berücksichtigen
- die Schüler auch dazu anleiten, Aufgabenergebnisse sinnvoll abzuschätzen
- eine kritische Auseinandersetzung mit den Ergebnissen anregen

Aufgaben zur Unterstützung
des Lernprozesses

Aufgaben, die der Unterstützung des Lernprozesses dienen, sollen:
- Alltagsvorstellungen der Schüler aufgreifen, sodass diese von ihnen aus physikalischer Sicht hinterfragt werden
- abwechslungsreich und lebensweltorientiert sein und aktuelle Bezüge berücksichtigen
- fachübergreifend und anwendungsbezogen naturwissenschaftliche und technische Bezüge bieten
- verschiedene Zugangsweisen und Lösungswege ermöglichen
- Kreativität und Problemlösekompetenz der Schüler ermöglichen
- Möglichkeiten bieten, numerische Verfahren sinnvoll auszuwählen und einzusetzen
- auch bei entsprechenden Voraussetzungen gelegentlich in einer Fremdsprache formuliert werden" (MNU 2001, XII)

Diese Maßnahmen sind mit folgenden Zielvorstellungen verknüpft:

Zielvorstellungen

- „dazu beitragen, selbstständige und kooperative Arbeitsweisen, Eigenverantwortung und Selbstvertrauen der Schüler zu fördern, wie z. B. Lernen an Stationen
- eine experimentelle Durchdringung des Arbeitsauftrages mit anschließender Präsentation erlauben

- die Schüler in die Lage versetzen, selbstständig mit neuen
  Medien umzugehen wie z. B. digitale Messwerterfassung,
  computergestützte Modellbildung, Simulationsprogramme,
  Internet-Recherchen (Medienkompetenz)
- den Schülern die Möglichkeit eröffnen, aus Fehlern zu lernen
- den kritischen Umgang mit erreichten Lernergebnissen und
  möglichen Fehlern unterstützen" (MNU 2001, XII)

Neben der unmittelbaren Umsetzung dieser Vorschläge über
die Physiklehrpläne ist natürlich auch die mittelbare Umsetzung
über die Lehrerausbildung und Lehrerfortbildung notwendig.

Effektiverer Physikunterricht

Die in MNU (2001) vorgeschlagenen Maßnahmen zielen
vor allem auf einen *effektiveren Physikunterricht*. Dabei darf
allerdings die Leitidee einer *individuellen und gesellschaftlichen
Verantwortung in einer humanen Schule* nicht aus den Augen verloren gehen.

6.4 Sozialformen im Physikunterricht

Allgemein werden folgende Sozialformen unterschieden:
Gruppenunterricht, individualisierter Unterricht und *Frontalunterricht*. Gelegentlich wird Partnerarbeit als weitere Sozialform
aufgeführt. Im Folgenden wird vereinfachend Partnerarbeit als
Spezialfall des Gruppenunterrichts betrachtet und nicht separat
diskutiert.

Der *Gruppenunterricht* nimmt unter den Sozialformen des
Unterrichts einen besonderen Platz ein. Die große Bedeutung,
die ihm in der didaktischen Literatur zugesprochen wird, steht
allerdings oft in einem Gegensatz zur Lern- und Lehrpraxis, in
der Gruppenunterricht nicht allzu häufig vorkommt. Durch die
Einführung der neuen Medien in die Schule wird künftig auch
individualisierter Unterricht einfacher zu realisieren. Dann wird
Gruppenunterricht noch wichtiger in seiner kompensatorischen
Funktion zum individualisierten Unterricht und dessen Tendenz
zum isolierten Arbeiten. Auch wenn die Dominanz des *Frontalunterrichts* dann in der Schulpraxis abnimmt, bleiben noch
besondere Aufgaben für diesen Unterrichtstyp erhalten.

**Gruppenunterricht und
individualisierter Unterricht
haben künftig eine größere
Bedeutung**

6.4.1 Gruppenunterricht

Der Gruppenunterricht ist bereits eine alte Form des Unterrichtens; der Begriff wurde schon von Johann Friedrich Herbart
(1776–1841) geprägt. Eine gezielte Aufarbeitung der Theorie des Gruppenunterrichts durch die Pädagogik und die Einführung u. a. in den Physikunterricht fand in Deutschland erst
in der 2. Hälfte des 20. Jahrhunderts statt.

Eine Gruppe wirkt auf ihre Mitglieder erzieherisch

6

Was charakterisiert eine Gruppe?

Eine Gruppe wird durch gefühlsbetontes Handeln, einen von allen Gruppenmitgliedern anerkannten Grundbestand von Normen und Werten, einer Rollenverteilung an einzelne Gruppenmitglieder und durch Sensibilität für die Selbst- und Fremdwahrnehmung vereinigt. Diese Eigenschaften der Gruppe helfen, Aufgaben leichter zu bewältigen, als es dem Einzelnen möglich wäre. Durch diese soziologischen Eigenschaften wirkt eine Gruppe auf ihre Mitglieder erzieherisch, auch deren Einstellungen und Werthaltungen beeinflussend oder prägend.

In einer Gruppe entwickelt sich eine spezifische Gruppendynamik, die in bestimmten Phasen abläuft. Eine solche Gruppendynamik entsteht in jeder Gruppe, die in persönlichem Kontakt über längere Zeit zusammenarbeitet. Dabei werden Machtverhältnisse infrage gestellt und dann neu etabliert. Gruppendynamische Erkenntnisse lassen sich aber nur bedingt auf schulischen Unterricht übertragen, denn Schulklassen sind keine freiwilligen Zusammenschlüsse, sondern „Zwangsvereinigungen" über eher kurze Zeit bei hohem Leistungsdruck. Die Gruppendynamik macht vor allem deutlich, dass auch ohne „direkte Führung" durch die Lehrkraft ein Lernen mit gutem Erfolg möglich ist (Meyer 1987b, S. 238 ff.).

Die Bildungsreform am Ende der 1960er-Jahre brachte neue Impulse in die Diskussion des Gruppenunterrichts. Es war offensichtlich, dass die sich verändernden Rahmenbedingungen in der Gesellschaft ein hohes Maß an „Ich-Stärke" oder „Ich-Identität" erfordern, nicht nur Anpassung an die traditionellen gesellschaftlichen Werte. Man erkannte auch, dass die Zielvorstellungen „individuelle" und „gesellschaftliche Emanzipation" im herkömmlichen Schulbetrieb mit seiner Vorherrschaft des Frontalunterrichts und weisungsgebundenem Lernen kaum zu verwirklichen sind.

Gruppenunterricht unterstützt soziales Lernen

Die Leitidee „Soziales Lernen" soll bei Schülerinnen und Schülern die Fähigkeit und Bereitschaft entwickeln, Konflikte zu ertragen. Sie sollen außerdem zu solidarischem Handeln erzogen werden, zu Selbstbewusstsein und Rücksichtnahme. Dies erfordert den Aufbau von Kommunikations-, Interaktions- und Handlungskompetenzen, aber auch Empathie und Verantwortungsbewusstsein. Meyer (1987b, S. 251) fasst diese Überlegungen zu den folgenden drei Begründungen für Gruppenunterricht zusammen:

- Durch die Ausweitung der Selbstständigkeit sollen die Schüler zu mehr *Selbstständigkeit im Denken, Fühlen und Handeln* angeregt werden.

- Durch die Arbeit in kleinen Gruppen soll *die Fähigkeit und Bereitschaft zum solidarischen Handeln* unterstützt werden.
- Durch den phantasievollen Wechsel der Darstellungsweisen (Symbolisierungsformen) und Handlungsmuster soll die *Kreativität* der Schüler gefördert werden.

Gruppenunterricht hat eine *äußere und eine innere Seite.*

Die *äußere Seite des Gruppenunterrichts* regelt die räumlich-sozial-kommunikative Situation im Unterricht. Der Lehrer tritt in den Hintergrund, darf aber die Verantwortung für den Unterrichtsablauf und die initiierten Lernprozesse nicht aus der Hand geben.

Die räumlich-sozial-kommunikative Situation

Die *innere Seite des Gruppenunterrichts* beinhaltet vor allem die Vermittlung und Aneignung der methodischen Struktur der Physik. Diese Fähigkeiten sollen außerdem dazu beitragen, dass die Schülerinnen und Schüler selbstbestimmt, gemeinsam und kreativ handeln können. Ferner sollen soziale Ziele wie Kommunikationsfähigkeit und Kooperationsfähigkeit angestrebt werden.

Aneignung der methodischen Struktur der Physik

Vor dem Gruppenunterricht sind folgende Fragen zu klären:
- Ist das Thema geeignet, arbeitsgleichen/arbeitsteiligen Gruppenunterricht durchzuführen?
- Sind bei den Schülern die nötigen Voraussetzungen (Kooperationsbereitschaft und -fähigkeit) für Gruppenarbeit vorhanden? Nach welchen Gesichtspunkten sollen die Gruppen gebildet werden?
- Ist der Raum für Gruppenarbeit geeignet? (Bewegliches Gestühl ist erforderlich. Derzeit sind Physikräume in Gymnasien und Realschulen noch ungeeignet.) Können die geplanten Versuche im Klassenzimmer oder im Fachraum durchgeführt werden?
- Sind die benötigten Arbeitstechniken (z. B. grafische Darstellung von Messdaten) hinreichend vertraut und geübt?
- Sind die Arbeitsaufträge für die Gruppen verständlich und eindeutig formuliert?
- Sind die zeitlichen Vorgaben realistisch? Wie werden die Gruppen sinnvoll beschäftigt, die die Arbeitsaufträge in kürzerer Zeit durchgeführt haben?

Vorbereitung von Gruppenunterricht

Die Lehrkraft sollte:
- organisatorische Regeln vereinbaren (Geräte austeilen/in Sammlung einordnen)
- Verhaltensregeln mit den Schülern vereinbaren
- während des Unterrichts die Gruppen beobachten in Hinblick auf Störungen und unannehmbares Arbeitsverhalten (Gutte 1976, S. 93)

Lehrerverhalten

— Gruppen einzeln und eher zurückhaltend loben bzw.
ermahnen

— vor allem Ruhe bewahren in unübersichtlichen Situationen

— nicht den Mut verlieren, wenn der Gruppenunterricht nicht
gleich beim ersten Versuch optimal abläuft

Das in ▸ Abschn. 6.3.1 beschriebene methodische Grundschema
(Einstieg, Erarbeitung, Vertiefung) kann auch für Unterricht
mit Gruppenarbeit verwendet werden:

Auf die lehrerorientierte *Einstiegsphase* im Plenum folgen die schüleraktiven *Phasen Erarbeitung, sowie Vertiefung
(Übung, Anwendung,* Auswertung) und die Präsentation
der Arbeitsergebnisse im Plenum. Für den Physikunterricht
bedeutet dies folgende Strukturierung:

6

Integration von
Gruppenunterricht in den
Unterrichtsablauf

1. Das neue Unterrichtsthema wird eingeführt (siehe
„Einstiege" 6.3.2) (im Plenum)

2. Arbeitsaufträge für den Gruppenunterricht werden diskutiert und festgelegt (im Plenum – im PhU: häufig arbeits-
gleiche, eher selten arbeitsteilige Gruppenarbeit)

3. Die Gruppen A(1) bis A(n) werden gebildet (i.a. keine
leistungshomogenen Gruppen, sondern Interessengruppen)

4. Gruppen A(1) bis A(n) arbeiten (auf Rollenwechsel in den
Gruppen achten)

5. Die Ergebnisse der Gruppenarbeit werden zusammengetragen (im Plenum – mündliche Berichterstattung, Folien,
Poster, Experimente)

6. Die Ergebnisse werden interpretiert, diskutiert und evtl.
angewendet (im Plenum)

7. Reflexion des Gruppenunterrichts (im Plenum: Qualität der
Ergebnisse, Sozialverhalten in den Gruppen, weiterführende
Arbeiten, allgemeine Ziele des Gruppenunterrichts)

Im naturwissenschaftlichen Unterricht wird zwischen *arbeits-
gleichem und arbeitsteiligem Gruppenunterricht* unterschieden. Eine
Gruppe besteht üblicherweise aus 3–5 Schülern (Bürger 1978).

Für den *arbeitsgleichen Gruppenunterricht* werden die
Gerätesätze in mehrfacher Ausfertigung benötigt.

Die Lehrmittelfirmen liefern zu den Geräten auch die Versuchsanleitungen (z. B. „Das Hooke'sche Gesetz", „Die Goldene Regel der Mechanik" usw.). Das ist „nachmachender" Gruppenunterricht, der i. Allg. nicht zu kreativem Handeln anregt. Wegen seiner ausschließlich fachimmanenten Aufgabenstellungen ist arbeitsgleicher Gruppenunterricht mit vorgefertigten Schülergerätesätzen nur dann attraktiv, wenn es der Lehrkraft gelingt, aus einer schlichten fachlichen Frage („Wie lautet das Hooke'sche Gesetz?") ein *individuelles Problem der Schüler zu generieren.*

Arbeitsteiliger Gruppenunterricht ist interessanter als arbeitsgleicher Gruppenunterricht. Er ist auch *relevanter hinsichtlich der Ziele, aber anspruchsvoller und schwieriger hinsichtlich der Vorbereitung und Durchführung.* Arbeitsteiliger Gruppenunterricht kommt sowohl in Projekten als auch im Fachunterricht vor. Wie in ▶ Abschn. 6.1.3 skizziert, ist der *Gruppenunterricht im Projekt* fachüberschreitend und thematisiert auch gesellschaftliche Implikationen eines technischen Gerätes (z. B. Computer) oder von Industrieanlagen (z. B. Kernkraftwerke). Bei einem Projekt sind größere Eigeninitiativen sowie größere planerische und organisatorische Fähigkeiten nötig als bei arbeitsteiligem Gruppenunterricht. Das betrifft sowohl Lehrkräfte als auch Schülerinnen und Schüler.

Arbeitsgleicher Gruppenunterricht ist für einen Lehrer/Lehrerin einfacher zu organisieren, d. h. den Schülergruppen zu helfen, den jeweiligen Arbeitsfortschritt in den Gruppen zu erkennen, den Überblick zu behalten. Aus didaktischer Sicht ist *arbeitsteiliger Gruppenunterricht relevanter.* Die methodische und didaktische „Krönung" ist das Projekt, weil Fesseln des Fachs und der Schule überwunden werden können (◧ Tab. 6.3).

Arbeitsgleicher Gruppenunterricht

Arbeitsteiliger Gruppenunterricht

Beispiel aus der Optik

◧ **Tab. 6.3** Vergleich arbeitsgleicher/arbeitsteiliger Gruppenunterricht und Projekt. (Nach Dahncke et al. 1995, S. 327 ff.)

Arbeitsgleicher GU	Arbeitsteiliger GU	Projekt
Modellversuche zur Lochkamera – Grundbegriffe – Schärfentiefe – Helligkeit des Bildes	„Moderne Kamera" – Abbildung durch Linsen – Entfernungsmesser – Belichtungsautomatik – Verschlusszeiten	„Moderne Kamera" – phys. Abbildungen – mod. Kameratechnik – Macht des Fotos (Werbung) – Foto und Kunst

Zusammenfassung

1. Für den Gruppenunterricht existieren relevante pädagogische, psychologische, soziologische und gesellschaftspolitische Begründungen.
2. Gruppenarbeit bedeutet zielgerichtete Arbeit, soziale Interaktion, sprachliche und symbolische Verständigung durch und über physikalische Theorien und auch über die Physik hinausreichende Probleme.
3. Gruppenunterricht benötigt *mehr Vor- und Nachbereitungszeit* als der Frontalunterricht.
4. Aus didaktischer Sicht ist Gruppenunterricht *risikoreicher*, aber dafür lebendiger, interessanter und letztlich auch *befriedigender für Schüler und Lehrer.*
5. Durch Schülerversuche besteht die Möglichkeit, die Lebenswelt und den Alltag besser zu verstehen und fachliche und soziale Kompetenzen zur Lebensbewältigung zu erwerben.
6. Gruppenunterricht ist aufgrund der involvierten Ziele (fachliche, soziale) eine wichtige Sozialform des Physikunterrichts.

6.4.2 Individualisierter Unterricht

Individualisierter Unterricht liegt vor, wenn keine Interaktionen zwischen den Schülern sowie zwischen der Lehrkraft und Schülern stattfinden. Individualisierter Unterricht bedeutet *ungestörte Einzelarbeit der Lernenden* und eine Ausrichtung auf individuelle Fähigkeiten und Vorlieben.

Individualisierter Unterricht ist in jeder Phase des Unterrichts möglich

Individualisierter Unterricht kann in *jeder Phase* des Unterrichts vorkommen: Alle Schüler erhalten in der Phase des Einstiegs z. B. die Kopie eines Zeitungsartikels und verschaffen sich einen Überblick über wichtige Fakten und Argumente eines aktuellen Problems (z. B. „Ist erdferne Raumfahrt nötig?", „Wie teuer ist Atomstrom wirklich?"). In der Phase der Erarbeitung versuchen die Lernenden, sich mithilfe des Schulbuchs beispielsweise ein Modell über den Ferromagnetismus zu verschaffen oder einen einfachen Elektromotor, einen Bumerang usw. zu basteln. Insbesondere in der Phase der Vertiefung wird häufig mittels Schulbuch, Schulheft, Arbeitsbogen oder bei Bastelarbeiten individuell gearbeitet.

Individuelles Arbeiten im Projekt

In einem Projekt kann sich eine Gruppe für eine bestimmte Zeit auflösen, um durch Arbeitsteilung rasch relevante Informationen zu gewinnen in der Bibliothek und im Internet. Die einzelnen Gruppenmitglieder können auch Versuche vorbereiten, Informationstexte auf Plakate schreiben, ein Video aufnehmen über die Projektarbeit. Man kann von einem arbeitsteiligen individualisierten Unterricht sprechen, wenn die

Einzelarbeiten sich wie bei einem Mosaik zu einem sinnvollen Ganzen zusammenfügen. In einem Projekt wechseln sich individualisierter Unterricht und Gruppenunterricht ab aufgrund von Entscheidungen in der Gruppe. Noch prägnanter als bei einem Projekt ist das *individualisierte Lernen ein Merkmal eines Lernzirkels*.

„Die Menschen stärken, die Sachen klären", dieses Motto v. Hentigs (1985) trifft besonders auf individualisierten Unterricht zu. Dieser fördert die Selbstständigkeit und die Individualität der Lernenden durch den Erwerb spezifischer Fähigkeiten und Fertigkeiten wie etwa die Bedienung und Nutzung moderner Medien. Bei erfolgreicher Einzelarbeit kann ein spezifisches und/oder ein allgemeines *Interesse an der Physik* gefördert werden, bei sich häufendem Misserfolg auch das Gegenteil. Natürlich wird der aufmerksame Lehrer dies rechtzeitig erkennen und durch Aufmunterungen, Tipps und Lernhilfen versuchen, dauerhafte Frustrationen bei den Lernenden zu verhindern. Die Anforderungen bei individualisiertem Unterricht sind sowohl bei Lehrenden als auch bei Lernenden höchst unterschiedlich. So erfordert beispielsweise das Ausfüllen eines Lückentextes in einem Arbeitsbogen keine besonderen fachspezifischen Fähigkeiten, während der freie Aufbau von elektronischen Schaltungen Ausdauer, Geduld, beträchtliche fachliche Kenntnisse, experimentelles Geschick und eine gewisse Erfahrung erfordert.

Unterschiedliche Anforderungen im individualisierten Unterricht

Durch den Aufbau eines weltweiten, rund um die Uhr verfügbaren Informationsnetzes wird das individuelle Lernen an Bedeutung gewinnen, insbesondere im naturwissenschaftlich-technischen Bereich. Es ist zu erwarten, dass im Physikunterricht der physikalische Wissens- und Kompetenzunterschied zwischen Lehrenden und Lernenden geringer wird. Dafür wird die methodische und didaktische Kompetenz der Lehrerinnen und Lehrer noch stärker als bisher gefragt (Wie kann man Spezialistenwissen allgemeinverständlich darstellen? Wie kann die Informationsflut sinnvoll bearbeitet werden? Wie zuverlässig ist das Internetwissen?). Das gilt auch für die *soziale Kompetenz*: Wie kann man die jungen Spezialisten in eine Klassengemeinschaft integrieren, wie beurteilen, wie loben und tadeln, wie allgemein bilden?

Neue Medien: Wird der Unterschied der fachlichen Kompetenz zwischen Lehrenden und Lernenden geringer?

Es ist keine Frage, dass diese Kompetenzverschiebungen und Kompetenzergänzungen künftiger Lehrer auch Auswirkungen auf deren Selbstverständnis haben wird und Auswirkungen auf die Lehrerbildung haben muss: Der Lehrende wird aufgrund der veränderten Lebenswelt künftig eher *Moderator von Lernprozessen sein als ein Instruktor*.

Auswirkungen auf die Lehrerbildung

6.4.3 Frontalunterricht

Frontalunterricht:
- Lernende werden gemeinsam unterrichtet
- Lehrender steuert den Unterricht

Frontalunterricht ist ein zumeist an einem physikalischen Thema orientierter, durch Demonstrationsversuche illustrierter, durch Sprache und mathematische Relationen vermittelnder Physikunterricht, in dem die Lernenden gemeinsam unterrichtet werden und in dem der Lehrer zumindest dem Anspruch nach die Arbeits-, Interaktions- und Kommunikationsprozesse steuert und kontrolliert (nach Meyer 1987b, S. 183)

Effektive Art der Wissensvermittlung

Frontalunterricht hängt mit darbietendem Unterricht zusammen. Er kann eine *effektive Art der Wissensvermittlung* sein, wenn, wie im *genetischen Unterricht* oder im *sinnvoll übernehmenden Unterricht*, auf bereichsspezifische Schülervorstellungen, auf das Interesse der Schülerinnen und Schüler, auf deren Fähigkeiten zu lernen und auf deren Lerntempo Rücksicht genommen wird. Dann wird Frontalunterricht von engagierten und leistungsstarken Lehrern und Lernern als befriedigend und sinnvoll erlebt, weil er *direkte Rückmeldungen des eigenen Lehr- bzw. Lernerfolgs liefert.* Außerdem wird im Frontalunterricht das *Sicherheitsbedürfnis* der Lehrer befriedigt, d. h. Frontalunterricht kann die *Unterrichtsdisziplin sichern* (Meyer 1987b, S. 192; Meyer und Meyer 1997, S. 34 f.).

Guter Frontalunterricht erfordert viele Kompetenzen

Lehrerinnen und Lehrer benötigen im Allgemeinen mehrjährige Schulerfahrungen, um *selbstbewusst vor der Klasse* zu stehen, den eigenen *Lehrstil, Sprachstil, Handlungsstil, Urteilsstil, Umgangsstil mit Schülern* zu finden. Das bedeutet: *kontrollierte und eindeutige Gestik* zu internalisieren, *Schüler situations- und sachangemessen zu loben und zu tadeln, faire Lernerfolgskontrollen* und *adäquate Hausaufgaben* zu stellen, eine flüssige, ansehnliche Tafelschrift, eine variable Stimmlage zu entwickeln, nicht die Ruhe in unübersichtlichen Situationen zu verlieren, für nervige oder faule oder leistungsschwache Schüler die *gleiche Geduld und Zeit* aufzubringen wie für die eifrigen, sozialangepassten, leistungsstarken (◘ Abb. 6.8; s. a. Meyer 2004; Duit et al. 2013).

Im Physikunterricht ist es notwendig, auch frontal zu unterrichten,
- wenn große Klassen nicht geteilt werden können, um Gruppenunterricht durchzuführen,
- wenn adäquate Ausstattung (Raum, Material) fehlt,
- wenn Schülerexperimente aus Sicherheitsgründen verboten sind (z. B. Radioaktivität).

Außerdem kann es didaktisch sinnvoll sein,
- dass die Lehrer/die Lehrerin einen Überblick oder eine Zusammenfassung komplexer Sachverhalte (frontal) gibt,

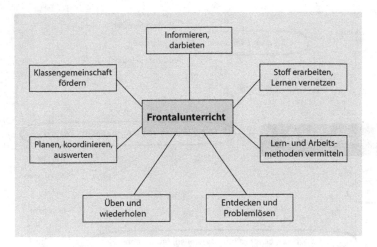

◘ Abb. 6.8　Didaktische Funktionen des Frontalunterrichts. (Duit et al. 2013, S. 7)

— dass er/sie ein attraktives Demonstrationsexperiment vorführt, anstatt unattraktive Schülerexperimente durchführen zu lassen,

— dass er/sie schrittweise elementarisierte Erklärungen bei komplexen Phänomenen und Geräten (z. B. Wirbelstrombremse) gibt,

— dass er/sie aus Zeitmangel eine physikalische Aufgabe selbst vorrechnet,

— dass er/sie bei Gelegenheit „seine/ihre" *Musterstunde* hält, die Lehrer und Schüler in hohem Maße befriedigt.

Insgesamt ist zu beachten, dass *individualisierter Unterricht und Gruppenunterricht mit pädagogisch relevanteren Zielen* verknüpft sind als *Frontalunterricht.* Aber im Sinne von Methodenkompetenz und Methodenvielfalt und dem damit verknüpften Motivationsgewinn für Lehrerinnen und Lehrer, für Schülerinnen und Schüler hat auch das frontale Unterrichten einen wichtigen Platz im Physikunterricht. Frontalunterricht, d. h. Lenkung durch die Lehrkraft, ist ein zentrales, Leistung erklärendes Merkmal für Unterrichtserfolg (▶ Abschn. 6.6).

> Individualisierter Unterricht und Gruppenunterricht sind mit pädagogischen Zielen verknüpft, die im Frontalunterricht kaum tangiert werden

6.5　Methodenwerkzeuge

Die genannten Sozialformen lassen noch viele organisatorische Gestaltungsmöglichkeiten offen. Methodenwerkzeuge legen dann Arbeitsweisen, Interaktionsstrukturen und Kommunikationselemente weiter fest und setzen diese in attraktiven Szenarien

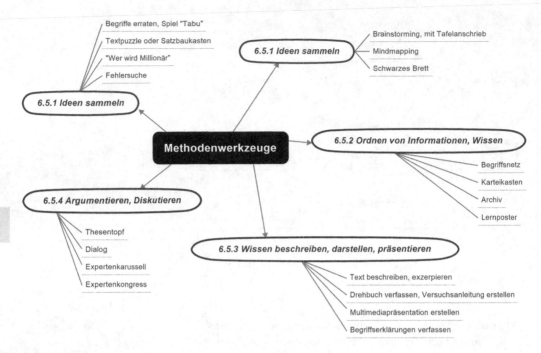

Abb. 6.9 Übersicht über die dargestellten Methodenwerkzeuge

zusammen. Es geht also um die Inszenierung attraktiver und lernwirksamer Handlungssituationen. Nachfolgend sind einige Methodenwerkzeuge kurz beschrieben, wobei eine Untergliederung nach den folgenden Zielsetzungen vorgenommen wird (◘ Abb. 6.9): *„Ideen sammeln", „Ordnen von Informationen und Wissen", „Wissen beschreiben, darstellen, präsentieren", „Argumentieren, Diskutieren", „Üben, Vertiefen".*

6.5.1 Ideen sammeln

■ **Brainstorming, mit Tafelanschrieb**

Zu einem Themenkomplex (z. B. zu Fragen der Energieversorgung) werden Begriffe bzw. Ideen gesammelt und an der Tafel festgehalten. Die Situation soll möglichst offenbleiben und kreative Ideen ermöglichen. Die Lehrkraft muss zurücktreten können und gibt ggf. nur Impulse. Nach einer ersten Sammelphase können die Begriffe kategorisiert und geordnet werden.

■ **Mindmapping**

Gestartet wird mit einem zentralen Begriff, der an der Tafel, auf einem Blatt oder am Computer ins Zentrum gestellt wird. Davon ausgehend werden verschiedene Äste (Unterbegriffe oder verschiedene Aspekte) abgezweigt (◘ Abb. 6.10). Die Aststruktur wird immer weiter ausgeführt.

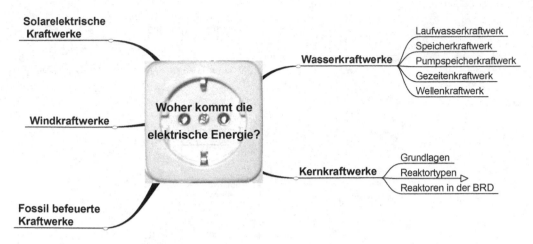

Abb. 6.10   Mind-Map zu Kraftwerken

- **„Schwarzes Brett"**

An einem „schwarzen Brett" werden vor Behandlung eines Themas Fragen und Ideen über einen festgelegten Zeitraum hinweg angesammelt. Während der Themenbereich bearbeitet wird, sind entsprechende Informationen im Aushang. Nach der Unterrichtseinheit können dort Zusammenfassungen, spezifische Anwendungen oder weitere Fragen gesammelt werden.

6.5.2 Ordnen von Informationen, Ideen, Wissen

- **Begriffsnetz**

Begriffe und ihre Beziehungen werden bildhaft in einer Netzstruktur zusammengestellt. Zusammenhänge sollen deutlich werden. Zusätzlich können Bilder die Verknüpfung zur Praxis aufzeigen. Begriffsnetze und Mind-Maps (s. unten) können an der Tafel, im Heft oder mit einfachen Programmen am PC erstellt werden.

Hierarchische Strukturdiagramme und Charts veranschaulichen inhaltliche Gliederungen und/oder begriffliche Zuordnungen mithilfe von einfachen grafischen Mitteln (Abb. 6.11).

- **Karteikasten**

Zu abgegrenzten Themen oder Begriffen können Schülerinnen und Schüler selbst Texte und Daten zusammenstellen und archivieren. Das Ziel kann eine Übersicht zur Wiederholung und/oder Prüfungsvorbereitung sein. Beispiele sind Karteikarten zu verschiedenen Energieträgern oder eine Sammlung von Karteikarten zu verschiedenen Himmelskörpern.

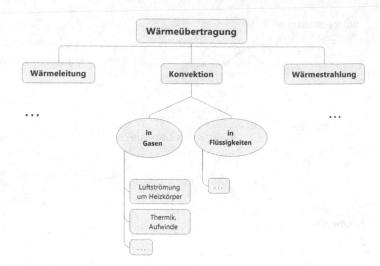

◪ **Abb. 6.11**   Chart zur Wärmeübertragung

■ **Archiv**

Gesammelt werden Informationsmaterialien zu einem Themengebiet. Als Quellen kommen Printmedien (Fachbücher, Nachschlagewerke, Zeitschriftenartikel), Bild- und Tonmedien (Videokassetten, Fernsehaufnahmen), Geräte (Gegenstände, authentisches Material) oder elektronische Medien (CD-ROM, Internet, Datenbanken) infrage. Die Materialien können unterschiedlich genutzt werden, z. B. für Referate, Präsentationen, zur Wiederholung oder zur Vertiefung des Stoffes.

■ **Lernposter**

Poster geben eine bildhafte Übersicht über verschiedene Bereiche einer Thematik, z. B. das Poster „Particle Adventures" über Bereiche der Kern- und Teilchenphysik (▶ http://particle-adventure.org/edumat.html). Lernposter zu Einzelthemen einer Unterrichtseinheit können aber auch von Schülerinnen und Schülern selbst zusammengestellt werden.

6.5.3 Wissen beschreiben, darstellen, präsentieren

■ **Text bearbeiten, exzerpieren**

Kleingruppen sollen aus einem Lehrbuchtext oder einem historischen Text die wesentlichen Aussagen zusammenfassen. Die Ergebnisse werden ausgetauscht und von den Gruppen gegenseitig korrigiert bzw. ergänzt.

- **Drehbuch verfassen, Versuchsanleitungen erstellen**

Für einen „Experimentalvortrag" erstellen Schülergruppen Anleitungen für Demonstrationsexperimente und zusätzlich kurze Erklärungen zum physikalischen Hintergrund.

- **Multimedia-Präsentationen erstellen**

Digitales Bildmaterial und Texte werden vorgegeben. Schülerinnen und Schüler erarbeiten in Kleingruppen eine Präsentation zu ausgewählten Themen (z. B. zur Stromerzeugung, zu elektrischen Haushaltsgeräten). Die Gruppen stellen ihre Präsentationen und Erklärungen der ganzen Klasse vor.

- **Bilderklärungen verfassen**

Bilder, auf denen physikalische Phänomene oder technische Anwendungen zu erkennen sind, werden vorgegeben. Die Aufgabe besteht darin, Bildunterschriften bzw. mehrere erklärende Sätze zu den entsprechenden physikalischen Sachverhalten, technischen Umsetzungen oder Anwendungen zu erstellen. Eine weiterführende Variante erarbeitet Bildergeschichten.

6.5.4 Argumentieren, Diskutieren

- **Thesentopf**

Eine Sammlung von Pro- und Kontra-Thesen dient als Ausgangspunkt für ein „Streitgespräch" oder eine mündliche Fachdiskussion.

Die Lernenden ziehen aus einen „Thesentopf" Karten mit verschiedenen Thesen zu einem Sachverhalt. Sie bringen entsprechende Argumente für die Position vor, die ihnen per Los zugewiesen wurde, und verteidigen sie in einer Diskussion über fachliche Argumente.

- **Dialog**

Es geht um die lebendige Darstellung eines physikalischen Sachverhaltes in Form eines szenischen Dialogs. Ein physikalischer Sachverhalt (z. B. der Auftrieb) wird in einem Dialog vorgestellt bzw. diskutiert (z. B. in dem Dialog zwischen Archimedes und König Hieron).

Ein vorgegebener Dialog kann nachgespielt werden; es können aber auch eigene Dialoge verfasst werden.

- **Expertenkarussell**

In einer vorbereitenden Erarbeitungsphase erwerben Schülerinnen und Schüler Fachkenntnisse zu unterschiedlichen, ausgewählten Themen. In anschließenden Arbeitsrunden wechseln

sie ihre Plätze und geben einmal als Experten für ein Themengebiet Erklärungen an Mitschülerinnen und -schüler weiter,
dann werden sie umgekehrt von der anderen Seite zu einem
zweiten Themengebiet informiert und können Fragen stellen.

- **Expertenkongress**

Die Gruppenmitglieder machen sich zunächst in einer Vorphase zu einem Thema fachlich kompetent. Dazu wird
Informationsmaterial bereitgestellt, ggf. auch als Hausaufgabe. Dann kommt die Gruppe zusammen und bearbeitet
vorgegebene Aufgaben und Fragestellungen. Die Ergebnisse
werden abschließend im Plenum präsentiert.

6.5.5 Üben, Vertiefen

- **Fachbegriffe erraten, Spiel „Tabu"**

Hierbei handelt es sich um ein Wettbewerbsspiel zwischen
zwei Gruppen. Jede Partei stellt in wechselnder Reihenfolge
einen Sprecher. Dieser muss in einer vorgegebenen Zeit Fachbegriffe umschreiben, darf den Begriff selbst aber nicht nennen.
Die Begriffe sind auf einer Karteikartensammlung vorgegeben
und werden von den Sprechern gezogen. Auf den Karten sind
auch nicht erlaubte Begriffe vermerkt. Die eigene Partei muss
in der vorgegebenen Zeit möglichst viele Begriffe „erraten". Die
Gegenpartei überwacht, dass keine unerlaubten Begriffe verwendet werden, und kontrolliert die Zeit.

- **Textpuzzle oder Satzbaukasten**

Ungeordnete Wörter und Fachbegriffe werden vorgegeben
und sollen so zusammengeführt werden, dass sich eine sinnvolle physikalische Aussage ergibt. Beispielsweise können
zusammenfassende Lehrsätze in Einzelworte geschnitten und
gemischt vorgelegt werden.

- **„Wer wird Millionär"**

Analog zu der Fernsehsendung „Wer wird Millionär" können Fragen zusammengestellt werden, die es gilt korrekt zu
beantworten. Eine Computerpräsentation mit entsprechenden
Bild- und Tondokumenten kann den Wettbewerb auch äußerlich attraktiv in Szene setzen.

- **Fehlersuche**

Die Suche nach physikalischen Fehlern in Text- und Bildmaterialien hat für viele Schülerinnen und Schüler einen hohen

Aufforderungscharakter und kann zu genauem Lesen oder Studieren von Abbildungen erziehen. Die korrekte Verwendung von Begrifflichkeiten und Darstellungen lässt sich überprüfen und festigen.

Weitere Informationen und unterrichtsnahe Beispiele sind in Hepp et al. (2003) und Leisen (2003) angeführt.

6.6 Ergebnisse und Interpretation der Hattie-Studie

Die (Hattie, 2009) befasst sich mit Fragen zur Effektivität verschiedener Unterrichtsmaßnahmen (◘ Abb. 6.4). Insbesondere werden auch methodische Elemente betrachtet. Angegeben ist jeweils auch die Effektstärke d. Dabei gilt als Faustregel zur Interpretation der Werte, dass ein negatives d „abgesenkte" Schulleistungen anzeigt, ein d zwischen 0 und 0,20 auf vernachlässigbare Einflüsse verweist, ein d zwischen 0,20 und 0,40 einen moderaten Effekt beschreibt, zwischen 0,40 und 0,60 einen großen und über 0,60 einen sehr großen Effekt kennzeichnet.

Köller (2012) betrachtet speziell die direkte Instruktion. Herauszustellen ist, dass das manchmal negative Image dieser Form, z. B. im Vergleich zum entdeckenden Lernen, nicht gerechtfertigt ist (s. a. Steffens und Höfer 2014). In der Tat sind alle Maßnahmen grundsätzlich vor ihrem funktionellen Hintergrund zu betrachten. Genaue Überlegungen vor dem Einsatz im Unterricht müssen die jeweilige Intention und die Passung auf die Unterrichtssituation mit einbeziehen. Die Werteangaben in ◘ Tab. 6.4 können aber Hinweise geben, wo ggf. ein effektiver Einsatz nicht unbedingt einfach sein muss.

Allerdings sind auch noch weiter Anmerkungen zu den abgedruckten Werten nötig. Betrachtet werden die Ergebnisse aus empirischen Studien, die zum Teil 20–30 Jahre zurückliegen. So sind aktuelle schulische Gegebenheiten nur begrenzt berücksichtigt (ganz abgesehen von regionalen Unterschieden). Auch sind die statistischen Aussagen nicht zwangsläufig für individuelle Situationen in einzelnen Fächern pauschal gültig.

Unabhängig davon gibt die Studie interessante Anregungen und Hinweise für die Bildungsforschung. Außerdem wird auch deutlich, dass es nicht leicht ist, methodische Maßnahmen immer genau ziel- und adressatengerecht abzustimmen.

◻ Tab. 6.4 Ergebnisse der Hattie-Studie, erweitert. (Nach Köller 2012)

Was schadet	Was schadet nicht hilft aber auch nicht	Was hilft ein wenig	Was hilft mehr	Was hilft so richtig
– Sitzenbleiben $d = -.16$	– Offener Unterricht $d = .01$	– Klassengröße $d = .21$	– Zusatzangebote für starke Schülerinnen und Schüler $d = .39$	– Problemlösender Unterricht $d = .61$
– Fernsehen $d = -.14$	– Jahrgangsübergreifender Unterricht $d = .04$	– Finanzielle Ausstattung $d = .23$	– Advance Organizer $d = .41$	– Fachspezifische Lehrerfortbildung $d = .64$
– Sommerferien $d = -.09$	– Induktives Lehren und Lernen $d = .06$	– Unterricht in den Sommerferien $d = .23$	– Regelmäßige Leistungsüberprüfung (Tests) $d = .46$	– Programme zur Leseförderung $d = .67$
	– Web-basiertes Lernen $d = .09$	– Innere Differenzierung $d = .25$	– Vorschulische Fördermaßnahmen $d = .47$	– Einfühlsame, ermutigende Lehrkraft $d = .72$
	– Gruppenarbeit $d = -.16$	– Schulleitung $d = .30$	– Ahnden von Störungen $d = .52$	– Lehrerfeedback $d = .73$
	– Team Teaching $d = -.19$	– Externe Differenzierung $d = .30$	– Herausfordernde Ziele $d = .56$	
		– Hausaufgaben $d = .31$	– Aufgaben mit kommentierten Lösungswegen $d = .57$	
		– Entdeckendes Lernen $d = .31$	– Concept Mapping $d = .57$	
			– Mastery Learning $d = .58$	
			– Direkte Instruktion $d = -.59$	
			– Time on Task (genutzte Unterrichtszeit) $d = -.59$	

Literatur

Alfieri, L., Brooks, P. J., Aldrich, N. J., Tenenbaum, H. R. (2011). Does discovery-based instruction enhance learning?. *Journal of educational psychology*, *103*(1), 1.

v. Aufschnaiter, S. (1980). Spielorientierung im naturwissenschaftlichen Unterricht. *NiU–P/C*, (12), 405–407.

Ausubel, D. P. (1974). Psychologie des Unterrichts. Weinheim: Beltz.

Ausubel, D.P., Novak, J.D., Hanesian, H. (1981). Psychologische und pädagogische Grenzen des entdeckenden Lernens. In: Neber, H. (Hrsg.). Entdeckendes Lernen. Weinheim: Beltz, 30 – 44.

Baumgartner, P. (2014). *Taxonomie von Unterrichtsmethoden: ein Plädoyer für didaktische Vielfalt*. Waxmann Verlag.

Berge, O.E. (1993). Offene Lernformen im Physikunterricht der Sekundarstufe I. NiU Physik, 4, Heft 17, 4 – 11.

Brügelmann, H. (1998): Öffnung des Unterrichts. In: Jahrbuch Grundschule. Seelze: Friedrich, 8 – 42.

Bruner, J. S. (1970) Gedanken zu einer Theorie des Unterrichts. In G. Dohmen, F. Maurer, & W. Popp (Hrsg.). Unterrichtsforschung und didaktische Theorie. München: Piper, 188 – 218.

Bürger, W. (1978). Teamfähigkeit im Gruppenunterricht. Weinheim: Beltz.

Comenius, J.A. (1960). Große Didaktik. Düsseldorf: Küppers. dt. Übersetzung von A. Flitner (1954).

Dahncke, H., Götz, R., Langensiepen, F. (Hrsg.) (1995). Handbuch des Physikunterrichts Sekundarbereich I Band 4/II Optik. Köln: Aulis.

De Jong, T., Lazonder, A. W. (2014). The guided discovery learning principle in multimedia learning. In R. E. Mayer (Ed.), *The Cambridge handbook of multimedia learning* (2nd ed., S. 371–390). New York, NY: Cambridge University Press.

Dörner D. (1976). Problemlösen und Informationsverarbeitung. Stuttgart: Kohlhammer.

Duit, R. (2009). Students' and Teachers' Conceptions and Science Education. Kiel: IPN. ► http://archiv.ipn.uni-kiel.de/stcse/, bzw. ► http://archiv.ipn.uni-kiel.de/stcse/download_stcse.html (29.05.2019).

Duit, R., Häussler, P., Kircher, E. (1981). Unterricht Physik. Köln: Aulis.

Duit, R., Hepp, R., Rincke, K. (2013). Guter Frontalunterricht. NiU Physik, Heft 135/136, 4–12.

Dussler, P.H. (1932). Didaktische Verwertung von Spiel und Spielzeug im Physikunterricht höherer Lehranstalten. Dissertation, Uni Würzburg.

Einsiedler W. (1991). Das Spiel der Kinder. Bad Heilbrunn: Klinkhardt.

Forschungsgruppe Spielsysteme (1984). Entwicklung, Erprobung und Evaluation von Strategien zur Initiierung und Absicherung von Spielsystemen innerhalb des naturwissenschaftlichen Unterrichts. Uni Bremen.

Frey, K. (1982). Die Projektmethode. Weinheim: Beltz.

Frey, K. (2002). Die Projektmethode. Der Weg zum bildenden Tun. Weinheim: Beltz Pädagogik.

Ganser, B., Haag, L. (2005). Unterrichtsmethoden – Erfreuliche Innovationsbereitschaft an bayerischen Gymnasien. bpv 06/2005.

Günther, J., Labudde, P. (2012). Formen und Facetten des fächerübergreifenden Unterrichts. Unterricht Physik, Heft 132, 4 – 8.

Gutte, R. (1976). Gruppenarbeit. Theorie und Praxis sozialen Lernens. Frankfurt: Diesterweg.

Hage, K., Bischoff, H., Dichanz, H., Eubel, K., Oehlschläger, H., Schwittmann, D. (1985). Das Methodenrepertoire von Lehrern. Eine Untersuchung zum Unterrichtsalltag in der Sekundarstufe 1. Opladen: Leske + Budrich.

Hainey, T., Connolly, T. M., Boyle, E. A., Wilson, A., Razak, A. (2016). A systematic literature review of games-based learning empirical evidence in primary education. Computers & Education, 102, 202–223.

Haspas, K. (1970). Methodik des Physikunterrichts. Berlin: Volk und Wissen.

Hattie, J.A.C. (2009): Visible Learning. A Synthesis of over 800 Meta-Analysis Relating to Achievment. Oxon:.Routledge.

Häussler, P. (1981). Denken und Lernen Jugendlicher beim Erkennen funktionaler Beziehungen. Bern: Huber.

Hepp, R. (1999). Lernen an Stationen im Physikunterricht: Elektrizitätslehre. NiU Physik, 10, Heft 51/52, 4 – 14.

Hepp, R. et al. (1997). Umwelt: Physik – das Projektbuch. Stuttgart: Klett.

Hepp, R., Krüger, A., Leisen, J. (Hrsg.) (2003). Methodenwerkzeuge. Unterricht Physik, 14, Heft 75/76.

Hilscher et al. (2012). Physikalische Freihandversuche. Köln: Aulis-Verlag.

Huizinga, J. (1956). Homo ludens. Vom Ursprung der Kultur im Spiel. Hamburg.

Keim, W. (1987). Kursunterricht – Begründungen, Modelle, Erfahrungen. Darmstadt: Wiss. Buchgesellschaft.

Kircher, E. (1995). Studien zur Physikdidaktik. Kiel: Leibniz Institut für die Pädagogik der Naturwissenschaften und Mathematik.

Kircher, E., Hauser, W. (1995). Analogien zum Spannungsbegriff in der Hauptschule. Niu-Physik, 27, Heft 3, 18 – 22.

Köhnlein, W. (1982). Exemplarischer Physikunterricht. Bad Salzdetfurt: Franzbecker.

Köller, O. (2012): What works best? Hatties Befunde zu Effekten von Schul- und Unterrichtsvariablen auf Schulleistungen. Psychologie in Erziehung und Unterricht, 1, 72 – 78.

Krappmann, L. (1976). Soziales Lernen im Spiel. In H.Frommberger, u. a. (Hrsg.). Lernendes Spielen – Spielendes Lernen. Hannover, 42 – 47.

Labudde, P. (1993). Erlebniswelt Physik. Bonn: Dümmler.

Lazonder, A. W., Harmsen, R. (2016). Meta-analysis of inquiry-based learning: Effects of guidance. Review of Educational Research, 86(3), 681–718.

Leisen, J. (2003). Über Physik reden. Unterricht Physik, 14, Heft 75/76, 48–49.

Lind, G. (1975). Sachbezogene Motivation im naturwissenschaftlichen Unterricht. Weinheim: Beltz.

Mayer, G. (1992). Freie Arbeit in der Primarstufe und in der Sekundarstufe bis zum Abitur. Heinsberg.

Meyer, H. (1987a). UnterrichtsMethoden Bd.1: Theorieband. Frankfurt: Scriptor.

Meyer, H. (1987b). UnterrichtsMethoden Bd.2: Praxisband. Frankfurt: Scriptor.

Meyer, H. (2002). Unterrichtsmethoden. In H. Kiper, H. Meyer, W. Topsch, Einführung in die Schulpädagogik. Berlin: Scriptor, 109–121.

Meyer, H. (2004). Was ist guter Unterricht? Berlin: Cornelsen Scriptor.

Meyer, H., Meyer, M. (1997). Lob des Frontalunterrichts, Argumente und Anregungen. Friedrich Jahresheft XV, Lernmethoden – Lehrmethoden, Wege zur Selbständigkeit. Seelze: Friedrich Verlag, 34 – 37.

Mie, K., Frey, K. (Hrsg.) (1994). Physik in Projekten. Köln: Aulis

MNU, Deutscher Verein zur Förderung des mathematischen und naturwissenschaftlichen Unterrichts e. V. (2001). Physikunterricht und naturwissenschaftliche Bildung – aktuelle Anforderungen -. MNU, 54, Heft 3 (Beilage).

Mothes, H. (1968). Methodik und Didaktik der Physik und Chemie. Köln: Aulis.

Niegemann, H. M., Domagk, S., Hessel, S., Hein, A., Hupfer, M., & Zobel, A. (2008). Kompendium multimediales Lernen. Heidelberg: Springer-Verlag.

Oerter, R. (1977). Moderne Entwicklungspsychologie. Donauwörth: Auer.

Oerter, R. (1993). Psychologie des Spiels. München: Quintessenz.

Oser, F.K., Baeriswyl, F.J. (2001): Choreographies of teaching: Bridging instruction to learning. In: Richardson, V. (Hrsg.): AERA's Handbook of Research on Teaching – 4th Edition. Washington: American Educational Research Association, S. 1031–1065.

Oser, F., Patry, J.-L. (1990). Choreographien unterrichtlichen Lernens. Basismodelle des Unterrichts. Pädagogisches Institut der Universität Freiburg (Schweiz), Berichte zur Erziehungswissenschaft, Nr. 89

Oser, F., Sarasin, S. (1995). Basismodelle des Unterrichts: von der Sequenzierung als Lernerleichterung. LLF-Berichte/Interdisziplinäres Zentrum für Lern-und Lehrforschung. Universität Potsdam. Verfügbar unter ▶ http://opus.kobv.de/ubp/volltexte/2005/469.

Peterßen, W. H. (2009). Kleines Methoden-Lexikon. München: Oldenbourg.

Roth, H. (1963). Pädagogische Psychologie des Lehrens und Lernens. Hannover: Schroedel.

Scheuerl, H. (1994). Das Spiel Bd. 1. Weinheim: Beltz.

Schmidkunz, H., Lindemann, F. (1992). Das forschend-entwickelnde Unterrichtsverfahren. Essen: Westarp.

Schorch, G. (1998). Grundschulpädagogik – eine Einführung. Bad Heilbrunn: Klinkhardt.

Schuldt, C. (1988). Zur Genese des genetischen Unterrichts. phys. did. 15, Heft 3/4, 3 – 19.

Schulz, W. (1969). Unterricht – Analyse und Planung. In: Heimann, P., Otto, G. & Schulz, W. Unterricht – Analyse und Planung. Hannover: Schroedel.

Schulz, W. (1981). Unterrichtsplanung. München: Urban & Schwarzenberg.

Schwedes, H. (1982). Spielorientierte Unterrichtsverfahren im Physikunterricht. In H. Fischler (Hrsg.). Lehren und Lernen im Physikunterricht.

Smith, P. L., Ragan, T. J. (2005). *Instructional design* (3rd ed.). Hoboken, NJ: Wiley/Jossey-Bass.

Steffens, U., Höfer, D. (2014). Die Hattie-Studie. sqa–Schulqualität Allgemeinbildung. ▶ http://www.sqa.at/pluginfile.php/813/course/section/373/hattie_studie.pdf (10.11.2018)

Treitz, N. (1996). Spiele mit Physik! Frankfurt: Harri Deutsch.

v. Aufschnaiter, S. et al. (1980). Spielorientierung im naturwissenschaftlichen Unterricht. NiU – P/C, Heft 12, 405 – 407.

v. Hentig, H. (1985). Die Menschen stärken, die Sachen klären. Stuttgart: Reclam.

Wagenschein, M. (1968). Verstehen lehren. Weinheim: Beltz.

Wagenschein, M. (1976). Die pädagogische Dimension der Physik. Braunschweig: Westermann.

Walter, M. (1996). Spiele im Physikunterricht der Hauptschule. Schriftl. Hausarbeit, Uni Würzburg.

Wegener-Spöhring, G. (1995). Agressivität im kindlichen Spiel. Weinheim: Deutscher Studien Verlag.

Zimmermann, H.D. (Hrsg.) (1994). Freies Arbeiten. Donauwörth: Auer.

Experimente im Physikunterricht

Raimund Girwidz

© Springer-Verlag GmbH Deutschland, ein Teil von Springer Nature 2020
E. Kircher, R. Girwidz, H. E. Fischer (Hrsg.), *Physikdidaktik | Grundlagen*,
https://doi.org/10.1007/978-3-662-59490-2_7

Experiment - Versuch - Medium

Funktionelle Aspekte

Klassifikationen, Anforderungen

Experimente im Physikunterricht

Empfehlungen für die Praxis

Schülerexperimente

Experimentieren mit digitalen Medien

◘ **Abb. 7.1**   Übersicht über die Teilkapitel

7

Experimente sind eine grundlegende Erkenntnisquelle für den Physikunterricht. Sie sind ein zentrales Element naturwissenschaftlichen Arbeitens. Damit sind sie per se auch schon ein Lerninhalt. Aus didaktischer Sicht haben sie aber noch weitere Funktionen im Lehr-Lern-Prozess.

Nach einer Klärung des begrifflichen Rahmens werden funktionelle Aspekte von Demonstrationsexperimenten betrachtet. Klassifikationen helfen dann, die unterschiedlichen Formen zu ordnen und verweisen auch auf verschiedene Anforderungen an Lehrende und Lernende. Danach folgt ein Abschnitt mit Hinweisen für die Unterrichtspraxis, die sich aus verschiedenen Perspektiven ableiten lassen. Ein eigenes Teilkapitel behandelt Schülerexperimente, bevor auf das Experimentieren mit digitalen Medien eingegangen wird.

Möglichkeiten und Zielsetzungen für physikalische Schulversuche im Unterricht sind so vielschichtig, dass zunächst Begriffe, Funktionen und Formen geordnet werden müssen. Dann folgen Gestaltungs- und Durchführungskriterien für den Einsatz im Unterricht. Schülerexperimente sind ein eigener Themenkreis, ebenso wie das Experimentieren mit digitalen Medien (◘ Abb. 7.1).

7.1 Experiment, Schulversuch und Medium

Objektive Betrachtung und Untersuchung von Gegenständen oder Sachverhalten

Das Experiment in der physikalischen Forschung ist ein wiederholbares, objektives, d. h. vom Durchführenden unabhängiges Verfahren zur Erkenntnisgewinnung. Unter festgelegten und kontrollierbaren Rahmenbedingungen werden Beobachtungen und Messungen an physikalischen Prozessen und Objekten durchgeführt; Variablen werden systematisch verändert und

Daten gesammelt *(objektivierbare Gegenstandsbetrachtung)*. Ein Experiment verlangt umfassende Planung, eine genaue Kontrolle relevanter Variablen, eine präzise Datenaufnahme, die Analyse der Messwerte sowie ihre physikalische Interpretation vor einem theoretischen Hintergrund. Oft ist dies mit mühsamer Arbeit, mit Anpassungen an unvorhergesehene Einflüsse oder gar Rückschlägen verbunden. Solche Aspekte werden im Unterricht normalerweise zurücktreten und allenfalls im forschenden Unterricht teilweise nachempfunden. Das heißt aber keineswegs, dass die gedankliche Arbeit, die Auseinandersetzung mit dem Hintergrund und der Konzeption eines Experiments zu kurz kommen darf. In diesem Kapitel werden vor allem didaktisch-methodische Zielsetzungen diskutiert. Experimente können eine Behandlung der Physik auf verschiedenen Verständnisebenen unterstützen:

1. Auf der phänomenologischen Ebene zeigen sie, „was geschehen kann".
2. Auf dem Weg zu einem tieferen Verständnis zeigen Experimente Gesetzmäßigkeiten auf und können Zusammenhänge quantitativ erfassen.
3. Experimente helfen, physikalische Theorien zu prüfen und ggf. zu verifizieren.

Die Begriffe „Experiment" und „Versuch" werden in der Literatur nicht eindeutig verwendet (s. dazu Behrendt 1990). Wir verwenden die Ausdrücke hier synonym, in Anpassung an den internationalen Sprachgebrauch. | **Experiment und Schulversuch**

Aus didaktischer Sicht sind Versuche auch ein Mittel, um physikalische Phänomene zu veranschaulichen und physikalische Vorstellungen aufzubauen. Insofern übernimmt das physikalische Schulexperiment auch Mitteilungsfunktionen und lässt sich unter mediendidaktischen Aspekten betrachten. | **Physikalische Schulversuche als Medium**

Experimente haben aber nicht nur eine Mitteilungsfunktion. Als wichtige Mittel der Erkenntnisgewinnung im naturwissenschaftlichen Bereich werden sie selbst auch zum Unterrichtsinhalt. Sie verknüpfen drei unterschiedlich abstrakte Wissens- und Verständnisebenen: Die phänomenologische Ebene, die Beschreibung von Gesetzmäßigkeiten und die erklärende Theorie. Grundlegende Arbeitsschritte der Erkenntnisgewinnung über Experimente sind herauszuarbeiten; aber auch Probleme, Fehlerquellen und Grenzen sind zu diskutieren. | **Experimente als Unterrichtsinhalt**

Im Zeitalter der Digitalisierung kommen zunehmend auch virtuelle oder über das Internet ferngesteuerte Experimente zum Einsatz. Sie sollen natürlich nicht das Realexperiment ersetzen. Sie können aber durchaus einzelne Phasen des Experimentierens gut abbilden und schulen, z. B. wenn sie Hilfen in Form von Augmented Reality oder gar Elemente der künstlichen Intelligenz einbringen (s. hierzu auch ▶ Kap. 8 und 13). | **Digitalisierung**

7.2 Funktionelle Aspekte

Konkrete Physik

Schulisches Lernen zielt auf den Aufbau eines organisierten Bestandes an Wissen, d. h. auf eine angemessene kognitive Struktur. Dazu gehört auch die Kenntnis von Phänomenen, in denen sich physikalische Gesetzmäßigkeiten widerspiegeln. Immerhin bildet dies eine wichtige Grundlage, wenn es darum geht, aus theoretischem Wissen konkrete Handlungsanweisungen in realen Systemen abzuleiten. Gerade auf Schulniveau können (und müssen) Experimente das physikalische Wissen konkretisieren.

Naturwissenschaftliches Arbeiten

Experimente zeigen Phänomene, rücken fachliche Fragestellungen in den Betrachtungshorizont der Schülerinnen und Schüler und liefern Antworten der Natur. Physikalisches Experimentieren ist eine fachspezifische Arbeitsweise. Insbesondere lassen sich folgende Elemente naturwissenschaftlichen Arbeitens vertiefen: Beobachten, Fragen stellen, vorhandenes Wissen zu einer konkreten Fragestellung zusammentragen und Hypothesen bilden, Untersuchungen planen, Daten analysieren, interpretieren und bewerten, Resultate zusammenstellen und präsentieren. Unterricht soll eben auch deutlich machen, wie Erkenntnisse gewonnen werden und wie das Experiment als Bindeglied Theorie und Realität verknüpft (Siehe dazu auch Bd. 2 ▶ Kap. 6).

Informationsträger

Nicht zuletzt ist der physikalische Schulversuch aus mediendidaktischer Sicht ein wichtiger Informationsträger und kann besondere Mitteilungsfunktionen übernehmen. Viele Phänomene und physikalische Effekte lassen sich verbal nicht annähernd so eindrucksvoll und anschaulich darstellen wie in einem Versuch.

Nutzen und Wirkung physikalischer Schulversuche lassen sich natürlich nicht isoliert von Unterrichtszielen betrachten. Die Effektivität hängt zudem in vielschichtiger Weise von den verschiedensten Bedingungen ab. Unterrichtende müssen aber prinzipiell das Einsatzspektrum kennen, um die didaktischen Möglichkeiten abschätzen zu können (◻ Abb. 7.2). Deshalb werden nachfolgend verschiedene physikdidaktische Zielsetzungen an konkreten Beispielen aufgezeigt.

- **1. Ein Phänomen klar und überzeugend darstellen**

Beispiel: Ein gerader Leiter, durch den ein elektrischer Strom fließt, ist von einem kreisförmigen Magnetfeld umgeben. Dies wird deutlich, wenn um ein vertikal verlaufendes Stromkabel kleine Magnetnadeln aufgestellt werden. Fließt kein Strom, so richten sich die Magnetnadeln im Erdmagnetfeld aus. Fließt ein starker Strom, dann orientieren sie sich kreisförmig um das Kabel. Existenz und räumliche Charakteristik des Magnetfeldes werden angezeigt.

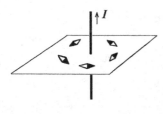

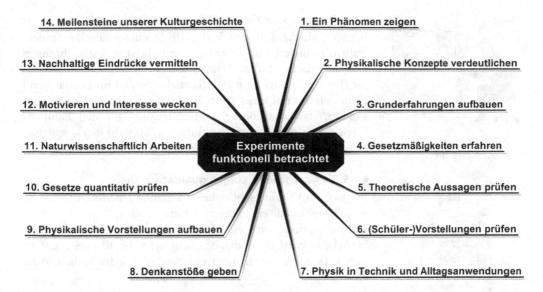

Abb. 7.2　Funktionelle Aspekte von Experimenten im Unterricht

■　**2. Physikalische Konzepte veranschaulichen**

Beispiel: Licht breitet sich in Luft geradlinig aus. Um dies zu verdeutlichen, wird ein Laserstrahl betrachtet. Der Weg des Lichts ist im abgedunkelten Raum sichtbar, wenn die Luft mit Kreidestaub (aus einem Tafellappen) angereichert wird.

Das Teilchenkonzept und die thermische Bewegung lassen sich durch Experimente zur Brown'schen Bewegung aufzeigen.

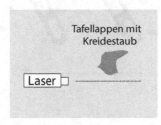

Lichtausbreitung

■　**3. Grunderfahrungen aufbauen bzw. ausschärfen**

Beispiel: Labudde (1993) nutzt ein Gruppenexperiment, um praktische Erfahrungen zur Beschleunigung auf einer Kreisbahn anzubieten. Auf ebenem Boden wird ein Kreis von ca. 2 m Radius markiert, um den sich die Schüler aufstellen. Es gilt, einen Ball mit kurzen, wohldosierten Stößen auf der markierten Kreisbahn rollen zu lassen. Aufbauend auf die dabei gewonnenen Erkenntnisse über Richtung, Dosierung und zeitliche Abfolge der Stöße erfolgt die kinematische und dynamische Behandlung der Kreisbewegung im Unterricht. Weitere Erfahrungen mit Erlebnisqualität sind Auftrieb im Wasser, Luftwiderstand, Trägheitskräfte.

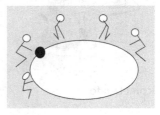

Kreisbewegung

Elektrische Energie

Luft als Medium für Schall

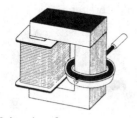

Schmelztrafo

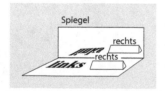

Spiegelbilder

▪ 4. Physikalische Gesetzmäßigkeiten direkt erfahren

Beispiel: Muckenfuß und Walz (1992) nutzen direkte Sinneswahrnehmungen für Energie- und Leistungsbetrachtungen zum elektrischen Strom. Dazu betreiben Schüler einen Generator (Dynamo) über eine Handkurbel – einmal im Leerlauf und dann belastet mit einer Glühbirne. Die Geräte sind so dimensioniert, dass die höhere Antriebsleistung für den Lampenbetrieb physiologisch gut zu fühlen ist. So wird direkt spürbar, dass für den Betrieb der Lampe Arbeit aufzubringen ist.

▪ 5. Theoretische Aussagen qualitativ prüfen

Beispiel: Im Vakuum gibt es keine Schallwellen; die Ausbreitung von Schall setzt ein Trägermedium voraus. Um dies deutlich zu machen, wird eine Klingel unter einer Vakuumglocke betrieben. Wird die Luft abgepumpt, ist die Klingel nicht zu hören. Der Ton wird lauter, wenn die Luft wieder in die Glocke einströmt.

▪ 6. Vorstellungen (Schülervorstellungen) prüfen

Beispiel: Zu den Fehlvorstellungen über den elektrischen Strom gehört die „Stromverbrauchsvorstellung". Demnach wird beispielsweise von einer Glühbirne elektrischer Strom „verbraucht", sodass die Stromstärke „hinter" einer Glühbirne kleiner als „vor" der Glühbirne ist. Diese Vorstellung lässt sich mit einem Zangenamperemeter direkt überprüfen (Girwidz 1993). Das Gerät, das den elektrischen Strom über das Magnetfeld mittels Hall-Sensoren misst, wird einfach über Leiter und Glühbirne hinweggeführt.

▪ 7. Physik in Technik und Alltag aufzeigen

Dazu gehört die Illustration und Verdeutlichung technischer Vorgänge (z. B. Schmelzvorgang in einem Induktionsofen analog zu dem skizzierten Versuch). Auch die Funktionsweise von Geräten aus dem Alltag lässt sich vereinfacht darstellen (z. B. Temperaturregelung im Bügeleisen mittels eines Bimetallschalters).

▪ 8. Denkanstöße zur Wiederholung oder Vertiefung

Beispiel: Aus farbigem Tonpapier sind zwei Schriftzüge ausgeschnitten (hier zwei Schablonen mit den Worten „links" und „rechts"). Vor einem senkrechten Spiegel wird eine Schablone flach auf den Tisch gelegt (hier das Wort „links"), die andere wird senkrecht aufgestellt (hier das Wort „rechts"). Allerdings ist nur das Wort „rechts" im Spiegelbild lesbar. (Ein Hinweis lässt sich geben, wenn Vorder- und Rückseite der Schablonen unterschiedlich gefärbt sind).

▪ 9. Physikalische Vorstellungen aufbauen

Beispiel: Die Entstehung von Mond- und Sonnenfinsternis, aber auch die Mondphasen, lassen sich im Modellversuch mit Lampe, Globus und Tennisball nachbilden. In kleinere Dimensionen übertragen sind die Himmelserscheinungen leichter nachvollziehbar.

Mit gewissen körperlichen Voraussetzungen kann der Lehrer selbst im Rahmen einer gespielten Physik entscheidend mitwirken (s. a. ► Kap. 6).

▪ 10. Physikalische Gesetze quantitativ prüfen

Quantitative Aussagen, oft in mathematischen Formeln zusammengefasst, sind eine zentrale Beschreibungsform in der Physik. Das Experiment kann solche Aussagen prüfen und bestätigen oder Abweichungen aufzeigen. Experimentelle Methoden, die eine grundlegende Bedeutung in physikalischen Erkenntnisprozessen haben, lassen sich z. B. zum Ohm'schen Gesetz, Hooke'schen Gesetz oder zum Brechungsgesetz nach Snellius im Unterricht durchführen.

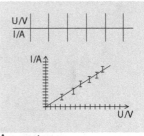

▪ 11. Physikalische Arbeitsweisen einüben

Beispiel: Widerstandskennlinien aufnehmen – Ohm'sches Gesetz. Dabei lassen sich insbesondere folgende Fähigkeiten und Fertigkeiten üben: Sorgfältiges Messen unter definierten Rahmenbedingungen, Zusammenstellen von Daten, Auswertung und Fehlerbetrachtung.

Auswertung

▪ 12. Motivieren und Interesse wecken

In der Einstiegsphase kann ein Versuch das Interesse für ein neues Stoffgebiet wecken *(Einstiegsmotivation)*. *Beispiel:* Ein Eisenquader geht in Wasser unter, während ein Eisenschiff in Wasser schwimmt. Um die *Verlaufsmotivation* aufrecht zu erhalten, können überraschende Versuche hilfreich sein, z. B.

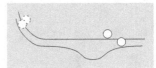

Welche Kugel ist schneller?

der folgende Versuch in der Bewegungslehre: Kugeln rollen über zwei Bahnen. Die Strecken sind identisch bis auf eine Mulde, die zusätzlich auf dem einen Weg durchlaufen werden muss. Zunächst überrascht, dass der längere Weg schneller durchlaufen wird (Klein 1998). Der Sachverhalt dient als Hintergrund für Energiebetrachtungen mit Anwendung und Wiederholung von theoretischem Lernstoff. Schritt für Schritt werden Unklarheiten aufgedeckt. (Für die Verlaufsmotivation sind selbstverständlich attraktive Eigentätigkeiten der Lernenden ein zentrales Mittel, insbesondere auch Schülerversuche).

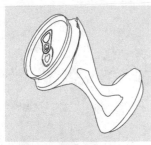

Luftdruckwirkung

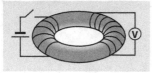

Induktion nach Faraday

7

- **13. Nachhaltige Eindrücke vermitteln**

Einen Eindruck von der Größe des Luftdrucks kann man bei der Implosion einer Blechbüchse gewinnen. Dazu wird die Dose mit etwas Wasser gefüllt und erhitzt. Wenn das Wasser siedet, verdrängt Dampf die Luft aus der Dose. Die Blechbüchse wird dann dicht verschlossen und abgekühlt. Sobald der Wasserdampf kondensiert, wird die Dose vom äußeren Luftdruck zusammengepresst. (Alternativ kann man selbstverständlich auch eine Vakuumpumpe verwenden).

- **14. Meilensteine unserer Kulturgeschichte aufzeigen**

Einigen Experimenten kommt eine besondere Bedeutung bei der Entwicklung unseres naturwissenschaftlichen Weltbildes zu. Wilke (1981) zählt dazu die Experimente zu folgenden Gesetzen und Erscheinungen: Grundgesetz der Dynamik, Gravitationsgesetz, Brown'sche Bewegung, Kathodenstrahlen, Magnetfeld bewegter elektrischer Ladungen, Induktionsgesetz, äußerer lichtelektrischer Effekt, Interferenz des Lichtes, Linienspektren, Resonanzfluoreszenz, elektromagnetische Wellen, Röntgenstrahlen, Elektronenbeugung, natürlicher radioaktiver Zerfall, Rutherfords Streuexperimente, Paarvernichtung. Beschreibungen zu diesen historischen Experimenten mit entsprechenden Abänderungen als Schulversuch sind in Wilke (1987) zu finden. Anknüpfend an diese Versuche lassen sich auch oftmals spannende Einblicke in die komplexen und verflochtenen Wege wissenschaftlicher Erkenntnisprozesse gewinnen.

Damit Experimente im Lehr-Lern-Prozess ihre Funktion entfalten können, müssen sie in geeigneter Weise in den Unterrichtsverlauf eingebettet sein. So betonen Tesch und Duit (2004), wie entscheidend eine entsprechende Vor- und Nachbereitung von Experimenten für die Unterrichtsqualität ist. Gründliche Vor- und Nachbereitung werden in der Regel deutlich mehr Zeit beanspruchen als die eigentliche Durchführung eines Experiments.

7.3 Klassifikation physikalischer Schulexperimente

Verschiedene Dimensionen und Ordnungsparameter

Für die Schulpraxis ist es hilfreich, verschiedene Formen von physikalischen Schulversuchen zu unterscheiden, wenn damit unterschiedliche methodische Möglichkeiten und/oder Anforderungsprofile verknüpft sind. Relevante Aspekte führen auf unterschiedliche Ordnungsparameter. In der Literatur gibt es allerdings eine Vielzahl von Bezeichnungen, die jeweils nur einen Aspekt betonen und damit keine eineindeutige Identifizierung erlauben (Behrendt 1990; Reinhold 1996). So kann ein „quantitativer Versuch" als „Lehrer-" oder „Schülerexperiment" realisiert werden; er kann als „Einstiegsversuch" in ein Themengebiet konzipiert sein oder als „Wiederholungsversuch" (◘ Abb. 7.3). Eventuell dient er zur Prüfung einer Theorie oder zur Bestimmung einer Naturkonstanten. Der folgende Abschnitt beleuchtet stichwortartig verschiedene Aspekte.

- **1. Qualitativ – quantitativ**
Die Datenerfassung kann *qualitativ* oder *quantitativ* erfolgen. Quantitative Versuche verlangen eine objektive Datenaufnahme, Dokumentation, Datenverarbeitung und Auswertung. Dagegen sind qualitative Versuche eher auf die unmittelbare Erfassung durch die Sinne ausgerichtet.

Qualitativ, quantitativ

- **2. Demonstrationsversuch oder Schülerversuch**
Ein Experiment kann als *Demonstrationsversuch* vom der Lehrkraft oder als *Schülerversuch* realisiert werden. Die Anforderungen an den Lernenden verlagern sich dabei vom Beobachten und Registrieren zum aktiven Durchführen der experimentellen Arbeiten.

Lehrer- oder Schülerversuch

- **3. Einordnung in Phasen des Unterrichts**
Vorwissen, Vorarbeit und methodisches Gesamtkonzept entscheiden über die Einbindung von Experimenten in verschiedene *Unterrichtsphasen*. Zu nennen sind:
— *Einstiegsversuche* mit den Zielen: Motivierung, thematische Hinführung, Schaffen eines Problembewusstseins,

Einordnung in Phasen des Unterrichts

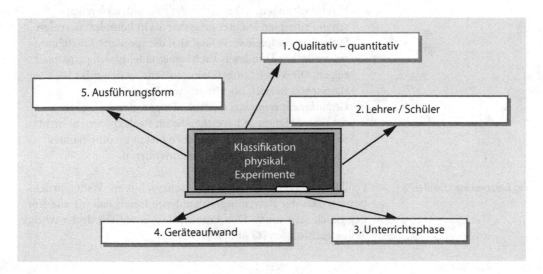

◘ **Abb. 7.3**   Aspekte zur Klassifikation von physikalischen Experimenten im Unterricht

Denkanstöße geben. Vorausgesetzt wird nur Grundwissen, aber eine genaue Beobachtung ist gefordert.

— *Erarbeitungsversuche* zum Erfassen von Daten, zum Entwickeln von Hypothesen, zur qualitativen und quantitativen Prüfung von Gesetzmäßigkeiten. Es sind vor allem Fähigkeiten zu präziser Arbeit und zur Verknüpfung von Theorie und Experiment gefordert.

— *Versuche zur Vertiefung oder zur Verständniskontrolle.* Sie können scheinbare Widersprüche aufdecken, Ähnlichkeiten oder Analogien aufzeigen, Transferleistungen vorbereiten. Aufgebaut wird auf dem Detailwissen zu einem Sachgebiet.

■ 4. Geräteeinsatz

Geräteaufwand

Die folgende Unterscheidung berücksichtigt, ob ein physikalisches Phänomen mit einfachen Mitteln zu beobachten ist, ob zusätzliche Geräte nötig sind oder ob die Betrachtungen rein abstrakt erfolgen. Danach kann man unterscheiden:

— *Freihandversuche*: Verblüffende Effekte werden pfiffig und einprägsam vorgestellt, ohne großen apparativen Aufwand und ohne Geräte, die den Blick auf das Wesentliche verdecken – dies ist das Ideal eines Freihandversuchs.

— *Versuche mit physikalischen Apparaturen und Messgeräten:* Hier sind für das Erfassen physikalischer Phänomene oder Gesetze Versuchsaufbauten nötig, die eine definierte Ausgangssituation garantieren. Messwerte, die nicht direkt mit den Sinnen zu erfassen sind, werden von physikalischen Messgeräten geliefert (z. B. die elektrische Stromstärke).

— *Simulationsexperimente*: Wesentliche Teile eines physikalischen Systems werden im Rahmen eines Modells nachgebildet. Die Gestaltungselemente des Modells (Größe, Vereinfachungen, …) machen die relevanten physikalischen Prinzipien leichter erfassbar als in komplexen, realen Systemen. Beispielsweise lässt sich die spontane Entstehung magnetischer Domänen am Magnetnadelmodell prinzipiell zeigen. Die Vorstellungen können dann in den mikroskopischen Bereich übertragen werden.

— *Gedankenexperimente*: Gedankenexperimente ermöglichen die Extrapolation in Bereiche, die im Realexperiment nicht so leicht erreichbar sind. Daneben bieten sie oft ein gutes Training für physikalisches Argumentieren.

Ein Beispiel von Galilei

Galilei (1638) zeigte in einem sehr schönen Widerspruchsbeweis, dass der Bewegungsablauf beim freien Fall für alle Körper gleich sein muss: Die Argumentation enthält drei wichtige Teilbetrachtungen (■ Abb. 7.4a, b, c).

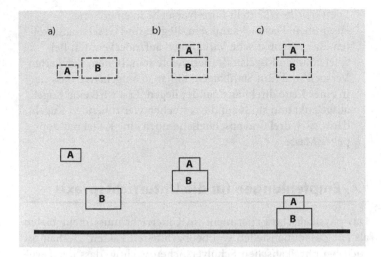

○ Abb. 7.4   a–c Skizze zum Gedankenversuch von Galilei

Zunächst wird angenommen, dass der schwerere Körper B schneller den Boden erreicht als der leichtere Körper A (○ Abb. 7.4a). Dann werden beide Körper durch eine masselose Stange verbunden (○ Abb. 7.4b). Da jetzt Körper A den schnelleren Körper B bremst, fallen sie zusammen langsamer als Körper B allein. Andererseits ist aber die Kombination von Körper B und A schwerer als Körper B allein und müsste deshalb schneller fallen (○ Abb. 7.4c). Somit führt die Annahme, dass der schwerere Körper schneller fällt als der leichtere, zu einem logischen Widerspruch und muss falsch sein.

■ **5. Ausführungsform**

Neben dem klassischen *Einzelversuch* lassen sich *Parallelversuche* und *Versuchsserien* unterscheiden.

Ausführungsform

— Ein *Parallelversuch* zeigt Abläufe direkt nebeneinander und bietet ideale Vergleichsmöglichkeiten. Auswirkungen durch die Änderung eines Parameters werden unmittelbar deutlich. Die nebenstehende Versuchsanordnung zum Hooke'schen Gesetz macht zudem eine grafische Auswertung direkt naheliegend. (Allerdings wird man in diesem Fall kaum auf einen schrittweisen Aufbau der Anordnung verzichten, um die Zusammenhänge deutlicher hervorzuheben).

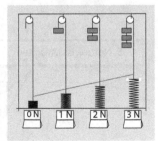

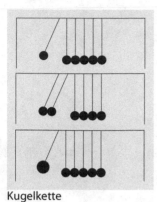

Kugelkette

Grundlegende
Kompetenzen sind
vorzubereiten

— Die *Versuchsreihe* stellt Einzelversuche in einer Serie
zusammen. Das Ziel kann sein, Regeln und Gesetzmäßigkeiten über systematische Variationen aufzudecken. Ein Beispiel könnten Kugelstoßexperimente sein. In dem skizzierten
Versuch sind fünf Stahlkugeln bifilar so aufgehängt, dass sie
in einer Kette direkt aneinander liegen. Erst wird eine Kugel
ausgelenkt und stößt auf die restlichen vier ruhenden Kugeln,
dann zwei, drei und abschließend noch eine Kugel mit doppelter Masse.

7.4 Empfehlungen für die Unterrichtspraxis

Das physikalische Experiment im Unterricht muss mehr bieten
als ein Zusammenstellen von beobachtbaren Fakten. Deshalb ist
auch bei physikalischen Schulversuchen wichtig, dass der Lernstoff ausreichend organisiert und strukturiert ist und die Informationen angemessen sequenziert und portioniert werden.
Insbesondere darf nicht übersehen werden, dass entscheidende
Kompetenzen oft erst noch im Unterricht entwickelt werden
müssen. Dazu gehören u. a.: Unterscheiden zwischen wichtigen
Einflussgrößen und unwesentlichen Störgrößen, gezieltes Untersuchen einzelner Variablen, ein Erkennen sinnvoller funktioneller Zusammenhänge.

Neben fachlichen und inhaltsspezifischen Anforderungen lassen sich für die Durchführung von Versuchen noch allgemeine
Richtlinien formulieren, die sich aus verschiedenen pädagogischen, psychologischen und didaktischen Blickrichtungen
ergeben (◘ Abb. 7.5).

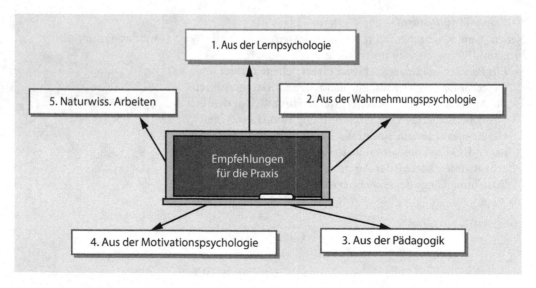

◘ **Abb. 7.5**   Übersicht über die abgeleiteten Richtlinien zur Durchführung von Experimenten in der Unterrichtspraxis

7.4.1 Empfehlungen aus lernpsychologischer Sicht

Eine angemessene Strukturierung der Lerninhalte und die Verknüpfung mit dem Vorwissen des Schülers sind nach Ausubel et al. (1980) zentrale Faktoren für ein effektives Lernen. Daher ist zu prüfen:

- Inwieweit können die Versuchsinhalte mit vorhandenen Konzepten der Lernenden verknüpft werden, und welche unterstützenden Maßnahmen sind hierzu geeignet?
- Wie präzise, eindeutig und konsistent sind die Darstellungen und die verwendeten Symbole in der Begriffswelt der Schülerinnen und Schüler?
- Sind wichtige Teilschritte für die Lernenden als solche erkennbar?
- Sind die Grundlagen gegeben, dass die Schülerinnen und Schüler wichtige Zusammenhänge im Versuchsablauf erkennen und daraus später auch Kausalzusammenhänge erschließen können?

Selbstverständlich ist der physikalische Schulversuch kein isoliertes Element des Unterrichts. Begleitende Maßnahmen sind sinnvoll. Gegebenenfalls müssen vor der Versuchsdurchführung noch wichtige Grundlagen erarbeitet werden. Zudem sollten Ablauf und Ergebnis in verschiedenen Repräsentationsformen festgehalten werden (Ergebnissicherung verbal, schriftlich und grafisch).

7.4.2 Richtlinien aus der Wahrnehmungspsychologie

Genaues Beobachten ist bei physikalischen Versuchen prinzipiell gefordert. Das komplexe Wechselspiel zwischen Informationsaufnahme und Verarbeitung stellt speziell folgende Anforderungen, die auch gezielt geschult werden sollten:

- *Differenzierungsfähigkeit*: Hier geht ein, wie treffend unterschiedliche physikalische Gesichtspunkte bei einem Experiment berücksichtigt werden, um einen Sachverhalt präzise zu erfassen. Bei der Betrachtung von Bewegungen können beispielsweise Geschwindigkeit, Beschleunigung oder der Einfluss verschiedener Kräfte untersucht werden.

Differenzierungsfähigkeit

Diskriminierungsfähigkeit

— *Diskriminierungsfähigkeit*: Dazu gehört, dass bestimmte Faktoren nachrangig behandelt oder gar vernachlässigt werden, z. B. Reibungseffekte bei der Luftkissenbahn oder unwichtige Äußerlichkeiten bei einem Versuchsaufbau. Das Abstrahieren von zweitrangigen Begleiterscheinungen ist ein wichtiger Aspekt für das Verstehen physikalischer Abläufe.

Integrationsfähigkeit

— *Integrationsfähigkeit*: Damit ist die Fähigkeit gemeint, *Zusammenhänge* zwischen verschiedenen Kategorien und Merkmalen herzustellen und auch die Fähigkeit, Vorwissen mit neuen Informationen zu verknüpfen.

Darüber hinaus können Erfassungsmodalitäten wie Aufnahmegeschwindigkeit oder begrenzte Aufnahmekapazität leistungsbegrenzende Faktoren sein. Allerdings lassen sich über verschiedene Maßnahmen die Beobachtungsaufgaben bei Demonstrations- und Schülerversuchen erleichtern, und die Konzentration lässt sich auf wesentliche Komponenten lenken.

Dafür gelten folgende Richtlinien:

Gute Sichtbarkeit

— Gut lesbare, große Anzeigeskalen der Messinstrumente sind zu verwenden.

— Kleine Versuchsaufbauten lassen sich über Schatten- oder Videoprojektion vergrößert zeigen.

— Geräte sind so aufzustellen, dass wichtige Bedienungselemente (z. B. wichtige Einstellknöpfe) für alle Schüler sichtbar sind.

Beschränkung auf Wesentliches

— Nebeneffekte sind (soweit möglich) auszublenden.

— Nur ein Experiment sollte in den Blickpunkt rücken (weitere Versuche der Unterrichtsstunde beiseiteschieben oder abdecken).

Akzentuierung wichtiger Komponenten

— Das eigentliche Versuchsobjekt sollte im Zentrum stehen, evtl. farblich hervorgehoben.

— Geräte, die für den Ablauf wichtig sind, deutlich beschriften.

Versuchsaufbau strukturieren

— Funktionseinheiten/Teilsysteme kann man auch räumlich durch vertikale und horizontale Gliederung trennen oder zusammenfassen.

— Schlauch- und Kabelverbindungen sollten kurz und übersichtlich bleiben und elektrische Kabel entsprechend ihrer Funktion farblich unterscheidbar sein.

— Versorgungs- und Zusatzgeräte können in den Hintergrund rücken, evtl. abgedeckt und nur durch ein Symbol angezeigt werden (z. B. ein Netzteil für die Versorgungsspannung).

Prägnanz

— Die Anwendung gestaltpsychologischer Gesetze (vgl. ▶ Abschn. 8.2) ist nach Schmidkunz (1983, 1992) charakteristisch für *prägnante* Versuchsaufbauten. So gehören *Nähe, äußere Ähnlichkeit (z. B. Farbgebung) oder Symmetrie* zu oberflächlichen Wahrnehmungsfaktoren, die oft in entscheidendem Maße kognitive Assoziationen nahelegen.

- Ablauf gliedern Physikalisch relevante Zeitabschnitte sind deutlich herauszuarbeiten (z. B. den Einschwingvorgang von stationären Schwingungszuständen abgrenzen)
- Zeitlich gegliederte Prozesse sind, wenn möglich, auch in einer räumlichen Sequenz nachzubilden, z. B. von unten nach oben, von hinten nach vorne oder von links nach rechts ablaufende Prozesse zeigen.
- Schnelle, komplexe Abläufe kann man evtl. mehrmals zeigen und jeweils verschiedene Beobachtungsschwerpunkte angeben. Als Alternative oder als Zusatz lässt sich ein Zeitlupenfilm anbieten.
- Eine schematische Tafelskizze zum Versuchsaufbau kann beispielsweise wesentliche Komponenten hervorheben.
- Die Darstellung in verschiedenen Repräsentationsformen, beispielsweise als realitätsnahes Bild einer elektrischen Schaltung und als Schaltskizze, regt Umdenkprozesse und damit eine intensivere geistige Auseinandersetzung mit den Sachverhalten an.

Orientierungshilfen und verschiedene Darstellungen anbieten

7.4.3 Aus pädagogischer Sicht (Vorbildwirkung)

Streng genommen hängen Nachahmungslernen und Vorbildeffekte in komplexer Weise mit sozialen Beziehungen zusammen. In neuen Handlungsfeldern ist aber prinzipiell die Tendenz groß, erst einmal vorgezeigte Arbeitsweisen zu übernehmen. Dies gilt auch für das physikalische Experimentieren. Deshalb ist von der Lehrkraft zu fordern:

- vorbildlich experimentieren (sach-, fach- und zielgerecht)
- präzises und sorgfältiges Arbeiten zeigen
- auf Sicherheitsrichtlinien hinweisen und diese mustergültig befolgen: elektrische Schaltungen zur Quelle hin aufbauen und erst nach einer gründlichen Prüfung anschalten; offene Flammen sichern, Schutzvorrichtungen verwenden (Schutzglas, Schutzbrille …)
- einen sachgerechten Umgang mit Messgeräten zeigen: Einschalten im höchsten Messbereich, Einsatzbedingungen prüfen (z. B. magnetische Streufelder vermeiden, vorgeschriebene Lage der Messgeräte einhalten …)
- Verbrauchsmaterial angemessen entsorgen
- korrekte Fachsprache bei Versuchsbeschreibungen verwenden.

7.4.4 Empfehlungen aus der Motivationspsychologie

Für die Verlaufsmotivation – vor allem durch Eigenaktivitäten und Aufzeigen persönlicher Bezüge zum Lerninhalt – sind wichtige Ansatzpunkte:

- Schülerinnen und Schüler aktiv teilnehmen lassen (an allen wesentlichen Denk- und Handlungsprozessen)
- wenn möglich den Lernenden auch bei Demonstrationsversuchen geeignete Aufgaben zuteilen
- den Ablauf interessant gestalten, Spannung aufbauen, keine beobachtbaren Effekte verbal vorwegnehmen
- den individuellen Bezug zum Versuch verstärken, z. B. Prognosen über den Ablauf machen lassen
- inhaltliche Kontexte wählen, die auch einen Erklärungswert für Anwendungen aus der Alltagswelt der Schülerinnen und Schüler haben (z. B. Bewegungsmelder, Helligkeitsregelung in der Haustechnik, …)
- Anreize durch Erfolgserlebnisse setzen, z. B. funktionell reizvolle und in ihrer Funktion direkt prüfbare Schaltungen bearbeiten lassen (Lichtschranke, Bewegungsmelder, Helligkeitsregelung).

7

7.4.5 Physikalische Denk- und Arbeitsweisen einüben

Schulexperimente
sind nicht ein kleines
Abbild der aktuellen
Forschungsmethodik

Experimentieren gehört zum Kern naturwissenschaftlicher Erkenntnismethoden. Zu Recht relativiert allerdings Höttecke (2008) die exemplarische Bedeutung von Schulexperimenten, wenn es um Arbeitsweisen in der modernen naturwissenschaftlichen Forschung geht. Schulexperimente als Modell für die aktuelle Forschungsmethodik in den Naturwissenschaften auszuweisen würde ein falsches Bild zeichnen. Dennoch können Experimente elementare Arbeitsschritte auf dem Weg zu physikalischen Erkenntnissen aufzeigen. Für die Unterrichtspraxis ordnen Götz et al. (1990) die relevanten Denk- und Handlungsprozesse beim physikalischen Experimentieren in fünf Bereiche:

- *Problematisieren,* wobei die Problemstellung herausgearbeitet und ein Erklärungsbedürfnis geweckt werden soll
- *Hypothesenbildung,* wozu das Herstellen eines erklärenden Zusammenhangs, das Finden eines erklärenden Modells, ein Formulieren des Ursache-Wirkungs-Zusammenhangs oder eine theoretische Herleitung aus mehr oder weniger gut gesicherten Grundsätzen gehören können
- *Konstruieren* einer experimentellen Anordnung. Dies beinhaltet das Erstellen eines Plans zur Überprüfung der Hypothese durch ein Experiment, das Finden einer Apparatur und ein Ausblenden von Nebeneinflüssen.
- Laborieren, wozu die Kontrolle wesentlicher Parameter, die Durchführung und die Dokumentation des Experiments gehören

- *Deutung* der beobachteten Effekte und Messwerte,
  anknüpfend an die vorangegangenen theoretischen Überlegungen.

Selbstverständlich kann es vorkommen, dass ein
Demonstrationsversuch misslingt. Allerdings verliert ein Lehrer schnell seine Vorbildfunktion, wenn die Schülerinnen
und Schüler an seinem experimentellen Geschick zweifeln.
Demonstrationsversuche, die nicht sicher funktionieren, sollten
auch deshalb gezielt als kritisch angekündigt werden. Zudem
kann die Diskussion problematischer Versuchsbedingungen
sehr lehrreich sein. Auch die Fehlersuche kann eine sinnvolle
gemeinsame Aufgabe von Lehrkraft und Schülern sein. Sie muss
aber zeitlich begrenzt bleiben. Gegebenenfalls wird ein Experiment in der nächsten Unterrichtsstunde wiederholt.

> Wenn ein Experiment
> misslingt

Neben dem Beobachten gehören Protokollieren und Dokumentieren der Versuchsabläufe zu den Übungsaufgaben, die
auch eine tiefergehende kognitive Verarbeitung der demonst-
rierten Phänomene und Abläufe unterstützen. Ein klassisches
Versuchsprotokoll stellt zunächst die wichtigsten physikalischen
Grundlagenkenntnisse zusammen, formuliert die Hypothesen,
beschreibt das Grundkonzept des Experimentes, den Aufbau, die
Durchführung, dokumentiert Messwerte, präsentiert die Daten
in verschiedenen zweckdienlichen Formaten (Tabellen, Diagrammen), beinhaltet eine Fehlerbetrachtung und formuliert
schließlich die Ergebnisse.

> Schüleraktivitäten
> auch beim
> Demonstrationsexperiment

7.5 Schülerexperimente und experimentelles Lernen

Schon die Meraner Beschlüsse von 1905 (Gutzmer 1908) fordern
planmäßige Schülerübungen für die physikalische Ausbildung.
In Schülerversuchen können Lernende ihre erworbenen Hand-
lungsschemata einsetzen und erweitern, um neue physikalische
Inhalte zu erschließen. Sie können Variablen anpassen, Prinzipien anwenden und Gesetzmäßigkeiten prüfen. Schülerversuche
bieten Gelegenheiten zu konkretem physikalischen Arbeiten und
zu eigenen Erfahrungen. Sie entsprechen dem Prinzip der Aktivierung und kommen dem natürlichen Drang nach Eigentätigkeit entgegen. Allerdings sind zumindest in der Sekundarstufe I
mitunter noch wenig spezifische Fertigkeiten und Fähigkeiten
zum Experimentieren ausgebildet. So wird der Erwerb einer
experimentellen Handlungskompetenz auch ein Anliegen beim
Einsatz von Schülerexperimenten sein.

> Gelegenheiten zu
> konkretem physikalischen
> Arbeiten und zu eigenen
> Erfahrungen

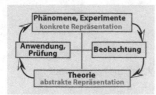

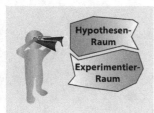

Science Discovery as Dual
Search

7

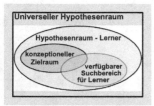

Individueller
Hypothesenraum

Experimentelle Kompetenz
nach Nawrath et al. (2011)

7.5.1 Grundlagenmodelle zum Lernen mit Schülerexperimenten

Das Modell nach Kolb (1984) und Kolb et al. (2001) stellt das Experimentieren in einen größeren Gesamtzusammenhang. Das aktive Experimentieren wird in Bezug zu konkreten Erfahrungen, zum reflektierenden Beobachten und zum Entwickeln abstrakter Konzepte gesetzt. Für einen lernwirksamen Unterricht wird es in der Regel notwendig sein, die Verknüpfungen zu unterstützen und auch entsprechende Hilfen bereitzustellen.

Van Joolingen und De Jong (1997) haben das SDDS-Modell (Scientific Discovery as Dual Search) von Klahr und Dunbar (1988) weitergeführt. Grundlegend ist die Annahme eines Hypothesenraumes und eines Experimentalraumes sowie von drei Basisprozessen: die Suche im Hypothesenraum, das Testen von Hypothesen und das Bewerten von Indizien. In dem erweiterten Modell, das vor allem auch für komplexe experimentelle Zusammenhänge mit vielen Variablen und Relationen gedacht ist, wird insbesondere die Suche im Hypothesenraum genauer betrachtet, und die Rolle des Vorwissens wird berücksichtigt. Im Hypothesenraum werden Variablen in einer Struktur mit Ober- und Unterbegriffen geordnet und Relationen in verschiedenen Präzisionsgraden formuliert (qualitativ und quantitativ). Diese Gesichtspunkte helfen, die experimentellen Anforderungen und Lernmöglichkeiten genauer zu beleuchten.

Ein einfaches Modell von Nawrath et al. (2011) ist speziell auf die Kompetenzentwicklung in der Praxis ausgerichtet. Es orientiert sich an dem klassischen Ablauf experimenteller Arbeiten im Unterricht und untergliedert experimentelle Kompetenzen in sieben Teilbereiche:

1. Entwickeln von Fragestellungen
2. Aufstellen von Vermutungen und Hypothesen
3. Planen des eigentlichen Experimentes
4. Aufbau einer funktionsfähigen Anordnung
5. Beobachten, Messen und Dokumentieren
6. Daten verarbeiten
7. Ziehen von Schlussfolgerungen

Für die Unterrichtsplanung oder eine Kompetenzdiagnose sind jeweils drei Ausprägungsstufen angedacht, um das Anforderungsprofil genauer zu spezifizieren.

7.5.2 Zieldimensionen

Der Erkenntnisgewinn bei offenen Schülerexperimenten wird in der Regel weniger strukturiert, nicht immer systematisch und weniger zielgerichtet verlaufen als bei einem instruktionalen Unterricht. Dafür geht der Weg vom lehrerdiktierten zum schülerzentrierten Unterricht hin, und es lassen sich neben dem rein fachlichen Erkenntnisgewinn noch weitere Zielrichtungen abdecken. Dazu gehören:

— der Erwerb experimenteller Fertigkeiten und der fachgerechte Umgang mit den Experimentiergeräten
— das Einüben fachspezifischer Arbeitsweisen und Methoden (Beobachten, Fragen operationalisieren, vorhandenes Wissen zusammentragen und Hypothesen entwickeln, Untersuchungen planen, Daten analysieren, interpretieren und bewerten, Resultate zusammenstellen und präsentieren)
— Erkennen und Verstehen physikalischer Gesetzmäßigkeiten und Zusammenhänge in der Anwendung und bei der direkten Begegnung mit dem Phänomen
— Verbinden von Theorie und Praxis
— Anwenden von physikalischem Wissen, auch bei der Behandlung von Alltagsphänomenen und -techniken
— Entwicklung sozialen Verhaltens in Partner- und Gruppenarbeit (Kooperations- und Kommunikationsfähigkeit)
— Interesse wecken, vor allem auch das situative Interesse durch die Aktionsmöglichkeiten, Motivation und Werthaltungen positiv beeinflussen (Freude an der Physik, präzises, zielstrebiges Arbeiten, Ausdauer).

Weitere Zielrichtungen neben dem rein fachlichen Erkenntnisgewinn

Damit sollen die Lernenden zu zentralen Konzepten und zu grundlegenden Arbeitstechniken der Physik hingeführt werden. In einer Experimentalübung können nicht alle Dimensionen gleichzeitig zum Tragen kommen. Die geforderten Kompetenzen sind viel zu komplex und umfassend, sodass sie sich erst in längeren Entwicklungsphasen ausbilden.

7.5.3 Vorarbeiten und Hilfen

Eine Metaanalyse von Alfieri et al. (2011) zeigte, dass Methoden zum entdeckenden Lernen ohne begleitende Unterstützung weniger effektiv sind als direkte Instruktionsmethoden (z. B. auch Klahr und Nigam 2004). Große Handlungsfreiräume bei Schülerversuchen bedeuten keineswegs einen geringen Vorbereitungsaufwand. Im Gegenteil, spezifisches Grundwissen, experimentelle Fertigkeiten und grundlegende Qualitäten eines selbstorganisierenden Lernens müssen vorher überprüft bzw. vorbereitend erarbeitet werden. Beim Erlernen neuer Sachverhalte fehlen noch weitgehend fachliche Kontrollstrukturen, und im Schulbereich sind auch metakognitive Strukturen oft nicht weit ausgebaut. Feedback, Reflexion und ein Modifizieren oder Anpassen von Denkansätzen sind dann wichtige Aufgaben, die

Begleitende Unterstützung

eine Lehrkraft unterstützend anbieten sollte. Auch oder gerade wenn mehr offene experimentelle Arbeiten angestrebt sind, ist die Einbindung in einen sinnstiftenden Kontext hilfreich. Anwendungsbezogene Fragestellungen können einen roten Faden anbieten, z. B.: „Wie kann man eine Tasse Tee möglichst schnell auf eine angenehme Temperatur für das Trinken bringen" oder „Wie kann man möglichst lange ein Abkühlen unter eine bestimmte Temperatur verhindern."

Kritische Faktoren

Mangelndes fachliches Vorwissen, geringe experimentelle Handlungskompetenz, zeitraubende räumliche, sach- und gerätebezogene Rahmenbedingungen, aber auch fehlende klasseninterne Organisationsstrukturen und ein schlechter Ordnungsrahmen sind oft kritische Faktoren für die Effektivität von Schülerexperimenten. Auf einen weiteren grundlegenden Faktor verweist Hopf (2004, 2007): Den Schülerinnen und Schülern müssen die Zielsetzung und die zugrundeliegende Fragestellung klar sein, damit sie nicht mechanisch eine rezeptartige Aufgabenvorlage abarbeiten. Auch Tesch und Duit (2004) stellten nach ihrer Videostudie fest, dass der Zeitaufwand für die gedankliche Vorbereitung von Experimenten oft zu kurz ausfällt. Darüber hinaus haben Schülerinnen und Schüler oftmals gar nicht die Zeit und die Gelegenheit, zentrale physikalische Konzepte anzuwenden und zu reflektieren, vor allem, wenn sie mit technischen Details stark beansprucht sind (Hofstein und Lunetta 2003).

Hilfen

Je nach Selbstständigkeit und Leistungsniveau sind deshalb mehr oder weniger ausführliche Anleitungen und fachliche Zusatzinformationen bereitzustellen. Insbesondere sind oft Hilfestellungen in folgenden Anforderungsbereichen nötig:

- Klarheit über Zielsetzung und Sinn der experimentellen Arbeiten
- Strukturierung des Arbeitsablaufs (ggf. angeleitet durch ein Protokollschema)
- Hypothesenbildung (relevante Einflussgrößen berücksichtigen, logische Zusammenhänge einbeziehen)
- technische Umsetzung (z. B. Anschluss und Bedienung von Geräten)
- Datenaufnahme (präzise Messung und Dokumentation)
- Aufbereitung und Auswertung der Daten, inkl. einer Fehlerbetrachtung oder, je nach Leistungsniveau, auch Fehlerrechnung
- Interpretation der Ergebnisse und Ziehen von Schlussfolgerungen
- Reflektion auf der metakognitiven Ebene.

Oft zeigt sich, dass in Problemsituationen schlichtweg die Routine fehlt, die erlernten Fertigkeiten einzusetzen. Lernende erkennen mitunter gar nicht, dass verfügbare Fertigkeiten bei einer gegebenen Problemstellung anwendbar sind.

7.5.4 Vorteile von Schülerexperimenten, aber auch Anforderungen

Hopf untersuchte die Wirksamkeit von Schülerexperimenten, bei denen authentische, offen formulierte Problemsituationen für das Experimentieren vorgegeben waren. Nach seinen Untersuchungen wirken problemorientierte Schülerexperimente dem üblichen Absinken von Interesse, schlechteren Selbstwirksamkeitserwartungen leicht entgegen; der Einsatz problemorientierter Schülerexperimente führt aber nicht automatisch zu einem verbesserten begrifflichen Verständnis physikalischer Inhalte (Hopf 2007).

Schülerexperimente sind nicht automatisch effektiv

Die Arbeit mit Schülerexperimenten sollte nach Mayer (2004) folgende grundsätzliche Ausrichtung haben:

- Kognitive Aktivitäten sollen vor manuellen Tätigkeiten stehen.
- Ein strukturiertes und angeleitetes Arbeiten ist gegenüber einem planlos entdeckenden Lernen (nach dem Muster Versuch und Irrtum) vorzuziehen.
- Die Konzeption soll auf ein Lernziel hin ausgerichtet sein und nicht zu einem unstrukturierten Ausprobieren führen.

Grundsätzliche Ausrichtung

Abschließend sind stichwortartig noch Vorteile, aber auch potenzielle Schwierigkeiten von Schülerübungen zusammengefasst. Sie sollen auf mögliche Schwerpunkte bei der Zielsetzung hinweisen, aber andererseits auch einige wichtige Punkte hervorheben, die bei der Planung zu bedenken sind.

- Schülerübungen kommen dem Drang nach Eigentätigkeit entgegen und ermöglichen einen Wechsel der Unterrichtsform.
- Aufbau und Ablauf des Versuchs werden aufgrund der direkten Beteiligung i. Allg. gut erfasst.
- Der Umgang mit technischen Geräten und Versuchsaufbauten wird gelernt.
- Überwinden von Schwierigkeiten und erfolgreiche Datenerfassung sind wichtige Grunderfahrungen.
- Individualisierungs- und Differenzierungsmöglichkeiten lassen sich in Kleingruppen realisieren.
- Kooperatives Arbeiten in Gruppen wird geübt.

Vorteile von Schülerversuchen

Bei der Planung sind zu bedenken:

Zusätzliche Anforderungen bei Schülerexperimenten

- Der Geräteaufwand ist höher, Schülerexperimentiersätze sind nötig.
- Die spezielle Ausstattung der Arbeitsplätze und eine umfangreichere Gerätesammlung können räumliche Probleme bereiten.
- Der Arbeitsaufwand ist größer. Dies betrifft nicht nur die Vorbereitung, sondern auch die Betreuung während des Unterrichts. Die gleichzeitige Unterstützung von mehreren Schülergruppen hat ihre Grenzen (auch unter sicherheitstechnischen Aspekten).
- Der Aufwand an Unterrichtszeit für Durchführung, Nachbereitung und Nachbesprechung darf nicht unterschätzt werden.
- Bedingt durch die Organisationsform treten Disziplinschwierigkeiten eher auf.

7.6 Experimentieren mit digitalen Medien

Digitale Medien als Werkzeuge

Computer können beim Experimentieren ein hilfreiches Werkzeug sein. Nachfolgend sind einige Ansatzpunkte zusammengestellt, wie digitale Medien in verschiedenen Phasen des Experimentierens Lernprozesse unterstützen können. Darüber hinaus helfen sie auch, zukunftsrelevante Techniken kennenzulernen und im Unterricht vorzubereiten. Experimentieren mit dem Computer ist daher auch ein Thema für neue Medien in ▶ Kap. 13.

Ergänzungskonzept statt Ersetzungskonzept

Neue Medien sollen und können nicht das Experimentieren komplett ersetzen. Heute ist klar, dass dies auch aus mediendidaktischer Sicht eine Fehlvorstellung wäre. Digitale Medien können nicht alle lernwirksamen Elemente in gleicher Weise anbieten wie Experimente. Sie sind schlichtweg ein anderes Werkzeug im Lernprozess. Allerdings können sie einzelne Phasen durchaus hilfreich nachbilden oder sogar lernwirksam intensivieren. Empfehlenswert ist also ein „Ergänzungskonzept" und kein „Ersetzungskonzept" für das Ausbauen experimenteller Kompetenzen und das Erkennen physikalisch relevanter Sachverhalte. *„Blended Experimentation"* wird manchmal die Kombination von realem und virtuellem Experimentieren genannt.

7.6.1 Unterstützung beim Experimentieren durch digitale Medien

Digitale Hilfsmittel für verschiedenen Phasen

Zielstrebiges Experimentieren, insbesondere ein systematisches Untersuchen einzelner Variablen sowie ein Erkennen sinnvoller funktioneller Zusammenhänge, lässt sich mit digitalen Medien unterstützen. ◘ Tab. 7.1 untergliedert nach verschiedenen

◘ Tab. 7.1 Experimentierphasen und digitale Hilfsmittel dazu

Problem identifizieren	Auf die Problemstellung und ein Erklärungsbedürfnis kann durch eine geführte Internetrecherche, z. B. eine interaktive digitale Mind-Map, ein Quiz oder ein Spiel hingeführt werden
Zielsetzung definieren, Hypothesen formulieren	Ein gezieltes Untersuchen einzelner Variablen und Hypothesen zu relevanten Einflussgrößen lassen sich sinnvollerweise in die Vorüberlegungen einbringen. Dies können z. B. auch digitale Tondokumente (geschichtlicher Einstieg, Nachrichtenmeldung) oder eine interaktive Konzept-Map unterstützen.
Experimentelle Aufbauten konzipieren und konstruieren	Computer mit Interfaces, zunehmend auch direkt mobile Endgeräte, können als Messgeräte zum Einsatz kommen Es gibt auch Simulationsprogramme, z. B. für elektrische Schaltungen, mit denen ein experimentelles Setting zu Übungszwecken erstellt und geprüft werden kann.
Experiment durchführen, Laborarbeit	Steuerung und Regelung von Abläufen übernehmen heute in der Forschungspraxis weitgehend Digitaltechniken. Auch für die Schulpraxis werden verschiedene Systeme angeboten, die Parameter regeln oder Variablen systematisch verändern können. Sie sind dann insofern bei der Durchführung ein Gewinn, als sie kognitive Kapazitäten für die Betrachtung physikalischer Zusammenhänge freihalten können. Unterstützend können Schlüsselkompetenzen für diese Arbeitsphase auch über Simulationsprogramme geschult werden. Hier lassen sich das gezielte und systematische Variieren von Einflussgrößen (Auswahl geeigneter Schrittweiten, keine gleichzeitige Veränderung mehrerer Variablen, …) sowie das Beobachten von Auswirkungen üben. Abgesehen von zeitlichen Engpässen lassen sich ggf. so auch technische und räumliche Grenzen des Schulalltags überwinden.
Daten aufnehmen und dokumentieren	Im Anfangsunterricht muss selbstverständlich das Aufnehmen und dokumentieren von Messdaten von Hand geübt werden. Ansonsten können digitale Werkzeuge mechanische Arbeiten abkürzen und ein zeiteffektiveres Arbeiten ermöglichen.
Darstellung der Messwerte	Digitale Medien können Messwerte auch sofort in grafischen Darstellungen (z. B. Diagrammen) zeigen und damit Übersichten erleichtern bzw. bereits gesetzmäßige Zusammenhänge nahelegen und eine schnelle Datenaufbereitung anbieten. (Abzusehen ist davon im Anfangsunterricht, in dem natürlich eine Darstellung von Messwerten in Diagrammen direkt geübt werden muss).
Auswertung, Resultate zusammengefasst darstellen	Nicht nur mit Tabellenkalkulationen lassen sich Datensätze mit berechneten Werten vergleichen und diese Vergleiche auch direkt in Diagrammen sichtbar machen. Diese Option bieten heute bereits auch die Programme der Lehrmittelfirmen.
Mit der Ausgangshypothese bzw. mit theoretischen Annahmen vergleichen	Auch hier bieten Multimediaprogramme attraktive Möglichkeiten, um Experiment und Theorie direkt zu verknüpfen. Auf der unten genannten Webseite ist beispielsweise ein Onlineprogramm nutzbar, bei dem die Ablenkung eines Elektronenstrahls im Experiment direkt mit der eingeblendeten theoretisch berechneten Kurve verglichen wird.
Schlussfolgerungen ziehen	Die eigene Formulierung der Ergebnisse und Resultate sollte keineswegs entfallen. Allerdings können die Schlussfolgerungen bzw. die Formulierung der gefundenen Zusammenhänge mit anderen Darstellungen im Internet verglichen und abgeglichen werden. Evtl. können dadurch auch Fehlerbetrachtungen oder ein weiterer Diskussions-/Experimentierbedarf aufgedeckt werden.

Phasen des Experimentierens und damit auch nach Elementen des wissenschaftlichen Arbeitens. Korrespondierend dazu sind Möglichkeiten genannt, wie digitale Medien in diesen Phasen helfen können. Dabei zeigen sich insbesondere auch Optionen, das Experimentieren mit weiteren Elementen des naturwissenschaftlichen Arbeitens zu verknüpfen.

Weitere Hinweise hierzu und entsprechende Beispielprogramme finden sich auf der Internetseite: ► https://www.didaktik.physik.uni-muenchen.de/multimedia/

7.6.2 Demonstrationsexperimente kennen und einüben

„Stumme Videos"

„Stumme Videos" zeigen die Durchführung von physikalischen Experimenten ohne Vertonung. Allerdings sind Zeitspannen (Standbild oder Verzögerungen) für die sprachliche Begleitung vorgesehen. Die Videoclips lassen sich vom Anwender direkt vertonen. Dies kommt in der studentischen Ausbildung und in der Weiterbildung von Lehrkräften zum Einsatz. Qualitätskriterien für die verbale Begleitung von Experimenten lassen sich so einfach üben und in mehreren Durchgängen in der Reflexionsphase überdenken.

Materialien und Anleitungen hierzu sind über diese Webseite verfügbar: ► https://www.didaktik.physik.uni-muenchen.de/lehrerbildung/

Diese „stummen Videos" sind ein didaktisches Werkzeug mit drei verschiedenen Funktionsbereichen:

Drei Funktionsbereiche

- Sie ermöglichen spezielle Übungen zur verbalen Begleitung in vereinfachten Settings (zeitökonomisch und ohne Geräteaufwand).
- Sie stellen eine Sammlung von Experimenten zusammen, mit einem entsprechenden Geräteaufbau zur Demonstration. Damit bieten sie eine Übersicht über klassische Schulexperimente für definierte Themengebiete.
- Sie sind aber auch begleitend zum Physikunterricht für Schülerübungen oder Hausaufgaben einsetzbar. Hierbei dienen sie allerdings mehr als Vorlage für Erklär-Videos und das Üben von fachgerechten Erklärungen.

7.6.3 Experimentieren im Fernlabor oder im virtuellen Labor

Fernlabore

In ferngesteuerten, über das Internet bedienbaren Laboren (Remote Labs) oder in simulierten Laboren (Virtual Labs) können Lernende selbstständig Experimente durchführen und auswerten. Sie versprechen mehr Zeit zum Experimentieren (an jedem Ort, zu jeder Zeit) und ein erweitertes Spektrum attraktiver Experimente (kostengünstig und gefahrlos). Dazu kommen Optionen, weitere Hilfen beim Experimentieren über Augmented Reality zu geben.

Im Gegensatz zu Simulationen bieten *Virtual und Virtual Reality Labs* optisch gestaltete Benutzeroberflächen, die realen Gegebenheiten in einem Experiment sehr nahekommen. Ziel ist, dass die Aktivitäten der Lernenden einem Arbeiten mit realen Geräten bzw. einer realistischen Arbeitsumgebung möglichst nahekommen (Potkonjak et al. 2016). Entsprechend sollen: | **Virtual und Virtual Reality Labs**

- alle Gegenstände und Apparaturen so aussehen und sich so verhalten, wie die realen Geräte und Objekte im Labor
- die Visualisierungen sehr realitätsnah (z. B. auch dreidimensional) erscheinen
- eine Kommunikation und Kollaboration zwischen Experimentatoren möglich sein.

Sog. *„interaktive Bildschirmexperimente"* erreichen ein realitätsnahes Erscheinungsbild, indem sie keine abstrakten Visualisierungsformen nutzen, sondern Bilder von Realexperimenten verwenden. Die fotografischen Aufnahmen stehen in digitaler Form als veränderbare Fotoserien zur Verfügung (Kirstein und Nordmeier 2007). | **Interaktive Bildschirmexperimente**

Ferngesteuerte Labore (Remote Labs) arbeiten mit realen Experimenten, wobei die Apparaturen über das Internet ferngesteuert werden. Die Messwerterfassung ist in der Regel über eine WebCam zu verfolgen. Die Messwertaufnahme kann, muss aber nicht zwangsläufig über digitale Messgeräte erfolgen. (Auch ein Dokumentieren von Werten, die über die Kamera zu beobachten sind, ist möglich). | **Ferngesteuerte Labore**

◨ Abb. 7.6 zeigt die Komponenten eines Remote Lab und das grundlegende Funktionsschema. Der Server vermittelt zwischen dem Experiment und den Nutzern. | **Remote Lab** **Echte Messdaten**

Ein konzeptioneller Vorteil von Remote Labs ist, dass echte Messdaten live und bei jedem Durchgang wieder neu erfasst werden (La Torre et al. 2011, 2016). Dies ist beispielsweise bei Experimenten zur Radioaktivität sinnvoll, da nur so die zugrunde liegenden statistischen Prozesse angemessen erfasst werden können (Jona und Vondracek 2013). Auch für gezielte Messwiederholungen und Fehlerbetrachtungen sind Remote Labs geeignet.

Die neuen Verfahren ermöglichen nicht nur computervermittelte Laborerfahrung, wobei spezielle Visualisierungen und Techniken der digitalen Datenverarbeitung bei Bedarf unmittel- | **Neue Verfahren zum Unterstützen von Lernen**

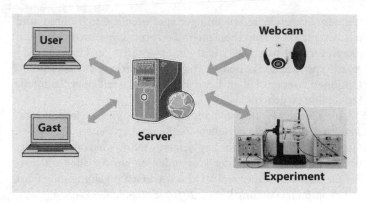

◘ Abb. 7.6   Die Komponenten eines Remote Lab

bar genutzt werden können. Darüber hinaus bietet der Einsatz moderner digitaler Medien weitere Möglichkeiten, sowohl für die Vermittlung von kontextbezogenem Fachwissen als auch zur Unterstützung prozessbezogener Kompetenzen. So kann situatives, automatisiertes Feedback Lernern individuell Rückmeldung über ihre Aktivitäten und ihren Lernfortschritt geben.

Literatur zur Übersicht

Einen Überblick über wichtige Literaturstellen bieten Heradio et al. (2016). Speziell für Remote Labs sind auch die Artikel von Lowe et al. (2013) sowie von La Torre et al. (2016) zu empfehlen. Weitere Hintergründe und Möglichkeiten werden in ► Kap. 13 zu digitalen Medien behandelt.

7.6.4 Experimente zur Digitaltechnik und der Einstieg in das „Internet der Dinge"

Digitalisierung

Digitale Geräte und Technologien gehören heute zum Alltag von Schülerinnen und Schülern. Die KMK (Ständige Konferenz der Kultusminister) reagiert auf die gesellschaftlichen Herausforderungen der Digitalisierung mit dem Strategiepapier „Bildung in der digitalen Welt" und fordert, digitale Medien in regulären Lehr- und Lernprozessen systematisch und verantwortungsvoll einzusetzen (KMK 2016). Dazu gehört speziell auch der ausgewiesene Zielbereich „Eine Vielzahl von digitalen Werkzeugen kennen und kreativ anwenden" (KMK 2016).

Digitale Techniken und neue IT-spezifische Kompetenzen

Der Physikunterricht kann wie kein anderes Fach in besonderer Weise die moderne, digitale Mess- und Regelungstechnik thematisch aufgreifen. Auch im Hinblick auf die Schlagworte „Internet der Dinge" oder „Industrie 4.0" bietet kein anderes Fach vergleichbare Perspektiven und Zugänge. Beim Experimentieren müssen ohnehin Grundlagen des Messens behandelt werden, und verschiedenste Mess-, Auswerte- und digitale Ausgabetechniken kommen zum Einsatz. Schülerinnen und Schüler können also physikspezifische und IT-spezifische Kompetenzen integrativ im Unterricht erleben und ausbauen.

Ansatzpunkte, die sogar auch tiefer gehende Einblicke ermöglichen, bieten beispielsweise Mikro-Controller wie Arduino und Mini-Computer wie Raspberry Pi (u. a. Zieris 2018). Damit lassen sich auch Schulexperimente modern und attraktiv gestalten. Außerdem bietet die große funktionale Offenheit und Flexibilität der Geräte nicht nur die Nutzung für einige wenige Demonstrationsexperimente an, sondern auch die Anpassung an verschiedene Problemlöseaufgaben. Dies eröffnet Lösungen, die heute oftmals realitätsnäher sind als bei der Verwendung gängiger Werkzeuge aus der Physiksammlung. Die Mikro-Controller und Mini-Computer werden in der Industrie bereits zunehmend auch in der Steuerung und Regelung von kleineren Produktionsprozessen und Maschinen eingesetzt.

> Mikro-Controller und Mini-Computer

Weitere Hinweise und Vorschläge gibt es in einem speziellen Themenheft in der Lehrerzeitschrift „Unterricht Physik" (Girwidz und Watzka 2018).

Literatur

Alfieri, L., Brooks, P. J., Aldrich, N. J., Tenenbaum, H. R. (2011). Does discovery-based instruction enhance learning? Journal of Educational Psychology, 103(1), 1.

Ausubel, D.P., Novak, J.D., Hanesian, H. (1980). Psychologische und pädagogische Grenzen des entdeckenden Lernens. In H. Neber (Hrsg.). Entdeckendes Lernen. Weinheim: Beltz, 30–44.

Behrendt, H. (1990). Physikalische Schulversuche. Kiel: Dissertation an der Pädagogischen Hochschule Kiel.

Girwidz, R. (1993). Die Stromzange, eine neue experimentelle Unterrichtshilfe. In W. Schneider (Hrsg.). Wege in der Physikdidaktik Bd. 3. Erlangen: Palm & Enke, 313–322.

Girwidz, R., Watzka, B. (2018). Digitale Werkzeuge im Physikunterricht einsetzen – Mit Micro-Controllern und Mini-Computern einfach, kreativ und motivierend die Physik im Alltag verstehen lernen. Unterricht Physik 167/29, S. 2–5.

Götz, R., Dahncke, H., Langensiepen, F. (1990). Handbuch des Physikunterrichts. Köln: Aulis.

Gutzmer A. (1908). Die Tätigkeit der Unterrichtskommission der Gesellschaft Deutscher Naturforscher und Ärzte. Leipzig: BG Teubner.

Heradio, R., La Torre, L. de, Galan, D., Cabrerizo, F. J., Herrera-Viedma, E., Dormido, S. (2016). Virtual and remotelabs in education. A bibliometric analysis. *Computers & Education, 98*, 14–38.

Hofstein, A., Lunetta, V. N. (2003). The Laboratory in Science Education: Foundations for the Twenty-First Century. Science education, 88(1), 28–54.

Hopf, M. (2004). Schülerexperimente-Stand der Forschung und Bedeutung für die Praxis. Praxis der Naturwissenschaften, 6, 53.

Hopf, M. (2007). Problemorientierte Schülerexperimente (Diss.). Berlin: Logos Verlag.

Höttecke, D. (2008). Fachliche Klärung des Experimentierens. In D. Höttecke (2008). Kompetenzen, Kompetenzmodelle, Kompetenzentwicklung. GDCP Jahrestagung in Essen 2007. Münster: Lit, 293–295.

Jona, K., Vondracek, M. (2013). A Remote Radioactivity Experiment. *The Physics Teacher, 51* (1), 25–27.

Kirstein, J., Nordmeier, V. (2007). Multimedia representation of experiments in physics. *European Journal of Physics, 28* (3), S. 115.

Klahr, D., Dunbar, K. (1988). Dual space search during scientific reasoning. Cognitive science, 12(1), 1–48.

Klahr, D., Nigam, M. (2004). The equivalence of learning paths in early science instruction effects of direct instruction and discovery learning. Psychological Science, 15(10), 661–667.

Klein, W. (1998). Unterhaltsames und Spektakuläres – Demonstrationsexperimente. Physik in unserer Zeit 29., Nr. 2., 84–87.

KMK (2016). Beschluss der KMK vom 08.12.2016, Strategie der Kultusministerkonferenz „Bildung in der digitalen Welt"

Kolb, D. A. (1984). Experiential learning: Experience as the source of learning and development. New Jersey: Prentice-Hall.

Kolb, D. A., Boyatzis, R. E., Mainemelis, C. (2001). Experiential learning theory: Previous research and new directions. In R. Sternberg & L. F. Zhang (Eds.), Perspectives on thinking, learning, and cognitive styles, NJ: Lawrence Erlbaum, 227–247.

La Torre, L. de, Sánchez, J., Dormido, S., Sánchez, J. P., Yuste, M., Carreras, C. (2011). Two web-based laboratories of the FisL@bs network. Hooke's and Snell's laws. *European Journal of Physics, 32* (2), 571–584.

La Torre, L. de, Sánchez, J. P., Dormido, S. (2016). What remote labs can do for you. *Physics Today, 69* (4), 48–53.

Labudde, P. (1993). Erlebniswelt Physik. Bonn: Dümmler.

Lowe, D., Newcombe, P., Stumpers, B. (2013). Evaluation of the Use of Remote Laboratories for Secondary School Science Education. *Research in Science Education, 43* (3), 1197–1219.

Mayer, R. E. (2004). Should there be a three-strikes rule against pure discovery learning?. American Psychologist, 59(1), 14.

Muckenfuß, H., Walz, A. (1992). Neue Wege im Elektrikunterricht: vom Tun über die Vorstellung zum Begriff. Köln: Aulis-Verlag Deubner.

Nawrath, D., Maiseyenka, V., Schecker, H. (2011). Experimentelle Kompetenz – Ein Mo-dell für die Unterrichtspraxis. Praxis der Na-turwissenschaften – Physik in der Schule 60(6), S. 42–48.

Potkonjak, V., Gardner, M., Callaghan, V., Mattila, P., Guetl, C., Petrović, V. M. et al. (2016). Virtual laboratories for education in science, technology, and engineering. A review. *Computers & Education, 95*, 309–327

Reinhold, P. (1996). Offenes Experimentieren und Physiklernen. Kiel: IPN.

Schmidkunz, H. (1983). Die Gestaltung chemischer Demonstrationsexperimente nach wahrnehmungspsychologischen Erkenntnissen. NiU-P/C Jg. 31, Heft 10, 360–366.

Schmidkunz, H. (1992). Zur Wirkung gestaltpsychologischer Faktoren beim Aufbau und bei der Durchführung chemischer Demonstrationsexperimente. In K.H. Wiebel (Hrsg.). Zur Didaktik der Physik und Chemie: Probleme und Perspektiven. Vorträge auf der Tagung für Didaktik der Physik/Chemie in Hamburg, 1991. Alsbach: Leuchtturm, 287–295.

Tesch, M., Duit, R. (2004). Experimentieren im Physikunterricht – Ergebnisse einer Videostudie. Zeitschrift für Didaktik der Naturwissenschaften, Jg. 10, 51–69.

Van Joolingen, W. R.; Jong, T. de (1997). An extended dual search space model of scientific discovery learning. In: Instructional Science 25, S. 307–346.

7

Wilke, H.-J. (1981). Zur Rolle des Experiments im Physikunterricht. Physik in der Schule, 287–295.

Wilke, H.-J. (Hrsg.) (1987). Historisch-physikalische Versuche. Reihe: Physikalische Schulversuche. Köln: Aulis-Verlag Deubner.

Zieris, H (2018). Der Arduino als Medium für den naturwissenschaftlichen Unterricht, In: Arduino, Plus Lucis 1/2018, S. 4–7.

Medien im Physikunterricht

Raimund Girwidz

© Springer-Verlag GmbH Deutschland, ein Teil von Springer Nature 2020
E. Kircher, R. Girwidz, H. E. Fischer (Hrsg.), *Physikdidaktik | Grundlagen*,
https://doi.org/10.1007/978-3-662-59490-2_8

Unterrichtsmedien sind nichtpersonale Informationsträger. Sie sind Hilfsmittel für die Lehrkraft oder Lernmittel in der Hand des Schülers. Ein sach- und zielgerechter Umgang ist genauso wichtig wie bei allen Werkzeugen. Auch neue Unterrichtsmedien werden vorwiegend Bild, Ton und Text als Ausdrucksmittel verwenden. Ein effektiver Medieneinsatz verlangt also erst einmal den kompetenten Umgang mit diesen Ausdrucksmitteln.

Nach einigen Begriffsklärungen werden deshalb die Grundlagen eines Medieneinsatzes unter verschiedenen Aspekten beleuchtet, u. a. aus Sicht der Informationsverarbeitung, der Gedächtnissysteme, der Präsentationsformen und der Symbolsysteme. Bilder, Texte und Filme als fundamentale Darstellungsformen nehmen eine besondere Stellung ein. Hier werden Aspekte zusammengetragen, die auch für neue, digitale Medien von grundlegender Bedeutung sind. Anwendungen und Richtlinien für klassische Medien werden in diesem Kapitel behandelt. Digitale Medien werden in ▶ Kap. 13 betrachtet.

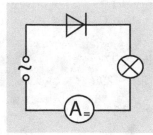

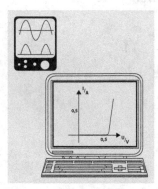

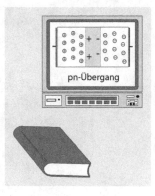

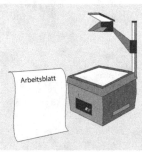

Medien kommen im Physikunterricht in vielfältigen Formen zum Einsatz. Ein Beispiel aus der 10. Jahrgangsstufe zum Thema „Der p-n-Übergang von Halbleiterdioden" soll dies verdeutlichen.

Als Einstieg in die Unterrichtseinheit dient folgendes Experiment: An eine Wechselspannungsquelle wird eine Glühbirne angeschlossen. Obwohl sie leuchtet, zeigt ein Gleichstrommessgerät in diesem Kreis allerdings keinen elektrischen Strom an. Dies ändert sich, wenn eine Diode in den Stromkreis eingebaut wird. Gleichzeitig ist jedoch zu beobachten, dass die Lampe weniger hell leuchtet (Experiment als Anschauungsmedium).

Eine Diskussion dieser Effekte führt zu einem Folgeversuch. Strom und Spannung werden mit einem Oszilloskop genauer untersucht. Dabei wird erkannt, dass die Diode nur einen pulsierenden Gleichstrom durchlässt. Um das Verhalten der Diode auch noch quantitativ beschreiben zu können, wird schließlich die Diodenkennlinie mit einem Computer-Messsystem aufgenommen und ausgedruckt („neue" Medien).

Im weiteren Unterrichtsverlauf werden Modellansätze für das Verhalten der Ladungsträger am p-n-Übergang entworfen und schließlich ein Video gezeigt, der die Leitungsmechanismen in Trickdarstellungen zeigt (visuelle Medien).

Im letzten Teil der Unterrichtsstunde wird das Schulbuch eingesetzt und verschiedene Grafiken zum p-n-Übergang werden diskutiert und interpretiert (Printmedien).

Am Anfang der nächsten Stunde werden die Diodenkennlinie und verschiedene Schemazeichnungen zum p-n-Übergang am Arbeitsprojektor anhand von vorgefertigten Transparenten wiederholt. Dann werden verschiedene Diodenschaltungen in

Skizzen an der Tafel entworfen und besprochen („klassische" Medien).

Dieselben Schaltungen sind mit Zusatzinformationen und Versuchsanleitungen auf einem Arbeitsblatt abgedruckt. Es dient als Anleitung für die nachfolgenden Schülerversuche, in denen die Schülerinnen und Schüler selbst verschiedene Anwendungen aufbauen und untersuchen können (Arbeitsblätter und Schüler- experimente).

Als Hausaufgabe ist wahlweise ein Aufgabenteil aus dem Schulbuch oder ein Computerprogramm mit Informations- und Frageteil durchzuarbeiten (im Computerpool oder zu Hause).

Die technische Seite eines so medienbeladenen Unterrichts bereitet Physiklehrern in der Regel kaum Schwierigkeiten. Nicht so klar sind aber oft folgende Fragen: Was macht Medien tat- sächlich lernwirksam? Wie wird ein Medium oder ein Versuch eingeführt? Welche Abstraktionsschritte sind gefordert, welche lassen sich entwickeln? Welche Hilfen zur Veranschaulichung lassen sich anbieten? Wie kann der die Lehrkraft mit Medien Denkanstöße geben, die Schüler motivieren und aktivieren?

Die technische Entwicklung im Medienbereich ist eindrucks- voll. Dennoch werden auch neue Unterrichtsmedien vorwiegend Bild, Ton und Text als Ausdrucksmittel verwenden. Ein effektiver Medieneinsatz im Unterricht setzt also erst einmal den kompe- tenten Umgang mit diesen Ausdrucksmitteln voraus. Leider ist im Gegensatz zu der rasanten technischen Entwicklung gerade beim Umgang mit bildhaften Darstellungen ein besonderes Kompetenzdefizit zu beklagen. Nach wie vor gilt immer noch:

» In der Praxis erlebt man oft ein drastisches Missverhältnis von technischer Entwicklung und pädagogischem Ungeschick im Umgang mit Bildmedien. (Weidenmann 1991, S. 8)

Dieses Kapitel befasst sich deshalb mit den Grundlagen des Medieneinsatzes, seine Gliederung ist in ◘ Abb. 8.1 zu ent- nehmen.

◘ **Abb. 8.1**   Übersicht über die Abschnitte dieses Kapitels

Bei aller Begeisterung für (neue) Medien sollte der Lehrkraft stets bewusst bleiben, dass Medien dazu dienen, ein Lernziel zu erreichen. Auch wenn moderner Unterricht unbedingt die Darstellungsmöglichkeiten neuer Medien nutzen sollte – Medien bleiben ein Mittel zum Zweck. Ihr Einsatz wird erst durch die Lernziele und ein passendes methodisches Grundkonzept legitimiert.

8.1 Begriffe und Klassifikationen

Bereits Comenius formulierte in seiner 1657 gedruckten „Großen Didaktik" (Didactica Magna) als *„goldene Regel für alle Lehrenden"*:

» Alles soll wo immer möglich den Sinnen vorgeführt werden, was sichtbar dem Gesicht, was hörbar dem Gehör, was riechbar dem Geruch, was schmeckbar dem Geschmack, was fühlbar dem Tastsinn. (Comenius, Ausgabe 1960, S. 135)

Medien helfen uns, diesem Ziel näher zu kommen.

Der erste Abschnitt des Kapitels definiert grundlegende Begriffe und grenzt Mediendidaktik gegenüber Medienpädagogik ab. Dann werden Aspekte zum Medieneinsatz zusammengetragen, die verschiedenen Klassifikationsschemata zugrunde liegen (◘ Abb. 8.2).

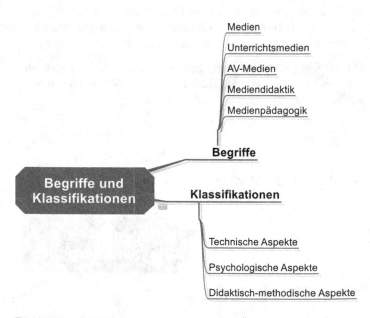

◘ Abb. 8.2   Begriffe und Klassifikationen in einer Übersicht

8.1.1 Medium, Medienpädagogik, Mediendidaktik

Der Begriff Medium umfasst ganz allgemein eine Vielzahl von Hilfsmitteln für den Unterricht. Sie dienen einer besseren Informationsvermittlung.

Medien sind Mittler, die Informationen übertragen können.

Im weitesten Sinne könnte man auch den Lehrer dazu zählen. Zu weit gefasste Definitionen sind aber nicht zweckdienlich, weil dann bei jeder Aussage erst wieder spezifiziert werden muss, welches Medium überhaupt gemeint ist. Deshalb folgt hier die Einschränkung:

Unterrichtsmedien sind nichtpersonale Informationsträger. Sie sind Hilfsmittel für die Lehrkraft oder Lernmittel in der Hand des Schülers.

Eine Unterklasse sind AV-Medien. Der Begriff steht für technische Informationsquellen oder -träger, die Informationen auditiv und/oder visuell übermitteln.

Neben AV-Medien übernehmen im Physikunterricht auch Experimentiergeräte bzw. physikalische Schulversuche eine besondere Mitteilungsfunktion. Wegen ihrer herausragenden Rolle im Physikunterricht sind sie speziell in ▶ Kap. 7 behandelt.

Wenn auch Medien primär Informationen vermitteln und meist ein Mittel zur Veranschaulichung sind, so können sie doch aus methodischer Sicht durchaus noch weitere Intentionen im Unterricht unterstützen, z. B. Motivierung, Bezüge zum Alltag herstellen, fehlende Primärerfahrung ersetzen, usw. Hierzu sind auch einige Anmerkungen in ▶ Abschn. 8.2 zu finden.

Medien können auch selbst zum Unterrichtsgegenstand (Lernobjekt) werden. Die Fähigkeit zum angemessenen und kritischen Umgang mit Medien ist ein wichtiges pädagogisches Ziel. Hier sind Mediendidaktik und Medienpädagogik voneinander abzugrenzen.

> ❯❯ Mediendidaktik ist eine wissenschaftliche Teildisziplin (der Didaktik), die sich mit den theoretischen Grundlagen und den praktischen Einsatzmöglichkeiten von Medien beim Lehren und Lernen im Unterricht beschäftigt … Die Medienpädagogik beschäftigt sich mit der Erziehung des Heranwachsenden zu einem kritischen Umgang mit den Medien. (Schröder und Schröder 1989, S. 87)

Medien können also aus verschiedenen Blickrichtungen betrachtet werden: Einmal als Mittel zur Gestaltung des Unterrichts (Mediendidaktik), oder aber als Unterrichtsgegenstand bzw. als Inhalt (Medienpädagogik). Nachfolgend beschäftigen wir uns nur mit Medien als Lehr- und Lernhilfe im Sinne einer Mediendidaktik.

Medien

Unterrichtsmedien

AV-Medien

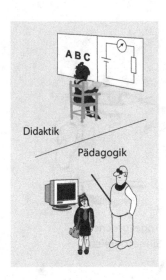

Didaktik

Pädagogik

8.1.2 Klassifikationsschemata für Unterrichtsmedien

Klassifikationen haben allgemein das Ziel, einen Gegenstandsbereich in sinnvolle Teilmengen zu zerlegen. Die Literatur zeigt mehrere Möglichkeiten zur Einteilung von Medien, die sich an unterschiedlichen Aspekten orientieren (z. B. an der Technik oder an den angesprochenen Sinnesorganen).

Nachfolgend sind drei Klassifikationsschemata weiter ausgeführt.

▪ 1. Klassifikation nach technischen Aspekten

- Zu den sog. vortechnischen Medien zählen: Tafel, Wandkarte, Atlas, Wandbild, Modell, Buch, Karte, Text
- Bei *technischen Medien* werden unterschieden:
  Tonmedien (Rundfunk, MP3-Player, CD-Wiedergabegerät),
  Bildmedien (Beamer, Arbeitsprojektor, Filmprojektor),
  audiovisuelle Medien (Fernsehgerät, interaktives Whiteboard, Multimedia-Computer)

Hier sind primär äußere Gesichtspunkte entscheidend. Buch, Beamer, Video, Computer oder Posterplakat verwenden zwar unterschiedliche Techniken, wenn sie aber alle das gleiche statische Bild wiedergeben, werden die Unterschiede lernpsychologisch bzw. vom Informationswert her betrachtet eher zweitrangig.

Eine Charakterisierung der Hardware kann jedoch sinnvoll sein, um den technischen Umgang mit dem Gerät, mögliche Einsatzformen, den Vorbereitungsaufwand oder auch die Verfügbarkeit zu spezifizieren.

▪ 2. Klassifikation nach informationspsychologischen Aspekten

Angesprochene Sinnesbereiche

Die Unterscheidung zwischen *visuellen, auditiven, audiovisuellen* und *haptischen* (Tastsinn) Medien stellt in den Vordergrund, welche Sinne das Medium anspricht und welche Informationskanäle genutzt werden.

Oft werden Untersuchungen zitiert, die eine Überlegenheit kombiniert visuell-akustischer Darbietungen gegenüber rein visuellen Darstellungen und noch deutlicher gegenüber rein akustischen Ausführungen zeigen. Losgelöst von inhaltlichen Faktoren und methodischen Konzepten sind solche Aussagen aber nicht sachgemäß. So betont schon Weidenmann (1991, 1993), dass ein Wissenserwerb von vielen Faktoren abhängt

8

und der angesprochene Sinneskanal mitunter nur zweitrangig ist. Beispielsweise kann ein Text in Schriftform dargeboten oder aber vorgelesen werden. Für einen Lernenden, der gut lesen kann, dürfte dies im Vergleich zur inhaltlichen Aufbereitung von geringerer Bedeutung sein. Eine neue Qualität ergibt sich aus mediendidaktischer Sicht erst dann, wenn ein gesprochener Text zusätzlich durch bildhafte Darstellungen veranschaulicht wird, d. h. die Information gleichzeitig in verschiedenen Symbolsystemen angeboten wird.

» Jeder, der sich Wissen aneignet, jeder, der Wissen vermitteln will, kann dies nicht ohne die Verwendung von Zeichen bewerkstelligen. Das Wissen steckt gewissermaßen im Gebrauch der jeweils verwendeten Zeichen. (Kledzik 1990, S. 40)

Die Medienforschung berücksichtigt vor allem auch die Symbolsysteme, in denen Information angeboten wird (in Texten, Bildern oder Zahlen). Während das Symbolsystem Schrift relativ klar durch den Zeichenvorrat (Buchstaben), die Syntax (Kombinationsregeln) und die Semantik (Bedeutung sprachlicher Zeichen) festgelegt ist, sind bildhafte Ausdrucksmittel deutlich vielschichtiger und oftmals stark kontextbezogen. Weidenmann (1991) unterscheidet hauptsächlich die drei Symbolsysteme Sprache, Zahlen und Bilder. So wird von dem *„Medium Sprache"* oder dem *„Medium Bild"* gesprochen, unabhängig davon, auf welcher Hardware sie realisiert werden. Weitere Unterscheidungen können relevant sein. So kann z. B. das Symbolsystem Sprache geschrieben oder gesprochen angeboten werden. Symbolsysteme nutzen unterschiedliche Ausdrucksmittel. Beispielsweise gibt es beim gesprochenen Text die Gestaltungsmöglichkeiten Betonung, Pause, Tonlage. Dem steht beim geschriebenen Text der zeitlich ungebundene Zugriff mit Möglichkeiten für Wiederholung und Rückgriff gegenüber. Bei Bildern sind nicht nur realitätsnahe Abbildungen von symbolischen Darstellungen, wie z. B. Diagrammen, abzugrenzen (vgl. ▶ Abschn. 8.2.3).

Die zielgerechte Informationsaufnahme aus Texten, Zahlen oder Bildern stellt allerdings auch spezifische Anforderungen an die Lernenden. Beispielsweise zeigt ◘ Tab. 8.1, welche Ausdrucksmittel verschiedene bildhafte Darstellungen nutzen und welche Operationen sie vom Betrachter fordern. Die Übersicht orientiert sich an einer Zusammenstellung von Levie (1978). Vor allem bei komplexen Inhalten gewinnt auch das Symbolsystem, mit dem Information übermittelt werden soll, didaktisch-methodische Relevanz.

böse gleichgültig freundlich

☐ Tab. 8.1   Typ, Darstellungsmittel und geforderte Operationen

Typ	Darstellungsmittel	Operationen
Abbilder	Konturbegrenzungen, lineare Perspektive, Überlappung	Figur-Hintergrund-Trennung, räumliche Vorstellung bei Überschneidungen in der dritten Dimension
Film, Video	Kamerabewegung, Bildschnitt, sequenzielle Abfolge	Wechsel des Beobachterstandpunktes nachvollziehen, räumlich-zeitliche Zusammenhänge erkennen
Logische Bilder, Diagramme	Flächen und Linien in graf. Bezugssystemen	Elemente und ihre Relationen erkennen
Karten, Grafiken	Äquipotenzial-/Höhenlinien, Feldlinien	Geländehöhe, Energieniveaus, Kraftrichtungen erkennen
Cartoon	Angedeutete Bewegungen und Abläufe	Bewegung von Objekten identifizieren, interpretieren

8

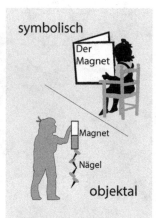

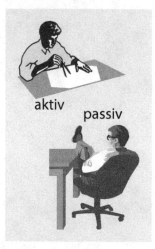

Mit der Art der Repräsentation variiert auch der Abstraktionsgrad. So orientiert sich die folgende Einteilung an der *Darstellungs/Repräsentationsebene* (vgl. Schröder und Schröder 1989):

— *objektale Medien*: Gegenständliche Objekte, die selbst der Veranschaulichung dienen (z. B. magnetische Materialien, Gebrauchsgegenstände, Modelle)

— *ikonische Medien*: Medien, die optische und/oder akustische Informationen vermitteln (Zeichnungen, Arbeitsfolien, Trickfilme) und spezielle Darstellungen zur Veranschaulichung nutzen

— *symbolische Medien*: Medien, die eine spezielle Symbolik verwenden (Text, Kartenmaterial, Schaltpläne).

■ 3. Klassifikation nach didaktisch-methodischen Aspekten

Der Text eines Buches ist auf den ersten Blick eine relativ starre und festgelegte Informationsquelle. Dennoch erschließt er eine breite Palette unterrichtlicher Aktivitäten: Gemeinsames Lesen, Aussuchen und Hervorheben wesentlicher Aussagen, Zusammenfassungen schreiben, Fragen zum Text formulieren, Anmerkungen und Ergänzungen verfassen, Aussagen diskutieren. Auch die Abbildung auf einer Overheadfolie wird nicht einfach nur gezeigt – sie wird erläutert, besprochen, diskutiert. Entsprechende Handlungsformen sind im Unterricht auch bei Videofilmen, Computerprogrammen oder einem Tafelbild sinnvoll und nötig. So macht es einen wesentlichen Unterschied, ob die Lehrkraft den t-v-Zusammenhang für ein Fahrzeug im Experiment aufnimmt, die Daten Schritt für Schritt aus einer Wertetabelle in ein t-v-Diagramm an der Tafel

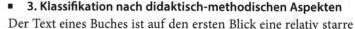

überträgt und dabei das Vorgehen mit der Klasse durchspricht, oder ob nur ein fertiger Computerplot gezeigt wird.

Lernrelevant sind die Denk- und Handlungsformen und die Einbindung eines Mediums in den Lehr-Lern-Prozess. Die genannten Aspekte legen eine Einteilung nach den geforderten Lernaktivitäten nahe. Die Frage, ob Tafel oder Whiteboard das grundlegend bessere Medium ist, hat in diesem Zusammenhang eine untergeordnete Bedeutung. Allerdings bieten die verschiedenen Geräte unterschiedliche Möglichkeiten, die situationsbedingt besonders vorteilhaft sein können (z. B. eine vorgefertigte Computerpräsentation zur Wiederholung oder zum Anknüpfen an bereits behandelte Themen).

Wichtig im Unterrichtsalltag ist zudem, Aufmerksamkeit zu wecken und auf das Medium auszurichten. Ansonsten gehen Informationen und mitunter ganze Sinneinheiten verloren. Moderner Medieneinsatz verlangt von Lehrkräften also nicht nur technische Fertigkeiten, sondern auch didaktische und methodische Kompetenzen beim Einsatz verschiedener Darstellungs- und Symbolformen. Konkrete Überlegungen zum Einsatz von Medien beanspruchen einen zunehmend größeren Teil der Unterrichtsvorbereitung. Gleichzeitig wird auch deutlich, warum pauschale Medienvergleiche (z. B. ob Buch, Computer oder Lehrfilm effektiveres Lernen bewirken) nicht sachgerecht sein können und aus einer unpräzisen Fragestellung ohne Kontextbezug resultieren.

8.2 Grundlagenwissen zum Medieneinsatz

Auch bei neuen Medien bleiben Bild, Ton und Schrift die wichtigsten Ausdrucksmittel. Daher sind Grundkenntnisse über den Prozess der Informationsaufnahme und über die Verwendung von Bild und Text wichtige Voraussetzungen für einen effektiven Medieneinsatz. Dieser Abschnitt befasst sich deshalb mit Wahrnehmung, Gedächtnis und der Encodierung von Wissen (◘ Abb. 8.3).

8.2.1 Wahrnehmung und Gedächtnis

Zunächst wird das Konzept eines Mehrspeichermodells in Anlehnung an Atkinson und Shiffrin (1968) vorgestellt. Wenn dieser Ansatz auch stark vereinfacht, so kann er doch für einige wichtige Rahmenfaktoren sensibilisieren und auf die begrenzte kognitive Verarbeitungskapazität aufmerksam machen.

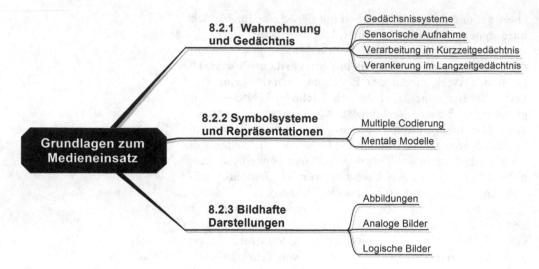

◘ Abb. 8.3   Übersicht über die Schwerpunkte dieses Teilkapitels

Drei Untereinheiten im Gedächtnis

Das Gedächtnis ist nach Atkinson und Shiffrin in drei Systeme unterteilt (◘ Abb. 8.4):

Das *sensorische Gedächtnis* besteht aus den sensorischen Registern, die eng an die Sinnesorgane gekoppelt sind. Sie können direkt die Sinnesreize für eine kurze Zeit speichern (max. 2 s).

Das sensorische Gedächtnis

Das *Kurzzeitgedächtnis* hat für die bewusste Verarbeitung von Informationen eine zentrale Bedeutung. Allerdings sind Kapazität und Speicherungsdauer stark begrenzt. Die Angaben laufen auf maximal sieben Informationseinheiten (Chunks) hinaus, die im Kurzzeitgedächtnis ca. 20 s präsent sein können. Was als ein

Kurzzeit- oder Arbeitsgedächtnis

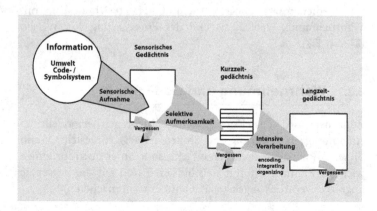

◘ Abb. 8.4   Der Informationsfluss in Anlehnung an das Gedächtnismodell von Atkinson und Shiffrin (1968)

„*Chunk*" bzw. als eine Informationseinheit zu gelten hat, ist vom Vorwissen abhängig und subjektiv geprägt. (Beispielsweise wird für einen Elektroniker „der Transistor in Emitterschaltung" eine Informationseinheit sein; dagegen muss der Nicht-Fachmann alle Bauteile und ihr Zusammenwirken in mehreren Teilstufen betrachten).

Das *Langzeitgedächtnis* hat eine enorme Kapazität und Speicherdauer für Wissen in den verschiedensten Codierungsformen. Allerdings hat wohl jeder bereits erfahren, dass ein dauerhaftes Abspeichern von Wissen nicht immer einfach zu realisieren ist. Auch wissenschaftlich sind die Details bei Weitem nicht abgeklärt.

Langzeitgedächtnis

Teilprozesse der Informationsverarbeitung

Genauso wichtig wie die Kenntnis der Gedächtnissysteme sind Grundkenntnisse über Informationsübertragungs- und Verarbeitungsprozesse. Sie sind in ◘ Abb. 8.4 als dicke Pfeile symbolisiert. Relevant sind vor allem folgende Schnittstellen:

— die sensorische Aufnahme und präattentive Wahrnehmung
— die selektive Aufnahme von Informationen ins Bewusstsein und die Verarbeitung (bei begrenzten Kapazitäten im Kurzzeitgedächtnis)
— die Übertragung und die Verankerung von Wissensstrukturen im Langzeitgedächtnis.

■ 1. Sensorische Aufnahme und präattentive Wahrnehmung

Über welche Sinne wird die Information aufgenommen? Zuhören unterliegt anderen Bedingungen als Lesen, auch bei gleichen Inhalten. Zudem haben Sinneskanäle ebenfalls eine begrenzte Kapazität, und die Wahrnehmung über einen einzelnen Sinnesbereich allein ist relativ anfällig für Fehlinterpretationen. Einige Schwierigkeiten lassen sich reduzieren, wenn das Informationsangebot mehrere Sinneskanäle anspricht und verschiedene Codes benutzt. So ist es sinnvoll, zur Erläuterung komplexer bildlicher Darstellungen nicht nur Lesetexte zu präsentieren, sondern gleichzeitig gesprochenen Text anzubieten. Die Lernenden müssen dann nicht mit dem Blick hin- und her springen, und über den gesprochenen Text lassen sich Blickrichtung und Betrachtungsfolge gut steuern (Weidenmann 1995).

Sinneskanäle

Unmittelbar mit der Sinneswahrnehmung beginnt bereits eine Informationsverarbeitung. Diese Prozesse werden zwar kaum bewusst erlebt, sie determinieren aber die Informationsaufnahme und sind damit auch für den Medieneinsatz relevant. Die *präattentive Wahrnehmung* beinhaltet Wahrnehmungsprozesse, die nicht durch Überlegungen gesteuert werden und die schnell und noch vor einer bewussten Verarbeitung

Präattentive Wahrnehmung

ablaufen. Dazu gehören Erkennen, Identifizieren und Gruppieren bildlicher Komponenten. Punkte, Linien und Flächen werden in sinnvolle Gruppen geordnet, z. B. als Gegenstände, Personen, Geländeformen. Solche Ordnungsprozesse lassen sich zum Teil nach den „Gestaltgesetzen" von Wertheimer (1938) verstehen.

Dazu gibt es eindrucksvolle Beispiele:

Nähe

- Nach dem *Gesetz der Nähe* werden bevorzugt Elemente zu einem Objekt zusammengefasst, die enger beieinanderliegen. In dem nebenstehenden Beispiel werden links eher vier waagrechte Zeilen, rechts drei vertikale Reihen erkannt.

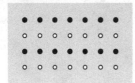

Ähnlichkeit

- Nach dem *Gesetz der Ähnlichkeit* steigt die Tendenz zum Zusammenschluss von Elementen, wenn ihre Ähnlichkeit wächst. In der Abbildung in der Marginalspalte wird demnach bevorzugt eine Zeilenstruktur erkannt.
- Die dritte Abbildung in der Marginalspalte illustriert das *Gesetz der Kontinuität* oder der „guten Fortsetzung". Danach werden in der Skizze eher zwei sich kreuzende Linienzüge als zwei aneinander liegende, geknickte Linien erkannt.

Kontinuität

- Nach dem *Gesetz der Geschlossenheit* oder der „guten Gestalt" besteht die Tendenz, geschlossene bzw. vollständige Figuren zu sehen. Fehlende (verdeckt scheinende) Teile werden „sinnvoll" ergänzt.
- Das *Gesetz der Symmetrie* besagt, dass symmetrische Bildteile eher einander zugeordnet bzw. als Struktureinheit angesehen werden als asymmetrische.

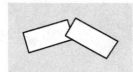

Geschlossenheit

Relevanz gewinnen solche Gesetzmäßigkeiten beispielsweise bei der Gestaltung von Arbeitstransparenten, aber auch bei Versuchsaufbauten (▸ Kap. 7). So ist es sinnvoll, nach dem Gesetz der Nähe inhaltlich zueinander gehörende Informationen auch räumlich zusammenzustellen. Form- und Farbgebung können nach dem Gesetz der Ähnlichkeit inhaltliche Zusammenhänge oder Bezüge intuitiv anzeigen.

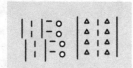

Symmetrie

Bei der präattentativen Wahrnehmung spielen auch bekannte Schemata und Muster eine Rolle. So nehmen Schüler ein t-x-Diagramm mitunter ganz anders wahr als ein Physiklehrer – im Extremfall vielleicht sogar als Berg- und Talstrecke. Fehlinterpretationen hängen oft mit solch oberflächlichen Betrachtungsfehlern zusammen.

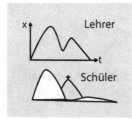

Zusammenfassend ist festzuhalten:

Bereits die präattentive menschliche Wahrnehmung beruht auf der sinnvollen Interpretation sensorischer Information. Was „sinnvoll" ist, wird subjektiv bestimmt und ist auch von Erfahrungen geprägt. Ordnungs- und Gestaltprinzipien beeinflussen die Informationsaufnahme und sind ebenfalls bei der Gestaltung von Medien zu berücksichtigen.

▪ 2. Aufnahme und Verarbeitung im Kurzzeitgedächtnis

Nur eine kleine Auswahl der sensorischen Aufnahme wird tatsächlich weiterverarbeitet. Neben den Prozessen der Symbol- und Mustererkennung ist für die Weiterverarbeitung sensorischer Information vor allem das Prinzip der selektiven Aufmerksamkeit entscheidend. Selbst häufig angebotene Informationen werden nicht unbedingt gespeichert, wie das folgende Beispiel belegt: Können Sie auf Anhieb sagen, welche Prägung eine 10-Cent-Münze hat – oder welchen Aufdruck ein 10-Euro-Schein hat? Wenn erstaunlich wenig Menschen darauf antworten können, liegt das bestimmt nicht an einem Informationsdefizit. Vielmehr fehlt schlichtweg das Bedürfnis, die Details einer Münze oder eines Geldscheins genau zu kennen. Gerade beim Medieneinsatz, der eine hohe Informationsdichte ermöglicht, ist deshalb die Lenkung der Aufmerksamkeit auf besonders relevante Informationen entscheidend. Außerdem muss die Informationsaufnahme motiviert sein.

Prinzip der selektiven Aufmerksamkeit

In diesem Zusammenhang ist auch das Prinzip der „dosierten Diskrepanz" zu nennen. Bilder oder Textpassagen, die rahmenkonform sind, d. h. die nicht von den Erwartungen abweichen, werden tendenziell eher oberflächlich verarbeitet (Friedmann 1979). Abweichungen erregen dagegen stärker die Aufmerksamkeit (z. B. unerwartete Gegenstände auf einem Bild), vorausgesetzt, sie verlangen kein vollkommen neues Verständnis.

Rahmentheorie und dosierte Diskrepanz

Im Kurzzeitgedächtnis zerfällt die Information innerhalb weniger Sekunden, wenn sie nicht weiterverarbeitet wird. Durch ständiges Memorieren kann ein Inhalt zwar länger präsent bleiben; dies belastet allerdings das Arbeitsgedächtnis. Auch hier kann die Lehrkraft Medien als Hilfsmittel einsetzen, z. B. die Tafel, um wie auf einem Notizzettel wichtige Informationen verfügbar zu halten. Merken Sie sich zum Test die Worte „beis niek tsi sinthcädeg rhi" und versuchen Sie gleichzeitig den Text weiterzulesen. (Wir kommen gleich wieder auf dieses Beispiel zurück). Durch eine Flut von Neuinformationen können die Speicherzeiten im Kurzzeitgedächtnis stark absinken. *Somit hat die Lehrkraft beim Medieneinsatz auch die Aufgabe, das Informationsangebot zu dosieren, Informationen dann anzubieten, wenn sie benötigt werden, und die Aufmerksamkeit auf wesentliche Inhalte zu fokussieren.*

Begrenzte Verarbeitungskapazität

▪ 3. Verankerung von Wissen im Langzeitgedächtnis

Auf die neuronalen Grundlagen des Langzeitgedächtnisses kann hier nicht eingegangen werden. Unterrichtsrelevant ist aber die Erkenntnis, dass für eine dauerhafte Speicherung die Verknüpfung mit bereits bekanntem Wissen wichtig ist. Eine besondere Art ist die Verknüpfung physikalischer Formeln mit

Verknüpfung

bildhaften Vorstellungen oder experimentellen Erfahrungen. Hierzu sind Medien als Hilfsmittel geradezu prädestiniert.

Encodierung

Haben Sie noch die fremdartigen Worte im Gedächtnis („beis niek tsi sinthcädeg rhi")? Sie können diese problemlos länger behalten, wenn Sie die Codierung ändern und den Text rückwärts lesen: „Ihr Gedächtnis ist kein Sieb". Das Beispiel verdeutlicht, wie hilfreich eine passende Codierung von Informationen ist. Allgemein besteht ein wesentlicher Teil der Lernarbeit darin, auf der Basis von bereits vorhandenem Wissen und unter Nutzung verfügbarer Techniken eine günstige Codierungsform zu finden.

Aktivierung und Elaborationskonzept

Außerdem wird eine Information umso besser aufgenommen (und behalten), je intensiver sie verarbeitet und angewendet wird. Eine aktive Auseinandersetzung mit Inhalten macht Wissen zudem flexibler verfügbar. Craik und Lockhart (1972) drücken dies in ihrem Konzept der Verarbeitungstiefe aus. Je nach Intensität der Verarbeitung bleiben unterschiedlich tiefe „Spuren" im Gedächtnis. Das Elaborationskonzept erachtet sogar die Art und Weise, wie Bezüge und Verknüpfungen zum Vorwissen hergestellt werden, als wesentlich für Verstehensleistungen (Anderson und Reder 1979).

Abschließend sei noch betont, dass die Informationsverarbeitung genau genommen natürlich kein einfach gerichteter Prozess ist, wie dies in ◘ Abb. 8.4 erscheint. Sie durchläuft mehrere Schritte mit Rückgriffen und Wechselwirkungen zu vorhandenen Wissensstrukturen.

8.2.2 Symbolsysteme und kognitive Repräsentation

Information und Wissen lassen sich in verschiedenen Symbolsystemen codieren und präsentieren (verbal, bildlich, in Ziffern und Zeichen). Dabei ist vor allem auch bei multicodalen Informationsangeboten über Medien die Vertrautheit des Lernenden mit den Codes sicherzustellen. Zwei wichtige Repräsentationsarten sind die bildhaft-analoge und die sprachliche Darstellung. Die Form, in der Wissen gespeichert wird bzw. werden soll, kann durch die Art des Informationsangebotes vorbereitet werden. Allerdings darf man sich dabei keine einfachen Abbildungsvorgänge vorstellen. Weidenmann (1995) weist auf komplexe Zusammenhänge zwischen Präsentation, Verarbeitung und Speicherungsform im Gedächtnis hin.

Prinzip der multiplen Codierung

Bereits die Theorie der dualen Codierung unterscheidet verbal- und bildorientierte Repräsentations- und Codierungssysteme (Paivio 1986). Tatsächlich belegen auch hirnphysiologische Befunde, dass unterschiedliche Bereiche des Gehirns bei der Verarbeitung von Sprache und Bildern aktiv sind ("Sprach-hirn", "Bilderhirn"). Beide Systeme sind aber funktional eng miteinander gekoppelt und in der Regel über Referenzen stark verflochten.

Vorteile kombiniert verbal und visuell dargebotener Informationen sind an vielen Stellen auch empirisch belegt. Eine Übersicht geben Metaanalysen von Levin et al. (1987). Allgemein wird durch eine mentale Multicodierung des Inhaltes die Verfügbarkeit von Wissen verbessert. Dies erleichtert insbesondere Suchprozesse beim Problemlösen. Auch aus der Theorie der kognitiven Flexibilität (Spiro et al. 1988) ist abzuleiten, dass Wissen in verschiedenen Formen präsentiert werden und in verschiedenen Szenarien eingebunden sein soll.

Für die Repräsentation naturwissenschaftlicher Inhalte sind *mentale Modelle* derzeit in der Lernpsychologie von theoretischem und bei der Entwicklung von Multimediaanwendungen von hohem praktischem Interesse. Es handelt sich dabei um *analoge, kognitive Repräsentationsformen* komplexer Zusammenhänge, wie z. B. Vorstellungen zu Bau und Funktionsweise eines Oszilloskops. Ein weiteres klassisches Beispiel ist die elektrische Klingel in den Betrachtungen von De Kleer und Brown (1983). Die Funktion mentaler Modelle kommt beim Analysieren, Planen, Vorhersagen, Erklären von Prozessabläufen zum Tragen.

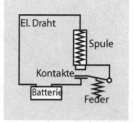

» Ein mentales Modell ist die Repräsentation eines begrenzten Realitätsbereichs in einer Form, die es erlaubt, externe Vorgänge intern zu simulieren, um Schlussfolgerungen zu ziehen und Vorhersagen zu treffen. (Ballstaedt et al. 1989, S. 111)

Theorien zu mentalen Modellen bieten einen vielversprechenden theoretischen Hintergrund für den Medieneinsatz. Medien können durch externe Präsentationen viele Prozesse und Zusammenhänge visualisieren und so die Entwicklung sinnvoller innerer/mentaler Modelle erleichtern (zu den Grundideen mentaler Modelle s. Forbus und Gentner 1986; Johnson-Laird 1980; Seel 1986; Steiner 1988).

8.2.3 **Bildhafte Darstellungen**

Schließen Sie die Augen und denken Sie an Ihre ersten Schultage. Wie viele Bilder fallen Ihnen ein, wie viele Sätze, die damals gesprochen wurden? Unser Gedächtnis zeigt beim Erinnern und Wiedererkennen von Bildern erstaunliche Leistungen. Außerdem sind Bilder eine zentrale Darstellungsform für Unterrichtsmedien. Daher ist dieser Abschnitt speziell dem Einsatz von Bildern gewidmet.

Bildhafte Darstellungen kommen einem wissenschaftlichen Lernen aber nur zugute, wenn der Betrachter auch die notwendigen Fähigkeiten besitzt, die Bildinhalte zu entschlüsseln und weiterzuverarbeiten. Deshalb sind aus didaktischer Sicht verschiedene Arten von Bildern zu unterscheiden. Sie verwenden unterschiedliche Techniken für die Darstellung von Sachverhalten und fordern unterschiedliche Fertigkeiten und Fähigkeiten des Betrachters. Gegebenenfalls müssen Zeichenkonventionen wie Pfeile, Sprechblasen oder technische Symbole verstanden werden. Issing (1983) unterscheidet demzufolge: *Abbildungen, analoge Bilder* und *logische Bilder*.

Abbildungen

1. *Abbildungen* übermitteln wesentliche Merkmale der visuellen Wahrnehmung von Objekten und Szenen der Umwelt. Sie zeigen primär die äußerlichen Strukturen ihres Referenz-Objekts. Dies gilt für Fotografien bis hin zu Strichzeichnungen.

8

Ein Bild überwindet räumliche und zeitliche Distanz und kann Sachverhalte aus der schwer zugänglichen Wirklichkeit zeigen. Abbildungen sind als Anschauungsmaterial methodisch besonders hilfreich, wenn ein Gegenstand oder Vorgang weit weg ist, sehr selten auftritt, zu klein ist, sehr schnell oder langsam abläuft, unübersichtlich groß oder für die direkte Beobachtung zu gefährlich ist. Auch zum Aufzeigen von Details lassen sich Abbildungen einsetzen. Dabei können verschiedene Stilmittel die wesentlichen Elemente oder Beziehungen akzentuieren („Lupen"-Zeichnungen, Markierungen). Sinnvoll ist auch oft ein Ausblenden von Nebenreizen. Hier liegt eine Stärke von Zeichnungen. Details, die vom eigentlichen Inhalt eher ablenken, können einfach weggelassen werden. Auch Abstraktionsgrad oder Realitätsnähe sind in einem gewissen Rahmen variabel (perspektivische Darstellung, Schatten, Farben einbeziehen oder nur Strichzeichnungen anbieten).

Die Anforderungen an den Lernenden wachsen zum einen mit der Notwendigkeit, Beziehungen zu übergeordneten Lerninhalten aufzubauen, und zum anderen mit der Komplexität der Abbildung. Letzteres kann mitunter ein zielgerechtes Erfassen der wesentlichsten Details deutlich erschweren.

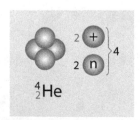

$_2^4$He

Analoge Bilder

2. *Analoge Bilder* dienen vor allem der Darstellung nicht direkt beobachtbarer Strukturen und Prozesse (z. B. Modellbild einer DNS oder Elektronenwolken zur Anzeige von Aufenthaltswahrscheinlichkeiten). Analoge Bilder nutzen entweder funktionale Analogien (Elektronendrift als Bild für den elektrischen Strom in Metallen) oder strukturelle Analogien (z. B. Atommodelle mit den Bausteinen Kern und Schale). Entsprechend helfen sie, Strukturen oder Funktionsweisen

zu verstehen. Prinzipiell liegt allerdings bei allen Analogien eine Gefahr in unerwünschten Nebeninformationen, die evtl. zu Fehlvorstellungen führen. (Beispielsweise lassen sich beim Bohr'schen Atommodell angemessene Größenrelationen nicht direkt darstellen).

3. *Logische Bilder* (Grafiken, Diagramme) zeichnen sich durch eine hochgradige Schematisierung und einen starken Abstraktionsgrad aus.

Logische Bilder

Beispiele sind Diagramme oder grafische Darstellungen von Daten oder Funktionszusammenhängen. Die Kommunikation erfolgt über Symbole, die selbst keine physikalischen Details zeigen. Die Darstellungscodes sind konventionalisiert, wie bei Schaltsymbolen aus der Elektronik, aber auch bei Tortendiagrammen zum Anzeigen von Größenanteilen, Liniengraphen, Säulendiagrammen, Konturplots, ... Prinzipiell eignen sich Diagramme und Grafiken zum Aufzeigen von Beziehungen und Verflechtungen zwischen verschiedenen Teilen eines Systems. Ziel ist die komprimierte Darstellung von Strukturen, Relationen, Konzepten, Theorien, Abläufen, ohne auf äußerliche Begleitfaktoren einzugehen. Besonders Liniengrafiken haben im physikalisch-wissenschaftlichen Informationsaustausch eine große Bedeutung. Während Tabellen zwar einzelne Werte mit großer Genauigkeit angeben können (z. B. auf sechs signifikante Stellen genau), machen Grafiken übergeordnete Zusammenhänge in der Regel effizienter sichtbar. Sie ermöglichen auch anschauliche Vergleiche zwischen Theorie und Messung.

Gedämpfte Schwingung

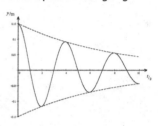

Voraussetzung für den Einsatz ist wiederum, dass der Lernende mit dem Symbolsystem vertraut ist. Andernfalls sind ständig kognitive Kapazitäten für die Interpretation der Symbole belegt. Dies beschränkt die Verarbeitung der eigentlichen Inhalte.

Nach Schnotz (1997) bedarf es bereits spezieller kognitiver Schemata (d. h. kognitiver Arbeitsmuster), um Informationen aus Diagrammen abzulesen. Sie unterscheiden sich wesentlich von alltäglichen Wahrnehmungsmustern und müssen erst erlernt werden.

Eine besondere Lernhilfe ist die nebenstehende Abbildung (s. auch Supplantationstheorie von Salomon 1978). In dieser Computeranimation wird eine Federschwingung realitätsnah dargestellt und gleichzeitig das entsprechende t-y-Diagramm generiert. Der Zusammenhang zwischen realitätsnaher und abstrakter, grafischer Repräsentation wird direkt verständlich (s. a. ▶ Kap. 13).

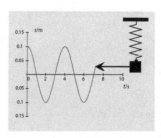

Wenn ein Bild mehr sagen kann als 1000 Worte, kann es damit aber auch Verwirrung stiften. Abgesehen von fachinhaltlichen Faktoren sind somit nach Schnotz (1994) vier allgemeine Gestaltungsprinzipien zu beachten:

- *Syntaktische Klarheit:* Die einzelnen Komponenten des logischen Bildes müssen für den Betrachter eindeutig erkennbar sein. Linien, Flächen und Punkte sollen sich deutlich vom Hintergrund absetzen und dürfen auch nicht zu klein sein. Eine Beschriftung sollte eindeutig der entsprechenden Bildkomponente zuzuordnen sein.
- *Semantische Klarheit:* Komponenten mit funktionalen Gemeinsamkeiten sollten auch gemeinsame visuelle Eigenschaften haben. Komponenten mit unterschiedlichen Funktionen sollten sich durch erkennbare Unterschiede abgrenzen. Farbe als Ausdrucksmittel ist z. B. gut für qualitative Abgrenzungen geeignet.
- *Implizite Ordnung:* Eine erkennbare innere Strukturierung nach logischen Kriterien hilft in der Regel, ein Diagramm besser zu erfassen und zu behalten. So kann sich z. B. die Reihenfolge, in der die unabhängige Variable in einem Balkendiagramm aufgetragen ist, an logischen Kriterien orientieren.
- *Sparsamkeit:* Durch einen Verzicht auf Effekte, die nicht der Informationsvermittlung dienen, wird vermieden, dass der Lernende wichtige Informationen erst aus dem Reizangebot herausfiltern muss.

Die Gestaltung von Diagrammen ist ein Aspekt, die Arbeit mit ihnen ein zweiter. Die nachfolgende Einteilung nach Wainer (1992) ist hilfreich, wenn es darum geht, die Anforderungen an die Lernenden zu dosieren und schrittweise auszubauen. Er klassifiziert die Informationsentnahme aus Diagrammen nach drei Anforderungen:

- Ablesen von Einzelwerten
- Erkennen von Relationen zwischen Einzelwerten, Ablesen von Variablenzusammenhängen (z. B. lineare Zusammenhänge)
- Relationen zwischen Entwicklungen oder Zusammenhänge zwischen Relationen erkennen

8.3 Bilder und Texte im Physikunterricht

8.3.1 Die Funktion von Bildern

Zu den klassischen Funktionen von Bildern in Printmedien gehören nach Levin (1981) die dekorative Funktion, die Repräsentations-, Interpretations-, Organisations- und Transformationsfunktion. Neben der Zeigefunktion, Fokusfunktion und Konstruktionsfunktion (Weidenmann 1991, 1994) sind noch physikspezifische Visualisierungen und die Motivationsfunktion zu nennen. Die nachfolgenden Beispiele zeigen verschiedene Einsatzmöglichkeiten für Bilder im Physikunterricht. Sie sind geordnet nach den Aspekten *Wissensvermittlung, Mehrfachcodierung, Strukturierung von Wissen* und *Motivation*.

8.3.2 Wissensvermittlung

- **Zeigefunktion**

Die *Zeigefunktion* zielt darauf, möglichst klare und angemessene bildhafte Vorstellungen zu vermitteln. Dies bleibt aber nicht nur auf das Abbilden von Gegenständen beschränkt, auch physikalische Abläufe lassen sich darstellen, z. B. die Arbeitsphasen beim 4-Takt-Ottomotor.

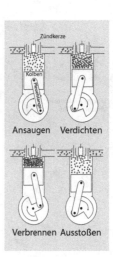

Da beim Lernen in der Regel neue, noch unbekannte Sachverhalte gezeigt werden, ist die Informationsdichte für den Lernenden i. Allg. hoch. Deshalb empfehlen sich zusätzliche methodische Maßnahmen, um die gezielte Aufnahme und Verarbeitung zu sichern. Dazu gehören *verbale Hinweise, Bildbeschriftung* und *Begleittext* oder auch eine stufenweise Ausdifferenzierung des Bildes durch *Overlaytechnik, Bilderserien* oder *Überblendtechnik* im Film.

- **Fokusfunktion, Detaildarstellungen**

Details ausschärfen oder Fehlvorstellungen korrigieren, das kann ein Ziel von Ein- und Ausblendungen, Lupenaufnahmen, vergrößerten Querschnitten usw. sein. Voraussetzung ist, dass Lernende bereits Vorkenntnisse besitzen, um die Details einordnen zu können. Bekannte Komponenten werden in der Regel nur grob dargestellt; sie haben aber die wichtige Funktion, den Bezugsrahmen anzudeuten.

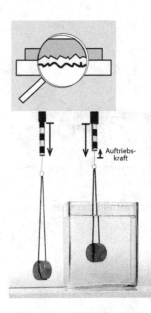

- **Konstruktionsfunktion, Kombination von Einzelwissen**

Bilder dieser Art sollen helfen, Sachverhalte, Prozesse oder Vorgehensweisen aus vorwiegend bekannten Elementen zusammenzusetzen. Zusätzlich können symbolische Darstellungen den theoretischen Zusammenhang aufzeigen

(z. B. Kraftvektoren). Die nebenstehende Abbildung befasst sich mit dem Auftrieb und knüpft an einen Demonstrationsversuch an.

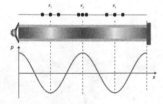

Stehende Welle

Elektronendichte im Wassermolekül

8

- **Physikspezifische Visualisierungen**

Visualisierung bedeutet, Lerninhalte so zu codieren, dass sich dem Lernenden optische Vorstellungshilfen bieten. Verschiedene Darstellungen können in der Physik direkt an die experimentelle Messwerterfassung anknüpfen. Ein Beispiel ist die Erklärung einer akustischen Schwebung. Die Darstellung von Tönen als Überlagerung harmonischer Schwingungen lässt sich direkt mit Luftdruckschwankungen vergleichen, die experimentell über ein Mikrofon erfasst wurden.

Visualisierung kann auch die Umsetzung abstrakter Sachverhalte in bildhafte Analogien beinhalten. Hierzu gibt es ebenfalls eine Reihe fachspezifischer Darstellungsformen (z. B. zur Verteilung der Elektronendichte). Solche Analogien können wesentliche strukturelle Ähnlichkeiten zu bekanntem Wissen aufzeigen. Ziel kann auch sein, behaltenssteigernde Vorstellungsbilder zu entwickeln (Imagery) oder den Aufbau mentaler Modelle zu unterstützten.

Multiple Codierung

Die Kombination von Bild und Text kann eine multiple Codierung unterstützen. Die Bilder sind dabei eine Hilfe und Ergänzung zu den sprachlichen Ausführungen (Bilder als „Diener" des Textes). Der Schwerpunkt kann aber auch bei der bildhaften Beschreibung liegen, wobei der Text dann vorwiegend eine Organisations- und Interpretationsfunktion übernimmt. Weitere Funktionen von Bildern speziell im Zusammenhang mit Textdarstellungen sind auch bei Levin (1981) zu finden.

- **Ersatz für komplexe Beschreibungen**

Manche Sachverhalte sind schlichtweg zu komplex für die rein verbale Beschreibung (z. B. das Magnetfeld der Erde). Auch Situationsbeschreibungen sind oft verbal sehr aufwendig und mitunter über ein Bild schneller und ökonomischer zu realisieren.

- **Repräsentationsfunktion von Bildern**

Bilder können den Inhalt von Textaussagen visuell widerspiegeln. Eine realitätsnahe Abbildung von Objekten, Aktivitäten oder Personen kann Behaltensleistungen steigern.

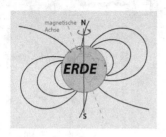

Magnetfeld der Erde

■ **Interpretationsfunktion, bildliche Konkretisierungen**

Bilder können Textaussagen konkretisieren. Solche Anwendungen finden Sie laufend in diesem Buch. Dies bietet zusätzliche Hilfen für das Verständnis eines komplexen Wissensbereiches.

Ein Bild kann aber auch interpretativen Charakter erlangen, z. B. durch optische Akzentuierungstechniken wie Überzeichnungen, Ein- und Ausblendungen oder Verfremdung. (Professionelle Manipulationstechniken sind aus der Werbung bekannt).

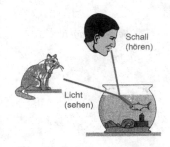

■ **Bildanleitungen**

Nicht nur in Bedienungsanleitungen für Geräte können Bilder einen realistischen Bezugsrahmen schaffen und den situativen Kontext herausstellen. Bilder können sogar die primäre Informationsquelle für Sachinformationen werden. Der Text übernimmt dann mehr organisierende Funktion.

■ **Dekorative Funktion von Bildern**

Von einer dekorativen Funktion kann man sprechen, wenn Bilder zwar das Interesse des Lesers wecken sollen, aber keine wesentliche inhaltliche Bedeutung haben.

Organisation und Strukturierung kognitiver Inhalte

Bilder können die Aufmerksamkeit lenken und die Informationsaufnahme organisieren und strukturieren. So besteht eine Aufgabe von Tafelbildern oder Folien oft darin, Zusammenhänge und wesentliche Details hervorzuheben, oder wichtige Ergebnisse zu betonen. Als Techniken für die Strukturierung und Organisation von Lehr-Lernprozessen sind in diesem Zusammenhang die folgenden zu nennen:

■ **Concept-Maps**

Inhalte, Konzepte und ihr Beziehungsgefüge werden räumlich-bildhaft angeordnet. Dies kann helfen, Wissensbereiche sinnvoll zu strukturieren

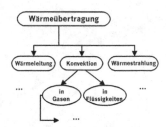

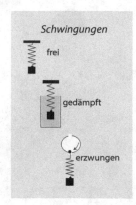

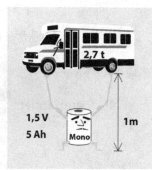

8

- **Advance Organizer**

Nicht nur Texte, sondern auch bildhaft-schematische Darstellungen können zur Vorstrukturierung dienen und die Gliederung neuer Inhalte aufzeigen. Insbesondere können sie auch die inhaltliche Struktur eines Textes verdeutlichen.

- **Bezugsrahmen**

Bilder können einen übersichtlich gegliederten Bezugsrahmen für das Verständnis eines Textes bereitstellen. Beispielsweise lassen sich zeitliche Beziehungen zwischen verschiedenen Arbeitsschritten illustrieren, räumliche Zusammenhänge wie bei Landkarten aufzeigen oder inhaltliche Einordnungen vornehmen.

- **Gedächtnisstützende Funktion**

Bei der Übertragung von Text oder Formeln in ein bildhaftes Format entstehen oft originelle Bildschöpfungen, die wie „Eselsbrücken" ein Speichern und Nutzen von Wissen erleichtern. Das nebenstehende Beispiel drückt das Ergebnis einer Energiebetrachtung aus.

Motivierung

Die intensive Beschäftigung mit Lerninhalten setzt ausreichende Motivation voraus. Bilder können Problemsituationen darstellen, überraschende, humorvolle oder ästhetische Momente enthalten und auf diese Weise zumindest den Anstoß zur Beschäftigung mit einem Sachverhalt geben. Sie sichern aber nicht zwangsläufig positive Lerneffekte, insbesondere nicht, wenn sie nur rein dekorative Funktionen haben (Levin 1981; Levin et al. 1987). Positive Effekte sind dagegen bei repräsentierenden, organisierenden oder interpretierenden Illustrationen nachgewiesen (Levin et al. 1987). Nach Ballstaedt et al. (1981) oder Mayer (2009, 2014) ist anzunehmen, dass eine Komplementarität oder besser die „ergänzende Verzahnung" von Text und Grafik entscheidend die Wirkung grafischer Gestaltungsmittel beeinflusst. Wesentlich dabei ist, dass dies zu einer tiefer gehenden Verarbeitung der Inhalte führt.

8.3.3 Zum Instruktionsdesign mit Bildmedien

Die Unterrichtspraxis ist zu komplex, um pauschale Vorgehensweisen zum Medieneinsatz festzulegen. Zumindest muss die Lehrkraft aber eine Sensibilität für Probleme entwickeln. So sollte sie schnell und sicher folgende Fälle erfassen:

Sensibilität für mögliche Problembereiche

- Lernende betrachten ein Bild nur oberflächlich. Wichtige Elemente und Details erreichen gar nicht das Bewusstsein.

- Die Betrachter verstehen bestimmte Bildelemente nicht oder nur mangelhaft (z. B. die Symbolik). Die Bildaussage wird deshalb nicht richtig erfasst.
- Die Lernenden betrachten ein Bild nicht zielgerecht im Hinblick auf das Lernziel. Nebensächlichkeiten rücken in den Vordergrund des Interesses. Das Bild gewinnt an Unterhaltungswert, ist aber nicht hilfreich im Hinblick auf das Lernziel.

Folgende Maßnahmen der Lehrkraft kommen infrage:
- Aufmerksamkeit lenken
- bei Figuren-, Muster-, Grafeninterpretation helfen
- zentrale Bildaussage herausarbeiten
- Wissensaufbau organisieren.

Entsprechende Vorüberlegungen gehören in die Unterrichtsvorbereitung. So sind beispielsweise für jüngere Schüler konkrete Aufgabenstellungen wie Beschriften, Abzeichnen, Ergänzen von Bildteilen einzuplanen. Sie sollen die Aufmerksamkeit auf bestimmte Elemente lenken und letztlich die *Verarbeitungstiefe der Bildinformation* verbessern. Bei der Arbeit mit Grafiken und Diagrammen sollte eine Orientierungsphase der inhaltlichen Diskussion vorausgehen. Dazu gehören (Weidenmann 1991):

Verarbeitungstiefe

- Herausstellen, was die Achsen anzeigen
- Klarstellen der Bedeutung von Sonderzeichen und Legenden
- Herausarbeiten, was die Kurven oder Flächen anzeigen.

8.3.4 Texte im Physikunterricht

Auch bei verbalen Informationen spielt die Anregung von Gedanken und Assoziationen eine wichtige Rolle. Analoge Effekte wie bei Gestaltgesetzen im visuellen Bereich (vgl. ▶ Abschn. 8.2.1) sind bekannt. Ein Beispiel ist der folgende Kinderscherz nach dem „Prinzip der guten Fortsetzung": Sagen Sie ganz schnell hintereinander fünfmal „Blut" und antworten Sie dann sofort: Wann gehen Sie an einer Ampel über die Straße? (Etwa bei Rotlicht?).

Assoziationen

Einige Probleme der Bildverarbeitung lassen sich tatsächlich auch auf Text und Sprache übertragen und sind von grundlegendem theoretischem Interesse. Um den Rahmen nicht zu sprengen, werden hier aber nur kurz einige allgemeine Gestaltungsrichtlinien für Lehrtexte zusammengestellt.

Was macht einen Text klar und leicht verständlich? Langer et al. (1993) haben vier Merkmalskomplexe zusammengefasst, die eine erste Orientierung bieten können. Verständliche Texte berücksichtigen folgende Faktoren, sog. „Verständlichkeitsmacher":

Verständlichkeit

- *Einfachheit:* Geläufige, anschauliche Ausdrücke kommen in kurzen einfachen Sätzen vor.
- *Gliederung – Ordnung:* Zu unterscheiden ist zwischen einer äußeren Ordnung (Überschriften, Abschnitte, Hervorhebungen …) und einer inneren Ordnung. Letztere beinhaltet, dass Informationen in sinnvoller Abfolge angeboten werden und Vor- und Zwischenbemerkungen eine inhaltliche Gliederung deutlich machen.
- *Kürze – Prägnanz:* Positiv sind Knappheit, hohe Informationsdichte, keine Weitschweifigkeiten oder leere Phrasen.
- *Anregende Zusätze:* Dazu gehören Beispiele, Einbettung einer Aussage in eine Episode, direkte Rede, Humor, Spannung.

Inhaltliche Strukturierung und Organisation

Texte bieten die Informationen sequenziell an, also grundsätzlich anders als Bilder, die mehrere Informationen simultan darstellen können. Verständlichkeit setzt somit auch voraus, dass notwendige Vor- und Zusatzinformationen im Text rechtzeitig und in der entsprechenden Abfolge angeboten werden.

Richtige Sequenzierung

Sollen sich Schlussfolgerungen aus mehreren Fakten ergeben, so ist zu berücksichtigen, dass Informationen umso leichter miteinander in Beziehung zu setzen sind, je näher sie im Text beieinanderstehen. Die *Sequenzierung,* d. h. die Art, wie Informationen zusammengestellt oder getrennt angeboten werden, beeinflusst die Wahrscheinlichkeit für Verknüpfungen und Verflechtungen. Nach Ballstaedt et al. (1981) sind deshalb Bedeutungseinheiten so zu sequenzieren, dass für neue Bedeutungseinheiten die relevanten Anknüpfungspunkte noch aktiv im Gedächtnis vorliegen. Andernfalls sollten den Lernenden zumindest Hilfen angeboten werden, relevante Anknüpfungspunkte zu finden. Darüber hinaus mobilisiert jede Textstelle Erwartungen und regt Gedanken an. Werden diese logisch weitergeführt und nicht abgebrochen, dann wird ein Text als folgerichtig empfunden.

Modularisierung

Bei reinen Fließtexten wird die Verknüpfung mehrerer komplexer Sinneinheiten schwierig. *Modularisierung* und hierarchische Zuordnungen können durch entsprechende Überschriften und Unterüberschriften erfolgen. Außerdem unterstützen Randbemerkungen und Marginalspalten mit Stichworten das Erfassen von modularen Sinneinheiten.

Richtlinien für die Strukturierung

In der Regel gibt die Fachsystematik schon erste Richtlinien für die Sequenzierung und Modularisierung. Weitere Orientierungsgrundlagen sind Bezüge zwischen Vorwissen und neuem Wissen, die dem Prinzip „vom Bekannten zum Unbekannten" folgen. Auch die Anwendungsorientierung kann Leitlinien aufzeigen und beispielsweise analog zu Bedienungsanleitungen eine Nutzung Schritt für Schritt aufdecken.

■ **Verarbeitungshilfen**

Bei längeren Texten bieten inhaltliche Übersichten eine wertvolle Hilfe. Außerdem verlangt sinnvolles Lernen ein Ordnen und Verflechten von neuem mit vorhandenem Wissen.

Vorangestellte Organisationshilfen (Advance Organizers), unterstützen eine sinnbezogene Eingliederung neuer Informationen und geben auch Hinweise, wie eine bestimmte Lernaufgabe erfolgreich zu bewältigen ist. Advance Organizers informieren über zentrale Konzepte in allgemeinerer Form, beziehen sich aber auf die Wissensstruktur des Lernenden. Sie sollen damit über inhaltliche Übersichten hinausgehen.

Advance Organizer

Weitere Hilfen sind Randbemerkungen, explizite Zielvorgaben, Aufgaben und Fragen zum Text.

Begleitinformationen

Zusammenfassungen können am Anfang oder am Ende eines Textes stehen. Sie heben relevante Aussagen besonders hervor und fördern damit eine selektiv akzentuierende Lesebzw. Lernstrategie. Der Leser wird besonders auf die hervorgehobenen Aussagen achten bzw. diese noch einmal ins Gedächtnis rufen. Möglicherweise ist danach der Text noch einmal durchzuarbeiten.

Zusammenfassungen

■ **Äußere Gestaltung**

Bei Lehrtexten sind als äußerliche Minimalforderungen zu nennen: eine ausreichende Schriftgröße, gut lesbare Typen, übersichtliches Seitenlayout ohne Fragmentierung und keine Ablenkung durch redundante, überflüssige Bilder (insbesondere bei Bildschirmtexten). Fettdruck, Unterstreichungen oder Farbe können als Organisations- und Verarbeitungshilfen eingesetzt werden. Insbesondere an Tafel oder Arbeitstransparent sind außerdem *Farbe, Schriftgröße* und *Schrifttyp* geeignete Gestaltungsmittel.

■ **Zielgerichtete Verarbeitung unterstützen**

Alle Kriterien werden niemals optimal erfüllt sein. Entsprechend den Gegebenheiten sind im Unterricht zusätzliche Maßnahmen einzuplanen, um Schwächen auszugleichen. Insbesondere ist eine ausreichende Verarbeitungstiefe sicherzustellen. Bereits die Wiedergabe eines Textes mit eigenen Worten erfordert bewusstes Lesen. Außerdem können folgende Aufgabenstellungen eine zielgerichtete Textaufnahme unterstützen:

Verarbeitungstiefe

– Hauptideen und grundlegende Aussagen herausarbeiten
– Kausalzusammenhänge, Ursache-Wirkungs-Ketten, Gesetzmäßigkeiten und Rahmenbedingungen herausstellen
– schwer verständliche Passagen markieren und diskutieren, evtl. auch Fachtermini als Anknüpfungspunkte wählen
– Informationen im Hinblick auf eine konkrete Problemstellung strukturieren und verwerten, auf Beispiele anwenden.

Resümee und Abrundung

Medien dienen im Unterricht nicht nur als Informationsquelle. Weitere wichtige Intentionen sind:
- Motivierung
- Veranschaulichung
- Erarbeiten, Darstellen
- Reproduktion/Wiederholung
- Übung
- Kontrolle/Feedback,
- Individualisierung/Differenzierung.

Jeder Medieneinsatz ist in einem methodischen Gesamtkontext zu sehen. Die Fragen zur methodischen Analyse von Schröder und Schröder (1989) können auch andeuten, wie komplex die Zusammenhänge sind:
- Für welche Sozialformen eignet sich das Medium (Lehrervortrag, Still-/Einzel- oder Partnerarbeit am Computer)?
- In welcher Artikulationsstufe kann das Medium eingesetzt werden?
- Welche Unterrichtszeit wird beansprucht?
- Sind Lehrerinformationen oder weitere Medien hilfreich?
- Welche Arbeitstechniken verlangt der Medieneinsatz von den Lernenden?
- Kann durch die Medien eine Differenzierung erfolgen?
- Welche Arbeitsanweisungen und Hilfen sind für ein selbstständiges Arbeiten der Schülerinnen und Schüler nötig?

Medien dienen im Unterricht einer besseren Informationsvermittlung und der Bereitstellung lernrelevanter Informationen. Inhalte mögen noch so wichtig sein, ohne entsprechende Aufbereitung und Präsentation erreichen sie die Lernenden nicht. Einige lernpsychologische Grundlagen zur Informationsvermittlung, insbesondere zur Bildverarbeitung, wurden deshalb behandelt. Daraus lassen sich einige Aufgaben der Lehrkraft beim Medieneinsatz ableiten:
- die Kenntnis von Symbol- und Codesystemen sicherstellen
- notwendige Zusatzinformationen bereitstellen
- die Informationsdichte angemessen wählen
- die Reihenfolge des Informationsangebotes abstimmen
- die Aufmerksamkeit (auch über Orientierungscodes) steuern
- die benötigten Informationen aktuell verfügbar halten
- Neues mit vorhandenem Wissen verankern
- die Verarbeitungstiefe garantieren.

Primat der Ziele vor den Medien

Bevor im nächsten Abschnitt die spezifischen Eigenheiten verschiedener Medien betrachtet werden, sei noch einmal betont, dass Medien prinzipiell ein Hilfsmittel sind, um einem Unterrichtsziel näher zu kommen. Das Ziel entscheidet letztlich über Sinn und Unsinn des Medieneinsatzes.

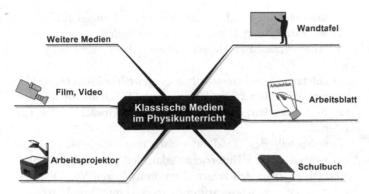

Abb. 8.5 Hier behandelte klassische Medien

8.4 Die klassischen Medien

Dieser Abschnitt befasst sich mit verschiedenen vortechnischen und technischen Geräten (◘ Abb. 8.5). Der kompetente Einsatz moderner Medien setzt ohne Zweifel auch einige technische Grundkenntnisse voraus. Diesbezüglich muss jedoch auf Hinweise und Empfehlungen der Hersteller verwiesen werden. Wir gehen hier auf artspezifische Darstellungs- und Präsentationsmöglichkeiten, aber auch auf typische Anwendungsfehler ein. Dieser Abschnitt behandelt klassische Unterrichtsmedien. „Digitale Medien" werden in ► Kap. 13 behandelt.

8.4.1 Die Wandtafel

Neben Wandbildern, -karten, Anschauungsmodellen, Präparaten und Büchern zählt die Wandtafel zu den vortechnischen Medien. Dennoch spielt sie im Klassenzimmer eine herausragende Rolle. Vor allem ist sie einfach zu handhaben, jederzeit verfügbar, und Schülerinnen und Schüler erleben die Entstehung des Tafelbildes in jeder Phase mit. Das Tafelbild kann den Ablauf der Unterrichtsstunde protokollieren, die Erarbeitung des Lernziels dokumentieren, oder die Tafel kann wie ein Notizzettel Aussagen aufnehmen und verfügbar halten.

Das Tafelbild sollte übersichtlich gegliedert sein und kurze prägnante Ausdrücke enthalten. Der Entwurf des Tafelbildes ist ein wichtiger Teil der Unterrichtsvorbereitung. Neuralgische Punkte sind vor allem Einteilung und Strukturierung. Dabei gilt, dass sich die *inhaltliche Gliederung in der räumlichen Anordnung, der Farbgebung und den Symbolformen* widerspiegeln soll. Dazu können unter anderem folgende Maßnahmen dienen:

Einteilung und Strukturierung

– Teilziele und verschiedene Aussagen durch Kästchen, Farbe, Nummerierung, Teilüberschriften oder räumlichen Abstand *trennen*

— Zusammenhänge und wechselseitige Beziehungen durch Pfeile, Farbgebung, Umrahmungen *verbinden*
— *Akzente setzen* durch Unterstreichen, Schrift, Farbe

Flexibel und kombinierbar

Nicht zuletzt sollten Überschriften die jeweilige Zielsetzung klar erkennen lassen. Ein „roter Faden" sorgt für inhaltliche Klarheit und überbrückt kurzzeitige Konzentrationsschwächen der Lernenden.

Ein Vorteil des Tafelbildes ist, dass situationsbedingte Anpassungen an den Unterrichtsverlauf jederzeit möglich sind. Außerdem ergeben sich wegen der unmittelbaren Verfügbarkeit der Wandtafel im Klassenzimmer interessante Kombinationsmöglichkeiten mit anderen Medien. Beispielsweise können vorgefertigte Grafiken für den Arbeitsprojektor zu einem Unterrichtsgespräch führen, dessen Ergebnisse dann an der Tafel dokumentiert werden. Oder ein Videofilm wird abschnittsweise angehalten, besprochen und wesentliche Inhalte werden an der Tafel protokolliert.

8

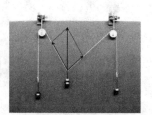

Wandtafel-Experimente

Auch physikalische Experimente sind an der Tafel möglich. Abgebildet ist ein Versuch aus der Statik. Rollen sind mit Tischklemmen am oberen Rand der Tafel befestigt. Damit lassen sich Experimente mit unterschiedlichen (Gewichts-)Kräften realisieren und direkt an der Tafel auswerten. Die Richtungen der Kraftvektoren (entlang der Seilstücke) lassen sich nämlich bequem übertragen, und eine direkte grafische Analyse der physikalischen Zusammenhänge wird möglich.

8.4.2 Das Arbeitsblatt

Ein Arbeitsblatt kann informieren, vertiefen oder kontrollieren. Als Klassensatz bietet es Differenzierungs- und Individualisierungsmöglichkeiten im Physikunterricht.
— Das *informierende Arbeitsblatt* stellt Text- und Bildmaterial ergänzend zum Schulbuch bereit.
— Das *vertiefende Arbeitsblatt* fordert von den Lernenden ein Ergänzen, Vervollständigen, Bearbeiten von Text- oder Bilddarstellungen oder formuliert Übungsaufgaben. Es dient dem Prinzip der Aktivierung und kommt während oder kurz nach der Erarbeitungsphase zum Einsatz.
— Das *kontrollierende Arbeitsblatt* realisiert das Prinzip der Rückkopplung, z. B. durch Kontrollfragen.

Gestaltungsprinzipien, die beim Tafelbild bzw. allgemein bei der Textgestaltung angesprochen wurden, gelten entsprechend (▶ Abschn. 8.4.1). Organisatorisch ist vor allem der Einsatz in Kombination mit dem Arbeitsprojektor, Beamer oder dem elektronischen Whiteboard interessant. Wenn Transparent und Arbeitsblatt identisch sind, können sie simultan von Lehrer und Schüler bearbeitet werden. Alternativ kann aber auch die Erarbeitung zuerst gemeinsam am interaktiven Whiteboard erfolgen und das Arbeitsblatt dann nachträglich zur Festigung oder Kontrolle dienen.

Arbeitsblätter sind vor allem auch bei der Durchführung von Schülerversuchen im Physikunterricht hilfreich. Dabei können sie neben der thematischen Einordnung, einer Skizze zum Versuchsaufbau und einer Zusammenstellung der Ergebnisse noch Zusatzaufgaben vorgeben. ◘ Abb. 8.6 zeigt ein Beispiel aus dem Anfangsunterricht in der E-Lehre. Es verfolgt drei methodische Schwerpunkte:◘ **Abb. 8.7**   Arbeitsblatt zum verzweigten Stromkreis

- Es soll die *inhaltliche Orientierung* sichern und die Verbindung zwischen theoretischer und praktischer Behandlung herstellen. Dazu wird eine technische Schaltskizze zu der bildhaften Zeichnung verlangt. Neben dem Einüben der Symbolik ist damit gleichzeitig eine intensivere Analyse des Versuchsaufbaus intendiert.

- Es dient zur *Steuerung des Arbeitsablaufs.* Allgemein lassen sich die Arbeitsaufträge in Abhängigkeit von Vorwissen und Selbstständigkeit der Lernenden weiter oder enger fassen. Auch das Suchen eigener Lösungswege kann verlangt sein.

- Dieses Arbeitsblatt soll *Hilfen für die gezielte Auswertung* anbieten und insbesondere die Dokumentation und Zusammenschau der Werte vorbereiten.

Aufgabe III ist sehr eng und rezeptartig vorgegeben. Soll die eigenständige Konzeption von Experimenten stärker in den Vordergrund rücken, sind freiere Aufgabenstellungen angebracht. Beispielsweise könnte Teil III lauten: „Konzipiere eine Versuchsreihe, mit der Du eine Regel für den Zusammenhang zwischen den Stromstärken I_1, I_2 und I_3 aufdecken kannst."

8.4.3   Das Schulbuch

Die Funktionsbreite eines Schulbuchs macht es immer noch zu einem wichtigen Werkzeug des Unterrichts. Die nachfolgende Aufzählung soll andeuten, welche Zielsetzungen mit dem Schulbucheinsatz verknüpft sein können. Ein Schulbuch kann:

- im Sinne eines Lehrbuches die Fachinhalte ausführlich darstellen und ein Stoffgebiet strukturieren
- fachspezifische Arbeits- und Betrachtungsweisen vorstellen
- vergleichbar einem Nachschlagewerk den Lernenden die Übersicht über ein Stoffgebiet ermöglichen.

Wie teilt sich der elektrische Strom an einer Verzweigung?

Abgebildet ist ein Stromkreis, in dem drei gleiche Glühbirnen (4V/0,04A) an eine Batterie angeschlossen sind.

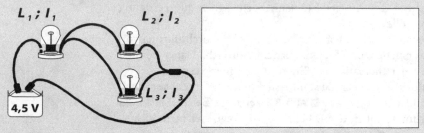

Aufg. 1: Zeichne rechts die zugehörige Schaltskizze.

Aufg. 2: a)   Welche Glühbirne leuchtet am hellsten?   b) Begründe Deine Antwort!

....

....

Aufg. 3: Die Stromstärke durch die Lampe L $_1$ sei I_1 = 35 mA.

	I_1	I_2	I_3
Welche Werte erwartest Du für die Teilströme I_2 und I_3. Trage die Werte in die Tabelle ein. **Schätzung:**			
Führe die Kontrollmessung aus. Begründe evtl. die Abweichungen: **Messung:**			

....

....

Aufg. 4:   Verwende statt der Lampen jetzt die Widerstände 50Ω, 100Ω, 200Ω.
Wähle 3 verschiedene Kombinationen. Fertige im Schulheft eine Tabelle an, die alle wichtigen Daten enthält (Schaltskizzen, Widerstände und gemessene Stromstärken).

Aufg. 5: Formuliere eine Hypothese, d. h. schreibe auf, welcher Zusammenhang generell zwischen I_1, I_2 und I_3 zu vermuten ist.

....

....

Aufg. 6: Werden die Widerstände 1 und 2 vertauscht, ändern sich alle Stromstärken. Dies gilt nicht, wenn nur die Widerstände 2 und 3 vertauscht werden. Schreibt Eure Vermutungen / Hypothesen dazu im Hausaufgabenheft auf. Wir brauchen sie in der nächsten Unterrichts stunde, in der wir uns mit Widerstandsschaltungen befassen.

◻ **Abb. 8.6**   Arbeitsblatt zum verzweigten Stromkreis

- Material in Form von Bildern, Grafiken, Tabellen oder Texten
  bereitstellen
- über ansprechende Darstellungen zum Lernen motivieren
  und Behaltensleistungen verbessern
- selbstständiges Lernen anregen und fördern
- Wiederholungen und Vertiefungen zum Stoff anbieten
- als Arbeitsbuch Aufgaben und Übungen bereitstellen
- experimentelles Arbeiten unterstützen und Versuchsanleitungen anbieten
- individuelles und differenziertes Lernen in Einzel-, Partner-
  oder Gruppenarbeit ermöglichen
- die Fähigkeit zum angemessenen Umgang mit der Literatur
  schulen – eine unserer wichtigsten Kulturtechniken.

Funktionen von
Schulbüchern

Das Schulbuch muss auf die Lehrpläne des jeweiligen Bundeslandes abgestimmt sein, und die Inhalte sollen schülergerecht
dargeboten werden (Sprache, Illustrationen). Fischler (1979) hebt
als weiteres Kriterium die wissenschaftliche Zuverlässigkeit hervor, wobei auch didaktisch motivierte Vereinfachungen zu keiner groben Verzerrung des Wissensstandes führen dürfen. Auch
wissenschaftliche Arbeitsweisen (z. B. bei der Durchführung und
Auswertung von Experimenten) sollten Berücksichtigung finden.

Das Schulbuch nutzt in vielschichtiger Form die Ausdrucksmittel Text, Bild und Formel und präsentiert Informationen
in verschiedenen Code- und Symbolsystemen. Demzufolge ist
die Qualität von Schulbüchern allein mit „Satzlängen-Fremd-
wort-Häufigkeits-Formeln" nicht zu bewerten. Das heißt aber
nicht, dass die von Merzyn (1994) zusammengetragenen Untersuchungsergebnisse nicht hilfreiche Hinweise geben können.
So werden Abbildungen und grafische Darstellungen in Schulbüchern von Schülern und Lehrern i. Allg. gelobt, während Sprache und Verständlichkeit der Schulbuchtexte und vor allem der
hohe Anteil an Fachwörtern am stärksten kritisiert werden.

Für die Konzeption können Schulbuchanalysen weitere
Orientierungshilfen geben. So gehen Duit et al. (1991) von Lehr-
buch- und Textanalysen nach Stube (1989) und Sutton (1989)
aus und wollen u. a. folgende Schwächen vermeiden:

- distanzierte autoritative Aussagen in Texten ohne Bezüge
  zum Leser
- Präzision zu Lasten einer auf die Lernenden bezogenen
  Begriffsentwicklung
- eingeschränkte Kontexte, die nicht über die fachspezifischen
  Grenzen hinausgehen
- eingeschränkte Syntax, mit der Aussagen zwar kurz und
  knapp zu formulieren sind, die aber nicht unbedingt das Verständnis fördern

Schwächen von
Schulbüchern

- starres rhetorisches Muster, dessen Monotonie schnell zu nachlassender Aufmerksamkeit führt
- das Tun in den Naturwissenschaften vorrangig vor das Nachdenken stellen
- zuerst Daten präsentieren, aus denen sich dann die Theorie scheinbar wie von selbst ergibt (ohne auf die Überlegungen einzugehen, die auf die theoretischen Konzepte führen)
- naturwissenschaftliches Wissen als Resultat erscheinen lassen, das sich zwangsläufig aus einem stets klaren methodischen Vorgehen ergibt, wobei das Bemühen um Beobachtung und selbstkritisches Ringen um Erkenntnis gar nicht erwähnt wird
- Physik nur rational erscheinen lassen, frei von Befürchtungen, aber auch von Faszination, die persönlich und gesellschaftlich mit naturwissenschaftlichen Erkenntnissen verbunden sind.

8 Abschnitte selektiv nutzen

Auch Schulbücher müssen Schwerpunkte setzen. Um hier besser differenzieren zu können, bieten fast alle Schulbuchverlage zu dem eigentlichen Schulbuch zusätzlich Aufgabensammlungen, Versuchsanleitungen, Praktikumshefte, Repetitorien und Formelsammlungen sowie Multimediaprogramme an.

In der Regel müssen Lehrkräfte allerdings vorgegebene Rahmenbedingungen akzeptieren und mit dem Buch arbeiten, das in ihrer Schule (lehrmittelfrei) eingeführt ist. Allen Wünschen kann kein Buch gerecht werden. Deshalb müssen Lehrkräfte auch dieses Medium selektiv nutzen können und in ihr Unterrichtskonzept einbinden. Entscheidend sind Kenntnisse über Gestaltungskomponenten sowie Anforderungen von Text und Bild, bezogen auf das Vorwissen der Schülerinnen und Schüler. Darauf basierend lassen sich bestimmte Abschnitte eines Buches in der Phase des Einstiegs, der Erarbeitung, zur Nachbereitung, als Materialsammlung, zur Vertiefung oder evtl. auch zur eigenständigen Schülerarbeit nutzen.

Als didaktisch-methodisches Werkzeug bietet das Schulbuch auch für kurze Unterrichtsabschnitte attraktive Arbeitsmöglichkeiten in verschiedenen Lehr-Lern-Phasen. Einige Beispiele für kurze Einsatzformen hat Merzyn (1994) beschrieben. Diese Nutzungsformen sollten in einem guten Methodenrepertoire

Einsatzmöglichkeiten

nicht fehlen:

- Eine Abbildung aus einem Buch zum motivierenden Einstieg in ein Stoffgebiet nutzen
- Erklären und Diskutieren der Funktionsweise eines technischen Gerätes oder einer Modellvorstellung anhand einer Schemazeichnung im Buch
- Diskutieren eines Diagramms oder einer Tabelle mit der Klasse
- Durchführen von Schülerexperimenten nach Anleitung im Buch

- gemeinsames Lesen einer gut formulierten oder historischen Textpassage
- Fachbegriffe aus einem aktuellen Zeitungsartikel über das Stichwortverzeichnis eines Buches suchen und klären
- Übungsaufgaben aus einem Buch lösen.

Selbst wenn inhaltlich problematische Passagen in einem Schulbuch vorliegen sollten, kann es eine besondere Aufgabe für die Schülerinnen und Schüler sein, einen Abschnitt bezüglich formaler oder inhaltlicher Unstimmigkeiten zu durchleuchten und Fehler zu finden, die dann gemeinsam mit der Lehrkraft diskutiert werden. Eine kritisch hinterfragende Lesehaltung ist gerade auch bei wissenschaftlichen Abhandlungen wünschenswert.

Daneben kann das Schulbuch dem Lehrer selbst wertvolle Orientierungshilfen geben. Dies beginnt bei der fachlich-methodischen Gliederung und gilt ebenso bei der Stoffauswahl sowie bei der Auswahl von Beispielen und Experimenten. Die Lehrkraft findet außerdem Ideen, wie eine Problemstellung eingeführt wird oder wie ein motivierender Einstieg in ein neues Sachgebiet erfolgen kann, bis hin zur Aufbereitung und Präsentation von Informationen durch Bild und Text. Insofern sind Schulbücher auch für Lehrkräfte eine wichtige Informationsquelle mit methodisch-didaktischen Anregungen.

„Fundgrube" für die Lehrkräfte

8.4.4 Der Arbeitsprojektor

Für visuelle Darstellungen in Unterricht und Lehre ist der Arbeitsprojektor ein weit verbreitetes Hilfsmittel. Nach DIN 108 und 19045 ist der Gerätename „Arbeitsprojektor" festgelegt. Eine ganze Liste alternativ verwendeter Bezeichnungen verweist auf die Vielfalt der Einsatzmöglichkeiten: Overheadprojektor, Tageslichtprojektor, Zeichenprojektor, Schreibprojektor. Die nächsten Abschnitte gehen auf Merkmale, Nutzungsform und Gestaltungsaspekte ein. Die Nutzungsformen übernehmen heute weitgehend *Beamer*, Dokumentenkamera und *interaktive Whiteboards*. Die Gestaltungskriterien gelten aber selbstverständlich auch dort.

„Die nachfolgenden Richtlinien lassen sich auch auf Projektionen mit Beamer, Dokumentenkamera oder interaktive Whiteboards übertragen."

1. Die folgenden *Merkmale* machen das Gerät für den Unterrichtseinsatz attraktiv:
   - Die Herstellung und Bearbeitung von Arbeitstransparenten ist einfach. Dabei können sich Fotokopieren, Ausdrucken und Bearbeiten mit Folienstiften ergänzen.
   - In der Unterrichtsvorbereitung lassen sich Folien optimal und ansprechend gestalten. (Wenn keine Schülermitschriften nötig sind, bedeutet dies gleichzeitig einen Gewinn an Unterrichtszeit).

- Die Darstellung ist großflächig und lichtstark und kann bei Bedarf abgedeckt oder wieder freigegeben werden.
- Die Arbeitsfläche ist gut überschaubar. Bei Vorträgen kann die Folie auch einen Leitfaden anbieten.
- Ein schrittweises Entwickeln von Inhalten ist kein Problem. Dabei helfen Overlay-Technik, sukzessives Aufdecken von Folienteilen oder zusätzliche Eintragungen mit Folienstiften. (Die Arbeit mit wasserlöslichen Stiften während des Unterrichts erlaubt die Wiederverwendung von arbeitsaufwendigen Folien).
- Die Folien sind insbesondere auch für Wiederholungsphasen im Unterricht geeignet.
- Der Lehrer bleibt beim Einsatz des Projektors den Schülern zugewandt und kann situationsgerecht reagieren.

Attraktive Merkmale

8

Mittels Farbkopierer und Scanner sind heute praktisch alle Abbildungen übertragbar. Der Arbeitsprojektor ermöglicht aber nicht nur die Projektion von fertigen Transparenten, man kann noch im Unterricht direkt am Bild weiterarbeiten. Die Einsatzmöglichkeiten sind zudem nicht allein auf Bild- und Schriftmaterial beschränkt. Kleine Gegenstände lassen sich im Schattenriss vergrößert zeigen. Auch gibt es fertige Funktionsmodelle, z. B. von Verbrennungsmotoren, die dynamische Prozesse veranschaulichen können. Mithilfe von Polarisationsfolien lassen sich sogar Bewegungen simulieren.

Am Arbeitsprojektor ist sogar eine Vielzahl physikalischer Versuche realisierbar, z. B. die Darstellung von Feldlinienbildern, Versuche mit Wasserwellen, Versuche aus der Elektronik oder E-Lehre. Die nebenstehende Abbildung zeigt zwei stromdurchflossene Kabel über einer Folie mit Millimeterskala. Kleinste Auslenkungen aufgrund elektromagnetischer Kräfte sind über diesem Raster sofort erkennbar. Eine Sammlung von Versuchen am Arbeitsprojektor ist in Schledermann (1977) zu finden.

Akku

Kräfte zwischen parallelen stromdurchflossenen Leitern

Einsatz des Arbeitsprojektors
Fehler beim Einsatz vermeiden

2. Beim *Umgang* mit dem Arbeitsprojektor werden leider allzu oft elementare Bedienungsregeln verletzt, was die Effektivität des Mediums mindert. Die folgenden Hinweise sollen helfen, Fehler zu vermeiden.
- Eine verzerrungsfreie Wiedergabe setzt voraus, dass das Licht senkrecht auf die Projektionsfläche auftrifft. Der Arbeitsprojektor ist entsprechend zu positionieren. Eine schwenk- und neigbare Projektionsfläche ist hilfreich.
- Die Projektionsfläche muss gleichmäßig ausgeleuchtet sein. Farbzonen an den Rändern zeigen eine schlechte Justierung der Lampe an. (Eine Einstellungsmöglichkeit von außen bietet fast jeder Projektor an).
- Zusätzlicher Lichteinfall auf die Projektionswand, insbesondere direktes Sonnenlicht, ist zu vermeiden. Eventuell ist die Wand abzuschatten oder der Raum zu

verdunkeln. (Die Möglichkeit zur Mitschrift sollte aber erhalten bleiben).

— Freie Sicht auf die Projektionsfläche soll für die ganze Klasse möglich sein. Dazu muss u. a. die Unterkante der Projektion hoch genug liegen (je nach Bestuhlung 1–2 m über dem Boden).

— Bei professionellen Vorträgen werden Folien im Querformat verwendet. Der minimale Betrachtungsabstand sollte das 1,5-fache der Bildbreite sein.

— Prinzipiell gibt es zwei Anzeigemöglichkeiten: An der Projektionsfläche (mit Zeigestab oder Laserpointer) oder mit dem Stift an der Folie. Die zweite Form ist ökonomisch, schnell, und die Lehrkraft bleibt den Schülern zugewandt. Allerdings verlieren die Zuhörer in der Regel den Blickkontakt zum Vortragenden, wenn sie sich der Projektion zuwenden. Bei der direkten Anzeige an der Projektionsfläche bleibt die Lehrkraft im Blickfeld und kann auch nonverbale Ausdrucksmittel einsetzen.

— Immer wieder ist zu prüfen, ob Folien schief aufliegen oder die Projektion durch Schulter oder Arm verdeckt ist.

— Zu schnelles Wechseln von Folien kann die Zuhörer überfordern. Außerdem ist auf eine gute Abstimmung mit verbalen Erklärungen zu achten. Dies schließt ein monotones Ablesen genauso aus wie ein bezugloses Nebeneinander von Folie und sprachlichen Ausführungen.

Die Richtlinien gelten ebenfalls für Präsentationen mit dem Beamer oder auch einem interaktiven Whiteboard.

Richtlinien auch für Beamer und interaktives Whiteboard gültig

3. Für die *Gestaltung von Folien* lassen sich einige grundsätzliche Richtlinien formulieren:

— Transparente nicht überfrachten! Gegebenenfalls kann man sie schrittweise erweitern und/oder mit Overlays arbeiten.

Gestaltung von Folien

— Die Lesbarkeit setzt eine ausreichende Schriftgröße voraus. Keinesfalls sollten Buchseiten unvergrößert kopiert werden. Natürlich hängt die Bildgröße vom Abstand zwischen Projektor und Projektionswand ab. Allerdings dürfte eine Buchstabengröße von 5 mm immer das absolute Minimum sein. Koppelmann und Sinn (1991) geben als Faustregel an, dass ein DIN-A4-Transparent unvergrößert mit dem bloßen Auge noch im Abstand von 2,5 m lesbar sein sollte. Eine weitere Orientierungshilfe sind fertige Formatvorlagen für Folien, die jedes moderne Textverarbeitungssystem oder Präsentationsprogramm anbietet.

— Die Folie soll logisch strukturiert und organisiert sein. Speziell können auch Abbildungen oder Schemaskizzen einen „roten Faden" aufzeigen. Nach Alley (1996) sollte sogar jede Folie ein Bild enthalten. Bilder haben eine gute

Gedächtnishaftung und können die Erinnerung an Worte anstoßen.

- Die Überschrift soll treffend und kurzgefasst sein. Nach Alley (1996) sollte in der Regel ein ganzer Satz ausformuliert sein. Dies zwingt zu klaren Aussagen, die besser im Gedächtnis haften als isolierte Wortphrasen.
- Eine optische Gliederung geht verloren, wenn zu kleine Abstände, sehr lange Textpassagen oder lange Aufzählungslisten mit mehr als vier Unterpunkten vorliegen.

Abschließend sei noch erwähnt, dass der Arbeitsprojektor selbst zum Lerngegenstand im Physikunterricht werden kann. Nicht nur die Fresnel-Linse verdient ein besonderes Interesse. Auch die Lichtquelle, die Kondensorlinse und der Projektorkopf mit Linse und Spiegel sind reizvolle Betrachtungsgegenstände für den Optikunterricht.

8.4.5 Weitere Projektionsgeräte

Diaprojektor, Mikroficheprojektor, Episkop, Super-8-Projektoren haben heute nur noch historische Bedeutung. Die Funktionen haben Computer und Beamer übernommen.

Nach wie vor bieten aber Bildserien attraktive Ergänzungen für Visualisierungen im Unterricht. Sie können einen schrittweisen Aufbau von realitätsnahen Vorstellungen unterstützen oder Unterrichtsabschnitte im Überblick zusammenfassen.

Mit Digitalkamera und Scanner lassen sich heute mit geringem Aufwand ganze Bildserien in Eigenregie zusammenstellen. Eigene Fotografien haben ihren besonderen Reiz, wenn aktuelle und lokale Bezüge hergestellt werden (z. B. zu nahe gelegenen Energiekraftwerken). Auch Makroaufnahmen zur Abbildung kleiner Maschinenteile, z. B. Zahnräder und Schwungräder aus alten Uhrwerken oder kleine elektronische Bauteile, lassen sich heute mit fast jeder Digitalkamera erstellen und über den Beamer projizieren. Hier kann heute auch eine Dokumentenkamera zum Einsatz kommen.

8.4.6 Film- und Videotechnik

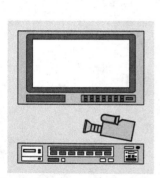

Video und Computerfilme bieten eine Kombination von auditiven und visuellen Mitteln und erreichen damit oft den Vorzug hoher Anschaulichkeit. Dies gilt vor allem, wenn fotorealistische Darstellungen sachdienlich sind. Eine rein verbale Beschreibung (insbesondere von visuellen Reizen) ist oft sehr aufwendig und leicht missverständlich. In einigen Fällen ist das Zusammenwirken von Bild und Ton unverzichtbar. Zusätzlich

8

kann die Videotechnik auch beim Training des Lehrerverhaltens sehr nützlich sein (Mikroteaching). Heute bietet die digitale Videotechnik das Optimum an Flexibilität. Neben kompletten Unterrichtseinheiten aus Schulfunksendungen ist auch die Kombination von Videokamera und Projektor zur Verbesserung der Sichtbarkeit bei Demonstrationsversuchen einsetzbar (z. B. bei Versuchen mit kleinen Bauteilen aus der Elektronik). Selbst Beobachtungen mit dem Mikroskop lassen sich projizieren. Auch zeitaufwendige oder nicht mehr zugelassene Demonstrationsversuche (z. B. mit Quecksilber) lassen sich in der Vorbereitung aufnehmen und im Unterricht wiedergeben.

▪ Geräteaspekte

Um eine ausreichende Sichtbarkeit zu garantieren, sollte der Betrachterabstand bei 70-cm-Displays nicht größer als 6 m sein und die Blickrichtung nicht mehr als 45° von der Bildschirmsenkrechten abweichen. Bei ebener Bestuhlung ist eine Höhe von 2 m über dem Boden sinnvoll. Zur Vermeidung von Reflexionen auf dem Display ist die Aufstellung an der Fensterseite günstiger. Die Alternative, Projektionsdisplays und interaktive Whiteboards, werden immer kostengünstiger. In der Regel können sie verschiedene Signalpegel umsetzen und eignen sich damit sowohl zur Großprojektion der Ausgaben von Fotoapparaten, Smartphones als auch von Computer- und Videogeräten.

Einsatz

▪ Ausdrucksmittel und Anforderungen

Neben Kameraführung und Filmschnitt sind spezielle Ausdrucksmittel des Films vor allem Effekte wie Zeitlupe, Zeitraffer, Zoomen oder Trickeinblendungen. Das räumliche Empfinden ist im Allgemeinen leichter zu vermitteln als beim Bild, da sich die Objekte bewegen bzw. verschiedene Blickwinkel angeboten werden können. Allerdings verlangt ein Film auch spezifische Beobachtungs- und Verarbeitungsfähigkeiten. Insbesondere stellen schnelle Bildfolgen mit hoher Informationsdichte höhere Ansprüche. Der Zuschauer muss die Zusammenhänge herstellen. Außerdem legt ein Film die Betrachtungsdauer und Abfolge rigoros fest und fordert ein entsprechendes Maß an Aufmerksamkeit. Andernfalls sind Verständnislücken vorprogrammiert. Zudem übermitteln Filme (wie auch Bilder) gleichzeitig einen hohen Anteil an Informationen, die nicht direkt lernzielrelevant sind. Dazu gehören oft Gegenstände im Hintergrund oder Aussehen und Auftreten des Moderators. Der Zuschauer muss hier abstrahieren können. Andererseits kann der Hintergrund aber auch als Gestaltungsmittel dienen (z. B. als Strukturierungshilfe).

Spezifische Ausdrucksmittel
Besondere Anforderungen

■   Sondierung des Materials und Planung für den Einsatz

Überlegungen vor dem Einsatz von Filmen

Inwiefern kann ein Film dazu beitragen, ein intendiertes Lernziel zu erreichen? Die Einpassung an ihr Unterrichtskonzept können und müssen Lehrkräfte durch zusätzliche methodische Maßnahmen erreichen. Folgende Fragen können einen Bedarf an spezifischen, ergänzenden Maßnahmen aufdecken:

- Ist das Abstraktionsniveau angemessen?
- Welche Kenntnisse und Fähigkeiten werden vorausgesetzt (sind z. B. spezielle grafische Darstellungen geläufig)?
- Wie hoch ist die Informationsdichte? Erlaubt sie noch eine gedankliche Weiterverarbeitung?
- Wird Wesentliches hervorgehoben, werden irrelevante Informationen ausgeblendet?
- Gibt es Redundanzen und Hilfen, die dem Verständnis oder evtl. einer Vertiefung dienen?
- Motiviert der Film zur geistigen Auseinandersetzung mit dem Inhalt?

Filme, die allen Anforderungen genügen, wird es wohl nie geben. Ein Hauptproblem ist oft eine zu hohe Informationsdichte. Deshalb sind nachfolgend einige Maßnahmen aufgelistet, mit denen die Informationsdichte im Film oder durch die Lehrkraft angepasst werden kann:

Anpassen der Informationsdichte

- Vorbereitende Erklärungen und Hinweise vorausschicken (auch Advance Organizers)
- Pausen mit Zusatzinformationen einrichten
- Standbilder zur Besprechung von Details nutzen
- anspruchsvolle Passagen mehrfach abspielen
- Zeitlupenaufnahmen einspielen oder die Wiedergabe verlangsamen
- strukturierende Einblendungen verwenden (Beschriftung, räumliche und farbliche Akzentuierung)
- Nebensächlichkeiten ausblenden

■   Einsatzphasen

Beim Einsatz von Tonfilmen (z. B. aus dem Internet), bei denen die Lehrkraft in der Regel während des Abspielens keine Zusatzinformationen geben kann, ist eine gezielte fachliche Vorbereitung der Schüler besonders wichtig.

Vorbereitung, Einstimmung

Schon in der Vorbesprechung und Einstimmung können Hinweise auf wichtige Passagen erfolgen. Es gilt, die Aufmerksamkeit auf lernzielrelevante Informationen zu lenken. Dies ist wegen der „Flüchtigkeit" des Mediums besonders wichtig. (Die Informationen stehen nur kurzzeitig, d. h. während der Abspielzeit zur Verfügung). Zudem sind relevante Wissensstrukturen vorab zu aktivieren, damit angebotene Informationen besser in vorhandene kognitive Strukturen einzuordnen sind und sich mit vorhandenem Wissen verknüpfen lassen. Je nach Leistungsstand sind außerdem Hilfen zur Organisation, Auswahl und Einordnung von Informationen vorzubereiten.

Die Lehrkraft hat folgende Möglichkeiten:

— Beziehungs- und Anknüpfungspunkte zum bisher behandelten Stoff oder zum Alltagswissen lassen sich herausstellen.

— Die Strukturierung und Gliederung des Lehrfilms lässt sich vorab aufzeigen (evtl. als Schema an der Tafel). Dabei sollen jedoch keine Verlaufsreize wie Spannung oder Überraschungsmomente vorweggenommen werden.

— Schon im Vorfeld lassen sich lernzielbezogene Fragen formulieren (und evtl. sogar an der Tafel anschreiben). Dies kann ein verstärktes Problembewusstsein schaffen.

— Konkrete Beobachtungsaufgaben können helfen.

— Sinnvoll ist, den Lernenden die Gründe aufzuzeigen, warum ein Film vorgeführt wird.

Auch beim Vorführen von Filmen bieten sich verschiedene methodische Varianten an:

Vorführen von Filmen

— Der Film kann als Ganzes vorgeführt werden oder nur die wichtigen Ausschnitte.

— Der Film lässt sich ohne Unterbrechung vorzeigen oder durch Besprechungseinheiten in Etappen unterteilen.

— Der Film wird einmal vorgeführt oder mehrmals gezeigt, gegebenenfalls mit variierenden Beobachtungsaufgaben.

In der Nachbereitung gilt es, verbliebene Missverständnisse und Unklarheiten zu beheben, Hilfen für eine kognitive (evtl. auch affektive) Weiterverarbeitung anzubieten sowie eine dauerhafte Speicherung von Wissenselementen zu erleichtern. Ein Ansatz ist, nochmals die Kernaussagen zusammenzufassen und in verschiedenen Ausdrucksweisen zu formulieren. Ein Zusammenfassen, Verbalisieren, evtl. auch ein Ausdrücken in Formeln gehören unbedingt in die Nachbereitung. Bei Filmen mit hoher Informationsdichte fehlt nämlich in der Regel die Zeit, Aussagen noch während des Filmlaufes eingehend zu verarbeiten und in verschiedenen Formen zu encodieren. Nur mit einer ausreichenden Verarbeitungstiefe wird effektives Lernen möglich.

Nachbereitung/Auswertung, des Films Verarbeitungstiefe sicherstellen

8.4.7 Weitere Medien

Kurz erwähnt seien noch:

- **Poster/Wandbilder**

Beispiele sind Poster mit Darstellungen zur historischen Entwicklung der Physik, zu großtechnischen Anlagen (z. B. Kraftwerke in schematischer Darstellung), Übersichten über elektronische Bauteile, Energieträger, aber auch eine Nuklidkarte oder geordnete Übersichten über ein Themengebiet, das in mehreren Unterrichtsstunden behandelt wird.

Die Intention reicht von konkreten Anschauungshilfen für den Unterricht bis zur Motivation für die Beschäftigung mit physikalischen Sachverhalten durch plakativ ansprechende Darstellungen. Wandbilder lassen sich kurzfristig im Unterricht einsetzen, aber auch stationär über längere Zeit im Klassenzimmer, in Schaukästen, an Geräteschränken oder Wänden im Gang anbringen.

- **Technisches Anschauungsmaterial**

Vorstellbar sind z. B. aufgeschraubte Geräte wie Handmixer bzw. Elektromotoren, die eine Umsetzung physikalischer Gesetzmäßigkeiten in technischen Anwendungen aufzeigen können.

- **Anschauungsmodelle**

Sie dienen dem Ausbau konkreter Vorstellungen. Geläufige Beispiele sind gegenständliche Modelle zur Gitterstruktur von Festkörpern oder zum Bau von Molekülen.

- **Funktionsmodelle**

Sie zeigen Bau und Funktion technischer Geräte, z. B. zum Ottomotor.

- **Neue Medien und Multimedia**

Neue Medien bieten einige charakteristische, lehr- und lernrelevante Möglichkeiten, die sie von den klassischen Medien unterscheiden. Dazu gehören insbesondere die *Multimedialität*, d. h. eine Nutzung mehrerer Medien, der parallele oder wechselnde Einsatz verschiedener Darstellungsformen (*Multicodierung*), der gezielte Einsatz verschiedener Sinneskanäle (*Multimodalität*), neue *Interaktionsmöglichkeiten* mit den Medien und die *Vernetzung*.

Daher werden Theorien und Konzepte zu Neuen Medien und Multimedia sowie praktische Umsetzungsmöglichkeiten in einem eigenen Kapitel behandelt (▶ Kap. 13).

- **Experimente im Physikunterricht**

Experimentiergeräte bzw. physikalische Schulversuche nehmen im Physikunterricht eine besondere Rolle ein. Sie bieten spezielle Möglichkeiten im Lernprozess, stellen aber auch besondere didaktisch-methodische Anforderungen. Daher werden sie in einem eigenen Kapitel betrachtet (▶ Kap. 7).

Literatur

Alley, M. (1996). The Craft of Scientific Writing. New York: Springer.

Anderson, J.R., Reder, L.M. (1979). An elaborative processing explanation of depth processing. In L.S. Cermak, F.I.M. Craik (Eds.). Levels of processing in human memory Hillsdale, N.J.: Erlbaum, 385–403.

Atkinson, R. C., Shiffrin, R. M. (1968). Human memory: A proposed system and it's control processes. In K.W. Spence (ed.) The psychology of learning and motivation: Advances in research and theory. Vol. 2. New York: Academic Press, 89–195.

Ballstaedt, S.-P., Mandl, H., Schnotz, W., Tergan, S.-O. (1981). Texte verstehen, Texte gestalten. München: Urban & Schwarzenberg.

Ballstaedt, S.-P., Molitor S., Mandl, H. (1989). Wissen aus Text und Bild. In J. Groebel, P. Winterhoff-Spurk (Hrsg.). Empirische Medienpsychologie. München: Psychologie Verlags Union, 105–133.

Comenius, J.A. (1960). Große Didaktik. Düsseldorf: Küppers. dt. Übersetzung von A. Flitner (1954).

Craik F.I.M., Lockhart, R.S. (1972). Levels of processing: A framework for memory research. Journal of Verbal Learning and Behaviour, 11, 671–684.

De Kleer, J., Brown, J. S. (1983). Assumptions and ambiguities in mechanistic mental models. In: D. Gentner, A. L. Stevens (Hrsg.). Mental models Hillsdale, New Jersey: Erlbaum, 155–190.

Duit, R., Häußler, P., Lauterbach R., Mikelskis, H., Westphal, W. (1991). Das Schulbuch: Lehrbuch oder Lernbuch? In K.H. Wiebel (Hrsg.). Zur Didaktik der Physik und Chemie: Probleme und Perspektiven. Kiel: GDCP, 102–110.

Fischler, H. (1979). Das Schulbuch im Physikunterricht der S I. LA 5, Heft 1, 28–33.

Forbus K.D., Gentner D. (1986). Learning physical domains: Toward a theoretical framework. In R.S. Michalski, J.G. Carbonell, T.M. Mitchell (Eds.). Machine learning, An artificial intelligence approach. Los Altos: Morgan Kaufmann Publishers, Vol. 2, 311–348.

Friedmann, A. (1979). Framing pictures: The role of knowledge in automatized encoding and memory for gist. Journal of Experimental Psychology, 108, 316–355.

Issing, L. J. (1983). Bilder als didaktische Medien. In L. J. Issing und J. Hannemann (Hrsg.). Lernen mit Bildern.). Grünewald: Institut für Film und Bild in Wissenschaft und Unterricht, 9–39.

Johnson-Laird, P. N. (1980). Mental Models in Cognitive Science. Cognitive Science, 4, 71–115.

Kledzik, S.M. (1990). Semiotischer versus technischer Medienbegriff: Das Medium als Konstituens des Zeichenprozesses. In K. Böhme-Dürr, J. Emig, N. Seel (Hrsg.). Wissensveränderung durch Medien. München: K.G. Saur, 40–51.

Koppelmann, G., Sinn, G. (1991). Zur Anfertigung von Vorlagen für Dia- und Overhead-Projektion. In W. Kuhn (Hrsg.). Vorträge Physikertagung 1991 Erlangen. Bad Honnef: DPG GmbH., 265–268.

Langer, I., Schulz v. Thun, F., Tausch, R. (1993). Sich verständlich ausdrücken. München: Reinhardt.

Levie, H. W. (1978). A prospectus for research of visual literacy. Educational Communication and Technology Journal, 26, 25–36.

Levin, J. R. (1981). On functions of pictures in prose. In F. J. Pirozzolo und M. C. Wittrock (eds). Neuropsychological and cognitive processes in reading. New York: Academic Press, 203–228.

Levin, J. R., Anglin, G. J., Carney, R. N. (1987). On empirically validating functions of pictures in prose. In D. M. Willows, H. A. Houghton (Eds.). The Psychology of Illustration. Vol. 1: Basic Research. New York: Springer, 51–85.

Mayer, R. E. (2009). Multimedia Learning. Cambridge University Press.

Mayer, R. E. (2014). The Cambridge Handbook of Multimedia Learning. Cambridge: Cambridge University Press.

Merzyn, G. (1994). Physikschulbücher, Physiklehrer und Physikunterricht. Kiel: IPN.

Paivio, A. (1986). Mental representations. A dual coding approach. New York: Oxford University Press.

Salomon, G. (1978). On the future of media research: No more full acceleration in neutral gear. Educational Communication and Technology, 26, 37–46.

Schledermann, D. (1977). Der Arbeitsprojektor im Physikunterricht. Köln: Aulis Verlag.

Schnotz, W. (1994). Wissenserwerb mit logischen Bildern. In B. Weidenmann (Hrsg.). Wissenserwerb mit Bildern. Bern: Verlag Hans Huber, 95–147.

Schnotz W. (1997). Wissenserwerb mit Diagrammen und Texten. In L. J. Issing, P. Klimsa (Hrsg.). Information und Lernen mit Multimedia. Weinheim: Psychologie Verlags Union, 86–105.

Schröder, H., Schröder, R. (1989). Theorie und Praxis der AV-Medien im Unterricht. München: Verlag Michael Arndt.

Seel, N.M. (1986). Wissenserwerb durch Medien und „mentale Modelle". Unterrichtswissenschaft, 4, 384–401.

Spiro, R. J., Coulson, R. L. et al. (1988). Cognitive Flexibility Theory: Advanced Knowledge Acquisition in Ill-Structured Domains. In V. Patel, (Ed). Tenth Annual Conference of the Cognitive Science Society. Hillsdale, NJ u. a.: Lawrence Eribaum Ass., 375–383.

Steiner, G. (1988). Analoge Repräsentationen. In H. Mandl, H. Spada (Hrsg.). Wissenspsychologie. München: Psychologie Verlags Union, 99–119.

Stube, P. (1989). The Notion of Style in Physics Textbooks. Journal of Research in Science Teaching 26, Heft 4, 291–299.

Sutton, C. (1989). Writing and Reading in Science: The Hidden Messages. In R. Millar (Ed.). Doing science: Images of Science and Science Education. Farmer Press, 137–159.

Wainer, H. (1992). Understanding graphs and tables. Educational Researcher, 21, (1), 14–23.

Weidenmann, B. (1991). Lernen mit Bildmedien. Weinheim: Beltz.

Weidenmann, B. (1993). Psychologie des Lernens mit Medien. In B. Weidenmann et al. (Hrsg.). Pädagogische Psychologie. Helmsbach: Beltz Psychologie Verlags Union, 493–554.

8

Weidenmann, B. (1994). Informierende Bilder. In B. Weidenmann (Hrsg.). Wissenserwerb mit Bildern. Bern: Huber, 9–58.

Weidenmann, B. (1995). Multicodierung und Multimodalität im Lernprozeß. In L. J. Issing, P. Klimsa (Hrsg.). Information und Lernen mit Multimedia. Weinheim: Psychologie Verlags Union, 65–84.

Wertheimer, M. (1938). Laws of organization in perceptual forms in a source book for Gestalt Psychology. London: Routledge & Kegan Paul.

Alltagsvorstellungen und Physik lernen

Reinders Duit

© Springer-Verlag GmbH Deutschland, ein Teil von Springer Nature 2020
E. Kircher, R. Girwidz, H. E. Fischer (Hrsg.), *Physikdidaktik | Grundlagen*,
https://doi.org/10.1007/978-3-662-59490-2_9

Die meisten Vorstellungen, mit denen Schülerinnen und Schüler in den Unterricht kommen, stimmen nicht mit wissenschaftlichen Vorstellungen überein. Hier liegt eine Ursache für viele Lernschwierigkeiten.

Lehrkräfte müssen die gängigen vorunterrichtlichen Vorstellungen zu physikalischen Phänomenen und Begriffen kennen, die Sichtweisen ihrer Schülerinnen und Schüler berücksichtigen und daran anknüpfen. Aus konstruktivistischer Sicht ist die Aufgabe der Lehrenden, gezielte Anstöße und Unterstützungen zum Lernen zu geben und geeignete Strategien zum Konzeptwechsel anzuwenden.

Deshalb geht dieses Kapitel nach Beispielen zu Alltagsvorstellungen und konstruktivistischen Leitsätzen zum Lernen auf einen Unterricht ein, der vorunterrichtliche Vorstellungen als Ausgangspunkt und Grundlage für Lehr-Lern-Prozesse behandelt. Entsprechende Konzepte und Strategien werden exemplarisch, bezogen auf einige konkrete Fehlvorstellungen, vorgestellt.

9

Alltagsvorstellungen bestimmen das Lernen, weil man das Neue nur durch die Brille des bereits Bekannten „sehen" kann

Wenn Schülerinnen und Schüler in den Sachunterricht oder in den Physikunterricht kommen, so haben sie in der Regel bereits in vielfältigen Alltagserfahrungen tief verankerte Vorstellungen zu Begriffen, Phänomenen und Prinzipien entwickelt, um die es im Unterricht gehen soll. Die meisten dieser Vorstellungen stimmen mit den zu lernenden wissenschaftlichen Vorstellungen nicht überein. Hier liegt eine Ursache vieler Lernschwierigkeiten. Die Schüler verstehen häufig gar nicht, was sie im Unterricht hören oder sehen und was sie im Lehrbuch lesen. Lernen bedeutet, Wissen auf der Basis der vorhandenen Vorstellungen aktiv aufzubauen. Der Unterricht muss also an den Vorstellungen der Schülerinnen und Schüler anknüpfen und ihre Eigenaktivitäten fordern und fördern. Er muss darüber hinaus für die wissenschaftliche Sicht werben, d. h. die Schüler davon überzeugen, dass diese Sicht fruchtbare neue und interessante Einsichten bietet (◘ Abb. 9.1).

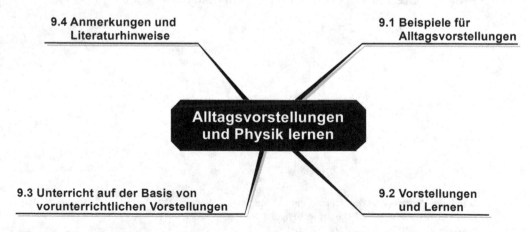

9.4 Anmerkungen und Literaturhinweise

9.1 Beispiele für Alltagsvorstellungen

Alltagsvorstellungen und Physik lernen

9.3 Unterricht auf der Basis von vorunterrichtlichen Vorstellungen

9.2 Vorstellungen und Lernen

◘ **Abb. 9.1**   Übersicht über die Teilkapitel

9.1 Beispiele für Alltagsvorstellungen

9.1.1 Vorstellungen zu Phänomenen und Begriffen

Viele Vorstellungen, die Schülerinnen und Schüler in den Unterricht mitbringen, stammen aus Alltagserfahrungen im Umgang mit Phänomenen wie Licht, Wärme, Schall und Bewegung. Aber auch die Alltagssprache beeinflusst das Bild, das sich die Schüler von der Welt machen. Zunächst bewahrt die Alltagssprache Vorstellungen wie „Die Sonne geht auf", die dem Bild, dass die Sonne die Erde umrundet, nähersteht als der heutigen Auffassung. Weiterhin aber stellt die Struktur der Sprache ein Ordnungssystem bereit, Beobachtungen und Erfahrungen zu deuten. Die Art und Weise, wie im Alltag (beim täglichen Gespräch, in Zeitschriften und Büchern, im Fernsehen und Radio) von Erscheinungen wie Elektrizität, Strom, Wärme, Energie oder Kraft die Rede ist, trägt ebenfalls zur Ausbildung von bestimmten Alltagsvorstellungen bei. Die genannten Vorstellungen sind in aller Regel tief verankert – sie haben sich schließlich in Alltagssituationen bestens bewährt und werden tagtäglich durch weitere sinnliche oder sprachliche Erfahrungen verstärkt.

■ **Ein Ton fliegt durch die Luft – Vorstellungen zum Schall**
Kinder machen vielfältige Erfahrungen mit Tönen und äußern interessante Vorstellungen, wie es kommt, dass ein Ton von der Schallquelle zum Ohr kommt (Wulf und Euler 1995). Eine Reihe von jüngeren Kindern (Schuljahr 1) deutet diese Ausbreitung anthropomorph: Sie reden davon, dass der Ton zu uns will oder aus dem Instrument hervorgelockt werden muss. Interessant ist, dass auch Erwachsene dieses Bild des Hervorlockens eines Tons noch verwenden. Überhaupt findet man in jedem Alter anthropomorphe Vorstellungen. Mit zunehmendem Alter werden sie allerdings weniger ernst genommen, sondern dienen als erster orientierender Zugang zur Deutung eines Phänomens, mit dem eher spielerisch umgegangen wird.

Zeichnung eines Schülers zur Ausbreitung des Schalls

   Ältere Kinder deuten die Schallausbreitung mithilfe materieller Vorstellungen. Der Ton fliegt durch die Luft wie materielle Objekte. Diese Vorstellung leitet in die Irre, wenn es darum geht, die Schallleitung in Luft und festen Körpern zu vergleichen. Die Schüler schließen, dass die Luft die sich ausbreitenden materiellen Objekte nicht behindert, feste Körper aber sehr wohl. Folglich breitet sich der Schall nach Meinung der meisten Kinder in der Luft besser aus als zum Beispiel in Holz. Diese Vorstellung findet man bis in die Sekundarstufe I hinein bei einer erheblichen Zahl von Schülern.

• Licht und Sehen

In der Physik wird der Vorgang des Sehens wie folgt erklärt: Lichtquellen senden Licht aus. Dieses Licht fällt direkt ins Auge – dann sieht man die Lichtquelle – oder es fällt auf Körper, die nicht von sich aus Licht aussenden, wird dort teilweise reflektiert und fällt von dort ins Auge. Zwei Punkte sind wichtig. Die Physik macht keinen grundsätzlichen Unterschied zwischen Lichtquellen und beleuchteten Körpern. Beide senden Licht aus, das unter Umständen ins Auge fällt und dann zu einem Seheindruck führt. Zweitens wird Licht als Ausbreitungsvorgang, als eine Bewegung von „etwas" (elektromagnetische Strahlung) verstanden. Alltagsvorstellungen zu Licht und Sehen sind ganz anders (Jung 1989; Wiesner 1994).

Für viele Schülerinnen und Schüler sind Lichtquellen und beleuchtete Körper fundamental verschieden. Während erstere etwas abgeben, das mit Licht bezeichnet wird, ist dies bei beleuchteten Körpern nicht der Fall. Diese kann man sehen, wenn man ihnen das gesunde Auge zuwendet. Das Licht liegt gewissermaßen als „Helligkeit" auf ihnen. Dass diese (nicht aktiven) Körper Licht aussenden, scheint vielen Schülern absurd zu sein. Aus der Geschichte der Physik ist die im ersten Bild illustrierte Sehstrahlvorstellung bekannt. Das Auge sendet Licht aus, dadurch werden die angeschauten Körper sichtbar. Diese Vorstellung findet man bei Schülern in aller Regel nicht. Allerdings wird dem Auge durchaus eine aktive Rolle beim Sehvorgang zugebilligt. In der Tat ist das Gehirn aktiv beim Sehvorgang beteiligt, es konstruiert gewissermaßen das Bild, das wir wahrnehmen. Das Bild auf der Netzhaut wird z. B. in den Raum projiziert und vom Gehirn nicht schlicht passiv „angeschaut" (Gropengießer 2001).

• Magnetismus – magische Vorstellungen

Die Wirkung, die ein Magnet auf einige andere Körper ausübt, ist für den Alltagsverstand schwer erklärbar. Vor allem bei jüngeren Kindern, aber nicht nur bei ihnen, finden sich viele „magische" Deutungen (Banholzer 1936; Barrow 1987). Viele Kinder versuchen, das Unverständliche durch Vergleich mit Bekanntem dem Verständnis näherzubringen. Sie sprechen z. B. von Klebstoff. Wenn sich nach intensivem Reiben herausstellt, dass der Klebstoff sich nicht entfernen lässt, ist dies noch kein zureichender Grund für die meisten Anhänger dieser Theorie, ihre Vorstellung aufzugeben. Viele Kinder sind der Auffassung, Elektrizität flösse (irgendwie) in den Magneten und mache ihn damit magnetisch. Hier wird wohl versucht, das Unverständliche mit etwas anderem zu erklären, das aber ebenfalls unverstanden ist. Ein solcher Versuch zeigt sich auch bei vielen Schülern der Sekundarstufe I, wenn sie als Ursache für die Gravitationskraft den Magnetismus nennen.

▪ Wolle gibt Wärme

Das Mädchen in der Randspalte untersucht, ob ein Eisblock, der in Wolle eingehüllt ist, schneller schmilzt als ein Eisblock, der in Aluminiumfolie eingehüllt ist. Es meint, der in Wolle eingehüllte Eisblock müsse schneller schmelzen. Ein Wollpullover hält mich warm, gibt also Wärme ab, so ihre Argumentation (Tiberghien 1980). Dies ist eine weit verbreitete Vorstellung, insbesondere bei jüngeren Schülern. Fragt man sie zum Beispiel, welche Temperatur ein Thermometer anzeigt, das in einem Pullover steckt, und ein anderes, das auf dem Tisch neben dem Pullover liegt, so wird im Pullover eine höhere Temperatur als außerhalb erwartet. Der gegenteilige Ausgang des Experiments überzeugt weder das hier abgebildete Mädchen noch die Schüler, die das Experiment mit dem Thermometer im Pullover ausführen, dass ihre Vorstellung falsch sind. Tief verankerte Erfahrungen, wie *ein Pullover hält mich warm*, lassen sich nicht einfach erschüttern.

▪ Strom wird verbraucht

Vorstellungen zum einfachen elektrischen Stromkreis sind weltweit am häufigsten untersucht worden. Dabei zeigen sich die folgenden Alltagsvorstellungen – in allen Ländern (Shipstone et al. 1988): Manche Schülerinnen und Schüler sind der Meinung, eigentlich benötige man gar nicht zwei Zuleitungen, schließlich sind elektrische Verbraucher im Haushalt auch nur (so scheint es jedenfalls) mit einer Leitung an die Steckdose angeschlossen. Andere sind der Auffassung, es fließe Strom von beiden Anschlussstellen der Batterie (oder einer anderen Quelle) zum Lämpchen, manchmal Plus- und Minus-Strom genannt. Wieder andere haben die Idee, der Strom fließe von einem Pol der Batterie hin zum Lämpchen, durch das Lämpchen hindurch, werde dort teilweise verbraucht, der Rest fließe zur Batterie zurück. Diese Verbrauchsvorstellung findet sich bei den meisten Schülerinnen und Schülern bis an das Ende der Sekundarstufe I, sie widersteht in vielen Fällen intensiven unterrichtlichen Bemühungen. Dies hat sicher damit zu tun, wie im Alltag über Strom geredet (und damit gedacht) wird. Strom steht im Alltag eher für elektrische Energie als für das Fließen von Ladungen. In der Tat wird – im umgangssprachlichen Sinne – im Lämpchen etwas verbraucht. Gemeint ist damit, dass etwas benutzt und dabei auch abgenutzt wird. Stromverbrauch ist also aus der Schülerperspektive eine durchaus vernünftige Vorstellung – da von ihnen auch Strom im alltagssprachlichen Sinne aufgefasst wird.

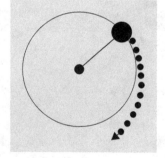

- **Kraft-Dilemmata**

Schwierigkeiten beim Verstehen der Newton'schen Mechanik sind ebenfalls sehr häufig untersucht worden (Schecker 1985; Nachtigall 1986). Es zeigt sich, dass nicht nur Schülerinnen und Schüler bis hinauf zu Leistungskursen der Sekundarstufe II Probleme haben, den Newton'schen Kraftbegriff adäquat zu verstehen, sondern auch noch Studenten der Physik. Varianten der nebenstehenden Aufgabe sind häufig eingesetzt worden. Ein Ball bewegt sich auf der eingezeichneten Bahn. Die Kräfte, die in den Punkten A und B auf den Ball wirken, sollen eingezeichnet werden. Bei diesen Aufgaben zeichnen die Befragten in der Regel einen Pfeil in Richtung der Bewegung ein, also z. B. im Punkt A einen waagerechten Pfeil. Dahinter steckt, so scheint es, ein Rest mittelalterlicher Impetusvorstellungen. Wenn sich ein Körper in eine bestimmte Richtung bewegt, muss es eine Kraft geben, die ihn in diese Richtung zieht. Aus Sicht der Newton'schen Mechanik wirkt, wenn man von der Reibung absieht, nur die Gravitationskraft senkrecht nach unten. Allerdings gibt es sehr wohl eine physikalische Größe, die immer in Richtung der Bewegung wirkt, nämlich der Impuls. Es sei angemerkt, dass insbesondere viele jüngere Schüler der Auffassung sind, dass zum Herunterfallen des Körpers keine Kraft nötig ist. Der Körper kehrt, ganz in Übereinstimmung mit der Physik der Aristoteles, gewissermaßen an seinen natürlichen Ort zurück (Schecker 1988). Wird er allerdings hochgeworfen, so ist dafür sehr wohl eine Kraft nötig.

Bei der nebenstehenden Aufgabe wird eine Kugel an einem Band herumgeschleudert. An der markierten Stelle reißt das Band. Viele meinen, die Kugel würde sich auf einer gekrümmten Bahn weiterbewegen, als sei ihr die Kreisbewegung gewissermaßen noch aufgeprägt. Es gibt eine Reihe weiterer Probleme, die der Newton'sche Kraftbegriff dem Alltagsverständnis bereitet. So führen unsere täglichen Krafterfahrungen nicht zum Trägheitsprinzip, schließlich bedürfen Körper um uns herum eines dauernden Antriebs, wenn sie nicht stehen bleiben sollen. In der Newton'schen Sicht sind Ruhe und Bewegung prinzipiell gleichrangige Bewegungszustände. In der Alltagssicht ist dies nicht so. Schließlich bereitet das Wechselwirkungsprinzip große Schwierigkeiten, dass nämlich Kräfte immer paarweise auftreten, dass „Kraft" und „Gegenkraft" gleich groß sind (Schecker 1988; Backhaus 2001).

9.1.2 Vorstellungen über die Physik und über das Lernen

Schüler sind i. Allg. naive Realisten
Lernen ist für Schüler Übernahme und Speicherung von Wissen

Nicht allein Vorstellungen zu physikalischen Phänomenen, Begriffen und Prinzipien (also zu physikalischen Inhalten) bestimmen das Lernen. „Alltagsvorstellungen" zweier weiterer

Bereiche müssen in Betracht gezogen werden. Zum einen handelt es sich um Vorstellungen *über* die Physik, also Vorstellungen zum Wesen und zur Natur der Physik. In der Regel müssen Schülerinnen und Schüler als naive Realisten bezeichnet werden. Sie scheinen jedenfalls davon auszugehen, dass die Physik die Wirklichkeit *eins zu eins* getreu abbildet (Mc Comas 1998). Weiterhin haben die Schüler meistens keine adäquaten Vorstellungen von ihrem eigenen Lernen. Sie sehen Lernen in der Regel als schlichte Übernahme und Speicherung von Wissen. Dass Wissen von ihnen selbst konstruiert werden muss (s. u. ▶ Abschn. 9.2.2), ist ihnen nicht vertraut. Entsprechend *passiv* ist ihr Lernverhalten im Unterricht.

9.1.3 Lehrervorstellungen

Es gibt sehr viele Untersuchungen, die zeigen, dass manche Lehrer Alltagsvorstellungen zu den physikalischen Inhalten und über Physik haben, die denen ihrer Schüler sehr ähnlich sind. Auch ihre Vorstellungen vom Lernen entsprechen häufig nicht der Sicht, von der nach heutigem Stand des Wissens ausgegangen werden sollte. Es dominiert, so scheint es, die Sicht, dass Wissen an den Schüler weitergegeben (zu ihm transportiert) werden könne.

9.2 Vorstellungen und Lernen

9.2.1 Vorunterrichtliche Vorstellungen berücksichtigen

Es ist beileibe keine neue Erkenntnis, dass die vorunterrichtlichen Vorstellungen der Schülerinnen und Schüler im Unterricht berücksichtigt werden müssen. Diesterweg (1835) hat dies bereits im 19. Jahrhundert in seinem *Wegweiser für deutsche Lehrer* so ausgedrückt: „Ohne die Kenntnis des Standpunktes des Schülers ist keine ordentliche Belehrung desselben möglich". Viele Untersuchungen des Lehrens und Lernens von Physik zeigen, dass fachspezifisches Vorwissen ein wichtiger Faktor ist, der Lernen und Problemlösen bestimmt.

> Der wichtigste Faktor beim Lernen ist, was der Lernende schon weiß – man berücksichtige dies und lehre entsprechend (Ausubel 1968).

Piaget (1972) sieht Lernen, den Prozess des Erwerbs neuen Wissens und neuer Fähigkeiten, als subtiles Wechselspiel von Assimilation und Akkommodation. Durch die Assimilation versucht der Lernende, die außenweltlichen Ereignisse, die neuen Erfahrungen, seinen bereits vorhandenen kognitiven Strukturen, seinen verfügbaren Schemata, anzugleichen. Gelingt die Assimilation nicht, müssen die vorhandenen Schemata modifiziert oder

> Assimilation und Akkommodation

9

es muss ein völlig neues Schema entwickelt werden. Diesen Prozess nennt Piaget Akkommodation.

Das Vorwissen: notwendiger Anknüpfungspunkt und Lernhemmnis

Es gilt also, das Vorwissen der Schülerinnen und Schüler bei der Planung ihrer Lernprozesse zu berücksichtigen. Sie müssen, wie es eine alte pädagogische Metapher ausdrückt, dort abgeholt werden, wo sie sich befinden. Wie einleitend bereits bemerkt, erweist sich dieses Abholen beim Lernen der Naturwissenschaften als besonders schwierig, weil das vorunterrichtliche Wissen über die zu erklärenden Phänomene und Begriffe in aller Regel nicht mit der zu lernenden physikalischen Sichtweise übereinstimmt.

9.2.2 Lernen

- **Wie kann man sich das Lernen vorstellen?**

Aktiv konstruieren, nicht passiv übernehmen

Natürlich hat der Nürnberger Trichter als Metapher für Lernen ausgedient. Aber deuten nicht doch viele Alltagsredeweisen über Lernen darauf hin, dass es häufig als passives Einlagern gesehen wird, wenn man zum Beispiel vom Speichern spricht? Passives Übernehmen von Lehrstoff gelingt nicht. Der Lernende muss sein Wissen vielmehr auf der Basis des Wissens, über das er bereits verfügt, selbst konstruieren. Wissen lässt sich einem Lernenden nicht wie ein Goldstück übergeben.

Zirkel des Verstehens des Verstehens

Einfaches Weiterreichen von Wissen ist aus dem folgenden Grund nicht möglich: Sinnesdaten, die der Lernende empfängt, haben keine ihnen gewissermaßen innewohnende Bedeutung. Die Sinnesdaten erhalten diese Bedeutung für den Empfangenden erst dadurch, dass dieser ihnen eine Bedeutung verleiht. Lehren und Lernen hat mit dem folgenden Dilemma zu tun. Der Lehrer sendet ein Signal an den Lernenden, schreibt z. B. einen Satz an die Tafel oder sagt einen Satz in einem Gespräch. Dieser Satz hat für den Lehrer im Rahmen seiner Vorstellungen eine ganz bestimmte Bedeutung. Der Lernende verfügt aber über diese Vorstellungen noch gar nicht, sondern ist zur Interpretation des Satzes auf seine vorhandenen Vorstellungen angewiesen. Häufig verleiht er demselben Satz eine andere Bedeutung als der Lehrer. Ein entsprechendes Problem gibt es, wenn der Lernende in einer Gesprächssituation eine Antwort an den Lehrer gibt. Der Lehrer wird der Antwort auf der Basis seiner Vorstellungen in der Regel eine (etwas oder gänzlich) andere Bedeutung unterlegen, als sie vom Lernenden gemeint war. Der hier mit *Zirkel des Verstehen des Verstehens* bezeichnete Aspekt wird in der Pädagogik *hermeneutischer Zirkel* genannt. Er gilt für jede Kommunikation- und Gesprächssituation. Auch im Alltag reden Gesprächspartner häufig aneinander vorbei, sie verstehen sich nicht. Im Unterricht sind Missverständnisse eher die Norm als die Ausnahme.

■ **Konstruktivismus**

Die vorstehend beschriebene Sicht des Lernens wird heute in der Regel als „konstruktivistisch" bezeichnet (Gerstenmaier und Mandl 1995; Duit 1995). Es gibt viele Varianten dieser Sichtweise. Ihr gemeinsamer Kern lässt sich in den folgenden Aspekten zusammenfassen.

1. Wissen muss vom Lernenden selbst konstruiert werden. Der Lernende ist folglich für sein Lernen selbst verantwortlich. Dieser Aspekt bezieht sich also auf psychologische Aspekte des Wissenserwerbs.

   Wissen muss selbst konstruiert werden

2. Im zweiten Aspekt geht es um erkenntnistheoretische Aspekte. Wissen über die durch Erfahrungen vielfältiger Art auf uns wirkende „Außenwelt" wird als menschliche Konstruktion gesehen. Watzlawik (1981) hat pointiert von der „erfundenen Wirklichkeit" gesprochen. Von Glasersfeld (1993) hat betont, dass nur solches Wissen konstruiert wird, das sich als *viabel* erweist, sich also bei Anwendungen bewährt. Es ist wichtig zu betonen, dass der hier in Rede stehende Aspekt nicht zur Konsequenz führt, eine Realität außerhalb von uns zu leugnen. Es wird lediglich geltend gemacht, dass alles, was wir über diese Wirklichkeit wissen, menschliche Konstruktion ist. Dies gilt auch für das naturwissenschaftliche Wissen. Auch dies ist als vorläufige menschliche Konstruktion zu sehen. Die Wissenschaftsgeschichte hat gezeigt, dass manches bislang für wahr Gehaltenes revidiert werden und durch fruchtbarere Theorien ersetzt werden musste. Auch hier muss betont werden, dass sich das konstruierte Wissen als in Einklang mit der Realität erweisen muss.

   Auch naturwissenschaftliches Wissen ist menschliche Konstruktion

3. Die ersten beiden Aspekte beziehen sich vorwiegend auf individuelle Konstruktionen. Der hier angefügte Aspekt wird in der Literatur in der Regel als *sozial-konstruktivistisch* bezeichnet. Lernen findet immer in einer bestimmten Lernumgebung statt, die einerseits vom sozialen und kulturellen Kontext (also der sozialen Gruppe, in der gelernt wird und ihre kulturell bestimmten Sichtweisen) und andererseits vom materialen Kontext bestimmt ist. Unter materialem Kontext werden die materiellen Gegebenheiten der Lernumgebung verstanden, also der Ort an dem gelernt wird und die verwendeten Lernmedien. Diese Kontexte bestimmen die individuellen Konstruktionen, zumindest bis zu einem gewissen Grade.

   Der soziale und materiale Kontext bestimmen das Lernen

Situiertes Lernen

In der Literatur spricht man auch vom *situierten Lernen*. Damit soll hervorgehoben werden, dass jedes erworbene Wissen zunächst eng mit der Situation (der Lernumgebung) verbunden ist, in der es erworben worden ist.

Kurz zusammengefasst: Jeder ist seines Wissens Schmied. Jeder macht sich sein eigenes Bild von allem, was im Unterricht als Lernumgebung angeboten wird (z. B. vom Lehrervortrag, von Experimenten von Bildern, Graphen und Zeichnungen). Die kognitiven Konstruktionen des Einzelnen werden davon bestimmt, was bereits an Konstruktionen im Gehirn zur Verfügung steht (also von den vorhandenen Vorstellungen), in welcher Gruppe und mit welchem Unterrichtsmaterial gearbeitet wird.

Der für sein Lernen selbst verantwortliche Lerner

Die konstruktivistische Sichtweise betont also auf der einen Seite den für sein Lernen selbst verantwortlichen Lernenden. Eine Übertragung von Wissen ist, wie bereits ausgeführt, nicht möglich. Die Rolle des Lehrers ist also nicht die des Wissensübermittlers. Er kann gezielte Anstöße und Unterstützungen zum Lernen geben, d. h. produktive Lernumgebungen gestalten – nicht mehr aber auch nicht weniger.

9.2.3 Zur Rolle von Vorstellungen beim Lernen

- **Vorstellungen bestimmen die Beobachtungen bei Experimenten**

Jeder Schüler macht sich sein eigenes Bild von allem, was im Unterricht präsentiert wird. Dies gilt auch für die Beobachtungen, die man bei Experimenten machen kann. In der Regel geht man im Unterricht wohl davon aus, dass die Schüler das sehen, was doch aus Sicht der Lehrer so klar zu sehen ist. Häufig aber beobachten Schülerinnen und Schüler etwas anderes, nämlich das, was ihnen ihre Vorstellungen gewissermaßen gestatten. Schüler, die der Meinung sind, ein Glühdraht beginne zuerst dort zu leuchten, wo der Strom zuerst hineinfließt, sehen das in aller Regel auch, wenn der Versuch durchgeführt wird, obwohl der Draht auf seiner ganzen Länge zu Glühen beginnt (Schlichting 1991). Es gibt eine Reihe weiterer Beispiele dieser Art. Ein solches Verhalten ist auch aus dem Alltag gut bekannt. Verschiedene Zeugen des gleichen Ereignisses berichten in der Regel ganz Unterschiedliches, nämlich das, wohin sie durch ihre Vorstellungen, Interessen und dergleichen geleitet werden.

- **Vorstellungen und die eingeschränkte Überzeugungskraft experimenteller Befunde**

Ein Gegenbeispiel allein überzeugt nicht von der Richtigkeit der wissenschaftlichen Sichtweise

Tritt bei einem Experiment ein anderes Ergebnis auf, als Schülerinnen und Schüler es sich auf der Basis ihrer Vorstellungen gedacht haben, so überzeugt sie das in der Regel keineswegs, dass ihre Vorstellung nicht richtig war. Es wird vielmehr versucht, die

Vorstellung zu „retten", indem argumentiert wird, dass in diesem speziellen Fall eben aus diesen und jenen Gründen sich ein anderes Ergebnis gezeigt hat als vorhergesagt.

- **Widerstand gegenüber Änderungen der Sichtweise**

Hartnäckiges Festhalten an einer einmal gewonnenen Vorstellung ist auch aus der Geschichte der Naturwissenschaften gut bekannt (s. Bd. 2, ▶ Kap. 6). Änderung von gewohnten und bisher ja durchaus erfolgreichen Vorstellungen ist nicht Sache logischer Einsicht allein.

Überzeugen – nicht allein der logischen Einsicht vertrauen

Die Alltagsvorstellungen, mit denen unsere Schülerinnen und Schüler in den Unterricht hineinkommen, sind in aller Regel nicht schlicht falsch, sondern sie haben sich in vielfältigen Alltagserfahrungen bewährt. Sie müssen in langwierigen Prozessen davon überzeugt werden, dass diese neuen Sichtweisen mindestens so einleuchtend und fruchtbar sind wie die alten.

Schülerinnen und Schüler lassen also so schnell nicht ab von den Vorstellungen und Überzeugungen, die sie in den Unterricht mitbringen. Sie verstehen uns zunächst nicht, erheben Einwände, die häufig nicht einfach vom Tisch gewischt werden können, und sie „glauben" uns schließlich nicht, wenn sie uns verstehen. Jung (1993) gibt aus seinen Untersuchungen zu Vorstellungen von Licht und Sehen viele Beispiele dafür, dass Schülerinnen und Schüler die physikalische Sicht verstehen, sie aber nicht für wahr halten. Er konnte z. B. Schülern die physikalische Sicht verständlich machen, dass ein beleuchteter Körper (ein Playmobilmännchen) Licht aussendet. Aber viele glaubten dies nicht.

Es verstehen – aber es nicht glauben

- **Kein Lernen, ohne dass affektive Aspekte beteiligt sind**

Was wahrgenommen wird, ist mitbestimmt durch Bedürfnisse und Interessen, also durch „affektive" Aspekte. Auch beim Interpretationsprozess spielen sie hinein. Lernen ist nie allein Sache rationaler Einsicht, also des Kognitiven, sondern es sind immer affektive Aspekte beteiligt. Niedderer und Schecker (2004) haben deshalb vorgeschlagen, sich nicht allein auf die Rolle der Alltagsvorstellungen beim Lernen der Physik zu beschränken, sondern das *Schülervorverständnis* bei der Planung von Lernprozessen zu berücksichtigen. Dies schließt affektive Aspekte ausdrücklich ein.

- **Aus Fehlern lernen**

Im BLK-Modellversuchsprogramm *Steigerung der Effizienz des mathematisch-naturwissenschaftlichen Unterrichts* (BLK 1997; Prenzel und Duit 1999) wird in einem Modul *Aus Fehlern lernen* betont, dass für ein Lernen, das zum Verständnis

Aus Fehlern wird man klug

führen soll, das Fehlermachen wichtig ist. Fehler müssen als Lerngelegenheit verstanden werden, nicht als Störung, die unbedingt zu vermeiden ist. Dies gilt auch für die Alltagsvorstellungen, von denen hier die Rede ist. Sie dürfen nicht als falsche Vorstellungen gebrandmarkt, sondern müssen als Lerngelegenheiten akzeptiert werden.

9.2.4 Konzeptwechsel

Kontextspezifischer Wechsel

Lernen der Naturwissenschaften bedeutet für die Schülerinnen und Schüler in aller Regel, eine ganz neue Sichtweise zu erlernen. Sie müssen von einem Konzept (nämlich den Alltagsvorstellungen) zu einem neuen Konzept (der physikalischen Sichtweise) wechseln. Dieser Wechsel bedeutet aber nicht, dass die Alltagsvorstellungen völlig aufgegeben werden. Die vorliegenden Untersuchungen zeigen, dass dies nicht gelingt. Es kann deshalb lediglich das Ziel des Unterrichts sein, die Schülerinnen und Schüler davon zu überzeugen, dass die naturwissenschaftlichen Vorstellungen in bestimmten Situationen angemessener und fruchtbarer sind als die vorunterrichtlichen Alltagsvorstellungen.

- **Bedingungen für Konzeptwechsel**

Posner et al. (1982) geben die folgenden vier Bedingungen für Konzeptwechsel an, die sich in vielen Untersuchungen und in neuen Unterrichtsansätzen als fruchtbarer Orientierungsrahmen erwiesen haben:

1. Die Lernenden müssen mit den bereits vorhandenen Vorstellungen unzufrieden sein.
2. Die neue Vorstellung muss logisch verständlich sein.
3. Sie muss einleuchtend, also intuitiv plausibel, sein.
4. Sie muss fruchtbar, d. h. in neuen Situationen erfolgreich sein.

- **Multiple Konzeptwechsel**

Es ist oben bereits angeklungen, dass es beim Lernen der Naturwissenschaften um Konzeptwechsel auf mehreren Ebenen geht. Nicht allein die Alltagsvorstellungen zu den zu vermittelnden Begriffen und Prinzipien bestimmen das Lernen, sondern auch Vorstellungen *über* die Physik und Vorstellungen über das Lernen. Konzeptwechsel auf der inhaltlichen Ebene müssen also begleitet sein von Konzeptwechseln auf den beiden anderen Ebenen. Auch dort gilt es, naive Alltagsvorstellungen zu ändern.

■ **Lernen als Wechsel der Kultur- und Sprachgemeinschaft**

Aus sozial-konstruktivistischer Perspektive wird Lernen als Wechsel von der bisherigen zu einer neuen Kultur- und Sprachgemeinschaft gesehen. Einleben in die neue Kultur und der Erwerb einer neuen Sprache sind langwierige Prozesse. In sozial-konstruktivistischen Ansätzen verwendet man deshalb häufig das Bild der kognitiven Meisterlehre *(cognitive apprenticeship):* Der Experte geleitet den Neuling, dieser wächst in die Kultur hinein, versteht zunehmend durch Teilnahme an den Aktivitäten in dieser Kultur, um was es sich handelt. Dieses Bild bietet zweifellos auch einen fruchtbaren Rahmen für den Wechsel von Alltagsvorstellungen zu den wissenschaftlichen Vorstellungen.

Lernen der Physik:
Einleben in eine neue Kultur
Erwerb einer neuen Sprache

9.3 Unterricht auf der Basis von vorunterrichtlichen Vorstellungen

Wie kann Unterricht das, was zur Rolle der Alltagsvorstellungen ausgeführt worden ist, berücksichtigen? Es gibt in der Literatur eine breite Palette von Vorschlägen, die hier nicht vorgestellt werden kann. Die Forschung zeigt, dass zwei gut bekannte Faktoren eine entscheidende Rolle spielen: Zeit und Geduld für ständige Bemühungen, das Verständnis Schritt für Schritt zu entwickeln. Ein tiefes Verständnis zu Energie und Kraft erschließt sich nicht in einem Anlauf. Unterricht muss drei im Grunde genommen ganz selbstverständliche Regeln beachten (Häußler et al. 1998, S. 199, 235):

Die vorunterrichtlichen Vorstellungen müssen beim gesamten Planungsprozess berücksichtigt werden. Die Sachstruktur für den Unterricht muss mit Blick auf die Vorstellungen der Schülerinnen und Schüler geplant werden. Dabei geht es nicht um eine Vereinfachung der Sachstruktur der Physik, sondern um eine didaktische Rekonstruktion (Kattmann et al. 1997). Es ist zu berücksichtigen, von welchen Vorstellungen ausgegangen werden soll und wie von dort Schritt für Schritt zu den wissenschaftlichen Vorstellungen geleitet werden kann. Bei den einzusetzenden Medien (z. B. Illustrationen, Bilder, Experimente) muss beachtet werden, dass die Schülerinnen und Schüler sie aus ihrer Perspektive möglicherweise ganz anders interpretieren, als es beabsichtigt war. Unterrichtsmethoden müssen so ausgewählt werden, dass die Lernenden Gelegenheit haben, sich mit den neuen Vorstellungen intensiv auseinanderzusetzen.

Die vorunterrichtlichen
Vorstellungen ernst nehmen

Wissen kann nicht übergeben werden. Es gilt, die Schülerinnen und Schüler zum eigenständigen Konstruieren des Wissens anzuregen. Dies schließt auch die Reflexion über das erworbene

Nicht Wissen übergeben
wollen, sondern aktive
Auseinandersetzung mit
dem zu Lernenden anregen
und fördern

und das alte Wissen, also über den durchlaufenden Lernprozess ein.

Unterrichtsbewertung im Dienste der Lernberatung

Unterrichtsbewertung sollte nicht auf eine abschließende Einordnung der Schülerinnen und Schüler auf Skalen, die in die Zensur eingehen, fokussiert sein, sondern auf die Lernberatung. Aus dieser Sicht sind beispielsweise die aus fachlicher Perspektive falschen Antworten interessanter und wichtiger als die richtigen.

9.3.1 Anknüpfen – Umdeuten – Konfrontieren

■ **Anknüpfen**

Kontinuierliche und diskontinuierliche Lernwege

Es werden Erfahrungen als Ausgangspunkt gewählt, deren Alltagsverständnis nicht oder möglichst wenig mit dem wissenschaftlichen kollidiert. Hier handelt es sich also um den Versuch, einen kontinuierlichen, bruchlosen Übergang zu finden. Die Lernenden werden gewissermaßen Schritt für Schritt zu den wissenschaftlichen Vorstellungen geführt.

■ **Umdeuten**

Hier geht es um die Variante eines bruchlosen Weges, also um den Versuch, einen kontinuierlichen Übergang von vorunterrichtlichen zu den physikalischen Vorstellungen zu finden. Wie bereits erwähnt, haben viele Schüler beim einfachen elektrischen Stromkreis die Vorstellung, der Strom würde im Lämpchen verbraucht. Man könnte an dieser Vorstellung anknüpfen und sie umdeuten: Nicht Strom, sondern Energie wird verbraucht. In ähnlicher Weise könnte man im Fall des Kraftbegriffs an der Vorstellung vieler Schüler anknüpfen, es müsse immer eine Kraft in Richtung der Bewegung geben. Hier ist den Schüler klarzumachen, dass sie sich schon etwas Richtiges denken, dass dies aber in der Physik mit Impuls bezeichnet wird (Jung 1986).

■ **Konfrontieren**

Hier geht man bewusst einen anderen Weg. Man beginnt hier gerade mit solchen Aspekten, die dem zu Lernenden konträr gegenüberstehen. Es wird versucht, Schülerinnen und Schüler in *kognitive Konflikte* zu bringen, um sie von der wissenschaftlichen Sichtweise zu überzeugen (▶ Kap. 4). Dazu gibt es grundsätzlich zwei Möglichkeiten:

— Einander konträre Vorstellungen, also die Vorstellung der Lernenden und die naturwissenschaftlichen Vorstellungen, werden gegeneinandergesetzt.
— Die Voraussagen der Lernenden zum Ausgang eines Experiments und das tatsächliche Ergebnis werden zur Erzeugung eines kognitiven Konflikts genutzt.

- **Bruchloser Übergang oder kognitiver Konflikt?**

Bei der Entscheidung, ob ein mit dem kognitiven Konflikt verbundener diskontinuierlicher Lernweg oder ein kontinuierlicher (bruchloser Übergang) von den vorunterrichtlichen zu den naturwissenschaftlichen Vorstellungen gewählt wird, sind Probleme der diskontinuierlichen Wege im Auge zu behalten. Zunächst muss gewährleistet sein, dass die Schülerinnen und Schüler den kognitiven Konflikt auch tatsächlich so erfahren, wie es die Lehrkraft beabsichtigt. Wiesner (1995) ist skeptisch. Er meint, dass es häufig an Experimenten mangelt, an denen die Unterschiede zwischen den Schülervorstellungen und den wissenschaftlichen Vorstellungen überzeugend aufgezeigt werden können. Weiterhin wird seiner Meinung nach viel Unterrichtszeit benötigt, alle Vorstellungen der Schüler intensiv zu diskutieren. Sie stellen sich schnell darauf ein, ihre Vorstellungen durch Ad-hoc-Annahmen zu verteidigen, sodass in vielen Fällen nur der Ausweg bleibt, die Diskussion durch die Expertenmitteilung des Lehrers zu einem vorläufigen Abschluss zu bringen. Er schlägt deshalb vor, die Schülervorstellungen nicht explizit anzusprechen, sondern Experimente und Argumentationen zu finden, die einen weitgehend bruchlosen Weg zulassen.

Erzeugung des kognitiven Konflikts

9.3.2 Unterrichtsstrategien, die Konzeptwechsel unterstützen

Grob betrachtet, folgen die meisten in der Literatur vorgeschlagenen Unterrichtsstrategien dem folgenden Muster. Am Anfang steht eine Phase, in der die Lernenden mit dem Lerngegenstand, so gut es geht, vorläufig vertraut gemacht werden. Es wird ihnen z. B. Gelegenheit gegeben, eigene Erfahrungen mit den Phänomenen zu machen, die mit der Sache zusammenhängen.

Vertraut machen mit den Phänomenen

Es folgt dann eine Diskussion über die Schülervorstellungen – es sei denn, diese Phase wird aus den oben aufgeführten Gründen bewusst ausgelassen.

Die wissenschaftliche Sicht wird von der Lehrkraft (bzw. durch Medien wie ein Multi-Media-Programm) eingebracht. Ihr Nutzen wird diskutiert.

Anwendungen der neuen Sichtweise auf neue Beispiele schließen sich an, um das Erreichte zu festigen und zu erweitern.

Wichtig ist ein kritischer Rückblick auf die durchlaufenen Lernprozesse: Wie haben wir am Beginn, wie am Ende über eine Sache gedacht?

Einführung in die wissenschaftliche Sichtweise
Bewusstmachen der Vorstellungen
Anwendung der neuen Sichtweise
Rückblick auf den Lernprozess

Dieses Grundmuster erlaubt eine Reihe von Variationen, je nachdem, ob man einen kontinuierlichen oder einen diskontinuierlichen Lernweg plant. Bei den oben genannten sozialkonstruktivistischen Ideen wie dem *cognitive apprenticeship* spielt das Einleben in eine neue Kultur bzw. in eine neue Sprache eine wichtige Rolle. Hier setzt man auf einen weitgehend bruchlosen

Weg, der sich geduldig Schritt für Schritt der wissenschaftlichen Sicht nähert.

Coaching
Scaffolding
Fading

Dieser Prozess gliedert sich in drei Phasen. In der ersten Phase gibt der Experte die *nötigen Anleitungen*. Der zweiten Phase liegt die Metapher des Bauens eines Gerüstes zugrunde, das dem Neuling das eigenständige Erklimmen des „Gebäudes der neuen Kultur" erlaubt, um ihm den „Einstieg" zu ermöglichen. Schließlich wird das Coaching und Scaffolding Schritt für Schritt zurückgenommen, damit der Neuling zunehmend auf eigenen Füßen stehen kann (Fading).

Bei den diskontinuierlichen Wegen (wie der konstruktivistischen Strategie von Driver und Scott (1994) bemüht man sich eher um schlagartige Einsicht. Wie in ▶ Abschn. 9.2.1 ausgeführt, sieht Piaget Lernen als subtiles Zusammenspiel von Assimilation und Akkommodation. In ähnlicher Weise sollte Lernen als Zusammenspiel von kontinuierlichen und diskontinuierlichen Lernwegen gesehen werden. In anderen Worten, in der Feinstruktur des Unterrichts (▶ Kap. 4) wird es Phasen geben, in denen eher kontinuierlich und andere, in denen eher diskontinuierlich vorgegangen wird.

Im Folgenden soll anhand zweier Beispiele ausführlicher diskutiert werden, inwieweit sich Alltagsvorstellungen und physikalische Vorstellungen unterscheiden und welche Konsequenzen dies für den Unterricht hat (vgl. Duit 1992, 1999).

9

Zwei Themenbereiche – näher betrachtet

9.3.3 Wärme – Temperatur – Energie

▪ Wie im Alltag von Energie die Rede ist

Warmherzig
Fahren Sie mit uns in die Wärme
Ein Ofen hat Wärme
Wärmekraftwerk

In vielfältigen Bedeutungen reden wir im Alltag von Wärme und meinen damit Aspekte von Wärmevorgängen wie Erwärmen, Abkühlen oder Warm sein. Es ist uns selbstverständlich, dass sich Dinge von allein (ohne dass andere Dinge oder Vorgänge beteiligt sind) nur abkühlen, aber sich nie von allein erwärmen. Wärme steht also im Alltag einerseits für etwas, das von einem warmen zu einem kalten Gegenstand fließt und das in der Physik mit dem Begriff Energie bezeichnet wird. Andererseits meint das Wort Wärme den oberen Teil der Temperaturskala, steht also für hohe Temperaturen. Im Alltagsdenken finden sich aber nicht nur erste Anknüpfungspunkte für die physikalischen Begriffe Temperatur und Energie, sondern auch für den als so schwierig geltenden 2. Hauptsatz der Thermodynamik. Schließlich ist es eine zentrale Aussage dieses Satzes, dass Prozesse von allein immer nur in einer Richtung verlaufen, nämlich abwärts zu tieferen Temperaturen. Freilich sind diese rudimentären Anknüpfungspunkte für physikalisches Denken über die Wärme im Alltagsdenken undifferenziert. Sie müssen in einem langen Prozess Schritt für Schritt entfaltet werden.

■ **Wie die Physik Wärmeerscheinungen beschreibt**

Die Physik deutet Wärmeerscheinungen zunächst mit den
Begriffen Temperatur und Energie. Temperatur steht dabei für den
intensiven Aspekt, Energie für den *extensiven* Aspekt der Wärme.
Intensive Größen ändern ihren Wert nicht, wenn man zwei Systeme mit dem gleichen Wert einer solchen Größe zusammenführt.
Extensive Größen dagegen addieren sich bei einer derartigen Pro-
zedur. In anderen Worten, intensive Größen stehen dafür, wie
stark etwas ist, im Falle der Temperatur also für den Warmheits-
grad. Extensive Größen geben an, wie viel vorhanden ist, wie viel
Energie also beim Abkühlen abgegeben und beim Erwärmen aufgenommen wird. Unglücklicherweise (in Hinsicht auf die dadurch
verursachten Lernschwierigkeiten) tritt der Energiebegriff bei der
Deutung von Wärmeerscheinungen in zweifacher Art auf. Einerseits redet man von der *Wärmeenergie* (in der Physik manchmal
auch schlicht als Wärme bezeichnet). Sie ist die Energie, die aufgrund von Temperaturdifferenzen zwischen zwei Systemen fließt.
Andererseits gibt es die *innere Energie,* also die Energie im Inneren eines Systems, die sich aus vielen Anteilen (u. a. kinetische und
potenzielle Energie der Teilchen) zusammensetzen kann. Schülerinnen und Schüler haben große Schwierigkeiten, die physikalische Redeweise zu übernehmen und zu verstehen. Auch am Ende
der Sekundarstufe I ist vielen nicht klar, dass eine als Wärmeenergie zugeflossene Energiemenge dann nicht mehr als Wärme
im Körper vorhanden, sondern gewissermaßen in der inneren
Energie aufgegangen ist. Zu den Grundbegriffen der Wärmelehre
zählt neben der Temperatur und der Energie die Entropie, die für
den 2. Hauptsatz der Wärmelehre steht, also für die Irreversibilität
des Naturgeschehens. Wie bereits erwähnt, sind wichtige Aspekte
dieses Satzes aus dem Alltagsverständnis ganz selbstverständlich –
schließlich entstehen antreibende Differenzen wie Temperatur-
unterschiede nie von allein.

Extensive Größen:
Energie
Entropie
Intensive Größe:
Temperatur

■ **Wie sich die physikalische Sicht der Wärme entwickelt hat**

Es ist aufschlussreich, einen kurzen Blick auf die Entwicklung
der Wärmelehre im Verlaufe der Geschichte der Physik zu werfen. Der Weg zum heutigen Wärmebegriff begann im 17. Jahrhundert mit der Entwicklung von Thermometern. Wiser
und Carey (1983) haben untersucht, wie sich die führenden
Wissenschaftler dieser Zeit in der Academia del Cimento in
Florenz bemühten, Wärmeerscheinungen zu deuten. Sie kommen zum Schluss, dass die damaligen Wissenschaftler von
einem undifferenzierten Wärmekonzept ausgingen, also intensive und extensive Aspekte nicht klar trennten und deshalb
oft vergeblich um die Erklärung der von ihnen beobachteten
Erscheinungen rangen. Ihnen fehlte eine klare Vorstellung vom
Temperaturausgleich, wie wir sie heute haben, sowie die Idee
der thermischen Interaktion.

Grundbegriffe der
Wärmelehre

Erst in der Mitte des 18. Jahrhunderts ist Joseph Black – vor allem durch seine Versuche zur Mischung unterschiedlich warmer Stoffmengen – zu einer klaren Unterscheidung eines intensiven und extensiven Aspekts der Wärme vorgedrungen. Es hat dann noch etwa 100 Jahre gedauert, bis mit der Carnot'schen Theorie der Dampfmaschine und der Erfindung des Energiebegriffs der Weg frei war für die heute erreichte Differenzierung in Aspekte, die mit den Begriffen Temperatur, Energie und Entropie beschrieben werden.

■ **Schülervorstellungen zu Wärme – Temperatur – Energie**

Von sich aus benutzen nur wenige Schülerinnen und Schüler eine Teilchenvorstellung zur Erklärung von Wärmeerscheinungen; wird sie vorgegeben, akzeptieren die Schülerinnen und Schüler sie allerdings in der Regel. Teilchen werden häufig Eigenschaften makroskopischer Körper zugeordnet: Teilchen selbst sind warm, sie dehnen sich aus; bewegen sie sich und reiben aneinander, entsteht Wärme.

Stoffvorstellungen zur Wärme: Schülerinnen und Schüler sehen Wärme in aller Regel nicht als etwas Stoffliches.

Es fehlt häufig eine Vorstellung von thermischer Interaktion. Das bedeutet, Gegenstände kühlen sich in der Vorstellung der Schülerinnen und Schüler ab, ohne dass sie in Wechselwirkung mit anderen Gegenständen stehen müssen. Temperaturänderungen eines Gegenstands werden allein mit Eigenschaften dieses Gegenstands in Verbindung gebracht.

Viele Schülerinnen und Schüler haben keine konsistente Vorstellung vom thermischen Gleichgewicht:

- Gegenständen, die lange Zeit in einem Zimmer liegen, werden z. B. unterschiedliche Temperaturen zugeordnet, weil sie sich unterschiedlich warm anfühlen: Metalle beispielsweise werden als kälter, Kunststoffe und Holz als wärmer als die Umgebung erachtet.
- Verschiedenen Gegenständen in einem Ofen von z. B. 60 °C ordnen Schülerinnen und Schüler ebenfalls unterschiedliche Temperaturen zu. Hier werden Metalle als wärmer, Holz und Kunststoff als kälter als 60 °C angesehen. Die Wörter Wärme und Temperatur werden häufig (fast) synonym verwendet.
- Wärme ist mit höherer, Kälte mit niedrigerer Temperatur als die *Normaltemperatur* verbunden.
- Temperatur ist der dominante Aspekt bei der Beurteilung, wie viel Wärme zum Erwärmen oder Schmelzen nötig ist.
- Zwei unterschiedlich große Eiswürfel werden geschmolzen. Bei welchem wird mehr Wärme benötigt, oder wird in beiden Fällen gleich viel Wärme benötigt? Viele meinen, gleich viel – aber der kleine schmilzt schneller.

Marginalien:

Unterscheidung eines intensiven und extensiven Aspekts der Wärme

Vorstellungen zur Natur der Wärme

Vorstellungen zur thermischen Interaktion und zum thermischen Gleichgewicht

Differenzierung von Temperatur und Wärme

9

- Gleiche Volumina von Wasser und Alkohol (Ausgangs-
temperatur 20 °C) werden von gleichen Gasbrennern
erwärmt. Der Alkohol erreicht die Temperatur von 30 °C
nach zwei Minuten, beim Wasser dauert es doppelt so
lange. Wem ist mehr Wärme (Wärmeenergie) zugeführt
worden? Viele meinen, beiden ist gleich viel Wärmeenergie
zugeflossen, weil sie die gleiche Temperatur erreicht haben.
- Wärme und Energie sind eng miteinander verbunden, d. h.,
das Wort Wärme hat für alle Schülerinnen und Schüler auch
eine energetische Bedeutung.
- Häufig fehlen adäquate Vorstellungen von Umwandlung
und Erhaltung. Schülerinnen und Schülern sind i. Allg. viele
Energieformen bekannt. Dass bei Umwandlung eine Energieform auf Kosten der Zunahme anderer Energieformen
abnimmt, bereitet vielen Schwierigkeiten.
- Dass Energie erhalten bleibt, ist vielen als Aussage vertraut.
Eine adäquate Vorstellung ist damit häufig jedoch nicht
verbunden. Fällt beispielsweise ein Dachziegel von einem
Dach, so haben Schülerinnen und Schüler Schwierigkeiten
zu beantworten, wo die Bewegungsenergie beim Fallen her-
kommt und wo diese Energie nach dem Auftreffen bleibt.
Manche meinen, Energie bleibe erhalten, weil sich ja ein
Effekt (eine Verformung des Erdbodens) ergeben habe.

Vorstellungen zu Wärme und Energie

Selbstverständlich kann hier kein Programm für Unterricht
über die Wärme im Einzelnen entwickelt werden, das alle vorstehend skizzierten Aspekte berücksichtigt. Die historische
Entwicklung lässt sich als langer und mühsamer Prozess der
schrittweisen Entfaltung undifferenzierter Wärmevorstellungen
in die heutigen Aspekte verstehen. Aus den vielen vorliegenden
Untersuchungen zu Schülervorstellungen wissen wir, dass
viele Schülerinnen und Schüler mit ähnlich undifferenzierten
Vorstellungen in den Unterricht hineinkommen, wie sie die
Wissenschaftler des 17. Jahrhunderts besaßen. Wie jene haben
sie große Mühe, ihre Alltagsvorstellungen zur Wärme in Richtung auf die physikalischen Grundbegriffe zu entwickeln.

Was daraus für den Unterricht folgt

Für den Unterricht über Wärme bedeutet dies, dass
zunächst einmal das Prinzip des Temperaturausgleichs einsichtig gemacht werden muss. Dies gelingt nur, wenn erklärt
wird, *wie unser Wärmesinn funktioniert*, warum wir also
Gegenstände gleicher Temperatur als ungleich warm empfinden. Dies sollte gleich am Beginn des Unterrichts zur Wärme
geschehen. Die in vielen Versuchen beobachtete Tatsache, dass
sich Temperaturdifferenzen stets ausgleichen, legt es nahe, sich
diesen Ausgleich als Austausch von „etwas" zu denken, das in
der Physik *Energie* genannt wird. Damit wird auch der *Grundstein für das Verständnis des 2. Hauptsatzes* gelegt. Dieses Etwas

Grundstein für das Verständnis des 2. Hauptsatzes

fließt von allein immer nur vom warmen zum kalten Körper. Um den Problemen mit dem unterschiedlichen Gebrauch des Terminus Wärme in der Physik auszuweichen, könnte man Wärme im Unterricht immer nur im umgangssprachlichen Sinne (als undifferenzierte Kennzeichnung von Wärmevorgängen) verwenden und Bezeichnungen wie Wärmeenergie vermeiden.

9.3.4 Vorstellungen zum Teilchenmodell

- **Was im Physikunterricht unter dem Teilchenmodell verstanden wird**

Wenn in der Sekundarstufe I vom Teilchenmodell die Rede ist, so ist damit die Vorstellung gemeint, dass alle Dinge um uns herum aus kleinsten Teilchen aufgebaut sind. Die Struktur dieser Teilchen bleibt dabei unberücksichtigt. Die Teilchen werden i. Allg. für sehr kleine Materiepartikel gehalten. Das Teilchenmodell ist ein mechanistisches Modell. Die Teilchen verhalten sich nach den Regeln der klassischen statistischen Mechanik. Das Teilchenmodell dient dazu, verschiedenartige Phänomene (aus verschiedenen Gebieten der Physik, meist aber aus der Wärmelehre und der Mechanik) einheitlich zu deuten. Das Standardbeispiel ist die Deutung der Aggregatzustände fest, flüssig und gasförmig.

Das Teilchenmodell spielt im Physikunterricht eine wichtige Rolle. Viele Untersuchungen zeigen, dass Schülerinnen und Schüler der Sekundarstufe I große Schwierigkeiten haben, dieses Modell anzuwenden. Auch nach mehrjährigem Physikunterricht, in dem versucht worden ist, den Schülern dieses Modell nahe zu bringen, ist die erreichte Konzeptänderung von den vorunterrichtlichen Alltagsvorstellungen zu den wissenschaftlichen Vorstellungen eher bescheiden.

Es scheint, dass diese Probleme zu einem erheblichen Teil „hausgemacht" sind, d. h. durch den Unterricht zum Teilchenmodell mitverursacht werden. Das wichtigste Problem hat damit zu tun, dass wir uns bemühen müssen, die Mikrowelt der Teilchen so zu veranschaulichen, dass sie den Schülerinnen und Schüler verständlich wird (Mikelskis-Seifert 2002; Fischler und Reiners 2006).

Diese Bemühungen aber erweisen sich als trojanisches Pferd. Das Teilchenmodell verlässt den Bereich, der unseren sinnlichen Wahrnehmungen zugänglich ist, und stößt zu einem Bereich vor, in dem unsere gewohnten Anschauungen nicht mehr passen. Um es verständlich zu machen, werden aber ganz ausdrücklich Analogien zur gewohnten Alltagswelt verwendet. Die Teilchen sind zum Beispiel den gewohnten Dingen ähnlich, sie werden häufig als Kugeln dargestellt. Es ist dann

9

fest

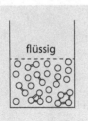

flüssig

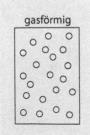

gasförmig

nicht verwunderlich, wenn die Schülerinnen und Schüler sich die Welt der Teilchen als ähnlich vorstellen wie die gewohnte Welt um sie herum. Dass in der Welt der Teilchen ganz andere Gesetze als in der „Alltagswelt" gelten, bleibt vielen Schülern verschlossen. In anderen Worten, der Status des Teilchenmodells wird ihnen nicht klar. Wir haben es hier mit einem Dilemma zu tun. Um das Modell verständlich zu machen, muss auf etwas zurückgegriffen werden, das den Lernenden vertraut ist – gerade dadurch aber werden Lernbarrieren aufgebaut.

- **Schülervorstellungen zum Teilchenmodell**

Nur wenige Schülerinnen und Schüler verwenden i. Allg. das Teilchenmodell von sich aus, um Phänomene und Vorgänge zu erklären. Wird es allerdings als Erklärung angeboten, so wird es von vielen akzeptiert.

Alltagserfahrungen legen Kontinuumsvorstellungen nahe, nicht Teilchenvorstellungen. In der Alltagssicht wird Materie als etwas Statisches gesehen und nicht als etwas, das unablässig in Bewegung ist. Die Vorstellung des absoluten Leeren, des Vakuums, hat in dieser Vorstellung keinen Platz. Diese intuitiven Alltagsvorstellungen reichen in aller Regel aus, um Vorgänge im Alltag zu deuten. In vielen Untersuchungen zeigen sich Vermischungen von Kontinuums- und Diskontinuumsvorstellungen. Man kann dies so interpretieren, dass sich die Schüler bemühen, das Neue (hier das Teilchenmodell) im Rahmen des bereits Bekannten (hier ihr Kontinuumsmodell) zu sehen. Pfundt (1981) berichtet, dass eine Flüssigkeit von den meisten Schülern in ihren Interviews als Kontinuum gesehen wird. Dem daraus bei der Verdunstung bzw. Verdampfung entstehenden Gas wird allerdings von manchen Schülern durchaus eine körnige Struktur zugebilligt.

> Vermischungen von Kontinuums- und Diskontinuumsvorstellungen

- **Zwischen den Luftteilchen ist Luft**

Zwischen den Teilchen ist der leere Raum, ist die Antwort des Physikers; es ist nicht die Antwort vieler Schüler. Bei der nebenstehenden Aufgabe (Kircher 1986) wird zum Beispiel von den meisten Schülern angekreuzt, dass sich Luft, Sauerstoff oder Dampf zwischen den Teilchen befindet. In einer anderen Untersuchung hat Rennström (1987) Schülern Salzstückchen vorgelegt und gebeten, aufzuzeichnen, wie sie sich den Aufbau der Stückchen vorstellen. Viele zeichneten Punkte, um Teilchen anzudeuten. Und was ist zwischen den Punkten? Natürlich Salz!

Es gibt eine Reihe von Belegen, dass der Unterricht zum Teilchenmodell dazu führt, dass Schülerinnen und Schülern den Teilchen Eigenschaften der Dinge der gewohnten Welt zuordnen. Einige von ihnen sind bereits erwähnt worden. Hier sei nur noch das folgende Beispiel hinzugefügt: In einer

> Kreuze einen der Buchstaben an, der den folgenden Satz richtig ergänzt:Wenn wir die Luftteilchen (wie in der Abb.) sehen könnten, würden wir herausfinden, dass in den Räumen zwischen den Teilchen ...
> a)   ... Luft ist
> b)   ... Schadstoffe sind
> c)   ... Sauerstoff ist
> d)   ... überhaupt keine Materie (kein Stoff) ist
> e)   ... Dampf ist
> f)   ... Staub ist

Informationsschrift eines Energieversorgungsunternehmens über die Funktionsweise eines Mikrowellenherds kann man lesen: *Wenn Mikrowellen auf das Nahrungsmittel treffen, bringen sie die Teilchen der Speisen in Schwingung. Die Teilchen reiben sich aneinander und es entsteht Wärme, ebenso wie Wärme entsteht, wenn man die Hände aneinander reibt.* Viele Schüler haben die gleiche falsche Vorstellung.

Übertragen von Aspekten der makroskopischen Welt und von Erfahrungen der Lebenswelt auf die Welt der Teilchen
Die Teilchen kommen irgendwann einmal zur Ruhe, sie bewegen sich nicht ewig

In der Welt der Teilchen gibt es keine Reibung, die Teilchen kommen nie zur Ruhe, es herrscht in dieser Welt eine ewige „innere Unruhe" (Wagenschein 1965, S. 225). Teilchen der normalen Welt verhalten sich ganz anders. Sie kommen unvermeidlich irgendwann zur Ruhe, wenn die durch Reibung verursachten Energieverluste nicht ausgeglichen werden. Schülerinnen und Schüler haben deshalb große Schwierigkeiten, sich vorzustellen, dass sich die kleinsten Teilchen unablässig bewegen.

Das Teilchenmodell kann man nicht aus experimentellen Beobachtungen erschließen, es kann lediglich ein breites Spektrum von Beobachtungen konsistent erklären. Der Unterrichtsvorschlag von Driver und Scott (1994) folgt konsequent dieser Einsicht. Es wird die oben (▶ Abschn. 9.3.2) vorgestellte konstruktivistische Unterrichtsstrategie verwendet, allerdings wird eine Phase eingeschoben, in der die Natur des Teilchenmodells diskutiert wird.

Vertrautmachen mit den Pänomenen

Die Schülerinnen und Schüler untersuchen Phänomene, die sich mit dem Teilchenmodell deuten lassen, wie Kompressibilität von Gasen, Flüssigkeiten und festen Körpern, die Ausbreitung von Parfüm und die unterschiedliche Dichte von verschiedenen Materialien. Sie führen Versuche durch und schreiben ihre Erklärungen auf. Jede Gruppe gestaltet ein Poster und präsentiert so ihre Ergebnisse den anderen Gruppen.

Zur „Natur" naturwissenschaftlicher Theorien

Es werden zunächst Spiele gespielt, bei denen es darum geht, die Regel zu entdecken, die hinter einer Zahlenfolge steckt. Dann sollen bei einem anderen Spiel (Murder Mystery) Indizien gesammelt werden, mit denen man in einem vorgegebenen Fall einen Mörder identifizieren kann. Ihre Rolle bei der Untersuchung der Teilcheneigenschaften der Materie sollen die Schüler also als analog zur Arbeit eines Detektivs sehen. *Es gilt, Indizien zusammen zu tragen, die eine Teilchenvorstellung unterstützen.*

Fortsetzen der Experimente und Konstruieren der Teilchentheorie

Die in der ersten Phase begonnenen Experimente werden nun systematischer angegangen. Eigenschaften der Körper werden zusammengetragen. Die Schülerinnen und Schüler erweitern, ergänzen und revidieren ihre bisherigen Teilchentheorien auf der Basis der gesammelten Indizien.

Auf dem Weg zur physikalischen Teilchenvorstellung

Die verschiedenen Schülertheorien werden verglichen. Der Lehrer führt die physikalische Vorstellung ein und erläutert, inwiefern sie besser zu den gesammelten Indizien passt als die

Schülertheorien. Kognitive Konflikte zwischen Schülertheorien und der physikalischen Sicht werden bewusst eingesetzt.

Schließlich geht es um die Anwendung der neuen Vorstellung auf neue Phänomene. Dabei ist es in der Regel nötig, die bisher durchlaufenen Lernprozesse noch einmal bewusst zu machen.

Rückblick und Anwendungen

Fischler und Lichtfeld (1997) setzen bei ihren Unterrichtsvorschlägen an den oben aufgeführten Vorstellungen und den damit verbundenen Lernschwierigkeiten an und geben Hinweise, wie Missverständnisse vermieden werden können. Der Übertragung von Eigenschaften makroskopischer Körper auf die Welt der Teilchen soll z. B. dadurch entgegengewirkt werden, dass verschiedene Formen der Teilchen (nicht nur Kugeln) und unter ihnen auch schlechte Vergegenständlichungen wie Kastanien oder Dosen verwendet werden. Unter anderen hat Mikelskis-Seifert (2002) Ergebnisse empirischer Untersuchungen in neue Unterrichtsvorschläge einfließen lassen, die in der Schule erprobt wurden.

9.4 Anmerkungen und Literaturhinweise

9.4.1 Abschließende Anmerkungen

Die nicht erwarteten Ergebnisse deutscher Schülerinnen und Schüler bei den internationalen Vergleichsstudien TIMSS (1995) und PISA (2000) haben gezeigt, dass viele unserer Schülerinnen und Schüler in der Schule keine solide physikalische Grundbildung (Baumert et al. 2001). Die Ursachen für das schlechte Abschneiden sind vielfältig. Schulleistungen werden durch eine Vielzahl von Faktoren bestimmt. Wichtige Einflüsse gehen von den Eltern, dem gesellschaftlichen Umfeld (einschließlich der Medien), den Jugendkulturen und den Mitschülern (sogenannte Peer Groups) aus. Ein entscheidender Punkt sind hier Leistungs- und Lernbereitschaft sowie die Wertschätzung der Physik. Selbstverständlich sind aber auch die Schulen für das schlechte Abschneiden mitverantwortlich. Hier wiederum spielt die in diesem Kapitel ausgeführte besondere Schwierigkeit des Erlernens der Physik eine wichtige Rolle.

Keine solide physikalische Grundbildung

Die Alltagsvorstellungen, mit denen die Schülerinnen und Schüler in den Unterricht hineinkommen, stimmen in aller Regel mit den zu lernenden physikalischen Vorstellungen nicht überein, häufig stehen sie sogar im krassen Widerspruch zu ihnen. Sie sind notwendiger Anknüpfungspunkt und Lernhemmnis zugleich. Wird dies im Physikunterricht in Schule und Hochschule, aber auch bei der Vermittlung naturwissenschaftlicher Erkenntnisse an eine breite Öffentlichkeit, nicht angemessen berücksichtigt, so wird sich der Erfolg dieser Bemühungen in

Alltagsvorstellungen: Anknüpfungspunkt und Lernhemmnis

Grenzen halten. Lernen kann nur dann erfolgreich sein, wenn die Lernenden das ihnen Präsentierte jedenfalls bis zu einem gewissen Grade verstehen können und wenn sie Gelegenheiten bekommen, sich intensiv mit der Sache auseinander zu setzen. Der Prozess der eigenständigen Konstruktion des Wissens kann nur gelingen, wenn ausreichende Unterstützung durch den Lehrer gegeben wird (Weinert 1996).

Eigentätigkeit der Lernenden fordern und fördern

All dies scheint zurzeit im Physikunterricht noch zu kurz zu kommen. Der Unterricht muss an den Vorstellungen der Schülerinnen und Schüler anknüpfen und die Eigentätigkeit der Lernenden fordern und fördern. Berücksichtigen dieser Vorstellungen ist aber auch als ein Teil von Bemühungen zu sehen, Physikunterricht zu entwickeln, der von den Schülerinnen und Schülern als wichtig und sie betreffend angesehen wird.

Verstehen von Physik und Entwicklung von Interesse

Förderung des Verstehens von Physik und die Entwicklung von Interesse sind zwei Seiten einer Medaille. Erleben die Schülerinnen und Schüler, dass sie die als so schwierig geltenden physikalischen Begriffe und Prinzipien verstehen können und dass sie für sie persönlich wichtig sind, so fördert das nicht nur ihr Selbstvertrauen, in Physik etwas lernen zu können, sondern auch ihr Interesse, sich mit Physik intensiv auseinander zu setzen. Es steht außer Frage, dass diese intensive Auseinandersetzung nötig ist, um eine angemessenere physikalische Grundbildung zu erwerben.

9.4.2 Literaturübersicht zu Alltagsvorstellungen

Bibliografie

Seit mehr als 30 Jahren wird die Literatur zu „Alltagsvorstellungen und naturwissenschaftlicher Unterricht" in einer Bibliografie dokumentiert. Sie kann von der Homepage des IPN heruntergeladen werden. Schlagwörter erlauben es u. a., nach Arbeiten zu Vorstellungen der verschiedenen Sachgebiete der Physik zu suchen: ▶ http://archiv.ipn.uni-kiel.de/stcse/.

Übersichtsarbeiten

In Duit und von Rhöneck (1996, 2000) wird versucht, den Stand fachdidaktischer und psychologischer Forschung zum Lehren und Lernen der Physik zusammenzufassen. Müller et al. (2004) fassen die deutschsprachige Literatur zu *Schülervorstellungen und Lernen von Physik* zusammen. Es sind Arbeiten nachgedruckt, die seit den 1980er-Jahren erschienen sind.

Arbeiten zu zentralen physikalischen Begriffen

Literaturhinweise zu wichtigen Inhaltsbereichen der Physik (deutschsprachige Arbeiten und solche, die relativ leicht zugänglich sind, werden bevorzugt):

- **Elektrik**

Duit, R. & von Rhöneck, Ch. (1998). Learning and understanding key concepts in electricity. In A. Tiberghien, E. Jossem,

& J. Barojas (Eds), Connecting research in physics education (pp. 1–10). Ohio: ICPE Books.

Shipstone, D.M., v. Rhöneck, Ch., Jung, W. et al. (1988). A Study of Students' Understanding of Electricity in Five European Countries. International Journal of Science Education, 10(3), 303–316.

Wiesner, H. (1995). Untersuchungen zu Lernschwierigkeiten von Grundschülern in der Elektrizitätslehre. Sachunterricht und Mathematik in der Primarstufe, 23(2), 50–58.

- **Magnetismus**

Duit, R. (1992). Teilchen- und Atomvorstellungen. In H. Fischler (Ed.), Quantenphysik in der Schule (pp. 201–214). Kiel: IPN – Leibniz Institut für die Pädagogik der Naturwissenschaften.

Kircher, E. & Rohrer, H. (1993). Schülervorstellungen zum Magnetismus in der Primarstufe. Sachunterricht und Mathematik in der Primarstufe, 21(8), 336–342.

- **Wärme**

Duit, R. (1999). Die physikalische Sicht von Wärme und Energie verstehen. Unterricht Physik, 10(5), 10–12.

Fritzsche, K. & Duit, R. (2000). Grundbegriffe der Wärmelehre – aus Schülervorstellungen entwickelt. NiU/Physik, 11(60), 22–25.

Kesidou, S., Duit, R. & Glynn, S.M. (1995). Conceptual development in physics: Students' understanding of heat. In S.M. Glynn, Duit, R. (Eds.), Learning science in the schools: Research reforming practice (pp. 179–198). Mahwah, New Jersey: Lawrence Erlbaum Associates.

- **Energie und Optik**

Duit, R. (1999). Die physikalische Sicht von Wärme und Energie verstehen. Unterricht Physik, 10(5), 10–12.

Galili, I. & Hazan, A. (2000). Learners' knowledge in optics: Interpretations, structure and analysis. International Journal of Science Education, 22(1), 57–88.

Gropengießer, H. (2001). Didaktische Rekonstruktion des Sehens. Wissenschaftliche Theorien und die Sicht der Schüler in der Perspektive der Vermittlung. 2., überarbeitete Auflage, Oldenburg: Universität Oldenburg, Didaktisches Zentrum.

Lijnse, P.L. (1990). Energy between the life-world of pupils and the world of physics. Science Education, 74(5), 571–583.

Wiesner, H. (1986). Schülervorstellungen und Lernschwierigkeiten im Bereich der Optik. NiU/Physik, Chemie 34(13), 25–29.

9

Wiesner, H. (1994). Ein neuer Optikkurs für die Sekundarstufe I, der sich an Lernschwierigkeiten und Schülervorstellungen orientiert. NiU/Physik 5(22), 7–15.

Wodzinski, R. & Wiesner, H. (1994). Einführung in die Mechanik über die Dynamik – Beschreibung von Bewegungen und Geschwindigkeitsänderungen. Physik in der Schule, 32(5), 164–169.

- **Schall**

Kircher, E. & Engel, C. (1994). Schülervorstellungen über Schall. Sachunterricht und Mathematik in der Primarstufe, 22(2), 53–57.

Wulf, P.& Euler, M. (1995). Ein Ton fliegt durch die Luft – Vorstellungen von Primarstufenkindern zum Phänomen Schall. Physik in der Schule, 33(7–8), 254–260.

- **Kraft**

Gerdes, J. & Schecker, H. (1999). Der Force Conpect Inventory. Der mathematische und naturwissenschaftliche Unterricht, 52(5), 283–288.

Jung, W. (1998). Physikspezifische entwicklungspsychologische Konzepte. Zeitschrift für Didaktik der Naturwissenschaften, 4(1), 45–49.

Schecker, H. (1985). Das Schülervorverständnis zur Mechanik. Eine Untersuchung in der Sekundarstufe II unter Einbeziehung historischer und wissenschaftstheoretischer Aspekte. Dissertation, Universität Bremen.

Schecker, H. & Niedderer, H. (1996). Contrastive teaching: A strategy to promote qualitative conceptual understanding of science. In D. F. Treagust, R. Duit & B.J. Fraser (Eds.), Improving teaching and learning in science and mathematics (pp. 141–151). New York: Teachers College Press.

Wodzinski, R. (1996). Untersuchungen von Lernprozessen beim Lernen Newtonscher Dynamik im Anfangsunterricht. Münster: Lit Verlag.

- **Druck**

Huster, S. (1996). Fehlvorstellungen 13- bis 14jähriger Schüler zum Begriff Druck. Physik in der Schule, 34(7/8), 257–261.

Psillos, D. & Kariotoglou, P. (1999). Teaching fluids: Intended knowledge and students' actual conceptual evolution. International Journal of Science Education, 21(1), 17–38.

- **Auftrieb**

Möller, K. (1999). Verstehendes Lernen im Sachunterricht – „Wie kommt es, dass ein Flugzeug fliegt?" In R. Brechel (Ed.), Zur Didaktik der Physik und Chemie, Probleme und Perspektiven

– Vorträge auf der Tagung für Didaktik der Physik/Chemie in Essen, Sept. 1998 (pp. 164–166). Alsbach: Leuchtturm-Verlag.

Wiesner, H. (1991). Schwimmen und Sinken: Ist Piagets Theorie noch immer eine geeignete Interpretationshilfe für Lernvorgänge? Sachunterricht und Mathematik in der Primarstufe, 19(1), 2–7.

■ **Gravitationskraft**

Sneider, C. & Ohadi, M. (1998). Unraveling students' misconceptions about the earth's shape and gravity. Science Education, 82(2), 265–284.

■ **Astronomie**

Sneider, C. & Ohadi, M. (1998). Unraveling students' misconceptions about the earth's shape and gravity. Science Education, 82(2), 265–284.

■ **Teilchen**

Fischler, H., Lichtfeldt, M. & Peuckert, J. (1997). Die Teilchenstruktur der Materie im Physikunterricht der Sekundarstufe I (Teil 1): Kann Forschung den didaktischen Wirrwarr beenden? Deutsche Physikalische Gesellschaft (Ed.), Didaktik der Physik, Vorträge der Frühjahrstagung 1997 in Berlin (pp. 572–577). Berlin: Technische Universität Berlin, Institut für Fachdidaktik Physik und Lehrerbildung.

Nussbaum, J. (1998). History and philosophy of science and the preparation for constructivist teaching: The case of particle theory. In J. Mintzes, J. Wandersee & J. Novak (Eds.), Teaching science for understanding (pp. 165–194). San Diego: Academic Press.

■ **Quantenphysik**

Fischler, H. & Lichtfeldt, M. (1992). Learning quantum mechanics. In R. Duit, F. Goldberg & H. Niedderer (Eds.), Research in physics learning: Theoretical issues and empirical studies (pp. 240–258). Kiel: IPN – Leibniz Institut für die Pädagogik der Naturwissenschaften.

Lichtfeldt, M. (1992b). Schülervorstellungen in der Quantenphysik und ihre möglichen Veränderungen durch Unterricht. Darmstadt: Westarp Wissenschaften.

Wiesner, H. (1996a). Verständnisse von Leistungskursschülern über Quantenphysik. Ergebnisse mündlicher Befragungen. Physik in der Schule, 34(3), 95–99.

Wiesner, H. (1996b). Verständnisse von Leistungskursschülern über Quantenphysik (2). Ergebnisse mündlicher Befragungen. Physik in der Schule, 34(4), 136–140.

- **Chaos**

Duit, R. & Komorek, M. (2000). Die eingeschränkte Vorhersag-barkeit chaotischer Systeme verstehen. MNU, 53(2), 94–103.

Literatur

Ausubel, D.P. (1968). Educational psychology: A cognitive view. New York: Holt, Rinehart & Winston.

Backhaus, U. (2001). Die Kraft ist ein Zwillingspaar, Beispiele zur Einführung des Wechselwirkungsprinzips in der Schule. NiU/Physik, 65, 12–14.

Banholzer, A. (1936). Die Auffassung physikalischer Sachverhalte im Schul-alter. Dissertation, Philosphische Fakultät, Universität Tübingen, Tübin-gen.

Barrow, L. (1987). Professional Preparation and Responsibilities of New Eng-land Preservice Elementary Science Methods Faculty. Science Education, 71(4), 557–564.

Baumert, J., Klieme, E. & Neubrandt, M. et al. (Hrsg.) (2001). PISA 2000. Basis-kompetenzen von Schülerinnen und Schülern im internationalen Ver-gleich. Opladen: Leske u. Budrich.

BLK (1997). Expertise „Steigerung der Effizienz des mathematisch-natur-wissenschaftlichen Unterrichts". Bonn: Bund-Länder-Kommission. Ver-fügbar unter: ▶ http://www.blk-bonn.de/papers/heft60.pdf [28.05.2019]

Diesterweg, F.A.M. (1835). Wegweiser zur Bildung für deutsche Lehrer. Reprint in P. Heilmann (1909). Quellenbuch der Pädagogik. Leipzig: Dürrsche Buchhandlung.

Driver, R. & Scott, P. (1994). Schülerinnen und Schüler auf dem Weg zum Teil-chenmodell. NiU/Physik, 5, Heft2, 24–31.

Duit, R. (1992). Teilchen- und Atomvorstellungen. In H. Fischler (Hrsg.) Quantenphysik in der Schule (S. 201–214). Kiel: IPN – Leibniz Institut für die Pädagogik der Naturwissenschaften.

Duit, R. (1995). Zur Rolle der konstruktivistischen Sichtweise in der natur-wissenschaftsdidaktischen Lehr- und Lernforschung. Zeitschrift für Päd-agogik, 41, 905–923.

Duit, R. (1999). Die physikalische Sicht von Wärme und Energie verstehen. NiU/Physik, 10, 10–12.

Duit, R. & v. Rhöneck, Ch. (1996). Lernen in den Naturwissenschaften, Kiel: IPN – Leibniz Institut für die Pädagogik der Naturwissenschaften.

Duit, R. & v. Rhöneck, Ch. (2000). Ergebnisse fachdidaktischer und psycho-logischer Lehr-Lern-Forschung. Kiel: IPN – Leibniz Institut für die Päda-gogik der Naturwissenschaften.

Fischler, H. & Lichtfeld, M. (1997). Teilchen und Atome. Modellbildung im Unterricht. NiU – Physik 8(4) 4–8.

Fischler, H. & Reiners, C.S. (Hrsg.) (2006). Die Teilchenstruktur der Materie im Physik- und Chemieunterricht. Berlin: Logos.

Gerstenmaier, J. & Mandl, H. (1995). Wissenserwerb unter konstruktivisti-scher Perspektive. Zeitschrift für Pädagogik 41, 876–888.

Gropengießer, H. (2001). Didaktische Rekonstruktion des Sehens. Oldenburg: Didaktisches Zentrum der Carl von Ossietzky Universität.

Häußler, P., Bünder, W., Duit, R., Gräber, W. & Mayer, J. (1998). Naturwissen-schaftsdidaktische Forschung – Perspektiven für die Unterrichtspraxis. Kiel: IPN – Leibniz Institut für die Pädagogik der Naturwissenschaften.

Jung, W. (1986). Alltagsvorstellungen und das Lernen von Physik und Che-mie. NiU/Physik, Chemie, 34(3) 2–6.

9

Jung, W. (1989). Phänomenologisches vs physikalisches optischesSchema als Interpretationsinstrumente bei Interviews. physica didactica 16(4), 35–46.

Jung, W. (1993). Hilft die Entwicklungspsychologie dem Naturwissenschaftsdidaktiker? In R. Duit & W. Gräber (Hrsg.). Kognitive Entwicklung und Lernen der Naturwissenschaften (S. 86–108). Kiel: IPN – Leibniz Institut für die Pädagogik der Naturwissenschaften.

Kattmann, U., Duit, R., Gropengießer & Komorek, M. (1997). Das Modell der didaktischen Rekonstruktion – Ein theoretischer Rahmen für naturwissenschaftsdidaktische Forschung und Entwicklung. Zeitschrift für Didaktik der Naturwissenschaften 3(3), 3–18.

Kircher, E. (1986). Vorstellungen über Atome. NiU/Physik, Chemie, 34(13), 34–37.

Mc Comas; W.F. (1998). The nature of science in science education. Dordrecht: Kluwer Academic Publishers.

Mikelskis-Seifert, S. (2002). Die Entwicklung von Metakonzepten zur Teilchenvorstellung bei Schülern Untersuchung eines Unterrichts über Modelle mithilfe eines Systems multipler Repräsentationsebenen. Berlin: Logos-Verlag.

Müller, R., Wodzinski, R. & Hopf, M. (Hrsg.) (2004). Schülervorstellungen in der Physik. Köln: Aulis Verlag.

Nachtigall, D. (1986). Vorstellungen im Bereich der Mechanik. NiU/Physik, Chemie, 34(13), 16–24.

Niedderer, H. & Schecker, H. (2004). Physik lernen und das Vorverständnis der Schüler. In: C. Hößle, D. Höttecke & E. Kircher (Hrsg.): Lehren und Lernen über die Natur der Naturwissenschaften (S. 248–263), Baltmannsweiler: Schneider.

Pfundt, H. (1981). Das Atom – letztes Teilungsstück oder erster Aufbaustein? Zu den Vorstellungen, die sich Schüler vom Aufbau der Stoffe machen. chimica didactica, 7, 75–94.

Piaget, Jean (1972). Theorien und Methoden der modernen Erziehung. 1. Auflage, Wien: Molden.

Posner, G.J., Strike, K.A., Hewson, P.W. & Gertzog, W.A. (1982). Accommodation of a scientific conception: Toward a theory of conceptional change. Science Education, 66, 211–227.

Prenzel, M. & Duit, R. (1999). Ansatzpunkte für einen besseren Unterricht. Der BLK-Modellversuch „Steigerung der Effizienz des mathematisch-naturwissenschaftlichen Unterrichts". NiU/Physik, 10(6), 32–37.

Rennström, L. (1987). Pupils conceptions of matter. A phenomenographic approach. In J. Novak (Ed.). Proceedings of the 2nd International Seminar „Misconceptions and Educational Strategies in Science and Mathematics", Vol. III. (S. 400–414), Ithaca: Cornell University.

Schecker, H. (1985). Das Schülervorverständnis zur Mechanik. Eine Untersuchung in der Sekundarstufe II unter Einbeziehung historischer und wissenschaftstheoretischer Aspekte. Dissertation, Universität Bremen.

Schecker, H. (1988). Von Aristoteles bis Newton – Der Weg zum physikalischen Kraftbegriff. NiU/Physik, Chemie, 36(4), 7–10.

Schlichting, H.J. (1991). Zwischen common sense und physikalischer Theorie – wissenschaftstheoretische Probleme beim Physiklernen. MNU, 44, 74–80.

Shipstone, D.M., v. Rhöneck, Ch., Jung, W. et al. (1988). A Study of Students' Understanding of Electricity in Five European Countries. International Journal of Science Education, 10(3), 303–316.

Tiberghien, A. (1980). Modes and conditions of learning – an example: The learning of some aspects of the concept of heat. In W.F. Archenhold, R. Driver, A. Orton & C. Wood-Robinson (Eds.). Cognitive development research in science and mathematics. Proceedings of an international seminar (S. 288–309). Leeds: University of Leeds.

von Glasersfeld, E. (1993). Das Radikale in Piagets Konstruktivismus. In R. Duit & W. Gräber (Hrsg.). Kognitive Entwicklung und Lernen der Naturwissenschaften (S. 46–54). Kiel: IPN – Leibniz Institut für die Pädagogik der Naturwissenschaften.

Wagenschein, M. (1965). Ursprüngliches Verstehen und exaktes Denken I. Stuttgart: Klett.

Watzlawik, P. (1981). Die erfundene Wirklichkeit. München: Piper.

Weinert, F.E. (1996). "Der gute Lehrer", "die gute Lehrerin" im Spiegel der Wissenschaft. Was macht Lehrende wirksam und was führt zu ihrer Wirksamkeit. Beiträge zur Lehrerbildung, 2, 141–151.

Wiesner, H. (1994). Ein neuer Optikkurs für die Sekundarstufe I, der sich an Lernschwierigkeiten und Schülervorstellungen orientiert. NiU/Physik 5(22), 7–15.

Wiesner, H. (1995). Untersuchungen zu Lernschwierigkeiten von Grundschülern in der Elektrizitätslehre. Sachunterricht und Mathematik in der Primarstufe, 23(2): 50–58.

Wiser, M. & Carey, S. (1983). When heat and temperature were one. In D. Gentner & A. L. Stevens (Eds.). Mental models (S. 267–297). Hillsdale and London: Lawrence Erlbaum.

Wulf, P. & Euler, M. (1995). Ein Ton fliegt durch die Luft. Vorstellungen von Primarstufenkindern zum Phänomenbereich Schall. Physik in der Schule, 33, 254–260.

9

Sprache im Physikunterricht

Karsten Rincke und Heiko Krabbe

© Springer-Verlag GmbH Deutschland, ein Teil von Springer Nature 2020
E. Kircher et al. (Hrsg.), *Physikdidaktik | Grundlagen*,
https://doi.org/10.1007/978-3-662-59490-2_10

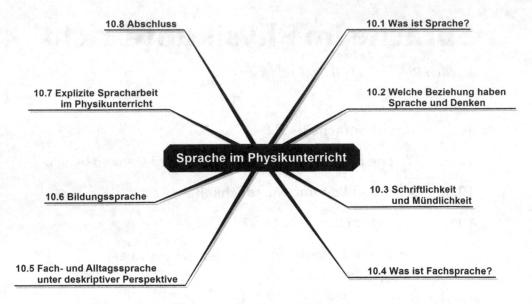

▣ Abb. 10.1   Übersicht über die Teilkapitel

10

Wenn man an Fachsprache im Physikunterricht denkt, dann als Erstes vermutlich an Fachbegriffe, also Wörter, die in der Allgemeinsprache nicht oder nur sehr selten vorkommen. In diesem Kapitel wird u. a. erklärt, dass dieses besondere Vokabular vermutlich keine entscheidende Bedeutung für die Schwierigkeiten in Zusammenhang mit der Sprache im Physikunterricht hat und dass die Arbeit am Wortschatz allein die mit der Fachsprache im Physikunterricht wahrgenommenen Probleme nicht lösen kann. In den folgenden Abschnitten wird die Sprache zunächst in ihrer Beziehung zum Denken betrachtet, danach wird der Gegenstand Fachsprache weiter eingegrenzt und präzisiert (▣ Abb. 10.1). Eine wesentliche Frage, die dann aufgegriffen wird, betrifft die Beziehung zwischen der Alltagssprache auf der einen und der Fachsprache auf der anderen Seite. Schließlich wendet sich das Kapitel der Spracharbeit in einem sprachexpliziten Unterricht zu.

10.1 Was ist Sprache?

Kommunikation ist ein Merkmal der gesamten belebten Welt einschließlich Flora und Fauna. Die menschliche Sprache ermöglicht im Vergleich zu anderen Spezies eine besonders differenzierte und effektive Kommunikation, die unter Verwendung der Schrift und der Sprachaufzeichnung zudem zeitlich überdauert.

Sofern bei Sprache an eine Abfolge von Wörtern und Sätzen gedacht ist, hat der Begriff eine sehr allgemeine Bedeutung: Er bezeichnet zum einen eine Anlage und ein spezifisch menschliches Vermögen, ebenso auch eine bestimmte unter den vielen möglichen Sprachen der Erde. Spezifischer wird auch der Sprechakt an sich als Sprache bezeichnet oder der durch einen bestimmten Stil geprägte persönliche Ausdruck (vgl. Langenmayr 1997, S. 173).

Merkmale der Fachsprache des Physikunterrichts werden dagegen mit Begriffen und Ergebnissen der Linguistik beschrieben. Die Linguistik befasst sich mit Fragen des Stils, also wie sprachliche Mittel konkret eingesetzt werden, aber auch mit Struktur, Aufbau und Verwandtschaften der Sprachen der Erde. Auch die anderen eben genannten Bedeutungen des Wortes Sprache können mit solchen Disziplinen in Beziehung gesetzt werden: Das Sprachvermögen ist Gegenstand der Sprachphilosophie und philosophischen Anthropologie, während sich die Medizin auch mit der Frage der physischen und psychischen Voraussetzungen für das Sprachvermögen befasst. Die Auflistung solcher wissenschaftlichen Disziplinen ist keineswegs erschöpfend. Langenmayr (1997) weist darauf hin, dass z. B. die Psychologie zu jedem der vier Bedeutungsbereiche beiträgt.

In Zusammenhang mit dem Physikunterricht wird man den Terminus *Sprache* vermutlich vor allem im Sinne eines bestimmten sprachlichen Stils verstehen, wobei diese Festlegung nicht zwingend ist. Weiter unten wird ein Verständnis des Terminus Sprache im Physikunterricht im Sinne von einer bestimmten unter vielen möglichen Sprachen erläutert. So verstanden erhält der Terminus Fachsprache eine Bedeutung im Sinne einer Fremdsprache.

Eine Fachsprache lässt sich als Varietät fassen. Eine Varietät ist ein sprachliches System, das „einer bestimmten Einzelsprache untergeordnet und durch Zuordnung bestimmter innersprachlicher Merkmale einerseits und bestimmter außersprachlicher Merkmale andererseits gegenüber weiteren Varietäten abgegrenzt wird" (Roelcke 1999, S. 18 f. zit. n. Busch-Lauer 2009, S. 1706). Solche innersprachlichen Merkmale sind der Wortschatz (Lexik) und der Satzbau (Syntax). Außersprachliche Merkmale sind Region, Tätigkeitsbereich (z. B. Physik), in dem die Sprache verwandt wird, oder die soziale Gruppe (z. B. Physiker), die eine Varietät verwendet. Mehrere Varietäten können zu größeren sprachlichen Bereichen zusammengefasst werden, z. B. zu Funktiolekten. Funktiolekte entstehen, wenn man Varietäten nach kommunikativen Funktionen gliedert (Fachsprachen erfüllen spezielle kommunikative Funktionen, im in Abgrenzung etwa zu den Funktionen der Literatur-, Presse-, Alltags- oder Werbesprache, vgl. Spillner 2009). Auch eine Gliederung nach sozialen Gruppen, die bestimmte Varietäten nutzen, ist möglich und führt zu so genannten Soziolekten. Zu Beispielen für weitere Einteilungen siehe Löffler (2010, S. 79).

Fachsprachen lassen sich als Varietäten fassen, die ihrerseits zu bestimmten Varietätenklassen gehören

Die Fachsprache lässt sich insbesondere als Beispiel für einen Soziolekt oder einen Funktiolekt verstehen, denn sie wird von den Personen verwendet, die als soziale Gruppe bestimmten Tätigkeiten nachgeht, und sie erfüllt dabei spezifische Funktionen (vgl. Busch-Lauer 2009, S. 1707).

10.2 Welche Beziehung haben Sprache und Denken?

Die Beziehung zwischen Sprache und Denken ist in der Kognitionspsychologie und Psycholinguistik unterschiedlich modelliert worden

Die Sprache bildet das zentrale Medium, um gedankliche Bilder zu formen, mitzuteilen oder aufzunehmen. Dass die Sprache für das Lernen von Physik eine wichtige Bedeutung hat, verlangt auf den ersten Blick keine tiefere Begründung. Bei genauerem Hinsehen offenbart sich die Beziehung zwischen Sprechen und Denken als vielgestaltig. Es ist eine der großformatigen Streitfragen der Linguistik des 20. Jahrhunderts, wie diese Beziehung zu fassen sei. Dabei können die folgenden besonders wichtigen Positionen ausgemacht werden:

- Sprache und Denken sind identisch. Diese Position wurde vor allem von den Anhängern behavioristischer Lerntheorien vertreten, die als Basis für ihre Theorie allein Beobachtbares akzeptierten. Während die Sprache beobachtbar ist, ist es das Denken nicht. Radikale Vertreter behavioristischer Lerntheorien lehnten daher die Existenz des Denkens als eigenständiger Entität ab und setzten Denken und Sprechen gleich. Denken wurde auf „subvokales Sprechen" reduziert (Watson 1930; Anderson 2007, S. 428).
- Die Sprache bestimmt das Denken. Diese Position wird in ihrer radikalen Form als linguistischer Determinismus bezeichnet. Damit ist die Vorstellung gemeint, dass unser Denken durch die Art, in der wir über Dinge sprechen, vollständig bestimmt ist. Die gemäßigte Form, als linguistische Relativität bezeichnet, wird vor allem mit den Arbeiten von Whorf (1963) assoziiert, der davon ausgeht, „daß dann, wenn zwei Sprachen einen Sachverhalt in verschiedener Weise, insbesondere mit verschiedenen grammatikalischen Strukturen ausdrücken, dem ein unterschiedliches Denken, eine unterschiedliche Weltsicht zugrunde liege" (Langenmayr 1997, S. 199).
- Das Denken bestimmt die Sprache. Diese Position ist naheliegend, da wir, die Annahme der Existenz des Denkens als eigenständige und von der Sprache unabhängige Entität vorausgesetzt, Gedanken über die Sprache an andere vermitteln. Viele Belege sprechen für diese Sichtweise: So erfolgt die Entwicklung der Sprache bei Kleinkindern später als die Entwicklung der Kognition (vgl. Anderson 2007, S. 432), und

viele Indizien belegen, dass die Phrasenstruktur der Sprache als Abbild dafür gesehen werden darf, wie Information im Gehirn eingeschrieben, man sagt auch: encodiert wird (vgl. Anderson 2007, S. 175 ff.).

— Denken und Sprechen sind unabhängig voneinander existierende Module. Diese als Modularitätshypothese bezeichnete Behauptung gründet sich vor allem auf Chomsky (1980) und Fodor (1983; für einen Überblick s. Anderson 2007, S. 434 f.). Sie besagt, dass sich die Sprachfähigkeit des Menschen in der Existenz eines Sprachmoduls manifestiert, das in Wechselwirkung, aber unabhängig vom übrigen kognitiven System des Menschen arbeitet. Als Belege werden Beobachtungen angeführt, dass es Menschen mit schweren sprachlichen Defiziten, aber ohne kognitive Defizite (und umgekehrt) gibt.

Der Spracherwerb ist ein wissenschaftliches Feld, auf dem die Modularitätshypothese besonders intensiv diskutiert wurde. Die Beobachtung, dass Menschen ohne systematische Instruktion und ohne dass sie sich der komplizierten grammatikalischen Strukturen einer Sprache bewusst wären ihre Herkunftssprache erlernen, wurde als Beleg dafür angesehen, dass der Mensch kraft eines im Gehirn eigens dafür vorhandenen Sprachmoduls auf das Erlernen der Sprache vorbereitet sein muss. Dafür spricht, dass andere komplexe kognitive Fähigkeiten, wie etwa das mathematische Denken, nicht ohne systematische Instruktion erworben werden. Das menschliche Gehirn scheint bei der Geburt des Menschen also für das Sprechen anders vorbereitet zu sein als etwa für das Rechnen.

Langenmayr (1997, S. 197 ff.) gibt einen Überblick über unterschiedlichste Bemühungen, die Beziehung zwischen Sprache und Denken empirisch zu klären. Er resümiert:

Die Beziehung zwischen Sprache und Denken ist wechselseitig

» Die Beziehung zwischen Sprache und Denken muss als wechselseitig vorgestellt werden. Linguistischer Determinismus, d. h. eine vollständige Abhängigkeit des Denkens von der Sprache, hat wenig Plausibilität für sich. Linguistische Relativität, d. h. daß unterschiedlichen sprachlichen Gegebenheiten eher unterschiedliche als gleiche Denkprozesse entsprechen, dürfte kaum zu widerlegen sein. Dabei sind Auswirkungen auf der lexikalischen, sogar (in geringerem Umfang) der tonalen Ebene ebenso wie der grammatikalischen nachweisbar. Im nonverbalen Bereich sind Wahrnehmung, Gedächtnis, Denken (z. B. mathematische Fähigkeiten) und allgemeine Einstellungen mit sprachlichen Variablen korreliert. (Langenmayr 1997, S. 224)

Auch wenn aus dieser Zusammenfassung nicht unmittelbar ableitbar ist, welcher Einfluss einer gezielten Übung und Reflexion (fachsprachlicher) Kommunikation im Unterricht auf die

Qualität des erworbenen Wissens und auf Behaltensleistungen erwartbar wäre, so liegt die These nahe, dass alltagssprachliche Sätze eher mit Alltagsvorstellungen verbunden sind und fachsprachliche Sätze eher mit Vorstellungen in einem Fach. Auch wenn sie zustimmungsfähig klingt, so ist dies eine provokante These. Sie sagt, dass sich Fachwissen eher nicht auf dem Wege der Alltagssprache kommunizieren lässt!

10.3 Schriftlichkeit und Mündlichkeit

» Nicht nur bei gebildeten Laien hält sich hartnäckig die Ansicht, die gesprochene Sprache sei als defizienter Modus der ‚eigentlichen' Sprache, sprich: der geschriebenen Sprache, zu betrachten. (Koch und Oesterreicher 1985, S. 25)

Koch und Oesterreicher entwickeln eine andere Systematisierung als die einer dichotomen Unterscheidung zwischen schriftlicher und mündlicher Kommunikation. Dass die naheliegende Unterscheidung von schriftlichen und mündlichen Formen der sprachlichen Äußerung für eine Charakterisierung von Sprache zu kurz greift, wird bereits an einfachen Beispielen deutlich: So kann ein Tagebucheintrag Merkmale tragen, die man eher der Mündlichkeit zuordnen wollte, ebenso wie ein Vortrag Merkmale tragen kann, die man eher in der Nähe der Schriftlichkeit sähe. Von Söll (1985) stammt die Unterscheidung einerseits in gesprochene und geschriebene Sprache, andererseits in niedergeschriebenen (grafischen) und lautlichen (phonischen) Code. Mit der Unterscheidung von gesprochener und geschriebener Sprache sind also nicht ihre Realisationsformen gemeint, dass also jemand spreche oder schreibe. Gemeint ist eine konzeptionelle Unterscheidung, die sich an Merkmalen der Sprache und nicht an ihrer Realisationsform festmacht. Die Realisationsform ist mit den Kategorien grafischer Code und phonischer Code abgebildet. Der elaborierte verbale Fachvortrag kann in diesem Raster als ein geschriebener sprachlicher Ausdruck gesehen werden, der phonisch realisiert ist. Das Transkript eines Interviews in seiner eher niedrigen Elaboriertheit und Ungeplantheit hingegen wäre dem Konzept gesprochener Sprache zuzuordnen, das grafisch realisiert ist.

Bei den so getroffenen Unterscheidungen fällt auf, dass die Realisationsform phonisch/grafisch dichotom ist, während die konzeptionelle Ebene als ein Kontinuum begriffen werden muss, das Koch und Oesterreicher (1985) zu einer umfassenden Systematisierung ausbauen. Für die Pole dieses Kontinuums wählen sie nun nicht mehr die Konzepte der *geschriebenen* oder *gesprochenen* Sprache, sondern die der Sprache der Nähe und der Sprache der Distanz. Das Kontinuum zwischen diesen beiden

Konzeptuelle Mündlichkeit und Schriftlichkeit als Kontinuum zwischen sprachlicher Nähe und Distanz

◨ **Tab. 10.1** Zum Kontinuum zwischen den Sprachen der Nähe und der Distanz: Kommunikationsbedingungen und Versprachlichungsstrategien. Tabelle vereinfacht aus Koch und Oesterreicher (1985, S. 23)

Sprache der Nähe	Sprache der Distanz
Kommunikationsbedingungen	
Dialog	Monolog
Vertrautheit der Partner	Fremdheit der Partner
Face-to-face-Interaktion	Raumzeitliche Trennung
Freie Themenentwicklung	Themenfixierung
Keine Öffentlichkeit	Öffentlichkeit
Spontaneität	Reflektiertheit
Involvement	*Detachment*
Situationsverschränkung	Situationsentbindung
Expressivität, Affektivität	*Objektivität*
..	..
Versprachlichungsstrategien	
Prozesshaftigkeit	*Verdinglichung*
Vorläufigkeit	Endgültigkeit
Geringere Informationsdichte	Größere Informationsdichte
Geringere Kompaktheit	Größere Kompaktheit
Geringere Integration	Größere Integration
Geringere Komplexität	Größere Komplexität
Geringere Elaboriertheit	Größere Elaboriertheit
Geringere Planung	Ausgeprägtere Planung

Polen ist nicht linear zu denken. Inwiefern man einen Text als eher distanz- oder nähesprachlich ansehen möchte, hängt davon ab, welche Kommunikationsbedingungen vorliegen und welche Versprachlichungsstrategien unter den jeweiligen Bedingungen verwendet werden. ◨ Tab. 10.1 listet die Bedingungen und Strategien auf.

◨ Tab. 10.1 zeigt, dass Kategorisierungen der Sprache in mündliche oder schriftliche Ausdrücke Wesentliches ausblendet, auf das man bei der Charakterisierung der im Unterricht auftretenden Sprache Wert legen sollte: Dort finden wir das dialogische Sprechen, wenn es in Kleingruppen auftritt, möglicherweise gekoppelt mit einer hohen Vertrautheit der Partner. Das, was dort gesprochen wird, wird eher vorläufig, ungeplant und wenig elaboriert sein. Dies ist ein Beispiel für die Sprache der Nähe. Sie entsteht unter Bedingungen, wie sie die linke Spalte von ◧ Tab. 10.1 zeigt, und ist ihrer Konzeption nach mündlich (unabhängig von der Realisation – sie wäre auch dann konzeptionell mündlich, wenn man sie in einem gedruckten Transkript erfassen würde!). Anders verhält es sich bei einem gut vorbereiteten Lehrervortrag als einem Beispiel für den Gebrauch der Sprache der Distanz: Er ist monologisch um ein fixiertes Thema zentriert, zeichnet sich durch eine hohe Reflektiertheit und Objektivität aus (vielleicht folgt ein Tafelanschrieb). Die Sprecherin wird eine vergleichsweise kompakte Sprache verwenden, ihre Sätze bewusst gestalten (elaborieren), eine vergleichsweise größere Anzahl von Aspekten integrieren usw. Der Vortrag entsteht dann unter Bedingungen, wie sie die rechte Spalte von ◧ Tab. 10.1 zeigt. Er ist seiner Konzeption nach schriftlich, auch dann, wenn er mündlich realisiert ist.

Solche Beispiele sind plakativ, weil sie sich leicht unterscheiden lassen. Für die Einschätzung darüber, wo ein Textkörper (phonisch oder grafisch realisiert) in dem durch die Sprache der Nähe und der Distanz aufgespannten Kontinuum eingeordnet werden müsste, ist wichtig, dass eine solche Einordnung nicht für den Text als Ganzes erfolgen muss. In vielen Fällen vermischen sich Elemente des nah- und distanzsprachlichen Ausdrucks.

Das Konzept der konzeptionellen Mündlichkeit und Schriftlichkeit dient als Hilfsmittel, um Fach- und Bildungssprache näher zu kennzeichnen.

10.4 Was ist Fachsprache?

Bisher wurden bereits die Termini der Fach- und Alltagssprache verwandt, ohne dass geklärt wurde, worum es sich jeweils handeln soll. Landläufig denkt man bei der Fachsprache an ein spezielles Vokabular, an technische Ausdrücke, die dem Alltagssprachgebrauch fremd sind, und tatsächlich haben sich wissenschaftliche Arbeiten auf dem Gebiet der Fachsprachen lange mit solchen Spezifika befasst. Weiter wird der Fachsprache oft eine besondere Präzision unterstellt. Im vorliegenden Text wird die Position vertreten, dass es sich bei diesen Charakterisierungen um eher äußerliche Aspekte handelt. Fachsprache ist zwar auch durch ihr Vokabular gekennzeichnet, für eine Erfassung dessen, was die Varietäten der Fach- und Alltagssprache ausmachen, bedarf es aber differenzierterer Begriffe, und trotz allem ist eine trennscharfe Unterscheidung bisher nicht möglich. Im Folgenden wird eine Unterscheidung der Alltags- und Fachsprache nach deskriptiven und normativen Aspekte getroffen. Damit folgt die Beschreibung dem Ansatz in Rincke (2010). Eine solche Unterscheidung ist deshalb angeraten, weil die Frage, wie

Das Fachvokabular reicht zur differenzierten Erfassung von Fachsprache nicht aus

10

etwas ist (deskriptives Moment), sehr stark von dem abweichen kann, wie etwas sein soll (normatives Moment). Wenn man die Sprachebenen unter deskriptiver bzw. normativer Perspektive betrachtet, fragt man nach Merkmalen und inneren Strukturen der Sprache. Dabei sind schriftliche wie mündliche Spracherzeugnisse zu betrachten, sodass unweigerlich auch die jeweilige Kommunikationssituation mit bedacht werden muss.

In Bezug auf die Präzision ist die Unterstellung geläufig, dass dies ein besonderes Merkmal der Fachsprache sei. Von Muckenfuß (1995, S. 247) stammt das Beispiel: „Was beschreibt die Realität zutreffender, der Satz Die Suppe ist lauwarm! oder Die Suppe hat eine Temperatur von 32,5 °C!?" Ischreyt betont:

> Präzision ist auch kein exklusives Merkmal von Fachsprache

> **»** Tatsächlich soll in jedem Fall das *Gemeinte,* das sich allerdings nicht nur auf einen *begrifflich* faßbaren Inhalt zu beziehen braucht, sondern auch ein komplexes Ganzes einer beabsichtigten Wirkung sein kann, dem Hörer genau übertragen werden [...]. (Ischreyt 1965, S. 133, Hervorh. i. O., zit. n. Möhn 1981, S. 178)

Genauigkeit ist also kein exklusives Merkmal der Fachsprache, sondern das Tatsächlich-Gemeint-Sein ist das, was Ausschlag für eine Beurteilung der Präzision geben muss. Die Alltagssprache kann also ebenso genau sein, wenn es gelingt, dass ein Hörer aus dem Gesagten die intendierte Bedeutung entnimmt.

Wir greifen an dieser Stelle auf ein Verständnis von Fachsprache zurück, das mit den in den Bildungsstandards für den Mittleren Schulabschluss (KMK 2005, S. 10) formulierten Erwartungen verträglich ist. Diese weisen neben Fachwissen, Erkenntnisgewinnung und Bewertung einen eigenen Kompetenzbereich Kommunikation aus, der dem Gebrauch der Sprache besondere Bedeutung zuweist: „Die Fähigkeit zu adressatengerechter und sachbezogener Kommunikation ist ein wesentlicher Bestandteil physikalischer Grundbildung" (KMK 2005, S. 10). Damit werden der Fachinhalt und der Adressat zu den Bezugsgrößen, an denen sich gelingende fachliche Kommunikation zu messen hat. Davon ausgehend ist für den vorliegenden Text das folgende Verständnis von Fachsprache zugrunde gelegt: Die Fachsprache einer Disziplin ist durch ein bestimmtes Fachvokabular, ein sprachliches Inventar, um Fachvokabeln untereinander zu verbinden, Merkmale auf Textebene und die Rücksichtnahme auf die jeweils vorliegende Kommunikationssituation gekennzeichnet.

> Fachsprache wird durch äußere Merkmalen (Vokabular, Syntax und Textstruktur) und die Kommunkationssituation bestimmt

Diese Festlegung hat den Charakter einer Arbeitsdefinition, die darauf hinführt, dass neben Gestaltmerkmalen der Sprache auch die jeweilige Kommunikationssituation mit betrachtet werden muss, wenn über Fachsprache gesprochen werden soll. Fachsprachen sind so vielfältig wie Fachgebiete, insbesondere müssen sie nicht notwendig wissenschaftlich sein. Die Varietät der Wissenschaftssprache hingegen ist fachgebietsübergreifend (Hoffmann 2007). Die Fachsprache der Physik ist eine wissenschaftliche Fachsprache – im Gegensatz etwa zu einer Fachsprache, die in einem Handwerk verwendet wird.

10.5 Fach- und Alltagssprache unter deskriptiver Perspektive

In ▶ Abschn. 10.4 wurde behauptet, dass das Fachvokabular ein eher äußerliches Merkmal und dass die Präzision kein exklusives Merkmal der Fachsprache ist. Möhn (1981) schreibt dazu:

» Diese umfassende Bedeutungsnormierung ist für die sachliche und schriftlich-lexikalische Struktur eines Faches, die Abgrenzung einzelner Disziplinen und den internationalen Vergleich (Übersetzung) ein entscheidender Vorgang. Für den innersprachlichen Bereich fehlen indes bisher Untersuchungen, die feststellen, wie weit in der gesprochenen Sprache der Gebrauch der Termini von einer vollständigen Definitionsassoziation begleitet ist bzw. wie stark diese durch den Kontext verbaler und nichtverbaler Art ersetzt wird. (Möhn 1981, S. 176 f.)

Offenbar ist das Fachvokabular also ein Indikator zur Unterscheidung fachlicher Disziplinen, für die differenzierte Beschreibung der fachlichen Kommunikation innerhalb einer Disziplin scheint es aber nicht verlässlich, da die Bezugnahme auf begriffliche Definitionen auch durch den Kontext ersetzt werden kann. Das kann z. B. bedeuten, dass Fachleute in einer Diskussion auf einer Fachtagung eine Sprache pflegen, die man als alltagssprachlich ansehen kann – der Kontext, etwa in Gestalt nicht ausgesprochener, aber gemeinsam geteilter Annahmen über den Gesprächsgegenstand, ersetzt dann die Notwendigkeit, sich fachsprachlichen Normen zu unterwerfen. Auch wenn das Fachvokabular also nicht als Indikator für die Abgrenzung unterschiedlicher Varietäten ausreicht, so trägt die Fachsprache der Physik doch in ihrem Vokabular Gestaltmerkmale, die der Alltagssprache eher fremd sind. Weiterhin ist sie durch eine Häufung bestimmter syntaktischer Muster im Satzbau und stilistischer Besonderheiten ausgezeichnet, zumindest, wenn man distanzsprachliche Texte wie Lehrbücher als Referenz verwendet. Im Folgenden werden solche Merkmale zusammengestellt, außerdem betrachten wir die Bedeutung der Kommunikationssituation. Es sei jedoch darauf hingewiesen, dass eine Kennzeichnung von Fachsprachen durch Merkmalslisten zahlreiche Aspekte unberücksichtigt lässt. So referiert Hahn (1981, S. 3 ff.), dass fachsprachliche Texte u. a. durch ihren sehr engen Sprechen-Handeln-Zusammenhang gekennzeichnet seien, „und zwar im Hinblick auf die sprachlich gefasste instrumentelle Planung von Problemlösungen und der sprachlich gefassten Lösungsstrategien". Baumann (2009) befasst sich mit den Beziehungen zwischen Fachdenken, Fachgegenstand, Fachsprache und Fachstil und öffnet damit ein weites Feld für eine über den vorliegenden Text hinausgehende Charakterisierung von Fachsprachen.

10.5.1 Das Fachvokabular

Fachwörter sind nicht nur durch domänenspezifische Bedeutungen gekennzeichnet, sondern auch durch typische Gestaltmerkmale. Diese Auffälligkeiten liegen in der Häufung von substantivierten Infinitiven (das Messen, Wiegen, Zählen, Durchführen), Adjektiven auf -bar, -los, -reich, -arm, -fest, Adjektiven mit Präfix (nicht leitend, nicht magnetisierbar, antistatisch), von mehrgliedrigen Komposita (Lochblende, Geradsichtprisma, Perleins), Komposita mit Ziffern, Buchstaben oder Sonderzeichen (47-Ohm-Widerstand, Alphadetektor, U-Rohr), Mehrwortkomplexe (Differenzverstärker mit hochohmigem Eingangswiderstand), Wortbildungen mit Eigennamen (Lorentzkraft, Boltzmannverteilung) oder von fachspezifischen Akronymen (DGL für Differenzialgleichung; vgl. Möhn und Pelka 1984, S. 14 ff. oder Leisen 2013, S. 46 f.).

> Fachwörter müssen in ihrer Zusammensetzung genau erläutert werden, um verstehbar zu sein

Es ist wichtig, wahrzunehmen, dass solche Wortbildungen eine Fachsprache nicht nur fremd erscheinen lassen. Viele Wörter können nur dann richtig verstanden und gelernt werden, wenn man Sinn und Gebrauch der damit in der Disziplin verbundenen Gegenstände verstanden hat: Komposita wie Lochblende lassen nicht erkennen, in welcher Beziehung die beiden hier zusammengefügten Wörter stehen: Handelt es sich um eine Blende, um ein Loch auszublenden? Oder ist es eine Blende mit Loch?

- **Syntaktische und stilistische Merkmale**

Fachtexte tragen Merkmale, die auch in der Alltagssprache vorkommen können, dort aber relativ selten sind. Dazu gehören Funktionsverbgefüge (Arbeit verrichten, Anwendung finden), Phraseologeme (Kraft ausüben auf), Nominalisierungsgruppen (die Ermittlung der Wertepaare), Satzglieder anstelle von Gliedsätzen (nach Durchführung der Messung) und komplexe Attribute statt Attributsätze (der auf der Fahrbahn reibungsfrei gleitende Wagen). Fachtexte weisen oft einen unpersönlichen Stil auf, der das Anliegen unterstützt, die Schilderung von Elementen des persönlichen Erlebens zu befreien und damit ihren

Anspruch auf Allgemeingültigkeit zu untermauern (man verwendet; es wird verwendet). Auch hier trifft man auf Merkmale, die der Alltagssprache eher fernliegen. Darüber hinaus können diese Merkmale Verständnishürden erzeugen, denn das Passiv verschweigt, wer oder was etwas tut – z. B. eine Kenntnis, die durchaus zum Verstehen beitragen könnte (vgl. Feilke 2012).

Hinter den stark verdichteten Formulierungen von Fachtexten stehen oft Prozesse, die der Text implizit lässt

■   **Merkmale auf Textebene**

Fachtexte, insbesondere konzeptionell schriftliche, sind oft von einer strengen Systematik bestimmt, die durch Gliederungswörter (zum einen, zum anderen, andererseits) oder Vor- und Rückverweise unterstützt wird. Grundsätzlich vermeiden sie die Variation von Ausdrücken, um den Hörer oder Leser keine unnötigen Interpretationsaufgaben aufzuerlegen. Wörtliche Zitate sind Ausdruck eines Strebens nach Genauigkeit. Zusätzlich erfüllen sie die Funktion, die Urheberschaft von Einsichten deutlich zu machen. Im Wissenschaftsbetrieb haben sie daher auch eine wichtige soziale Funktion. Wer oft zitiert wird, gilt als einschlägig.

Grafisch realisierte Fachtexte tragen Merkmale konzeptioneller Schriftlichkeit

Bilder und Grafiken, die den Text ergänzen, dienen der Anschaulichkeit und Genauigkeit (Hoffmann 2007, S. 24 f.). Grafisch realisierte Fachtexte, wie sie in Lehrbüchern oder auch Tafelanschrieben vorkommen, sind oft auch konzeptionell schriftlich: Der Lehrbuchtext entsteht ohne räumlichen oder zeitlichen Zusammenhang zur Situation, in der er gelesen wird, ist monologisch gehalten, spiegelt eine Hierarchie wider (wissender, fremder Autor, unwissende Schüler), ist durchgeplant, elaboriert, reflektiert. Die vermittelte Information wirkt endgültig und wird in hoher Dichte präsentiert. Es braucht nicht gesagt zu werden, dass die so dargebotene sprachliche Repräsentation in fühlbarem Gegensatz zur Sprache des täglichen Erlebens steht, die unter Jugendlichen benutzt wird.

Wörter tragen ihre Bedeutung nicht wie ein Etikett an sich. Die soziale Gemeinschaft bestimmt ihre Bedeutung

■   **Die Kommunikationssituation**

Sprache, auch Fachsprache, aktualisiert sich in sehr unterschiedlichen sozialen Situationen. In der Soziolinguistik wird die Bedeutung solcher Situationen für die Konstruktion von Bedeutungen untersucht. Dabei ist die spezifische Sprechergemeinschaft durch eine bestimmte soziale Sprache gekennzeichnet, bei der es sich auch um eine Fachsprache handeln kann.

» (…) we can recognize a particular socially situated ›kind of person‹ engaged in a particular characteristic sort of activity through his or her use of a given social language without ourselves actually being able to enact that kind of person or actually being able to carry out that activity. (Gee 2005, S. 20).

Diese Perspektive macht deutlich, dass Wörter ihre Bedeutung nicht im Sinne eines Etiketts bei sich tragen, sondern dass sie diese Bedeutung durch die Art ihres Gebrauchs erhalten – die Erfahrung definiert, was mit der damit assoziierten Sprache gemeint ist:

» One does not know what a social language means in any sense useful for action unless one can situate the meanings of the social language's words and phrases in terms of embodied experiences. (Gee 2005, S. 23)

» It is misleading to say, as people often do, that something has meaning, as if the meaning was somehow built-in. A word, or a diagram, or a gesture does not have meaning. A meaning has to be made for it, by someone, according to some set of conventions for making sense of words, diagrams, or gestures. Lemke (1990, S. 186)

Eine adressatengerechte Sprache berücksichtigt unter einer solchen soziolinguistischen Sichtweise den Bezug zwischen Sprechen und Handeln in der Gemeinschaft, die mit der Sprache adressiert ist.

10.5.2 Fach- und Alltagssprache unter normativer Perspektive

Es ist sehr wichtig, die deskriptive von der normativen Sicht auf Fachsprache im Unterricht zu unterscheiden. Diese gleichzusetzen bedeutet, dass eine gute Beherrschung der Fachsprache im Unterricht sich dadurch auszeichnet, dass die Schülerinnen und Schüler z. B. möglichst gehäuft Nominalisierungsgruppen in ihre Sätze einbauen und möglichst viele Fachwörter verwenden. Eine in dieser Weise oberflächlich betrachtete Sprache wird ihrer Kommunikationsfunktion selten gerecht werden. Dennoch ist es wichtig, anzuerkennen, dass die fremdartig wirkenden Merkmale der Fachsprache wichtige, positive Funktionen übernehmen können.

So dient der nominale Stil oft dazu, vorausgesetztes Wissen zu kennzeichnen, ohne es detaillierter auszuführen (vgl. Morek und Heller 2012). Der nominale Stil verdichtet den Text: *Wegen der Proportionalität lassen sich Wertepaare bestimmen* kennzeichnet eine bestimmte Form einer mathematisch beschreibbaren Abhängigkeit zweier Größen, die genutzt werden soll. Das Substantiv „Proportionalität" ruft dieses Wissen über die Beziehung der Wertepaare mit einem einzigen Begriff auf, das nun genutzt werden soll.

Ein anderes häufiges Merkmal ist das Passiv, das einen Satz grundsätzlich im Vergleich zum Aktiv etwas schwieriger verständlich macht. Das Passiv lässt jedoch den Verfasser in den Hintergrund treten und unterstützt damit den Eindruck der Objektivität der Darstellung.

Für einen sach- und adressatengerechten Gebrauch solcher sprachlicher Mittel lassen sich keine generellen Normen definieren. Wesentlich erscheint, dass sie funktional eingesetzt und in ihrer Wirkung in einem sprachexpliziten Unterricht thematisiert werden.

■ Das Fachvokabular

Viele wichtige Fachwörter sind nicht als solche zu erkennen, da sie auch im Alltag verwendet werden

Im Physikunterricht wird mit vielen Gegenständen und Materialien gearbeitet, die dem alltäglichen Leben fremd sind. Kreuzmuffe, Perleins, Bananenstecker und BNC-Buchse sind nur ein paar Beispiele von der Art, wie sie jedem sofort einfallen, die oder der mit einer physikalischen experimentellen Sammlung vertraut ist. Solche begrifflichen Spezifika können zu dem Missverständnis einladen, dass ein erfolgreicher Unterricht derjenige ist, in dem es gelingt, die Schülerinnen und Schüler zu möglichst konsequenter Verwendung solcher Wörter anzuregen. In den 1990er-Jahren hat es eine Reihe von Untersuchungen gegeben, die das Übermaß solcher – zum großen Teil entbehrlicher – Wörter aufgezeigt haben (vgl. z. B. Merzyn 1994). Es ist offensichtlich, dass der Unterricht von aller entbehrlichen begrifflichen Last verschont bleiben sollte, damit die Aufmerksamkeit auf Phänomene und Zusammenhänge gerichtet werden kann. Für Lehrkräfte bedeutet das, dass sie bewusst entscheiden sollten, welche Begriffe sie häufig verwenden werden, sodass sie die Kommunikation unterstützen können. Viele der Begriffe, die oben in wenigen Beispielen angedeutet wurden, lassen sich mühelos umschreiben.

Es muss allerdings auch gesagt werden, dass die bewusste Verwendung einiger Wörter und ebensolche Vermeidung der vielen entbehrlichen die Mühe, die Schülerinnen und Schüler mit einer sach- und adressatengerechten Kommunikation haben, nur teilweise mildert:

> » Whilst the research (das Fachvokabular betreffend, Anm. d. Autors) has confirmed that the language of science can pose difficulties for pupils, other research has suggested that the problem is less to do with the technical vocabulary of science than might be expected. (Bennett 2003, S. 153)

■ Syntaktische und stilistische Merkmale

Im Bereich syntaktischer Merkmale der Fachsprache liegt möglicherweise eine zentrale Herausforderung, wenn es darum geht, Verständnis und Gebrauch fachsprachlicher Elemente im Unterricht zu thematisieren. Diese Herausforderung rührt daher, dass es eine Reihe sehr wichtiger Fachbegriffe in der

Physik gibt, die allein durch ihre Umgebung im Satz als Fach- wort erkennbar werden. *Kraft* oder *Spannung* sind ebenso wenig als physikalische Fachwörter erkennbar wie *Energie*, *Ladung* und viele mehr. Zahlreiche Wörter sind in anderen Zusammenhängen ebenso gebräuchlich wie in der Physik und müssen im Unterricht erst als Fachwörter wahrnehmbar gemacht werden. In der Regel geschieht das nicht nur dadurch, dass das betreffende Wort mit einem fachlichen Aspekt inhalt- lich in Verbindung gebracht wird. Ein Wort wie *Kraft* wird erst dadurch zum Fachwort, dass es in einer bestimmten sprach- lichen Umgebung auftritt, die das, was man als Lehrkraft für die Kernbedeutung hält, besonders hervorhebt. Wenn man den Aspekt der *Wechselwirkung* betonen möchte, dann möglicher- weise durch die Wendung *Kraft ausüben auf*, wodurch das Wort *Kraft* als physikalisches Fachwort erkennbar wird. In Bezug auf die (elektrische) Spannung fällt die Entscheidung vielleicht auf die Wendung *Spannung besteht zwischen*. Diese Wendung ver- deutlicht, dass die elektrische Spannung zwischen zwei Punk- ten im elektrischen System gemessen und beziffert wird und eben nicht an einer einzigen Stelle wie die Stromstärke. Das Substantiv, als Fachwort intendiert, wird also mit bestimmten, wiederkehrenden Verben und Präpositionen verwendet. Die Entscheidung, welche solcher Wendungen im Unterricht eingeführt werden sollen, ist eine sehr wichtige, die gründ- liche fachliche und fachdidaktische Planung erfordert, da sie abhängig vom didaktischen Konzept ist.

> Erst die sprachliche Umgebung eines Begriffs macht ihn als Fachbegriff erkennbar

Legen wir uns den Fall vor, dass eine Unterrichtsreihe zum Thema einfache Stromkreise geplant werden soll. Es stellt sich die Frage, in welcher sprachlichen Umgebung das Wort *Strom* auftauchen soll. Soll es die Wendung *Strom fließt* sein? Es regt sich Widerwillen, da das physikalische Konzept des Strom- begriffs bereits den Aspekt des Fließens in seiner Definition enthält, es braucht also nicht nochmals gesagt zu werden, dass er fließe. Soll es die Wendung *Strom nimmt den Weg ...* sein? Auch hier regt sich Widerwillen, da diese Wendung den Blick auf den räumlichen Verlauf eines Drahtes lenkt und mög- licherweise lokale Argumentationsschemata unterstützt, die als lernhinderlich gelten, da sie den Systemaspekt eines elek- trischen Stromkreises außer Acht lassen. Vielleicht fällt die Entscheidung in die Richtung, dass das Wort *Strom* nur in der Verbindung *Stromstärke* auftreten soll, also in Sätzen wie *die Stromstärke am Ort A beträgt ... Ampere*. Dieser Satz drückt aus, dass die Stromstärke an einem einzigen Punkt gemessen wird (anders als die elektrische Spannung).

Zu jedem Fachwort sind die Entscheidungen genau zu bedenken und auf das didaktische Konzept hin abzustimmen, mit dem gearbeitet werden soll. Als Ergebnis kann eine Liste von möglichen sprachlichen Umgebungen entstehen. Dabei ist auch zu bedenken, mit welchen weiteren Attributen Fachwörter verwendet werden sollen. Soll von *viel elektrischer Spannung* oder doch lieber von *hoher elektrischer Spannung* die Rede sein, wenn es um große Werte geht? Das erste Beispiel legte das Missverständnis nahe, dass es sich bei der elektrischen Spannung um eine Menge handelt und wird eher vermieden. Wenn man sich aber entschlossen hat, die elektrische Spannung als *Energie pro Ladung* einzuführen, dann hat sie einen Bezug zu einer mengenartigen Größe, der Energie. Damit entsteht die zusätzliche Anforderung, dass eine hohe Spannung mit viel Energie pro Ladung assoziiert, aber dennoch von einer Menge unterschieden werden soll. Es zeigt sich, dass die vorbereitenden Überlegungen zum Sprachgebrauch in einer Unterrichtsstunde viele Details berücksichtigen müssen.

Wenn solche Entscheidungen gefällt sind, müssen die Lernmaterialien entsprechend ausgesucht oder angepasst werden, sodass sie die Entscheidungen für die sprachliche Umgebung, in denen die Fachwörter auftauchen sollen, passend abbilden. Es braucht nicht betont zu werden, dass auch das sprachliche Vorbild der Lehrkraft entscheidend ist. Wer sich für eine Wendung *elektrische Spannung besteht zwischen … und …* entschieden hat, dann aber davon spricht, dass *Spannung anliegt* oder *abfällt*, fordert kaum zu erbringende Interpretationsleistungen und stellt die Schülerinnen und Schüler vor Hürden, die vermeidbar sind.

▪ Die Kommunikationssituation

Die Bildungsstandards der Kultusministerkonferenz für den mittleren Bildungsabschluss von 2004 weisen den Kompetenzbereich Kommunikation aus: „Informationen sach- und fachbezogen erschließen und austauschen" (KMK 2005, S. 12). Sie formulieren sieben Standards, die als Ausprägungsgrade dieser Kommunikationskompetenz verstanden werden sollen, darunter etwa die Forderung, dass zwischen alltagssprachlicher und fachsprachlicher Beschreibung von Phänomenen unterschieden werde. Die Ausführungen im vorliegenden Text zeigen, dass eine solche Unterscheidung nicht ohne Weiteres getroffen werden kann. Denkbar wird sie, wenn im Unterricht deutlich gemacht wurde, welche Wendungen als fachsprachlich verstanden werden sollen. Der Fokus allein auf das Auftreten oder Ausbleiben so genanntersogenannter Fachwörter ist nicht geeignet, um Fach- und Alltagssprache zu trennen. Ob die in den Standards ausgeführten Fähigkeiten und Fertigkeiten in der Praxis wirklich das ausmachen, was man als Kommunikationskompetenz bezeichnen möchte, bleibt aber dennoch eine Frage an die empirische Forschung, der sich im deutschsprachigen Raum vor allem Kulgemeyer und Schecker (2012) zugewandt haben. Sie untersuchen ein in einer früheren

Arbeit (Kulgemeyer und Schecker 2009) unter theoretischen Gesichtspunkten entwickeltes Strukturmodell für *Kommunkationskompetenz* daraufhin, inwieweit sich die theoretischen Annahmen empirisch bestätigen lassen. In ihrer theoretischen Grundlegung gehen sie von einem konstruktivistischen Kommunikationsmodell aus, also einer Vorstellung, die nicht nur dem Kommunikator (z. B. einem Sprecher), sondern auch dem Adressaten eines Kommunikats (z. B. einer Aussage) eine aktive Rolle im Verstehensprozess zuweist. Der Adressat richtet im günstigen Fall seine Aufmerksamkeit auf das Kommunikat und konstruiert die vom Kommunikator intendierte Bedeutung. Damit dies gelingen kann, muss das Kommunikat sach- und adressatengerecht sein. Diese beiden Eigenschaften fassen die Autoren als *Perspektive zusammen*. Damit ist gemeint, dass das Kommunikat in zweierlei Hinsicht ausgestaltet sein muss: Es muss auf das Wissen und Verständnis des *Adressaten* ebenso angepasst sein wie an die Ansprüche, die das *Wissensgebiet* stellt, also fachlich anschlussfähig sein. Weiterhin muss das Kommunikat einen geeigneten Aspekt der Sache beleuchten, und zwar in einer geeigneten Form der Darstellung und im Rahmen eines passenden Kontextes. Sache, Darstellungsform/Code und Kontext fassen die Autoren als *Aspekt* zusammen. Schließlich unterscheiden die Autoren drei verschiedene Ausprägungsstufen des eben Genannten, um dem Modell eine stufenweise Graduierung hinsichtlich der mit dem Kommunikat verbundenen kognitiven Ansprüche zu verleihen. In ihrer aufwendigen Analyse zeigen die Autoren, dass ihr Modell als ein empirisch gut abgesicherter Ausgangspunkt für eine verfeinernde Modellierung angesehen werden darf.

10.5.3 Welcher Entwicklungszusammenhang besteht zwischen Alltags- und Fachsprache?

Wenn hier die Frage nach Entwicklungszusammenhängen von fach- und alltagssprachlichen Fähigkeiten und Fertigkeiten gestellt wird, dann setzt das voraus, dass diese als je für sich eingrenzbare, charakterisierbare Fähigkeiten und Fertigkeiten beschreibbar sind. Der obige Abschnitt, der über die Bemühungen berichtet, eine physikalische Kommunikationskompetenz in ihrer Struktur zu beschreiben und diese Beschreibung empirisch zu rechtfertigen, deutet an, wie anspruchsvoll eine solche Charakterisierung ist. In der Literatur wird das Thema der fach- und alltagssprachlichen Fähigkeiten seit Anfang des 20. Jahrhunderts unter verschiedenen Perspektiven behandelt, allerdings in Bezug auf die Physik ohne methodologisch ausgereifte empirische Prüfung. Wenn auch die Frage zurzeit nicht entschieden bejaht werden kann, ob und wenn ja, inwiefern im Physikunterricht eine spezifische sprachliche Kompetenz beachtet werden muss, so scheint doch die Annahme abgrenzbarer fachsprachlicher Kompetenzen heuristisch wertvoll zu sein und wird daher zum Ausgangspunkt dieses Abschnitts gemacht. Die Annahme ist deshalb heuristisch wertvoll, weil sich dann die Frage nach Entwicklungszusammenhängen stellen lässt und sich damit der Blick für eine aufschlussreiche Diskussion um die Bedeutung von Fach- und Alltagssprache beim Lernen von Physik (und anderer Fächer) öffnet.

Für Wagenschein lässt sich Fachsprache bruchlos aus der Alltagssprache entwickeln.

Es gibt verschiedene Ansätze, das Verhältnis zwischen Alltags und Fachsprache beim Lernen zu beschreiben.

In Bezug auf den Zusammenhang zwischen den beiden Sprachvarietäten findet man oft – implizit oder auch explizit – die Position, dass fachsprachliche Fähigkeiten im Unterricht aus der besonderen Pflege der Alltagssprache hervor gehen. Martin Wagenschein ist einer der prominentesten Vertreter dieser Position, weshalb er von Heinz Muckenfuß kritisiert wird:

10

» Die Sichtweise des Werdens der Fachsprache als eine stetig fortschreitende, graduell sich bis zum Formalismus steigernde Entfaltung der Alltagssprache wurzelt in der ideologischen Position des ‚Bildungsideals der deutschen Klassik' ... Jene dort behauptete Auffassung, nach der das Wissen sich bruchlos aus der Erfahrung entfaltet, wobei Mensch und Welt eine Formatio erfahren, erweist sich in ihrer Konkretisierung durch Spracharbeit, nach der die wissenschaftlichen Begriffe durch stetige Ausschärfung aus der Alltagssprache zu entwickeln seien, aufgrund dieser falschen Voraussetzung als kontraproduktiv. ... Die Voraussetzung bruchloser Ausschärfung ist falsch, weil die Fachsprache Bestandteil einer abstrakten Theorie ist, in der jede konkrete lebenspraktische Bedeutung – und damit auch die ihrer Begriffe – abgestreift ist. (Muckenfuß 1995, S. 257) [Hervorhebungen v. Verfasser]

Muckenfuß widerspricht Wagenschein und fordert die Konfrontation von Fachsprache und Alltagssprache

Weiter schreibt er: „Wagenscheins aufsteigende Stufenfolge: gesprochene Muttersprache → Alltagssprache (Schriftsprache) → Fachsprache ist ausdrücklich nicht der Weg, der zur Kommunikationsfähigkeit im Sinne des Orientierungsrahmens führt (...)." (Der Orientierungsrahmen bezeichnet die Leitlinien Wissenschaftsverständigkeit, Verantwortlichkeit, Nutzungsfähigkeit und Kommunikationsfähigkeit, Muckenfuß 1995, S. 211). Schließlich folgert Muckenfuß, „Spracharbeit im Bereich der physikalischen Begriffsbildung muss sich demnach in der Konfrontation von Fachsprache und Alltagssprache abspielen" (Muckenfuß 1995, S. 259). Mit den hier wiedergegebenen Äußerungen Muckenfuß' ist eine zweite Position zum Verhältnis zwischen Fach- und Alltagssprache im Unterricht umrissen. Es ist die Position, die davon ausgeht, dass Fachsprache in ihrer Besonderheit (und zwar nicht nur in Bezug auf ihre äußerlichen Merkmale, sondern auch die mit ihr verbundenen abstrakten Ideen) nur dann erfahrbar wird, wenn sie als Kontrast zur Alltagssprache auftritt.

Eine dritte Position nehmen Autoren ein, die Alltags- und Fachsprache als je eigene Sprachen operationalisieren, die jede für sich als entwicklungsfähig und -bedürftig angesehen werden. So beschreibt Wygotski (1979) die Sprachentwicklung als das Ergebnis zweier gegenläufiger Entwicklungen. Die Entwicklung der Alltagssprache (der *spontanen Begriffe*) gehe von der Anschauung, dem konkreten Objekt aus und ist auf die Begriffe gerichtet, umgekehrt verlaufe die Entwicklung der Fachsprache:

> **»** „Die Entwicklung der wissenschaftlichen Begriffe beginnt bei der bewußten Einsicht ... und setzt sich, nach unten in die Sphäre der persönlichen Erfahrung und des Konkreten keimend, weiter fort." Wygotski (1979, S. 255)

Für Wygotski sind Alltags- und Fachsprache je eigene Sprachen, die sich hinsichtlich Anschaulichkeit und Begriffsbildung aufeinander zu entwickeln

Aufschlussreich ist, wie Wygotski diese Beschreibung zum Erlernen einer Fremdsprache in Beziehung setzt: Mit Bezug auf das Erlernen wissenschaftlicher Begriffe schreibt er:

> **»** „Was wir hier verhandeln, ähnelt sehr der Entwicklung einer Fremdsprache beim Kinde im Vergleich zur Muttersprache. Das Erlernen der Fremdsprache erfolgt auf einem Wege, der der Entwicklung der Muttersprache genau entgegen gesetzt ist. Das Kind beginnt die Muttersprache niemals ... mit der absichtlichen Konstruktion von Sätzen, mit der verbalen Definition der Wortbedeutungen ... Das Kind eignet sich die Muttersprache ohne bewußte Einsicht und unabsichtlich an, ..." (Wygotski 1979, S. 257, vgl. auch Rincke 2007, S. 17 ff.)

In letztgenannter Arbeit wird der Versuch unternommen, das Fachsprachenlernen als ein Fremdsprachenlernen zu deuten, was ebenfalls voraussetzt, dass Fach- und Alltagssprache als je getrennt zu entwickelnde Sprachen begriffen werden. Rincke (2007, 2011) greift dazu auf eine theoretische Grundlegung von Selinker (1972) zurück, die davon ausgeht, dass Fremdsprachenlerner eine Interimssprache herausbilden, die in systematischer Weise von der Herkunfts- und Zielsprache beeinflusst ist.

Das Fachsprachenlernen kann auch wie das Erlernen einer Fremdsprache beschrieben werden

10.6 Bildungssprache

> **»** „Bildungssprache ist die Sprache, in der besonderes Wissen auf eine besondere Weise behandelt wird. Besonderes Wissen heißt: Wissen, das über das Alltagswissen hinausgeht" (Ortner 2009, S. 2227)

Sie wird als Varietät verstanden, die als „innersprachliche Verkehrssprache zwischen den Fachsprachen" fungiert (Ortner 2009, S. 2229). Ihre äußerlichen Merkmale auf Wort- und Satzebene ähneln den oben beschriebenen Merkmalen der Fachsprache, hinsichtlich diskursiver Kennzeichen werden eine klare Festlegung von Sprecherrollen, ein hoher Anteil monologischer Formen, domänenspezifische Textsorten (z. B. das Versuchsprotokoll) und bestimmte stilistische Konventionen genannt, etwa die Sachlichkeit, die logische Gliederung oder die Textlänge betreffend (Morek und Heller 2012). Häufig wird die Bildungssprache als im Grundsatz an konzeptioneller Schriftlichkeit orientiert beschrieben (siehe etwa Gogolin und Duarte 2016). Morek und Heller (2012) heben jedoch hervor, dass die diesbezüglichen Analysen vorrangig auf schriftlich realisierten Texten beruhen und werben für einen Ansatz, nach dem Bildungssprache weniger durch ihre äußeren Merkmale als durch bestimmte bildungssprachliche Praktiken in situierten Kontexten, also etwa der Institution Schule, beschrieben wird. Sie verstehen darunter die „situierten, mündlichen wie schriftlichen sprachlich-kommunikativen Verfahren der Wissenskonstruktion und -vermittlung, die stets auch epistemische Kraft entfalten (können) und zugleich bestimmte bildungsaffine Identitäten indizieren" (Morek und Heller 2012, S. 92). Der letzte Teilsatz weist darauf hin, dass *sich bildungssprachlich zu äußern* mit der eigenen Identität verträglich sein muss, was je nach sprachlichem Hintergrund der Schülerinnen und Schüler nicht in jedem Fall gegeben sein wird. In ihrer Konzeption heben sie für die Bildungssprache die Funktionen als Medium für den Wissenstransfer, als Werkzeug des Denkens und als Eintritts- oder Visitenkarte hervor.

Auch Bildungssprache wird durch äußere Merkmale und die Kommunikationssituation bestimmt.

10

Bildungssprache dient zum Wissenstransfer, als Denkwerkzeug und zur Identitätsstiftung

10.7 Explizite Spracharbeit im Physikunterricht

Wir verwenden hier den Terminus sprachexplizit im Unterschied zum gebräuchlichen Begriff des sprachsensiblen Unterrichts auf Anregung D. Hötteckes (mündliche Mitteilung Bochum, 02.03.2018), da es zur Explizitheit einen funktionalen Gegenbegriff gibt: Der Unterricht könnte auch sprachimplizit sein, wenn darauf vertraut wird, dass wichtige sprachliche Fertigkeiten und Fähigkeiten nebenbei und ohne ausdrückliche Thematisierung herangebildet werden. Auch wenn der vorliegende Text nicht für diese Sicht streitet, so kann sie Argumente für sich beanspruchen, etwa den Hinweis, dass es auch viele andere zentrale Fertigkeiten und Fähigkeiten gibt, die Menschen durchaus ohne systematische Unterweisung erwerben. Im Unterschied zum Begriffspaar des sprachexpliziten oder -impliziten Unterrichts wird man jedoch kein Paar aus sprachsensiblem und

-unsensiblem Unterricht bilden wollen, weil Letzterer per se mit keinem überzeugenden Vorschlag verbunden sein kann. Der Terminus des sprachsensiblen Unterrichts zwingt gewissermaßen zur Zustimmung und ist daher für einen Diskurs über guten Unterricht wenig geeignet.

Die Forderung nach expliziter Sprachförderung auch als Aufgabe des Physikunterrichts speist sich aus zwei Quellen. Erstens soll der Zugang zu hochwertiger Bildung allen Menschen in unserer Gesellschaft gleichermaßen ermöglicht werden. Insbesondere sollen bei Schülerinnen und Schülern mit nicht deutscher Herkunftssprache gegebenenfalls vorhandene sprachliche Defizite kompensiert werden. Zweitens ist mit der Forderung die Hoffnung verbunden, durch eine verbesserte Ausdrucksfähigkeit und ein größeres Sprachbewusstsein das physikalische Verständnis und Interesse bei allen Schülern steigern zu können. Anstatt die curricularen Anforderungen für sprachschwache Schülerinnen und Schüler abzusenken, soll durch gezielte differenzierte sprachliche Unterstützung (Scaffolds) die kognitive Bewältigung herausfordernder Aufgabenstellungen ermöglicht werden. Dabei muss man zwischen Programmen unterscheiden, die im Fachunterricht systematisch die Allgemein- und Fachsprache fördern wollen, um dadurch sprachliche und fachliche Kompetenzen zu entwickeln, und solchen, die Sprachförderung eher situativ nutzen, um akute fachliche Aneignungsprozesse zu unterstützen.

Im Folgenden werden drei Sprachförderkonzepte exemplarisch vorgestellt. Die knappe Darstellung bleibt notgedrungen etwas abstrakt, es werden aber Hinweise auf konkretisierendes Material gegeben.

10.7.1 Das SIOP-Konzept

Das Sheltered Instruction Observation Protocol (SIOP) von Echevarria et al. (2010) ist ein fächerübergreifender Ansatz aus den USA, der sich insbesondere an Schülerinnen und Schüler richtet, für die die Unterrichtsprache nicht ihre Herkunftssprache ist. Ziel ist die Entwicklung fachbezogener Sprachkenntnisse im Rahmen der aufgabenorientierten Vermittlung curricularer Fachinhalte. Die sprachlichen Kompetenzen umfassen die Beherrschung des Schlüsselwortschatzes, grammatischer und sprachlicher Strukturen, fachlicher Diskursfunktionen sowie Sprachlernstrategien in den Bereichen Hören, Sprechen, Lesen und Schreiben. Um Unterricht in Bezug auf die fachlichen und sprachlichen Ziele inhaltlich und methodisch angemessen planen zu können, wird den Lehrkräften ein Kriterienkatalog (SIOP-Protokoll) bestehend aus acht Komponenten (mit insgesamt 30 Unterpunkten) an die Hand gegeben, der auch zur

Unterrichtsbeobachtung und -evaluation eingesetzt werden kann:

1. Unterrichtsvorbereitung: Festlegung altersgemäßer und dem Leistungsstand angemessener fachlicher und sprachlicher Lernziele mit Output-Orientierung. Auswahl von Lernaktivitäten und -materialien, die eine authentische Verbindung zwischen fachlichen Inhalten und sprachlichen Konzepten schaffen. Anpassung der Lernmaterialien durch sprachliche Reduktion und vor allem durch Anreicherung mit sprachlichen Hilfestellungen (Scaffolds), um auch anspruchsvolle Sprachanforderungen zu bewältigen.

2. Aufbau von Hintergrundwissen: Bewusste Verknüpfung von Lerninhalten mit sozialen, kulturellen und alltäglichen Erfahrungen sowie mit dem bereits erworbenen Fach- und Sprachwissen. Hervorhebung des zu erwerbenden aktiven Schlüsselwortschatzes im Bereich der fachlichen Inhaltswörter und der allgemeinsprachlichen Funktionswörter (z. B. Adverbien, Konjunktionen, Präpositionen) wie auch des potenziellen Wortschatzes durch Wortbildungselemente und -regeln.

3. Verständlicher Input: Formulierung eindeutiger und verständlicher Aufgabenstellungen unter Verwendung einer den Kompetenzen der Schülerinnen und Schülern angemessenen Sprache. Verwendung verschiedener Darstellungsformen und Visualisierungen zur Verdeutlichung.

4. Strategien: Kompetenzorientierte komplexe Fragen und Aufgaben, die eine umfassende und vertiefte kognitive Verarbeitung und Anwendung von Lernstrategien fordern und fördern. Fachliche und sprachliche Hilfestellungen (Scaffolds), die ein erfolgreiches Bearbeiten der Aufgaben absichern und mit fortschreitendem Kompetenzerwerb langsam abgebaut werden.

5. Interaktion: Regelmäßige Zeit und Gelegenheit für kommunikative Interaktionen (Diskussion, Bedeutungsaushandlung) durch kooperative Sozialformen und Materialien, um Schlüsselkonzepte (auch in der Herkunftssprache) zu klären. Ausreichende Wartezeit bei Schülerantworten.

6. Anwendung: Bereitstellung von Aufgaben und Materialien zum Lesen, Schreiben, Hören und Sprechen, um das erworbene fachliche und sprachliche Wissen im aktuellen fachlichen Kontext zu üben und zu vertiefen.

7. Umsetzung der Stunde: Phasierung der Stunde gemäß des Lehrziels und der Fähigkeiten der Schülerinnen und Schüler.

8. Wiederholung und Leistungskontrolle: Regelmäßige Zusammenfassung der Schlüsselinhalte und -konzepte und Feedback zum Output der Schülerinnen und Schüler.

Eine detaillierte Beschreibung der einzelnen Punkte findet man bei Echevarria et al. (2010). Obwohl das Planungsraster sehr detailliert und konkret ist, ist es dennoch flexibel genug, um auf die Besonderheiten des Physikunterrichts und einzelner Unterrichtseinheiten angepasst werden zu können. In den USA wird das SIOP-Konzept durch ein systematisches Aus- und Weiterbildungsprogramm begleitet (Pearson 2018). Unter ► http://siop.pearson.com bzw. ► http://www.cal.org/siop/ frei zugänglich im Internet sind beispielhafte Unterrichtseinheiten, die einen guten Eindruck zur Umsetzung des SIOP-Konzepts geben.

Ein zum SIOP-Konzept vergleichbares, nicht ganz so umfangreiches Konzept für das Lernen in der Zweitsprache bietet der Cognitive Academic Language Learning Approach (CALLA) von Chamont und O'Malley (1994). Dort wird die Gestaltung sprachförderlicher Lehr- und Unterrichtsprozesse mit einem Fünf-Phasen-Modell (Vorbereitung, Präsentation, Übung, Selbstevaluation, Erweiterung) beschrieben. Auch hierzu findet man unterrichtspraktische Konkretisierungen u. a. für den naturwissenschaftlichen Unterricht (Chamot et al. 1992).

10.7.2 Literale Didaktik

Die Literale Didaktik von Schmölzer-Eibinger (2007) fokussiert auf die Förderung der Textkompetenz (Portmann-Tselikas und Schmölzer-Eibinger 2008), d. h. die Fähigkeit, „Texte selbstständig zu lesen, das Gelesene mit den eigenen Kenntnissen in Beziehung zu setzen und die dabei gewonnenen Informationen und Erkenntnisse für das weitere Denken, Sprechen und Handeln zu nutzen. Textkompetenz schließt die Fähigkeit ein, Texte für andere herzustellen und damit Gedanken, Wertungen und Absichten verständlich und adäquat mitzuteilen" (Portmann-Tselikas 2005, S. 2). Textkompetenz als Erweiterung der alltagsbezogenen Sprachfähigkeiten ist bildungsrelevant, weil die akademische Schulsprache konzeptuell schriftlich ist. Physikalische Textaufgaben (z. B.: Peter fährt die 8 km lange Strecke von der Schule nach Hause mit dem Fahrrad in 24 min. Wie groß ist seine durchschnittliche Geschwindigkeit?) erfordern beispielsweise Textkompetenz in der Form, als Schüler die physikalischen Informationen (8 km in 24 min) vom Kontext (Peter fährt mit dem Fahrrad von der Schule nach Hause) abtrennen müssen, um ein physikalisches bzw. mathematisches Modell bilden zu können. Für die Lösung müssen sich die Schülerinnen und Schüler dann in einem abstrakten, nur noch sprachlich definierten Symbolfeld (Geschwindigkeit ist Strecke durch Zeit in bestimmten Einheiten) bewegen. Die an den Kontext gebundenen Begriffe (Fahrrad, Schule, zu Hause) müssen für die Lösung der Aufgabe nicht unbedingt bekannt sein, es reicht, wenn der Sinnzusammenhang und die grundlegende Problemstruktur erkannt werden. Entsprechend wurde festgestellt, dass die zentralen Probleme, Texte als ein Instrument des Lernens im Unterricht zu nutzen, meist nicht im Bereich des Verstehens einzelner Wörter bestehen als vielmehr darin, relevante Informationseinheiten in einem Text zu erkennen, untereinander zu verknüpfen, mit vorhandenem Wissen zu verbinden und für bestimmte, fachbezogene Denkoperationen zu nutzen, also in mangelnder Textkompetenz (Schmölzer-Eibinger o. J.). Indikatoren für Textkompetenz sind in ◘ Tab. 10.2 erläutert.

Zur Förderung der Textkompetenz verfolgt die Literale Didaktik folgende Ziele (Schmölzer-Eibinger o. J.):

1. Schülerinnen und Schüler mit der Welt der Texte vertraut machen: Die bereits vorhandene Textkompetenz der Lernenden soll im Rahmen der individuellen Lernmöglichkeiten mithilfe von komplexen Aufgaben ausgebaut werden, die Prozesse des Lesens, Verstehens und Produzierens von Texten systematisch aufeinander bezogen werden, wobei die Aktivitäten flexibel zwischen mündlich und schriftlich geprägtem Sprachgebrauch pendeln. Die Aufgaben sollen besonders lerneffiziente Prozesse anregen, z. B. das Bilden und den Test von Hypothesen, das Selektieren, Fokussieren, Abstrahieren, Inferieren und Reorganisieren von Informationen sowie das Erkennen und Herstellen von Textkohärenz.

2. Aktives Sprachhandeln fördern: Sprachlernen erfolgt durch Sprachhandeln, weil dadurch den Lernenden die Kluft zwischen dem, was sie sagen wollen, und dem, was sie sagen können, bewusst wird. Die Lernenden müssen in kooperativen Schreibaufgaben ihre Schreibideen zunächst mitteilen, begründen und mit anderen diskutieren, bevor sie diese aufschreiben. Sie müssen über Formulierungsvorschläge der anderen nachdenken, sie bewerten, kommentieren bzw. Alternativen hervorbringen.

3. Wissen aktiv und individuell konstruieren lassen: Die Lernenden sollen Wissen nicht bloß reproduzieren, sondern im Rahmen kreativer, selbst gesteuerter Lernprozesse aktiv und individuell aufbauen und erweitern, indem sie Informationen vor dem Hintergrund eigener Fragestellungen auswählen, bewerten, interpretieren, mit anderen Wissensbeständen, Erfahrungen und Kenntnissen verknüpfen und sprachlich kohärent darstellen.

4. Sprachliches und inhaltliches Lernen systematisch verknüpfen: Anforderungen des Sachlernens sollen mithilfe der vorhandenen Textkompetenz bewältigt werden. Hierfür eignen sich besonders epistemische Schreibaufgaben, weil die Lerner dabei mit der Strukturierung des Textes (*focus on form*) auch ihre Gedanken ordnen müssen und so besser Wissen auch in komplexen Sachdomänen erwerben und anwenden können (*focus on content*).

▣ Tab. 10.2　Indikatoren für Textkompetenz

Indikator	Textkompetenz gering	Textkompetenz hoch
Überarbeitungsprozesse am Text	Lokale Überarbeitungen auf der Wortebene und an der sprachlichen Oberfläche (Syntax, Grammatik, Orthografie) ohne wesentliche inhaltliche Verbesserungen, selten Herstellung größerer Zusammenhänge durch Bezug auf vorangegangene Textstellen oder bereits eingeführte Inhalte	Verbesserung der Textqualität schriftlicher Äußerungen durch mehrfache Überarbeitung anhand unterschiedlicher Strategien und über einen längeren Zeitraum, Verdichtung, Erweiterung und Revision längerer Passagen in der Texttiefenstruktur, wobei inhaltliche Zusammenhänge immer wieder überprüft, verdeutlicht und präzisiert werden
Strategievielfalt und Perspektivenwechsel		Nutzung unterschiedlicher Lese- und Schreibstrategien mit abwechselnder Aufmerksamkeit auf die lokale und globale Ebene des Textes
Fokussierung auf Kernthemen	Mangelnde Fähigkeit, Text zu verstehen und Inhalte zusammenhängend und verständlich wiederzugeben	Fähigkeit, relevante inhaltliche Aspekte zu erkennen und wichtige von unwichtigen Informationen zu unterscheiden
Bedeutungskonstruktion im Kontext	Ungenaue Verwendung von Begriffen und unklare, redundante und lückenhafte Äußerungen Kontextwissen wird beim Adressaten oft vorausgesetzt und nicht explizit hergestellt	Kontextadäquate Interpretation von Wortbedeutungen und Sinnstrukturen präzise Begriffsverwendung und explizite, nachvollziehbare Herstellung von Sinnzusammenhängen im Kontext
Themenentfaltung und Textkohärenz	Struktur der Texte wird mit zunehmender Länge brüchiger geringe Verwendung von Kohäsionsmitteln	Thematische Zusammenhänge werden verständlich hergeleitet und durch Wiederaufnahmen, Absatzgliederung, Signale und logische Konnektoren kohärent dargestellt
Sprachliche Variation	Hauptsächliche einfache Sätze mit begrenztem Wortschatz und Übernahme ganzer Sätze und Wortgruppen aus der Vorlage	Variantenreiche stilistische und lexikalische Gestaltung mit komplexen Adjektiven, Adverbien, Verben und Sätzen Fähigkeit, flexibel zwischen konzeptuell mündlicher und schriftlicher Sprache zu „pendeln"

Ursprünglich ist die Literale Didaktik für Schüler in mehrsprachigen Klassen konzipiert worden, für die die Unterrichtssprache die Zweitsprache ist. Dabei soll gegebenenfalls eine gut entwickelte Textkompetenz aus der Erstsprache genutzt werden, um Textkompetenz in der Zweitsprache zu nutzen. Die theoretischen Grundlagen stammen aus der Forschung zum Zweitsprachenerwerb, der Textlinguistik, der Sprachdidaktik und der Kognitionspsychologie. Die Autoren betonen jedoch, dass das Konzept auch auf andere Unterrichtskontexte, z. B. das Fachsprachenlernen, anwendbar sei.

Für die unterrichtliche Umsetzung wird ein Drei-Phasen-Modell vorgeschlagen:

1. Wissensaktivierung: Durch individuelle und kooperative Aufgaben zum assoziativen Sprechen und Schreiben werden die Gedanken, Vorstellungen und Kenntnisse der Lernenden zu einem Thema aktiviert und für die Arbeit im Unterricht verfügbar gemacht.
2. Arbeit an Texten: Dies ist der Kernbereich des Modells, in dem Texte aus unterschiedlichen Perspektiven gelesen, in verschiedenen Kontexten interpretiert, diskutiert, reflektiert, rekonstruiert und geschrieben werden sollen. Mündliche und schriftliche Aktivitäten sowie sprach- und sachbezogenen Aktivitäten werden dabei in eine möglichst enge Verbindung gebracht. In drei Stufen der Textarbeit werden jeweils andere Aspekte im Umgang mit Texten in den Mittelpunkt gestellt:
   a) Textkonstruktion: Textfragmente (z. B. nur jeder zweite Absatz eines Textes) werden ergänzt und mit dem Originaltext verglichen.
   b) Textrekonstruktion: Textteile werden sinnvoll zusammengesetzt und gelesene oder gehörte Texte (auswendig) wiedergegeben bzw. nacherzählt.
   c) Textfokussierung und Textexpansion: Zentrale Inhalte eines Textes müssen erkannt, gewichtet, selektiert und auf das Wesentliche reduziert und schließlich wiederum mit eigenen Worten ausgebaut und erweitert werden.
3. Texttransformation: Texte werden aus ihrem ursprünglichen Kontext herausgelöst und in neue Kontexte transformiert (z. B. Umwandlung eines narrativen Textes in einen Sachtext). Die Lernenden sind in dieser Phase stärker gefordert, Lernprozesse autonom zu steuern und zu gestalten.

Einen vergleichbaren auf Textsorten (Genres) basierenden Ansatz verfolgt das Learning to Write, Reading to Learn-Programm von Rose und Martin (2012). Es baut auf der Systematic Functional Linguistics von Halliday (1994) auf, die Bedeutungskonstitution vor allem als soziale Praxis auffasst, in der sich Textformen funktional herausbilden. Diese sind somit Ausdruck fachlicher Systematik und fachspezifischer Denk- und Erkenntnisformen, umfassen spezifische Formen der Wissensverarbeitung (beschreiben, erklären, begründen u. a.) und verwenden dazu entsprechende sprachliche Mittel. Durch die Rekonstruktion dieser Textformen lässt sich daher Sprachlernen und Fachlernen integrieren. Im Unterricht werden dazu nach der sozialen Verortung der Textform folgende Schritte zyklisch durchlaufen (Genre-Cycle):

1. Dekonstruktion des Textes: Anhand eines Modelltextes werden die Funktion des Textes im fachlichen Kontext und die dafür verwendeten sprachlichen Muster und Mittel abgeleitet. Der Fokus verläuft dabei vom Großen zum Kleinen, d. h. von Diskurs- und Textmustern über Satzmuster (Syntax und Semantik) zur Wortebene (Morphologie und Orthografie).
2. Gemeinsame Reaktion: In dieser Phase werden die erarbeiteten Muster gemeinsam (in Gruppenarbeit) eingeübt. Die Schülerinnen und Schüler erhalten Übungsmaterialen mit differenzierter sprachlicher und fachlicher Unterstützung (Scaffolds). Ziel ist es, den Diskurs über die Anwendung der sprachlichen Mittel zu fördern. Der Verlauf ist dabei nun umgekehrt vom Kleinen zum Großen.
3. Eigenständige Konstruktion: Zum Schluss sollen die Schülerinnen und Schüler die eingeübten Strukturen selbstständig individuell anwenden. Die sprachlichen und fachlichen Hilfen werden so weit wie möglich abgebaut. Diese Phase findet in Einzelarbeit statt und kann auch als Hausaufgabe stattfinden. Die dabei entstehenden Schülerprodukte können reflektiert und überarbeitet werden sowie für Diagnose und Feedback oder die Leistungsfeststellung herangezogen werden.

Generell sollen die Materialien so angelegt sein, dass alle Schülerinnen und Schüler am Ende Lernaufgaben auf dem gleichen Niveau lösen können. Ziel ist es, allen Lernenden einen kontinuierlichen Erfolg zu ermöglichen anstatt auf Unterschiede und Defizite zu fokussieren.

Speziell für den naturwissenschaftlichen Unterricht haben sich in den USA unter der Bezeichnung Science Writing Heuristic (SWH; Akkus et al. 2007; Keys et al. 1999) oder Argument Driven Inquiry (ADI; Sampson et al. 2013) Konzepte etabliert, die wissenschaftliches Schreiben mit forschend-entdeckenden Unterrichtsansätzen kombinieren. Ziel ist es, das wissenschaftliche Argumentieren durch fachlich-authentische und zugleich pädagogische Schreibformen (z. B ein Protokollbuch als Lerntagebuch, ein Ergebnisbericht als Lernreflexion) zu fördern und so das Verständnis für wissenschaftliche Denk- und Arbeitsweisen und die Bedeutung der Sprache zu fördern. Derartige Programme bieten Unterrichtsmodelle für eine produktive Verknüpfung sprachlicher und forschender Aktivitäten, begeben sich aber nur selten (wie z. B. Fulwiler 2007) auf die Ebene konkreter Sprachförderung beispielsweise mit Hinweisen zum Wortschatz oder zu Satzmustern. Zahlreiche Studien berichten positive Effekte dieser Programme auf fachliches Lernen und naturwissenschaftliche Denk- und Arbeitsweisen.

10.7.3 Sprachsensibler Fachunterricht

Sprachsensibler Fachunterricht[1] nach Leisen (2013) ist Physikunterricht, der in dem Bewusstsein stattfindet, dass fachliches
und sprachliches Lernen untrennbar miteinander verbunden
sind. Theoretisch beruft sich Leisen dabei auf die sozial-
konstruktivistischen Vorstellungen des Lernens von Wygotski
(1979) und die Erkenntnis von Muckenfuß (1988, 1995), dass
exakte Begriffe nicht für das Verstehen, sondern nur für das
Verstandene geeignet sind, Lernen und Verstehen dagegen die
Plastizität und Vagheit der Alltags- und Umgangssprache und
den Diskurs in sinnstiftenden Kontexten benötigen.

Wenn fachliche Verständnisprobleme sprachlich gelöst werden, bietet der Physikunterricht authentische Anlässe für das
Sprachlernen. Dabei soll jedoch die Fachdidaktik stets Vorrang
vor der Sprachdidaktik haben. Vorteilhaft für den Physikunterricht ist danach, dass fachdidaktische Konzepte wie z. B. der
Wechsel zwischen Darstellungsformen auf unterschiedlichen
Abstraktionsniveaus und die damit verbundene Sprachvielfalt
(nonverbale Sprache, Bildsprache, verbale Sprache, symbolische
Sprache, mathematische Sprache) für die Spracharbeit aufgriffen
werden. Ziel der Spracharbeit ist nicht eine strenge fachsprachliche Kommunikation, sondern eine sachangemessene und
adressatengerechte Kommunikation der Schüler untereinander.
Beim Darstellen fachlicher Zusammenhänge und beim Aus-
handeln von Bedeutungszuweisungen wird im Unterricht mit
und um Sprache gerungen.

Für die Gestaltung eines sprachsensiblen Fachunterrichts
werden drei Leitlinien formuliert:

1. Die Lerner werden in fachlich authentische, aber bewältig-
   bare Sprachsituationen gebracht. Die Sprachanforderungen
   liegen knapp über dem individuellen Sprachvermögen der
   Lerner (Zone der proximalen Entwicklung).
2. Die Lerner erhalten so viele Sprach- und Lesehilfen, wie
   sie zum erfolgreichen Bewältigen der Sprachsituation
   benötigen.
3. Leisen hat vier Gruppen mit jeweils drei sprachlichen
   Standardsituationen identifiziert, die Schüler regelmäßig
   im Physikunterricht bewältigen müssen und die durch
   Methodenwerkzeuge unterstützt werden können:
   - A: Wissen sprachlich darstellen
     - etwas (Gegenstand, Experiment, …) darstellen und
       beschreiben

- Darstellungsformen (Tabelle, Diagramm, Skizze, …) verbalisieren
- fachtypische Sprachstrukturen anwenden
- B: Wissenserwerb sprachlich begleiten
  - Sachverhalte präsentieren und strukturiert vortragen
  - Hypothesen, Vorstellungen, Ideen, … äußern
  - Informationen nutzen und Fragen stellen
- C: Wissen mit andern sprachlich verhandeln
  - Sachverhalte erklären und erläutern
  - fachliche Probleme lösen und mündlich oder schriftlich verbalisieren
  - auf Argumente eingehen und Sachverhalte diskursiv erörtern
- D: Text- und Sprachkompetenzen ausbauen
  - einen Fachtext lesen
  - einen Fachtext verfassen
  - Sprachkompetenz sichern und ausbauen

Die Standardsituationen A–C ergeben sich aus den fachlichen Anforderungen des Physikunterrichts, wogegen die Standardsituationen D dem Aufbau allgemeiner Text- und Sprachkompetenz dienen. Im Fokus steht die erfolgreiche Kommunikation und nicht der fehlerfreie Sprachgebrauch. Wichtiger ist, dass Schüler sich sprachlich kompetent erleben, indem sie einen Text im geforderten Umfang und nach vorgegebenen Kriterien schreiben, als dass dieser Text fehlerfrei und perfekt ist.

Die Schülerinnen und Schüler sollen durch fachlich und sprachlich herausfordernde Aufgaben unterschiedlicher Komplexität an die Bildungssprache herangeführt werden. Hierzu bettet Leisen den sprachsensiblen Fachunterricht in sein Lehr-Lern-Modell (sie ▶ Abschn. 4.3.5) ein, das er zur Konstruktion kompetenzorientierter Aufgaben und Lernumgebungen entwickelt hat (Leisen 2011). Danach sollen Schülerinnen und Schüler in einem Lernkontext ankommen, Vorstellungen dazu entwickeln, Lernprodukte erstellen und diskutieren sowie das Gelernte sichern, vernetzen, transferieren und festigen. Methodisch wichtig ist die sprachliche Eigentätigkeit der Schülerinnen und Schüler (Handlungsorientierung), die situativ durch geeignete Materialien und Methodenwerkzeuge unterstützt wird. Diese beinhalten Wortschatzarbeit, Lesestrategien, Schreibstrategie, Leseübungen und Schreibübungen.

Im Handbuch zur Sprachförderung im Fach (Leisen 2013) findet man die notwendigen Grundlagen und das Hintergrundwissen für die Entwicklung bildungssprachlicher Kompetenzen und eine Fülle von praktischen Tipps (Arbeitsblätter, Methodenwerkzeuge, Unterrichtsskizzen) für die Gestaltung von sprachlichen Lernprozessen, um die unterschiedlichen Bereiche des Spracherwerbs im Fachunterricht zu fördern.

Zusammenfassend gibt Leisen (2013) folgende Anregungen für einen sprachsensiblen Physikunterricht:

- Den Unterricht auf Kommunikation über Physik ausrichten.
- Die Sprache am Verstehen der Schüler (Wissensnetze, Sprachvermögen) orientieren und nicht an der Sprache der Physik.
- Verbale Sprache als eine von vielen Darstellungsformen nutzen und sie den Schülern bewusst machen.
- Die Schüler zum Sprechen ermutigen und sprachliche Misserfolge möglichst vermeiden.
- Sprachliche Standardsituationen mit Methodenwerkzeugen unterstützen.
- Begriffe und fachsprachliche Strukturen über Stufen kognitiv-sprachlicher Fassungen (enaktiv, ikonisch, symbolisch) bilden.
- Beim Lesen von Texten Hilfen geben und das Textverstehen üben.
- Verhindern, dass sich Fach- und Sprachlernproblem vermischen.
- Metareflexive Phasen in den Unterricht integrieren und Sprachbewusstsein schaffen.

10

10.7.4 Resümee

Die drei vorgestellten Ansätze gehen die Spracharbeit im Physikunterricht aus unterschiedlichen Blickwinkeln und mit unterschiedlichen Schwerpunkten an. SIOP bzw. CALLA und die textsortenbasierte bzw. Literale Didaktik kommen von der Sprachdidaktik (für Zweitsprachenlerner) her und versuchen diese in den Fachunterricht zu integrieren. Sie formulieren explizite sprachliche Lernziele, die systematisch erreicht werden sollen. Der sprachsensible Fachunterricht wie auch SHW und ADI dagegen gehen vom Fach aus und wollen die Sprachförderung dafür nutzbar machen. Sprachliche Ziele ergeben sich dort situativ aus den jeweiligen Fachinhalten und werden punktuell gefördert. Allen Konzepten gemeinsam ist eine konstruktivistische Auffassung des Lernens, bei der die eigenständige Bearbeitung komplexerer und umfassenderer Aufgabenstellungen mit darstellenden und kommunikativen Anteilen eine wichtige Rolle spielt. Dies macht deutlich, dass die Spracharbeit im Physikunterricht zugleich eine veränderte Aufgabenkultur und Unterrichtsgestaltung erfordert.

Grundsätzlich stellt sich die Frage, inwieweit ein implizites Sprachlernen in einem vorwiegend mündlichen „Sprachbad" ausreichend ist oder eine explizite, regelbasierte Sprachbildung notwendig ist, die verstärkt Schriftlichkeit einsetzt. Die Entscheidung, welches Gewicht die Sprache im Physikunterricht haben soll, kann von der spezifischen Situation an der Schule abhängen. So mag der Einsatz sprachdidaktischer Methoden im Physikunterricht an manchen Schulen als unzulässige Vereinnahmung des Physikunterrichts angesehen werden, während er beispielsweise an Schulen mit einer multikulturellen Schülerschaft überhaupt erst die Voraussetzungen schaffen kann, dass anspruchsvoller Physikunterricht möglich ist.

Die Literale Didaktik konzentriert sich auf die schriftliche Textarbeit, während die anderen Konzepte die Spracharbeit umfassender, z. B. auch auf der Wort- und Satzebene, angehen. Für die gegenwärtige Rolle der Schriftlichkeit im Fachunterricht gilt nach Thürmann (2012):

> » Geschrieben wird selten – und wenn, dann überwiegend telegraphisch und in instrumenteller Funktion (Schreiben als Mittlerfertigkeit). Dabei geht es vorrangig um Tafel-/ Folienabschriften, Anfertigen von Notizen, Ausfüllen von Lückentexten, Unter- und Überschriften, kurze Sätze für Plakate und Präsentationen. Schreiben wird funktional eingesetzt für die Überprüfung von Verstehensleistungen, für die Zusammenfassung von Lernergebnissen sowie für die Organisation des Lehr- und Lerngeschehens. (Thürmann 2012, S. 11)

Da die Fachsprache der Physik ebenso wie die Bildungssprache bzw. die Sprache der Schule aber konzeptuell schriftlich angelegt ist, wird man nicht umhinkommen, auch wenn Physikunterricht nur ein mündliches Nebenfach ist, regelmäßige Anlässe zu integrieren, in denen die Schülerinnen und Schüler längere, zusammenhängende Texte lesen und schreiben müssen.

Über die Verbesserung des generellen Sprachvermögens hinaus ist für den Physikunterricht besonders die Entwicklung und Förderung der Fachsprache mit ihren speziellen Begriffsbildungen von Belang. Dieser Aspekt scheint in der Literalen Didaktik zu kurz zu kommen und wird am meisten vom sprachsensiblen Physikunterricht aufgegriffen. Wesentliche methodische Elemente hierfür sind die Kontrastierung von Alltags- bzw. Bildungssprache und Fachsprache sowie die Metakommunikation über Existenz, Merkmale und Funktion unterschiedlicher Sprachregister und Sprachen (Rincke 2011).

10.8 Fazit

Wir vermitteln Gedanken durch die Sprache und nehmen sie zu einem erheblichen Teil auf diesem Wege auf. Physikalische Begriffe, Zusammenhänge und Konzepte werden zu einem großen Teil sprachlich gefasst und vermittelt, wobei man sich in der Domäne der Physik selbstverständlich weiterer

Repräsentationsformen bedient, etwa der symbolsprachlichen (mathematischen) und der ikonischen Form der Darstellung. Die Sprache, die im Unterricht verwendet wird, ist nicht dieselbe wie in der Wissenschaft, und daher muss nach Wegen gesucht werden, wie die Besonderheiten der Fachsprache thematisiert werden können. Entgegen landläufiger Ansichten drücken sich die Besonderheiten nur sehr bedingt auf der Wortebene aus. Es gibt zwar physikalische Fachbegriffe, die sofort als solche erkennbar sind und die in außerphysikalischen Kommunikationssituationen kaum vorkommen. Insbesondere aber die im Unterricht der Schulen viel verwendeten Grundbegriffe wie Kraft, Energie, Wärme, Temperatur, Spannung oder Strom kommen auch außerfachlich in mannigfaltigen Zusammenhängen vor. Sie werden erst durch ihre sprachliche Umgebung zu Fachbegriffen, also dadurch, wie sie mit anderen Wörtern zu Sätzen verbunden werden (und nicht durch einen vermeintlich physikalischen Kontext). Eine sprachliche Umgebung, die dafür sorgt, dass z. B. Kraft als Eigenschaft eines Gegenstands auftritt, macht den Begriff zum Alltagsbegriff (und nicht zum Fachbegriff), während Formulierungen, die deutlich machen, dass Kraft etwas ist, das eine Beziehung zwischen Körpern beschreibt, den Begriff zum Fachbegriff machen können.

Ein sprachexpliziter Unterricht ist also stets auch Fachunterricht, da die Arbeit an der Sprache und die Arbeit an und mit den fachlichen Vorstellungen, die Schülerinnen und Schüler von physikalischen Konzepten haben, sehr eng verbunden sind. Sprachexpliziter Unterricht kann daher auch als ein Weg dafür angesehen werden, Physik vertraut zu machen.

Für den sprachexpliziten Unterricht wurden unterschiedliche Konzepte umrissen. Derzeit fehlt es jedoch noch an erprobten Praxisbeispielen und aussagekräftigen empirischen Studien zur Wirksamkeit dieser Konzepte im deutschsprachigen Physikunterricht. Es deutet sich an, dass eine Verbesserung der sprachlichen Oberfläche durch die explizite Sprachförderung recht schnell zu erreichen ist, der Nachweis positiver Effekte auf das Fachlernen steht aber noch aus.

Literatur

Akkus, R., Gunel, M. & Hand, B. (2007). Comparing an Inquiry-based Approach known as the Science Writing Heuristic to Traditional Science Teaching Practices: Are there differences? In: *International Journal of Science Education, 29*(14), 1745–1765.

Anderson, J. R. (2007). *Kognitive Psychologie*. Heidelberg, Berlin: Spektrum (Springer).

Baumann, K.-D. (2009). Sprache in Naturwissenschaften und Technik. In: U. Fix, A. Gardt & J. Knape (Hrsg.), *Rhetorik und Stilistik* (Bd. 31.2, S. 2241–2257). Berlin, New York: Mouton de Gruyter.

Bennett, J. (2003). *Teaching and learning science*. London, New York: Continuum.

Busch-Lauer, I.-A. (2009). Fach- und gruppensprachliche Varietäten und Stil. In: U. Fix, A. Gardt & J. Knape (Hrsg.), *Rhetorik und Stilistik (Bd. 31.2*, S. 1706–1721). Berlin, New York: Mouton de Gruyter.

Chamot, A. U. & O'Malley, J. M. (1994). *The CALLA handbook: How to implement the Cognitive Academic Language Learning Approach*. Reading, MA: Addison-Wesley.

Chamot, A. U., O'Malley, J. M. & Küpper, L. (1992). *Building bridges: Content and learning strategies for ESL students*. Books 1, 2, and 3. Boston, MA: Heinle & Heinle.

Chomsky, N. (1980). Rules and representations. In: *Behavioral and Brain Sciences, 3*, 1–61.

Echevarria, J., Vogt, M. E. & Short, D. (2010). *Making content comprehensible for English learners: the SIOP® model* (3. Auflage). Boston, MA: Allyn and Bacon.

Feilke, H. (2012). Bildungssprachliche Kompetenzen – fördern und entwickeln. In: *Praxis Deutsch, 233*, 4–13.

Fodor, J. A. (1983). *The modularity of mind. Cambridge*. MA: MIT/Bradford Books. (Zitiert nach Anderson (2007), 434).

Fulwiler, B. R. (2007). *Writing in science: How to scaffold instruction to support learning*. Portsmouth, NH: Heinemann Educational Books.

Gee, J. P. (2005). Language in the science classroom: Academic social languages as the heart of school-based literacy. In: R. K. Yerrick & W. Roth (Hrsg.), *Establishing scientific classroom discourse communities*. New Jersey, Mahwah: Lawrence Erlbaum, 19–37.

Gogolin, I. & Duarte, J. (2016). Bildungssprache. In: J. Kilian, B. Brouër, D. Lüttenberg (Hrsg.), *Handbuch Sprache in der Bildung (Bd. 21)*. Berlin, Boston: Walter de Gruyter.

Hahn, W. v. (1981). Einführung. In: W. v. Hahn (Hrsg.), *Fachsprachen*. Darmstadt: Wissenschaftliche Buchgesellschaft, 1–14.

Halliday, M. A. K. (1994). *An introduction to functional grammar*. London: Edward Arnold.

Hoffmann, M. (2007). *Funktionale Varietäten des Deutschen – kurz gefasst*. Potsdam: Universitätsverlag. Verfügbar unter: urn:nbn:de:kobv:517-opus-13450 (abgerufen am 12.11.2018).

Ischreyt, H. (1965). *Studien zum Verhältnis von Sprache und Technik: Institutionelle Sprachlenkung in der Terminologie der Technik*. Düsseldorf: Schwann. (Zitiert nach Möhn (1981), 178).

Keys, C. W., Hand, B., Prain, V. & Collins, S. (1999). Using the science writing heuristic as a tool for learning from laboratory investigations in secondary science. In: *Journal of Research in Science Teaching, 36*, 1065–1084.

KMK – Sekretariat der Ständigen Konferenz der Kultusminister der Länder in der Bundesrepublik Deutschland (Hrsg.) (2005). *Beschlüsse der Kultusministerkonferenz: Bildungsstandards im Fach Physik für den Mittleren Schulabschluss (Jahrgangsstufe 10)*. München, Neuwied: Luchterhand (Wolters Kluwer). Verfügbar unter: ▶ https://www.kmk.org/fileadmin/Dateien/veroeffentlichungen_beschluesse/2004/2004_12_16-Bildungsstandards-Physik-Mittleren-SA.pdf (abgerufen am 24.02.2020).

Koch, P. & Oesterreicher, W. (1985). Sprache der Nähe – Sprache der Distanz. Mündlichkeit und Schriftlichkeit im Spannungsfeld von Sprachtheorie und Sprachgeschichte. In: O. Deutschmann, H. Flasche, B. König, M. Kruse, W. Pabst & W.-D. Stempel (Hrsg.), *Romanistisches Jahrbuch, Bd. 36*. Berlin, New York: Walter de Gruyter, 15–43.

Kulgemeyer, C. & Schecker, H. (2009). Kommunikationskompetenz in der Physik: Zur Entwicklung eines domänenspezifischen Kommunikationsbegriffs. In: *Zeitschrift für Didaktik der Naturwissenschaften, 15*, 131–153.

Kulgemeyer, C. & Schecker, H. (2012). Physikalische Kommunikations-kompetenz – Empirische Validierung eines normativen Modells. In: *Zeitschrift für Didaktik der Naturwissenschaften, 18*, 29–54.

Langenmayr, A. (1997). *Sprachpsychologie*. Göttingen, Bern, Toronto: Hogrefe.

Leisen, J, (2011). Kompetenzorientiert unterrichten. In: *Naturwissenschaften im Unterricht Physik, 123/124*, 4–10.

Leisen, J. (2013). *Handbuch Sprachförderung im Fach – Sprachsensibler Fachunterricht in der Praxis*. Stuttgart: Klett.

Lemke, J. L. (1990). *Talking science*. Westport, Connecticut; London: Ablex Publishing.

Löffler, H. (2010). *Germanistische Soziolinguistik*. Berlin: Erich Schmidt. (C. Lubkoll, U. Schmitz, M. Wagner Egelhaaf & K.-P. Wegera, Hrsg.)

Merzyn, G. (1994). *Physikschulbücher, Physiklehrer und Physikunterricht*. Kiel: Institut für Pädagogik der Naturwissenschaften.

Muckenfuß, H. (1988). Wie präzise dürfen physikalische Begriffe sein, damit Schüler sie noch verstehen? In: *MNU, 7*, 397–406.

Muckenfuß, H. (1995). *Lernen im sinnstiftenden Kontext*. Berlin: Cornelsen.

Möhn, D. (1981). Fach- und Gemeinsprache – zur Emanzipation und Isolation der Sprache. In: W. v. Hahn (Hrsg.), *Fachsprachen*. Darmstadt: Wissenschaftliche Buchgesellschaft, 172–217.

Möhn, D. & Pelka, R. (1984). *Fachsprachen. Eine Einführung*. Tübingen: Niemeyer.

Morek, M. & Heller, V. (2012). Bildungssprache – Kommunikative, epistemische, soziale und interaktive Aspekte ihres Gebrauchs. In: *Zeitschrift für angewandte Linguistik, 57*, 67–101.

Ortner, H. (2009). Rhetorisch-stilistische Eigenschaften der Bildungssprache. In: U. Fix, A. Gardt & J. Knape (Hrsg.), *Rhetorik und Stilistik* (*Bd. 31.2*, S. 2227–2240). Berlin, New York: Mouton de Gruyter.

Pearson (2018). *The SIOP Model*. Verfügbar unter: ► http://siop.pearson.com (abgerufen am 24.02.2020).

Portmann-Tselikas, P. R. (2005). *Was ist Textkompetenz?* Verfügbar unter: ► http://www.iagcovi.edu.gt/Homepagiag/paed/koord/deutsch/daf_2010/bewertung_dfu/textkompetenz_aufbau/PortmannTextkompetenz.pdf. (abgerufen am 24.02.2020).

Portmann-Tselikas, P. R. & Schmölzer-Eibinger, S. (2008). Textkompetenz. In: *Fremdsprache Deutsch, 39*, 5–16.

Rincke, K. (2007). *Sprachentwicklung und Fachlernen im Mechanikunterricht*. Berlin: Logos. (Bd. 66; H. Niedderer, 19 Physikdidaktik in der Praxis H. Fischler & E. Sumfleth, Hrsg.). Verfügbar unter: ► http://nbn-resolving.de/urn:nbn:de:hebis:34-2007101519358 (abgerufen am: 24.02.2020).

Rincke, K. (2010). Alltagssprache, Fachsprache und ihre besonderen Bedeutungen für das Lernen. In: *Zeitschrift für Didaktik der Naturwissenschaften, 16*, 235–260. Verfügbar unter: ► archiv.ipn.uni-kiel.de/zfdn/pdf/16_Rincke.pdf (abgerufen am 24.02.2020).

Rincke, K. (2011). It's rather like learning a language: Development of talk and conceptual understanding in mechanics lessons. In: *International Journal of Science Education, 33*(2), 229–258.

Roelcke, T. (1999). *Fachsprachen*. Berlin: Erich Schmidt. (C. Lubkoll, U. Schmitz, M. Wagner-Egelhaaf, K.-P. Wegera, Hrsg.).

Rose, D., Martin, J. (2012). *Learning to Write, Reading to Learn: Genre, Knowledge and Pedagogy of the Sydney School*. Sheffield (UK) and Bristol (USA): Equinox Publishing Ltd.

Sampson, V., Enderle, P., Grooms, J. & Witte, S. (2013). Writing to learn by learning to write during the school science laboratory: Helping middle and high school students develop argumentative writing skills as they learn core ideas. In: *Science Education, 97*(5), 643–670.

10

Selinker, L. (1972). Interlanguage. In: *International Review of Applied Linguistics in Language Teaching (IRAL), 10*(3), 209–231.

Schmölzer-Eibinger, S. (2007). Auf dem Weg zur Literalen Didaktik. In: S. Schmölzer-Eibinger & G. Weidacher (Hrsg.), *Text-Kompetenz. Eine Schlüsselkompetenz und ihre Vermittlung.* Tübingen: Narr Francke Attempto, 207–222.

Schmölzer-Eibinger, S. (o. J.). *Textkompetenz, Lernen und Literale Didaktik.* Verfügbar unter: ► http://www.abrapa.org.br/cd/npdfs/SchmeolzerEibinger-Sabine.pdf (abgerufen am 24.02.2020).

► http://www.cal.org/siop/

Söll, L. (1985). *Gesprochenes und geschriebenes Französisch* (Bd. 6). Berlin: Erich Schmidt. (Zitiert nach Koch und Oesterreicher (1985)).

Spillner, B. (2009). Funktionale Varietäten und Stil. In: U. Fix, A. Gardt, & J. Knape (Hrsg.), *Rhetorik und Stilistik* (Bd. *31.2*, S. 1722–1738). Berlin, New York: Mouton de Gruyter.

Thürmann, E. (2012). Lernen durch Schreiben? Thesen zur Unterstützung sprachlicher Risikogruppen im Sachfachunterricht. In: *dieS-online 1/2012.* Verfügbar unter: ► https://d-nb.info/1068273801/34 (abgerufen am 24.02.2020)

Wagenschein, M. (2009). Naturphänomene sehen und verstehen. Genetische Lehrgänge. Darin S. 134 ff. *Die Sprache im Physikunterricht,* original 1968.

Watson, J. B. (1930). *Behaviorism.* New York: Norton. (Zitiert nach Anderson 2007, 428).

Whorf, B. L. (1963). *Sprache, Denken, Wirklichkeit.* Reinbek: Rowohlt Taschenbuch.

Wygotski, L. S. (1979). *Denken und Sprechen.* Frankfurt a. M.: Fischer.

Erklären im Physikunterricht

Christoph Kulgemeyer

© Springer-Verlag GmbH Deutschland, ein Teil von Springer Nature 2020
E. Kircher et al. (Hrsg.), *Physikdidaktik | Grundlagen*, https://doi.org/10.1007/978-3-662-59490-2_11

Lehrkräfte erklären physikalische Inhalte im Unterricht, z. B. in direkt instruktionalen Unterrichtsformen. Doch sind solche instruktionalen Erklärungen ein gewinnbringendes Element eines lernförderlichen Physikunterrichts? Wie werden solche mündlichen Erklärungen lernförderlich gestaltet und in einen Unterrichtsgang eingebettet? Wie können sich Lehrkräfte gezielt auf Erklärungen vorbereiten und diese dann im Unterricht effektiv einsetzen? In diesem Kapitel werden diese Fragen auf Basis empirischer Erkenntnisse aus Psychologie und Physikdidaktik aufgegriffen. Der Kenntnisstand wird in Form von sieben Leitideen erfolgreichen Erklärens zusammengefasst, die in einen Planungsleitfaden für Erklären im Physikunterricht überführt werden. Dabei werden Bedingungen diskutiert, unter denen eine Lehrkraft erklären kann – und solche, unter denen sie es besser unterlassen sollte. Die Kernideen werden schließlich auch auf Erklärvideos angewendet, wie man sie z. B. bei YouTube finden kann.

Versetzen wir uns gedanklich in eine Standardsituation: Im Physikunterricht soll im Rahmen einer Unterrichtseinheit zum Kraftbegriff das 3. Newton'sche Axiom eingeführt werden. Bei der Unterrichtsplanung kann man sich für verschiedene Wege entscheiden. Eine der vielen grundlegenden Entscheidungen, die man treffen könnte, ist diese: Sollen die Schülerinnen und Schüler sich den Gegenstand vorrangig selbstorganisiert erarbeiten oder soll die Lehrkraft Strukturen und Ergebnisse vorgeben? Im ersten Fall könnte man von *Selbsterklärungen* sprechen, der zweite Fall könnte als wesentliches Element *instruktionale Erklärungen* der Lehrkraft beinhalten. Instruktionale Erklärungen kann man dabei verstehen als vor allem sprachliche Handlungen, die eine Lehrkraft mit der Absicht, Inhalte zu vermitteln, vornimmt.

Selbsterklärungen oder instruktionale Erklärungen

Bei der Entscheidung für und wider instruktionale Erklärungen könnte man sich als Lehrkraft jetzt verschiedene Fragen stellen:

1. Was bedeutet „Erklären" überhaupt – ist das nicht eine veraltete Form lehrerzentrierten Unterrichts?
2. Was ist die Kritik am Erklären im Unterricht?
3. Wie können instruktionale Erklärungen überhaupt lernwirksam sein – oder sind sie prinzipiell den Selbsterklärungen unterlegen? Gibt es Kennzeichen guter Erklärungen, die man bei der Planung berücksichtigen kann?
4. Gibt es Regeln oder Hilfen, nach denen man sich entscheiden kann, ob und wann man als Lehrkraft erklären sollte? Was sollte man überhaupt erklären und wobei sollte man besser anders vorgehen?

11

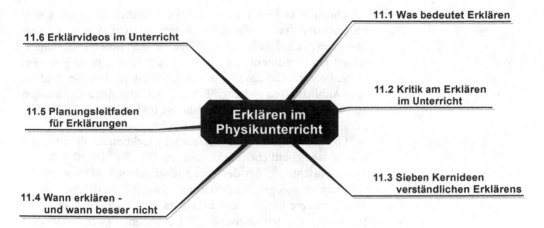

11.6 Erklärvideos im Unterricht

11.1 Was bedeutet Erklären

11.5 Planungsleitfaden
für Erklärungen

**Erklären im
Physikunterricht**

11.2 Kritik am Erklären
im Unterricht

11.4 Wann erklären -
und wann besser nicht

11.3 Sieben Kernideen
verständlichen Erklärens

◘ Abb. 11.1   Kapitelübersicht

5. Wie plant man eine instruktionale Erklärung für den
   Physikunterricht?
6. Es gibt inzwischen so viele gut gemachte Erklärvideos zu
   physikalischen Themen – kann ich darauf zurückgreifen?
   Was sind überhaupt Kennzeichen guter Erklärvideos?

Diese Fragen sollen in den folgenden Abschnitten beantwortet
werden. Ihre Reihenfolge entspricht den Teilkapiteln, in denen
sie auftauchen (◘ Abb. 11.1). Wichtig ist zu betonen, dass es in
diesem Kapitel um verbale Erklärungen geht – wie Lehrbuch-
texte, also geschriebene Erklärungen, gestaltet werden, wird hier
nicht behandelt. Dazu gibt es andere Beiträge, die hilfreich sein
können (z. B. Kulgemeyer und Starauschek 2014).

Verbale Erklärungen

11.1 Was sind instruktionale Erklärungen?

In diesem Abschnitt soll zunächst der Begriff der instruktionalen
Erklärung geklärt werden. Dabei sind die drei folgenden Begriffe
voneinander abzugrenzen:
— Erklärungen und Argumentationen
— wissenschaftliche Erklärungen und instruktionale
  Erklärungen
— der Prozess des Erklärens und sein (Zwischen-)Produkt, die
  Erklärung

Als instruktionale Erklärungen kann man alle primär verbalen
Bemühungen einer Lehrkraft verstehen, einen Sachverhalt verständlich zu machen. Sie müssen dabei nicht auf gesprochene
Sprache begrenzt sein. Erklärungen können natürlich unterstützt sein durch Medien, Darstellungsformen, Experimente und

Erklärung versus
Argumentation

verschiedene andere Veranschaulichungsmittel. Wichtig ist aber die Intention der Handlung: Sie ist dazu gedacht, dass ein Gegenüber den Sachverhalt *versteht*. Das ist der wesentliche Unterschied zur Argumentation, bei der es primär darum geht, ein Gegenüber zu *überzeugen*. In der Literatur sind große strukturelle Ähnlichkeiten zwischen Erklärungen und Argumentationen ausführlich beschrieben (z. B. Osborne und Patterson 2011), aber die Ziele beider Handlungen sind fundamental andere.

Ebenfalls abgrenzen muss man instruktionale Erklärungen von wissenschaftlichen Erklärungen. Die für die Physik vermutlich wichtigste Art der wissenschaftlichen Erklärung ist die deduktiv-nomologische Erklärung (Hempel und Oppenheim 1948). Andere Formen des Erklärens, z. B. induktiv-statistische Erklärungen, teleologische Erklärungen oder narrative Erklärungen, treten auf, spielen aber insbesondere in der Schulphysik eine Nebenrolle. Die Kernidee wissenschaftlicher Erklärungen ist es, einen logisch nachvollziehbaren Zusammenhang zwischen einem beobachtbaren *Phänomen* und einem *zugrunde liegenden Gesetz* herzustellen. Idealerweise ist dieser Zusammenhang so beschaffen, dass es bei Kenntnis aller Rahmenbedingungen und des Gesetzes möglich ist, das Auftreten des Phänomens vorherzusagen (spätestens im Rahmen der Quantenmechanik ist dieses Versprechen dann nicht mehr so einlösbar). Wichtig ist es, festzuhalten, dass wissenschaftliche Erklärungen vor allem zwei Qualitätsansprüche erfüllen: Sie müssen logisch sein und das Auftreten mehrerer Phänomene durch ein allgemeines Gesetz erklären.

Instruktionale Erklärungen haben einen anderen Charakter. Sie müssen vor allem die Adressatinnen und Adressaten der Erklärung im Blick haben und sollen von diesen verstanden werden. Dazu ist Logik sicher hilfreich, aber allein nicht ausreichend. Wichtig sind die Voraussetzungen, die die Adressatinnen und Adressaten mitbringen. Vom Vorwissen über etwaige Fehlvorstellungen bis hin zum Interesse können verschiedene Aspekte wichtig für das Erklären sein. Es gibt sogar empirische Arbeiten, die nahelegen, dass Erklärungen, die primär das Vorwissen der Adressatinnen und Adressaten berücksichtigen, besser verstanden werden als solche, die vor allem der logischen Sachstruktur folgen (Nathan und Petrosino 2003). Der Unterschied zwischen wissenschaftlichen Erklärungen und instruktionalen Erklärungen lässt sich aber häufig auch auf struktureller Ebene finden. Bei wissenschaftlichen Erklärungen kann man davon sprechen, dass ein Phänomen durch die Kenntnis eines Gesetzes erklärt wird – z. B. das Fortbewegen einer Rakete durch das 3. Newton'sche Axiom. Bei instruktionalen Erklärungen im Unterricht ist es zumeist so, dass das Gesetz als Lernziel vorgegeben ist, z. B. durch ein Curriculum. Hier besteht das Erklären oft darin, dass verschiedene Phänomene herangezogen werden, an

11

Instruktionale Erklärung versus wissenschaftliche Erklärung

denen das Gesetz als leistungsfähig erlebt wird. Das ist schließlich gewissermaßen der Wesenskern physikalischer Gesetze: dass sie auf verschiedene Phänomene erfolgreich angewendet werden können. Im Unterricht geschieht das Erklären also nicht selten genau umgekehrt wie in wissenschaftlichen Erklärungen: Nicht das Gesetz erklärt das Phänomen, sondern verschiedene Phänomene werden herangezogen, um ein Gesetz zu veranschaulichen. Diese Phänomene spielen die Rolle von Beispielen, die die Verständlichkeit einer Erklärung wesentlich beeinflussen (▶ Abschn. 11.3.2).

Die letzte Unterscheidung, die hier einführend getroffen werden soll, ist die zwischen Erklärung und Erklären. Mit dem Ziel, Verstehen zu erreichen, muss man festhalten: Es gibt keine ideal verstehbare Erklärung. Der Blick sollte deshalb vielmehr der Gestaltung des Prozesses dienen, nämlich dem Erklären. Erklärungen sind dabei wiederkehrende Zwischenprodukte des Prozesses, die mehr und mehr einem Gegenüber angepasst werden können. Wie dieser Prozess genau gestaltet werden muss, wird in ▶ Abschn. 11.4 beschrieben.

Erklärung versus Erklären

11.2 Kritik am Erklären im Unterricht

Man kann sich jetzt die Frage stellen, warum instruktionale Erklärungen durch Lehrkräfte manchmal ein schlechtes Image haben. Einer der Gründe dafür ist, dass wissenschaftliche Erklärungen und instruktionale Erklärungen oft miteinander verwechselt werden. Es ist ein durchaus verbreitetes Missverständnis, dass instruktionale Erklärungen wissenschaftlichen Erklärungen entsprechen, die für Unterrichtszwecke „heruntergebrochen" und quasi verstehbar verpackt werden. Das Missverständnis ist sogar in der Literatur verbreitet. Es gibt Beiträge, in denen Erklären rein negativ konnotiert ist und gleichgesetzt wird mit dozierendem Frontalunterrichts (z. B. Chi et al. 2001). Tatsächlich ist Erklären in diesem Sinne auch kein Teil guten Unterrichts. Es ist notwendig, in diesem Zusammenhang eine Botschaft sehr deutlich zu formulieren: Es ist ein Missverständnis, dass Erklären darin besteht, die maximal verständliche Darstellung für einen Inhalt zu finden, und das Gegenüber wird quasi automatisch verstehen. Diese sogenannte „transmissive Sicht" auf das Erklären widerspräche grundlegenden Erkenntnissen darüber, wie Lernen funktioniert, nämlich als Konstruktion von Bedeutung durch Lernende auf Basis ihrer Vorerfahrungen. Erklären ist aber durchaus als konstruktivistischer Prozess verstehbar. Beim Erklären ist das Ziel, die Wahrscheinlichkeit zu erhöhen, dass ein Gegenüber aus einer Erklärung selbst Bedeutung konstruieren kann. Tatsächlich zeigt sich sogar, dass Personen, die Erklären für dozierenden

Konstruktivistisches Erklären

Kognitive Aktivierung und
konstruktive Unterstützung

Erklären ist nicht Belehren!

Frontalunterricht halten, schlechter erklären als solche, die verstanden haben, dass auch Erklären ein Prozess ist, der die Wissenskonstruktion des Gegenübers zum Ziel hat (Kulgemeyer und Riese 2018).

Es ist vielfach belegt, dass Lernen nur funktionieren kann, wenn Schülerinnen und Schüler sich Bedeutung vor dem Hintergrund ihrer individuellen Vorerfahrungen selbst konstruieren – gewissermaßen die Grundformel des Konstruktivismus. Dies steht aber nur scheinbar im Widerspruch zu instruktionalen Erklärungen. Es muss überhaupt nicht der Fall sein, dass Schülerinnen und Schüler bei instruktionalen Erklärungen nur passiv rezipieren. Man muss eher sagen, dass gutes Erklären, wie es in diesem Kapitel thematisiert wurde, gerade das passive Rezipieren vermeidet. Es zielt vielmehr darauf ab, Schülerinnen und Schüler *kognitiv zu aktivieren* und konstruktiv *beim Bilden mentaler Modelle zu unterstützen*. Auch hier könnte ein Grund für das manchmal negative Image von Unterrichtserklärungen liegen: Kognitive Aktivierung kann beim Erklären durchaus erfolgen – sie ist aber nicht zu verwechseln mit der an der Oberfläche liegenden physischen Aktivität von Schülerinnen und Schülern, die in selbstorganisierten Lernformen in jedem Fall zu beobachten ist. Man kann sogar zeigen, dass physische Aktivität nicht förderlich für fachliches Lernen ist, kognitive Aktivierung aber schon (Skuballa et al. 2018). Für selbstorganisierte Lernformen gilt also ebenso wie für Lehrererklärungen, dass kognitive Aktivierung die eigentliche Richtschnur für Qualität des Unterrichts ist. Man kann sagen, dass Erklären im Unterricht, wenn es effektiv ist, sich fundamental vom „Belehren" unterscheidet, mit dem es häufig verwechselt wird: Es ist interaktiv, auf Diagnostik angelegt und gleichzeitig geeignet, Schülerinnen und Schülern Strukturen für komplexe Konzepte anzubieten, die sie selbst nur schwer erarbeiten könnten.

Interessanterweise wird Erklären durch Lehrkräfte von Schülerinnen und Schülern selbst keineswegs negativ wahrgenommen. Wilson und Mant (2011a) haben beispielsweise beschrieben, dass die Eigenschaft, gut erklären zu können, diejenige ist, die von Schülerinnen und Schülern besonders gelobte Lehrkräfte von der Durchschnittslehrkraft unterscheidet. Die so gelobten Lehrkräfte selbst erwähnen diese Eigenschaft übrigens gar nicht als Teil guten Unterrichtes (Wilson und Mant 2011b). Ein Grund dafür könnte wieder sein, dass interaktives Erklären und Belehren miteinander verwechselt wurden.

Betont werden muss, dass auch Schülerinnen und Schüler regelmäßig im Unterricht erklären, z. B. im Rahmen eines Gruppenpuzzles oder bei der Vorstellung von Ergebnisse in Kleingruppen und im Plenum. Es spricht nichts dagegen, ihnen auch beizubringen, wie man erklärt – im Rahmen des Erwerbs von Kommunikationskompetenz spricht sogar einiges dafür

(Kulgemeyer 2015). Ihr Erklären folgt im Wesentlichen den-selben Kriterien wie das Erklären durch Lehrkräfte.

Es ist also hervorzuheben, dass Kritik am Erklären durchaus berechtigt ist, wenn mit Erklären dozierender Frontalunterricht gemeint ist. Erklären kann aber einen sinnvollen und ertrag-reichen Anteil an gutem Physikunterricht haben, wenn man es als grundlegende Handlung des „Sich-Verständlichmachens" versteht. Dabei muss man allerdings den Blick vom Unterricht, der sich wesentlich an der Sachstruktur orientiert und seine Adressaten aus dem Blick verliert, weglenken und Erklären als interaktiven Prozess verstehen, an dem Erklärende und Lernen-den gleichermaßen teilhaben.

11.3 Was macht instruktionale Erklärungen ver-ständlich? Sieben Kernideen erfolgreichen Erklärens

Es gibt umfangreiche empirische Arbeiten, die sich mit Erfolgs-bedingungen instruktionaler Erklärungen auseinandersetzen. Diese Arbeiten stammen wesentlich aus der Psychologie und der Fachdidaktik. Dabei kristallisieren sich sieben Kernideen heraus, die beim Erklären berücksichtigt werden müssen (Kulgemeyer 2018c). Im Folgenden sollen diese sieben Kernideen kurz vor-gestellt und aus empirischen Studien heraus begründet werden.

11.3.1 Kernidee 1: Adressaten berücksichtigen: Adaption an Wissensstand und Interessen

Die wohl bedeutendste Erkenntnis in der Forschung zu instruk-tionalen Erklärungen ist gleichermaßen die einsichtigste: Erklären muss sich, um erfolgreich zu sein, notwendigerweise an den Voraussetzungen der Lernenden orientieren (Wittwer und Renkl 2008). Insbesondere wichtig ist es, dass der Wissensstand als Orientierungsrahmen dient. Das scheint zunächst einmal nicht zu überraschen: Natürlich wird jemand, der z. B. die Fach-begriffe und die Mathematik der Quantenphysik nicht versteht, einer mathematisch gehaltenen Erklärung des Franck-Hertz-Ver-suchs nicht folgen können. Man muss die wesentlichen Aspekte also anders ausdrücken und es schaffen, an den Wissensstand anzuknüpfen. Überraschend ist eher, dass man empirisch zei-gen kann, dass es keineswegs eine sinnvolle Strategie ist, mög-lichst „einfach" zu erklären und auf Fachbegriffe, fachliche Darstellungsformen oder Mathematik gänzlich zu verzichten. Auch in der Forschung zum instruktionalen Erklären ist der Expertise Reversal Effect gefunden worden. Manche Erklärungen,

Anpassen an den Wissensstand

die für Novizen verständlich sind, sind für Experten unnötig kompliziert (Kalygua 2007). Eine Erklärung dafür kann aus der Cognitive Load Theory (Mayer 2001; Sweller 1988) abgeleitet werden: Eine Zusammenfassung kann z. B. für Novizen hilfreich sein, stellt für Experten aber nur eine unnötige Wiederholung dar. Unnötige Informationen belasten die kognitiven Kapazitäten, die sich dann nicht mehr mit den wesentlichen Aspekten der Erklärung auseinandersetzen können. So ist es auch bei Lehrbuchtexten. Werden diese nach Verständlichkeitskriterien optimiert, so sind sie für Novizen besser verständlich und werden gleichermaßen für Experten weniger verständlich (McNamara und Kintsch 1996).

Die Lehre daraus ist, dass es so etwas wie eine optimale Erklärung für jede Person nicht geben kann, da es sehr vom individuellen Wissensstand abhängt, was als unnötige kognitive Belastung und was als notwendige Verständnishilfe wahrgenommen wird. Dies zeigt auch, dass zwei Aspekte beim guten Erklären im Physikunterricht von essenzieller Bedeutung sind:

- solides Wissen darüber, welcher Wissensstand bei Adressaten der Erklärung zu erwarten ist (insbesondere bezüglich Schülervorstellungen und Curriculum) und
- Fähigkeiten zur Diagnose der Lernervoraussetzungen.

Diagnose als Voraussetzung

11

Anpassen an Interessen

Tatsächlich sind besonders gute Lehrkräfte in der Lage, den Wissensstand geschickt zu diagnostizieren und ihren Erkläransatz entsprechend zu adaptieren (Duffy et al. 1986). Diagnose des Verstehens ist deshalb von besonderer Wichtigkeit beim guten Erklären. Bezüglich des ersten Punktes – des Wissens über die Lernervoraussetzungen – muss man betonen, dass Erklärer oft davon ausgehen, dass die Adressaten ihrer Erklärung mehr relevantes Wissen mitbringen, als es wirklich der Fall ist (Nickerson 1999). Es ist sogar so, dass Erklärende mit einem hohen Fachwissen dazu neigen, davon auszugehen, auch das Gegenüber hätte dieses hohe Fachwissen – das führt dazu, dass manchmal Personen mit hohem Fachwissen nicht erfolgreich an die Lernervoraussetzungen adaptieren und deshalb sogar schlechter erklären als Personen mit niedrigem Fachwissen (Kulgemeyer 2016). Es zeigt sich empirisch, dass das fachdidaktische Wissen, insbesondere das über Schülervorstellungen, der Schlüssel zu Adaption und damit zu einem elementaren Teil der Erklärqualität ist (Kulgemeyer und Riese 2018). Neben kognitiven Voraussetzungen ist auch das Anpassen des Erkläransatzes an die Interessen der adressierten Personen wichtig (Kulgemeyer und Schecker 2009). Dies macht sich u. a. in der Wahl der Beispiele bemerkbar, mit denen der erklärte Gegenstand veranschaulicht wird.

Allerdings ist die Forderung, man müsse den Erkläransatz an den adressierten Personenkreis anpassen, relativ abstrakt. Was bedeutet das konkret, wenn man einer Gruppe Schülerinnen und

Schülern Physik erklären möchte? Im nächsten Abschnitt werden Veranschaulichungswerkzeuge beschrieben, die dabei hilfreich sein können, erfolgreich zu adaptieren.

11.3.2 Kernidee 2: Veranschaulichungswerkzeuge nutzen

Adaption an Lernervoraussetzungen benötigt konkrete Werkzeuge, mit denen dieses Ziel erreicht werden kann. Ein breites Wissen über diese Werkzeuge gehört für gute Erklärende zum Standardrepertoire. Im Wesentlichen gibt es vier Bereiche, in denen Adaption bei fachlicher Kommunikation stattfinden kann (Kulgemeyer und Schecker 2009, 2013):
1. Sprachebene
2. Beispiele und Analogien
3. Mathematisierungsgrad
4. Darstellungsformen und Experimente

Man kann sich diese vier Werkzeuge so vorstellen, als ob in jedem Werkzeug für jede Adressatengruppe eine nach Vorwissen, Fehlvorstellungen und Interessen passende „Einstellung" vorgenommen werden muss. Im Prinzip muss für jede bzw. jeden Lernenden eine eigene Einstellung bezüglich Sprachebene, Beispielen/Analogien, Mathematisierungsgrad sowie Darstellungsformen/Experimenten gefunden werden. Der Prozess des Erklärens bezieht sich ganz wesentlich darauf, dass aufgrund einer passenden Diagnostik die Wahl in den vier Veranschaulichungswerkzeugen verändert wird, um eine bessere Adaption zu erreichen.

Die *Sprachebene* an die Adressaten anzupassen kann z. B. Sprachebene bedeuten, Fachbegriffe durch Umschreibungen in Alltagssprache zu ersetzen. Es kann natürlich auch bedeuten, fachliche Definitionen von Fachbegriffen zu verwenden – das ist eben abhängig vom Adressaten. Für instruktionale Erklärungen in der Schule lautet die pragmatische Empfehlung, neue Fachbegriffe sparsam einzuführen, sich exakt zu überlegen, welche Fachbegriffe tatsächlich verwendet werden, und nicht davon auszugehen, dass ein Fachbegriff bekannt ist. Das begründet sich u. a. darin, dass in Schulbüchern der Physik viele Fachbegriffe auftreten, die nur ein einziges Mal verwendet werden (Merzyn 1994). Ob ein Fachbegriff tatsächlich unerlässlich ist, muss im Einzelfall aus der Perspektive der fachlichen Korrektheit und Anschlussfähigkeit überlegt werden. Eine gewisse Gefahr liegt aber in einer bestimmten Strategie, die häufig beim Erklären zu beobachten ist. Manche Erklärende reagieren auf eine spezielle Form darauf, dass ihr Gegenüber nicht verstanden hat: Sie ändern die Konzepte, die sie beim Erklären verwenden. Das führt auch dazu, dass ein ganz anderes Repertoire an Fachbegriffen verwendet wird. Kulgemeyer und Tomczyszyn (2015) haben beispielsweise angehende Lehrkräfte dabei gefilmt, wie sie Schülerinnen und Schülern erklären, warum beim Sprengen eines Asteroiden in zwei Hälften beide Hälften die Richtung ihres Fluges ändern müssen. Auf Nichtverstehen reagierten viele dieser Lehrkräfte damit, dass sie ihren Ansatz änderten und statt von Impulsen von Kräften oder Energie sprachen. Das trägt nicht zur Klarheit bei, beim Erklären sollte man bei einem Konzept bleiben – es sei denn, man stellt fest, dass das Konzept prinzipiell nicht für die Lernenden fassbar ist.

Beispiele/Analogien

Beispiele und Analogien sind von ganz zentraler Bedeutung beim Erklären. Beispiele zeigen die Anwendung eines zu erklärenden Konzepts und können dazu beitragen, zu erkennen, dass ein allgemeines Prinzip tatsächlich in der Lage ist, oberflächlich völlig unterschiedliche Probleme zu lösen. Analogien (und auch Modelle oder Metaphern) schlagen zudem eine Brücke vom sich neu zu erschließenden Gebiet zu einem bereits bekannten Sachverhalt (Clement 1993; Duit und Glyn 1995). Es wird damit gezeigt, dass sich ein neuer Bereich im Prinzip so verhält wie etwas Bekanntes. Hier werden oft Anthropomorphisierungen verwendet, also physikalische Sachverhalte durch menschliche Analogien verdeutlicht. Beispielsweise werden Teilchen in einem idealen Gas manchmal durch Menschenmengen dargestellt. Anthropomorphisierungen werden oft kritisch gesehen, weil als zentrales Merkmal des Menschen ein Wille angenommen wird, den unbelebte Materie nicht haben kann. Sie können aber auch verständnisfördernd sein – hier muss man vorsichtig umgehen und die Grenzen der Analogie betonen.

Mathematisierungen

Der *Mathematisierungsgrad* muss ähnlich wie die Sprachebene angepasst werden – auch hier gilt, im Zweifel mathematische Zusammenhänge bei Schülerinnen und Schülern zusätzlich verbal zu erläutern. Physikalische Theorien benötigen allerdings häufig eine effiziente mathematische Beschreibung. Mathematik deshalb gänzlich zu vermeiden wäre ebenfalls ein Fehler.

Darstellungsformen/
Experimente

Darstellungsformen und Experimente sind als Veranschaulichungswerkzeuge sehr hilfreich, wenn sie die verbal dargestellte Information unterstützen (im Sinne eines *dual coding*, also der parallelen Darstellung von Information durch zwei Informationskanäle). Darstellungsformen können z. B. Grafiken, Diagramme, Fotos oder auch Videos sein. Experimente können einen sinnvollen Platz im Erklärprozess vor allem dann haben, wenn ein beim Erklären verwendetes Beispiel in ihnen modellhaft oder direkt gezeigt werden kann.

11.3.3 Kernidee 3: Relevanz verdeutlichen und Prompts nutzen

In der empirischen Forschung hat sich gezeigt, dass die wahrgenommene Relevanz einer instruktionalen Erklärung mit entscheidet, ob diese Lernerfolg hat. Das ist insbesondere der Fall, wenn eine Lehrererklärung als Reaktion auf einen Fehler oder ein Missverständnis erfolgt, nachdem das Thema eigentlich bereits behandelt wurde. In diesem Fall neigen Schülerinnen und Schüler dazu, weitere Erklärungen als redundant und irrelevant wahrzunehmen (Acuña et al. 2011). Man kann empirisch zeigen, dass es für den Anfang bereits ausreicht, wenn man Schülerinnen und Schülern zu Beginn einer Erklärung deutlich macht, dass es sich bei der folgenden Darstellung um ein gängiges Missverständnis handelt, das mit einer Erklärung korrigiert werden soll (Sánchez et al. 2009) – z. B. weil viele Leute sich den Sachverhalt anders vorstellen. Das erinnert sehr an die Konfrontationsstrategie beim Umgang mit Schülervorstellungen. Das in der Literatur am häufigsten diskutierte Mittel, um a) zu zeigen, dass eine Erklärung relevant für die Schülerinnen und Schüler ist und b) zu signalisieren, welche Teile davon besonders zentral sind, sind sogenannte „Prompts". Dabei handelt es sich um Hinweise, die explizit gegeben werden, z. B. „das ist jetzt besonders wichtig, weil es häufig falsch verstanden wird" oder „viele Leute stellen sich Energie als quasi-stofflich vor, aber ist das wirklich korrekt?" (Diakidoy et al. 2003). Roelle et al. (2014) konnten z. B. zeigen, dass solche Prompts den Lernerfolg steigern – man kann annehmen, dass es daran liegt, dass klar wird, dass die wahrgenommene Relevanz einen Einfluss darauf hat, ob Schülerinnen und Schüler eine Erklärung nicht nur passiv über sich ergehen lassen, sondern aktiv mitdenken.

Relevante Teile betonen

Kognitive Aktivierung

11.3.4 Kernidee 4: Struktur geben

Die Struktur einer Erklärung ist besonders bei wissenschaftlichen Erklärungen viel diskutiert worden – aber sie ist auch für instruktionale Erklärungen sehr wichtig. Zum einen ist eine klare Struktur dabei hilfreich, Zusammenhänge zu verdeutlichen. Ein solcher „roter Faden" hilft dabei, eine Vorstellung oder ein mentales Modell des neuen Inhaltsbereichs aufbauen zu können. Es ist aber auch ganz konkret untersucht worden, welche Auswirkungen bestimmte Strukturen auf den Lernerfolg haben. Dabei wurde verglichen, ob es einen Unterschied macht, ob a) mit einem Beispiel angefangen wird und daraus eine allgemeine Regel abgeleitet wird (Beispiel-Regel-Struktur, induktives Vorgehen) oder b) die zu lernende Regel explizit an den Anfang gestellt und sie dann mit Beispielen illustriert wird (Regel-Beispiel-Struktur, deduktives

Struktur hängt vom Lernziel ab

Beispiele zum Interessewecken

Vorgehen). Dabei zeigten sich vom Lernziel abhängige Wirkungen. Die Ergebnisse der empirischen Studien weisen darauf hin, dass für den Erwerb von Fachwissen das deduktive Vorgehen überlegen ist, während für den Erwerb von eher praktischen Fähigkeiten das induktive Vorgehen bessere Resultate zeigt (z. B. Seidel et al. 2013). Wenn also ein Prinzip wie das dritte Axiom erlernt werden soll, bietet es sich an, dieses zu Beginn offenzulegen und anschließend an mehreren Beispielen als leistungsfähig zu präsentieren. Wenn aber z. B. gelernt werden soll, wie man einen bestimmten Typ Aufgabe löst (z. B. mit einem Kraftoder Energieansatz), sollte mit dem Beispiel begonnen werden und erst später das allgemeine Prinzip präsentiert werden. Es ist allerdings auch in diesem Fall wichtig, dass das Prinzip irgendwann genannt wird und nicht nur die Lösungsschritte erläutert werden (▶ Abschn. 11.3.6 „Konzepte und Prinzipien erklären"). Das heißt übrigens nicht, dass zu Beginn einer Erklärung kein Beispiel stehen darf. Um Interesse zu wecken, kann das durchaus sinnvoll sein. Es sollte aber aus diesem Beispiel dann nicht die Regel abgeleitet werden, sie sollte dennoch offen genannt und anschließend illustriert werden („Das, was wir gerade gesehen haben, kann man mit dem sogenannten 3. Newton'schen Axiom verstehen – und das sieht so aus.").

11.3.5 Kernidee 5: Präzise und kohärent erklären

Synonyme vermeiden

Sätze mit weil verbinden

Eine oft zitierte Formel für gutes Erklären ist, dass eine Erklärung kohärent sein sollte und ohne irrelevante Details auskommend muss (Anderson et al. 1995). Beide Aspekte hängen eng zusammen. Kohärenz wurde als Merkmal guter Erklärungen vor allem in Zusammenhang mit Lehrtexten untersucht (Wittwer und Ihme 2014). Der zugrunde liegende Gedanke dabei ist, dass es beim Aufbau mentaler Repräsentationen von Konzepten hilfreich ist, wenn man die Verbindungen zwischen Elementen dieser Konzepte klar und deutlich hervortreten lässt. Dazu gehört beispielsweise, Sätze miteinander zu verbinden, indem dieselben Worte in ihnen auftauchen (und nicht beispielsweise Pronomina oder Synonyme als Stellvertreter). Die Botschaft für das Erklären ist hier, dass man sich auf ein Wort für einen Sachverhalt einigen sollte und dieses dann konsequent verwendet. Synonyme sind für Experten offensichtlich bedeutungsgleich, aber Novizen nehmen verschiedene Worte so wahr, als ob sie völlig unterschiedliche Bedeutungen hätten. Ebenfalls sollte man beim Erklären Begründungen durch sogenannte Konnektoren wie „weil" oder „da" klar kenntlich machen. Dadurch wird die Verbindung zwischen beobachteten Phänomenen und zugrunde liegenden Gesetzen deutlich.

Irrelevante Details beim Erklären zu vermeiden ist wichtig, weil sich dadurch die kognitiven Kapazitäten auf die relevanten Teile einer Erklärung konzentrieren können. Abschweifungen und Exkurse sollten beim Erklären vermieden werden (Renkl et al. 2006). Novizen können einfach nicht erkennen, welche Teile einer Erklärung wichtig sind und welche Randinformationen darstellen. Auf eine Formel gebracht: Eine Erklärung sollte minimal sein und möglichst klar den Sachverhalt zeigen. Sie kann später, insbesondere bei Nachfragen, aber ausgebaut werden. Manchmal wird empfohlen, dass eine gute Erklärung wie eine Geschichte aufgebaut sein sollte (z. B. Ogborn et al. 1996). Das kann Vorteile haben, weil man bei guten Geschichten mit den Protagonisten „mitleidet" und das das Relevanzempfinden einer Erklärung steigern kann. Man sollte damit aber sehr vorsichtig sein: Es kann dazu verleiten, zu viele irrelevante Details zu nennen, die die Geschichte einkleiden.

11.3.6 Kernidee 6: Konzepte und Prinzipien erklären

Renkl et al. (2006) vertreten die Auffassung, dass Erklärungen sich auf Konzepte oder Prinzipien beziehen sollten. Ein verstandenes Prinzip ist tatsächlich viel wert: Es hilft dabei, verschiedene Probleme als gleichartig zu klassifizieren und mit demselben Ansatz beschreiben zu können. Auch empirisch kann man diesen Ansatz unterstützen. Es gibt einzelne Studien aus dem Bereich, die zeigen, dass es viel effektiver ist, ein Prinzip zu erklären, als beispielsweise die Lösung einer Aufgabe Schritt für Schritt darzustellen (Dutke und Reimer 2000). Die Kenntnis von Prinzipien ist für die Physik ein wesentliches Lernziel. Wenn man im Unterricht also zu einer instruktionalen Erklärung greifen will, sollte man das nur machen, wenn tatsächlich ein Prinzip eingeführt werden soll und das Lernziel also im Kompetenzbereich des Fachwissens liegt. Es ist aber ohnehin naheliegend, dass beispielsweise experimentelle Fähigkeiten (Erkenntnisgewinnung) nicht über instruktionale Erklärungen erworben werden können.

11.3.7 Kernidee 7: In einen Unterrichtsgang einbetten

Die letzte Kernidee bezieht sich auf den bereits eingangs formulierten Gedanken, dass man Erklären eher als Prozess verstehen sollte als ein abgeschlossenes Produkt. Eine instruktionale Erklärung muss in einen laufenden Unterrichtsgang eingebettet werden. Dazu gehört, dass man eine Diagnose des

Diagnose des Verstehens

Verstehensillusion

Verständnisses als wesentliche Voraussetzung für Adaption an Lernervoraussetzungen versteht. Eine Phase des Diagnostizierens muss deshalb zum Erklären gehören (▶ Abschn. 11.3.1 Kernidee 1). Dazu gehört aber auch ein weiterer Aspekt: Erklärungen sollten nicht als Ersatz für kognitive Aktivitäten verwendet werden. Es ist eben ein Irrglaube, dass Lernen durch Erklärungen ersetzt wird – der Aufwand der Bedeutungskonstruktion kann nicht durch eine instruktionale Erklärung abgenommen werden. In der empirischen Forschung wurde dazu gearbeitet, zu erkennen, wann Selbsterklärungen von Sachverhalten angemessener sind und wann instruktionale Erklärungen erfolgreich sein können. Dabei wurde prinzipiell beschrieben, dass es mit Selbsterklärungen leichter sein kann, ein aktives und vertieftes Auseinandersetzen mit einem Gegenstand bei Lernenden zu erreichen. Manchmal wurden instruktionale Erklärungen deshalb auch als lediglich eine unterstützende Maßnahme von Selbsterklärungen angesehen (Renkl 2002). Dabei gibt es jedoch ein grundlegendes Problem. Wenn Schülerinnen und Schüler sich selbstständig einen Sachverhalt aneignen wollen, dann brechen sie oft an einem Punkt ab, an dem sie denken, den Sachverhalt verstanden zu haben. Dies muss aber objektiv noch gar nicht der Fall gewesen sein. In der Literatur ist in diesem Zusammenhang von einer „Verstehensillusion" die Rede (z. B. Chi et al. 1989). Das bedeutet: Man glaubt, man habe einen Sachverhalt verstanden, obwohl dies eigentlich gar nicht der Fall ist. Auch nach instruktionalen Erklärungen kann sich ein vordergründiges Verständnis einstellen, das sich schnell als lückenhaft erweist. Wenn aber instruktionale Erklärungen gut durchgeführt werden, hat die Lehrkraft eine Kontrolle: Sie kann eben das Verstehen diagnostizieren und entsprechend reagieren. Insbesondere Sachverhalte, die viele Schülervorstellungen beinhalten, können für eine Verstehensillusion anfällig sein. Da Schülervorstellungen im Alltag oft als sehr leistungsfähig erlebt werden, ist es naheliegend, dass Schülerinnen und Schüler sich mit Alltagskonzepten zufriedengeben, die Selbsterklärung eines Sachverhalts abbrechen und man so Schülervorstellungen beim Selbsterklären sogar noch verstärkt.

Nach Erklärung: Lernaufgabe!

Die Stärke der Selbsterklärungen ist eine potenziell hohe kognitive Aktivierung. Diese kann aber auch bei instruktionalen Erklärungen hergestellt werden. Instruktionale Erklärungen sollten dazu in kognitive Aktivitäten eingebettet werden und diese nicht ersetzen (Wittwer und Renkl 2008). Wie macht man das konkret? Ein naheliegender Gedanke ist, dass eine instruktionale Erklärung dazu führen kann, dass eine Person die darin dargestellte Information behält, z. B. kann sie danach das Ohm'sche Gesetz wiedergeben. Das Ohm'sche Gesetz jetzt aber auch eigenständig auf andere Beispiele anwenden zu können, benötigt transferierbares Wissen – und das ist mehr, als das Gesetz nur wiedergeben zu können. Deshalb sollten gute instruktionale Erklärungen stets in Lernaufgaben münden, in denen Schülerinnen und Schüler die soeben erklärte Information selbst verwenden müssen, um Probleme zu lösen (Altmann und Nückles 2017). Empirisch kann man sogar zeigen, dass die Qualität dieser Aufgaben mindestens ebenso wichtig für den Lernerfolg ist wie die instruktionale Erklärung selbst (Webb et al. 2006). Hier helfen die Kriterien für gute Lernaufgaben, die in diesem Band in einem eigenen Kapitel dargestellt werden (▶ Kap. 12).

11.4 Wann darf man als Lehrkraft erklären – und wann sollte man es lieber lassen?

Erklären wird manchmal als uneffektive und veraltete Unterrichtsform dargestellt. Aus den Kernideen und der empirischen Forschung kann man ableiten, dass das nicht verallgemeinert werden kann. Es gibt vielmehr Bedingungen, unter denen erklärt werden kann, und Bedingungen, unter denen eine Lehrkraft lieber andere Methoden einsetzen sollte. Zwei „Startbedingungen" kann man sicher empfehlen, um überhaupt eine instruktionale Erklärung durchzuführen:

Startbedingungen für Erklären

- *Erstens* sollten sich instruktionale Erklärungen auf Prinzipien beziehen, z. B. grundlegende Gesetze der Physik. Das ist gewissermaßen eine Voraussetzung aus fachlicher Sicht. Auch wenn die Entstehung von Phänomenen erklärt wird oder es das Ziel ist, zu zeigen, wie man einen bestimmten Typus Aufgabe löst – irgendwann sollten die grundlegenden Prinzipien genannt und mit der Erklärung verbunden werden.
- *Zweitens* gibt es auch Lernervoraussetzungen, die instruktionale Erklärungen günstig erscheinen lassen. Es scheint so zu sein, dass bei hohem Vorwissen Fachinhalte eher eigenständig erarbeitet werden können und Selbsterklärungen gegenüber instruktionalen Erklärungen im Vorteil sind. Instruktionale Erklärungen haben ihren Platz deshalb vor allem zu Beginn einer Unterrichtseinheit bzw. wenn Prinzipien eingeführt werden sollen. Dies ist ganz besonders der Fall, wenn ein Prinzip potenziell mit vielen Schülervorstellungen „belastet" ist.

Ein Beispiel, das beide Startbedingungen erfüllt, ist das zu Beginn dieses Beitrags genannte 3. Newton'sche Axiom. Es ist einerseits ein Prinzip, das an vielen Beispielen illustriert werden kann. Andererseits ist es mit vielen bekannten Schülervorstellungen verbunden, die eine selbstorganisierte Erarbeitung des Prinzips erschweren. Wenn es im Unterricht eingeführt werden soll, können instruktionale Erklärungen durch die Lehrkraft durchaus sinnvoll sein.

Eher nicht erklären sollte man im Unterricht, wie man mit Energiebilanzrechnung eine Aufgabe löst. Wenn es darum geht, einen Typus Aufgabe zu lösen, ist z. B. das Lernen mit Musterlösungen eine bessere Wahl. Eine solche Erklärung bezöge sich nämlich nicht auf ein Prinzip (es sei denn, man möchte eigentlich den Energieerhaltungssatz erklären). Sie fände ihren Platz vermutlich im Unterricht auch erst dann, wenn man den Energieerhaltungssatz bereits eingeführt hat; es ist also auch bereits ein gewisses Vorwissen vorhanden. Beide Startprinzipien für instruktionale Erklärungen sind dann nicht erfüllt.

11.5 Ein Leitfaden zur Planung von instruktionalen Erklärungen im Physikunterricht

Neues Prinzip, geringes Vorwissen

Die Kernideen und die Überlegungen, unter welchen Bedingungen überhaupt instruktionale Erklärungen durchgeführt werden sollten, können nun zu einer Art Planungshilfe zusammengefasst werden, die „Richtlinien" für die Durchführung instruktionaler Erklärungen vor dem Hintergrund des aktuellen Forschungsstands darstellt (◘ Abb. 11.2). Die Darstellung beginnt mit den *Startbedingungen:* Instruktionale Erklärungen haben vor allem ihren Platz im Unterricht, wenn ein neues Prinzip eingeführt werden

11

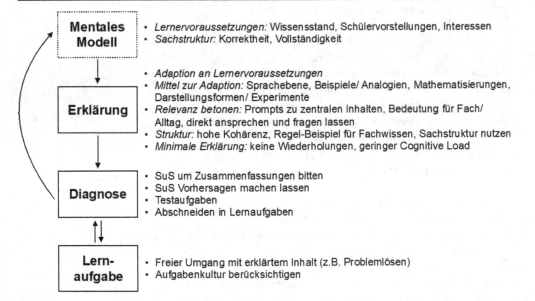

◘ **Abb. 11.2**   Darstellung des Erklärens im Physikunterricht als Prozess

soll, das zu komplex für Selbsterklärungen ist und viele Schülervorstellungen mit sich bringt. Zudem sollten die Lernenden ein geringes Vorwissen in diesem Inhaltsbereich haben.

An diese Startbedingungen schließt sich das Erklären im Physikunterricht an. Bei der Planung im Hintergrund stehen die Vorannahmen, die der Erklärende über die Lernenden und auch die Sachstruktur des zu erklärenden Inhalts trifft. Dieses *mentale Modell* der Erklärung hat ein Erklärender quasi im Kopf. Er bzw. sie hat eine Vorstellung davon, welches Vorwissen bzw. welche Schülervorstellungen zu erwarten sind und welche Elemente der Erklärung aus fachlicher Sicht wichtig sind. Dieses mentale Modell ist der Ausgangspunkt für die eigentliche Unterrichtserklärung. Es ist aber stets nur als vorläufig zu betrachten, da es im Laufe des Prozesses verbessert und akkurater gestaltet werden muss – beispielsweise verändert sich die Vorstellung davon, was man als Vorwissen voraussetzen muss, wenn man merkt, dass bestimmte Punkte nicht verstehbar sind. Man muss sich bewusst sein, dass in das mentale Modell viele Wissensressourcen der Lehrkraft eingehen – vor allem Fachwissen und fachdidaktisches Wissen (Kulgemeyer und Riese 2018).

Bei der Planung einer *Erklärung* sind die sieben Kernideen von besonderer Wichtigkeit. Insbesondere Adaption an die Lernervoraussetzungen sowie die Werkzeuge, mit denen diese Adaption realisiert werden kann, sollten dabei berücksichtigt werden. Je nach Adressatengruppe sollte die Wahl der Sprachebene, der Beispiele und Analogien, der Mathematisierungen sowie der Darstellungsformen und Experimente anders ausfallen. Ebenfalls sollte man bei der Planung die ganz besonders zentralen Punkte der Erklärung identifizieren und sich geeignete Prompts überlegen, die man nutzt, damit die Schülerinnen und Schüler diese zentralen Punkte auch identifizieren. Schülerinnen und Schüler sollten bei der Erklärung Gelegenheit haben, zu erfahren, warum das erklärte Konzept für Fach und/oder Alltag bedeutend ist und was für Phänomene oder Probleme man mit dem Konzept erklären kann. Dazu ist es auch wichtig, die Schülerinnen und Schüler bewusst in die Erklärung zu involvieren – sie beispielsweise direkt anzusprechen oder auch durch Fragen mitzunehmen. Solche wichtigen Anregungen kann man bereits bei der Planung vorbereiten, sie entstehen nicht nur spontan aus dem Verlauf. Ebenfalls vorbereiten kann man die Struktur der Erklärung. Eine hohe Kohärenz ist wichtig, lässt sich aber in der gesprochenen Sprache nicht so leicht vorbereiten wie bei erklärenden schriftlichen Texten. Der Fokus sollte darauf liegen, keine Synonyme zu verwenden sowie bewusst mit „weil" zwischen Gesetzen und Beispielen Verbindungen herzustellen. Für den Fachwissenserwerb bietet es sich zudem an, einer nach Förderung des Interesses modifizierten Regel-Beispiel-Struktur zu folgen:

Fachwissen und fachdidaktisches Wissen als Ausgangpunkt

Umsetzung der Kernideen

(Beispiel-Regel-Beispiel)

- — Zeigen eines Beispiels, in dem das Prinzip relevant ist; Hinweis darauf, dass man das Beispiel verstehen kann, wenn man ein zugrunde liegendes Prinzip kennt
- — Explizites Nennen des Prinzips (evtl. in Form eines Lehrsatzes)
- — Überprüfung der Leistungsfähigkeit des Prinzips an mehreren Beispielen, u. a. am Eingangsbeispiel

Als letzte wichtige Kernidee sollte auch bei der Planung der Erklärung bereits darauf geachtet werden, wenige Wiederholungen einzubauen und Exkurse zu vermeiden. Es bietet sich an, die Planung einer Unterrichtserklärung stichwortartig mit in den Unterricht zu nehmen. Selbst erfahrene Erklärende können in Ad-hoc-Erklärungen nicht so effektiv sein wie in gut vorbereiteten Erklärungen (Kulgemeyer und Schecker 2013).

Beim Erklären folgt auf die eigentliche Erklärung notwendigerweise eine *Diagnose* des Verstehens. Dies ist ein essenzieller Teil und darf nicht weggelassen werden. Geeignete Mittel können Bitten um Zusammenfassungen oder Vorhersagen unter Nutzung des erklärten Prinzips durch die Schülerinnen und Schüler sein. Die Diagnostik kann dazu führen, dass sich das mentale Modell der Lehrkraft über die Adressatenbedürfnisse verbessert und in einer besser adaptierten Erklärung mündet.

Idealerweise steht die Phase der Diagnostik in enger Verbindung mit der daran anschließenden Phase, nämlich einer *Lernaufgabe*, in der das erklärte Prinzip durch die Schülerinnen und Schüler eigenständig zur Lösung von Problemen oder zur Erklärung eines neuen Beispiels verwendet werden muss. Hierfür gelten natürlich die Kriterien für gute Lernaufgaben (► Kap. 12). Auch das Vorgehen der Schülerinnen und Schüler bei diesen Lernaufgaben kann Ausgangspunkt von Diagnostik sein, die das mentale Modell verbessert und wiederum in besser angepassten Erklärversuchen mündet.

An Kulgemeyer und Schecker (2013) anschließend kann man sich zehn Regeln merken, die die Kernideen konkretisieren. Der bzw. die Erklärende …

Zehn Regeln guten Erklärens

1. … bereitet die Erklärung vor (d. h. im Unterricht sollte man manchmal besser auf die Folgestunde verweisen, wenn eine Schülerfrage gestellt wird),
2. … ergänzt das gesprochene Wort durch visuelle Veranschaulichung,
3. … bezieht die Schülerinnen und Schüler (z. B. durch direkte Ansprache) in die Erklärung mit ein,
4. … überprüft regelmäßig bei den Schülerinnen und Schüler, ob sie der Erklärung folgen können,
5. … beantwortet Rückfragen kurz und präzise,

6. … nutzt Beispiele oder Analogien, die eine Verbindung zu Bekanntem herstellen,
7. … berücksichtigt Vorwissen, Fehlvorstellungen und Interesse der Schülerinnen und Schüler,
8. … betont besonders relevante Aspekte,
9. … gibt Gelegenheit, um Fragen zu stellen,
10. … folgt beim Erklären einer sinnvollen Struktur (z. B. der Regel-Beispiel-Struktur).

11.6 Erklärvideos im Physikunterricht

Gewissermaßen ein Spezialfall des Erklärens ist der Umgang mit Erklärvideos, wie es sie zu allen physikalischen Kerninhalten inzwischen frei verfügbar auf Plattformen wie YouTube gibt. Schülerinnen und Schüler konsumieren diese Art Videos unabhängig vom Unterricht (Wolf und Kratzer 2015), aber sie werden auch zunehmend in schulisches Lernen integriert. In einem *flipped classroom* beispielsweise könnten Lehrkräfte den Schülerinnen und Schülern eine Auswahl von Videos geben (oder selbst drehen), die diese zuhause ansehen, um anschließend vertiefende Lernaufgaben zu den Inhalten im Unterricht bearbeiten. Auch das gemeinsame Produzieren von Erklärvideos in einer Klasse, beispielsweise zum Ende einer Unterrichtseinheit hin, kann sehr lehrreich sein. Es ist umso mehr zu empfehlen, weil nicht „nur" fachliche Inhalte dafür aufgearbeitet werden müssen, sondern auch Überlegungen über die Adressatengruppe mit einfließen müssen – ein sinnvoller Ansatz, um die Kommunikationskompetenz der Schülerinnen und Schüler zu fördern, einen der vier Kompetenzbereiche nach Bildungsstandards. In ◘ Tab. 11.1 sind einige mögliche Einsatzformen von Erklärvideos im Physikunterricht aufgeführt (nach Wolf und Kulgemeyer 2016).

Auf die weiteren Möglichkeiten des Einsatzes von Erklärvideos soll an dieser Stelle nicht weiter eingegangen werden, sondern auf die einschlägige Literatur verwiesen werden (Wolf und Kulgemeyer 2016; Kulgemeyer 2018b, c). Es stellt sich allerdings die Frage, ob die Kernideen guter Unterrichtserklärungen einfach auf Erklärvideos übertragen werden können. Ganz so einfach ist es in der Tat nicht: Insbesondere die Adaption an die Lernenden scheint ein Problem darzustellen. Während gute Unterrichtserklärungen interaktiv sind und es den Erklärenden ermöglichen, ihre Annahmen über beispielsweise das Vorwissen zu revidieren („mentales Modell"), ist dies bei Videos nicht möglich. Bei der Produktion des Videos muss festgelegt werden, wie die Zielgruppe aussieht. Dies ist ein ganz wesentlicher Schritt, auch wenn man mit Schülerinnen und Schülern im Unterricht Videos erstellt: Man sollte vor der Produktion

Adaption und Erklärvideos?

⬛ Tab. 11.1 Möglichkeiten des Einsatzes von Erklärvideos im Physikunterricht. (Nach Wolf und Kulgemeyer 2016)

		Produzenten	
		Lehrkräfte	Schülerinnen und Schüler
Rezipienten	Lehrkräfte	Lehrkäfte lernen von anderen Erklärexperten, wie etwas erklärt werden kann (z. B. gute Beispiele)	Lehrkräfte nutzen die Erklärvideos der eigenen Schülerinnen und Schüler zur Diagnostik (Fachwissen/Kommunikationskompetenz)
	Schülerinnen und Schüler	Schülerinnen und Schüler lernen mit Videos zu Hause Inhalte, die spätere in der Schule vertieft werden *(flipped classroom),* alternative Erkläransätze werden verfügbar gemacht und sind beliebig wiederholbar	SuS können von den Mitschülern lernen (Fachwissen) bzw. lernen beim Erklären für die Mitschüler (Kommunikationskompetenz/Fachwissen)

genügend Zeit für das Erstellen einer Zielgruppenbeschreibung und eines darauf beruhenden Drehbuchs verwenden. Die Zielgruppenbeschreibung sollte also auch Schlussfolgerungen aus den angenommenen Voraussetzungen für die Produktion eines Videos beinhalten.

Kulgemeyer (2018a) hat aus den sieben Kernideen guter instruktionaler Erklärungen ein Beschreibungsraster für potenziell erfolgreiche Erklärvideos erstellt (⬛ Tab. 11.2). Dieses Raster ist mittlerweile sowohl zur Analyse als auch zur Produktion von Videos verwendet worden.

Erklärvideos bei YouTube

Kulgemeyer und Peters (2016) haben bei der Analyse von Erklärvideos bei YouTube beispielsweise festgestellt, dass die von YouTube vorgegebenen Qualitätskriterien (z. B. „Likes", Aufrufe des Videos) keinen Zusammenhang zur Erklärqualität haben. Es ist (wenig überraschend) der Fall, dass man als Lehrkraft also nicht nur auf diese oberflächlichen Maße schauen sollte, wenn man gute Videos für Lerngruppen finden muss. Ein Ergebnis ist allerdings ermutigend: Man muss nicht unbedingt alle Videos aus der oft erschlagenden Menge von Angeboten zu einem Thema komplett sehen. Ein erstes Auswahlkriterium kann ein Blick in die Kommentare sein. Kulgemeyer und Peters (2016) haben herausgefunden, dass Videos, zu denen *inhaltlich diskutiert wird,* mit erhöhter Wahrscheinlichkeit auch eine hohe Erklärqualität haben. Wenn sich Nutzer über Themen unterhalten, die im Video behandelt werden, liegt das möglicherweise daran, dass das Video sie erst zum Nachdenken über das Thema gebracht haben. Auf jeden Fall korreliert die Anzahl solcher Kommentare mit der Erklärqualität. Kommentare, die lediglich

◘ Tab. 11.2 Kriterien für gute Erklärvideos

Kernidee	Kriterium	Beschreibung
Adaption	Adaption an Vorwissen, Fehlvorstellungen und Interesse	Das Video bezieht sich auf gut beschriebene Eigenschaften einer Adressatengruppe (wahrscheinliches Vorwissen, Interessen, Schülervorstellungen)
Veranschaulichungswerkzeuge nutzen	Beispiele	Das Video nutzt Beispiele, um das Erklärte zu veranschaulichen
	Analogien und Modelle	Das Video nutzt Analogien und Modelle, um die neue Information mit bekannten Wissensbereichen zu verbinden
	Darstellungsformen und Experimente	Das Video nutzt Darstellungsformen und Experimente zur Veranschaulichung
	Sprachebene	Das Video wählt eine Sprachebene passend zur beschriebenen Adressatengruppe
	Mathematisierungsgrad	Das Video wählt einen Mathematisierungsgrad passend zur beschriebenen Adressatengruppe
Relevanz verdeutlichen	Prompts zu relevanten Inhalten geben	Das Video betont, a) warum das Erklärte wichtig für die Adressatengruppe ist und b) gibt Prompts zu besonders wichtigen Teilen
	Direkte Ansprache des Adressaten	Das Video involviert die Adressaten durch Handlungsaufforderungen und direkte Ansprache (statt unpersönlichem Passiv)
Struktur geben	Regel-Beispiel oder Beispiel-Regel	Wenn Fachwissen das Lernziel ist, wird eine Regel-Beispiel-Struktur bevorzugt, bei Routinen eine Beispiel-Regel-Struktur
	Zusammenfassungen geben	Das Video fasst die wesentlichen Aspekte zusammen
Präzise und kohärent erklären	Exkurse vermeiden	Das Video fokussiert auf die Kernidee, vermeidet Exkurse und hält den *cognitive load* gering. Insbesondere verzichtet es auf zu viele Beispiele, Analogien, Modelle oder Zusammenfassungen
	Hohe Kohärenz des Gesagten	Das Video verbindet Sätze durch Konnektoren, insbesondere „weil"
Konzepte und Prinzipien erklären	Neues und komplexes Prinzip als Thema	Das Video bezieht sich auf ein neues Prinzip, das zu komplex zur Selbsterklärung ist
In Unterrichtsgang einbetten	Anschließende Lernaufgaben	Das Video beschreibt eine Lernaufgabe, mit der das Erklärte selbst vertieft werden kann

das Video kurz loben, sind dagegen kein guter Indikator. Solche Kommentare werden vor allem durch die Popularität eines Kanals bedingt, nicht unbedingt durch die Qualität des Einzelvideos.

Ergänzende und weiterführende Literatur

Kulgemeyer, C. (Hrsg.) (2016). Themenheft Physik erklären. Naturwissenschaften im Unterricht Physik 27(152). *Das Themenheft ist als Einführung gedacht und thematisiert die Gestaltung von Lehrererklärungen sowie die Gestaltung von Erklärvideos im Detail. Der Fokus liegt auf Unterrichtspraxis. Insbesondere der einführende Basisartikel ist nützlich.*

Wittwer, J. und Renkl, A. (2008). Why Instructional Explanations Often Do Not Work: A Framework for Understanding the Effectiveness of Instructional Explanations. *Educational Psychologist 43*(1), 49–64. *Der Beitrag von Wittwer und Renkl thematisiert die lernpsychologischen Erkenntnisse zum Erklären. Er ist als Review-Beitrag verfasst worden, d. h. er wertet den Forschungsstand im Überblick aus und erarbeitet eine gemeinsame Botschaft der vorliegenden Studien. In der Tiefe und Bedeutung der Argumentation ist er bis heute unerreicht und dadurch der einschlägige Beitrag zu diesem Thema, wenn man sein Wissen vertiefen will. Fachdidaktische Aspekte spielen in dem Beitrag aber keine Rolle.*

Renkl, A., Wittwer, J., Große, C., Hauser, S., Hilbert, T., Nückles, M., Schworm, S. (2006). Instruktionale Erklärungen beim Erwerb kognitiver Fertigkeiten: sechs Thesen zu einer oft vergeblichen Bemühung. In I. Hosenfeld (Hrsg.): Schulische Leistung. Grundlagen, Bedingungen, Perspektiven (S. 205–223). Münster: Waxmann. *Auch der Beitrag von Renkl et al. gibt einen Überblick über den Forschungsstand. Er ist allerdings in einem Sammelband erschienen und kann dadurch einen anderen Ton einschlagen: Er stellt prägnante Thesen auf, warum Erklärversuche häufig scheitern und belegt diese durch Studien – dabei ist er aber auch scharf formuliert und allein dadurch sehr lesenswert.*

11

Literatur

Acuña, S. R., Garcia Rodicio, H., Sanchez, E. (2011). Fostering active processing of instructional explanations of learners with high and low prior knowledge. *European Journal of Psychology of Education, 26*(4), 435–452. ► https://doi.org/10.1007/s10212-010-0049-y.

Altmann, A., Nückles, M. (2017). Empirische Studie zu Qualitätsindikatoren für den diagnostischen Prozess. In A. Südkamp & A.-K. Praetorius (Hrsg.), *Diagnostische Kompetenz von Lehrkräften: Theoretische und methodische Weiterentwicklungen* (S. 134–141). Münster: Waxmann.

Anderson, J. R., Corbett, A. T., Koedinger, K. R., Pelletier, R. (1995). Cognitive Tutors: Lessons learned. *The Journal of the Learning Sciences, 4*, 67–207.

Chi, M. T. H., Bassok, M., Lewis, M. W., Remann, P., & Glaser, R. (1989). Self-explanations: How students study and use examples in learning to solve problems. *Cognitive Science, 13*, 145–182.

Chi, M. T. H., Siler, S. A., Jeong, H., Yamauchi, T., Hausmann, R. G. (2001). Learning from human tutoring. *Cognitive Science, 25*, 471–533.

Clement, J. (1993). Using bridging analogies and anchoring intuitions to deal with students' preconceptions in physics. *Journal of Research in Science Teaching, 30*(10), 1241–57.

Diakidoy, I. N., Kendeou, P., & Ioannides, C. (2003). Reading about energy: The effects of text structure in science learning and conceptual change. *Contemporary Educational Psychology, 28*, 335–356.

Duffy, G., Roehler, L., Meloth, M., & Vavrus, L. (1986). Conceptualizing instructional explanation. *Teaching and Teacher Education, 2*, 197–214.

Duit, R., Glynn, S. (1995): Analogien – Brücken zum Verständnis. *Naturwissenschaften im Unterricht – Physik, 6*(27), 4–10.

Dutke, S., Reimer, T. (2000). Evaluation of two types of online help for application software. *Journal of Computer-Assisted Learning, 16*, 307–315.

Hempel, C., Oppenheim, P. (1948). Studies in the logic of explanation. *Philosophy of Science, 15*(2), 135–175.

Kalyuga, S. (2007). Expertise reversal effect and its implications for learner-tailored instruction. *Educational Psychology Review, 19*, 509–539.

Kulgemeyer, C. (2015). Kommunikationskompetenz diagnostizieren. Ein Diagnosebogen für den Physikunterricht. *Naturwissenschaften im Unterricht Physik, 26* (147/148), 64–67.

Kulgemeyer, C. (2016). Impact of secondary students' content knowledge on their communication skills in science. *International Journal of Science and Mathematics Education 16*(1), 89–108.

Kulgemeyer, C. (2018a). Wie gut erklären Erklärvideos? Ein Bewertungs-Leitfaden. *Computer + Unterricht 109*, 8–11.

Kulgemeyer, C. (2018b). A Framework of Effective Science Explanation Videos Informed by Criteria for Instructional Explanations. *Research in Science Education*, 1–22. DOI: ▶ https://doi.org/10.1007/s11165-018-9787-7.

Kulgemeyer, C. (2018c). Towards a framework for effective instructional explanations in science teaching. *Studies in Science Education, 54*(2), 109–139.

Kulgemeyer, C., Peters, C. (2016). Exploring the explaining quality of physics online explanatory videos. *European Journal of Physics, 37*(6), 1–14.

Kulgemeyer, C., Riese, J. (2018). From professional knowledge to professional performance: The impact of CK and PCK on teaching quality in explaining situations. *Journal of Research in Science Teaching*, 1–26. ▶ https://doi.org/10.1002/tea.21457.

Kulgemeyer, C., Schecker, H. (2009). Kommunikationskompetenz in der Physik: Zur Entwicklung eines domänenspezifischen Kompetenzbegriffs. *Zeitschrift für Didaktik der Naturwissenschaften, 15*, 131–153.

Kulgemeyer, C., Schecker, H. (2013). Students explaining science – assessment of science communication competence. *Research in Science Education, 43*, 2235–2256.

Kulgemeyer, C., Starauschek, E. (2014). Analyse der Verständlichkeit naturwissenschaftlicher Fachtexte. In D. Krüger, I. Parchmann & H. Schecker (Hrsg.), Methoden in der naturwissenschaftsdidaktischen forschung (S. 241–253). Heidelberg: Springer.

Kulgemeyer, C., Tomczyszyn, E. (2015). Physik erklären – Messung der Erklärensfähigkeit angehender Physiklehrkräfte in einer simulierten Unterrichtssituation. *Zeitschrift für Didaktik der Naturwissenschaften, 21*(1), 111–126.

Merzyn, G. (1994). *Physikschulbücher, Physiklehrer und Physikunterricht*. Kiel: IPN.

Mayer, R. E. (2001). *Multimedia learning*. New York, NY: Cambridge University Press.

McNamara, D. S., Kintsch, W. (1996). Learning from texts: Effects of prior knowledge and text coherence. *Discourse Processes, 22*(3), 247–88.

Nathan, M., Petrosino, A. (2003). Expert blind spot among preservice teachers. *American Educational Research Journal, 40*(4), 905–928.

Nickerson, R. (1999). How we know – ans sometimes misjudge – what others know: Imputing one's own knowledge to others. *Psychological Bulletin, 125*(6), 737–759.

Ogborn, J., Kress, G., Martins, I., McGillicuddy, K. (1996). *Explaining science in the classroom*. Buckingham: Open University Press.

Osborne, J. F., Patterson, A. (2011). Scientific argument and explanation: A necessary distinction? *Science Education, 95*(4), 627–638.

Renkl, A. (2002). Worked-out examples: Instructional explanations support learning by self-explanations. *Learning and Instruction, 12*, 529–556.

Renkl, A., Wittwer, J., Große, C., Hauser, S., Hilbert, T., Nückles, M., Schworm, S. (2006). Instruktionale Erklärungen beim Erwerb kognitiver Fertigkeiten: sechs Thesen zu einer oft vergeblichen Bemühung. In I. Hosenfeld (Hrsg.), Schulische Leistung. Grundlagen, Bedingungen, Perspektiven (S. 205–223). Münster: Waxmann.

Roelle, J., Berthold, K., & Renkl, A. (2014). Two instructional aids to optimise processing and learning from instructional explanations. *Instructionale Science, 42*, 207–228.

Sánchez, E., García Rodicio, H., Acuña, S. R. (2009). Are instructional explanations more effective in the context of an impasse? *Instructional Science, 37*, 537–563.

Seidel, T., Blomberg, G., Renkl, A. (2013). Instructional strategies for using video in teacher education. *Teaching and Teacher Education, 34*, 56–65.

Skuballa, I., Dammert, A., Renkl, A. (2018). Two kinds of meaningful multimedia learning: Is cognitive activity alone as good as combined behavioral and cognitive activity? *Learning and Instruction 54*, 35–46.

Sweller, J. (1988). Cognitive load during problem solving: Effects on learning. *Cognitive Science, 12*(2), 257–285.

Webb, N., Nemer, M. Mari, K., Ing, M. (2006). Small-group reflections: Parallels between teacher discourse and student behavior in peer-directed groups. *Journal of the Learning Sciences, 46*(4), 426–445.

Wilson, H., Mant, J. (2011a). What makes an exemplary teacher of science? the pupils' perspective. *School Science Review, 93*(342), 121–125.

Wilson, H., Mant, J. (2011b). What makes an exemplary teacher of science? the teachers' perspective. *School Science Review, 93*(343), 115–119.

Wittwer, J. o., Ihme, N. (2014). Reading skill moderates the impact of semantic similarity and causal specificity on the coherence of explanations. *Discourse Processes, 51*, 143–166.

Wittwer, J. o., Renkl, A. (2008). Why instructional explanations often do not work: A framework for understanding the effectiveness of instructional explanations. *Educational Psychologist, 43*(1), 49–64.

Wolf, K., Kratzer, V. (2015). Erklärstrukturen in selbsterstellten Erklärvideos von Kindern. In K. Hugger, A. Tillmann, S. Iske, J. Fromme, P. Grell, T. Hug (Hrsg.), *Jahrbuch Medienpädagogik 12* (pp. 29–44) Springer.

Wolf, K., Kulgemeyer, C. (2016). Lernen mit Videos? Erklärvideos im Physikunterricht. *Naturwissenschaften Im Unterricht Physik, 27*(152), 36–41.

11

Aufgaben im Physikunterricht

Alexander Kauertz und Hans E. Fischer

© Springer-Verlag GmbH Deutschland, ein Teil von Springer Nature 2020
E. Kircher et al. (Hrsg.), *Physikdidaktik | Grundlagen*, https://doi.org/10.1007/978-3-662-59490-2_12

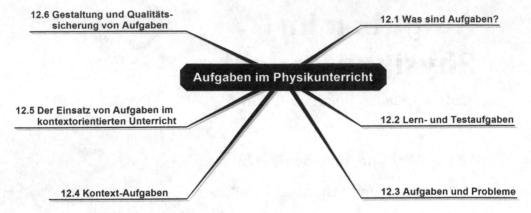

 Abb. 12.1   Übersicht über die Teilkapitel

12

Trailer

Aufgaben nehmen eine zentrale Rolle im Physikunterricht ein. Sie stellen eine Kommunikationssituation dar, in der Lehrende und Lernende in Interaktion treten.

In Lernsituationen können Fähigkeiten mit Lernaufgaben gezielt entwickelt und diagnostiziert werden. Aufgabensequenzen bilden die geplanten Lernprozesse und Lernziele der Lernenden ab und helfen, sie im Unterricht zu gestalten.

In Leistungsmesssituationen wird durch eine einzelne Testaufgabe eine bestimmte Fähigkeit zur Lösung gefordert und dadurch valide geprüft. Der vollständige Test bildet wiederum das gesamte Gebiet ab, für das (unterschiedliche) Fähigkeiten gemessen werden sollen. Die Qualität von Aufgaben kann durch Aufgabenmerkmale mit bereits erforschter Wirkung gesichert werden. Die im Kapitel beschriebenen Merkmale können u. a. dabei helfen, Aufgaben aus Aufgabensammlungen oder Schulbüchern gezielt weiterzuentwickeln, um sie zu verbessern und den selbst geplanten Lernzielen anzupassen (■ Abb. 12.1). Wenn Expertinnen und Experten Lern- oder Testaufgaben diskutieren, z. B. im Rahmen von Aufgabenentwicklungen für Unterricht oder Abitur, können sie durch die Gestaltung der Merkmale die Schwierigkeit und die Vielfalt der Aufgaben gezielt variieren, um valide Testinstrumente zu erstellen.

12.1   Was sind Aufgaben?

Testaufgaben und Lernaufgaben

Aufgaben sind typische Elemente des Physikunterrichts. Die allgemeinste Beschreibung einer Aufgabe ist die mündliche oder schriftliche Anweisung, etwas zu tun. Im Physikunterricht werden wir eine Aufgabe in der Regel auf sachbezogene Tätigkeiten einschränken, also darauf, etwas zu berechnen, zu nennen, zu erklären, um dabei Physikwissen zu reproduzieren, anzuwenden oder zu transferieren. In der Physikdidaktik wird ein differenzierterer Aufgabenbegriff genutzt; nach Klauer (1987, S. 15) ist sie eine „… Verknüpfung einer Stimulus-Komponente mit einer Response-Komponente. Die Stimulus-Komponente besteht aus einem bestimmten Inhalt, der in einer bestimmten Art und Weise vorgelegt wird. Die Response-Komponente besteht aus der Handlung, die an der Stimulus-Komponente ausgeübt werden soll". Eine Testaufgabe besteht aus einer solchen Verknüpfung, damit eine Bewertung der Handlung erfolgen kann, eine Lernaufgabe aus vielen Verknüpfungen, die zu neuen kognitiven Konstruktionen führen können. Damit sind Aufgaben unabhängig vom genutzten Medium und können beispielsweise auch mündlich oder grafisch repräsentiert sein. Zudem lassen sich sehr viel mehr unterschiedliche Aufforderungen als die oben genannten finden, z. B. über einen Sachverhalt nachzudenken oder bestimmte Wissenskomponenten zur Lösung einzusetzen. Eine Textaufgabe in einer Klassenarbeit besteht nach Renkl (1991) demnach aus mehreren Anforderungen, von denen jede einzelne durch nur *eine* Fähigkeit lösbar sein muss: Der Text muss erst gelesen werden, es muss ein (mentaler) Plan für die Lösung erstellt werden, die Lösung muss durchgeführt werden, eventuell durch eine Berechnung, und am Ende muss die Lösung überprüft und das Ergebnis formuliert werden.

Im Physikunterricht als hauptsächlich mündlichem Fach spielen mündlich gestellte Aufgaben, also mündliche Aufforderungen der Lehrkraft und deren Bearbeitung durch die Schülerinnen und Schüler, eine besondere Rolle. Um die Vielfalt von Aufforderungen und möglichen Bearbeitungen zu strukturieren und damit eine sinnvolle Auswahl an Aufgaben für den Unterricht treffen zu können, ist eine Systematisierung hilfreich, die anhand von Aufgabenmerkmalen erfolgt. Für einige dieser Merkmale gibt es bereits Forschungsergebnisse, wie sie die Bearbeitung und die Lösungshäufigkeit der Aufgaben – letztlich also deren Schwierigkeit – beeinflussen.

Eine passende Aufgabenwahl ist für die Unterrichtsqualität wichtig, da etwa eine angemessene Schwierigkeit das Kriterium der Passung als Voraussetzung kognitiver Aktivierung und Unterstützung (Binnendifferenzierung) erfüllt, eine schwierigkeitsorientierte Reihung von Aufgaben für die Strukturierung des Unterrichts bedeutsam ist und durch Variation von Handlungsaufforderungen eine methodische Vielfalt erreicht werden kann, die motivierend wirkt. Die Entwicklung einer guten Aufgabe ist ein kreativer Akt und erfordert meist einen iterativen Prozess aus Ausprobieren und Umgestalten, bevor die Aufgabe so gut funktioniert wie erhofft. Es gibt jedoch eine ganze Reihe

Aufgaben haben Einfluss auf Unterrichtsqualität

von Aufgabensammlungen, die eine gute Grundlage für den Einsatz im Unterricht bilden können. Eine systematische und kritische Analyse dieser Aufgaben hilft dabei, eine Auswahl zu treffen und die Aufgabe gegebenenfalls anzupassen oder zu variieren.

Dieses Kapitel erklärt den Bearbeitungsprozess einer Aufgabe, entwickelt eine didaktisch fundierte Systematik für Aufgaben und gibt Hinweise für die Gestaltung und Auswahl von Aufgaben. Dazu sind zunächst Lern- und Testaufgaben zu unterscheiden und Aufgaben von Problemen abzugrenzen. Danach schauen wir uns die Struktur einer Aufgabe an und versuchen, eine Verbindung zwischen ihrer Formulierung bzw. Gestaltung und dem Bearbeitungsprozess herzustellen. Anschließend nehmen wir die Einbettung einer Lernaufgabe und komplexes Problemlösen in den Unterricht und eine Leistungsmesssituation in den Blick und klären Effekte, die durch die Kombination von Aufgaben entstehen können. Am Ende schließen wir mit Empfehlungen für die Gestaltung und den Einsatz von Aufgaben in Test und Unterricht.

12.2 Lern- und Testaufgaben

Im Unterricht ist eine klare Unterscheidung zwischen Lern- und Leistungssituationen unverzichtbar und ein wichtiges Merkmal für die Qualität von Unterricht. Schülerinnen und Schüler müssen sich darauf verlassen können, wann sie (in Lernsituationen) das Recht haben, Fehler zu machen, und wann sie diese (in Leistungssituationen) besser vermeiden. Entsprechend lassen sich auch Lern- und Leistungs- oder Testaufgaben unterscheiden.

Lernaufgaben haben die Funktion, Lernprozesse zu initiieren und zu steuern. Leistungsaufgaben haben die Funktion, die Verfügbarkeit und Anwendung von Wissen, Fähigkeiten und Fertigkeiten zu überprüfen. Diese unterschiedlichen Funktionen haben Konsequenzen für ihre Gestaltung und für die Beurteilung der Qualität einer Aufgabe. Wie wir später bei der Betrachtung des Bearbeitungsprozesses sehen werden, hat die Gestaltung einer Aufgabe Einfluss auf die bei der Bearbeitung ablaufenden Prozesse. Ideale Lernaufgaben sind so gestaltet, dass sie zu bestimmten Phasen des Lernprozesses passen, z. B. vielfältige Zugänge bieten, um Vorwissen zu aktivieren, Austausch mit anderen einfordern, um kreative Lösungsideen anzuregen oder Ergebnisse zu vergleichen. Bei Leistungsaufgaben steht die Klarheit der Anforderung im Fokus, also vor allem eine Einschränkung und Vermeidung aller Prozesse und Zugänge, die für die Lösung nicht hilfreich sind. Die Lösung wiederum ist durch klare Kriterien gekennzeichnet, die mit dem zu testendem Wissen, den Fähigkeiten oder Fertigkeiten in einem direkten Zusammenhang stehen. Eine Leistungsaufgabe

12

Funktion von Lern- und Leistungsaufgaben

oder ein Teil davon sollte sich auf nur eine Fähigkeit beziehen, da andernfalls nicht geklärt werden kann, warum sie ggf. nicht gelöst werden konnte. Dies ist nicht nur wichtig, um die Leistung fair beurteilen zu können, sondern auch, um ein möglichst klares Feedback geben zu können, ob ein bestimmtes Wissen, eine bestimmte Fähigkeit oder Fertigkeit ausreichend erworben wurde oder noch verbessert werden muss. Bei Lernaufgaben ist diese strikte Zuordnung nicht möglich, sie sind globaler formuliert, um Lernangebote angemessen und attraktiv zu machen, und bestehen entweder aus komplexen Handlungsaufforderungen, die mehrere Lösungsschritte implizieren, oder aus vielen einzeln initiierten Aufgabenschritten. Die Spanne zwischen hoher und geringer Komplexität einer Anforderung enthält Potenzial für eine Binnendifferenzierung. Da sich Lern- und Leistungsphasen beim Lernen abwechseln, sprechen wir in diesem Kapitel durchgehend vom Lernenden und Lehrenden, auch wenn es sich bei Testaufgaben eher um den Prüfenden und den Prüfling handelt.

12.3 Aufgaben und Probleme

Bevor wir uns näher mit Aufgaben und ihren Merkmalen beschäftigen, müssen Aufgaben und Probleme unterschieden werden. Im Alltag wird meist das Wort Problem benutzt, wenn eine Aufgabe nicht zu lösen ist. Aufgaben und Probleme haben allerdings grundsätzlich unterschiedliche Eigenschaften, die nach Doyle (1983) mit drei Kategorien beurteilt werden können:

1. Aufgaben und Probleme verlangen spezifische Handlungsschritte,
2. die Lösungsprozesse erfordern spezifische Ressourcen und
3. es entsteht eine mehr oder weniger korrekte Lösung als Produkt.

Aufgaben zeichnen sich dadurch aus, dass die Lösung nicht bekannt ist, die Bearbeiter aber über die Bearbeitungsschritte, wie z. B. bestimmte Termumformungen und mathematische Lösungsverfahren, und das deklarative, konzeptuelle und prozedurale Wissen verfügen müssen, um sie zu erzeugen. Bei komplexen Problemen, wie z. B. bei der Durchführung eines Experiments oder der Entwicklung eines theoretischen Modells, besteht zumindest eine Annahme über den Zielzustand (Hypothese), aus der das Experiment oder der theoretische Ansatz entwickelt werden kann. In Schulsituationen ist der Zielzustand, also die Lösung des Problems, beim deduktiven Vorgehen vollständig bekannt. Das Problem kann aber nur gelöst werden, wenn die Schülerinnen und Schüler über die Ressourcen verfügen, mit denen sie den Lösungsprozess planen und durchführen können. Im experimentellen Fall wären das die Planung und Durchführung des Experiments und im theoretischen Fall die Anwendung physikalischer Konzepte. Nach Unterricht über die Überlagerung und Unabhängigkeit von Bewegungen könnte die Lehrkraft das folgende Problem stellen:

Eine Kugel wird durch eine Rampe beschleunigt. Sie fällt anschließend frei auf den Boden. Wann und von welcher Höhe muss ein vor der Rampe hängender Ring losgelassen werden, damit die Kugel durch den Ring fällt?

Es ist sehr plausibel, dass die Schwierigkeit einer Aufgabe vom Wissen der Schülerinnen und Schüler abhängt (Renkl 1991). Ist das physikalische Konzept nicht bekannt, muss die heuristische Methode Versuch und Irrtum angewandt werden, eine Methode, die auch in der Physik benutzt wird, wenn nichts über den zu untersuchenden Gegenstand bekannt ist. Erinnern sich die Schülerinnen und Schüler an den vorherigen Unterricht, müssten sie eine Hypothese entwickeln und den Versuch entsprechend gestalten können; nach einigen wenigen Versuchen müsste die Lösung gelingen. Haben sie das Prinzip theoretisch vollständig durchdrungen, müssen sie den Versuch nicht einmal durchführen, sie können sofort die Antwort nennen. Im letzten Fall ist das Problem, zumindest für einzelne Schülerinnen oder Schüler, zu einer einfachen Aufgabe geworden. Im Unterricht lässt sich deshalb nicht immer festlegen, ob die Anforderung der Lehrkraft als Aufgabe oder als Problem charakterisiert werden kann. Eine ggf. trivialisierende Einbettung einer Aufgabe in die Lernsituation, z. B. durch eine detaillierte Aufbauanleitung eines Experiments, kann ebenfalls aus einem Problem eine Aufgabe machen (Stigler und Hiebert 2004). Aus einer Aufgabe kann allerdings kein Problem werden, weil die Zielzustände und Lösungswege bei Aufgaben nicht bekannt sind. Wenn einem Schüler oder einer Schülerin die möglichen Lösungswege für eine Aufgabe nicht bekannt sind, kann sie mit geringer Wahrscheinlichkeit nur zufällig gelöst werden.

Aufgabe und Problem lassen sich nicht immer unterscheiden

12

12.3.1 Die Struktur einer Aufgabe

Ausgehend von der Grundannahme, dass Lernen ein Interaktionsprozess zwischen Lehrendem und Lernenden ist, ist eine Aufgabe Teil einer Kommunikation zwischen beiden. In einer Kommunikation im Klassenraum versucht der Lehrende ein Angebot (Aufgabe, Aufforderung zur Reaktion) zu machen, das der Lernende nutzen kann, um den physikalischen Sachverhalt zu klären und, im besten Fall, etwas Neues zu lernen. Das Angebot beinhaltet zum einen Informationen über die Sache, um die es geht, beinhaltet aber auch eine Handlungsaufforderung an den Empfänger (vgl. 4-Ohren-Modell, von von Thun 1998). Über die Situation, in welche die Kommunikation eingebettet ist, kann der Lernende zusätzliche Informationen erschließen, die nicht expliziter Teil des Angebots sind.

Folgendes Beispiel soll dies veranschaulichen: *Bestimme die Fallstrecke eines frei fallenden Körpers nach t = 2 s!* Der Aufgabentext ist das Angebot, das dem Schüler vorliegt, erwartet wird die Lösung 20 m. Der Text beinhaltet die Information, dass ein Körper frei entlang einer bestimmten Strecke fällt, und die Aufforderung, diese Strecke zu berechnen. Aus dem Physikunterricht ist der Zusammenhang klar, dass dafür die Gleichung $s = \frac{1}{2} g\, t^2$ sinnvoll ist und für g die lokale Erdbeschleunigung bzw. die im Physikunterricht übliche Rundung auf $10\ \text{m/s}^2$ angenommen werden darf. Obwohl die Aufgabe sehr einfach aussieht, werden mehrere Fähigkeiten zur Lösung verlangt.

- Lesefähigkeit: Zunächst muss der Text verstanden werden, was nicht selbstverständlich vorausgesetzt werden kann, da Fachwörter (Fallstrecke, frei) und eine Gleichung verwandt werden.
- Die zuständige, nicht gegebene Gleichung muss zur Verfügung stehen und interpretiert werden, hierzu gehören sowohl mathematische als auch physikalische Fähigkeiten: Es muss erkannt werden, was die Gleichung insgesamt und die einzelnen Buchstaben physikalisch bedeuten.
- Mathematische Fähigkeiten: Sie werden beim Einsetzen und Berechnen benötigt und wiederum physikalisch relevant bei der Interpretation und Angabe des Ergebnisses (mit korrekter Einheit).

Für alle Aufgaben lässt sich in diesem Beispiel folgende Struktur aus fünf Teilen finden:
1. Aufgabentext (enthält beispielsweise Informationen zum Fachinhalt, zum Kontext, der eventuell nicht fachlich sein kann, und zur Einbettung in die Situation)
2. Aufforderung oder Frage an die Bearbeiter und Bearbeiterinnen
3. Lösungsweg
4. Ergebnis
5. Antwort

So, wie nicht jede Kommunikation gelingt, kann auch eine gestellte Aufgabe manchmal nicht zur gewünschten Bearbeitung führen. Für gelingende Kommunikation ist nicht allein die Eindeutigkeit des Angebots wichtig, sondern auch die richtige Nutzung durch den Empfänger. Der Sender berücksichtigt die Nutzung bei der Gestaltung des Angebots und antizipiert damit eine Interpretation des Empfängers.

Eine Aufgabe dient der Kommunikation zwischen Lehrendem und Lernendem, sie muss deshalb zur Situation passen

Das bedeutet, dass eine Aufgabe nicht per se gut ist, sondern gut zu bestimmten Lernenden in einer bestimmten Situation passen sollte. Bei der Beurteilung von Aufgaben durch Dritte ist eine sinnvolle Beurteilung daher meist nur möglich, wenn weitere Kontextinformationen und die angestrebte Lösung der Aufgabe mitgeteilt werden.

Scheitern Lernende an einer Aufgabe, weil sie keinen Lösungsansatz oder keine Lösung finden, lässt sich daraus ablesen, dass entweder die Informationen aus der Aufgabe nicht richtig interpretiert wurden oder aber die von der Lehrkraft implizit vorausgesetzten Informationen, z. B. die Bedeutung der Fachwörter und die richtige, für die Lösung benötigte Gleichung, für den Bearbeitenden nicht verfügbar oder erkennbar sind. Im Beispiel oben ist es durchaus denkbar, dass Lernende aus der Formulierung „frei fallender Körper" nicht auf eine beschleunigte Bewegung schließen, die Information also nicht richtig interpretiert wurde. Die Wahrscheinlichkeit, dass sie die Verbindung zwischen frei fallend und beschleunigter Bewegung herstellen, steigt natürlich, wenn die beschleunigte Bewegung gerade Thema des Unterrichts ist, in dem die Aufgabe gestellt wird (Priming-Effekt). Wenn sie diese Verbindung herstellen, kann es aber immer noch sein, dass sie die Gleichung nicht kennen oder nicht finden und daher die Aufgabe nicht bearbeiten können, weil die implizite Information nicht verfügbar ist.

Hinweise in Lernaufgaben

In interaktiver Kommunikation, wie sie beim Lernen üblich ist, kann die Lehrkraft im Fall eines Scheiterns auf das Missverstehen reagieren und das Angebot anpassen. Im Fall von Aufgaben im Unterricht geschieht das durch Hilfen, die die Lehrperson den Lernenden anbietet, z. B. durch das Explizieren der impliziten Informationen (nutze die Gleichung $s = \frac{1}{2}\,g\,t^2$), das Hervorheben oder Geben weiterer Informationen (nutze für g den Wert 10 m/s^2), um den Kontext zu präzisieren oder durch sprachliches Umformulieren der ursprünglichen Aufgabe (Rechne die Strecke aus, wenn g und t gegeben sind, und nutze die Gleichung für den freien Fall).

Informationen in Testaufgaben sollten möglichst eindeutig sein

In Testsituationen, in denen Hilfen eher unüblich sind, ist die Mischung aus *die Information wurde nicht wahrgenommen/ richtig interpretiert* und *die implizite Information war nicht verfügbar* problematisch, da meist getestet werden soll, ob die implizite Information, also z. B. die Kenntnis der Gleichung, verfügbar ist. Daher müssen Testaufgaben besonders klar und eindeutig formuliert sein und möglichst wenig Interpretationsspielraum lassen. In wissenschaftlichen Tests wird durch mehrere Aufgaben, die dieselbe implizite Information erfordern, die Genauigkeit (Reliabilität) verbessert, da die Wahrscheinlichkeit, dass die Informationen nicht richtig interpretiert wurden, mit der Häufigkeit verschiedener Formulierungen sinkt.

12

Die kommunikationsorientierte Betrachtung von Aufgaben legt nahe, dass die Gestaltung und Formulierung von Aufgaben Einfluss auf den Bearbeitungsprozess haben, da sie von den Lernenden interpretiert werden und dabei auch implizite Informationen aus der Situation einbezogen werden müssen, deren Verfügbarkeit bei unterschiedlichen Bearbeitenden unterschiedlich sein kann. Im Folgenden betrachten wir den Bearbeitungsprozess daher noch etwas genauer.

12.3.2 Der Bearbeitungsprozess einer Aufgabe

Den Bearbeitungsprozess einer Aufgabe kann man in verschiedene Schritte unterteilen (◘ Abb. 12.2).

Das (sinnerfassende) Lesen einer Aufgabe führt zu einem situationsbedingten mentalen Modell. Das entwickelte Modell soll im Folgenden als Situationsmodell bezeichnet werden. In ihm ist eine in vielen Fällen bildliche Darstellung der in der Aufgabe beschriebenen Situation enthalten. Im obigen Beispiel könnte man sich einen Klotz vorstellen, der vom Himmel fällt. Zum anderen beinhaltet das Situationsmodell aber auch bereits erste Vorstellungen über Zusammenhänge und Prozesse, indem es Wirkungen annimmt, die im Idealfall physikalische Konzepte darstellen, aber im Zweifel auch nicht belastbare Alltagsvorstellungen (▶ Kap. 9) und daraus abgeleitete Prognosen für den Verlauf der Situation. Für die meisten Menschen dürfte z. B. klar sein, dass die Farbe des Klotzes für sein Fallen keine Rolle spielt, sodass sie ihn sich farblos vorstellen können. Größe und Gewicht würden aber in einer Alltagsbetrachtung nicht außer Acht gelassen, sodass sie vermutlich Teil des Situationsmodells physikalisch weniger kompetenter Menschen wären. Solche Situationsmodelle bestehen im Arbeitsgedächtnis der Lernenden, werden aber nicht zwingend geäußert oder beschrieben – manchmal ist ihre sprachliche Repräsentation nicht möglich. Um für die Aufgabenlösung brauchbare Situationsmodelle zu entwickeln, werden bereits Wissenselemente benötigt, die zum einen strategisches Wissen über Aufgabenbearbeitung sowie Denk- und Arbeitsweisen des Fachs, zum anderen begriffliches, deklaratives Wissen aus dem Fach und dessen sprachliche Standards beinhalten.

Diese Wissenselemente können durch die Informationen in der Aufgabe direkt aktiviert werden, indem beispielsweise bestimmte Fachbegriffe im Aufgabentext vorkommen oder eindeutige Hinweise auf diese Wissenselemente gegeben werden. Zum anderen werden diese Wissenselemente indirekt aktiviert, indem über Schlüsselbegriffe und Wissensnetzwerke weitere Konzepte, Begriffe und Schemata einbezogen werden können oder in Büchern oder im Internet zu finden sind. Beispiele dafür sind direkte Übersetzungen, wie freier Fall in beschleunigte

Aktivierung von Wissenselementen in Aufgaben

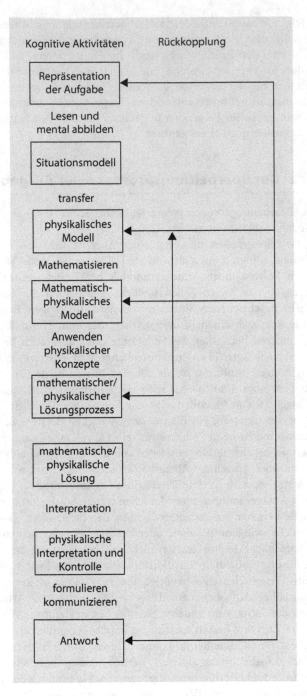

◘ Abb. 12.2 Modell der sequenziellen Bearbeitung von Aufgaben nach Schukajlow (2011, S. 84)

Bewegung, oder Analogien. Bereits die Tatsache, dass eine Aufgabe im Physikunterricht gestellt wird, legt für die Lernenden nahe, dass bestimmte Standards bei der Bildung des Situationsmodells zu berücksichtigen sind. Es ist vielleicht naheliegend, beim Lesen von *Kraft* an Wechselwirkung statt an Impetus zu denken, in der Situation nach Energieumwandlungen zu suchen oder den Fokus auf messbare Größen zu legen. Entsprechende Schwierigkeiten entstehen, wenn dieselbe Aufgabe außerhalb des Physikunterrichts gestellt wird (vgl. situiertes Lernen und träges Wissen). Erfahrene Lernende können darüber hinaus, im Sinne von Analogien oder Strukturgleichheit, zwischen unterschiedlichen Situationen Verbindungen herstellen und sie für die Bildung ihres Situationsmodells nutzen.

Die Bildung des Situationsmodells wird auch von der Wahl der Repräsentationsformen beeinflusst, die in der Aufgabenstellung genutzt werden (zu Repräsentationsformen im Physikunterricht vgl. Opfermann et al. 2017). Üblich sind neben Texten, die schriftlich oder mündlich präsentiert werden, mathematische Symbole und verschiedene Formen von Abbildungen, etwa Fotos, Schemazeichnungen, Skizzen und Visualisierungen von Modellvorstellungen. Durch digitale Medien in der Schule kommen jedoch neue Formate dazu, bereits jetzt verbreitet sind Filme, Animationen und interaktive Applikationen, in Zukunft könnten virtuelle Realitäten und *Augmented Reality* (z. B. durch Overlay-Technik eingeblendete Informationen zu einem Live-Kamerabild) hinzukommen. Repräsentationsformen bedienen verschiedene Sinneskanäle, die wiederum bestimmte Formen des Wissensabrufs begünstigen oder erschweren können. Je realitätsähnlicher die Repräsentationsform ist, z. B. eine Fotografie oder ein Film, desto eher werden Informationen auf der direkt sichtbaren Ebene wahrgenommen, je abstrakter die Information präsentiert wird, z. B. als mathematisches Symbol oder Text, desto eher werden auch interpretative und konzeptuelle Wissensinhalte aktiviert (vgl. Baumert et al. 2010), da damit ohnehin eine höhere kognitive Anstrengung verbunden ist. Durch die Kombination von verschiedenen Repräsentationsformen entstehen Multimediaeffekte, wie der *Redundancy*-Effekt, bei dem aufgrund redundanter Informationen in Text und Bild unnötig Gedächtniskapazität gebunden wird, der *Split-Attention*-Effekt, bei dem durch das Umschalten zwischen Bild und Text Gedächtnisleistung benötigt wird, oder der *Expertise-Reversal*-Effekt, bei dem Experten durch ein Überangebot an Information gehindert werden, relevante Informationen zu entdecken (Mayer 2008).

Auf der Grundlage des Situationsmodells wird dann die Denk- und Handlungsaufforderung oder Frage in der Aufgabe interpretiert; dabei sind sprachliche Standards relevant. So hat der Begriff *bestimme* im alltagssprachlichen Kontexten

Situationsmodelle und Repräsentationsformen

die Bedeutung des eigenständigen Festlegens, im Rahmen einer Physikaufgabe meint er aber das Berechnen oder Messen einer Größe. Verben, mit denen typische Handlungsaufforderungen verbunden sind, heißen im Zusammenhang mit Aufgaben Operatoren. Lernende müssen im Physikunterricht die Operatoren der Aufgaben und ihre Bedeutung in der Physik kennenlernen, damit sie Aufgabentexte physikalisch interpretieren können. In ähnlicher Weise nutzt die Physik bestimmte sprachliche Wendungen (Syntax), um Prozesse, Handlungen und Situationen zu beschreiben, mit denen Lernende zunächst vertraut gemacht werden müssen, vor allem Substantivierungen von Prozessen und Passivkonstruktionen. Hier setzt sprachsensibler Unterricht an (vgl. Vollmer und Thürmann 2013), der Fachsprache nicht nur als vertraut machen mit den Fachbegriffen und syntaktischen Wendungen versteht, sondern auch die Bedeutung von Sprache in der Physik sowie die Gründe für die Nutzung von Fachsprache den Lernenden transparent macht und deren Vorteile aufzeigt. Grundsätzlich muss die Frage geklärt werden, ob der Text für die Adressatengruppe angemessen (▶ Kap. 10) ist.

Fachsprache und Textinterpretation

Die Wahl der Sprache (Begriffe und Syntax) in der Aufgabe, mit der eine Situation beschrieben und eine Denk- und Handlungsaufforderung kommuniziert wird, beeinflusst daher das Auswählen (Selegieren) und Interpretieren der Information bei der Bearbeitung. Löffler (2016) beschreibt dies als Transparenz der Information in der Aufgabe und zeigt an sog. Kontextaufgaben, dass sich darüber die Lösungshäufigkeit der Aufgabe beeinflussen lässt (▶ Kap. 10).

12.4 Kontextaufgaben

Bei Kontextaufgaben werden Informationen über die Situation in der Alltagssprache formuliert. Es werden meist auch für die Lösung physikalisch irrelevante und auch implizite emotionale und affektive Informationen über die Situation mitgeteilt. Entsprechend wird die Bildung des Situationsmodells von vielen weiteren Wissenselementen, Emotionen und Schemata außerhalb der Physik beeinflusst und ggf. sogar dominiert.

Kontextaufgaben enthalten Alltagssituationen und wecken Emotionen

Dies hat mehrere Vorteile. Erstens werden durch die Aktivierung von Emotionen Wissensabrufprozesse erleichtert und eine Motivierung erzielt, die sich positiv auf Anstrengungsbereitschaft und die Erwartung auswirkt, die Aufgaben erfolgreich bearbeiten zu können (Selbstwirksamkeitserwartung; Pozas 2016). Zweitens sind solche Kontextaufgaben für die kompetenzorientierte Gestaltung des Unterrichts ein wichtiges Element. Sie ermöglichen es, mit den Lernenden über Standards, Denk- und Arbeitsprozesse zu sprechen und deren Bedeutung für die physiktypische Beschreibung aufzuzeigen (vgl. Fischer

1998). Auf diese Weise können so vorgebildete Lernende auch Aufgaben bearbeiten, die beispielsweise die Modellierung bestimmter Phänomene oder komplexes Problemlösen zum Ziel haben – eine anspruchsvolle, aber physiktypische Arbeitsweise, die auch über die Physik hinaus bedeutsam ist. Das Beispiel zum freien Fall von oben ist eine gering kontextualisierte Aufgabe, die eine hohe Transparenz besitzt. Die Transparenz könnte noch gesteigert werden durch das explizite Nennen der zu nutzenden Gleichung oder die Angabe der Fallbeschleunigung, was gut veranschaulicht, wie Transparenz und Aufgabenschwierigkeit zusammenhängen. Sie dürfte für die meisten Lernenden weder motivierend sein, noch regt sie zur Auseinandersetzung mit den Denk- und Arbeitsweisen der Physik an. Dennoch hat diese Aufgabe eine Berechtigung, wenn daran beispielsweise die Sprachnutzung in der Physik illustriert und geübt wird oder die Kenntnis bzw. Anwendung des Fallgesetzes überprüft wird. Die in ◻ Abb. 12.3 dargestellte Aufgabe (vgl. Löffler 2016) enthält dagegen zahlreiche verschiedene Informationen und verlangt nicht auf den ersten Blick die Anwendung bestimmter Prinzipien

©Hohenstein Institute

Das linke Bild zeigt die „Ötzi" genannte Gletschermumie, welche vor ca. 20 Jahren in den Ötztaler Alpen gefunden wurde. Der Mann starb dort durch einen Pfeil vor ungefähr 5.300 Jahren und wurde vom Gletschereis eingefroren. Bei Ötzi wurden viele Gegenstände gefunden, die er bei sich trug. Darunter auch eine geheimnisvolle Grasmatte (mittleres Bild), über deren Zweck sich die Experten immer noch uneinig sind. Eine der Theorien lautet, es könnte sich da bei um seine Schlafunterlage handeln, also so etwas wie eine steinzeitliche Isomatte (das rechte Bild zeigt eine moderne Isomatte).

Aber kann eine so dünne Matte die Körperwärme vor dem eiskalten Boden schützen? Muss die Theorie der Steinzeit -Isomatte ver worfen werden, oder gibt es eine wissenschaftliche Erklärung, die die Vermutung untermauert?

Lösung: In der eng geflochtenen Grasmatte ist Luft in Kammern eingeschlossen, daher kann Konvektion in der Grasmatte verringert werden. Die eingeschlossene Luft ist jedoch, wie alle Gase, ein schlechter Wärmeleiter, daher sollte die Theorie der Steinzeitisomatte unter diesem Gesichtspunkt nicht verworfen werden.

◻ **Abb. 12.3** Beispiel einer Kontextaufgabe (vgl. Löffler 2016)

und Konzepte der Physik. Es ist eine deutlich stärker kontextualisierte Aufgabe mit geringer Transparenz.

Ziel jeder Aufgabenbearbeitung ist es, eine Lösung im Sinne der Fragestellung zu finden. Die bisher beschriebenen Schritte sind notwendig, um überhaupt bis zu einer Lösungsfindung und einer darauf aufbauenden Antwort auf die Frage zu kommen. Je angemessener die Modellierung aus dem Bilden des Situationsmodells, dem Selegieren und dem fachlichen Interpretieren der Informationen gelingt, desto höher ist die Wahrscheinlichkeit, dass die Informationen für die Lösung ausreichen und erfolgreich weiterverarbeitet werden können.

Bei einer erfolgreichen Aufgabenbearbeitung überführen Lernende das ursprüngliche Situationsmodell durch diese Schritte also zunächst in ein fachlich adäquates, fragebezogenes Modell der Situation. Auf dessen Basis finden sie die Lösung durch Wiedergeben von Zusammenhängen im Modell, passendes Auswählen und Anwenden des Modells (Selegieren), das Finden, Zusammenführen, Ergänzen weiterer Informationen (Integrieren) und Transferieren auf andere Situationen. Im Aufgabenbeispiel zum freien Fall ist das physikalisch-mathematische Modell durch die Gleichung $s = \frac{1}{2}\, g\, t^2$ gegeben. Das Modell wird auf die gegebene Information 2 s und 10 m/s^2 angewandt.

Die Art des zur Lösung benötigten Wissens moderiert ebenfalls die Schwierigkeit einer Aufgabe. Es gibt verschiedene Taxonomien, etwa von Krathwohl (2002), basierend auf Bloom et al. (1956), die zur Systematisierung verwendet werden können. ◘ Tab. 12.1 enthält kognitive Prozesse und Wissenstypen, nach denen Lernziele, Aufgaben und Aufgabenlösungen charakterisiert werden können, die auf diese Lernziele ausgerichtet sind. Das Aufgabenbeispiel würde sich bei A.3. (*factual knowledge, apply*) einordnen lassen. *Factual knowledge* wird auch deklaratives Wissen genannt.

◘ **Tab. 12.1** Taxonomie nach Krathwohl zur Einordnung von Aufgaben und Lernzielen (Krathwohl 2002, S. 216)

Wissensarten	Kognitive Prozesse					
	1. Erinnern	2. Verstehen	3. Anwenden	4. Analysieren	5. Bewerten	6. Kreieren
A. Deklaratives Wissen						
B. Konzeptwissen						
C. Prozedurales Wissen						
D. Metakognitives Wissen						

Die bei der Lösung ablaufenden Prozesse der Informationsverarbeitung im Gehirn sind komplex. In psychologischen Studien werden sie als exekutive Funktionen bezeichnet, die für
erfolgreiche Aufgabenbearbeitung notwendig sind (Miyake et al.
2000):

1. Shifting/Switching (Aufgaben-, Aufmerksamkeits-,
   Strategiewechsel)
2. Updating (Anpassen und Überwachen von Arbeitsgedächt-
   nisrepräsentationen und -prozessen)
3. Inhibition (Unterdrücken von vorschnellen, dominanten,
   und/oder automatisierten Antworten

Lösungen von Aufgaben sind daher außer vom Wissen der
Bearbeitenden auch von ihrer Intelligenz, Motivation und Volition beeinflusst. Insbesondere bei umfangreicheren und komplexeren Lösungswegen spielen darüber hinaus sog. metakognitive
Fähigkeiten eine wesentliche Rolle. Dazu zählen, sich Ziele zu
setzen, sich zu motivieren, Pläne zu machen und diese umzusetzen und zu evaluieren.

Das Anwenden von Lernstrategien (metakognitive Fähigkeiten) kann unterstützt werden, indem etwa sinnvolle Unter-
teilungen im Aufgabentext oder den Teilanforderungen
vorgenommen und Strukturierungshilfen wie etwa Tabellen oder
Ablaufpläne vorgegeben werden (Elzen-Rump et al. 2008). Auf
die kognitiven Prozesse kann die Gestaltung und Formulierung
der Aufgabe aber nicht unmittelbar einwirken. Die kognitiven
Prozesse zur Lösung müssen über längere Zeiträume hinweg
weiterentwickelt und geübt werden. Strukturgleiche oder -ähn-
liche Aufgaben können Lernende dabei unterstützen. Wichtig ist
ein unmittelbares und konkretes Feedback zu den Lösungsversuchen, damit sie erkennen können, ob ihr aktueller kognitiver
Prozess verändert werden muss. Digitale Lernumgebungen, die
automatisiert Feedback geben und angepasst an die Fähigkeiten
der Lernenden nachfolgende Aufgaben auswählen, scheinen für
solche Lernunterstützung geeignet zu sein (Plötzner et al. 2009).

Hat ein Lernender eine Lösung gefunden, muss er daraus
seine Antwort auf die in der Aufgabe gestellte Frage entwickeln.
Hierbei spielt zum einen wieder die Sprache eine wichtige
Rolle: Welche Begriffe müssen vom Bearbeiter genutzt werden, welche Syntax soll verwendet werden, was sind die Standards, an denen man sich orientieren soll? Ist der Text für die
jeweilige Altersgruppe/Klasse angemessen? Zum anderen ist
ein geübter Umgang mit den verschiedenen Repräsentationsformen erforderlich, in denen in der Physik Inhalte und Prozesse
dargestellt werden. Auch hierbei gibt es eine Reihe von Standards und Normen, z. B. wie Diagramme zu erstellen sind, wie
Kraftpfeile einzuzeichnen sind usw. Anders als beim Bilden des

*Welches Wissen wird zur
Lösung einer Aufgabe
benötig?*

Situationsmodells und der Auswahl an relevanten Informationen, wo sie sprachliche und auf Repräsentationsformen bezogene Standards erkennen und übersetzen, müssen Lernende diese nun aktiv anwenden. Ähnlich wie beim Unterschied zwischen einem passiven und einem aktiven Wortschatz stellt das Anwenden der Standards und Normen eine eigene Fähigkeit dar. Diese muss beim Erlernen unterstützt werden, indem die Kriterien an eine physikalisch adäquate Antwortformulierung transparent gemacht, geübt und letztlich auch getestet werden. Soweit die Antwort z. B. mit einem technischen Medium präsentiert wird (OH-Projektor, Projektor, PC usw.), muss auch die technische Handhabung angeleitet und geübt werden. Bei der Gestaltung und Formulierung der Aufgabe sollte daher im Zweifel auch Bezug darauf genommen werden, in welcher Form die Antwort erfolgen soll und welche Mittel dafür zur Verfügung stehen (Treagust et al. 2017).

12.4.1 Notwendige Fähigkeiten bei der Aufgabenbearbeitung

In der ausführlichen Betrachtung des Bearbeitungsprozesses wird deutlich, dass die Bearbeitung von Aufgaben vielfältige Fähigkeiten beinhaltet, die im Laufe eines längeren Lernprozesses entwickelt, unterstützt und gefördert werden müssen. An jeder dieser Fähigkeiten kann eine erfolgreiche Bearbeitung scheitern, sodass Lerndiagnose und -unterstützung dort jeweils ansetzen können. Diese Fähigkeiten sind generell:

- angemessene Texte lesen können
- Bilden eines Situationsmodells
- Aktivierung von Metawissen über strategische Aufgabenbearbeitung, Denk- und Arbeitsweisen des Fachs (metakognitive Fähigkeiten)
- Aktivierung deklarativen, konzeptuellen und prozeduralen Fachwissens
- Wissen über die Entwicklung des Faches (Epistemologie Bd. 2, ▶ Kap. 6)
- Kenntnis der Fachsprache (▶ Kap. 10)
- Wiedererkennen von Handlungsanweisungen (auch Operatoren genannt) und ihrer Bedeutung in der Physik, Nutzen von Analogien oder Strukturgleichheit (▶ Kap. 11 und Bd. 2, ▶ Kap. 6)
- fragebezogenes Auswählen (selegieren) und Interpretieren der Information
- fachliches Interpretieren von Informationen
- Wiedergeben, Auswählen, Anwenden, Zusammenführen, Ergänzen oder Transferieren von Informationen
- effektive Nutzung metakognitiver Prozesse

- mentale Anstrengung zur Aktivierung des eigenen Wissens, der Motivation und der Volition
- Anwenden der Standards und Normen des Fachs (z. B. ISO-Norm, Regeln wissenschaftlichen Arbeitens, Zitierweise und Präsentationsformen)
- technische Handhabung von Kommunikationsgeräten

Für die Lehrkraft ist es wichtig, Klarheit über die zur Lösung einer Testaufgabe notwendigen Fähigkeiten zu haben. Im Idealfall steht bei jeder Testaufgabe genau eine Fähigkeit im Zentrum, die anderen Fähigkeiten sollten möglichst für die erfolgreiche Bearbeitung keine entscheidende Rolle spielen. Da die Fähigkeiten nicht unabhängig voneinander sind, gelingt dies im realen Fall nur eingeschränkt, sollte aber bei der Entwicklung von Testaufgaben angestrebt werden.

Bislang haben wir eine individuelle Bearbeitung der Aufgabe angenommen und beschrieben, welche Leistungen eine Person vollbringen muss, um die Aufgabe zu lösen. Im Physikunterricht ist es jedoch üblich, Aufgaben auch als Partner- und Gruppenarbeit durchzuführen und ein gemeinsames Ergebnis zu erhalten. Hier kommen weitere Fähigkeiten hinzu, sie betreffen die Kommunikations-, Kooperations- und Teamfähigkeit. Gleichzeitig bekommen metakognitive Fähigkeiten besonders im Hinblick auf die Zielsetzung und die Planung des gemeinsamen Vorgehens ein höheres Gewicht. Letztlich ist es notwendig, dass Situationsmodelle entwickelt werden, die eine ausreichende Schnittmenge haben, um die aufgabenbezogene Kommunikation aufrechtzuerhalten sowie koordinierte und auf die Lösung gerichtete Tätigkeiten zu planen und durchzuführen. Diese zusätzlichen Leistungen binden wiederum kognitive Kapazität und erzeugen zusätzliche Fehlerrisiken. Daher sind kooperative Aufgaben vor allem dann sinnvoll, wenn durch sie zusätzliche Fähigkeiten entwickelt oder eingeübt werden sollen oder wenn sie funktional sind. Zusätzliche Fähigkeiten beziehen sich oft auf typische Arbeitsweisen in der Physik, z. B. das experimentelle Arbeiten oder die Entwicklung theoretischer Ansätze in einem Team. Funktional sind kooperative Aufgaben, wenn für die Erledigung der Aufgabe eine Arbeitsteilung sinnvoll oder sogar notwendig ist.

Wir verstehen nun den generellen Verlauf eines Bearbeitungsprozesses einer Aufgabe in Abhängigkeit von ihrer Gestaltung und Formulierung sowie die dafür notwendigen Fähigkeiten. Dabei bilden die Theorien, Modelle, Denk- und Arbeitsweisen sowie die Standards und Normen des Fachs Physik die Wissenselemente, die zur Konstruktion des Situationsmodells, des fachlich adäquaten Modells, der physikalisch-mathematischen Bearbeitung und der Formulierung einer Antwort auf die gestellte Frage notwendig sind (◘ Abb. 12.2). Das bislang zur

Lösungen müssen mit bestimmten Fähigkeiten verbunden werden

Veranschaulichung genutzte Aufgabenbeispiel ist offenkundig eine Physikaufgabe, da es auf entsprechende Wissenselemente zugreift. Gleichzeitig ist das Beispiel in seiner Struktur sehr einfach und kein Beispiel einer angemessenen, kompetenzorientierten Lernaufgabe für Physikunterricht. Im Folgenden werden wir daher der Frage nachgehen, welche Gestaltungs- und Einsatzmöglichkeiten es für Aufgaben im Physikunterricht gibt, und einen weiteren Blick auf Testaufgaben werfen.

12.5 Der Einsatz von Aufgaben im kompetenzorientierten Unterricht

Physikunterricht hat gemäß den Bildungsstandards der Kultusministerkonferenz für den mittleren Schulabschluss (KMK 2004) das Ziel, bestimmte Fähigkeiten und Fertigkeiten von Lernenden zu entwickeln, die sie brauchen, um aktiv an der Gestaltung unserer Gesellschaft mitzuwirken und ihr eigenes Leben zu gestalten. Diese bestimmten Fähigkeiten und Fertigkeiten entwickeln sie anhand der Theorien, Modelle, Denk- und Arbeitsweisen der Physik. Dazu gehören insbesondere die theoretisch-mathematische Modellierung von Phänomenen, die Anwendung von gegebenen Modellen in neuen Zusammenhängen sowie das komplexe Problemlösen, das nicht allein auf das Beheben des gestellten Problems abzielt, sondern z. B. durch die experimentelle Vorgehensweise ein theoretisches Verständnis der Situation entwickelt, die das Problem hervorruft. Physikalische Modelle, die meist als Fachwissen bezeichnet werden, dienen dabei als Prototypen, an denen diese Fähigkeiten entwickelt werden und die den Lernenden als anwendbare Konzepte auch außerhalb der Physik zur Verfügung stehen sollten.

Zu diesem Ziel sollen Lernaufgaben im Physikunterricht beitragen. Lernaufgaben, die nur Definitionen und anderes deklaratives Wissen wie etwa Formeln und Gesetzmäßigkeiten oder das Einsetzen von Zahlen in Gleichungen üben, haben daher nur begrenzte Relevanz für modernen Physikunterricht. Sie entsprechen aber stark der historisch gewachsenen Tradition und finden sich nach wie vor in zahlreichen Aufgabensammlungen (vor allem auf universitärer Ebene). Sie berücksichtigen außerdem nur die fachliche Logik und nicht die Instruktionslogik.

Fachliche Logik und Instruktionslogik

Die der kognitiven Entwicklung angemessenen Transformation akademischer physikalischer Konzepte und das Umgehen mit typischen und lernresistenten Alltagsvorstellungen der Schülerinnen und Schüler sind Beispiele für Anforderungen, die nicht ausschließlich mit Fachlogik gelöst werden können (▶ Kap. 9). Allgemeiner lässt sich feststellen, dass Lernaufgaben

12

an den entwicklungs- und wissensabhängigen Lernprozessen orientiert sein müssen, damit die Lernziele erreicht werden können. Wie die ausführliche Betrachtung des Bearbeitungsprozesses von Aufgaben und des initiierten Lernprozesses zeigt, ist physikalisches Wissen immer erforderlich, um Physikaufgaben zu lösen. Allerdings machen traditionelle Aufgaben die Lernprozesse und die Denk- und Arbeitsweisen des Faches nicht transparent, und Lernende haben kaum eine Chance, anschlussfähiges Wissen aufzubauen. In Abgrenzung zum traditionellen Aufgabeneinsatz wird daher von einem kompetenzorientierten Aufgabeneinsatz gesprochen, der Lernenden den Erwerb der oben beschriebenen Fähigkeiten ermöglichen soll.

Jede Aufgabe erfordert, wie wir gesehen haben, eine große Breite an Fähigkeiten, von denen viele einen Fachbezug haben und deren Entwicklung für das spätere Leben von Bedeutung ist. Wie stark eine Fähigkeit jeweils ausgeprägt sein muss, um die Aufgabe erfolgreich bearbeiten zu können, wird durch die Gestaltung der Aufgabe beeinflusst. Um entsprechende Variationen in der Gestaltung von Aufgaben beschreiben zu können, hat Draxler (2005) ein Analyseschema auf der Basis zentraler Merkmale entwickelt, um Aufgaben systematisch zu unterscheiden.

Die Merkmale beziehen sich dabei auf die inhaltlichen Strukturen (z. B. zentrale, benötigte Modelle oder Arbeitsweisen), formale Aspekte (z. B. Anzahl der Lösungswege, Antwortformat) und den strukturellen Aufbau (z. B. Repräsentationsformen, Komplexität oder geforderte kognitive Prozesse).

Merkmale sind dabei nicht eins zu eins bestimmten Fähigkeiten zugeordnet, machen aber, je nach Ausprägung des Merkmals, bestimmte Fähigkeiten notwendiger und wichtiger als andere. Wir werden im Folgenden drei Beispiele für Merkmale genauer betrachten: *Offenheit*, *experimentelle Anteile* und *Kontextualisierung*.

Offenheit meint die Anzahl von Möglichkeiten, eine Aufgabe sinnvoll zu lösen. Im Regelfall bedeutet dies, dass keine Vorgaben zum Lösungsweg gemacht werden, sodass selbstregulatorische Fähigkeiten (metakognitives Wissen über Aufgaben und Physik, metakognitive Prozesse zur Steuerung und Überwachung des eigenen Arbeitsprozesses) und die Fähigkeit zur Entwicklung eines meist komplexeren Situationsmodells erforderlich sind. Bei *experimentellen Anteilen* kommen erneut selbstregulatorische Fähigkeiten zum Tragen sowie verstärkt auch Fähigkeiten, die auf die Standards des Fachs, Interpretieren und Deuten von fachlichen Informationen usw. bezogen sind, und nicht zuletzt auch technische Fähigkeiten im Umgang mit Geräten und Materialien. *Kontextualisierung* betont neben (fach-)sprachlichen Fähigkeiten vor allem das Auswählen physikbezogener Information, die Nutzung von Analogien und Strukturgleichheit, die daraus resultierende Bildung und Beurteilung von Modellen sowie Metawissen

Merkmale zur Gestaltung der Schwierigkeit von Aufgaben

über das Fach in einem bestimmten Kontext. Dekontextualisierung ist die Nutzung von Strukturen in vielen anderen Kontexten mit dem Ziel, sie zur Aufgaben- bzw. Problemlösung universell anwenden zu können.

Aus der Beschreibung wird deutlich, dass die mit diesen Merkmalen verbundenen Fähigkeiten anspruchsvolle mentale Herausforderungen darstellen, die weit über Reproduktion hinausgehen (sogenannte *higher order thinking skills,* vgl. Lewis und Smith, 1993; Ivie 1998). Die Merkmale *Offenheit, experimentelle Anteile* und *Kontextualisierung* sind daher für Aufgaben im kompetenzorientierten Unterricht im Sinne der Bildungsstandards unerlässlich. Mit Kompetenz wird u. a. die Fähigkeit bezeichnet, Wissen zur Aufgabenlösung anzuwenden (Kompetenzorientierung und Standards für den Mittleren Schulabschluss, ▶ Kap. 3). Im Hinblick auf Testaufgaben sind Bildungsstandards relevante Kriterien, um kompetenzorientiertes Testen von Wissensabfragen zu unterscheiden. Gleichzeitig müssen die *Offenheit* von Testaufgaben auf einen bestimmten Lösungsweg, *experimentelle Anteile* auf bestimmte Aspekte und *Kontextorientierung* auf eine vergleichsweise hohe Transparenz eingeschränkt werden, um Fähigkeiten präziser messen zu können. Diese Bedingungen an die Merkmale dienen daher auch zur Unterscheidung zwischen angemessenen Lern- und Testaufgaben.

Diese drei Merkmale wirken sich in verschiedenen Phasen des Unterrichts unterschiedlich auf den Lernprozess aus, der initiiert und angeleitet werden soll. Im Physikunterricht erfüllen Aufgaben viele unterschiedliche Funktionen, die spezifische Ziele im Lernprozess ausdrücken. In einem ersten Schritt lassen sich Aufgaben in Lernaufgaben und Testaufgaben unterscheiden, weil diese Aufgabentypen im Unterricht für grundsätzlich andere und leicht zu unterscheidende Ziele eingesetzt werden:

- Lernaufgaben, z. B.
    - Erarbeitungsaufgaben (z. B. Konzeptaufbau)
    - Übungs-/Routinebildungsaufgaben (z. B. kognitive Entlastung durch Automatisierung häufig wiederkehrender Lösungswege)
    - Anwendungsaufgaben (z. B. Generalisierung eines Konzepts)
    - Transferaufgaben (z. B. vertikale Vernetzung, Dekontextualisierung)
- Testaufgaben, z. B.
    - Verständnisüberprüfungsaufgaben (z. B. Diagnose, Förderung, Feedback)
    - Test-/Klassenarbeits-/Klausuraufgaben (z. B. Feedback, Selektion)
    - standardisierte/wissenschaftliche Testaufgaben (Items; z. B. nationale und internationale Vergleiche)

Wir betrachten hier exemplarisch die für kompetenzorientierten Unterricht besonders relevanten Aufgabenmerkmale *Offenheit, experimenteller Anteil* und *Kontextualisierung* in Hinblick auf ihre Auswirkungen auf den Bearbeitungsprozess in der jeweiligen Unterrichtsphase. Dabei werden wir feststellen, dass durch sie bestimmte Fähigkeiten besonders relevant werden und durch entsprechende Diagnose und Lernbegleitung entwickelt werden können.

Offenheit ist ein eher formales Aufgabenmerkmal und wird durch die Anzahl möglicher Lösungswege beschrieben. Fischer und Draxler (2007, S. 646) unterscheiden vier Ausprägungen:

1. Die Aufgabe lässt mehrere Lösungswege zu und schreibt weder direkt noch indirekt einen bestimmten Weg vor oder fordert sogar die Entwicklung mehrerer Lösungswege.
2. Die Aufgabe lässt mehrere Lösungsmöglichkeiten zu und thematisiert die Alternativen.
3. Die Aufgabe macht implizite Vorgaben zum Lösungsweg, etwa durch Operatoren (berechne, messe, beurteile, etc.) oder durch die Nennung der zu verwendenden Geräte oder physikalischen Gesetze oder Theorien, die zur Lösung benötigt werden.
4. Die Aufgabe schreibt explizit einen Lösungsweg vor (löse durch Umformen der Gleichung nach U, durch ein Volumenintegral, etc.).

> Mit unterschiedlicher Offenheit einer Aufgabe lässt sich ihre Schwierigkeit einrichten

Erarbeitungsphase: Jede Art von Offenheit ist denkbar. Der Grad der Offenheit muss allerdings dem Lernziel, dem Wissen und der Kompetenz der einzelnen Lerner und der Lerngruppe angepasst sein. Bei der Beurteilung der Angemessenheit des Offenheitsgrades reicht es nicht aus, die fachliche physikalische Kompetenz der Schülerinnen und Schüler einzuschätzen. Wenn z. B. eine offene Antwort erwartet wird, sollten die Schüler in der Lage sein, einen angemessenen Fachtext zu produzieren. Haben sie dies im Unterricht noch nicht gelernt, sollte die Formulierung eines angemessenen Textes Ziel des Physikunterrichts werden (Agel et al. 2014, siehe auch ▶ Kap. 10). Nachdem sich die Schülerinnen und Schüler für einen offenen Lösungsweg entschieden haben, sollten ihnen Hilfen angeboten werden.

Übungsphase: Bei Routinebildung wird meist ein bestimmter Lösungsweg geübt, daher ist hierbei eine geringe Offenheit angemessen.

Transferphase: Große Offenheit bietet vielfältige Möglichkeiten zum Transfer. Die Einschränkung der Offenheit durch Auswahl geeigneter Fälle und Anwendung des gerade geübten Lösungswegs erleichtert Transfer, was je nach Lerngruppe und ihrer Entwicklung sinnvoll sein kann.

> Aufgaben lassen sich in allen Phasen des Unterrichts einsetzen

Bei einer Leistungsmessung müssen im gesamten Test alle Schwierigkeiten repräsentiert sein

Testsituation: Je nach diagnostischem Interesse können in der Klasse alle Arten von Offenheit sinnvoll sein: Soll etwa die Herangehensweise an eine Aufgabe überprüft werden, wird die Offenheit eher hoch sein, soll das Wissen über einen bestimmten Lösungsweg geprüft werden, wird die Aufgabe auf diesen beschränkt sein. Die individuell angepasste Offenheit von Aufgaben ist ein Mittel der Binnendifferenzierung.

Standardisierter Leistungstest: Die Offenheit ist auf einen Lösungsweg eingeschränkt, um mit der Aufgabe möglichst viel Information über die zu messende Kompetenz zu erhalten.

Experimentelle Aufgaben können ebenfalls unterschiedlich offen gestaltet werden

Experimentelle Anteile sind ein wesentlicher Bestandteil naturwissenschaftlichen Unterrichts (Fischer und Draxler 2007, S. 647). Um der besonderen Problematik der experimentellen Aufgabenbearbeitung gerecht zu werden, wird ein weiteres Unterscheidungskriterium eingeführt, um die Lernprozesse beim Experimentierverhalten besser planen zu können (Horstendahl 1999, S. 159–160):

- *Imitatorisches Experimentieren:* Der Schüler oder die Schülerin arbeitet eine Versuchsanleitung ab. Die angegebenen Geräte werden zusammengetragen, entsprechend der Anweisungen aufbaut, die geforderten Messungen werden durchführt und die Messwerte werden notiert. Der Unterricht ist zwar schülerzentriert (Gruppenarbeit), aber lehrerorientiert (Abarbeiten der Anleitung).

- *Organisierendes Experimentieren:* Die zur Verfügung stehenden Geräte werden selbstständig zu einem Versuchsaufbau zusammengefügt, es werden Forschungsfragen und ein Aufbau des Experiments (Designs) übernommen, Messungen durchgeführt, gemeinsam ausgewertet, diskutiert und eventuell präsentiert. Der Unterricht ist schülerzentriert und partiell schülerorientiert.

- *Dynamisches Experimentieren (ggf. Problemlösen):* Schülerinnen und Schüler entwickeln eine Forschungsfrage und ein Untersuchungsdesign, diskutieren über die für das Experiment (Problem) relevanten Messgrößen, erarbeiten Vermutungen und Ideen zum Ergebnis (Hypothesen) und konstruieren einen eigenen Versuchsaufbau, um die Messungen durchzuführen. Die Diskussion der Ergebnisse sieht einen Bezug zur Hypothese vor, um die Qualität der Lösung zu beurteilen. Der Unterricht ist schülerzentriert und schülerorientiert.

Um naturwissenschaftliche Arbeitsweisen anzuwenden und zu üben, erscheint dynamisches Experimentieren besonders wünschenswert. Gleichzeitig stellt es aber auch die anspruchsvollste Form der Behandlung experimenteller Fragestellungen dar. In verschiedenen Ansätzen werden das imitatorische und organisierende Experimentieren im Sinne eines schrittweisen

12

Erweiterns der Anforderungen (Mayer und Ziemek 2006; Reinhold 1996) im Sinne eines *fading-out* von Unterstützung vorgeschlagen, um die Lernenden systematisch auf diese Herausforderung vorzubereiten (Hasselhorn und Gold 2017).

Erarbeitungsphase: Das Planen, die Durchführung und die Auswertung von Experimenten sind selbst naturwissenschaftliche Inhalte, die zu unterrichten sind. Im Sinne entdeckenden Lernens *(inquiry learning)* stellen Experimente aber gleichzeitig eine Erarbeitungsmöglichkeit physikalischer Konzepte dar.

Übungsphase: Neben manuellem Handeln stellen auch Planung und Analyse von Experimenten Fähigkeiten dar, die geübt und auf neue Fragestellungen übertragen werden müssen.

Transferphase: Hauptsächlich das dynamische Experimentieren erfolgt systematisch, nach den Regeln naturwissenschaftlichen Arbeitens (▶ Kap. 7). Transfer bezieht sich also nicht nur auf die Anwendung der fachlichen Ergebnisse auf andere Zusammenhänge, sondern auch darauf, die Regeln universell einzusetzen und damit in neuen Zusammenhängen den Arbeitsprozess zu strukturieren.

Leistungsmessphase im Unterricht: Experimentelle Anteile in Testaufgaben sind eher selten. Es ist außerdem zu unterscheiden zwischen der Fähigkeit zu manuellem Handeln selbst und dem Wissen über angemessenes Vorgehen. In Leistungsmessphasen ist meist Letzteres relevant. In Klassensituationen kann aber auch die erfolgreiche Durchführung eines Experiments Thema einer Leistungsüberprüfung sein, etwa wie in experimentellen Praktika der Universität.

Standardisierter Leistungstest: Standardisierte Experimentiertests sind bislang eher selten (vgl. Gut-Glanzmann 2012). Die Güte der Daten ist schwer einzuschätzen und meist gering (Gut und Labudde 2012). Zudem gibt es kaum Befunde, ob Tests, in denen Experimente durchgeführt werden müssen, über Papier-Bleistift-Tests hinausgehende Informationen liefern (Schreiber et al. 2014).

Im Sinne der *Kontextualisierung* von Aufgaben ist mit einem Bezug zu natürlichen Phänomenen und zur Technik Erwartung an ein höheres Interesse an der Aufgabenbearbeitung verbunden (Euler et al. 2007). Im Sinne von Scientific Literacy stellt der Bezug zu Gesellschaft, Technik und Umwelt die normative Grundlage für Physikunterricht dar und sollte deshalb Bestandteil des Physikunterrichts aller Schultypen und Schulstufen sein (vgl. Vorst et al. 2015).

Erarbeitungsphase: Die sinnstiftende und interesseförderliche Wirkung von Kontexten kann die Erarbeitung physikalischen Inhalts unterstützen und helfen, den Inhalt an bereits bekanntes Physik- und Weltwissen anzuknüpfen. Dekontextualisierung und Generalisierung sind zudem wesentliche Merkmale physikalischer Modellbildung. Im Rahmen komplexer Problemlöseprozesse unterstützen Kontexte das Finden von Analogien und das Verstehen des Problems. Sie machen zudem den Unterschied zwischen den Alltagsverfahren und Sprechweisen und den physikalischen Standards, Normen und Sprechweisen deutlich.

Übungsphase: Kontexte stellen eine Möglichkeit für Verallgemeinerung dar, indem Inhalte in verschiedenen Kontexten bearbeitet werden. Bei repetitiven Aufgaben lässt sich der motivationale und sinnstiftende Effekt von Kontexten nutzen (vgl. Bennett et al. 2007). Die Anwendung gelernten Wissens in neuen Kontexten (Kontextualisierung) erfordert zudem eine Analyse der Rand- und Anfangsbedingungen, was ebenfalls Teil physikalischer Arbeitsweise ist.

Transferphase: Im Rahmen der Modellanwendung und des komplexen Problemlösens lassen sich über Kontexte immer neue Herausforderungen entwickeln, die strukturähnlich sind und die Vorteile von Generalisierung und Abstraktion herausstellen.

Leistungsmessphase im Unterricht und *standardisierter Test:* Da Kontexte komplexe Modellierungsfähigkeiten erforderlich machen, scheint über die Transparenz eine differenzierte Diagnose dieser Fähigkeit möglich. Grundsätzlich aber haben Kontexte in Leistungssituationen eine zweifache Wirkung: Zum einen können sie helfen, dass die Getesteten Zuversicht entwickeln, notfalls mithilfe ihres Alltagswissens einen Zugang zur Aufgabe zu finden, andererseits ist die Gefahr einer Fehlinterpretation der Informationen hoch, sodass die Prüfung des eigentlichen Wissens oder der Lösungsfähigkeit nicht erfolgen kann.

12.5.1 Effekte der Kombination von Aufgaben

Aufgaben sind im Unterricht keine Einzelereignisse, sondern kommen im Regelfall als systematisch geplante Sequenz vor. Ihre Reihenfolge sollte dabei immer einer Instruktionslogik folgen, d. h. sich an Lernprozessen der Schülerinnen und Schüler orientieren, die auf ein bestimmtes Lernziel hin ausgerichtet sind (vgl. Trendel et al. 2008), das, wie gezeigt, von der Unterrichtsphase abhängt. Dabei lassen sich komplexe Anforderungen meist in Teilaufgaben zerlegen, zwischen denen im weiteren Verlauf wieder eine Beziehung hergestellt werden muss. Im Regelfall erfolgt auf die Beantwortung einer Aufgabe ein Feedback, das den weiteren Lernprozess der Lernenden steuert oder gezielt zur Auswahl der nächsten Aufgabe genutzt werden kann (adaptive Differenzierung).

Kognitionspsychologisch sind Effekte durch die Aufgabenreihenfolge erwartbar, die auf Priming und Framing zurückgehen. Priming meint dabei, dass durch die Formulierung der

Aufgabensequenzen steuern Lernprozesse, vorangehende Aufgaben gestalten dabei die Lösung der folgenden

vorherigen Aufgabe oder deren Inhalt die Assoziationen leichter verfügbar sind, die mit diesem Inhalt zusammenhängen. Wechselt der Inhalt, ist der Zugang zum notwendigen Wissen der nächsten Aufgaben erschwert. Framing bedeutet, dass die Erwartung an die folgende Aufgabe und deren Verständnis durch die vorhergehende Aufgabe mitgeprägt wird (Scheufele 1999; Scheufele und Tewksbury 2006). Ein Misserfolg in der ersten Aufgabe lässt dann beispielsweise die Erwartung sinken, in der nächsten Aufgabe erfolgreich zu sein (Pozas 2016). Beide Effekte lassen sich gezielt einsetzen, um beispielsweise die Aufmerksamkeit der Lernenden durch die Aufgabensequenz gezielt zu steuern und sowohl durch Erfolgserlebnisse die Motivation zu erhalten wie auch durch geschickten Aufbau der Sequenz – z. B. im Sinne eines sokratischen Gesprächs – die systematische Entwicklung neuen Wissens zu erreichen. Aufgabenfolgen, die der Idee des *fading-out* folgen, bei denen also zunächst eine Musterlösung angeboten und dann nach und nach in der Aufgabensequenz deren Detailgrad und Umfang reduziert wird, stellen konkrete Beispiele dieser Idee dar (vgl. Schmidt-Weigand et al. 2009).

Im Rahmen wissenschaftlicher Tests hat die Kombination von Aufgaben ein anderes Ziel. Es werden mehrere Aufgaben konstruiert, die mit derselben Fähigkeit zu lösen sind, um diese Fähigkeiten genauer (mit größerer Reliabilität) zu messen. Die Grundidee ist dabei, dass alle anderen Fähigkeiten durch die benachbarten verschiedenen Aufgaben in zufälliger Weise eingefordert werden, die zu messende Fähigkeit im Idealfall aber bei jeder dieser Aufgaben in gleichem Maß zur Lösung erforderlich ist. Wie gut dies gelingt, zeigt sich an der Korrelation zwischen den Aufgaben im Sinne einer internen Konsistenz nach Cronbach (Hossiep 2018) oder der Passung zu einem probabilistischen Testmodell, z. B. dem Raschmodell (Rost 2018).

Wir haben gesehen, dass sich die Ziele der verschiedenen Phasen von Physikunterricht und das Ziel von Physikunterricht insgesamt durch Aufgaben erreichen lassen, die in instruktionslogischen Sequenzen angeordnet sind. Physikunterricht lässt sich also durch Aufgaben gestalten. Aufgaben bieten dabei sowohl die Möglichkeit der Entwicklung von Fähigkeiten und Wissen als auch die Möglichkeit zur Diagnose. Das Verständnis der Bearbeitungsprozesse ermöglicht es, gezielte Lernunterstützung zu geben und in Leistungsmessungen auf bestimmte Fähigkeiten zu fokussieren.

Das Kapitel schließen wir mit einigen Hinweisen und Ratschlägen zur Gestaltung und Auswahl von Aufgaben ab. Dabei gehen wir zum einen auf die sprachliche Gestaltung von Aufgaben ein, zum anderen schlagen wir Leitfragen vor, mit denen die Auswahl und der Einsatz von Aufgaben reflektiert werden können. Denn wie in jeder pädagogischen Entscheidung gibt es auch bei der Anwendung von Aufgaben keinen Automatismus, um zu einer angemessenen Lösung der pädagogischen Herausforderung zu gelangen.

12.6 Gestaltung und Qualitätssicherung von Aufgaben

Aufgabenformulierung und -präsentation müssen der Lerngruppe, der Unterrichtsphase und der Sozialform angepasst werden, um Lernende bestmöglich zu fördern. Je nach geplanter Sozialform bei der Bearbeitung gehören dazu die Personen, die einzeln oder in einer Gruppe in der Aufgabe anzusprechen sind, eine klare Strukturierung des Arbeitsauftrags und des Materials, die sprachliche Angemessenheit des Auftrags und die Richtigkeit und, bezogen auf die Lerngruppe oder einzelne Lernende und den Lernprozess, die Vollständigkeit der bereitgestellten Informationen.

Wie wird ein Aufgabentext verständlicher?

Die sprachliche Verständlichkeit der Aufgabentexte bezieht sich auf das Verhältnis von Leser und Text. Je nach Bearbeiter, z. B. dessen Alter und Bildungsbiografie, muss die Verständlichkeit eines Aufgabentextes neu geprüft und ggf. adaptiert werden. Dazu gibt es eine Reihe von Kriterien, die einen Aufgabentext verständlicher machen (vgl. Schüttler 1994):

— *Kognitive Strukturierung* wird z. B. durch Hervorhebungen, Zusammenfassungen, Herausarbeitung von Ähnlichkeiten und Unterschieden einzelner Informationen, sinnvolle Strukturierungen, Gliederung von Absätzen erreicht.

— *Sprachliche Einfachheit* wird durch kurze und einfache Satzstrukturen mit Subjekt, Prädikat und Objekt hergestellt. Geläufige Wörter, aktive Verben und wenige Substantivierungen tragen ebenfalls zur Einfachheit bei.

— *Semantische Redundanz* wird durch eine Verringerung der Informationsdichte und durch Wiederholungen erzielt.

— *Kürze und Prägnanz* im Text wird durch ein Gleichgewicht zwischen Verständlichkeit des Inhalts bei möglichst wenig Text und notwendiger Redundanz hergestellt, d. h. eine sinnvolle Relation von Informationsziel zu Sprachaufwand.

Die Überprüfung der in der Aufgabe bereitgestellten Informationen auf die genannten Kriterien umfasst verschiedene Fragen, die je nach Ziel der Aufgabe unterschiedlich beantwortet werden können:

— Ist die Aufgabe fachlich logisch strukturiert und fachlich richtig (schließt sie Anschlussfähigkeit des physikalischen Konzepts zu weiterem Physikunterricht und alternative Sichtweisen ein)?

- Ist die Aufgabe didaktisch-instruktionell logisch strukturiert und angemessen (dem jeweiligen Alter angemessen, kognitiv aktivierend, zur Unterrichtsphase passend, organisiert sie den intendierten Lernprozess angemessen, besteht die Möglichkeit zur Binnendifferenzierung, …)?
- Sind die verwendeten Fach- oder Fremdwörter bekannt und notwendig?
- Ist die Information im Aufgabentext bekannt oder zumindest einfach zu verstehen? Das Angebot muss im Sinne Wygotzkys in der Zone der proximalen Entwicklung erfolgen. Es muss so weit über den Fähigkeiten der Lernenden liegen, dass die Lernziele selbst erschlossen werden können aber nicht trivial erscheinen (Wygotsky 1978, 1993).
- Sind zur Lösung notwendige Querverweise im Material gegeben (z. B. auf Grafiken und Tabellen)?
- Sind die Informationen im Text für die Aufgabenbearbeitung relevant oder erhöhen sie die Anzahl der zur Lösung benötigten Fähigkeiten (und damit die Schwierigkeit) unnötig?
- Sind, insbesondere in Aufgaben, die mathematische Fähigkeiten zur Lösung benötigen, realistische Angaben gemacht und vorab die mathematischen Fähigkeiten (im eigenen Physikunterricht) entwickelt worden?

Mit den in diesem Kapitel dargestellten Merkmalen zur Gestaltung und Optimierung von Lernaufgaben und Aufgaben für Klassenarbeiten oder Tests können Lehrerinnen und Lehrer eigene Aufgaben für ihren Unterricht selbst entwickeln oder Aufgaben aus Aufgabensammlungen oder Schulbüchern optimieren und an die eigenen Unterrichtsziele anpassen. Die Zuordnung zu bestimmten Aufgabenmerkmalen, die gezielt variiert werden sollen, kann dabei ggf. durch ein Manual für die Aufgabenkonstruktion verbessert werden, das bei zukünftigen Aufgabenkonstruktionen genutzt und fortgeschrieben werden kann. Hilfreich ist besonders eine ausführliche Konstruktionsbeschreibung von Beispielen, unter Berücksichtigung aller Schwierigkeiten. Geprüft werden kann das Manual durch eine Einschätzung mehrerer Experten (z. B. durch die Mitglieder einer Physikfachgruppe in der Schule). Eine hohe Qualität zeigt sich dann durch eine hohe Übereinstimmung zwischen diesen Experten. Je klarer sich die Aufgabenmerkmale in den Aufgaben identifizieren lassen, desto besser wird die Übereinstimmung und desto besser ist die Aufgabe im Hinblick auf diesen Qualitätsaspekt. Eine gemeinsame Arbeit der Fachgruppe einer Schule an Aufgaben erhöht die Qualität aller Physikaufgaben einer Schule und, wenn die Merkmale mit den Schülerinnen und Schülern diskutiert werden, die Transparenz der unterrichtlichen Lernziele und der Leistungsbewertung.

Die fachliche Richtigkeit und fachdidaktische Adäquatheit der Aufgabenkonstruktion für den Unterricht lassen sich auf ähnliche Weise prüfen. In der fachdidaktischen Literatur gibt es zahlreiche Hinweise auf fachlich und didaktisch-instruktionell angemessene Beschreibungen in unterschiedlichen Themenbereichen. Erfahrungen verschiedener Studien zeigen aber, dass z. B. die Formulierung einer fachlich adäquaten Musterlösung leicht möglich ist, die Einschätzung der von Schülerinnen und Schülern selbst formulierten Ergebnisse aber eher schwierig zu sein scheint. Ob eine Schülerantwort als richtig oder falsch angesehen wird, hängt z. B. vom vorangegangenen Unterricht ab (welche Antwort war überhaupt möglich) oder von den rezeptiven und produktiven sprachlichen Fähigkeiten des jeweiligen Schülers (welches Verständnis der Sprache kann vorausgesetzt werden). Die Einschätzung sollte deshalb gut überlegt und in Zweifelsfällen mit Kolleginnen und Kollegen diskutiert werden. Da die interpretativen Prozesse bei der Einschätzung der fachlichen Richtigkeit offener Schülerantworten komplex sind, ist die Übereinstimmung von Experten allerdings meist nicht sehr hoch. Besonders wichtig ist es deshalb, die Lösungsvarianten einzuschränken. Je eindeutiger die erwartete Lösung ist, desto einfacher ist letztlich die Beurteilung der Schülerantwort.

Literatur

Agel, C., Beese, M., Krabbe, H., Krämer, S. (2014). Sprachförderung in den naturwissenschaftlichen Fächern. In M. Beese, C. Benholz, C. Chlosta, E. Gürsoy, B. Hinrichs, C. Niederhaus, S. Oleschko (Hrsg.), *Sprachbildung in allen Fächern* (S. 96–111). München: Klett-Langenscheidt.

Baumert, J., Kunter, M., Blum, W., Brunner, M., Voss, T., Jordan, A., … Tsai, Y. M. (2010). Teachers' Mathematical Knowledge, Cognitive Activation in the Classroom, and Student Progress. *American Educational Research Journal, 47*, 133–180.

Bennett, J., Lubben, F., Hogarth, S. (2007). Bringing science to life: A synthesis of the research evidence on the effects of context-based and STS approaches to science teaching. *Science education, 91*(3), 347–370.

Bloom, B. S., Engelhart, M. D., Furst, E. J., Hill, W. H., Krathwohl, D. R. (1956). *Taxonomy of Educational Objectives. The classification of Educational Goals.* New York: David McKay Co Inc.

Doyle, W. (1983). Academic work. *Review of Educational Research, 53*, 159–199.

Draxler, D. (2005). *Aufgabendesign und basismodellorientierter Physikunterricht.* Unveröffentlichte Dr. rer. nat, Universität Duisburg-Essen.

Elzen-Rump, V., Leutner, D., Wirth, J. (2008). Lernstrategien im Unterrichtsalltag. In S. Kliemann (Hrsg.), *Diagnostizieren und Fördern in der Sekundarstufe I* (S. 101–111). Berlin: Cornelson Verlag.

Euler, M., Duit, R., Mikelskis-Seifert, S., Müller, C. T., Friege, G., Bell, T., Reinholtz, A. (2007). *Physik im Kontext. Ein Programm zur Förderung der naturwissenschaftlichen Grundbildung durch Physikunterricht.* Kiel: IPN.

Fischer, H. E. (1998). Scientific Literacy und Physiklernen. *Zeitschrift für Didaktik der Naturwissenschaften, 4*(2), 41–52.

12

Fischer, H. E., Draxler, D. (2007). Konstruktion und Bewertung von Physik-aufgaben. In E. Kircher, R. Girwidz & P. Häußler (Hrsg.), *Physikdidaktik* (S. 639–655). Heidelberg: Springer.

Gut-Glanzmann, C. (2012). *Modellierung und Messung experimenteller Kompetenz: Analyse eines large-scale Experimentiertests.* Berlin Logos Verlag GmbH.

Gut, C., Labudde, P. (2012). *HarmoS-Projekt: Validitätsanalyse des large-scale Experimentiertests* (Proceedings). Jahrestagung der GDCP. Hannover.

Hasselhorn, M., Gold, A. (2017). *Pädagogische Psychologie.*

Horstendahl, M. (Hrsg.). (1999). *Motivationale Orientierung im Physikunterricht.* Berlin: Logos.

Hossiep, R. (2018). *Cronbachs Alpha. Dorsch – Lexikon der Psychologie.* Heruntergeladen von ▶ https://m.portal.hogrefe.com/dorsch/cronbachs-alpha/.

Ivie, S. D. (1998). Ausubel's learning theory: An approach to teaching higher order thinking skills. *The High School Journal, 82*(1), 35–42.

Klauer, K. J. (1987). *Kriteriumsorientierte Tests.* Göttingen: Hogrefe.

KMK (2004). *Bildungsstandards im Fach Physik für den Mittleren Schulabschluss.*

Krathwohl, D. R. (2002). A revision of Bloom's taxonomy: An overview. *Theory into practice, 41*(4), 212–218.

Lewis, A., Smith, D. (1993). Defining higher order thinking. *Theory into practice, 32*(3), 131–137.

Löffler, P. (Hrsg.). (2016). *Modellanwendung in Problemlöseaufgaben - Wie wirkt Kontext?* (Bd. 205). Berlin: Logos.

Mayer, J., Ziemek, H.-P. (2006). Offenes Experimentieren. Forschendes Lernen im Biologieunterricht. *Unterricht Biologie*(317), 1–9.

Mayer, R. E. (2008). Applying the science of learning: Evidence-based principles for the design of multimedia instruction. *American psychologist, 63*(8), 760–769.

Miyake, A., Friedman, N. P., Emerson, M. J., Witzki, A. H., Howerter, A., Wager, T. D. (2000). The Unity and Diversity of Executive Functions and Their Contributions to Complex "Frontal Lobe" Tasks: A Latent Variable Analysis. *Cognitive Psychology, 41*(1), 49–100.

Opfermann, M., Schmeck, A. Fischer, H. E. (2017). Multiple Representations in Physics and Science Education–Why Should We Use Them? In D. Treagust, R. Duit & H. E. Fischer (Hrsg.), *Multiple representations in physics education* (S. 1–22). Cham: Springer.

Plötzner, R., Leuders, T., Wichert, A. (Hrsg.) (2009). *Lernchance Computer. Strategien für das Lernen mit digitalen Medienverbünden.* Münster: Waxmann.

Pozas, M. (2016). *Examining context-based task characteristics: the effects of task characteristics on students' motivation and metacognitive experiences.* Koblenz-Landau: Universitätsbibliothek.

Reinhold, P. (1996). *Offenes Experimentieren und Physiklernen. Habilitationsschrift.* Kiel: IPN.

Renkl, A. (1991). *Die Bedeutung der Aufgaben- und Rückmeldungsgestaltung für die Leistungsentwicklung im Fach Mathematik.* Heidelberg: Universität.

Rost, J. (2018). *Rasch-Modell, mehrdimensionales. Dorsch – Lexikon der Psychologie* Heruntergeladen von ▶ https://m.portal.hogrefe.com/dorsch/rasch-modell-mehrdimensionales/.

Scheufele, D. A. (1999). Framing as a theory of media effects. *Journal of communication, 49*(1), 103–122.

Scheufele, D. A., Tewksbury, D. (2006). Framing, agenda setting, and priming: The evolution of three media effects models. *Journal of communication, 57*(1), 9–20.

Schmidt-Weigand, F., Hänze, M., Wodzinski, R. (2009). Complex problem solving and worked examples: The role of prompting strategic behavior and fading-in solution steps. *Zeitschrift für Pädagogische Psychologie, 23*(2), 129–138.

Schreiber, N., Theyßen, H., Schecker, H. (2014). Diagnostik experimenteller Kompetenz: Kann man Realexperimente durch Simulationen ersetzen? *Zeitschrift für Didaktik der Naturwissenschaften, 20*(1), 161–173.

Schukajlow, S. (2011). *Mathematisches Modellieren: Schwierigkeiten und Strategien von Lernenden als Bausteine einer lernprozessorientierten Didaktik der neuen Aufgabenkultur.* Münster: Waxmann.

Schüttler, S. (1994). *Zur Verständlichkeit von Texten mit chemischem Inhalt.* Frankfurt am Main [u. a.]: Lang.

Stigler, J., Hiebert, J. (2004). Improving mathematics teaching. *Educational Leadership, 61*(5), 12–17.

Treagust, D. F., Duit, R., Fischer, H. E. H., Buchreihe: . Edition 10, eBook ISBN 978–3-319-58914-5, DOI Hardcover ISBN, Buchreihen ISSN 1871-2983, Auflage 1. (2017). *Multiple Representations in Physics Education* (1 Aufl.). New York: Springer International Publishing.

Trendel, G., Wackermann, R., Fischer, H. E. (2008). Lernprozessorientierte Fortbildung von Physiklehrern. *Zeitschrift für Pädagogik, 54*(3), 322–340.

Vollmer, H. J., Thürmann, E. (2013). Sprachbildung und Bildungssprache als Aufgabe aller Fächer der Regelschule. In M. Becker-Mrotzek, K. Schramm, E. Thürmann & H. J. Vollmer (Hrsg.), *Sprache im Fach. Sprachlichkeit und fachliches Lernen.* (S. 41–57). Münster u. a.: Waxmann.

von Thun, F. S. (1998). *Miteinander reden.* Reinbek bei Hamburg: Rowohlt.

Vorst, H., Dorschu, A., Fechner, S., Kauertz, A., Krabbe, H., Sumfleth, E. (2015). Charakterisierung und Strukturierung von Kontexten im naturwissenschaftlichen Unterricht–Vorschlag einer theoretischen Modellierung. *Zeitschrift für Didaktik der Naturwissenschaften, 21*(1), 29–39.

Wygotsky, L. S. (1978). *Mind in society: the development of higher psychological processes.* Cambridge, MA: Harvard University Press.

Wygotsky, L. S. (1993). *Denken und Sprechen.* Frankfurt a. M., Fischer.

12

Multimedia und digitale Medien im Physikunterricht

Raimund Girwidz

© Springer-Verlag GmbH Deutschland, ein Teil von Springer Nature 2020
E. Kircher, R. Girwidz, H. E. Fischer (Hrsg.), *Physikdidaktik | Grundlagen*,
https://doi.org/10.1007/978-3-662-59490-2_13

Forschung zum mediengestützten Lernen hat in den letzten Jahrzehnten viele neue Erkenntnisse und Perspektiven aufgezeigt. Allerdings sind die technischen Entwicklungen im Digitalisierungsbereich vielfältig und schnelllebig. Für eine effektive Aus- und Weiterbildung im didaktischen Bereich ist es wichtig, grundsätzliche Erkenntnisse zu kennen und anwenden zu können.

Daher sind in diesem Kapitel vor allem Modelle und Richtlinien zum Physiklernen mit digitalen Medien zusammengestellt, die nachhaltig gültig sind. Dazu gehören Erkenntnisse zu Multimodalität, Multicodierung und Interaktivität. Grundlegende lerntheoretische Aspekte werden behandelt, um dann auf dieser Basis Konzepte und Konkretisierungen zur Nutzung von digitalen Medien und Multimedia im Physikunterricht betrachten zu können. Spezielle Schwerpunkte sind multiple Repräsentationen, kognitive Flexibilität, Wissensstrukturierung, aber auch Simulationen und entdeckendes Lernen sowie das Lernen von Physik mit dem Internet.

Der Begriff „neue Medien" wird relativ unscharf gebraucht. Vorausgesetzt ist zunächst eine *moderne Hardware,* wie beispielsweise PC, Smartphone, Tablet-PC und/oder digitale Bild- und Tonmedien. Dazu gehört heute in der Regel ein *Internetzugang* mit Informationsangeboten, virtuellen Seminaren, Einkaufsmöglichkeiten, Update von „Firmware", usw. Zunehmend werden verschiedene Funktionalitäten von einem Gerät abgedeckt, wie es die Entwicklungen von Smartphones und Tablet-PCs zeigen. Mitunter wird bei dem Begriff „neue Medien" der Blick aber auch mehr auf die *Softwarerealisierung* gelegt, wie beispielsweise auf Anwendungen des Web 2.0. Neue Medien bieten einen schnelleren Zugriff auf aktuelle Informationsquellen und ermöglichen Interaktivität bei guten Bild- und Tonqualitäten. Die Abgrenzung zu den klassischen Medien gelingt besser mit dem Begriff *„digitale Medien",* der eine klare technische Grenze vorgibt. Allerdings betont der Begriff tendenziell technische Aspekte. Für die Didaktik steht jedoch nicht die Technik im Mittelpunkt, sondern die potenziellen Beiträge zum Lehren und Lernen. Hierzu sind vor allem Hinweise unter dem Begriff Multimedialernen zu finden.

Schnell aktuell interaktiv
Digitale Medien

Mayer (2002, 2009) definiert *multimediales Lernen* über das vielschichtige Informationsangebot: Multimediale Lernprozesse vollziehen sich dann, wenn ein Lernender aus dargebotenem Wort- und Bildmaterial mentale Repräsentationen aufbaut. Wortmaterial kann gedruckten oder gesprochenen Text beinhalten, Bildmaterial statische sowie dynamische Abbildungen (Fotos, Zeichnungen, Diagramme, Figuren bzw. Video, Animationen). Zu berücksichtigen sind allerdings auch

Lernen mit Multimedia

mögliche Schwierigkeiten beim Einsatz. Betrachten wir das *Informationspotenzial* neuer/digitaler Medien: Einerseits stellt allein das Internet ein enormes Angebot bereit, andererseits ist es nicht immer einfach, aus dem „Datenmeer" wirklich hilfreiche Lernmaterialien zu „fischen". Ein zweiter Aspekt ist die *Multimedialität:* Informationen werden über verschiedene Träger, Kanäle und in verschiedenen Darstellungen angeboten (und das interaktiv). Der Unterricht muss aber auch sicherstellen, dass Lernende diese Informationen auch verarbeiten können.

Mediendidaktik

Theoretische Betrachtungen und empirische Untersuchungen haben in den letzten Jahren maßgeblich zu der Erweiterung unseres Wissens über Lernen beigetragen. Im Aufwind der technischen Entwicklungen wurden gerade im Bereich der Mediendidaktik wichtige innovative Ansätze realisiert und untersucht.

» Viele Diskussionen über neue Lernformen und -theorien sind mit Erkenntnissen aus Forschungsarbeiten zum mediengestützten Lernen verknüpft, die neue Perspektiven aufgewiesen haben. (Kerres 2012, S. 1)

Daher werden in diesem Kapitel einige Erkenntnisse zum Lernen mit Multimediaanwendungen behandelt.

Übersicht

Die Begriffe Multimodalität (Integration verschiedener Sinnesbereiche), Multicodierung (Darstellung in verschiedenen Codesystemen) und Interaktivität beschreiben besondere Stärken von Multimedia. Sie sind der Ausgangspunkt unserer Betrachtungen. Im zweiten Abschnitt werden aktuelle Theorien zum Lernen mit Multimedia vorgestellt. Im dritten Abschnitt wird zwischen verschiedenen Arten von Programmen für den Physikunterricht unterschieden. Eine zentrale Funktion hat der vierte Teil, in dem anhand von Beispielen aufgezeigt wird, wie lernpsychologisch wichtige Ansätze konkret mit Multimedia umgesetzt werden können. Simulationen und exploratives Lernen sind Thema im fünften Abschnitt. Der sechste Teil befasst sich schließlich mit dem Nutzen des Internets für das Physiklernen.

◨ Abb. 13.1 zeigt eine grafische Übersicht über die Abschnitte dieses Kapitels.

13.1 Multimodalität, Multicodierung, Interaktivität

Multimediaanwendungen nutzen verschiedene Sinneskanäle und unterschiedliche Symbolsysteme. Zusätzlich aktivieren Interaktionsangebote die Lernenden. Dies lässt Auswirkungen auf die Motivation, die Kausalattribuierung und vor allem eine tiefer gehende Elaboration der Inhalte erwarten.

13.6 Physik lernen mit dem Internet

13.1 Multicodierung, Multimodalität, Interaktivität

13.5 Simulationen und entdeckendes Lernen

Multimedia und digitale Medien im Physikunterricht

13.2 Multimedia unter lerntheoretischen Aspekten

13.4 Anwendungen von Multimediakonzepten

13.3 Computer im Physikunterricht

◘ **Abb. 13.1** Übersicht über Teilkapitel

■ **Multimodalität**

Multimodale Systeme nutzen mehrere sensorische Systeme und können unterschiedliche Aspekte eines Inhalts betonen, Zusammenhänge und Wechselbezüge erschließen und die Informationsaufnahme erleichtern. Beispielsweise lassen sich in der Akustik theoretische Beschreibungen und Diagramme zu Druckschwankungen mit Hörerlebnissen koppeln.

Für Mayer (1997, 2009) ist besonders die Kontiguität methodisch interessant, also die zeitlich und räumlich parallele Darbietung von gesprochenem Text und von Bildpräsentationen. Lernende können verbale und bildorientierte Informationen besser synchron verarbeiten, wenn die Texte gesprochen und nicht nur schriftlich angeboten werden (Mayer 2009; Mayer und Moreno 1998; Moreno und Mayer 1999).

Mehrere sensorische Systeme

■ **Multicodierung**

Neben der Möglichkeit, verschiedene Sinneskanäle zu nutzen, ist für Weidenmann (1997, 2002) vor allem die Vielfalt der Codierungs- und Präsentationsmöglichkeiten ein wesentliches Kennzeichen von „Multimedia". Verschiedene Darstellungsmöglichkeiten sind wichtig, weil die Informationsverarbeitung zumindest in der Anfangsphase codespezifisch erfolgt. Unterschiede zwischen Text- und Bildverarbeitung lassen sich sogar physiologisch belegen, wie dies beispielsweise Untersuchungen zur Spezialisierung von Gehirnhemisphären zeigen (Springer und Deutsch 1998).

Verschiedene Codes bieten unterschiedliche Ausdrucksmöglichkeiten – sie stellen aber auch spezifische Anforderungen. Brünken et al. (2001) untersuchten zwei Varianten eines Multimediasystems, die sich in der Codierungsform des Lern- und Testmaterials unterschieden (Bild vs. Text). Bei Aufgaben mit Bildern und Grafiken ergaben sich dann höhere Leistungen als bei den reinen Textaufgaben, wenn auch

Verschiedene Repräsentationen

beim Lernen überwiegend Bildmaterial verwendet wurde, und umgekehrt. Es zeigte sich also, dass die Abrufkodalität (Testaufgaben) stark von der Codierungsform des angebotenen Lernmaterials abhängt. Schnotz und Bannert (2003) unterscheiden grundsätzlich zwischen textbasierten und bildlichen Repräsentationen. Sie stellen aber fest, dass auch schon verschiedene Formen der Visualisierung zu unterschiedlichen Wissensstrukturen mit spezifischen Nutzungseigenschaften führen können. Visualisierungen sind dann nützlich, wenn sie den Sachverhalt in einer aufgabenspezifischen Form präsentieren; ansonsten interferieren sie mit den vorhandenen Vorstellungen und können sogar hinderlich werden (Schnotz und Bannert 2003). Insofern kommt der aufgaben- und zieladäquaten Form der Darstellung eine entscheidende Rolle zu.

- **Interaktivität**

Interaktion und Kommunikation

In der Diskussion neuer Lernformen wird auch die Bedeutung der Steuerung von Lernprozessen durch die Lernenden herausgehoben. Neue Medien bieten besondere Vorteile im Rahmen eines interaktiven Lernens. Die Informationsaufnahme kann individuell abgestimmt werden. Dies unterscheidet „neue" Medien ganz wesentlich von „älteren" Medien (wie z. B. Film, Fernsehen oder Tonbandkassetten). Erst Interaktivität ermöglicht den Schritt von einem behavioristischen Lerndesign zu einer konstruktivistischen Lernumgebung, bei der Lernen ein aktiv konstruktiver Prozess wird.

Interaktionsformen und Kommunikationswege dürften in Zukunft noch attraktiver werden, beispielsweise durch Stift- und Spracheingabe, Bewegungserkennung und Augenkamera. Der Nutzer muss allerdings die angebotenen Interaktionstechniken erkennen, verstehen und zielgerecht anwenden können. Zwar bieten Multimediasysteme zunehmend Interaktions- und Navigationshilfen an, dennoch sind für die neuen Freiheiten systematisierende und organisatorische Überlegungen und letztlich metakognitive Fähigkeiten verstärkt gefordert. Außerdem können Lernende in der Regel selbst nur schwer absehen, was ihnen genau fehlt und was ihnen wirklich weiterhilft.

- **Interaktive Gestaltungselemente und Benutzerführung**

In vielen Multimediaanwendungen sollen *Metaphern* einen Überblick über die vielschichtigen Funktionen und eine intuitive Bedienung erleichtern. Über bereits bekannte Handlungssequenzen, wie beispielsweise die Orientierung an einem Stadtplan oder die Arbeit an einem Schreibtisch, soll die funktionelle Bedienung in einem Programm leichter fallen.

13

Schulmeister (2002, 2007) beschreibt verschiedene Formen, u. a.:

- topologische Metaphern, die sich an Landkarten, Gebäuden oder Körperformen orientieren
- zeitliche Metaphern wie Kalenderblätter oder Zeitleisten
- erzählende Metaphern, die einen Leitfaden über eine Biografie, eine Reise oder über Abenteuergeschichten anbieten
- persönliche Führung durch einen „Guide" oder Tutor
- Metaphern mit virtuellen Gegenständen, Werkzeugen oder Einrichtungen wie Buch, Lexikon, Notizkarten, Pinnwand, Lupe oder Kamera
- virtuelle Arbeitsplätze wie Schreibtisch, Cockpit, Kontrollraum, Labor
- Hierarchiemetaphern: Baum, Ordner

Metaphern als Gestaltungselemente

Wichtig ist, dass die verwendeten Metaphern der Zielgruppe gut vertraut sind und ein entsprechendes Arbeiten überhaupt anregen.

Resümee: Multimediasysteme erschließen vor allem eine Variabilität in der Darstellung sowie komplexe Zugriffsmöglichkeiten. Sie können Informationen zusammenstellen, flexibel verfügbar machen und erleichtern eine Umsetzung des räumlichen und zeitlichen Kontiguitätsprinzips (▶ Abschn. 13.2.1). Aus didaktischer Sicht charakterisieren Multicodierung, Multimodalität und Interaktivität aber in erster Linie die „Oberflächenstruktur" von Lehr-Lern-Umgebungen und die Schnittstelle zwischen Mensch und Maschine. Die „Tiefenstruktur", d. h. die tatsächlich lernwirksamen Faktoren, ist damit noch nicht zwangsläufig spezifiziert. So kann eine Multicodierung hilfreich sein, weil sie verschiedene Beschreibungsformen eines Inhalts anbietet; sie kann aber auch durch eine Informationsflut überfordern. Deshalb werden in den folgenden Abschnitten Theorien zum Lernen mit Multimedia sowie spezifische Anforderungen betrachtet.

Multicodierung, Multimodalität, Interaktivität als grundlegende Merkmale der Kommunikationsstruktur

13.2 Multimedia unter lerntheoretischen Aspekten

In diesem Abschnitt sind grundsätzliche Überlegungen zum Lernen mit multiplen Repräsentationen und zur Multicodierung zusammengestellt. Zunächst werden die Modelle von Mayer sowie von Schnotz und Bannert vorgestellt. Dann folgen weitere Überlegungen zur Funktion multipler Repräsentationen für ein Lernen in Physik.

13.2.1 Theorie zum Multimedialernen von Mayer

Grundannahmen Zwei Kanäle

R. E. Mayer (2001, 2009) geht von drei zentralen Annahmen aus:

— *Zwei Informationskanäle*: Eingehende Informationen werden im Arbeitsgedächtnis entsprechend ihrer Präsentationsform in einem bildbasierten oder in einem sprachbasierten Kanal verarbeitet. Diese Annahme gründet auf der Dual Coding Theory von Paivio (Paivio 1986; Clark und Paivio 1991).

Begrenzte Kapazität

— *Begrenzte Kapazität*: Die Verarbeitungskapazität ist in jedem Kanal beschränkt. Die theoretische Basis hierzu liefern die Theorie des Arbeitsgedächtnisses von Baddeley (1992) und die Cognitive Load Theory von Chandler und Sweller (1991).

Aktive Verarbeitung

— *Aktive Verarbeitung*: Lernen beruht auf einer aktiven Informationsverarbeitung. Lernende wählen aus dem dargebotenen Stoff bedeutsame Informationen aus, arbeiten sie in eine für sie schlüssige mentale Repräsentation um und bauen Verknüpfungen mit bereits vorhandenem Wissen auf. Die theoretische Basis hierzu leitet sich aus der „generativen Theorie des Lernens" von Wittrock (1974; 1989) ab.

Eine zentrale These ist, dass durch geeignete visuell und verbal unterstützte, multimediale Lernumgebungen die Verarbeitungstiefe und die Modellkonstruktion im Lernprozess unterstützt werden kann. Das Modell des multimedialen Lernens nach Mayer (2001, 2009) beschreibt einen mehrstufigen Prozess (◘ Abb. 13.2).

Für bild- und textbasierte Informationen gibt es zunächst zwei parallele Verarbeitungswege. Der erste Schritt besteht darin, die aufgenommene Bild- und Textinformationen auf (persönlich) relevante Begriffe und Aspekte hin zu filtern (*selecting*) und in das Arbeitsgedächtnis aufzunehmen.

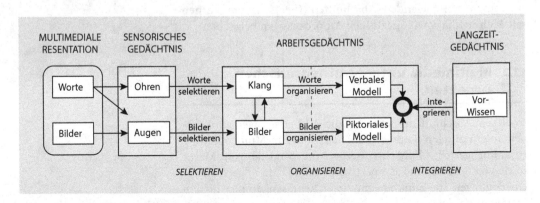

◘ **Abb. 13.2**   Multimediales Lernen. (nach R. E. Mayer 2009, S. 61)

Die sensorisch erfassten Informationen werden getrennt in bildlichen und textbasierten Repräsentationen im Arbeitsgedächtnis verarbeitet *(text base* vs. *image base)*. Die zunächst oberflächlichen Text- und Bildrepräsentationen, die sich noch stark an die sensorische Aufnahme anlehnen, durchlaufen weitere codespezifische Organisationsprozesse *(organizing)*. Die Informationseinheiten werden dabei vernetzt und in Zusammenhänge eingebracht. Ergebnisse sind ein wort- sowie ein bildbasiertes, internes Modell.

Im letzten Schritt werden Referenzen zwischen den beiden Modellen und dem Vorwissen hergestellt. Diesen Vorgang bezeichnet Mayer als *integrating*.

Text- und bildbasierte Verarbeitung

Designprinzipien für Multimediaanwendungen

Basierend auf dieser Theorie und abgeleitet aus einer Reihe von empirischen Untersuchungen formuliert Mayer (2009) die folgenden zwölf Designprinzipien für Multimediaanwendungen:

Prinzipien für das Design von Multimediaanwendungen

- *Kohärenzprinzip*: Irrelevante Text-, Bild- und Tonausgaben sollten entfallen. Sinnvoll sind nur solche Informationen, die für das Verstehen und Lernen des jeweiligen Sachverhaltes wirklich nötig sind.
- *Signalisierungsprinzip*: Bessere Lerneffekte ergeben sich, wenn Hervorhebungen, Markierungen und Hinweise verwendet werden, die Organisationshilfen geben und wichtiges Material akzentuieren. Ein Beispiel sind einleitende Worte, um die Intention und die Struktur eines Textes zu klären.
- *Redundanzprinzip*: Die Resultate sind besser, wenn bei Animationen zusätzliche Erklärungen gesprochen angeboten werden und nicht auch noch geschriebener Text auf dem Bildschirm erscheint. Kann eine Informationsquelle einen Sachverhalt vollständig erklären, so ist keine Ergänzung nötig. Redundante Informationen können sogar stören und unnötig belasten.
- *Räumliches Kontiguitätsprinzip*: Zueinander gehörende Informationen von Text und Bild sollten in unmittelbarer räumlicher Nähe zueinander stehen. Integrierte Darstellungen sind effektiver als separate Beschreibungen.
- *Zeitliches Kontiguitätsprinzip*: Bessere Ergebnisse sind zu erreichen, wenn gesprochener Text und Animationen gleichzeitig und nicht nacheinander angeboten werden.
- *Segmentierungsprinzip*: Eine Unterteilung in Lernabschnitte, die auf die Leistungsfähigkeit der Benutzer abgestimmt werden kann, ist günstiger als eine fest vorgegebene Lerneinheit.
- *Vortrainingsprinzip*: Es ist besser, benötigtes Teilwissen und Wissen über Systemkomponenten, Begriffe und Namen vor einem neuen Informationsangebot zu behandeln und zu besprechen, als dies im Nachhinein zu erklären.

- *Modalitätsprinzip:* Die Ergebnisse sind besser, wenn grafische Darstellungen mit gesprochenen Texten angeboten werden, als bei Animationen, bei denen zusätzlich noch Text auf dem Bildschirm erscheint.
- *Multimediaprinzip:* Intensiveres Lernen erfolgt, wenn Wort- und Bildmaterial angeboten werden und nicht nur Text.
- *Personalisationsprinzip:* Günstiger sind persönlich ansprechende Beschreibungen als Texte in einem nüchternen, formalen Stil (z. B. mit Formulierungen in der dritten Person).
- *Stimmlichkeit:* Sprachliche Erläuterungen oder Erzählungen sollten mit einer freundlich klingenden und nicht mit einer maschinellen Stimme angeboten werden.
- *Sprecherbild nicht nötig:* Ein Bild der Sprecherin/des Sprechers auf dem Bildschirm hat keinen nachweisbaren positiven Effekt.

Einschränkung

Diese Effekte wurden bei kurzen Multimediasequenzen nachgewiesen, die sich mit einfachen Ursache-Wirkungs-Ketten befassen, z. B. mit dem Thema, wie Fahrradpumpen arbeiten oder wie Bremsen am Auto funktionieren. Bei komplexen, vernetzten Inhalten können sich weitere Bedingungen ergeben, und es kann sich die Bedeutung der genannten Prinzipien verschieben. Außerdem bringen Lernende ihr Vorwissen, ihre Vorerfahrung und ihre Vorlieben für Lernverfahren mit ein. Somit ist davon auszugehen, dass die Gestaltungsregeln individuell anzupassen sind und unterschiedlich stark zum Tragen kommen.

13

13.2.2 Das integrierte Modell des Text- und Bildverstehens nach Schnotz und Bannert

Unterschiedliche Repräsentationsprinzipien bei Text und Bild

Text und Bild verwenden grundsätzlich unterschiedliche Repräsentationsprinzipien. Text organisiert die Information sequenziell; Bilder bieten die Informationen integriert/simultan an. Entsprechend verschieden sind auch die Prozesse der kognitiven Verarbeitung und der Organisation.

Schnotz und Bannert (2003) unterscheiden grundsätzlich zwischen beschreibenden (textbasierten) und bildlichen Repräsentationen. Deskriptive Darstellungen beruhen auf Symbolsystemen, wogegen bildliche Darstellungen aus analogen Strukturabbildungen resultieren. Eine deskriptionale Repräsentation verwendet Zeichen, die aufgrund von Konventionen verstanden werden. Sie haben jedoch mit dem Gegenstand/Sachverhalt keinerlei Ähnlichkeit. Schriftzeichen sind ein entsprechendes Beispiel. Dagegen haben „depiktoriale", bildhafte Repräsentationen gemeinsame Strukturmerkmale mit dem Bezeichneten. Sie bilden strukturelle Eigenheiten in ihrer Darstellung ab (z. B. Größenrelationen).

Schon eine Selektion aus dem Informationsangebot dürfte wegen unterschiedlicher Zeichensysteme und struktureller Unterschiede andersartig verlaufen. In das „Integrated Model of Text and Picture Comprehension" (Schnotz 2014; Schnotz und Bannert 1999) gehen diese Vorstellungen entscheidend mit ein.

◻ Abb. 13.3 veranschaulicht das Modell. Beim Lesen eines Textes führen zunächst Organisationsprozesse dazu, dass Sprachinformationen nach der äußeren und syntaktischen Form verarbeitet und in eine erste mentale Repräsentation überführt werden. Diese noch stark an dem wortwörtlichen Text orientierte Form wird im weiteren Verstehensprozess durch konzeptuelle Organisationsprozesse in eine strukturierte, propositionale Repräsentation überführt. Entsprechend entsteht

Integrated Model of Text and Picture Comprehension

Unterschiedliche Verarbeitung von Text und Bild

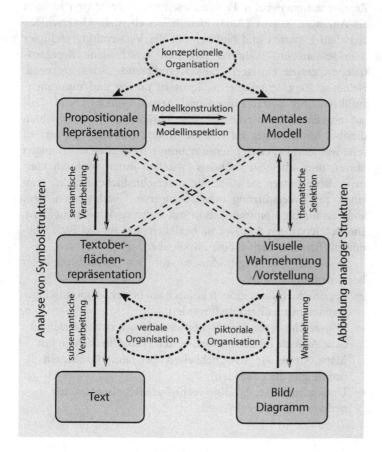

◻ **Abb. 13.3** Modell des multimedialen Wissenserwerbs anhand verbaler und piktorialer Information. (Nach Schnotz 2014, S. 79)

beim Betrachten eines Bildes zunächst eine an die visuelle Wahrnehmung angelehnte mentale Repräsentation, aus der dann durch weitere Verarbeitungsprozesse ein mentales Modell entwickelt wird. Dieses kann dann auch mit einer entsprechenden propositionalen Repräsentation verknüpft werden.

13.2.3 Darstellungsvielfalt und Lernen in Physik

Multiple Repräsentationen sind insbesondere bei komplexen Inhalten ein Mittel, um bedeutsame und unterschiedliche Perspektiven zu verdeutlichen. So kann auch verhindert werden, dass inhaltliche Konzepte nur an eine einzelne Darstellungsform geknüpft sind. Durch den kompetenten und flexiblen Umgang mit unterschiedlichen Repräsentationen können abstrakte Objekte, Modelle und Prozesse auf ihre repräsentationsinvarianten Strukturen hin abstrahiert werden.

Experten nutzen situationsspezifisch multiple Repräsentationen Novizen orientieren sich stärker an oberflächlichen Merkmalen

Savelsbergh et al. (1998) stellen fest, dass Experten interne Repräsentationen beim Problemlösen variabler nutzen können als Anfänger. Kozma (2003) identifiziert ebenfalls Unterschiede zwischen Experten und Novizen bei der Verwendung multipler Repräsentationen. Während Experten verschiedene Repräsentationen gezielt einsetzen, haben Studierende Schwierigkeiten, vielfältige Repräsentationen adäquat zu nutzen und zusammenzuführen. Ihre Betrachtungen und Argumentationen sind stark auf oberflächliche Merkmale eingeschränkt. Novizen scheinen darüber hinaus enger auf eine bestimmte Darstellung fixiert zu sein, während Experten intensiver unterschiedliche Darstellungen nutzen und scheinbar mühelos zwischen ihnen wechseln können. Dabei nutzen sie diese für unterschiedliche Zwecke, zum einen zur Unterstützung inhaltsbezogener Überlegungen, zum anderen für die Kommunikation mit weiteren Wissenschaftlern. Die Betrachtungen von Kozma beziehen sich auf das Fach Chemie, dürften aber auch auf die Physik übertragbar sein.

Gründe für den Einsatz multipler Repräsentationen

Drei mögliche Begründungen für den Einsatz multipler Repräsentationen sind:
- Spezifische Informationen können am besten in spezifischen Darstellungen übermittelt werden.
- Mit verschiedenen Repräsentationen lassen sich unterschiedliche Akzente im Lernprozess setzen (z. B. Übersichten mit Maps, Anwendungsmöglichkeiten über Filme, Größeneinordnungen über Tabellen).
- Unterschiedliche, vielfältig verfügbare Repräsentationen bedeuten flexibleres Wissen.

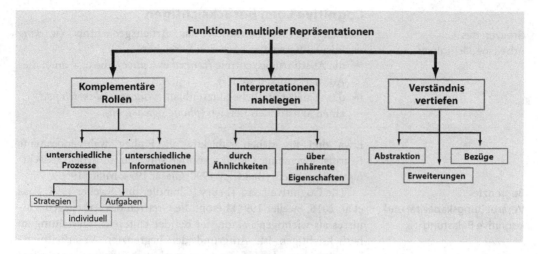

● **Abb. 13.4**   Taxonomie der Funktionen von multiplen Repräsentationen. (Nach Ainsworth 2006, S. 187)

Für die Unterrichtsplanung ist es hilfreich, verschiedene Funktionen zu kennen, die multiple Repräsentationen übernehmen können. Ainsworth (2006, 2014) gibt dazu einen systematischen Überblick mit weiteren Funktionen (● Abb. 13.4).

— Verschiedene Repräsentationen können sich ergänzen. Dies kann sich sowohl auf Prozessqualitäten wie auch auf Informationen beziehen.

— Die Verknüpfung verschiedener Darstellungen kann helfen, unbekannte Repräsentationen zu interpretieren und zu verstehen. Dies lässt sich über äußere Ähnlichkeiten, aber auch strukturelle Ähnlichkeiten unterstützen.

— Für ein tieferes Verstehen können Abstraktionen, Erweiterungen oder die Darstellung von Relationen zweckmäßig sein.

Funktionen multipler Repräsentationen

13.2.4 Kognitive Belastungen und korrespondierende Maßnahmen

Die Informationsdichte und der Umgang mit verschiedenen Darstellungen kann Lernende besonders in der Anfangsphase schnell überfordern. Sie müssen die verschiedenen Darstellungen verstehen und sollen damit ohne Überforderung arbeiten können. Hierfür sind gegebenenfalls spezielle Maßnahmen sinnvoll, die Lehrenden bekannt sein sollten.

Cognitive Load berücksichtigen

Grenzen des
Arbeitsgedächtnisses

Baddeley (1992) betrachtet das Arbeitsgedächtnis *(working memory)* differenziert nach drei Bereichen:

- die Ausführungszentrale *(central executive),* die u. a. auch die Aufmerksamkeit steuert
- das visuell-räumliche Skizzenblatt *(visuospatial sketch pad)*
- einen akustischen Bereich *(phonological loop).*

Etwa drei bis sieben subjektiv als Einheit wahrgenommene Begriffe, sogenannte Chunks, können simultan im Arbeitsgedächtnis verfügbar sein (Baddeley 1990; Glaser 1994; Miller 1956).

Begrenzte
Verarbeitungskapazität und
kognitive Belastung

Die Cognitive Load Theory (Chandler und Sweller 1991; Paas et al. 2016; Sweller 1994) betont die Grenzen des Arbeitsgedächtnisses als wichtigen Faktor, der bei der Unterrichtsgestaltung zu berücksichtigen ist. Aufgrund der begrenzten Verarbeitungskapazität muss das Informationsangebot so strukturiert werden, dass die Belastung des Arbeitsgedächtnisses nicht zu hoch wird. Jede zusätzliche Belegung kognitiver Ressourcen verringert den Anteil, der für das Lernen zur Verfügung steht. Unterschieden werden drei Formen des Cognitive Load: *extraneous cognitive load, intrinsic cognitive load* und *germane cognitive load.*

Extraneous Cognitive Load

Belastungen, die auf sachfremde Faktoren zurückzuführen sind, werden als *extraneous cognitive load* bezeichnet. Allein die Art, wie eine Information präsentiert wird, kann eine höhere kognitive Belastung verursachen als das eigentliche inhaltliche Verstehen (Leung et al. 1997). Ungewohnte Notationen in Gleichungen können für einen hohen Cognitive Load sorgen, weil gleichzeitig Symbolik und Inhalt verarbeitet werden müssen. Zusätzlich sind Interaktionen zwischen den Lernenden untereinander und dem Medium einzubeziehen. So kann die Belastung bei einem entdeckenden Lernen mit interaktiven Animationen auch durch Koordinierungsaufgaben beim kooperativen Lernen kritisch werden (Schnotz et al. 1999).

Intrinsic Cognitive Load

Auch physikalische Unterrichtsinhalte können direkt eine hohe Belastung verursachen, wenn viele Details gleichzeitig im Arbeitsgedächtnis präsent sein müssen, um einen Sachverhalt zu verstehen *(intrinsiccognitive load).* Die kognitive Belastung durch einen Lerninhalt ergibt sich aus seiner Komplexität in Relation zum Vorwissen der Lernenden.

Germane Cognitive Load

Germane cognitive load: Die lernbezogene resultierende kognitive Belastung entsteht aus dem Zusammenspiel von intrinsischer und extrinsischer kognitiver Belastung. Erfolgreiches Lernen ist nur dann möglich, wenn *extraneous cognitive load* und der sachbezogene *intrinsic cognitive load* noch Kapazitäten für die Lernaktivitäten frei lassen (◘ Abb. 13.5).

13

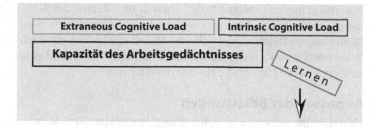

Abb. 13.5 Kognitive Überlastung behindert Lernen

Relevante Faktoren für die kognitive Belastung

Sweller (2002) beschreibt verschiedene Effekte, die vor allem im   Belastungseffekte
Zusammenhang mit Visualisierungen zu berücksichtigen sind.
Vergleichbare Aussagen sind auch bei Mayer (2002, 2009, 2014),
Paas und Sweller (2014) und Paas et al. (2016) zu finden:

- *Split-attention effect:* Die Belastung ist niedriger, wenn
  relevanter Text in grafische Darstellungen integriert ist und
  Lernende sich nicht auf verschiedene Stellen konzentrieren müssen. (Beispielsweise können Winkelangaben bei
  Richtungsvektoren oder die Werte für Massen direkt an den
  Körpern angegeben werden, wenn diese für Rechnungen
  benötigt werden.)
- *Modality effect:* Wenn durch die Kombination von Bildmaterial und gesprochenem Text die Informationsverarbeitung erleichtert wird, spricht man vom Modalitätseffekt
  (z. B. wenn ein erläuternder Text zu einem Diagramm
  gesprochen angeboten wird).
- *Redundancy effect:* Zusätzlich angebotene Information kann
  beim Lernen stören, wenn sie nicht direkt zur Sache gehört.
- *Element interactivity effect:* Cognitive Load wird in der Regel
  nur dann kritisch, wenn Inhalte stark aufeinander bezogen
  und miteinander vernetzt sind. Bei isoliert verständlichen
  Informationseinheiten tritt der Effekt nicht auf.
- *Imagination effect:* Die ideale Form des Informationsangebotes hängt entscheidend von den Vorerfahrungen der
  Lernenden ab. Dies gilt insbesondere auch in Bezug auf das
  visuelle Vorstellungsvermögen.

Auch ein selbstgesteuertes, multimediales Lernen kann
schnell zu einer kognitiven Überlastung führen. Insbesondere
beanspruchen folgende, eher arbeitsorganisatorische Fragen
ebenfalls kognitive Kapazitäten: „Welche Informationen brau-
che ich als Nächstes?", „Wo muss ich suchen?", „Welche Relevanz

hat eine gefundene Information?" (Mandl und Reinmann-Roth-meier 1997). Hinzu kommen technische Schwierigkeiten oder Bedienungsprobleme (Friedrich und Mandl 1997). Dies gilt auch heute noch, obwohl die grafischen Benutzeroberflächen und gute kontextsensitive Hilfen oft Erleichterungen bringen.

Anpassen der Belastungen

Begriffseinheiten zusammenfassen (Chunking)

Hilfreich ist es, vor der Behandlung komplexer Verständnis-einheiten mehrere Elemente zu größeren Begriffseinheiten zusammenzufassen oder in geeignete Schemata einzuordnen. Oft sind beispielsweise auch grafische Hilfsmittel sinnvoll. Marcus et al. (1996) konnten entsprechende Erfahrungen bestätigen. Dabei wurden Diagramme bei Problemstellungen mit Wider-standsschaltungen eingesetzt. Im Allgemeinen verringert die Nutzung verschiedener Sinneskanäle zusätzlich die kognitive Belastung (Mousavi et al. 1995; Tindall-Ford et al. 1997). Diese Aussage gilt aber nicht, wenn das Informationsangebot intensive Suchprozesse erfordert, um visuelle und auditive Informationen in Übereinstimmung zu bringen (Jeung et al. 1997). Auch zusätz-liche visuelle Anzeigen können stören, wenn sie viele weitere kognitive Aktionen verlangen.

Verarbeitungshilfen adaptiv anbieten

Kalyuga et al. (1999) stellen nach empirischen Unter-suchungen fest, dass gesprochene Texte in computergestützten Lernmaterialien die kognitive Belastung verringern können. Farbliche Codierungshilfen sind ebenfalls vorteilhaft. Demgegen-über erhöhen geschriebene Zusatztexte eher noch die Belastung, insbesondere, wenn mehrfach zwischen Bildbetrachtung und Texterfassung gewechselt werden muss (vgl. Kalyuga et al. 1999).

Cognitive Load ist abhängig von Vorwissen, kognitiven Fähigkeiten und Fertigkeiten. So kann es bei weniger erfahrenen Lernern nötig sein, zu einem Diagramm einen erläuternden Text anzubieten. Allerdings kann der gleiche Text für erfahrene Ler-ner eine unnötige Last sein, weil redundante Informationen nur wieder ausgefiltert werden müssen (Kalyuga et al. 1998). Wie eng organisiert ein Informationsangebot sein soll, hängt also auch entscheidend von der individuellen Vorerfahrung in einem Wissensbereich ab (Tuovinen und Sweller 1999).

Designkriterien für eine geringere kognitive Belastung

Im ▶ Abschn. 13.2.1 wurden bereits in Anlehnung an Mayer verschiedene Designkriterien formuliert, die eine kog-nitive Belastung verringern können. Dazu zählen: Prinzip der Kontiguität (räumlich und zeitlich), Prinzip der Kohärenz, Prinzip der Redundanz. Auch spezifische methodische Maßnah-men zur Vermittlung von Sachinformationen haben sicherlich Auswirkungen auf die kognitive Belastung. Sie lassen sich aber nicht von speziellen inhaltlichen Überlegungen trennen. Deshalb sollen hier drei eher allgemeine Maßnahmen betrachtet werden, die helfen, die Informationsdichte in multimedialen Lernumgebungen zu begrenzen.

Allgemeine methodische Maßnahmen

Ein erster Ansatz kann sein, Darstellungen nach dem Single-Concept-Prinzip zu gestalten. Hierbei wird der Fokus auf einen Sachverhalt, einen Begriff oder ein physikalisches Konzept ausgerichtet. Dies ist vor allem im Grundlagenunterricht und für die erste Begriffsbildung hilfreich. Beispiele aus der Wellenlehre zeigen ◘ Abb. 13.6 und 13.7.

Single-Concept-Prinzip

Verschiedene Aspekte lassen sich sequenziell behandeln. In der Fortführung sind auch zunehmend komplexere Sachverhalte aufzugreifen (die Programme sind unter der Internetadresse zu finden: ► www.physikonline.net/sp/wellen).

Bei Computerprogrammen und erst recht bei Hypermediaanwendungen ist eine Ablaufsteuerung durch den Nutzer in der Regel leicht einzurichten. Damit werden auch Informationsdichte und kognitive Belastung individuell steuerbar.

Individuelle Ablaufsteuerung

Durch multimodale Angebote (z. B. Visualisierungen kombiniert mit gesprochenem Text) lassen sich verschiedene Aufnahmekanäle nutzen. Die Aufnahmekapazität wird damit größer und die kognitive Belastung geringer.

Multimodalität

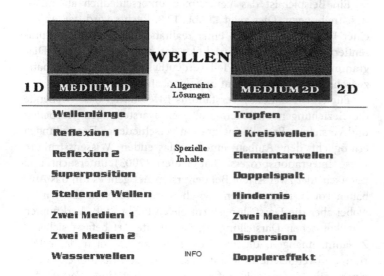

◘ **Abb. 13.6** Auswahl von elementaren Phänomenen aus der Wellenlehre

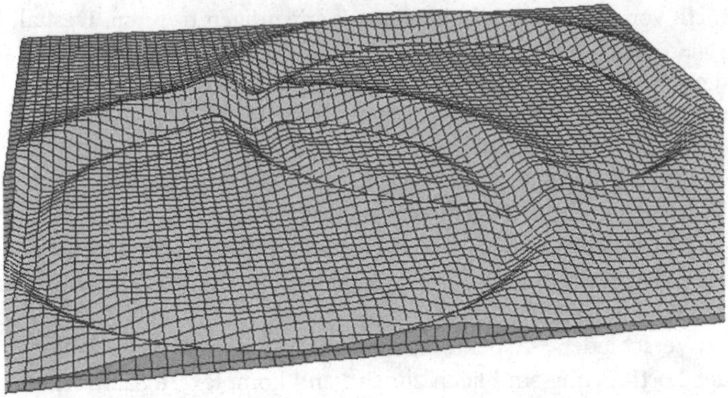

◘ Abb. 13.7   Ungestörtes Durchdringen zweier Kreiswellen

Supplantationskonzept und Kohärenzbildung

Supplantation

Medien lassen sich als Hilfsmittel einsetzen, um einen Prozess zu veranschaulichen, den Lernende noch nicht selbstständig realisieren können. *Ein fehlender internaler kognitiver Prozess wird external durch das Medium vorgeführt.* Salomon (1979) nennt dies Supplantation. Generell hat das Konzept zum Ziel, eine fehlende, für den Lernprozess wichtige kognitive Operation external durch ein Medium zu präsentieren.

Ein Beispiel ist das Verknüpfen unterschiedlich abstrakter Beschreibungen. Dies zeigt ◘ Abb. 13.8. Rechts wird der Ablauf einer Federschwingung in einer realitätsnahen Darstellung präsentiert und zeitgleich wird links das entsprechende $y(t)$-Diagramm gezeichnet. Der Pfeil verdeutlicht den Zusammenhang zwischen dem realen Ablauf und der abstrakten Darstellung.

13   Bezüge zwischen verschiedenen Darstellungen aufbauen

Für ein inhaltliches Verständnis ist es nötig, dass Lernende die Beziehungen zwischen multiplen Darstellungen erarbeiten und verstehen. Erst die Integration verschiedener Darstellungen ermöglicht den Aufbau einer umfassenden Wissensstruktur. Diese Integrationsprozesse hat Seufert (2003) untersucht und unterscheidet zwei Arten: Bei der ersten Art geht es um das Aufbauen von Verknüpfungen zwischen verschiedenen Elementen, wobei aber die Darstellungsform gleich bleibt (z. B. Verknüpfen von ikonischen Darstellungen). Die zweite Art befasst sich mit Zusammenhängen, die in einer bestimmten Form dargestellt sind, und vergleicht diese mit entsprechenden Relationen, die in einer anderen Darstellungsform repräsentiert sind (Verknüpfen von Relationen in unterschiedlichen Repräsentationsarten).

Kohärenzbildung

Diese teilweise aufwendigen Koheränzbildungsprozesse lassen sich mit verschiedenen Mitteln unterstützen (Seufert 2009; Seufert und Brünken 2004). Dazu gehören beispielsweise abgestimmte Farbgebungen, ein „dynamisches Verknüpfen" (wenn eine Formel oder die Werte in einer Tabelle verändert werden, ändert sich auch die grafische Darstellung) oder

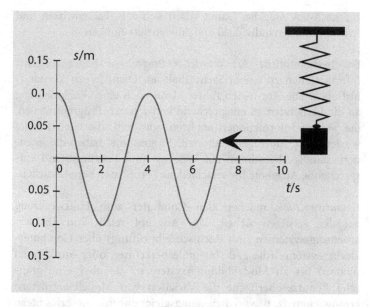

Abb. 13.8 Animation: Zusammenhang zwischen y(t)-Diagramm und realem Ablauf

„Text-Bild-Hyperlinks" (wird eine Textstelle angeklickt, wird die entsprechende Bildstelle hervorgehoben). Welches Vorgehen ein Lernen am besten unterstützt, hängt vom Vorwissen und dem Lernziel ab (Seufert 2003, 2009).

13.3 Computer im Physikunterricht

13.3.1 Kategorien von Nutzerprogrammen

Computerprogramme für den Physikunterricht lassen sich in eine Vielzahl von Kategorisierungen mit unterschiedlichen Schwerpunkten einordnen. Die nachfolgende Einteilung orientiert sich an Nutzungsfeldern. Der Grund ist, dass mit der unterschiedlichen Funktionalität auch die Rolle im Lernprozess variiert und die Programme in verschiedene methodische Vorgehensweisen zu integrieren sind. Die Kenntnis der verschiedenen Arten ist Voraussetzung für eine zielgerichtete Auswahl von Programmen für den Physikunterricht. Charakterisiert werden: *Übungsprogramme, Selbstlerneinheiten* und *tutorielle Programme, Computerwerkzeuge, Simulations- und Modellierungsprogramme* sowie *Messwerterfassungssysteme.*

Das Design von *Übungsprogrammen* folgt dem Schema: 1) Anbieten der Aufgabe, 2) Registrieren der klassischen Bearbeitungsschritte, 3) Bewerten und Rückmelden, 4) (kontextsensitive) Überleitung

Übungsprogramme

zur nächsten Aufgabe. Damit lassen sich z. B. Faktenwissen und Arbeitsverfahren individuell und differenziert einüben.

Tutorielle Programme

Die herkömmliche Art *tutorieller Programme* bietet zunächst Informationen zu einem Sachverhalt an. Dann folgen Verständnisfragen. Die Antworten führen dann nach einer Rückmeldung an die Lernenden zu entsprechend konzipierten Programmteilen, die weitere Informationen anbieten oder evtl. die alten Inhalte wiederholen. „Intelligente tutorielle Programme" haben die Intention, ständig abgestimmt auf Wissens- und Leistungsstand entsprechende Angebote für verschiedene Lernphasen bereitzustellen.

Cognitive Tools

Cognitive Tools machen den Computer zum Hilfswerkzeug bei der geistigen Arbeit. Das Angebot reicht von Textverarbeitungssystemen (mit Rechtschreibprüfung) über Computeralgebrasysteme (die z. B. Integrale berechnen oder Funktionen plotten) bis zu Modellbildungssystemen, die über eine grafische Benutzeroberfläche die Variation von Modellparametern ermöglichen (z. B. von Bewegungsgleichungen). Sie erleichtern Routinearbeiten und geben dadurch Kapazitäten für tiefer gehende Betrachtungen frei.

Simulationen

Simulationen sollen ausgewählte Realitätsaspekte rekonstruieren. Sie arbeiten auf der Basis von formal-logischen Modellen der betrachteten Fachthemen. Anwender können Elemente, Relationen und Zusammenhänge kontrollieren und im Rahmen des Modells variieren. So lassen sich Zusammenhänge, Abhängigkeiten und die Bedeutung von Einflussfaktoren unter vereinfachenden Annahmen erkennen. Außerdem lassen sich Kenntnisse und Fähigkeiten zur Steuerung komplexer Systeme schulen.

13

Teilaspekte der Realität betrachtet

Prinzipiell können Simulationen, wie auch Modelle, nur Teilaspekte der Realität wiedergeben, und sie zeigen nur ein reduziertes Abbild der Wirklichkeit. Dies ist bei wissenschaftlichen Simulationen in der Regel nachteilig, weil daraus Unsicherheiten und Abweichungen von der Realität resultieren. Für didaktisch-methodische Anwendungen bietet allerdings die Reduktion auf wenige, aber entscheidende Faktoren sowie ein „Ausblenden" unwichtigerer Aspekte eine interessante Perspektive: Dies reduziert die Komplexität eines Inhalts. Gleichzeitig werden damit auch die wichtigen Einflussgrößen akzentuiert, und ihre Wirkung wird leichter erkennbar.

Entdeckendes Lernen mit Simulationen

Zur Physik gibt es eine Vielzahl kleinerer Simulationen. Sie bieten oft keinen festgelegten methodischen Rahmen. Erklärungen, Zusatzinformationen oder Übungen muss die Lehrkraft selbst bereitstellen. In diesem Zusammenhang sind die vier Phasen des Lernens mit Simulationen von Interesse, die Schulmeister (2007) in Anlehnung an Duffield (1991) herausstellt: *Analyse, Hypothesengenerierung, Testen der Hypothesen, Evaluation.* Damit sollen sich besondere Perspektiven für ein entdeckendes Lernen und für ein Training von Problemlösefertigkeiten bieten. Die Anknüpfung an Vorgehensweisen des entdeckenden Lernens sieht auch de Jong (2011).

Noch mehr situative Anpassungen und Variationsmöglichkeiten als Simulationen bieten *Modellbildungssysteme.* Hier sind auch die zugrunde liegenden formalen Modellannahmen variierbar (z. B. die Bewegungsgleichungen). Der Computer dient in Modellbildungssystemen quasi als Projektionsfläche für eigene Gedanken und zeigt Perspektiven und Beziehungen auf, die sich beim Variieren der Ansätze ergeben. Das Potenzial von Modellbildungssystemen hat u. a. Schecker (1998, 1999) untersucht. Darüber hinaus stellen Lück und Wilhelm (2011) mehrere Modellbildungssysteme und deren spezifische Funktionalitäten und Stärken vor.

Modellbildungssysteme

Aus didaktischer Sicht sind vor allem drei Aspekte innovativ gegenüber anderen Programmtypen:

- Der direkte Einblick und der Zugriff auf das zugrunde liegende Modell sind möglich und Variationen an dem zugrundeliegenden Berechnungsmodell können untersucht werden. Dies verlangt eine größere Verarbeitungstiefe als rein deskriptive Erklärungen.
- Kausalzusammenhänge werden aus dem Modellverhalten erfahren und erlebt – sie werden nicht „erzählt". Dies hat einen Einfluss auf die Gedächtnishaftung.
- Lernende haben die volle Kontrolle über Variations- und Lösungswege. Dies ermöglicht ein selbstbestimmtes Lernen und das Verfolgen eigener Ideen.

Inwieweit diese Möglichkeiten tatsächlich lernwirksam umgesetzt werden können, hängt allerdings von weiteren Rahmenfaktoren ab. Insbesondere verlangt die Modellierung vom Schüler spezielle metakognitive Fertigkeiten. Dies macht eine Aufwandsanalyse und eine angemessene Vorbereitung unerlässlich.

Der *„Messcomputer"* bietet sich an, wenn viele Messwerte in kurzer Zeit aufgenommen werden müssen oder wenn die Zeiträume groß sind und eine automatische Erfassung von Daten nötig wird. Neben dieser Erweiterung experimenteller Möglichkeiten kann der Computer vor allem aber auch bei der Auswertung und Präsentation von Daten eine Hilfe sein. Besonders attraktiv ist, wenn Messwerte in Echtzeit aufbereitet und grafisch angezeigt werden können. Ein weiterer Bereich sind technisch orientierte Anwendungen zur Steuerung und Regelung von Systemen (z. B. einfache Transportroboter mit optischen Sensoren). Auch Smartphones bieten bereits eine Vielzahl von Messmöglichkeiten über ihre eingebauten Sensoren (z. B. Beschleunigungssensoren).

Messwerterfassung, Prozesssteuerung und Regelung

Weitere Details und Programm sind z. B. über Phyphox (2018) oder das Themenheft der Zeitschrift Unterricht Physik (Kuhn 2015) zu finden.

Für Experimente, die einen hohen materiellen Aufwand verlangen oder für Schüler zu gefährlich sind, bieten sich Remote Labs an. Dabei werden Experimente über das Internet ferngesteuert, und über Webcams lässt sich der Ablauf beobachten. Daten und Messwerte lassen sich an Messgeräten ablesen oder gleich digital erfassen. Eine Erweiterung bietet sich an, wenn über zusätzliche Multimediatechniken weitere Informationen oder Grafiken aus theoretischen Betrachtungen gleich mit eingeblendet werden können. Die erweiterten Wahrnehmungsmöglichkeiten (im Sinne einer Augmented Reality) bieten interessante didaktische Perspektiven für eine Multicodierung. Das Zusammenspiel von Theorie und Experiment ermöglicht außerdem ein sachbezogenes, inhärentes Feedback und weitere Funktionalitäten multipler Repräsentationen im Sinne von Ainsworth (2006, s. a. ◘ Abb. 13.4 und speziell auch ▶ Abschn. 7.6 zu ferngesteuerten Experimenten). Ein Beispiel zur Ablenkung von Elektronenstrahlen in elektrischen und magnetischen Feldern ist zu finden unter: ▶ www.physikonline.net/sp/elablenk.

Nach dieser allgemeinen Kategorisierung werden nachfolgend grundsätzliche Aspekte von Multimediaanwendungen betrachtet und exemplarisch einige Möglichkeiten zum Multimediaeinsatz in der Akustik behandelt. Weitere theoretische Vertiefungen folgen in ▶ Abschn. 13.4.

13.3.2 Gestaltung von Multimediaanwendungen

Die Theorien und Erkenntnisse gehen auch in die Gestaltung von Lernumgebungen ein. Dabei haben nach Schulmeister (2007) folgende Gestaltungselemente wesentlich dazu beigetragen, Multimediaprogramme als eigene Kategorie zu etablieren:

Gestaltungselemente

- *Mikrowelten:* Mikrowelten sind künstliche Systemwelten, in denen bestimmte Gesetze vorgegeben sind, die das Verhalten des Systems bestimmen. Damit lassen sich auch grundlegende physikalische Gesetzmäßigkeiten spielerisch „erleben". Ein Beispiel für eine Mikrowelt zeigt das Computerprogramm „Electric Field Hockey" (▶ http://phet.colorado.edu/de/simulation/electric-hockey). Die Kräfte zwischen Ball, Schläger und Hindernissen basieren auf dem Coulomb-Gesetz.
- *Metaphern:* Schulmeister (2007) versteht darunter den symbolhaften Präsentationsrahmen eines Programms, der dem Lernenden vor allem auch die Navigation im Programm erleichtert. Beispiele sind die Lexikonmetapher für ein Informationssystem („Physikduden"), die Reisemetapher für

die sequenzielle Reihung von Informationseinheiten oder der Schreibtisch für die Ablage aktueller Arbeiten.

— *Multimodalität der Benutzerschnittstelle:* Multimodalität bedeutet eine Vielfalt in der Ein- und Ausgabeform. Ton (Sprache und Musik), Bilder und Videopassagen prägen heute weitgehend die Ausgabe von Multimediaanwendungen. Akustische Eingaben mit Spracherkennung, Erkennen von Bewegungen über eine eingebaute Kamera oder Berührungen am Display machen die Systeme zunehmend multimodal.

— *Benutzerführung:* Icons, Maps (landkartenähnliche Orientierungsgraphen) und Hypertext sollen nicht nur oberflächliche Navigationshilfen sein, sondern auch Gliederungs- und Ordnungshilfen für die kognitive Verarbeitung bieten.

Zur multimedialen Lernumgebung gehört letztlich auch die Lehrkraft. Nach wie vor beinhaltet dabei die Lehrerrolle folgende Aufgaben (in Anlehnung an Goodyear 1992):

Der Lehrer bei Multimediaprogrammen

— angemessene Software auswählen
— Kombination und Vernetzung mit anderen Lernaktivitäten planen und organisieren
— die Arbeit der Lernenden mit dem Programm überwachen
— die Aktivitäten am Computer nutzen, um Einblick in Denkweise und kognitive Entwicklung des Lernenden zu gewinnen
— zusammenfassen und den Lernenden helfen, über ihre neuen Erfahrungen zu reflektieren
— Auseinandersetzungen schlichten, Nutzungszeiten und teilweise auch Kooperationen organisieren.

Issing (2002) hat für die Entwicklung multimedialer Lernsoftware allgemeine didaktische Planungshilfen zusammengestellt (◘ Abb. 13.9). Die Übersicht wird hier grafisch neu gestaltet wiedergegeben, weil sie Lehrenden eine Orientierungshilfe geben kann, wie Multimediaanwendungen zu prüfen sind bzw. in welchen Phasen gegebenenfalls Ergänzungen und Zusatzangebote einzuplanen sind.

13.4 Anwendung von Multimediakonzepten im Physikunterricht

Nachfolgend werden weitere theoretische Ansätze zu der Frage verfolgt, wie multimediale Angebote in Lernprozessen hilfreich sein können (◘ Abb. 13.10). In den Blickpunkt rücken komplexe Zielsetzungen zu vernetzten Inhalten. Behandelt werden *multiple Repräsentationen*, Hilfen zum *Aufbau mentaler Modelle*, die *Förderung kognitiver Flexibilität*, *Verankerung von Wissen* und *situated learning* sowie die *Strukturierung von Wissen*. Der Abschnitt

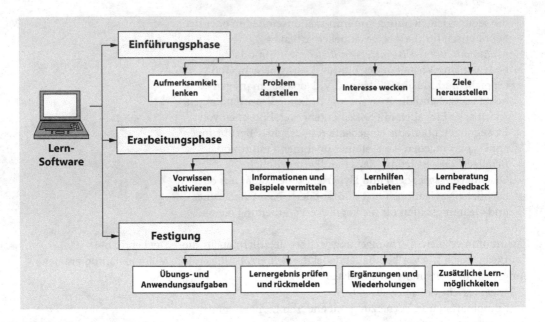

Abb. 13.9   Prüfschema: Was bietet die Software, wo sind Ergänzungen sinnvoll? (in Anlehnung an Issing 2002)

13

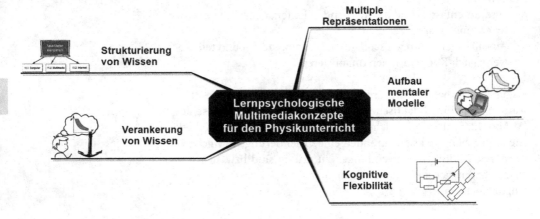

Abb. 13.10   Übersicht über die nachfolgend behandelten Prinzipien

liefert theoretisch abgeleitete Anregungen, um verschiedenen Forderungen aus der Lernpsychologie nachzukommen. Beispiele zeigen jeweils auf, wie sich die relativ abstrakten Konzepte konkret umsetzen lassen. Sie sollen exemplarisch zeigen, wie sich allgemeine Prinzipien situationsgerecht anwenden lassen.

13.4.1 Multiple Repräsentationen anbieten

Multimodale Systeme nutzen den Zugang über mehrere Sinne. Der Einsatz akustischer und visueller Informationen in verschiedenen Beschreibungsformen kann unterschiedliche Aspekte eines Inhalts hervorheben, Zusammenhänge und Wechselbezüge verdeutlichen. Nachfolgend werden exemplarisch einige Grundlagen aus der Akustik behandelt. Soundkarte, Mikrofon und Lautsprecher gehören heute zur Grundausstattung eines Multimedia-PCs oder eines Smartphones. Mit der entsprechenden Software steht eine Funktionalität zur Verfügung, die sogar über einen Tonfrequenzgenerator und ein Speicheroszilloskop hinausgeht. Interaktivität und die Möglichkeit für Eigenaktivitäten der Schülerinnen und Schüler verstärken die Wirkung eines multimodalen Lernangebots.

Die nachfolgenden Vorschläge lassen sich mit verschiedenen Programmen realisieren (wenn auch nicht jedes Programm alle Optionen bietet). Hinweise sind zu finden bei ▶ http://www.compadre.org/ (search: sound) oder ▶ www.physikonline.net/sp/akustik. Hier wurde vor allem das frei verfügbare Programm Audacity (Audacityteam 2018) verwendet. Daneben gibt es ein sehr breites Angebot an weiteren Programmen, die teilweise auch direkt mit den Soundkarten vertrieben werden. Für aktuelle Angaben muss hier jedoch auf das Internet verwiesen werden.

Akustik mit dem Computer

Einige Einführungsexperimente gehören zu den klassischen Versuchen für den Physikunterricht. Hier ist aber die Bedienung einfacher geworden, und sie sind sogar als Schülerexperimente für zu Hause geeignet. Dann folgen Experimente, die überhaupt erst durch den Computer so realisierbar sind. Die einfachsten Einstiege arbeiten mit fertigen Tondokumenten (WAV- bzw. MP3-Dateien). Diese können heruntergeladen werden unter der Adresse ▶ www.physikonline.net/sp/akustik.

- **Zusammenhänge zwischen Amplitude und Lautstärke, Frequenz und Tonhöhe**

Zwischen Amplitude und Lautstärke, Frequenz und Tonhöhe lassen sich zunächst sehr einfache „Je-desto-Beziehungen" aufzeigen (❏ Abb. 13.11). Eine Verknüpfung zwischen Hörempfinden und der Darstellung im Diagramm wird auch dadurch erleichtert, dass einzelne Abschnitte für die Tonausgabe ausgewählt werden können. (Der Zeitmaßstab ist variabel einstellbar, sodass die Kurven je nach Bedarf im Detail analysiert werden können.)

Grundlegende Zusammenhänge (halbquantitativ)

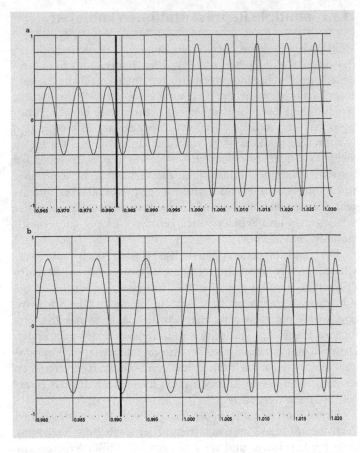

◘ Abb. 13.11   a) Töne verschiedener Lautstärken **b)** Töne unterschiedlicher Frequenz (der senkrechte Strich ist die Abspielmarke)

■   **Ton, Klang, Geräusch, Knall**

Verschiedene
Schallereignisse
klassifizieren

Details betrachten
Details betrachten

Unterschiedliche Schallereignisse lassen sich aufnehmen und analysieren. Die Höreindrücke können dann bestimmten Schwingungsformen und später auch den charakteristischen Schallspektren für Ton, Klang, Geräusch oder Knall zugeordnet werden (◘ Abb. 13.12).

Detailbetrachtungen lassen sich zusätzlich durch folgende Maßnahmen unterstützen, die eine Zuordnung der akustischen Wahrnehmung zu der grafischen Darstellung noch deutlicher machen können:

━ Maßstab für die Zeitachse anpassen
━ Startmarke für die Wiedergabe an relevante Stellen der Grafik setzen
━ Lautstärke bzw. Amplituden abschnittsweise verändern
━ eine Aufnahme wiederholt abspielen

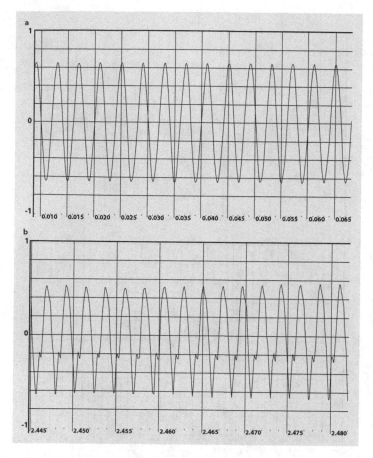

Abb. 13.12 **a)** Sinuston; **b)** Klang (Flöte); **c)** Geräusch; **d)** Knall

■ **Quantitative Analyse von Schallereignissen**

Generell ist auch für quantitative Betrachtungen vorteilhaft, dass die Programme nicht nur die Analyse von Klängen anbieten, sondern auch das Erzeugen definierter Tonfolgen. Dadurch lässt sich neu erworbenes Wissen gleich praktisch einsetzen und austesten.

Als Einführung bietet sich an, die Tondokumente lauter1.wav und lauter2.wav abzuspielen und sie dann zu analysieren (▶ www.physikonline.net/sp/akustik_alt). Bei lauter2.wav hat man im Unterschied zu lauter1.wav eher den Eindruck, dass die Töne gleichmäßig lauter werden, vor allem bei den größeren Lautstärken. Allerdings widerspricht dies zunächst scheinbar den angezeigten Amplituden bei einer linearen Auftragung (■ Abb. 13.13).

Aufklären lässt sich der scheinbare Widerspruch erst über das Gesetz von Weber und Fechner. Danach ist die

Lautstärke quantifizieren

Gesetz von Weber und Fechner

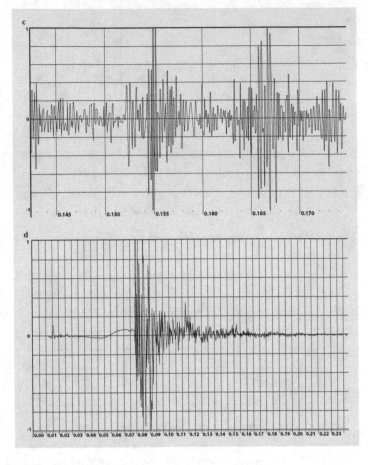

◨ Abb. 13.12   (Fortsetzung)

Tonhöhen quantifizieren

Wahrnehmungsstärke proportional zum Logarithmus der Reiz-
intensität. In den meisten Programmen ist deshalb auch ein logarithmischer Maßstab verfügbar. Dies erschließt einen direkten
Zugang zur Definition der Lautstärke mit Bezügen zum Hörempfinden.

Das Gesetz von Weber und Fechner gilt näherungsweise
nicht nur für Lautstärken, sondern auch für das Helligkeits-
empfinden und gleichfalls für die Wahrnehmung von Tonhöhen.
Die Dateien hoeher1.wav und hoeher2.wav bieten Töne mit steigenden Frequenzen an; hoeher1.wav mit einer linearen Zunahme
der Frequenz, hoeher2.wav jeweils mit einem Anstieg um eine
halbe Oktave, d. h. um drei Ganztonschritte (◨ Abb. 13.14).

Die grafische Auftragung der Frequenzen in linearem Maßstab (◨ Abb. 13.14) scheint ebenfalls nicht zum akustischen
Eindruck zu passen. Auch hier hilft ein logarithmischer Maßstab weiter. Halbtonschritte, d. h. die Zunahme der Frequenzen jeweils auf das $\sqrt[12]{2}$ -Fache, erscheinen im logarithmischen

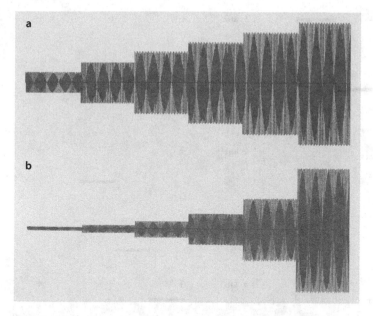

☐ Abb. 13.13 Amplituden der Druckschwankungen bei lauter1.wav und lauter2.wav (linearer Maßstab)

Maßstab als äquidistante Schritte. Auch hier passt ein logarithmischer Maßstab am besten zu unserem Hörempfinden.

Das besondere Potenzial der Multimodalität besteht bei diesen Anwendungen darin, die Verknüpfungen zwischen akustischer Wahrnehmung und mathematischen/grafischen Beschreibungen zu erleichtern.

Wahrnehmung und physikalische Beschreibung

Interessant ist außerdem der Vergleich zwischen der logarithmischen Frequenzauftragung und einem Notenblatt. Betrachtet werden in ☐ Abb. 13.15 kurz angespielte Töne/ Klänge einer Querflöte. Die Frequenzanalyse liefert natürlich auch die Obertöne, und im Unterschied zum Notenblatt werden dann auch Halbtonstufen in der Frequenzauftragung erkennbar. (Analysiert wurde das Tondokument floete3x.wav.)

- **Mit einigen Anpassungen kann man aber im Prinzip auf diese Weise Notenblätter vom Computer „mitschreiben" lassen**

Die Entstehung der Grafik lässt sich zusätzlich mit der folgenden Schemaskizze plausibel machen (☐ Abb. 13.16). In einem dreidimensionalen Diagramm sind Intensität und Frequenz zeitabhängig erfasst. Intensitäten, die über einer bestimmten Schwelle liegen, werden mit Signalfarben markiert. Projiziert man die markierten Stellen in die *xy*-Ebene, bzw. in die Zeit-Frequenz-Ebene, so erhält man eine Darstellung in der Form von ☐ Abb. 13.15a.

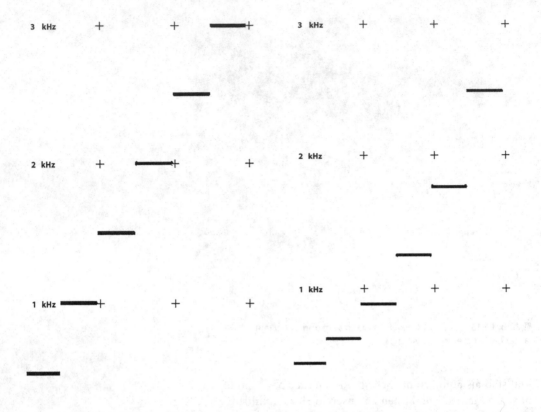

Abb. 13.14 Frequenzen der Töne aus **a**) hoeher1.wav (lineare Zunahme); **b**) hoeher2.wav (Anstieg um eine halbe Oktave)

13

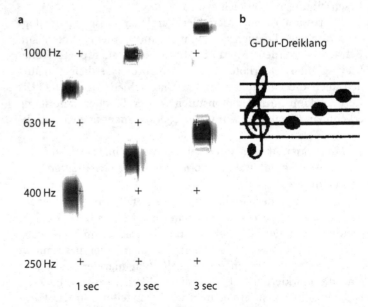

Abb. 13.15 Darstellung von drei Tönen (Flötenklängen) in der Frequenzauftragung (**a**) und als Noten (**b**)

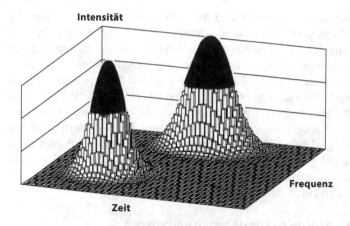

Abb. 13.16 Schemaskizze zur Entstehung der in **Abb. 13.15 dargestellten linken Teilabbildung (vereinfacht und reduziert auf zwei „Töne")

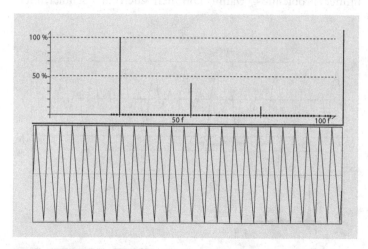

Abb. 13.17 Klangsynthese

- **Klang, Verlauf der Schallschnelle, Fast-Fourier-Transformation**

Eine erste Anwendungsaufgabe kann lauten, Klangbeispiele durch Überlagern verschiedener Töne zu erzeugen. Die Resultate lassen sich dann sofort über die akustische Wiedergabe testen. Gleichzeitig empfiehlt sich, verschiedene grafische Auftragungen zu nutzen. Geht man zunächst von einem Grundton aus und überlagert ihn dann mit Obertönen unterschiedlicher Amplituden, wird deren Bedeutung für das Klangerleben deutlich (**Abb. 13.17).

Klangbilder

Umgekehrt lassen sich die Klänge verschiedener Musikinstrumente über eine Fourier-Zerlegung (Fast-Fourier-Transformation/FFT) analysieren und in verschiedenen Diagrammen

Fast-Fourier-Transformation

Klanganalyse

betrachten. Aus mediendidaktischer Sicht ist dabei wieder die Möglichkeit einer vergleichenden Charakterisierung in verschiedenen grafischen Darstellungen in Kombination mit der akustischen Präsentation interessant (◘ Abb. 13.18).

Weiterführend können zunehmend komplexere Klänge und Geräusche analysiert werden. Auch für die Beispiele aus ◘ Abb. 13.12 (Ton, Klang, Geräusch, Knall) lassen sich Fourier-Zerlegungen durchführen. Interessant ist vor allem auch die Möglichkeit, bei einem vorgegebenen Tondokument oder einer selbst gefertigten Aufnahme bestimmte Frequenzen des Spektrums auszublenden und die Auswirkung zu testen (z. B. für einen Hoch- oder einen Tiefpassfilter).

■ Akustische Effekte testen und erleben

Die meisten Akustikprogramme bieten spezielle Soundeffekte an. Über die Menüsteuerung ist die Programmbedienung fast immer problemlos. Damit kommen auch die Schülerinnen

13

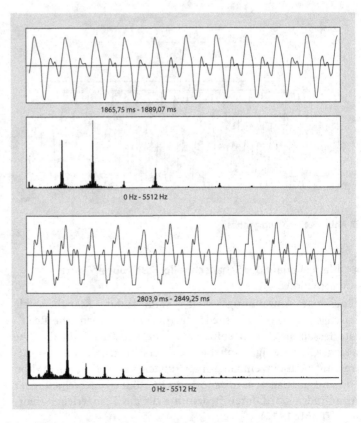

◘ **Abb. 13.18**   Flöte und Klavier – Klangcharakterisierung durch Schnelleverlauf und Frequenzspektrum

und Schüler schnell zu eindrucksvollen Effekten, z. B. auch bei Aufnahmen mit der eigenen Stimme. Gleichzeitig bietet die detaillierte Betrachtung physikalischer Parameter vertiefende Einblicke. Die nachfolgend genannten Effekte lassen sich mit einer ganzen Reihe von Akustikprogrammen realisieren.

- Ein Echo lässt sich einbauen; Intensität und Zeitverzögerung kann man variieren.
- Bei Stereoaufnahmen muss die Lautstärke nur auf einem Kanal kontinuierlich verringert und gleichzeitig auf dem anderen Kanal vergrößert werden, um eine sich quer zum Zuhörer bewegende Schallquelle zu simulieren.
- Über eine kontinuierliche Frequenzverschiebung, kombiniert mit einer Zu- bzw. Abnahme der Lautstärke, lassen sich Schallquellen simulieren, die sich scheinbar auf den Hörer zu bzw. von ihm wegbewegen.
- Mit Filtern, z. B. Hoch- oder Bandpassfiltern, lassen sich Stimmen verändern („Micky-Maus-Stimme") oder der Klang eines antiquierten Grammophons bzw. von „Schellackplatten" (auch mit aktuellen Musikstücken) nachbilden.
- Werden Klavierklänge „rückwärts" abgespielt, klingt dies etwa wie ein Harmonium.

Mit Klangeffekten experimentieren

Die Möglichkeit, jederzeit zwischen verschiedenen Darstellungs- und Präsentationsformen zu wechseln und diese auch kombiniert einzusetzen, markiert ein wesentliches Merkmal des multicodal und multimodal ausgerichteten Medieneinsatzes. Damit helfen digitale Medien, eine Brücke zwischen Theorie und Wahrnehmung aufzubauen.

Die Beispiele können von folgender Webseite heruntergeladen werden: (► www.physikonline.net/sp/akustik). Weitere Anwendungen und Beispiele gibt es bei Braune und Euler (2002); Mathelitsch und Verovnik (2004); Nordmeier (2002) und Nordmeier und Voßkühler (2005, 2006).

13.4.2 Hilfen zum Aufbau mentaler Modelle

Mentale Modelle bieten einen Erklärungsrahmen für den theoriegeleiteten Einsatz bildhaft-analoger Darstellungen. Die Theorie kann für die Entwicklung und den Einsatz von Multimediaanwendungen sehr hilfreich sein.

Bei mentalen Modellen handelt es sich um *analoge kognitive Repräsentationsformen* komplexer Zusammenhänge (s. a. ► Kap. 8). Menschen bauen interne Modelle der äußeren und

Analoge kognitive Repräsentation

inneren Realität auf. Für die Aspekte, die dem Individuum bedeutsam erscheinen, haben diese mentalen Modelle eine übereinstimmende Relationsstruktur mit den entsprechenden Ausschnitten aus der Realität (vgl. Mandl et al. 1988). Ihre Funktion für das Individuum kommt dann zum Tragen, wenn es darum geht, Phänomene zu verstehen, zu analysieren, Vorhersagen zu machen, Handlungen zu planen und zu überwachen oder ein Systemverhalten geistig durchzuspielen (Ballstaedt et al. 1989; Weidenmann 1991). Nach Issing und Klimsa (1995) bietet Multimedia aufgrund der spezifischen Merkmale die besten Voraussetzungen, um durch eine adäquate Präsentation von Konzepten und Inhalten den Aufbau erwünschter mentaler Modelle zu fördern.

Externe Darstellungen und mentale Modelle

Allerdings betont Weidenmann (1994) die Notwendigkeit, zwischen Oberflächenmerkmalen und strukturellen und kausalen Merkmalen zu unterscheiden. Auch Einsiedler (1996) sowie Schnotz und Bannert (1999) trennen die sensorische und mediale Repräsentation eines Themas von der eigentlichen Tiefenstruktur. So können Medien den Auf- und Ausbau mentaler Modelle prinzipiell nur indirekt durch ihr Informationsangebot unterstützen, indem sie externe Repräsentationen vorstellen. Sie können allerdings durch die Visualisierung wichtige Hinweise anbieten.

Hier soll der Begriff entsprechend den frühen Ansätzen (s. insbesondere Forbus und Gentner 1986; Johnson-Laird 1980; Seel 1986; Steiner 1988) bzw. den oben genannten Definitionen von Weidenmann (1991) und Ballstaedt et al. (1989) verstanden werden: Mentale Modelle bezeichnen eine Wissensrepräsentation, die eine mentale Simulation physikalischer Prozesse und Abläufe ermöglicht. Entsprechende Beispiele wären Vorstellungen zum Teilchenmodell beim idealen Gas oder zum Verhalten der Ladungsträger am pn-Übergang oder beim Transistoreffekt.

■ **Medien beim Aufbau mentaler Modelle**

◘ Abb. 13.19 stammt aus einer Animation zur Teilchenvorstellung.

Visualisierungen und mentale Modelle

Für einen zielgerichteten Unterrichtseinsatz ist es sinnvoll, den Einsatz von Visualisierungen funktionell zu betrachten. Um den Aufbau mentaler Modelle zu fördern, lassen sich somit folgende Intentionen unterscheiden (vgl. auch Weidenmann 1991):

— *Abruf:* Bilder aktivieren ein vorhandenes mentales Modell (und erschließen Anknüpfungspunkte).

— *Fokussierung:* Bilder heben bestimmte Charakteristika eines mentalen Modells besonders hervor (und liefern wichtige Detailinformationen).

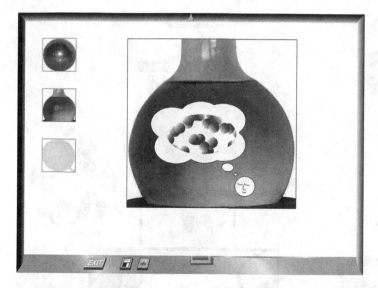

◖ Abb. 13.19 Eine „Denkblase" eröffnet den Einblick in die Modellvorstellung

— *Konstruktion:* Bilder zeigen, wie einzelne Komponenten in eine neue Gesamtstruktur eingebaut werden (auch Hilfen zur Modularisierung und Strukturierung von Wissensbereichen).

— *Ersatz:* Bilder können die Komplexität und Dynamik eines Modells verdeutlichen, um das Zusammenwirken verschiedener Komponenten zu zeigen (beispielsweise in einem Trickfilm).

Neben Animationen bieten sich noch Simulationen und Modellierungen an, vor allem um Einflussfaktoren und Abhängigkeiten zu verdeutlichen. ◖ Abb. 13.20 stammt aus einem Programm, das eine Kamera simuliert. Blendenöffnung und Belichtungszeit sind einzustellen, um bei verschiedenen, auch bewegten Objekten, gute Bilder zu erzielen. Ergebnisse werden als Rückmeldung sofort angezeigt. Das Wichtigste ist aber, dass einfach per Mausklick zwischen einer fotorealistischen und einer Modelldarstellung umgeschaltet werden kann. Dies soll helfen, eine enge Verknüpfung zwischen Modellvorstellung (insbesondere der geometrischen Optik mit dem Strahlenmodell) und der Realität herzustellen (◖ Abb. 13.20 sowie Rubitzko und Girwidz 2005).

Um der einseitigen Fixierung auf oberflächliche Merkmale einer bestimmten Darstellung entgegenzuarbeiten, können Multimediaanwendungen durchaus auch mehrere unterschiedliche Visualisierungen kombiniert darbieten.

Modelldarstellungen mit Realität verknüpfen

Unabhängigkeit von einer bestimmten Darstellung

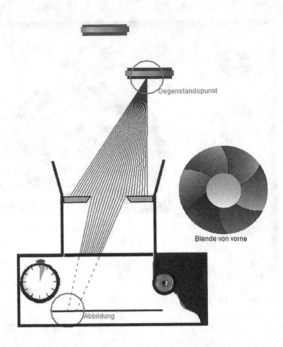

Abb. 13.20   Aus dem Computerprogramm „Virtuelle Kamera" (links realitätsnah, rechts Modell/Schema)

13.4.3 Kognitive Flexibilität fördern

■ **Kognitive Flexibilität und Multicodierung**

Detailwissen nach
den Anforderungen
zusammenstellen können

Kognitive Flexibilität beinhaltet die Fähigkeit, Wissen unter verschiedenen Rahmenbedingungen sinnvoll zu verwenden. Dazu gehört die Fertigkeit, als Reaktion auf veränderte Situationen und Anforderungen Wissen spontan umorganisieren zu können (Spiro und Jehng 1990; Spiro et al. 2004). So lässt sich bei Bedarf Detailwissen in einem Format zusammenstellen, das spezifisch auf die Situation zugeschnitten ist und ein besseres Verständnis neuer Inhalte oder ein erfolgreiches Problemlösen unterstützt (vgl. Spiro et al. 1990, 2003, 2004). Voraussetzungen sind sowohl angemessene Repräsentationsformen wie auch adäquate Zugriffsoperationen. Wissen, das in vielfältiger Weise nutzbar sein soll, muss in verschiedenen Arten organisiert und repräsentiert sein. Dies stellt auch spezielle Anforderungen an den Unterricht.

Verschiedene Aspekte
kennen und vernetzen

Eine zentrale Annahme der Cognitive Flexibility Theory ist, dass es für den fortgeschrittenen Wissenserwerb wichtig ist, denselben Inhalt zu verschiedenen Zeiten, in neu konstruierten Zusammenhängen, unter verschiedenen Zielsetzungen und unter verschiedenen konzeptionellen Perspektiven zu betrachten (Spiro et al. 2003). Speziell für komplexe, schwer überschaubare Wissensbereiche, sog. *ill-structured domains,* ist das Durchdenken verschiedener Zusammenhänge und Verflechtungen wichtig. Es liegt nahe, Hypertext und Hypermediasysteme einzusetzen, um die komplexen Abrufwege nachzubauen und damit den Lernenden angemessene Informations- und Übungsstrukturen anzubieten.

Wissen soll in verschiedenen Formen präsentiert werden und in verschiedene Szenarien eingebunden sein, um eine kognitive Flexibilität zu unterstützen. Dies erleichtert spätere Suchprozesse beim Problemlösen. Für den Unterricht gilt:

Verschiedene Darstellungen kennen und nutzen

- Zu fordern sind Lernaktivitäten, die einen Inhalt in vielfältigen Repräsentationsformen verarbeiten.
- Lernmaterialien sollen eine zu starke Vereinfachung vermeiden und Kontextbezüge unterstützen.
- Unterricht soll fallbezogen sein und die Konstruktion von Wissen betonen (statt Übertragung von Wissen).
- Informationsquellen sollen stark miteinander vernetzt und nicht voneinander isoliert sein.

Eine starke Vereinfachung der Lerninhalte, die lange beibehalten wird, und ihre Trennung vom konkreten Einsatzrahmen führen zu Schwächen beim Anwenden des Gelernten.

Außerdem ist wichtig, dass das Material

In verschiedene Kontexte einbinden

- mehrfach,
- in neu zusammengestellten Zusammenhängen,
- mit verschiedenen Zielsetzungen und
- aus verschiedenen Perspektiven
- wiederholt aufgerufen wird (Spiro et al. 2003, 2004).

Dabei sollte klar sein, dass diese Strategien und das Lernen in komplexen Bereichen nicht in die Einführungsphase gehören.

- **Umstrukturierungen**

Nicht nur das Beherrschen verschiedener Symbolsysteme kann für eine flexible Anwendbarkeit von Wissen günstig sein, auch verschiedene Darstellungen innerhalb eines Symbolsystems können wichtig werden. Beispielsweise lassen sich elektrische Schaltungen oberflächlich verschiedenartig darstellen. Lernende, die sich dem Thema erst nähern, werden nicht sofort erkennen, dass die abgebildeten Schaltungen aus physikalischer Sicht gleichwertig sind (◘ Abb. 13.21).

Umstrukturieren und adaptieren können

Ein Computerprogramm kann die Schaltskizzen schrittweise umformen und so die Zusammenhänge erkennbar machen (◘ Abb. 13.21). Bereits Härtel (1992) hat einfache Transformationen mit dem Computer veranschaulicht. Weitere Beispiele zu diesem Thema finden Sie auch unter ▶ www.physik-online.net/sp/e_lehre.

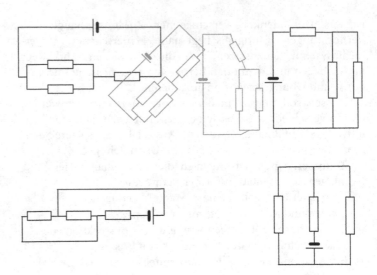

◘ Abb. 13.21   Computeranimation zur Umformung von Schaltungen

■ **Vergleichende Zusammenstellungen**

Kombinieren können

Auf höherem Anforderungsniveau können Lernende Wechselbezüge selbst erschließen, wenn entsprechende Darstellungen simultan angeboten werden. Dazu zeigt ◘ Abb. 13.22 mehrere Darstellungen zu dem elektrischen Feld eines Dipols. Mit dem html5-Programm kann das Feld frei wählbare Punktladungen in verschiedenen Formen anzeigen (siehe ► www.physikonline.net/sp/e_lehre). Selbstverständlich ist die gezeigte Zusammenstellung nicht gleich für eine Einführungsphase gedacht.

13.4.4 Verankerung von Wissen und Situiertes Lernen

Authentische Kontexte, Kommunikation und Kooperation

Konstruktivistische Theorien sehen insbesondere folgendes Potenzial im Einsatz neuer Medien:
1. das Einbeziehen authentischer physikalischer und sozialer Kontexte in den Lernprozess und
2. die Unterstützung von Kommunikations- und Kooperationsprozessen zwischen Lernern.

Kein „träges Wissen"

Seit dem Artikel von Brown et al. (1989) wird Situated Learning auch als ein Modell verstanden, wie die Kluft zwischen theoretischem Lernen (im Klassenzimmer) und konkretem Anwenden von Wissen in der Realität zu überbrücken ist. Vermieden werden soll „träges Wissen" *(inert knowledge)*, das zwar gelernt, aber

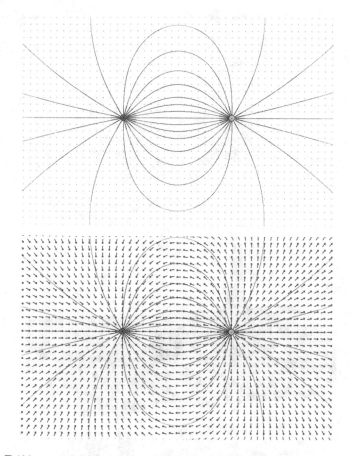

◘ Abb. 13.22 Abbildung aus dem Programm „E-Feld"

nicht in realen Problemsituationen verfügbar ist. Dabei ist Lernen nach der Theorie des Situated Learning eine Funktion der Aktivitäten, des Kontextes und der kulturellen Umgebung (Lave 1988; Lave und Wenger 1990).

Wichtige Charakteristika von gut konzipierten Lernumgebungen sind nach Herrington und Oliver (1995, 2000). **Forderungen des Situated-Learning-Ansatzes**

— Einbindung in authentische Kontexte, die deutlich machen, wie das Wissen in der Realität genutzt wird
— Durchführung realitätsnaher Aktivitäten
— Ermöglichen von Zugängen zu professionellen Realisierungen und Modellierungen von Prozessabläufen
— Angebot vielfältiger Funktionen und vielschichtiger Perspektiven
— Unterstützung für kooperativen Wissensaufbau
— Coaching und Angebot von Unterstützungshilfen in kritischen Phasen

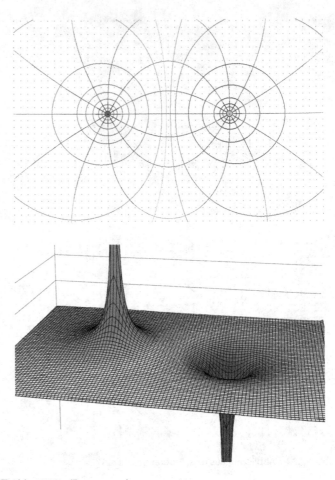

◘ Abb. 13.22   (Fortsetzung)

— Anregung von Reflexionen, um Abstraktionen zu ermöglichen
— Artikulationen werden gefördert, um implizites Wissen zu explizieren und klar zu machen
— die Bearbeitung der Aufgabenstellung liefert direkt durch die Resultate eine Rückmeldung zum Lernfortschritt (integrierte Bewertung).

Multimediaprogramme, Videosequenzen und Internet können zu einem entsprechenden Kontext beitragen.

Komplexität von
realitätsnahen Problemen

Zu berücksichtigen ist allerdings die natürliche Komplexität vieler Realsituationen. Nicht nur Sandberg und Wielinga (1992) betonen, dass hierdurch Lernprozesse auch erschwert werden können. Dem steht das Problem der übermäßigen Simplifizierung entgegen (Spiro et al. 2004). Dabei wird auch hier wie-

13

der einmal deutlich, dass ebenfalls für neue Medien immer noch die alten didaktischen Prinzipien wichtig sind. Speziell gilt hier die Regel: vom Einfachen zum Komplexen.

- **Verankerung von Wissen – anchored instruction**

Anchored instruction ist eine Umsetzung der theoretischen Postulate des Situated-Cognition-Ansatzes mithilfe von multimedialen Elementen (Bransford et al. 1990; CTGV 1993). Ursprünglich war der Fokus auf die Entwicklung interaktiver Videodiscs gerichtet. Diese sollen Lernende (und Lehrende) anregen, komplexe, realitätsnahe Probleme zu behandeln. Intendiert ist, anwendungsnahe „Anker" (Makrokontexte) als Kristallisationspunkte für das nachfolgende Lehren und Lernen bereitzustellen. Die angebotenen Materialien haben einen narrativen Charakter und sind nicht als straffe Lerneinheiten konzipiert. Sie sollen zunächst Interesse wecken, damit die angebotenen Problemsituationen genauer untersucht werden.

Wesentlich ist, dass die Inhalte (Wissen über Konzepte, Theorien und Prinzipien) eine Bedeutung und einen persönlichen Wert für das Individuum haben. Wissen wird nicht als Endresultat, sondern als Werkzeug für (subjektiv) relevante Fragestellungen angesehen. Die Bedeutung der „Anker" liegt außerdem darin, dass sie aufzeigen, in welchen Situationen bestimmtes Wissen sinnvoll anzuwenden ist und dass sie einen Anknüpfungspunkt bieten, um Informationen aus verschiedenen Wissensbereichen zu integrieren. Die Verankerung von Wissen an realitätsnahen Rahmenbedingungen soll die Entwicklung spezifischer, aber auch übertragbarer Problemlösefertigkeiten effektiver gestalten (Goldmann et al. 1996).

Ein Beispiel für Verankerungen in der Akustik mithilfe von Multimediaprogrammen ist in ▶ Abschn. 13.4.1 zu finden. Hier kann physikalisches Wissen auch einen persönlichen Nutzen für Schüler haben, die sich für Musik interessieren. Die digitale Aufnahme und Weiterverarbeitung von Musikstücken oder der eigenen Stimme und die Ergänzung mit verschiedenen Toneffekten sind heute mit der Standardausstattung eines Multimediacomputers direkt möglich.

Verankerung – anchored instruction

Wissen soll einen persönlichen Nutzen haben

13.4.5 Wissensstrukturierung und Vernetzung

Wissensstrukturierung bedeutet die Organisation und Vernetzung von kognitiven Elementen.

De Jong und Njoo (1992) analysierten 32 Lernprozesse und stellten zwei wichtige Teilprozesse heraus: Strukturieren von neuem Wissen und die Verknüpfung mit vorhandenen

Wissensstrukturierung und Problemlösen

Kenntnissen. Auch für ein Problemlösen ist strukturiertes und organisiertes Wissen notwendig (Reif 1981, 1983). Vor allem eine *hierarchische Gliederung* beeinflusst die Abrufbarkeit. Leitbegriffe können den Zugriff auf relevante Details steuern. So betont Van Heuvelen (1991) die Notwendigkeit, übergeordnete physikalische Prinzipien zu vermitteln und das Wissen um vereinheitlichende Theorien zu formieren. Auch neue Bildungspläne strukturieren das Fachwissen um Basiskonzepte (z. B. entsprechend den Richtlinien der KMK 2004).

Vernetztes Wissen

Detailwissen muss vernetzt sein, damit Zusammenhänge erschlossen werden können. Clark (1992) unterscheidet prinzipiell *vertikale Verknüpfungen* (beispielsweise die Zuordnung zu einem allgemeinen Prinzip) und *horizontale Verknüpfungen* (Verbindungen zu ähnlichen Wissensstrukturen, z. B. über Analogien). Letztere sind vor allem im Zusammenhang mit Transferleistungen von Interesse. Grafiken, die Zusammenhänge visualisieren, können eine Analyse der Themenbereiche unterstützten und auch ein Wiedererkennen und Behalten der Lerninhalte fördern (Beisser et al. 1994). Neue Medien bieten Werkzeuge an, die eine Visualisierung und den Aufbau entsprechender Strukturen unterstützen können.

Netze, Maps und Charts

Maps – Unterschiede im Detail

Mind-Maps und *Concept-Maps* sind strukturierte und organisierende Darstellungen von Schlüsselbegriffen (z. B. auch als Text-Bild-Kombinationen). *Concept-Maps* repräsentieren eine Wissensdomäne über Kernbegriffe und zentrale Aussagen, die durch Knoten und ihre Verbindungen angezeigt werden. *Reference-Maps* haben zum Ziel, Wissensstrukturen abzubilden. Sie sollen quasi ein kognitives Gerüst anbieten und den Zugriff auf das Wissen erleichtern. Cañas et al. (1999) sehen hierin die Möglichkeit für eine elegante, intuitive Repräsentation eines Wissensbereichs. Im Gegensatz zu Maps gehen *Charts* weniger stark von einem zentralen Begriff aus. Sie sind eher vertikal organisiert und können damit gut hierarchische Strukturen aufzeigen (◘ Abb. 13.23).

Bildhafte Veranschaulichung von Begriffsstrukturen

Mapping- und Chart-Programme bieten eine Plattform, um Begriffsstrukturen und Zusammenhänge in visueller Form darzustellen. Die bildhafte Veranschaulichung begrifflicher Strukturen lässt sich mit verschiedenen didaktischen Funktionen verbinden (vgl. auch Ballstaedt 1997). Dazu gehören: Übermitteln von (strukturellen) Aussagen, Wissen einprägen, Explorationsmöglichkeiten bieten (z. B. „Durchstreifen" eines Begriffsnetzes).

Neben dem Einsatz zu Lehr-Lern-Zwecken lassen sich Concept-Maps auch mit dem Ziel einsetzen, individuelle kognitive Strukturen aufzudecken (siehe z. B. Schaal et al. 2010). Als ein

13

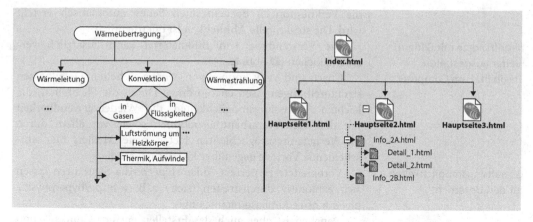

☐ Abb. 13.23   Begriffsnetz und Schema eines Site-Map

Mittel in der fachdidaktischen Forschung sind Concept-Maps in Fischler und Peuckert (2000) beschrieben.

Allerdings ist stets eine differenzierte Betrachtung angebracht. Eine direkte oberflächengetreue Abbildung von externen Strukturdarstellungen auf die interne Repräsentation (und umgekehrt) kann nicht angenommen werden.

Zwischen externen und internen Repräsentationen unterscheiden

» Die sensorische und mediale Repräsentation eines Themas haben zwar eine wesentliche Hilfsfunktion, die eigentliche Tiefenstrukturbildung ist jedoch eine abstrakt-symbolische Konstruktion. (Einsiedler 1996, S. 177)

Nach Jonassen und Wang (1993) genügt es nicht, Wissensstrukturen darzustellen, um strukturelles Wissen zu verbessern. Der aktive Umgang mit dem Wissen, angeregt durch Verarbeitungsaufgaben und Zielvorgaben, scheint ganz wesentlich zu sein.

Charts und Maps am Computer

Für moderne Computer- und Multimediaanwendungen sind Netzwerkdarstellungen besonders interessant. Sie entsprechen einerseits modernen Theorien über die mentale Repräsentation von begrifflichem Wissen, und andererseits kommt die Struktur den heutigen Programmtechniken besonders gut entgegen. Den Knoten (Wissenselementen) lassen sich Programmmodule zuordnen; die horizontalen Verknüpfungen und die Tiefenstruktur werden durch Vernetzungen (Links) abgedeckt. Ein konkreter Ansatz ist, mittels Hypertexten die semantische Struktur von Begriffen nachzubilden. Die Knoten repräsentieren dabei die Begriffe, die Verknüpfungen die logischen Zusammenhänge.

Mapping am Computer

☐ Abb. 13.23 zeigt ein Begriffsnetz zum Wärmetransport und ein Site-Map, das von einer Standardsoftware zur Übersicht über

Begriffsnetz und Site-Map

Begriffsnetze mit Bildern weiter ausgestalten
Flexibilität am Computer

die Verknüpfungen der einzelnen Seiten automatisch erstellt wird. Die strukturelle Ähnlichkeit ist offensichtlich.

Die Verwendung von Bildmaterial kann zusätzlich veranschaulichen (◨ Abb. 13.24).

Charts und Maps können von Anfang an helfen, Detailwissen strukturell angemessen einzuordnen. Durch die Flexibilität, die leichten Anpassungsmöglichkeiten, die Wiederverwendbarkeit mit den Weiterverarbeitungsoptionen sowie vor allem durch die Vernetzungsmöglichkeiten bieten neue Medien hier entscheidende Vorteile gegenüber klassischen Medien.

Gestaltungsmöglichkeiten für den Unterricht

Vorbereitete Hypertext- oder Hypermedia-Strukturen lassen sich explorativ durchstreifen (siehe z. B. ▶ http://hyperphysics. phy-astr.gsu.edu/hbase/hframe.html).

Daneben ist aber auch das Erstellen eigener Concept- und Mind-Maps mit modernen Computerprogrammen problemlos möglich. Selbst das Einfügen verschiedener Ebenen und die Verknüpfung mit Internetadressen sind sehr einfach (weitere Anregungen ▶ Abschn. 13.6).

Charakterisierung von Concept-Maps

Bei der Einführung und Besprechung im Unterricht, aber auch für die Analyse von Concept-Maps zu Testzwecken, sind folgende Merkmalsfelder für eine Charakterisierung hilfreich:

— *Strukturierungstyp:* Nach welchen Kriterien wird das Wissen strukturiert?
— *Strukturierungsbreite:* Wie umfassend ist ein Themengebiet abgedeckt?
— *Strukturierungstiefe:* Wie detailliert ist ein Themenbereich dargestellt?

13

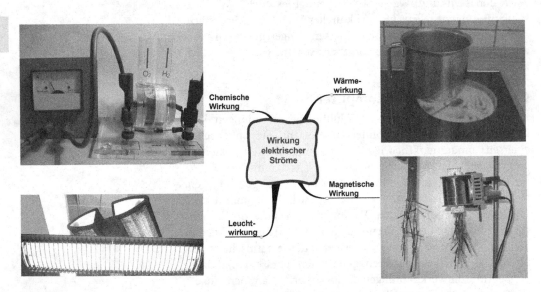

◨ **Abb. 13.24**   Mind-Map zu den Wirkungen elektrischer Ströme

- *Vernetzungsdichte:* Wie komplex und dicht sind die Verbindungen im Netzwerk?
- *Clusterbildung:* Welche Substrukturen lassen sich ausmachen?
- *Navigation:* Wie kann auf die Wissenselemente zugegriffen werden?

13.5 Simulationen und entdeckendes Lernen

Computersimulationen imitieren auf der Basis eines Modells und einer begrenzten Anzahl von Variablen authentische Systeme oder Phänomene. Simulationen reagieren auf Aktionen der Nutzer nach vorgegebenen Regeln, die von der Realität abgeleitet sind oder neue Konzepte umsetzen. Dabei können auch gezielt Parameter verändert werden, um Auswirkungen im Rahmen des Modells zu untersuchen. Neben dem Einsatz in der Wissenschaft sind Simulationen auch beim Lernen nutzbar und helfen, Einflüsse und Zusammenhänge deutlich zu machen.

13.5.1 Simulationen für den Physikunterricht

Wieman et al. (2010) beschreiben folgende Fälle, in denen der Einsatz von Simulationen besondere Vorteile bieten kann:

Vorteile von Simulationen

- Simulationen können helfen, wenn keine Geräte für Realversuche vorhanden sind oder deren Realisierung nicht praktikabel ist.
- Simulationen ermöglichen „Experimente", die im Unterricht prinzipiell nicht möglich sind (z. B. Simulation zum Treibhauseffekt, Simulation eines Fallschirmsprungs).
- Variablen können in Simulationen einfach als Reaktion auf Schülerfragen variiert werden – „Was wäre wenn".
- Simulationen können nicht sichtbare Sachverhalte visualisieren und Zusammenhänge zwischen verschiedenen Größen aufzeigen.
- Lernende können Simulationen auf ihren eigenen Geräten auch außerhalb des Unterrichts durchführen, um Experimente aus dem Unterricht zu wiederholen oder zu erweitern.

◘ Abb. 13.25 zeigt zwei Simulationen, die auch auf Smartphones laufen und damit Schülerinnen und Schülern direkt verfügbar sind. Die Vielzahl von empirischen Untersuchungen zum Einsatz von Simulationen im Unterricht kann an dieser Stelle nicht wiedergegeben werden. Hier muss auf Übersichtsartikel verwiesen werden. So geben Rutten et al. (2012) auf der Basis einer Metaanalyse einen Überblick über Lerneffekte mit Computersimulationen im naturwissenschaftlichen Unterricht.

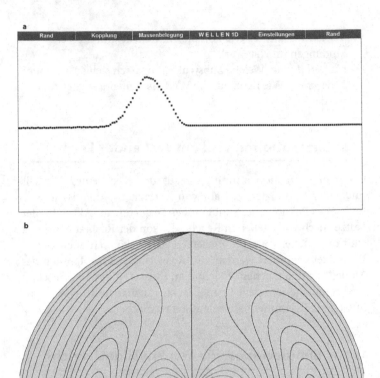

▢ Abb. 13.25   Simulationen: **a)** Interaktive Wellenmaschine: Mit der Maus oder dem Finger lässt sich die Punktekette an beliebigen Stellen auslenken und die Ausbreitung der Störung beobachten; **b)** die Ausbreitung der elektromagnetischen Wellen eines schwingenden elektrischen Dipols wird über Feldlinienbilder veranschaulicht. (► www.physikonline.net/sp/e_lehre)

Herangezogen wurden 48 empirische Untersuchungen und drei Übersichtsartikel. Die Autoren stellen fest, dass der klassische Unterricht mittels Computersimulationen in der Tat erweitert und verbessert werden kann. Speziell können Simulationen auch helfen, Elemente des experimentellen Arbeitens einzuüben. Dabei ist klar, dass sie keine praktischen Experimente in den Naturwissenschaften ersetzen können; sie können diese aber oftmals sinnvoll vorbereiten und wichtige Strategien vorüben oder vertiefen (z. B. die zielgerichtete und getrennte Variation einzelner Variablen). Einen besonderen Vorteil zeigen Simulationen vor allem aber bei der Visualisierung von Phänomenen, die nicht direkt zu beobachten sind.

13.5.2 Entdeckendes Lernen und kognitive Führung mit digitalen Medien (*guided discovery learning*)

Es ist ein reizvoller Ansatz, mit Simulationen und Multimediaprogrammen ein internetbasiertes, entdeckendes Lernen zu realisieren. Als Grundidee zu *discovery learning* beschreiben Alfieri et al. (2011), dass die Zielinformationen gerahmt von der Aufgabenstellung und den bereitgestellten Materialien durch die Lernenden selbst entdeckt werden. Die Interaktion mit dem Material, das Manipulieren von Variablen und das testweise Anwenden von sachlogischen Prinzipien eröffnen Möglichkeiten, wichtige Strukturen selbst zu erkennen, grundlegende Kausalitäten zu entdecken und damit auf Wegen zu lernen, die solidere Ergebnisse liefern (vgl. Afieri et al. 2011).

Simulationen bilden im Prinzip reale Systeme nach (wenn auch vereinfacht). Daher bieten sie in besonderer Weise schnell umsetzbare Möglichkeiten, um wesentliche Teilkomponenten des entdeckenden Lernens zu üben. Dazu gehören nach de Jong (2011) kognitive Prozesse wie:

- Orientierung über Sachverhalte und Rahmenbedingungen
- Hypothesenbildung
- Hypothesen experimentell prüfen bzw. in Simulationen verfolgen
- Schlussfolgerungen ziehen.

Hinzu kommen Maßnahmen zur verbesserten Steuerung der Arbeitsprozesse (vor allem im Bereich von Planung und Verlaufskontrolle) sowie zur Reflexion des Vorgehens.

Intensiv diskutiert werden Notwendigkeit und Ausmaß von sinnvoll lenkenden und unterstützenden Maßnahmen. Reine Sachinformationen sind beim Lernen mit Multimedia nicht ausreichend. Das betonen bereits auch Kirschner et al. (2006). Sie stellen die Notwendigkeit von kognitiven Führungshilfen beim entdeckenden, problembasierten, experimentellen und beim explorativen Lernen heraus und verweisen auf zahlreiche empirische Befunde. Wesentliche Gründe sehen sie in der Struktur des kognitiven Systems, speziell in der begrenzten Kapazität des Arbeitsgedächtnisses (s. a. ▶ Abschn. 8.2.1 über die Gedächtnissysteme). Als Realisierungsmöglichkeiten für stärker geleitetes Lernen nennen sie insbesondere den Einsatz von ausgearbeiteten Lösungsbeispielen (*worked examples*) oder Prozess-Arbeitsblättern (*process worksheets*) mit Beschreibungen und Richtlinien zu verschiedenen Phasen in Problemlöseprozessen.

Auch Mayer (2004) und de Jong (2011) sprechen sich deutlich gegen das ganz offene, frei entdeckende Lernen aus und betonen die Notwendigkeit von Führungs- und

Orientierungshilfen. De Jong (2011), De Jong und Lazonder (2014) spezifizieren verschiedene Arten von Unterstützungen und orientieren sich dabei an der Verlaufsstruktur und den oben genannten kognitiven Teilprozessen des explorativen/forschend-entdeckenden Lernens.

Alfieri et al. (2011) haben Schlussfolgerungen aus zwei Meta-analysen mit 164 Studien zusammengefasst. Verglichen wurden

- offenes, nicht vom Lehrer unterstütztes, entdeckendes Lernen mit direkt angeleitetem, instruktionalem Lernen und
- unterstütztes entdeckendes Lernen mit anderen Unterrichts-formen.

Aus ihren Analysen schließen sie, dass offenes, nicht unterstütztes, entdeckendes Lernen weniger effektiv ist. Im Unterschied dazu waren Unterstützungen durch Rückmeldungen, ausgearbeitete Lösungsbeispiele *(worked examples)*, Scaffolding oder gemeinsam erarbeitete Erklärungen hilfreich und lerneffektiv.

Für die Arbeit in der Sekundarstufe I haben Zhang und Quin-tana (2012) in ihren Studien sehr positive Erfahrungen mit einem digitalen Planungswerkzeug („IdeaKeeper") gemacht. Das Pro-gramm hilft, die zielgerichtete Suche in digitalen Medien zu orga-nisieren und zu strukturieren. Die Effekte waren eine sorgfältigere, kontinuierliche, reflektierte und zielgerichtete Online-Suche.

13.5.3 Unterrichten mit Simulationen

Hervorgehoben wird von Rutten et al. (2012) auch, dass es schwierig ist, generelle Designfaktoren für den Unterricht anzu-geben, da in starkem Maße inhaltliche Aspekte, Fähigkeiten und Fertigkeiten der Lernenden sowie der Unterrichtskontext zu berücksichtigen sind. Dennoch können sie einige Hauptfaktoren benennen, die eine wichtige Rolle spielen:

Wichtige Aspekte

- Wie werden die Lernenden einbezogen (angesprochen und aktiv eingebunden)?
- Wie werden Informationen präsentiert und verknüpft?
- Welche Zusatzinformationen werden angeboten?
- Wann werden die Informationen/Präsentationen angeboten (Timing)?

Entscheidend ist also das Zusammenspiel von Simulationen mit den Inhalten, den Lernenden und den Lehrenden.

Wieman et al. (2010) stellen zu ihren hervorragend aus-gearbeiteten „PhET-Simulationen" auch Orientierungshilfen für den Unterrichtseinsatz zusammen. Sie betonen, dass selbstver-ständlich die grundlegenden allgemeinen Strategien für gutes Unterrichten zu berücksichtigen sind und nennen speziell acht

13

Richtlinien (s. auch PhET Interactive Simulations 2008 und
Podolefsky et al. 2013):

- spezifische Lernziele explizit definieren
- Lernende zum sinnstiftenden und logischen Argumentieren
  anregen
- an das Vorwissen der Lernenden anknüpfen
- Verknüpfungen mit realen Situationen und sinnstiftende
  Anknüpfungen an Erfahrungen herstellen
- produktive Zusammenarbeit unterstützen
- Freiräume für exploratives Arbeiten offen lassen
- Argumentationen in verschiedenen Formaten/multiplen
  Repräsentationen verlangen
- den Lernenden Hilfen geben, ihr eigenes Verständnis zu
  kontrollieren

Damit können Simulationen den Physikunterricht in verschiedenen Szenarien bereichern. Zu nennen sind (in Anlehnung
an Wieman et al. 2010):

- Verwendung im Lehrvortrag (ggf. auch als einfache Anima-
  tion, um physikalische Prozesse zu zeigen, insbesondere zur
  Visualisierung nicht direkt sichtbarer Sachverhalte)
- Einsatz zum Testen physikalischer Vorstellungen und
  Konzepte
- Nutzung für interaktive Demonstrationen vor der Klasse mit
  der Option, Parameter zu variieren
- zum Initialisieren kooperativer Arbeit
- für Hausarbeiten
- Simulation von experimentellen Arbeitsweisen.

Simulationen allein machen selbstverständlich noch keinen
guten Unterricht aus. Sie sind in ein geeignetes Unterrichtskonzept einzubinden. Hier ist auch der Hinweis von Eysink und
De Jong (2012) zu beachten, die feststellen, dass der kognitiven
Verarbeitung eine Schlüsselfunktion zukommt.

13.6 Physik lernen mit dem Internet

Das Internet bietet eine bunte Palette von Diensten an: Mit SFTP
lassen sich Dateien übertragen, mittels *remote login* ist es möglich, andere Rechner zu steuern, und neben E-Mail sind vor
allem „soziale Netzwerke", Web-2.0-Technologien und Cloud-
Speicher sehr verbreitet. Vor allem aber ist auf dem Internet
das WWW (World Wide Web) realisiert. Eine Vielzahl untereinander verknüpfter Dokumente (meist basierend auf dem
html-Format: Hyper Text Markup Language) liegen abrufbereit
auf WWW-Servern. Nicht zuletzt durch die mobilen End-
geräte haben die Schülerinnen und Schüler direkte, schnelle und

Seiten zur Physik

räumlich unabhängige Zugänge zum Netz der Netze und können bequem auf digitale Informationsquellen zugreifen.

Zum Einstieg beim Surfen im Internet seien exemplarisch einige Adressen angegeben, von denen die Reise weitergehen kann:

- ComPADRE: ▶ http://www.compadre.org/
- LEIFI Physik: ▶ www.leifiphysik.de
- PheT: ▶ http://phet.colorado.edu/de/
- MERLOT: ▶ www.merlot.org
- Deutsche Physikalische Gesellschaft: ▶ www.dpg-physik.de
- Physiksucher: ▶ physicsweb.org/TIPTOP/
- Physik online: ▶ www.physikonline.net

13.6.1 Schwierigkeiten bei Internetrecherchen

Bei aller Faszination für das neue Medium Internet stellt die gezielte Suche im Netz doch auch eigene Anforderungen. Dies hat mehrere Gründe:

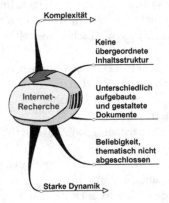

- Es gibt keine zentrale Koordination und inhaltliche Kontrolle, keinen strukturierten Gesamtkatalog.
- Die Dokumente haben sehr unterschiedliche Aufbaustrukturen und sind ganz verschieden gegliedert. Kurze Texte, Grafiken, bis zu ganzen Büchern oder Datenbanken stehen gleichberechtigt nebeneinander.
- Darstellungen im Internet werden relativ frei gestaltet. Sie sind nicht immer vollständig und thematisch abgeschlossen.
- Das WWW hat eine starke Dynamik. Die Angebote und die Zugriffswege ändern sich häufig.

Im Gegensatz zu den technischen Standards ist die inhaltliche Struktur also nicht festgelegt und damit relativ ungeordnet und unübersichtlich. Findet man nicht gleich eine „Site", die ein bestimmtes Thema didaktisch gut aufbereitet anbietet, wird ein Lernen über das Netz selten effektiv und zielstrebig ausfallen.

So befasst sich der nachfolgende Abschnitt mit der Organisation von Informationsangeboten und mit Hilfen zur Strukturierung von Wissen. Konkret wird dies an Internetrecherchen und der grafischen Darstellung der Ergebnisse in *Begriffsnetzen* festgemacht.

13.6.2 Information ordnen, Wissen vorstrukturieren

Concept-Maps, Mind-Maps und Charts repräsentieren eine Wissensdomäne über Kernbegriffe und zentrale Aussagen, die durch Knoten und ihre Verbindungen visuell angezeigt werden. Die Begriffe lassen sich je nach Schwerpunkt mit „kognitiver Landkarte", „Gedanken-Netz", „Ideen-Muster" oder „Konzept-Netz" übersetzen (▸ Abschn. 13.4.5). Entsprechende Computerprogramme machen es leicht, Hinweise auf Internetquellen in übersichtlichen Grafiken zusammenzustellen, zu ordnen und mit Bildern zu erläutern. So lassen sich kleine (inhaltsbezogene) Ausschnitte aus dem WWW strukturieren, gliedern und Lernpfade durch das Netz der Netze legen. Insbesondere können auch Schülerinnen und Schüler ihre eigenen Übersichten erstellen.

Concept-Maps Mind-Maps Charts

Eine moderne Realisierungsform in Computeranwendungen sind sogenannte *clickable charts*. Sie bieten strukturierte, bildhafte Übersichten, wobei über direktes Anwählen entsprechender Bildabschnitte die Darstellungstiefe erweitert wird und sich weitere Verzweigungen zeigen.

Maps und Charts stellen Inhalte anders organisiert und strukturiert dar als Texte. Die Aussagen sind nicht sequenziell geordnet; sie sind nebeneinander oder untereinandergestellt. Relationen und Zusammenhänge werden grafisch visualisiert. Damit sind Mind-Maps auch geeignet, sprachliches und bildhaftes Denken zu verknüpfen, analytisches und assoziatives, kreatives Arbeiten zu kombinieren und Ordnungshilfen zu geben. Darüber hinaus lassen sich die Knoten noch mit Bildmaterial reizvoll ausgestalten und vor allem auch mit Internetadressen verknüpfen (◘ Abb. 13.26).

Funktionen, Ziele

Durch Erweitern der Darstellungstiefe (◘ Abb. 13.26 rechts) und durch die Verknüpfung mit Internetadressen lassen sich weitere Informationen anbieten und zusätzliche Explorationen anregen.

Allein das Darstellen von Wissensstrukturen garantiert noch nicht den Erwerb von strukturellem Wissen (Jonassen und Wang 1993). Ein aktives Arbeiten mit den Inhalten, angeregt durch Ver-

Eigenaktivität beim Lernen

Solarelektrische Kraftwerke

Windkraftwerke

Fossil befeuerte Kraftwerke

Woher kommt die elektrische Energie?

Wasserkraftwerke
Laufwasserkraftwerk
Speicherkraftwerk
Pumpspeicherkraftwerk
Gezeitenkraftwerk
Wellenkraftwerk

Kernkraftwerke
Grundlagen
Reaktortypen
Reaktoren in der BRD

13

◘ **Abb. 13.26**   Mind-Map: Elektrizität aus verschiedenen Kraftwerken

arbeitungsaufgaben und Zielvorgaben, ist ganz wesentlich. Mit einfach bedienbaren Computerprogrammen können auch Schüler leicht ihre eigenen Netze entwerfen und ihre Wegweiser durch das Internet legen. (Hier wurde mit einer für Lehrzwecke freien Lizenz von „MindManager Smart" von Mindjet 2013 gearbeitet).

Die Programmbedienung von Mindmapping-Programmen ist denkbar einfach, und die Grundfunktionen sind schrittweise in weniger als fünf Minuten vermittelt:

Programmbedienung in fünf Schritten

- Zentralbegriff eingeben (automatisch beim Start verlangt)
- Verzweigungen erzeugen (den entsprechenden Menüpunkt aufrufen)
- die Knotenpunkte mit Bildmaterial oder weiteren Erläuterungen ausgestalten (i. d. R. über rechte Maustaste starten)
- einen ausgewählten Knotenpunkt mit Internetadressen verknüpfen (über die rechte Maustaste starten)
- die Seite als html-Dokument abspeichern – einfach den entsprechenden Menüpunkt aufrufen.

Aus didaktischer Sicht sind Mind-Maps als *cognitive tools* interessant, d. h. als Werkzeuge, die beim Lernen helfen, sich intensiver, effektiver und ökonomischer mit einem Inhalt auseinanderzusetzen als ohne dieses Hilfsmittel. Für Internetrecherchen in der Schule sind besonders folgende Aspekte relevant:

- Wer kennt nicht die verführerischen Hinweise und Links im WWW, die man immer weiter verfolgt, bis man schließlich weitab vom eigentlichen Ziel an sein ursprüngliches Vorhaben erinnert wird? – Mind-Maps dokumentieren den aktuellen Arbeitsstand und machen Fortschritte in der Grafik direkt erkennbar. Außerdem erleichtern sie nach einer Unterbrechung das Zurückfinden zum aktuellen Arbeitsstand.

  Zielgerichtetes Arbeiten

- Der Computer wird zur Projektionsfläche für eigene Ideen. Gedanken und Vorstellungen entwickeln sich weiter, neue Informationen werden gefunden und aufgenommen. Kein Mind-Map ist von Beginn an perfekt. Änderungen und Korrekturen sind aber auf einer Computeroberfläche kein Problem, und die Darstellung bleibt übersichtlich.

  Flexibles Arbeiten

- Eigene Internetseiten mit attraktivem grafischem Design sind mit Mapping-Programmen leicht zu realisieren. Damit lassen sich eigene Wege und Pfade durch das Internet legen. Die Möglichkeit, eigenes Schaffen in entsprechenden Ergebnissen wiederzufinden, setzt aus motivationspsychologischer Sicht einen positiven Reiz („Wahrnehmung von Selbstwirksamkeit").

  Eigenes Wirken mit sichtbaren Ergebnissen

13.6.3 Aufgabenkultur für Internetrecherchen

Nur selten wird man bei Schülerinnen und Schülern schon ausgefeilte Techniken voraussetzen können, mit denen sie Informationen über strukturelle Zusammenhänge lerneffektiv verwerten. Bedeutungsvolles Lernen aus Hypertextstrukturen verlangt in der Regel extern angeregte und vermittelte Lernaufgaben.

Vor Beginn der Online-Arbeit und der Verwendung von Suchmaschinen sollten Schülerinnen und Schüler möglichst treffende Suchbegriffe zusammenstellen. Damit wird die Suche strukturierter und zielgerichtet. Zusätzlich lässt sich die Arbeit mit Maps in verschiedene Aufgabenstellungen einbinden und damit auch eine Anpassung an Schülerleistung und Zielsetzung erreichen (vgl. auch Girwidz und Krahmer 2002). Einige Vorschläge für Schülerarbeiten bietet die nachfolgende Liste:

- Durcharbeiten einer von der Lehrkraft generierten (übersichtlichen) Ziel-Map mit Internetverknüpfungen
- Ausgestaltung einer Ziel-Map mit Bildern, Links und Begleittexten
- Erweiterungen und Ergänzungen zu einer vorgegebenen Map erzeugen = „Vertiefungs-Map" erstellen
- aus einer vorgegebenen Listenstruktur, z. B. aus dem Inhaltsverzeichnis eines Schulbuchs, relevante Stichworte

extrahieren, in einer Grafik übersichtlich zusammenstellen und mit Internetadressen verknüpfen

— eine Übersicht über die aktuellen Unterrichtsinhalte für den Schulserver erstellen, die stetig aktualisiert wird

— ergänzende Anregungen zum Unterrichtsstoff (Links) sammeln, thematisch ordnen und gegliedert darstellen

— Brainstorming in einer ersten Projektphase und Erstellen einer Ziel-Map. Diese wird dann in arbeitsteiligem Gruppenunterricht weiter ausgearbeitet und „verlinkt".

Compadre (► www.compadre.org) bietet verschiedene Suchmaschinen für den Physikunterricht an. Eigene, individuelle Auswahlsammlungen lassen sich auch zusammenstellen, um sie an Schülerinnen und Schüler weiterzugeben.

Metakognition und Concept-Maps

Mind-Maps sollen ebenfalls helfen, verstandenes Handlungswissen zu entwickeln, metakognitive Fertigkeiten zu schulen und Lernstrategien aufzubauen. Dazu sollte nach Jüngst (1992) die in ◘ Abb. 13.27 gezeigte Phasenstruktur bewusst gemacht und anhand konkreter Inhalte vertieft werden:

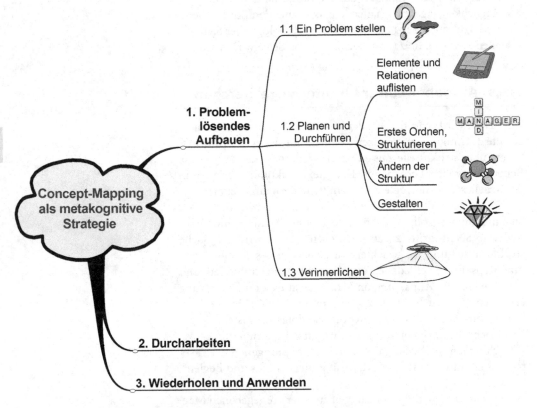

◘ Abb. 13.27   Arbeiten mit Mind-Maps. (nach Jüngst 1992)

13.6.4 Grundstrategien für Internetrecherchen

Nur langsam entwickeln sich empfehlenswerte und leicht ver-
mittelbare Grundstrategien für das Arbeiten im Netz. Potempa
(2000) fordert, vor allem das Suchprofil zu präzisieren.

WWW^2-Fragen

Als erste Orientierungshilfe für die Suche verwenden wir
häufig den folgenden Fragesatz: „*Was* wird von *wem* für *wen, wo,
wie, womit, wann,* in *welchem Umfang* und *warum* gesucht?" (Für
die neun „W-Fragen" steht als Kurzform WWW^2.)

Daneben verweisen Praktiker immer wieder auf folgende
Tipps zur Arbeit mit Suchmaschinen und Katalogen:

- thematische Suchverzeichnisse nutzen
- vom Speziellen zum Allgemeinen gehen (zunächst nach speziellen Begriffen suchen und erst, wenn dies nicht zum Erfolg
  führt, den Suchbegriff weiter fassen)
- sog. „Phrasen" in Suchmaschinen verwenden, d. h. fest-
  stehende Begriffe, die symbolisch in Anführungszeichen
  eingebettet sind
- verschiedene Synonyme ausprobieren (gesucht wird
  nach einem Inhalt, einem Begriff und nicht nach einem
  bestimmten Wort)
- auch den Ausschluss von Begriffen („NOT-Operator")
  verwenden, sofern dies die verwendete Suchmaschine
  unterstützt.

13.6.5 E-Learning

E-Learning bezeichnet eine spezielle Form des Lernens, das
durch elektronische Medien unterstützt wird. Die digitalisier-
ten Lernmaterialien sind multimedial aufbereitet, vernetzt und
ermöglichen den Lernenden Interaktionen mit dem System,
sowie mit den Betreuern und Mitgliedern einer Lerngruppe.

Neben diesem Begriff gibt es eine Vielfalt von Definitionen, vor allem auch im Hinblick auf drei unterschiedliche
Virtualisierungsgrade. So lässt sich eine Art „Anreicherungs-
szenario" von einem „Blended Learning" und einer „kompletten
Virtualisierung" abgrenzen. Bei dem ersten Szenario werden nur
einzelne E-Learning-Elemente in die Präsenzlehre eingebunden,
beim Blended Learning ist ein Zusammenspiel von virtuellen
Lernabschnitten und Präsenzphasen charakteristisch, während die
letztgenannte Form auf klassische Lehrveranstaltungen verzichtet.

So können nicht in jeder Phase Lehrkräfte steuernd und
lenkend eingreifen. Daher verlangt E-Learning eine gute Vor-
planung und ein Gesamtkonzept, bei dem folgende Dimensionen
zu berücksichtigen sind:

Drei Dimensionen:
Fachinhalte kognitive
Prozesse Interaktionen

— Die inhaltliche Dimension, d. h. sachstrukturelle Überlegungen und die multimediale Aufbereitung der Inhalte,
sind abzustimmen. So unterscheiden Alonso et al. (2005) in
Anlehnung an Clark (2003) und Merrill (1983) fünf grundlegende Inhaltsformen: Faktenwissen, Konzeptwissen, Prozesse, Verfahrensweisen und Prinzipien, und diese jeweils in
den zwei Leistungsformen Reproduktion und Anwendung.
— Förderung und Unterstützung kognitiver Prozesse, die mit
den Inhalten in Verbindung stehen, sind einzuplanen: Dazu
gehören Aktivitäten wie Wahrnehmen von Informationen,
Ausrichten von Aufmerksamkeit und Konzentration, Aus-
wahl relevanter Informationen, Codierung für die dauerhafte
Speicherung und Vernetzung mit bestehendem Wissen,
Reproduktion von Wissen, Transfer sowie metakognitive
Prozesse (wozu Kontrolle und weitere Entwicklung kognitiver
Strategien gehören).
— Ein Lernen im sozialen Kontext mit interaktiven Prozessen
ist vorzubereiten: Dazu gehört die Kommunikation mit
Lehrenden (in verschiedenen Szenarien, wie z. B. nach dem
Modell des *cognitive apprenticeship,* bei dem ein Experte dem
Lernenden vorbildhaft zeigt, wie bestimmte Arbeitsprozesse
ablaufen) oder das kooperative Arbeiten in Lerngemein-
schaften.

So beinhaltet das Design von E-Learning-Szenarien nach Alonso
et al. (2005) speziell auch Überlegungen zu folgenden Komponenten für effektive Lernprozesse:
— Präsentation der Lerninhalte mit motivierenden und vor-
strukturierenden Komponenten, die auch einen roten Faden
und Leitlinien für die Lernenden bereitstellen
— Zielvorgaben, wobei die Lernresultate und die gewünschten
Kompetenzen kurz beschrieben werden
— Aufbereitung und multiple Darstellung des benötigten Wissens
— Lernaufgaben, die gewünschte Fertigkeiten schulen und
unterstützen
— praktische Übungen zur Festigung des Gelernten und zum
Aufzeigen eines Anwendungsrahmens
— Diskussionen und Gruppenaktivitäten, um kooperatives
Lernen zu forcieren
— inhaltliche Abrundung, die Schlüsselkompetenzen noch ein-
mal zusammenstellt
— Rückmeldungen an die Lernenden über ihre Lernerfolge.

Blended Learning

Stärken nutzen, Schwächen
kompensieren

Blended Learning versucht, virtuelle Lernräume (elektro-
nisch basierte Lehr-/Lernsysteme) und Präsenzveranstaltungen
didaktisch sinnvoll zu verknüpfen. Virtuelle Lernräume sind

13

beispielsweise als E-Learning-Klassen, E-Mentoring-Gruppen, Module zum Web-Lernen oder Online-Communities organisiert und nutzen E-Mail, Wissens- und Literaturdatenbanken, E-Workbooks, Audio- und Videostreams und Web-2.0-Technologien (▶ Abschn. 13.6.6). In den Präsenzphasen kommen die konventionellen Organisationsformen wie Klassenunterricht, Workshops, Tutorien, Rechenübungen oder Experimentalpraktika zum Einsatz.

Der Ansatz des Blended Learning hat zum Ziel, jeweils die Vorteile einer bestimmten Lernform einzubringen und die Nachteile der jeweils anderen Lernform zu kompensieren. Besonders in den Blickpunkt rücken dabei:

— Methodenvielfalt
— selbstgesteuertes, aktives Lernen
— Lerntransfer und Praxisnähe
— Individualisierung mit optimaler Passung und Intensivierung von Lernprozessen
— optimierte Nutzung zeitlicher und räumlicher Ressourcen
— Nutzen moderner Formen der Kommunikation und kooperativer Lernszenarien
— Vorbereitung (einschließlich Homogenisierung des Leistungsstandes) und Nachbereitung kompakter Lehrveranstaltungen

In Präsenzveranstaltungen und in E-Learning-Einheiten lassen sich entsprechend der jeweiligen Stärken unterschiedliche Schwerpunkte realisieren.

Präsenzveranstaltungen ermöglichen:

— soziale und persönliche Kontakte (mit Lehrkräften und zwischen den Lernenden) sowie Gruppenprozesse
— ganzheitliche Kommunikation (z. B. mit nonverbalen Elementen, die z. B. für ein Lehramtsstudium wichtig sind)
— einfachere und direktere Behandlung von Problemen und Verständnisschwierigkeiten
— direkte Absprachen
— sichere und eindeutig, personenbezogene Leistungsnachweise.

Potenzial von Präsenzveranstaltungen

E-Learning-Einheiten unterstützen:

— zeit- und ortsunabhängiges Lernen (*just-in-time-learning*)
— individuelles Lernen (Lerntempo, Dauer, Umfeld, aber auch Zielsetzungen)
— Vernetzung von Informationseinheiten
— Vernetzung unterschiedlicher Fachbereiche und Standorte (auch international)
— Einbinden des Lernstoffes in verschiedene Szenarien mit interdisziplinärem Charakter

Potenzial von E-Learning

- Multimediaanwendungen zu den Lerninhalten, z. B. Illustration komplexer Sachverhalte durch Animationen und Simulationen
- ein Angebot mit unterschiedlichen Medien (Bild, Video, Ton, Animation, Text), in verschiedenen Aufgabenformaten (mit Praxisnähe oder theoretischen Schwerpunkten, Spielen, Gruppenarbeiten, Einzelarbeiten …), was den Präferenzen verschiedener Lernertypen entgegenkommen kann
- moderne Techniken, die den Zugriff auf Informationen in Datenbanken und elektronischen Bibliotheken erleichtern und zusätzliche Suchfunktionen anbieten
- dynamische und aktuelle Inhalte
- neue Formen der Kooperation und Kommunikation zwischen Lehrenden und Lernenden, aber auch zwischen Lernenden bzw. Lehrenden untereinander (z. B. in virtuellen Diskussionsforen), auch das Hinzuziehen von Experten
- Tests zu Lernergebnissen mit direktem Feedback.

Insbesondere kommen beim E-Learning auch immer mehr die Web-2.0-Technologien zum Einsatz, die weitere Aktivitäten ermöglichen.

13.6.6 Web 2.0

Vom Konsumenten zum Produzenten

Web 2.0 steht für eine Reihe interaktiver und kollaborativer Internetprogramme. Über diese Technologien lassen sich insbesondere auch Elemente eines konstruktivistischen Lernens umsetzen. Die Nutzer sollen den Schritt von „Konsumenten" zu „Produzenten" gehen, weg von einem instruktionalen, lehrergesteuerten Lernen zu einem autonomen Lernen mit zielgerichteten Eigenaktivitäten. So wird Web 2.0 manchmal auch als „Mitmachnetz" charakterisiert.

Das Internet dient bei Web-2.0-Programmen nicht nur als Informationslieferant, sondern als modernes Hilfsmittel für eigene mentale und soziale Aktivitäten. Dabei kommen neue Möglichkeiten zur (multimedialen) Information, Kommunikation und Kollaboration zum Tragen. Beispiele für Standardanwendungen sind Blogs, Chats, Wikis, Podcasts, aber auch Foto- und Video-Communities.

Nutzung an funktionellen Stärken ausrichten

Die Hoffnung, dass der Einsatz der neuen Medien unmittelbar zu besseren Lernleistungen führt, lässt sich nicht so einfach und schon gar nicht pauschal belegen (Kerres 2008). Daher ist es sinnvoll, die besonderen Stärken zu spezifizieren und Einsatzmöglichkeiten zu identifizieren, welche die besonderen

Möglichkeiten nutzen. In diesem Sinne werden nachfolgend mehrere Werkzeuge betrachtet und dann exemplarisch einige Einsatzbereiche für den Physikunterricht vorgestellt.

Wikis sind Internetseiten, deren Inhalte von den Benutzern nicht nur gelesen, sondern auch online geändert und ergänzt werden können. Durch die (mehr oder weniger gesteuerte) Kooperation einer Arbeitsgruppe kann eine interessante Informationssammlung entstehen. Das bekannteste Beispiel ist wohl die Online-Enzyklopädie Wikipedia.

Wikis

Der Einsatz von Wikis bietet sich auch für den Unterricht an, z. B. zum erweiterten Meinungsaustausch und zur Diskussion eines Themas sowie für eine Zusammenstellung von Informationen. Einzelne Seiten können über Hyperlinks vernetzt werden, sodass sich auch ein komplexes Thema in der Breite darstellen lässt.

Mit Wikis lassen sich Wissensaustausch und modernes Wissensmanagement üben. Einzelne Beiträge können in Referaten, Haus- oder Seminararbeiten erstellt werden. In Systemen mit Revisionskontrolle lässt sich auch der Ablauf der Arbeiten dokumentieren, und die Daten sind für eine Verbesserung der Kooperationsprozesse nutzbar. Zur Koordination von Projekten und Kooperationen lassen sich Strukturvorgaben machen und Gliederungen vorgeben, die in nachfolgenden Arbeitsphasen ausgebaut werden.

■ **Ziele für den Einsatz im Unterricht**

Entscheidend für den Erfolg eines Wikis ist das Engagement der Schülerinnen und Schüler. Sie müssen motiviert sein, ihr zusammengetragenes Wissen zu teilen. Dann werden auch die Vorteile des kooperativen Arbeitens deutlich. Als Lernziele lassen sich formulieren:

Fachwissen kennen und zuordnen

Informationen suchen und ordnen

Informationen austauschen und kommunizieren

Informationen bewerten

— Inhalte gemeinsam erarbeiten und Wissen kommunizieren
— zielstrebige Nutzung verschiedener Informationsquellen wie Fachbücher, Fachzeitschriften und Internet
— Texte und Bildmaterialien über einen Online-Editor verfügbar machen, Links auf Informationsseiten recherchieren und setzen
— die Zuverlässigkeit von Quellen prüfen bzw. beurteilen lernen und den Wahrheitsgehalt eines Wiki-Textes kritisch reflektieren.

Chats

Chat-Foren sind webbasierte Diskussionsräume. Mehrere Personen können über das Internet kommunizieren. Während bei der ursprünglichen Form nur reine Texte ausgetauscht wurden, kommen mittlerweile auch Ton- und Videoclips dazu.

Chat-Foren

Kommunizieren, Diskutieren, Bewerten

Aus didaktischer Sicht sind drei Typen zu unterscheiden:

- Chat-Foren, die ohne zeitliche Begrenzung laufen. Eine Teilnahme ist jederzeit möglich. Die durchgängige Aktivität eines Chatforums und die Attraktivität hängen davon ab, ob sich eine große Teilnehmerzahl aktiv beteiligt. Schulklassen oder Studentengruppen können sich hierbei an bestehende Gruppen anschließen.
- Chat-Sitzungen zu festgelegten Zeiten: Lerninhalte können zu vereinbarten Terminen behandelt und diskutiert werden.
- Chat-Events: Diskussionen werden angekündigt und z. B. mit dem Einbinden von Experten attraktiv gestaltet.

Blog

Blogs

Ein Blog, die Kurzform für Weblog, ist ein öffentlich geführtes Log-/Tagebuch oder Journal. Die Einträge werden dabei in umgekehrt chronologischer Reihenfolge eingepflegt, d. h. die neuesten Einträge stehen oben. Kommentare und Diskussionsbeiträge, z. B. zu einem Fachartikel, können zum Austausch von weiteren Informationen, Gedanken und Erfahrungen dienen. Auch hier gibt es verschiedene Anwendungsszenarien, die auch schulrelevant sein können:

Dokumentieren, Kommentieren und Bewerten

- Individuelle Weblogs von Lernenden können den eigenen Lernfortschritt dokumentieren und auch als eine Art E-Portfolio (▶ Abschn. E-Portfolio) dienen.
- Gruppenweblogs können Lerneinheiten aus Sicht der Lernenden dokumentieren und weitere Maßnahmen der Betreuenden anregen.
- Weblogs können den Fortgang von Auslands- oder Praxisveranstaltungen dokumentieren, reflektieren, Erfahrungen zusammentragen und ermöglichen die Unterstützung durch Betreuer und Mitschüler.
- Oft werden Weblogs auch als informelles Kommunikationsmittel genutzt, um Ideen, Anekdoten und Geschichten auszutauschen. Aufgrund des Kommunikationsaspekts werden Weblogs auch oft der *social software* zugeordnet.

E-Portfolio

E-Portfolio

Ein E-Portfolio ist eine netzbasierte Sammelmappe mit verschiedenen digitalen Medien und Vernetzungen, die im Verlauf eines Lernprozesses gesammelt werden. E-Portfolios machen es leicht, moderne Medien aufzunehmen, z. B. Hausarbeiten oder Referate als PDF-Dokumente, digitale Fotos, Mind-Maps, Ton- und Videoclips von Vorträgen oder von technischen Anwendungen.

Dokumentieren Ordnen Strukturieren Gestalten Präsentieren

Im Unterricht lassen sich E-Portfolios mit verschiedenen Zielsetzungen einsetzten. Sie können dazu dienen:

- Materialien und Lernmedien zusammenzustellen,
- den Wissensfortschritt für die persönliche Kontrolle aufzuzeichnen (auch zur Reflexion der eigenen Lernprozesse),

13

- als elektronische Präsentationsmappe Dokumente zusammenzustellen, mit der sich eine Person vorstellt und Proben ihrer Arbeit zeigt,
- als Leistungsnachweis für die Bewertung oder ein Feedback, zur Dokumentation von Zwischen- und Endergebnissen (erkennbar wird auch die Kompetenz im Umgang mit modernen Lernmaterialien).

Podcasting

Podcasts sind Audiodateien, die aus dem Internet bezogen werden können. Sie werden in einem geeigneten, komprimierenden Format angeboten, sodass sie flexibel mit mobilen Endgeräten abgespielt werden können, z. B. unterwegs mit MP3-Playern. Immer mehr aktuelle Berichte aus der Forschung werden als Podcasts angeboten. Nicht zuletzt bietet sich die Nutzung auch für den bilingualen Unterricht an (Physik und Englisch). Podcasts lassen sich sogar abonnieren, sodass die Dateien automatisch heruntergeladen werden. Für die Unterrichtspraxis sind folgende Szenarien denkbar:

> Podcasts

- *Abspielen, verarbeiten* und *bewerten:* Mittlerweile gibt es einen großen, oft kostenlosen Materialpool. Viele Rundfunk- und Fernsehsender bieten Mitschnitte von Sendungen als Podcast an. Auch über die Seiten der DPG (Deutsche Physikalische Gesellschaft), „Welt der Physik" und podcast.de sind entsprechende Fachseiten zu finden. Die Lehrkraft oder auch Schülerinnen und Schüler können Hinweise auf geeignete Quellen bereitstellen. Die Lerngruppe nutzt dann das Angebot z. B. für Hausaufgaben oder Referate.

> Fachwissen aufnehmen

- *Selbst erstellen:* Mithilfe kostenloser Software (z. B. Audacity) lassen sich eigene Produktionen von der Lehrkraft, aber natürlich auch von Schülerinnen und Schülern leicht realisieren. Die Lehrkraft kann eine aktuelle Folge im Netz anbieten.

> Fachwissen verbalisieren und kommunizieren

- *Gemeinsam publizieren:* Mehrere Bereiche eines Themas lassen sich gegliedert in mehrere Dateien behandeln. Auch Projektbesprechungen sind möglich.

Collaborative Tagging und Social Software

Social software soll die Kommunikation und die Zusammenarbeit im Internet erleichtern. Neben Wikis und Blogs gehören dazu auch Social-Bookmarking-Portale. Hier lassen sich gemeinsam erstellte Lesezeichen zur Verfügung stellen und Indizes für Fotos, Artikel, Unterrichtsentwürfe und -materialien … anfertigen.

> Social Bookmarking

13.6.7 Mobile Physik mit Smartphones und Tablets

Neue Mobilität im Medienbereich

Nach der JIM-Studie (2018), die den Medienumgang von Jugendlichen im Alter von 12–19 Jahren untersuchte, besaßen im Jahr 2018 mit 97 % praktisch alle Jugendlichen ein Smartphone (99 % Handy/Smartphone). In 98 % der Haushalte ist ein PC/Laptop verfügbar. 97 % der Jugendlichen nutzen täglich/mehrmals pro Woche ihr Smartphone bzw. das Internet. Jugendliche wachsen mit einem breiten Medienangebot auf. Das Smartphone ist das zentrale Medium der heutigen Jugend, und ein Leben ohne Smartphone ist für Jugendliche heute kaum vorstellbar (JIM-Studie 2018).

Smartphones summieren Techniken, die früher nur Computern oder Bild- und Tonmedien vorbehalten waren. Damit bieten Smartphones und Tablet-PCs besonders einfache, flexible und ortsunabhängige Möglichkeiten für

- Informationsrecherchen im Internet
- Dokumentation von Sachverhalten in Bild, Ton und Video
- Datenaustausch und Kommunikation
- Nutzung von sog. *cognitive tools* zur Arbeitserleichterung, wie Wörterbuch, Umrechnungsprogramm, Notizblock.

Schon mit diesen Optionen wird die Nutzung der Geräte auch für das Physiklernen interessant.

Neue Verfügbarkeit von Sensoren und moderner Messtechnik

Für den Physikunterricht sind Smartphones und Tablet-PCs aber auch noch direkt als Experimentiergerät für reizvolle Anwendungen interessant. In den Geräten ist eine ganze Reihe von modernen Sensoren verbaut. Dazu gehören in der Regel:

- Beschleunigungs- und Neigungssensor
- Gyroskop
- Magnetfeldsensor
- Helligkeitssensor/Belichtungsmesser für eingebaute Kameras und zum Einstellen der Displayhelligkeit
- Farbensensor
- Mikrofon
- Näherungssensor, der auf Grundlage einer Entfernungsmessung das Display und die Berührungsfunktionen abschaltet, wenn man z. B. das Smartphone an den Kopf hält.

Eine Vielzahl weiterer Sensoren ist in einigen Geräten bereits verbaut:
- Temperatursensor
- Feuchtigkeitssensor
- Barometer
- Gestensensor, der z. B. Handbewegungen erkennt.

Damit werden klassische Demonstrationsversuche des Physikunterrichts zunehmend auch als Schülerversuche mit eigenen Geräten möglich. Zudem erleichtert die neue Mobilität ebenfalls Experimente außerhalb des Klassenraumes und im Alltag.

> **Experimente mit Smartphone und Tablet**

Messungen mit Sensoren in Smartphones wurden vor allem von Kuhn (2015); Kuhn et al. (2011, 2013) und Vogt et al. (2011) im deutschsprachigen Raum vorgestellt.

Erfreulicherweise erweitert sich mit der Technik auch das Spektrum von einfach verfügbaren und günstigen Anwendungsprogrammen (Apps). In Kombination mit dem umfassenden Informationsangebot im Internet erschließen sich besonders auch anwendungsbezogene und fächerübergreifende Themen, z. B. auch für die Physik in Sport- und Gesundheitserziehung.

Moderne Kommunikationskompetenz schulen

Eine weitere interessante Anwendung mit Smartphones wurde von Rath und Schittelkopf (2011) vorgeschlagen und im Unterricht getestet: Schülerinnen und Schüler verwenden ihre Smartphone für Videoaufnahmen von Experimenten, die sie auch kommentieren und selbst physikalisch erklären. Die einfache Handhabung und Verfügbarkeit und die Arbeit mit eigenen Geräten hat ihre besonderen Reize. Allerdings weisen Rath und Schittelkopf auch auf das Problem hin, dass die Konzentration auf das physikalische Phänomen nicht automatisch sichergestellt ist und Technik und Durchführungsaspekte schnell in den Diskussionsmittelpunkt rutschen. Insofern sind von Anfang an zielführende, inhaltliche Aufgabenstellungen einzuplanen.

> **Datenaustausch und Kommunikation**

13.7 Fazit und Abschlussbemerkung

Neben dem Ziel, das fachliche Wissen durch multimedial aufbereitete Lernangebote zu bereichern, bietet E-Learning auch die Option, den kompetenten Umgang mit den neuen Medien zu schulen und die Lernenden mit neuen Kommunikationsmöglichkeiten vertraut zu machen.

Dabei gibt es verschiedene Wege und Zugangsmöglichkeiten, wie sie z. B. das SAMR-Model von Puentedura (2013) beschreibt.

Dort sind verschiedene Möglichkeiten der Umformung und/oder Erweiterung klassischer Unterrichtstechniken ausgewiesen. Dies sind:

- Neudefinition: Erstellen völlig neuer Aufgaben
- Modifizierung: Neugestaltung mit signifikant neuen Elementen
- Augmentation: direkter Ersatz bisheriger Mittel mit funktionellen Verbesserungen
- Ersetzung: direkter Ersatz von Arbeitsmitteln ohne funktionelle Änderungen.

Wesentlich ist aber, didaktisch und lernpsychologisch fundierte Maßnahmen zu realisieren. Hierbei sind nach wie vor auch die klassischen Lernfaktoren zu berücksichtigen. Allerdings hat die Forschung im Bereich der Mediendidaktik wichtige neue Akzente ausgewiesen.

Der Einsatz von Web-2.0-Technologien bietet sich auch im Unterricht als Hilfsmittel an, mit dem ein Organisieren und Strukturieren von aktuellen, fachlichen Informationen geschult werden kann.

Smartphones und Tablet-PCs verbessern die Zugangsmöglichkeiten der Jugendlichen weiter in starkem Ausmaß und bieten auch Gelegenheiten, Experimente direkt mit diesen Geräten zu realisieren. All dies erschließt zusätzliche Perspektiven für ein lebenslanges Lernen.

Auch wenn der Blick auf Multimediaanwendungen gerichtet war, soll keinesfalls der Eindruck entstehen, dass dieses Medium allein das Erreichen von Lernzielen sicherstellt.

Der Einsatz von Medien als Mittler im Lehr-Lern-Prozess hat einen optionalen Charakter. Die vorgestellten Ansätze sollen bei einer theoriegeleiteten Entwicklung und Anwendung von Materialien helfen. Anzustreben ist ein zielgerechter und effektiver Einsatz, der ansonsten mit anderen unterrichtlichen Mitteln schwieriger zu erreichen ist.

Eine Übersicht über weitere Artikel und Quellen in Lehrerzeitschriften, speziell in nicht englischer Sprache, gibt es von Girwidz et al. (2019).

Literatur

Ainsworth, S. (2006). DeFT: A conceptual framework for considering learning with multiple representations. Learning and Instruction, 16, 183–198.

Ainsworth, S. (2014). The Multiple Representation Principle in Multimedia Learning. In R. E. Mayer (Ed.), The Cambridge Handbook of Multimedia Learning (Cambridge Handbooks in Psychology). Cambridge: Cambridge University Press.

Alfieri, L., Brooks, P. J., Aldrich, N. J., Tenenbaum, H. R. (2011). Does discovery-based instruction enhance learning? Journal of Educational Psychology, 103(1), 1–18.

Alonso, F., López, G., Manrique, D., Viñes, J. M. (2005). An instructional model for web-based e-learning education with a blended learning process approach. British Journal of Educational Technology Vol 36, No 2, 217–235.

Audacityteam (2018). ► https://www.audacityteam.org/ (30.12.2018).

Baddeley, A. (1990). Human memory. Theory and practice. Hillsdale, NJ: Lawrence Erlbaum.

Baddeley, A. (1992). Working memory. Science, Vol. 255, 556–559.

Ballstaedt, S. P. (1997). Wissensvermittlung. Weinheim: Psychologie Verlags Union.

Ballstaedt, S.P., Molitor, S., Mandl, H. (1989). Wissen aus Text und Bild. In J. Groebel und P. Winterhoff-Spurk (Hrsg.). Empirische Medienpsychologie. München: Psychologie Verlags Union, 105–133.

Beisser, K. L., Jonassen, D. H., Grabowski, B. L. (1994). Using and selecting graphic techniques to acquire structural knowledge. Performance Improvement Quarterly, 7(4), 20–38.

Bransford, J. D., Sherwood, R. D., Hasselbring, T. S., Kinzer, Ch. K., Williams, S. M. (1990). Anchored instruction: Why we need it and how technology can help. In D. Nix & R. Spiro (Eds.). Cognition, education and multimedia. Hillsdale, NJ: Erlbaum Associates, 115–141.

Braune, G., Euler, M. (2002). Akustik mit der Soundkarte. Unterricht Physik 13/69, 37–40.

Brown, J. S., Collins, A., Duguid, P. (1989). Situated cognition and the culture of learning. Educational Researcher, 18 (1), 32–42.

Brünken R., Steinbacher S., Schnotz, W., Leutner, D. (2001). Mentale Modelle und Effekte der Präsentations- und Abrufkodalität beim Lernen mit Multimedia. Zeitschrift für Pädagogische Psychologie, 15 (1), 16–27.

Cañas, A. J., Leake, D. B., Wilson, D. C. (1999). Managing, Mapping, and Manipulating Conceptual Knowledge. Proceedings of the AAAI-99 Workshop on Exploring Synergies of Knowledge Management and Case-Based Reasoning. Menlo Park: AAAI Press.

Chandler, P., Sweller, J. (1991). Cognitive load theory and the format of instruction. Cognition and Instruction, 8, 293–332.

Clark, J., Paivio, A. (1991). Dual coding theory and education. Educational Psychology Review, 3, 149–210.

Clark, R. E. (1992). Facilitating Domain-General Problem Solving: Computers, Cognitive Processes and Instruction. In E. De Corte, M. C. Linn et al. (Eds.). Computer-Based Learning Environments and Problem Solving (NATO ASI Series. Series F: Computer and Systems Sciences; 84. Berlin: Springer, 265–285.

Clark, R. (2003). Building expertise. Cognitive methods for training and performance improvement. Washington, DC: Book of International Society for Performance Improvement.

CTGV – Cognition & Technology Group at Vanderbilt (1993). Anchored instruction and situated cognition revisited. Educational Technology, 33 (3), 52–70.

De Jong, T. (2011). Instruction Based on Computer Simulation. In R. E. Mayer & P. A. Alexander (Eds.), Handbook of Research on Learning and Instruction. New York, NY: Taylor & Francis, 446–466.

De Jong, T., Lazonder, A W. (2014). Implications of Cognitive Load Theory for Multimedia Learning. In R. E. Mayer (Ed.), The Cambridge Handbook of Multimedia Learning (Cambridge Handbooks in Psychology). Cambridge: Cambridge University Press.

De Jong, T., Njoo, M. (1992). Learning and Instruction with Computer Simulations: Learning Processes Involved. In E. De Corte, M. C. Linn et al. (Eds.). Computer-Based Learning Environments and Problem Solving (NATO ASI Series. Series F: Computer and Systems Sciences; 84. Berlin: Springer, 411–427.

Duffield, J. A. (1991). Designing computer software for problem-solving instruction. Educational Technology, Research and Development, 39, No. 1, 50–62.

Einsiedler, W. (1996). Wissensstrukturierung im Unterricht. Zeitschrift für Pädagogik, 42(2), 167–192.

Eysink, T. H. S., De Jong, T. (2012). Does Instructional Approach Matter? How Elaboration Plays a Crucial Role in Multimedia Learning. Journal of the Learning Sciences, 21(4), 583–625.

Fischler, H., Peuckert, J. (Hrsg.) (2000). Concept mapping in fachdidaktischen Forschungsprojekten. Berlin: Logos-Verlag.

Forbus K. D., Gentner D. (1986). Learning physical domains: Toward a theoretical framework. In R. S. Michalski, J. G. Carbonell & T. M. Mitchell (Eds.). Machine learning, An artifical intelligence approach (Vol. 2). Los Altos: Morgan Kaufmann Publishers, 311–348.

Friedrich, H. F., Mandl, H. (1997). Analyse und Förderung selbstgesteuerten Lernens. In F. E. Weinert & H. Mandl (Hrsg.). Psychologie der Erwachsenenbildung. Enzyklopädie der Psychologie, D/I/4. Göttingen: Hogrefe, 237–293.

Girwidz, R., Krahmer, P. (2002). Lernpfade durch das WWW mit Mapping-Programmen. Unterricht Physik, 13, Nr. 69, 11–13.

Girwidz, R., Thoms, L. J., Pol, H., López, V., Michelini, M., Stefanel, A., Greczyło, T., Müller, A., Gregorcic, B. & Hömöstrei, M. (2019). Physics teaching and learning with multimedia applications: a review of teacher-oriented literature in 34 local language journals from 2006 to 2015. International Journal of Science Education, 41(9), 1181–1206.

Glaser W. R. (1994). Menschliche Informationsverarbeitung. In E. Eberleh, H. Oberquelle, R. Oppermann (Hrsg). Einführung in die Software-Ergonomie. Berlin: Walter de Gruyter, 7–51.

Goldmann, S. R., Petrosino, A. J., Sherwood, R. D., Garrison, S., Hickey, D., Bransford, J. D., Pellegrino, J. W. (1996). Anchoring science instruction in multimedia learning environments. In S. Vosniadou, E. De Corte, R. Glaser & H. Mandl (Eds.). International perspectives on the design of technology-supported learning environments. Mahwah, NJ: Lawrence Erlbaum Associates, 257–284.

Goodyear, P. (1992). The Provision of Tutorial Support for Learning with Computer-Based Simulations. In: De Corte, E./Linn, M.C. et al. (eds): Computer-Based Learning Environments and Problem Solving (NATO ASI Series. Series F: Computer and Systems Sciences; 84) Berlin/Heidelberg: Springer, 391–409.

Härtel, H. (1992). Neue Ansätze zur Darstellung und Behandlung von Grundbegriffen und Grundgrößen der Elektrizitätslehre. In K. Dette & P. J. Pahl (Hrsg.). Multimedia, Vernetzung und Software für die Lehre. Berlin: Springer, 423–428.

Herrington, J., Oliver, R. (1995). Critical Characteristics of Situated Learning: Implications for the Instructional Design of Multimedia. Australian Society for Computers in Learning In Tertiary Education Conference 1995 (ascilite95).

Herrington, J., Oliver, R. (2000). An instructional design framework for authentic learningenvironments. Educational Technology Research and Development, 48(3), 23–48.

13

Issing, L. J. (2002). Instruktionsdesign für Multimedia. In L. J. Issing & P. Klimsa (Eds.), Information und Lernen mit Multimedia und Internet. Lehrbuch für Studium und Praxis, Weinheim: Beltz, 151–175.

Issing, L. J., Klimsa, P. (1995). Multimedia – Eine Chance für Information und Lernen. In L. J. Issing, P. Klimsa (Hrsg.). Information und Lernen mit Multimedia (1–2). Weinheim: Psychologie Verlags Union.

Jeung, H.-J., Chandler, P., Sweller, J. (1997). The role of visual indicators in dual sensory mode instruction. Educational Psychology, 17(3), 329–343.

JIM-Studie 2018. mpfs Medienpädagogischer Forschungsverbund Südwest (Hrsg.). ► www.mpfs.de. (31.12.2018).

Johnson-Laird P. N. (1980). Mental Models in Cognitive Science. Cognitive Science, 4, 71–115.

Jonassen, D., Wang, S. (1993). Acquiring structural knowledge from semantically structured hypertext. Journal of Computer-Based Instruction, 20(1), 1–8.

Jüngst, K. L. (1992). Lehren und lernen mit Begriffsnetzdarstellungen. Frankfurt a. M.: Afra-Verlag.

Kalyuga, S., Chandler, P., Sweller, J. (1998). Levels of expertise and instructional design. Human Factors, 40(1), 1–17.

Kalyuga, S., Chandler P., Sweller, J. (1999). Managing split-attention and redundancy in multimedia instruction. Applied-Cognitive-Psychology, 13(4), 351–371.

Kerres, M. (2008). Mediendidaktik. In: Gross, v. F., Hugger, K.-U. & Sander, U. (Hrsg.) Handbuch Medienpädagogik, Bielefeld: VS Verlag, 116–122.

Kerres, M. (2012). Mediendidaktik: Konzeption und Entwicklung mediengestützter Lernangebote. Oldenbourg Verlag.

Kirschner, P. A., Sweller, J., Clark, R. E. (2006). Why Minimal Guidance During Instruction Does Not Work: An Analysis of the Failure of Constructivist, Discovery, Problem-Based, Experiential, and Inquiry-Based Teaching. Educational Psychologist, 42(2), 75–86.

KMK (2004). Bildungsstandards im Fach Physik für den Mittleren Schulabschluss (Jahrgangsstufe 10). (Beschluss der Kultusministerkonferenz vom 16.12.2004). Herausgegeben vom Sekretariat der Ständigen Konferenz der Kultusminister der Länder in der Bundesrepublik Deutschland. München: Luchterhand.

Kozma, R. (2003). The material features of multiple representations and their cognitive and social affordances for science understanding. Learning and Instruction 13, 205–226.

Kuhn, J. (Hrsg.) (2015). Experimentieren mit Smartphones und Tablets. Themenheft der Zeitschrift Unterricht Physik, Nr. 145/2015.

Kuhn, J., Vogt, P., Müller, S. (2011). Handys und Smartphones. Einsatzmöglichkeiten und Beispielexperimente im Physikunterricht. PdN 60(7), 5–11.

Kuhn, J., Wilhelm, Th., Lueck, S. (2013). Physik mit Smartphones und Tablet-PCs. PhiuZ (44). 44–45.

Lave, J. (1988). Cognition in Practice: Mind, mathematics, and culture in everyday life. Cambridge, UK: Cambridge University Press.

Lave, J., Wenger, E. (1990). Situated Learning: Legitimate Periperal Participation. Cambridge, UK: Cambridge University Press.

Leung, M., Low, R., Sweller, J. (1997). Learning from equations or words. Instructional Science, 25(1), 37–70.

Lück, S., Wilhelm, Th. (2011). Modellbildung. Unterricht Physik, 122, 26–31.

Mandl, H., Reinmann-Rothmeier, G. (1997). Wenn neue Medien neue Fragen aufwerfen: Ernüchterung und Ermutigung aus der Multimedia-Forschung. Institut für Pädagogische Psychologie und Empirische Pädagogik, Forschungsbericht Nr. 85, Universität München.

Mandl, H., Friedrich, H. F., Hron A. (1988). Theoretische Ansätze zum Wissenserwerb. In H. Mandl & H. Spada (Hrsg.). Wissenspsychologie. München: Psychologie Verlags Union, 123–160.

Marcus, N., Cooper, M., Sweller, J. (1996). Understanding instructions. Journal of Educational Psychology, 88(1), 49–63.

Mathelitsch, L., Verovnik, I. (2004). Akustische Phänomene. Köln: Aulis.

Mayer, R. E. (1997). Multimedia learning: are we asking the right question? Educational Psychologist, 32, 1–19.

Mayer, R. E. (2001). Multimedia learning. New York, NY, US: Cambridge University Press.

Mayer, R. E. (2002) Multimedia Learning. The Psychology of Learning and Motivation, Vol. 41, 85–139.

Mayer, R. E. (2004). Should There Be a Three-Strikes Rule Against Pure Discovery Learning? American Psychologist, 59(1), 14–19.

Mayer, R. E. (2009). Multimedia Learning. New York, NY: Cambridge University Press.

Mayer, R. E. (ed.). (2014). *The Cambridge Handbook of Multimedia Learning* (Cambridge Handbooks in Psychology). Cambridge: Cambridge University Press.

Mayer, R. E., Moreno, R. (1998). A split-attention effect in multimedia learning: Evidence for dual processing systems in working memory. Journal of Educational Psychology, 90(2), 312–320.

Merrill, D. (1983). Component display theory. In C. M. Reigeluth (Ed.). Instructional design theories and models: an overview of their current status. Hillsdale, NJ: Erlbaum, 279–333.

Miller, G. A. (1956). The magic number seven, plus or minus two: Some limits on our capacity for processing information. Psychological Review, 63, 81–97.

Mindjet (2013). MindManager Smart. Schulversion.

Moreno, R., Mayer, R. E. (1999). Cognitive principles of multimedia learning: The role of modality and contiguity. Journal of Educational Psychology; 91(2), 358–368.

Mousavi, S.-Y., Low, R., Sweller, J. (1995). Reducing cognitive load by mixing auditory and visual presentation modes. Journal of Educational Psychology, 87(2), 319–334.

Nordmeier, V. (2002). Akustik mit der Soundkarte. Unterricht Physik 13/69, 34 (136).

Nordmeier, V., Voßkühler, A. (2005). Da sieht man plötzlich, was man hört – zur Visualisierung und Analyse von Musik aus physikalischer Perspektive. PdN 54(6), 9–17.

Nordmeier, V., Voßkühler, A. (2006). Sounds: Computer und Musik. Mit der Soundkarte Töne und Klänge entdecken. Grundschulunterricht 5 (Sonderheft Computer & Internet), 4–14.

Paivio, A. (1986). Mental representations. A dual coding approach. New York: Oxford University Press.

Paas, F., Sweller, J. (2014). Implications of Cognitive Load Theory for Multimedia Learning. In R. E. Mayer (Ed.), The Cambridge Handbook of Multimedia Learning (Cambridge Handbooks in Psychology). Cambridge: Cambridge University Press.

Paas, F., Renkl, A., Sweller, J. (2016). Cognitive load theory: A Special issue of educational psychologist. Routledge.

PhET Interactive Simulations: ► https://phet.colorado.edu/de/ (31.12.2018).

Phyphox (2018). ► https://phyphox.org/de (30.12.2018).

Podolefsky, N. S., Moore, E. B., Perkins, K. K. (2013). Implicit scaffolding in interactive simulations: Design strategies to support multiple educational goals. Retrieved from ► http://arxiv.org/pdf/1306.6544.

13

Potempa, T. (2000). Leitfaden für die gezielte Online-Recherche. München: Hanser.

Puentedura, R. (2013). *SAMR and TPCK: Intro to advanced practice*. Retrieved February, 12, 2013. ► http://hippasus.com/resources/sweden2010/SAMR_TPCK_IntroToAdvancedPractice.pdf.

Rath, G., Schittelkopf, E. (2011). Mobile@classroom Handyclips im Physikunterricht. PdN 60(7), 12–14.

Reif, F. (1981). Teaching problem solving – A scientific approach. The Physics Teacher, 19, 310–316.

Reif, F. (1983). Wie kann man Problemlösen lehren? – Ein wissenschaftlich begründeter Ansatz -. Der Physikunterricht 17, 1, 51–66.

Rubitzko, Th., Girwidz R. (2005). Fotografieren mit einer virtuellen Kamera – Lernen mit multiplen Repräsentationen. PhyDid 2/4 (2005), 65–73.

Rutten, N., van Joolingen, W. R., van der Veen, J. T. (2012). The learning effects of computer simulations in science education. Computers & Education, 58(1), 136–153.

Salomon, G. (1979). Interaction of media, cognition and learning. San Francisco: Jossey-Bass.

Sandberg, J., Wielinga, B. (1992). Situated cognition: A paradigm shift? Journal of Artificial Intelligence in Education, 3, 129–138.

Savelsbergh, E. R., De Jong de, T., Ferson-Hessler M. G. M. (1998). Competence-Related Differences in Problem Representations: A Study of Physics Problem Solving. In M. W. van Someren, P. Reimann, H. P. A. Bushuzien & T. De Jong (Eds.). Learning with Multiple Representations. Amsterdam: Pergamon, 263–282.

Schaal, S., Bogner, F. X., Girwidz, R. (2010). Concept Mapping Assessment of Media Assisted Learning in Interdisciplinary Science Education. Research in Science Education, 40, 339–352.

Schecker, H. (1998). Physik modellieren. Stuttgart: Klett.

Schecker, H. (1999). Warum nicht mal numerisch? – Computergestützte Modellbildung erschließt interessante Phänomene für den Physikunterricht. Plus Lucis, 3, 17–21.

Schnotz, W. (2014). Integrated Model of Text and Picture Comprehension. In R.E. Mayer (Ed.), The Cambridge Handbook of Multimedia Learning, 72–103.

Schnotz, W., Bannert, M. (1999). Strukturaufbau und Strukturinterferenz bei der multimedial angeleiteten Konstruktion mentaler Modelle. In I. Wachsmuth & B. Jung (Hrsg.). KogWis99. Proceedings der 4. Fachtagung der Gesellschaft für Kognitionswissenschaft, Bielefeld, 28. September–1. Oktober 1999. Sankt Augustin: Infix, 79–85.

Schnotz, W., Bannert, M. (2003). Construction and interference in learning from multiple representation. Learning and Instruction 13, 141–156.

Schnotz, W., Böckheler, J., Grzondziel, H. (1999). Individual and co-operative learning with interactive animated pictures. European Journal of Psychology of Education, 14 (2), 245–265.

Schulmeister, R. (2002). Grundlagen hypermedialer Systeme. München, Wien: Oldenburg.

Schulmeister, R. (2007). Grundlagen hypermedialer Lernsysteme. München: Oldenbourg Verlag.

Seel, N. M. (1986). Wissenserwerb durch Medien und „mentale Modelle". Unterrichtswissenschaft, 4, 384–401.

Seufert, T. (2003). Supporting coherence formation in learning from multiple representations. Learning and Instruction, 13, 227–237.

Seufert, T. (2009). Lernen mit multiplen Repräsentationen: Gestaltungs-und Verarbeitungsstrategien. In R. Plötzner, T. Leuders, A. Wichert (Hrsg.), Lernchance Computer. Strategien für das Lernen mit digitalen Medienverbünden. Medien in der Wissenschaft; Bd. 52, 45–66.

Seufert, T, Brünken, R. (2004). Supporting Coherence Formation in Multimedia Learning. In P. Gerjets, P.A. Kirschner, J. Elen & R. Joiner (Eds.) (2004). Instructional design for effective and enjoyable computer- supported learning. Proceedings of the first joint meeting of the EARLI SIGs Instructional Design and Learning and Instruction with Computers (CD-ROM), 138–147.

Spiro, R. J., Jehng, J. (1990). Cognitive flexibility and hypertext: Theory and technology for the non-linear and multidimensional traversal of complex subject matter. In D. Nix & R. Spiro (Eds.). Cognition, Education, and Multimedia. Hillsdale, NJ: Erlbaum.

Spiro, R. J., Collins, B. P., Thota, J. J.,, Feltovich, P. J. (2003). Cognitive Flexibility Theory: Hypermedia for Complex Learning, Adaptive Knowledge Application, and Experience Acceleration. Educational technology, 43(5), 5–10.

Spiro, R. J., Coulson, R. L., Feltovich, P. J., Anderson, D. (2004). Cognitive flexibility theory: Advanced knowledge acquisition in ill-structured domains. In R. B. Ruddell (Ed.), Theoretical models and processes of reading (5th ed., S. 602–616). Newark, DE: International Reading Association.

Springer, S. P., Deutsch, G. (1998). Linkes – rechtes Gehirn. Heidelberg: Spektrum.

Steiner, G. (1988). Analoge Repräsentationen. In H. Mandl, H. Spada (Hrsg.), Wissenspsychologie. München: Psychologie Verlags Union, 99–119.

Sweller, J. (1994). Cognitive load theory, learning difficulty and instructional design. Learning and Instruction, 4, 295–312.

Sweller, J. (2002). Visualisation and Instructional Design. In R. Ploetzner (Ed.), Proceedings of the International Workshop on Dynamic Visualizations and Learning (pp. 1501–1510). Tübingen: Knowledge Media Research Center.

Tindall-Ford, S., Chandler, P., Sweller, J. (1997). When two sensory modes are better than one. Journal of Experimental Psychology: Applied, 3(4), 257–287.

Tuovinen, J.-E., Sweller, J. (1999). A comparison of cognitive load associated with discovery learning and worked examples. Journal of Educational Psychology, 91(2), 334–341.

Van Heuvelen, A. (1991). Learning to think like a physicist: A review of research-based instructional strategies. American Journal of Physics 59 (19), 891–897.

Vogt, P., Kuhn, J., Gareis, S. (2011). Beschleunigungssensoren von Smartphones. Beispiel-experimente zum Einsatz im Physikunterricht. PdN 60(7), 15–23.

Weidenmann, B. (1991). Lernen mit Bildmedien: Psychologische und didaktische Grundlagen. Weinheim: Beltz.

Weidenmann, B. (1994). Informierende Bilder. In B. Weidenmann (Hrsg.), Wissenserwerb mit Bildern. Bern: Verlag Hans Huber, 9–58.

Weidenmann, B. (1997). „Multimedia": Mehrere Medien, mehrere Codes, mehrere Sinneskanäle? Unterrichtswissenschaft, 25 (3), 197–206.

Weidenmann, B. (2002). Multicodierung und Multimodalität im Lernprozess. In: Issing, L. & Klimsa, P. (Hrsg.). Information und Lernen mit Multimedia. Weinheim: Beltz PVU, 45–62.

13

Wieman, C. E., Adams, W. K., Loeblein, P., Perkins, K. K. (2010). Teaching Physics Using PhET Simulations. The Physics Teacher, 48(4), 225–227.

Wittrock, M. C. (1974). Learning as a generative process. Educational Psychologist, 11 (71), 87–95.

Wittrock, M. C. (1989). Generative processes of comprehension. Educational Psychologist, 24, 345–376.

Zhang, M., Quintana, C. (2012). Scaffolding strategies for supporting middle school students' online inquiry processes. Computers & Education, 58, 181–19.

Diagnostik und Leistungsbeurteilung im Unterricht

Claudia von Aufschnaiter, Heike Theyßen und Heiko Krabbe

© Springer-Verlag GmbH Deutschland, ein Teil von Springer Nature 2020
E. Kircher et al. (Hrsg.), *Physikdidaktik | Grundlagen*, https://doi.org/10.1007/978-3-662-59490-2_14

Trailer

Soll das Lernen von Schülerinnen und Schülern möglichst optimal unterstützt werden, ist es wichtig, sie an ihrem aktuellen Lernstand abzuholen und schrittweise weiterzuführen. Diagnostik und darin auch die Leistungsbeurteilung sind Verfahren zur Erfassung aktuell vorliegender Kompetenzen, sie bilden den Ausgangspunkt für eine angepasste Förderung. Diagnostik ist aber auch ein Zugang, das Denken, Handeln und Lernen von Schülerinnen und Schülern besser zu verstehen und zu erkennen, warum aus fachwissenschaftlicher Sicht falsche Überlegungen aus Sicht der Lernenden oft plausibel sind.

Im Kapitel wird sowohl für die Lernphasen im Unterricht als auch für die Leistungsphasen, z. B. am Ende einer Unterrichtseinheit, erläutert, wie eine gute Diagnostik angelegt werden kann. Es werden dazu zentrale Komponenten beschrieben und der Ertrag fachdidaktischer Theorie und Empirie für eine differenzierte Diagnostik erläutert. Anhand vieler Beispiele werden die Überlegungen nicht nur auf den unterrichtlichen Alltag bezogen, sondern auch eine Verbindung zwischen Diagnostik und Leistungsbeurteilung hergestellt. Für letztere wird ein Schwerpunkt darauf gelegt, wie eine Lehrkraft schriftliche Klassenarbeiten und Klausuren unter diagnostischer Perspektive anlegt, auswertet und benotet.

Dana hat offensichtlich das dritte Newton'sche Axiom gut verstanden. Emil hat in der Klassenarbeit eine 2, seine mündliche Mitarbeit ist aber eine 4. Nisa und Yasemin arbeiten sehr strukturiert beim Experimentieren zusammen und haben offensichtlich Freude am Experiment. Diese Aufgabe setze ich nicht im Unterricht ein, weil meinen Schülerinnen und Schülern die dafür notwendigen Vorkenntnisse fehlen. Hinter diesen nur sehr knappen Aussagen stecken immer diagnostische Prozesse: Die Lehrkraft analysiert, was eine Schülerin oder ein Schüler zu einem bestimmten Zeitpunkt kann, wie sie bzw. er eine bestimmte Lernsituation erlebt, oder beurteilt, ob eine bestimmte Aufgabe von Schülerinnen und Schülern erfolgreich bearbeitet werden kann.

Ganz allgemein gesprochen werden in einer Diagnostik Lernvoraussetzungen und Lernergebnisse, aber auch Lösungs- und Lernprozesse erfasst, um das Lernen zu optimieren (vgl. Ingenkamp und Lissmann 2008, S. 13). Dies umfasst nicht nur fachliche und fachübergreifende Kenntnisse und Fähigkeiten, sondern auch motorische und soziale Fähigkeiten sowie Bereitschaften und Einstellungen (vgl. Horstkemper 2006, S. 4). *Diagnostik hat* also *Kompetenzen von Lernenden* (vgl. Kompetenzbegriff nach Weinert 2001) *zum Gegenstand*, kann sich darin aber auch auf die Anforderungen beziehen, die Aufgaben an die Kompetenzen von Lernenden stellen (u. a. Krauss et al. 2008). Es ist wichtig, sich bewusst zu machen, dass sich

Diagnostik nicht ausschließlich auf die Leistungsbeurteilung, z. B. am Ende einer Unterrichtssequenz, bezieht. Sie setzt auch dort an, wo es darum geht, vor oder während des Lernens Aussagen über die Kompetenzen von Lernenden zu generieren, um darauf bezogen ein passendes Lernangebot zu machen (vgl. u. a. Hascher 2008). Diagnostik hat also sowohl in Lern- als auch in Leistungsphasen eine hohe Relevanz.

Das Diagnostizieren bildet im Lernprozess den Ausgangspunkt für *adaptiven* Unterricht (Beck et al. 2008, S. 37; vgl. auch Rogalla und Vogt 2008, S. 20), der an die Kenntnisse, Fähigkeiten, Einstellungen und Bereitschaften von Schülerinnen und Schülern angepasst wird und sie durch diese Passung fördert (vgl. Helmke 2013). Auch die Leistungsbeurteilung am Ende einer Unterrichtssequenz kann genutzt werden, um bei einzelnen Schülerinnen und Schülern zu identifizieren, welche Aufgaben sie besonders erfolgreich bearbeiten können und welche sich als schwierig erweisen. Dies wiederum kann helfen, den Unterricht für zukünftige Lerngruppen anzupassen oder beim späteren Aufgreifen des gleichen Themas bestimmte Aspekte noch einmal (in anderer Weise) zu behandeln. Die *Ziele* einer Diagnostik sind somit:

1. die individualisierte Förderung von Lernenden,
2. die Weiterentwicklung von Lernangeboten, sodass sie für viele Lernende eine bessere Förderwirkung entfalten, und schließlich
3. die Sicherstellung von Qualifikationen.

In den ersten beiden Fällen sollen Über- oder Unterforderung vermieden sowie die Qualität des Lernens und Erlebens verbessert werden. Das dritte Ziel wird oft mit der Leistungsbeurteilung an schulischen Übergängen verbunden, die z. B. in der Vergabe von Schulabschlüssen und Zugängen zu weiteren Bildungswegen mündet. Damit geht zumindest teilweise auch eine Selektion einher, die zunächst nicht den Eindruck erweckt, als würde es um Förderung gehen. Letztendlich aber bilden alle drei Ziele (individualisierte Förderung, Weiterentwicklung von Lernangeboten, Sicherstellung von Qualifikationen) Aspekte von Förderung auf unterschiedlichen Ebenen ab. Die Fördermaßnahmen können dabei von sehr niederschwelligen Maßnahmen, ggf. nur das Stellen einer geschickten Frage oder das Abgeben eines Tipps, über die Modifikation des Lernangebotes für diese oder zukünftige Lerngruppen bis zur Zuweisung von Lernenden zu einem spezifischen Förderangebot, zu einer anderen Lerngruppe oder sogar zu einer anderen Schulform reichen. In jedem Fall sollte die Maßnahme zu den individuellen Kompetenzen passen.

Während sich in Deutschland das Begriffspaar *Diagnose und Förderung* etabliert hat, das deutlich auf das Ziel von Diagnostik hindeutet, wird im englischen Sprachraum besonders

Ziele von Diagnostik:
- individuell fördern
- Lernangebote weiterentwickeln
- Qualifikationen sicherstellen

die Begrifflichkeit des *formative assessment* genutzt (z. B. OECD 2005). Im Sinne der Unterscheidung in Lern- und Leistungsphasen bezieht sich das *formative assessment* üblicherweise auf Diagnostik in Lernphasen mit dem expliziten Ziel der individualisierten Rückmeldung (Feedback) an die Lernenden bzw. ihrer Förderung. Es wird oft auch als *assessment for learning* bezeichnet. Die Begrifflichkeit des *summative assessment* oder *assessment of learning* verweist dann oft auf Diagnostik in Leistungsphasen. Vereinzelt wird diese Unterscheidung auch auf den Prozess der Diagnostik bezogen, in dem *summative assessment* die Nutzung von nach Standards entwickelten Aufgaben bezeichnet *(formelle Diagnostik)*, *formative assessment* dagegen nicht standardisierte Beobachtungen von Aktivitäten der Lernenden *(informelle Diagnostik,* für eine kritische Diskussion der begrifflichen Unschärfe siehe z. B. Bennett 2011; Maier 2010; von Aufschnaiter et al. 2015).

Welches Verständnis vom Sehprozess wird in den drei Schülerlösungen deutlich?

Ein Beispiel für eine diagnostische Aufgabe und zugehörige Lösungen durch Schülerinnen und Schüler gibt ◘ Abb. 14.1. Die Aufgabe kann genutzt werden, um vor bzw. während einer Lernphase das fachinhaltliche Verständnis in der Lerngruppe zu erfassen, um daran anschließend Lernaufgaben zu stellen stellen. Sie kann aber auch genutzt werden, um in einem benoteten Test nach einem Unterricht zum Sehprozess zu beurteilen, ob die Lernenden fachinhaltliche Überlegungen angemessen nutzen können.

14

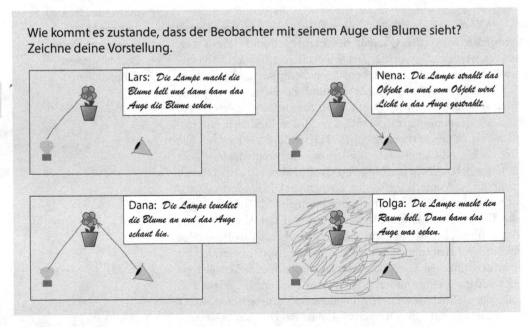

◘ **Abb. 14.1** Diagnostische Aufgabe zur Beschreibung des Sehprozesses mit den Schülerlösungen von Lars, Nena, Dana und Tolga

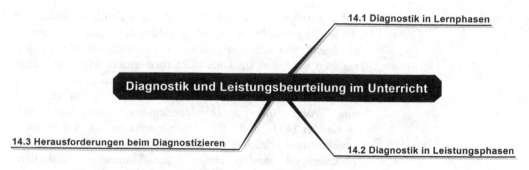

Abb. 14.2 Übersicht über die Teilkapitel

Anhand der Aufgabe in ▢ Abb. 14.1 kann deutlich werden, warum es sowohl den Begriff der Diagnostik als auch den Begriff der Diagnose gibt, die im Grunde zu unterscheiden sind, obwohl beide Begriffe nicht immer eindeutig genutzt werden.

Diagnostik bezieht sich auf den *Prozess des Diagnostizierens*, und damit auf alle Schritte, die erforderlich sind, um zu einer Aussage über die Kompetenz von Lernenden zu gelangen (▢ Abb. 14.3). In ▢ Abb. 14.1 kann dieser Prozess das Betrachten der vorliegenden Bilder sowie das Lesen der Texte umfassen, das Stellen der Frage, was mit den Pfeilen ausgesagt werden soll, und die Überlegung, ob die Pfeile in allen Fällen das Gleiche bedeuten. *Diagnose* bezeichnet dagegen das *Ergebnis des Diagnostizierens*, also die Aussage, welche Kompetenz vorliegt. Für Dana könnte man hier zu zwei alternativen Diagnosen gelangen:

— Sie vermutet fachlich unpassend, dass für das Sehen Licht vom Beobachter zum Objekt gelangen muss, oder

— sie nimmt fachlich angemessen an, dass man zum Sehen in Richtung des Objektes blicken muss.

> Diagnostik führt zur Diagnose

Es wäre also hilfreich, nicht nur die Lösung für die Aufgabe vorliegen zu haben, sondern auch Informationen zum zugehörigen Lösungsprozess: Was hat sich Dana überlegt, als sie den Pfeil gezeichnet hat? Damit wird deutlich, dass Diagnostik grundsätzlich in zwei unterschiedlichen *Arten* methodisch angelegt sein kann: In einer *Statusdiagnostik* beschränken sich Lehrkräfte darauf, aus den Schüler*lösungen* von Aufgaben zu einem Zeitpunkt Aussagen über die Kompetenz der Lernenden abzuleiten. Schülerlösungen können dabei Zeichnungen, Kreuze, Rechenergebnisse, aber auch die Antwort auf eine Frage im Unterricht sein.

Eine *Prozessdiagnostik* erweitert die Statusdiagnostik, sie umfasst den Lösungsprozess zu einzelnen Aufgaben und ermöglicht damit einen differenzierteren, ggf. auch präziseren Aufschluss über die vorliegende Kompetenz. Dabei könnte in Bezug

> Prozessdiagnostik erweitert Statusdiagnostik um die Analyse der Prozesse

auf die Aufgabe in ◻ Abb. 14.1 z. B. auch deutlich werden, ob die jeweilige Zeichnung zögerlich und unterschiedliche Ansätze abwägend oder sehr zügig entstanden ist, oder ob zwar wiedergegeben wird, was im Unterricht thematisiert wurde, das aber eigentlich für vollkommen unsinnig gehalten wird.

In den beiden folgenden Teilkapiteln werden die hier nur knapp angerissenen Überlegungen für Lernphasen (▶ Abschn. 14.1) und für Leistungsphasen (▶ Abschn. 14.2) erweitert und präzisiert sowie auf zusätzliche Beispiele bezogen. Abschließend werden einige Herausforderungen diskutiert, die mit dem Diagnostizieren einhergehen (▶ Abschn. 14.3). ◻ Abb. 14.2 zeigt eine grafische Übersicht über die Abschnitte dieses Kapitels.

Die Gliederung nach Lern- und Leistungsphasen basiert auf der Forderung, dass sich beide Phasen in ihrem Umgang mit Fehlern grundlegend unterscheiden sollten (u. a. BLK 1997). In Leistungsphasen sollten Fehler – zumindest aus Schülersicht – vermieden werden. In Lernphasen sind Fehler oft hilfreich, weil sie Grundlage für Diagnostik sind und Ansätze für Förderung aufzeigen können. Vermuten Schülerinnen und Schüler in einer Lernsituation eine verdeckte Leistungssituation, so besteht die Gefahr, dass sie sich bei Unsicherheiten nicht am Unterricht beteiligen, um keine Fehler zu machen, und somit der Diagnostik und Förderung die Grundlage entziehen. Nicht zuletzt aufgrund dieser unterschiedlichen Rolle und Konsequenzen von Fehlern sind die deutliche Trennung von Lern- und Leistungsphasen im Unterricht sowie die Transparenz, in welcher Phase sich der Unterricht befindet, besonders zentral.

14.1 Diagnostik in Lernphasen

14

Die *Relevanz* von Diagnostik in Lernphasen wird in der fachdidaktischen und pädagogischen Forschung sehr stark betont (z. B. Ingenkamp und Lissmann 2008; Selter et al. 2017). Sie findet sich auch in nationalen Standards für Kompetenzen wieder, über die Lehrkräfte verfügen sollen:

> ❱❱ Lehrerinnen und Lehrer diagnostizieren Lernvoraussetzungen und Lernprozesse von Schülerinnen und Schülern; sie fördern Schülerinnen und Schüler gezielt und beraten Lernende und deren Eltern. (KMK 2019, S. 11, Kompetenz 7).

Die Förderung als Ziel einer Diagnostik kann sich in Lernphasen entweder auf die Adaption bereits bestehender oder auf die Entwicklung passender Förderangebote richten. Wie in der Einleitung zum Kapitel bereits erwähnt, können die Förderangebote dabei auf unterschiedlichen Ebenen liegen, die von der Formulierung der nächsten Frage, Aufgabe oder Erklärung über die

Bereitstellung spezifisch abgestimmter Differenzierungsaufgaben (z. B. Lernhilfen, Vertiefungsaufgaben) bis hin zur Zuweisung zu einer passenderen Lerngruppe oder Schulform reichen können. Es ist auch wichtig zu betonen, dass sich die Förderung nicht zwingend auf diejenigen Lernenden beziehen muss, an denen die Diagnostik ansetzt und nicht immer als individualisierte Förderung verstanden werden muss. Es können Ergebnisse einer an anderen Schülerinnen und Schülern erfolgten Diagnostik, und natürlich auch das Schülerfeedback zum Unterricht, genutzt werden, um für zukünftige Lerngruppen (voraussichtlich) besser fördernde Lernangebote zu konzipieren. Zum Beispiel können bei der Bearbeitung des Lernangebotes aus diagnostizierten Verständnisschwierigkeiten verbesserte Aufgabenformulierungen oder optional nutzbare Tippkarten entstehen. Es ist sogar möglich, gar nicht selbst zu diagnostizieren, sondern vorhandene Diagnosen zu nutzen – z. B. Befundlagen zu Schülervorstellungen (▶ Kap. 9) –, und daran anschließend die Lernangebote zu planen. So sind die in ◘ Abb. 14.1 diagnostizierbaren Schülervorstellungen in der Literatur beschrieben und können als Ausgangspunkt für die Gestaltung des Lernangebotes genutzt werden. Obwohl individuelle Förderung sicher optimal wäre, ist die Orientierung an Gruppen von Lernenden besser umzusetzen. Das Denken in drei Gruppen, z. B. im Sinne von hohem, mittlerem und niedrigem thematischen Verständnis, motivationaler Bereitschaft oder sozialer Kompetenz, kann Überlegungen zur Förderung in Lerngruppen strukturieren.

Etwas auf die Spitze getrieben kann Unterricht immer dann als Förderung aufgefasst werden, wenn die Gestaltung der Lernangebote an Erkenntnissen aus Diagnostik ansetzt. Förderung beschränkt sich somit nicht auf Lernende mit besonderem Förderbedarf, sondern ist ein grundsätzliches Anliegen von Unterricht.

Förderung als ein Grundanliegen von Unterricht setzt an diagnostischen Erkenntnissen an

Es liegt nahe, dass es im Physikunterricht um die Förderung fachlicher Kenntnisse und Fähigkeiten geht (also z. B. um Kenntnisse, wie man nicht selbst leuchtende Gegenstände sehen kann), um Fähigkeiten des Experimentierens oder der adressatengerechten Kommunikation (vgl. KMK 2005). Diese Kenntnisse und Fähigkeiten beziehen sich auf fachspezifische kognitive Kompetenzen. Das erfolgreiche Handeln und Lernen im Physikunterricht erfordert aber auch noch andere, nichtkognitive Kompetenzen, z. B. soziale Fähigkeiten in der produktiven Zusammenarbeit in Gruppenarbeitsphasen sowie motivationale und volitionale Bereitschaften zur Auseinandersetzung mit fachlichen Gegenständen; es sind zudem oft fachübergreifende kognitive Kompetenzen wie Lese- und Schreibfähigkeiten erforderlich. Im weiteren Sinne kann sich Diagnostik also auf sehr unterschiedliche Kompetenzen richten, die grundsätzlich durch Förderung verändert werden können und – wenn es um den

Fachunterricht geht – für das fachliche Lernen relevant sind. Dazu gehört auch die Analyse von Aufgaben mit Blick darauf, welche Kompetenzen die Bearbeitung der Aufgabe erfordert und/oder durch sie aufgebaut werden sollen (▶ Kap. 12).

14.1.1 Komponenten einer förderorientierten Diagnostik

In der Erläuterung der Unterscheidung von Diagnostik und Diagnose eingangs dieses Beitrags wurde bereits deutlich, dass es sich beim Diagnostizieren um einen Prozess handelt. Wie auch das naturwissenschaftliche Experimentieren – in dem auf der Basis einer Fragestellung Daten gesammelt, interpretiert und Schlüsse gezogen werden – umfasst der Prozess des Diagnostizierens verschiedene Komponenten, die miteinander verbunden werden (◘ Abb. 14.3 und daran anschließende Erläuterungen sowie von Aufschnaiter et al. 2018). Die durch ◘ Abb. 14.3 suggerierte Reihenfolge der Komponenten ist dabei nur idealtypisch zu verstehen, in den meisten Fällen wird eine Diagnostik nicht strikt in der angegebenen Reihenfolge ablaufen, sondern Rückgriffe und Verzweigungen erfordern. So wird eine mehrdeutige Antwort dazu führen, dass eine Lehrkraft – sofern möglich – weitere Daten erhebt, z. B. mit einer gezielten weiteren Frage, oder die vorliegenden Daten unter anderer Perspektive auf weitere förderrelevante Beobachtungen analysiert. In dem Beispiel aus

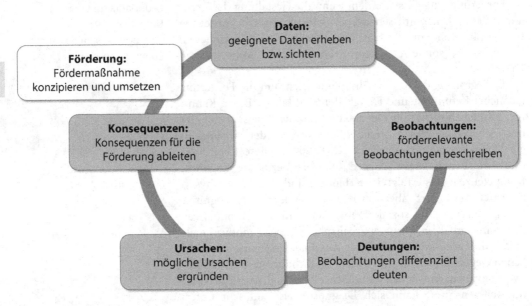

◘ **Abb. 14.3**   Prozess des Diagnostizierens und seine Verbindung zu Förderung (s. a. von Aufschnaiter et al. 2018)

◘ Abb. 14.1 wären z. B. weitere Daten nötig, um zwischen den beiden möglichen Deutungen für Danas Lösung entscheiden zu können. Es ist ebenfalls denkbar, dass erst durch die Zusammenführung von Beobachtungen und Deutungen an *verschiedenen* Schülerinnen und Schülern bestimmte mögliche Ursachen in den Blick geraten – z. B., dass die Aufgabenstellung eine unerwünschte Vorstellung antriggert – oder sich Konsequenzen gut ableiten lassen.

Die in ◘ Abb. 14.3 getroffene Anordnung der Komponenten als Kreislauf deutet zudem darauf hin, dass in der Wechselbeziehung aus Diagnostik und Förderung beides als Startpunkt dienen kann und zudem üblicherweise mehrere Durchläufe erforderlich oder zumindest hilfreich sind: Aus der Umsetzung der Fördermaßnahme werden sich weitere bzw. neue Daten ergeben, anhand derer u. a. die Eignung der Fördermaßnahme für die Unterstützung des Lernprozesses analysiert und daran anschließend die Fördermaßnahme für die betroffenen Lernenden oder zukünftige Lernende modifiziert werden kann.

> Diagnostik und Förderung als zyklischer, iterativer und manchmal sogar verzweigter Prozess

- **Daten**

Diagnostik setzt immer bei der Sichtung vorliegender oder der eigenen Erhebung von Daten an, die Antworten (für eine Statusdiagnostik) oder Lösungsprozesse (für eine Prozessdiagnostik) zu mündlich oder schriftlich gestellten Fragen/Aufgaben abbilden. Die Fragen oder Aufgaben können dabei geplant bzw. vorbereitet sein, oder sie werden im Vorübergehen gestellt. Die Qualität der Fragen bzw. Aufgaben und damit der resultierenden Daten bestimmt ganz wesentlich mit, wie aussagekräftig die Diagnostik in Lernphasen werden kann.

Werden z. B. nur Rechenergebnisse eingefordert oder ist es ausreichend, mit *ja* oder *nein* zu antworten, ist die Statusdiagnostik unnötig beschränkt. Die Aufforderung, Rechenwege abzubilden oder vollständige Antwortsätze zu notieren, generiert besser nutzbare Daten.

> Die Qualität der Fragen bzw. Aufgaben ist entscheidend für die Generierung gut nutzbarer Daten

- **Beobachtung**

Die erhobenen oder gesichteten Daten enthalten meist nicht nur Informationen zu den Kompetenzaspekten, zu denen eine Förderung geplant ist bzw. vorliegt, sondern auch eine Reihe weiterer Informationen, zu denen Diagnostik möglich wäre. Für ◘ Abb. 14.1 wäre z. B. denkbar, dass nicht nur bildliche und textliche Hinweise zum Verständnis des Sehprozesses als Daten vorliegen, sondern z. B. auch Hinweise auf motorische (Zeichnung) oder schriftsprachliche (Text) Fähigkeiten. Es ist deshalb hilfreich, vor einer Deutung der Daten zunächst die Beobachtung(en) zu beschreiben, die mit Blick auf das Förderziel relevant ist/sind. Eine solche Beschreibung ist in der Fokussierung auf bestimmte Ausschnitte der Daten nicht deutungsfrei, vermeidet aber das Einbringen zusätzlicher Informationen oder Urteile. In der Beschreibung der Beobachtung wird ausformuliert (oder an schriftlichen Lösungen markiert), was eine Schülerin oder ein Schüler sagt oder tut, nicht jedoch bereits unterstellt, dass er oder sie etwas (nicht) „will" oder (nicht) „kann". In ◘ Abb. 14.1 lassen sich in den Lösungen von Nena, Dana und Lars z. B. Pfeile und Pfeilrichtungen beobachten und beschreiben; diese als Lichtwege, Lichtrichtungen oder Blickrichtungen zu bezeichnen, wäre aber bereits eine Deutung.

- **Deutung**

Trennung und Zusammenhang von Beobachtung und Deutung

In einer Deutung wird versucht, die in den Beobachtungen hervorgehobenen Aussagen und Verhaltensweisen zu interpretieren, z. B. mit Blick auf den Grad der Beherrschung einer Kompetenz. Die interpretative Durchdringung der Daten und die Beschreibung zugehöriger Beobachtungen erfolgen dabei oft im Wechselspiel miteinander. In ◘ Abb. 14.1 würde eine Lehrkraft vermutlich sofort sowohl die Richtung der Pfeile als Beobachtung bemerken und diese als Lichtwege (bei Nena, Dana und Lars) oder die beobachtete schraffierte Fläche (bei Tolga) als mit Licht gefüllten Raum (ein so genanntes „Lichtbad", Haagen-Schützenhöfer und Hopf 2018, S. 98) deuten. Nur in der (gedanklichen) Trennung von Beobachtung und Deutung kann eine Lehrkraft aber über verschiedene Deutungen zur gleichen Beobachtung nachdenken.

Deutungen sind weit mehr als „Richtig-falsch"-Zuweisungen

Für das Optikbeispiel in ◘ Abb. 14.1 wurde bereits erläutert, dass für Danas Lösung zwei Deutungen denkbar sind: Pfeile als Repräsentanten für Blick- vs. Lichtrichtung. Mit Blick auf die Förderabsicht ist es zudem hilfreich, in den Deutungen möglichst genau auszuformulieren, was schon gekonnt und verstanden wird und worin die Passung oder Abweichung von den erwarteten Kompetenzen besteht, anstatt nur dichotom richtig oder falsch zuzuweisen. Gerade im Anliegen, vorhandene und möglicherweise noch nicht optimal ausgebaute Verständnisse und Fähigkeiten in dieser Weise differenziert zu rekonstruieren, ergeben sich häufig neue Fragen, die wiederum bereits an dieser Stelle den Ausgangspunkt für die Erhebung weiterer Daten bilden können und damit auch darauf hindeuten, dass die Abfolge der Komponenten (◘ Abb. 14.3) keinen linearen Prozess bildet. Differenzierte Deutungen helfen zudem, anschlussfähige Potenziale von Schülerinnen und Schülern zu erkennen, anstatt den Fokus ausschließlich auf Defizite zu richten.

- **Ursache**

Während in den Deutungen rekonstruiert wird, was verstanden oder gekonnt wird, hat die Suche nach möglichen Ursachen die Funktion zu klären, was mögliche Gründe für das Verhalten bzw. die Antworten sind (vgl. Ansatz des *Erklärens* z. B.

bei Seidel et al. 2010). Im obigen Beispiel (◼ Abb. 14.1), insbesondere am Beispiel von Danas Lösung, könnte sich eine Lehrkraft fragen, warum es für Schülerinnen und Schüler nahe liegt, die Funktion des Auges im Sehprozess mit einem Pfeil zu betonen. Es ist denkbar, dass Dana dies aus der Alltagserfahrung abgeleitet hat – wenn wir nicht zu einem Objekt hinschauen, können wir es nicht sehen – und sie möglicherweise deshalb mit den vorherigen Erklärungen im Unterricht wenig anfangen konnte. Die Suche nach Ursachen hilft also auch, die Ideen und das Verhalten von Schülerinnen und Schülern wertzuschätzen, oft lassen sich sehr plausible Gründe rekonstruieren. Aus unserer Sicht sind mindestens drei unterschiedliche Typen von Ursachen potenziell denkbar:

1. Die *Situation* regt zu ganz bestimmtem Denken oder Verhalten an, z. B. durch die Formulierungen oder Beispiele in der Aufgabe oder durch die sozialen Rahmenbedingungen. Dass die Situation eine mögliche Ursache ist, sollte immer mit bedacht werden, lässt sich häufig aber nur durch Beobachtungen und Deutungen an unterschiedlichen Schülerinnen und Schülern absichern. Darin kann z. B. deutlich werden, dass die gleiche Aufgabe zu ähnlichen Schwierigkeiten für verschiedene Lernende führt.
2. Die *Komplexität des Gegenstandes* bzw. dessen Anforderungsniveau kann es den Lernenden leichter oder schwerer machen, ein bestimmtes Verhalten zu zeigen bzw. bestimmte Ideen zu äußern: Lichtausbreitung (◼ Abb. 14.1) ist ein Prozess, der direkter Beobachtung nicht zugänglich ist; die Modellierung dieses Prozesses durch ausgewählte Pfeile in Richtung der betrachteten Ausbreitung verlangt ein hohes Abstraktionsvermögen, ist also für Lernende anspruchsvoll. Dass dann möglicherweise eine sachangemessene Antwort nicht gelingt, ist durchaus verständlich.
3. Die *Biografie des Lernenden* umfasst bestimmte Erfahrungen oder gerade das Fehlen solcher Erfahrungen, die die Auseinandersetzung mit den Fragen/Aufgaben beeinflussen. Es kann sich dabei um kurzzeitige Ereignisse handeln (z. B. eine Erinnerung an eine am Vorabend gesehene Wissenschaftssendung) oder um langfristige Prozesse (z. B. besonders gelungene oder auch ausgebliebene vorlaufende Lernprozesse zum Thema). Erfahrungen können auch sprachlicher Natur sein; z. B. sind vielen Schülerinnen und Schülern aus der Alltagssprache Begriffe wie *Stromverbrauch* oder *Stromfresser* bekannt, die wiederum Verbrauchsvorstellungen im Zusammenhang mit elektrischen Stromkreisen nahelegen (z. B. v. Rhöneck 1986). Auch das häusliche, kulturelle und soziale Umfeld ist Bestandteil der Biografie und kann z. B. Einfluss darauf haben, wie ein

bestimmter Begriff verstanden wird oder ob sich Schülerinnen und Schüler einem Thema besonders engagiert zuwenden.

Ursachen lassen sich zwar oft nicht eindeutig identifizieren, die Suche nach ihnen kann aber dazu führen, die vorhandenen Daten noch einmal unter einem anderen Blickwinkel anzuschauen oder gar neue Daten zu erheben. Wie auch bei den Deutungen sollte versucht werden, die Ursache differenziert zu beschreiben. Anstatt *Aufgabe nicht gut gestellt* (Typ 1) oder *Alltagserfahrung* (Typ 3) zuzuweisen, hilft es z. B. zu beschreiben, welche Formulierung in der Aufgabe auf welchem Wege zu Missinterpretationen geführt haben könnte bzw. welche Erfahrungen mit dem Thema gemacht wurden, die die Deutung begründen könnten. Es ist zudem hilfreich, den Fokus besonders auf die Ursachen zu richten, die eine Lehrkraft beeinflussen kann. Das ist bei der Gestaltung von Lernangeboten sehr viel direkter möglich als z. B. bei der häuslichen Situation oder bei der alltäglichen Verwendung von Begriffen. Allerdings kann, wenn die Ursache in der Alltagssprache vermutet wird, auf den Unterschied von Alltags- und Fachsprache eingegangen werden, sodass die Lehrkraft indirekt auf die Ursache Bezug nimmt (▶ Kap. 10).

▪ Konsequenz

Konsequenzen betreffen das „Was" und das „Wie" des weiteren Lernprozesses

Die Konsequenzen richten sich darauf, aus der Zusammenführung von Beobachtungen, Deutungen und möglichen Ursachen Schlussfolgerungen darüber abzuleiten, *was* die Schülerinnen und Schüler als Nächstes besser können oder verstehen sollen und *wie* dieses grundsätzlich erreicht werden kann. Die Ausarbeitung der konkreten Fördermaßnahme und deren Umsetzung können sich dann direkt oder auch zeitlich versetzt anschließen.

Die auf die Deutungen und Beobachtungen Bezug nehmenden Ursachen bieten besonderes Potenzial für die Ableitung von Konsequenzen: Je nach wahrscheinlicher Ursache wird die Förderung sehr unterschiedlich ausfallen, im Falle einer Ursache vom Typ (1) wären die Aufgaben und Beispiele zu überdenken (wie), um die in der Förderung adressierte oder zu adressierende Kompetenz (differenziert) erfassen zu können (was). Im Fall von (2) wäre wichtig, den zu lernenden Gegenstand noch einmal genauer zu betrachten und zu prüfen, wie sich reduzierte Anforderungen dazu konstruieren lassen, die möglicherweise zu ganz anderen Lernangeboten führen (wie) und damit biografisch (3) anders wirksam werden (was). Bei Tolga aus dem Optikbeispiel aus ◧ Abb. 14.1 kann es z. B. nötig sein, zunächst ein Verständnis von Lichtausbreitung als Prozess zu etablieren (was). Lars hingegen scheinen dieser Prozess und seine Darstellung vertraut zu sein (was). Hier wären die nächsten Schritte, zu verstehen, dass auch nicht selbst leuchtende Gegenstände Licht abstrahlen und dieses Licht ins Auge gelangen muss, damit das Auge den Gegenstand sieht (was). Für Tolga kann es hilfreich sein, Lichtausbreitung über die Sichtbarmachung von Lichtbündeln (z. B. begrenzte Lichtquellen, Rauch) der Erfahrung zugänglich zu machen (wie). Lars könnte es helfen, wenn die Umlenkung von Licht (was) über nicht selbst leuchtende Gegenstände (z. B. farbige Pappen) untersucht wird (wie, Vorschläge z. B. in Murmann 2002; Rogge 2010).

Im Vergleich von Diagnosen an unterschiedlichen Lernenden werden nicht nur die Heterogenität der Lernenden und darin auch die individuellen Förderbedarfe deutlich, sondern auch Ähnlichkeiten zwischen den Lernenden. Hier kann sich zeigen, wo ein bestimmtes Förderangebot für mehrere Lernende hilfreich sein kann. Im Vergleich von Diagnosen kann damit für den weiterführenden Unterricht auf der einen Seite neue Erkenntnis für die Lehrkraft entstehen – wo unterscheiden sich die Schülerinnen und Schüler, welche Gruppen von Lernenden sind sich eher ähnlich –, gleichzeitig aber auch Entlastung, weil nicht für jede Schülerin und jeden Schüler ein unterschiedliches Förderangebot notwendig wird.

Eine gute Diagnostik ist u. a. dadurch gekennzeichnet, dass alle Komponenten (Daten, Beobachtung, Deutung, Ursache, Konsequenz) bedacht und differenziert ausformuliert werden, wenngleich sich nicht immer für die Deutungen, Ursachen und/ oder Konsequenzen befriedigende Antworten finden lassen. Hier ist wichtig, nicht zu spekulieren, sondern immer zu klären, ob sich die eigenen Überlegungen hinreichend gut durch die Daten/ Beobachtungen und wo möglich durch Untersuchungsergebnisse der Fachdidaktik (▶ Abschn. 14.1.3) stützen lassen. Dies leistet einen Beitrag dazu, dass die in einer Diagnose getroffene Schätzung der Kompetenz eines Lernenden möglichst dicht an der tatsächlich vorliegenden Kompetenz liegt, die weder „vollständig" noch vollkommen genau erfasst werden kann. Wir sprechen in diesem Zusammenhang von einer *verzerrungsarmen* Diagnose (vgl. *Urteilsfehler* in ▶ Abschn. 14.3).

Ein weiteres Element einer guten Diagnostik wurde oben am Beispiel in ◨ Abb. 14.1 bereits thematisiert: Es ist hilfreich, sich, wo immer möglich, über *alternative* Deutungen, Ursachen und Konsequenzen Gedanken zu machen. Auch hier gilt aber: Nicht spekulieren! Alternativen sollten eine ähnliche Plausibilität haben und sind Kennzeichen der mit Diagnostik einhergehenden Interpretationsunsicherheit. Dieses Denken in alternativen Deutungen, Ursachen und Konsequenzen unterstützt, im weiteren Prozess des Diagnostizierens zielgerichtet Daten zu erheben (z. B. durch das Stellen von Fragen, die nicht

Gute Diagnostik I
– alle Komponenten bedenken und inhaltlich trennen
– Deutungen und Ursachen differenziert ausformulieren
– alternative Deutungen, Ursachen und Konsequenzen abwägen
– nicht spekulieren
– Kreislauf (◨ Abb. 14.3) ggf. mehrfach durchlaufen

mit einem Wort oder Halbsatz beantwortet werden können, oder durch das Einfordern von Begründungen für eine Antwort) und kritisch zu prüfen, ob sich in den Diagnosen etwas verändert. Es bleibt dennoch unvermeidbar, sich am Ende für eine Konsequenz zu entscheiden, auch wenn alternative Schlussfolgerungen für die weitere Förderung möglich sind. Das mag ein Gefühl der Unsicherheit hinterlassen, ist aber im Kern vor allem ein Kennzeichen dafür, dass Diagnostik und Förderung zwangsläufig ungenau und ein fortlaufender Prozess sind, in dem nach einem Durchlauf möglicherweise eine ganz andere Richtung eingeschlagen wird, weil sich der erste Förderansatz nicht bewährt hat.

14.1.2 Erträge und Grenzen von Status- und Prozessdiagnostik

Die im Prozess des Diagnostizierens erhobenen Daten können einerseits ausschließlich auf Aufgabenlösungen gerichtet sein (z. B. die Schülerantworten in ◘ Abb. 14.1), andererseits aber auch den Prozess der Aufgabenbearbeitung umfassen (z. B. durch Protokollierung des Prozesses, oder zumindest genaues Zuhören, oder durch Video-/Audioaufzeichnung). Letzteres bietet sich vor allem dort an, wo Schülerinnen und Schüler in Gruppen arbeiten oder aber aufgefordert sind, laut zu denken bzw. Fragen zu ihrem Lösungsprozess zu beantworten. Diesen beiden unterschiedlichen Erhebungsverfahren wurden oben bereits zwei verschiedene Arten der Diagnostik zugeordnet: Statusdiagnostik für die Nutzung von Aufgabenlösungen und Prozessdiagnostik für die Erfassung von Lösungsprozessen zu einzelnen Aufgaben (vgl. auch von Aufschnaiter et al. 2015).

Sowohl Status- als auch Prozessdiagnostik richten sich auf die Analyse von *zu einem Zeitpunkt* vorliegenden Kompetenzen. Warum braucht es dann zwei unterschiedliche Arten? Ein Beispiel aus einer Diagnostik mit Schülern der Klasse 11 kann den Unterschied illustrieren (◘ Abb. 14.4 und 14.5). Das Ergebnis einer in Partnerarbeit gelösten Aufgabe ist in ◘ Abb. 14.4 dokumentiert, sie lässt sich als Vorstellung *deuten,* dass zur Aufrechterhaltung einer Bewegung (auch mit konstanter Geschwindigkeit) immer eine Kraft erforderlich ist. Aus fachlicher Sicht ist diese Annahme falsch, im Falle konstanter Geschwindigkeit wirken keine resultierenden Kräfte, alle am Kübel angreifenden Kräfte bilanzieren sich also zu null (Lösung C). Eine mögliche *Ursache* für die Vorstellung könnte sein, dass wir im Alltag immer Kraft ausüben müssen, um einen Körper in Bewegung zu halten; wir erleben jedoch nicht, dass es sich dabei um eine die Reibung kompensierende Kraft handelt (Ursache vom Typ 3, oben). Eine *Konsequenz* für den Unterricht

Ein Gärtner zieht einen großen Blumenkübel durch eine Gärtnerei.
Er übt dabei eine konstante horizontale Kraft aus, deshalb bewegt sich
der Kübel mit konstanter Geschwindigkeit über den Boden.

Die vom Gärtner ausgeübte konstante horizontale Kraft ist

(A) ... genau so groß wie das Gewicht des Kübels.

(B) ... größer als das Gewicht des Kübels.

(C) ... genau so groß wie die Summe aller Kräfte,
die der Bewegung des Kübels entgegenwirken.

(D) ... größer als die Summe aller Kräfte,
die der Bewegung des Kübels entgegenwirken.

■ Abb. 14.4 Aufgabe zur Mechanik (erstes Newton'sches Axiom) und
Antwortkreuz der Schüler Johannes und Christian (Klasse 11)

C : Die da wären .. ? .. wirken. Also, ich würd sagen größer, oder?

J : Größer? *(liest vor)* „Als die Summe aller Kräfte, die der Bewegung des Kübels entgegen wirken. "*(liest)*
„Größer als das Gewicht des Kübels." Ich versteh nicht was…

C : *(unterbricht)* Obwohl, nee, warte. Moment, Moment. Gleich groß, weil der Kübel bewegt sich ja schon,
wir müssen ja nicht beschleunigen. Hier steht ja „bewegt sich der Kübel mit konstanter
Geschwindigkeit", also er bewegt sich *(deutet Bewegung auf dem Tisch an)*. Und wir sind jetzt mitten
drin wo sich alles bewegt. Das heißt, die müssen gleich groß sein.

J : Also, du meinst, das ist dasselbe Beispiel wie mit dem gezogenen Eimer, nur anders?

C : Weiß nicht, ich glaub nicht. Obwohl, wenn gleich groß, dann würden der Kübel ja stehen bleiben,
eigentlich, ne? *(deutet das Stehenbleiben mitden Händen an)*

J : Das ist ja schon wieder eine Schweinerei hier.

C *setzt das Kreuz bei Lösung D.*

[Dauer: 35 Sekunden]

■ Abb. 14.5 Diskurs der Schüler Johannes und Christian zur Aufgabe aus ■ Abb. 14.4 (kursiv: Handlungsbeschreibungen)

könnte sein, Kräfte beim Ziehen von Gegenständen (konstante
Geschwindigkeit) über unterschiedlich raue Oberflächen zu messen, die Konstanz der Kraft während des Ziehens zu beobachten
sowie im Vergleich verschiedener Oberflächen den unterschiedlichen Betrag zu thematisieren, um der fachlichen Vorstellung
einer „Kompensation" näher zu kommen (vgl. Alonzo und von
Aufschnaiter 2018).

Von den Schülern, die die Aufgabe beantwortet haben,
wurden nicht nur die Lösungen zur Aufgabe (Beobachtung)
eingesammelt, sondern auch ihre Diskurse bei der Aufgabe
videografiert, die Datenbasis für die Diagnostik also erweitert
(■ Abb. 14.5). Die zweite Aussage von Christian (Beobachtung)
ist ein Indikator dafür, dass Christian durchaus über eine fachlich
passende Vorstellung verfügt (Deutung) – er hat sie vielleicht im
vorlaufenden Unterricht entwickelt (mögliche Ursache) –, diese
aber noch nicht konsequent anwenden kann (Deutung der dritten

Aussage von Christian sowie seines gesetzten Kreuzes). Die Analyse des Prozesses hilft somit, vorhandene Kompetenzen (noch) differenzierter aufzuschlüsseln, z. B., ob Lernende zwischen unterschiedlichen Lösungen abwägen oder nur eine in Betracht ziehen, ob sie die Antwort sehr schnell/langsam/mühselig generieren oder worauf sie bei der Bearbeitung der Aufgabe inhaltlich fokussieren.

Prozessdiagnostik liefert mehr Hinweise für die Förderung

Prozessdiagnostik hat oft ein größeres Potenzial, Hinweise auf Förderung zu liefern. Im Fall des Prozesses in ◘ Abb. 14.5 wird z. B. deutlich, dass die fachliche Vorstellung für Christian nicht fundamental neu aufgebaut, sondern in ihrer Anwendungsbreite thematisiert werden sollte (Konsequenz). Über Johannes gibt der Ausschnitt weniger Informationen; es wären weitere Daten nötig, um eine individuell passende Fördermaßnahme zu konzipieren. Hier wird eine weitere Beschränkung der Statusdiagnostik gegenüber der Prozessdiagnostik deutlich, die bei Partner- oder Gruppenarbeit zum Tragen kommt. Anhand der Produkte lässt sich nicht (mehr) erkennen, welchen Beitrag welcher Schüler zu ihrer Entstehung geleistet hat, z. B. wer sich bei der Setzung des Kreuzes in ◘ Abb. 14.4 mit welchen Argumenten durchgesetzt hat oder wer welchen Beitrag zur Durchführung eines Experiments geleistet hat. Es bleibt bei der Statusdiagnostik anhand Partner-/Gruppenprodukten also unklar, auf wen genau die Diagnose bezogen ist und über wen ggf. weitere Daten erhoben werden müssten. Unklarheiten und Verzerrungen bezüglich der Kenntnisse und der Fähigkeiten einzelner Schülerinnen und Schüler bleiben dabei, wie im Beispiel bei Johannes (◘ Abb. 14.5), nicht aus, sind aber offensichtlicher und eindeutiger einzelnen Lernenden zuzuordnen.

Prozessdiagnostik ist unverzichtbar, wenn sich die Kompetenz nur im Prozess zeigen kann

Prozessdiagnostik ist nicht nur eine Alternative zu Statusdiagnostik, sie ist manchmal sogar unverzichtbar, nämlich dort, wo sich die Kompetenz vor allem im Prozess und nicht im Ergebnis zeigt. Das gilt z. B. bei der Diagnostik experimentbezogener Fähigkeiten und Kenntnisse. Hier wird oft zwischen der *Planung* (inkl. Fragen stellen und Hypothesen bilden), der *Durchführung* und der *Auswertung* von Experimenten unterschieden (z. B. Emden und Sumfleth 2012). Manche der darauf bezogenen Fähigkeiten und Kenntnisse lassen sich gar nicht oder nur eingeschränkt mit schriftlichen Aufgaben oder Dokumentationen des Aufbaus (z. B. Fotos) erfassen, sind also nur begrenzt einer Statusdiagnostik zugänglich. Dies gilt z. B. für die Fähigkeit zur Formulierung einer naturwissenschaftlichen Fragestellung *(Planung)* oder der Auswertung von Messwerten *(Auswertung)*. Bei den Fähigkeiten zum Aufbau eines Experiments oder zur Durchführung einer Messung manifestiert sich die Kompetenz jedoch fast ausschließlich im Prozess, z. B. in den Schwierigkeiten, die dabei auftreten und ggf. überwunden werden, und in den Vorstellungen, die handlungsleitend sind. Um diese

Fähigkeiten zu diagnostizieren, werden daher Experimentieraufgaben eingesetzt, die experimentelle Handlungen am Realexperiment (oder an realitätsnahen Simulationen) erfordern (z. B. Schreiber et al. 2014). Die Datenerhebung erfolgt hierbei durch direkte Beobachtung oder Videoaufzeichnung und die Analyse dieser (aufgezeichneten) Prozesse. ☐ Abb. 14.6 zeigt ein Transkript eines Videoausschnittes eines Experimentierprozesses.

Das Beispiel zeigt zunächst erneut, dass mit Prozessdiagnostik einige Fähigkeiten differenzierter erfasst werden können als mit Statusdiagnostik. Ein Foto des fertigen Aufbaus (Statusdiagnostik) würde evtl. die leichte Schrägstellung des Maßstabs zeigen. Man könnte diese *Beobachtung* dahingehend *deuten*, dass Ayla und Nisa nicht wissen, dass der Maßstab senkrecht stehen sollte, dass sie es in der Praxis nicht umsetzen können oder dass sie sich überlegt haben, dass die Neigung des Maßstabs für die grundsätzliche Untersuchung der Proportionalität irrelevant ist. Das Foto zeigt jedoch nicht, dass mindestens Ayla den Maßstab zunächst senkrecht aufbauen möchte, sie das auch umsetzen kann, jedoch beim Umbau nicht konsequent durchhält.

An dem Beispiel in ☐ Abb. 14.6 wird aber auch deutlich, dass einige Fähigkeiten ohne Erfassung der Prozesse einer Diagnostik überhaupt nicht zugänglich sind. Hierzu gehört die *Beobachtung*, dass die Schülerinnen zunächst keinen stabilen

[Nisa und Ayla wollen überprüfen, ob die Ausdehnung einer Schraubenfeder proportional zur angehängten Masse ist. Sie haben Stativmaterial, eine Schraubenfeder, einen Maßstab und verschiedene Massestücke zur Verfügung. Sie haben sich überlegt, dass sie die Feder an einem Stativ aufhängen, den Maßstab daneben aufstellen, verschiedene Massestücke an die Feder hängen und jeweils die Ausdehnung messen. Masse und Ausdehnung wollen sie in einer Tabelle notieren.]

Ayla stellt eine Stativstange in einen Tonnenfuß, befestigt oben an der Stativstange eine Querstange und hängt daran die Feder. [Als sie das erste Massestück an die Feder hängt, kippt der Aufbau zur Seite.]

A: Mist. Halt das mal fest. Aber nicht wackeln.

N hält den Aufbau fest. A stellt den Maßstab in den breiteren Stativfuß.

A: Auch nicht einfach, den gerade zu kriegen. Steht der jetzt senkrecht?

N: Ja, sieht so aus. // Aber wenn wir die Füße tauschen, muss ich nicht die ganze Zeit festhalten.

N stellt die Stativstange in den breiten Stativfuß und A. den Maßstab in den Tonnenfuß. [Der Maßstab steht jetzt etwas schief.]

A: So, und jetzt wieder diese komischen Ablesemarken. Die kommt ganz nach oben. *(schiebt die obere Marke an das obere Ende der Feder und die untere an das untere Ende des Massestücks)* / Mist, das Ding wackelt so.

N hält das Massestück mit der Hand fest.

A: Ok. Das sind jetzt // Moment // *(schaut* [möglichst senkrecht] *auf die obere Ablesemarke)* // 55 cm / und / *(schaut* [möglichst senkrecht] *auf die untere Ablesemarke)* // 25 cm. Also 55 minus 25. Das sind 30 cm. Schreib das mal auf.

☐ **Abb. 14.6** Transkriptausschnitt zu einem Experimentierprozess der Schülerinnen Nisa und Ayla (kursiv: Handlungsbeschreibungen; /: 1 Sekunde Pause; […] Anmerkungen des Transkribierers zum Prozess)

Aufbau realisieren. Dies kann man dahingehend *deuten,* dass sie das Material für das Stativ nicht planvoll im Hinblick auf die daran zu befestigenden Materialien und einen stabilen Aufbau auswählen. Eine *Ursache* kann sein, dass sie solche Planungsüberlegungen im Unterricht bisher wenig geübt haben. Vielleicht wurde das zu nutzende Stativmaterial vorgegeben und seine Auswahl nicht begründet. Die *Konsequenz* für eine Fördermaßnahme könnte sein, die Materialauswahl auf Basis von Gerätekenntnis und Fachwissen im Unterricht explizit zu üben. Auch, dass die Schülerinnen die Instabilität des Aufbaus bemerken und selbstständig korrigieren können, das unangemessene Festhalten des Massestücks durch Nisa während des Ablesens und die wiederholte angemessene Berücksichtigung der Parallaxe beim Ablesen des Maßstabs durch Ayla kann man nur aus dem Prozess erschließen.

Prozessdiagnostik in der Praxis: aufwendig aber, machbar

Die hier angeführten Vorteile von Prozessdiagnostik, differenzierter und ggf. individualisierter Auskunft über Kompetenzen und Zugriff auf solche Kompetenzen zu erhalten, die in ihrer Natur schon prozesshaft sind, bringen aber auch den Nachteil relativ aufwendiger Erhebung von Daten mit sich. Sie erfordern, wie oben bereits erwähnt, Videoaufzeichnungen oder auch die direkte Beobachtung von Prozessen; Statusdiagnostik ist demgegenüber sowohl in der Datenerhebung als auch in der Datenanalyse einfacher. Dennoch muss betont werden, dass die leichtere Umsetzung von Statusdiagnostik nicht dazu führen darf, dass die Diagnostik prozesshafter Fähigkeiten auf die einfacher zu erfassenden Bereiche, im Kontext des Experimentierens z. B. der Planung und Auswertung, beschränkt bleibt und entsprechende Einschränkungen in der Förderung nach sich zieht. Eine Variante mit vertretbarem Aufwand stellt die geplante und gezielte Fokussierung auf einzelne, aber immer wieder andere Schülergruppen im Unterrichtsalltag dar, z. B. bei der Durchführung von Experimenten. Mit diesem Vorgehen kann trotz der Komplexität des gesamten Unterrichtsgeschehens eine Prozessdiagnostik einzelner Schülerinnen und Schüler gelingen. Auf der anderen Seite lassen sich beide Verfahren kombinieren, indem z. B. in einer Statusdiagnostik Begründungen für Lösungen eingefordert werden oder aber die Schülerinnen und Schüler aufgefordert werden, den Lösungsprozess mit abzubilden. Dazu gehört auch, Fragen so zu stellen, dass sie nicht nur „Ja-/Nein-" oder „Schlagwort-/Halbsatz-"Antworten provozieren, sondern die Überlegungen zu einem Sachverhalt ausgeführt werden. Als eine ergänzende Datengrundlage für die (Prozess-)Diagnostik können zudem Selbstbeurteilungen von Schülerinnen und Schülern herangezogen werden (für das Experimentieren vgl. z. B. Schreiber et al. 2016).

14

Veränderungs- und Verlaufsdiagnostik

Für die Schule weniger üblich und in der Durchführung etwas aufwendiger sind zwei weitere Arten der Diagnostik, die auf Status- und Prozessdiagnostik beruhen (vgl. ◘ Abb. 14.7). Wenn es der Lehrkraft nicht nur darum geht, die Kompetenz zu einem Zeitpunkt zu erfassen, sondern auch zu untersuchen, ob und wie Lernen stattfindet, müsste sie entweder Kompetenzstände zu zwei verschiedenen Zeitpunkten miteinander vergleichen (Veränderungsdiagnostik) oder den Verlauf des Kompetenzaufbaus engmaschig verfolgen (Verlaufsdiagnostik). In einer

Veränderungsdiagnostik würde eine Lehrkraft z. B. vor und nach einer Unterrichtseinheit ähnliche (oder sogar identische) Aufgabe stellen und die Bearbeitungsprozesse und/oder die Lösungen vergleichen. In einer Verlaufsdiagnostik würde eine Lehrkraft idealerweise, real ist es kaum möglich, in allen Lerngelegenheiten, die auf die zu erfassende Kompetenz abzielen, aufeinanderfolgende Prozessdiagnostik betreiben (die integriert Statusdiagnosen enthalten kann). Die Lehrkraft würde dann nicht nur im Unterricht diagnostizieren, sondern auch bei Schülergesprächen über

den Unterrichtsinhalt im Bus und bei der Bearbeitung zugehöriger Hausaufgaben. In der Aneinanderreihung von auf kurze Zeiträume gerichteten Prozessdiagnosen erfasst die Verlaufsdiagnostik auf längeren Zeitskalen, wie sich Kompetenz über ähnliche Aufgaben hinweg entwickelt (vgl. von Aufschnaiter et al. 2015). Gerade, weil Veränderungs- und Verlaufsdiagnostik in Schule kaum, im Rahmen fachdidaktischer Forschung aber sehr wohl leistbar ist, werden fachdidaktische Erkenntnisse aus solchen Diagnosen zum Gegenstand der Lehrerbildung gemacht.

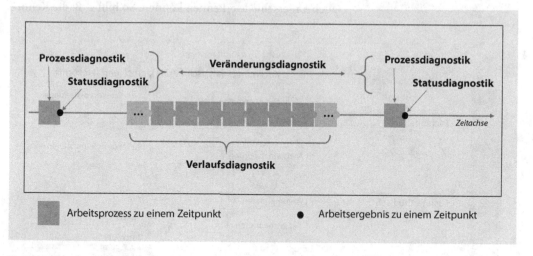

◘ **Abb. 14.7**   Übersicht über vier Diagnosearten

14.1.3 **Fachdidaktische Theorie und Empirie für kriteriengeleitete Diagnostik**

Bereits am Ende von ▶ Abschn. 14.1.1 wurden Merkmale guter Diagnostik erläutert, deren Einhaltung unterstützen soll, die zu diagnostizierende Kompetenz der Lernenden differenziert und verzerrungsarm zu erfassen. Um dies zu erreichen, fehlt jedoch noch ein wesentliches Merkmal: Die Nutzung fachdidaktischer

Fachdidaktische bzw. bildungswissenschaftliche Theorie und Empirie helfen bei der Diagnostik

bzw. bildungswissenschaftlicher Theorie und Empirie als *Brillen* für die Diagnostik. Solche Brillen helfen in dreifacher Hinsicht:

1. Sie schaffen für alle Komponenten der Diagnostik eine Orientierung auf mögliche Kompetenzaspekte, die erfasst werden könnten und zu denen Förderung möglich ist (◘ Abb. 14.8, linke Spalte). Die Frage, ob z. B. fachinhaltliche Kenntnisse und Fähigkeiten erfasst werden sollen oder ob erfasst werden soll, wie Lernende bestimmte Aufgaben, Anforderungen oder Situationen erleben, führt zu unterschiedlichen Diagnosen und damit auch zu unterschiedlichen Aussagen über Förderung. In ◘ Abb. 14.5 könnte nicht nur Christians fachinhaltliches Verständnis des ersten Newton'schen Axioms diagnostiziert werden, sondern auch das von Johannes geäußerte Erleben der Situation oder der Aufgabe („das ist ja schon wieder eine Schweinerei hier").

2. Theorie und Empirie können darüber hinaus unterstützen, zu differenzierten Deutungen zu gelangen, weil aus ihnen fachspezifische und fachübergreifende Kriterien abgeleitet werden können, die sich als Interpretationshilfen anbieten (rechte Spalten in ◘ Abb. 14.8). Wer sich z. B. mit Befundlagen zu Schülervorstellungen auskennt, wird fachliche Aussagen von Schülerinnen und Schülern leichter deuten und auch Unterschiede erkennen können. So hilft z. B. die Kennt-

14

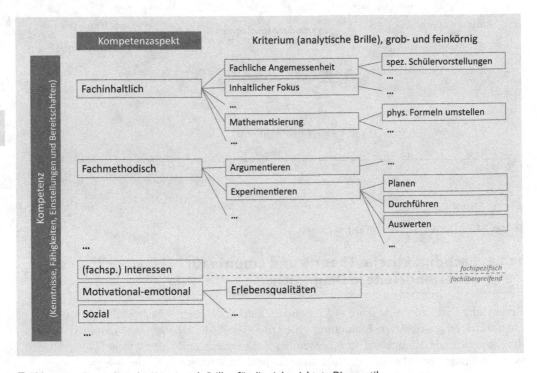

◘ **Abb. 14.8**   Exemplarische Kriterien als Brillen für die zielgerichtete Diagnostik

nis der Befunde zu Schülervorstellungen zum Sehprozess (z. B. Haagen-Schützenhöfer und Hopf 2018), die Schülerlösungen aus ◘ Abb. 14.1 zu deuten und einzuordnen. Auch potenzielle Ursachen sind teilweise untersucht, in der Literatur zu Schülervorstellungen beschrieben und können für die Diagnostik genutzt werden. Schülerschwierigkeiten zum Experimentieren sind ebenfalls Gegenstand fachdidaktischer Forschung, und die Ergebnisse können zur Deutung und Ursachenzuschreibung genutzt werden (z. B. Hammann et al. 2006). So sind z. B. das in ◘ Abb. 14.6 beobachtete Festhalten des Massestücks beim Ablesen, der händische Umgang mit Stativmaterial oder das Schiefhalten von Maßstäben typische Schwierigkeiten bei vergleichbaren experimentellen Aufgabenstellungen (Kechel 2016, S. 131 ff.).

3. Zuletzt ist für einzelne, ggf. nicht für alle, Kriterien denkbar, dass sie in unterschiedlichen Ausprägungen vorliegen. Im Bild einer für Diagnostik aufgesetzten Brille sind Ausprägungen so etwas wie Lupen, sie würden in ◘ Abb. 14.8 rechts als weitere Spalte ergänzt werden. Ausprägungen werden häufig im Sinne einer Stufung (Graduierung) verstanden, in denen eine aufzubauende Kompetenz unterschiedlich weit fortgeschritten ist (im englischen Sprachraum wird in diesem Kontext manchmal von *learning progressions* gesprochen, u. a. Alonzo und v. Aufschnaiter 2018; Hadenfeldt et al. 2016; Neumann et al. 2013; ► Kap. 7). Obwohl z. B. Lars in ◘ Abb. 14.1 über kein vollständiges Verständnis vom Sehprozess zu verfügen scheint, deutet seine Zeichnung aufgrund der Pfeile darauf hin, dass er bereits die Lichtausbreitung als Prozess erfasst hat. Damit ist sein Verständnis fachlich weiter fortgeschritten als bei Tolga, dessen Zeichnung auf die Vorstellung von einem (statischen) Lichtbad hindeutet. Beschreibungen über gestufte Ausprägungen von Kompetenzen sind Gegenstand fachdidaktischer Forschung und liegen gegenwärtig nur für ausgewählte schulisch relevante Kompetenzen vor (z. B. Schecker et al. 2016). Ihre Kenntnis ist wichtig und hilfreich für die Entwicklung individueller Fördermaßnahmen, da sie Hinweise darauf geben, was ein passendes Lernziel auf der jeweils nächsten Stufe sein könnte. Bei Tolga (◘ Abb. 14.1) könnte dies z. B. sein, die Lichtausbreitung als geradlinig und gerichtet zu verstehen.

Es ist wichtig zu betonen, dass ◘ Abb. 14.8 von eher exemplarischer Natur ist. Sie ist nicht so zu verstehen, dass alle Aspekte bzw. Kriterien gleichzeitig angewendet werden sollen. Ganz im Gegenteil, sie soll helfen, sich in der Diagnostik auf die Kompetenzaspekte und Kriterien zu fokussieren, die zu den intendierten Lernzielen passen. Es kommt deshalb auch nicht

Gute Diagnostik II
— Kriterien nutzen, um zielgerichtet zu beobachten, Deutungen und Ursachen einzuordnen und Förderungen strukturiert ableiten

zentral darauf an, die Kriterien in ihrer Körnigkeit zu ordnen (grob vs. fein), sondern viel mehr, ihre Interpretationshilfe zu erfassen. Die Abbildung kann zudem beliebig erweitert oder modifiziert werden.

14.2 Diagnostik in Leistungsphasen

Eine Lehrkraft befindet sich in der Schule in einer Doppelrolle als Pädagogin und Prüferin bzw. Pädagoge und Prüfer. Bislang wurde die pädagogische Aufgabe dargestellt, die Kompetenzen von Schülerinnen und Schülern in Lernphasen zu diagnostizieren, um für Individuen oder Gruppen von Lernenden passende Lernangebote machen zu können. Wir sprechen in diesem Zusammenhang auch von der *Beurteilung* der Kompetenzen von Schülerinnen und Schülern, um hervorzuheben, dass das Urteil wertneutral erfolgt, also keine Note erteilt wird, auch nicht indirekt (im Sinne von „gut" als Synonym für die Note 2). Eine Beurteilung von Kompetenzen erfolgt auch in Leistungsphasen. Die *Bewertung*, also die Notengebung, ist ein zusätzlicher Schritt, der vor allem der Berechtigungs- und Selektionsfunktion von Schule im Sinne der Sicherstellung von Qualifikationen Rechnung trägt, die sich insbesondere in schriftlichen zentralen Abschlussprüfungen, z. B. im Abitur, zeigt. Die folgenden Überlegungen greifen sowohl die Beurteilung als auch die Bewertung auf und beziehen sich vor allem auf schriftliche Leistungsüberprüfungen innerhalb eines Klassenverbands – also auf Statusdiagnostik –, sei es als *kurze schriftliche Überprüfung* (sogenannte *Tests*) oder *Klassenarbeiten* von bis zu üblicherweise 45 min Dauer in der Sekundarstufe I oder als mehrstündige *Klausuren* in der Sekundarstufe II. Aufgaben- und Testformate für Schulleistungsstudien wie PISA sind also nicht gemeint, da diese anderen testtheoretischen Bedingungen genügen müssen (Band 2 Methoden und Inhalte, ▸ Kap. 1).

Mit Blick auf den Diagnoseprozess (◘ Abb. 14.3) richtet sich die Leistungsüberprüfung im Schwerpunkt auf die Erhebung und Deutung von Daten (◘ Abb. 14.9). In der Erhebung werden

◘ **Abb. 14.9**   Prozess bei der schriftlichen Leistungsüberprüfung

die zu erfassenden Kompetenzen festgelegt und Aufgaben passend ausgewählt bzw. konstruiert (▶ Abschn. 14.2.1) sowie die Leistungsüberprüfung durchgeführt (▶ Abschn. 14.2.2). Obwohl Lehrkräfte die Deutung der Daten auf Beobachtungen abstützen sollten, werden sie diese im Zuge der Auswertung meist nicht explizit beschreiben. Wichtig ist aber, dass sie z. B. bei offenen Antworten nichts in den Text hineinlesen oder überlesen. Die Deutung besteht im Normalfall aus zwei idealerweise aufeinanderfolgenden, *getrennten* Prozessen, deren Unterscheidung jedoch oft nicht hinreichend in den Blick genommen wird (vgl. Brühlmeier 1980): Die *Beurteilung* und *Bewertung*. Die Beurteilung entspricht einer differenzierten Deutung von Schülerlösungen zu jeder Aufgabe (▶ Abschn. 14.2.3). Bei der nachfolgenden Bewertung werden für jede Schülerin bzw. jeden Schüler diese Deutungen über alle Aufgaben hinweg zusammengefasst und ihnen ein „Wert" zugewiesen, z. B. eine Note oder eine Aussage im Sinne von „bestanden" oder „nicht bestanden" (▶ Abschn. 14.2.4).

> Erst die Bewertung weist den Beurteilungen einen „Wert" zu

Die Bewertung über verschiedene Leistungsüberprüfungen hinweg kann dazu führen, dass sich im Sinne der Sicherstellung von Qualifikationen Konsequenzen für einzelne Schülerinnen und Schüler ergeben, z. B. in der Zuweisung zu einer anderen Klasse oder Schulform. Dient die Leistungsüberprüfung ausschließlich der Förderung, kann auf eine Bewertung verzichtet werden. Ebenso kann eine Lehrkraft bei einer Leistungsüberprüfung über mögliche Ursachen der Ergebnisse und Konsequenzen für die Weiterentwicklung des eigenen Unterrichts nachdenken (▶ Abschn. 14.1), wird dies, auch aus Zeitgründen, aber nur vereinzelt tun.

14.2.1 Konstruktion einer schriftlichen Leistungsüberprüfung

Ein Beispiel einer schriftlichen Leistungsüberprüfung für einen Grundkurs in der Einführungsphase der Oberstufe in Nordrhein-Westfalen zeigt ◘ Abb. 14.10. Ziel der Aufgabe ist offenbar, als Einstieg in die Klausur Grundkenntnisse und -fertigkeiten abzuprüfen, die in der vorhergehenden Unterrichtsreihe behandelt wurden. Dazu wählt die Lehrkraft – im Sinne von Grundkenntnissen – Aufgabenstellungen aus, die mehrfach in ähnlicher Weise im Unterricht behandelt wurden, und fertigt eine zur Bearbeitung im Unterricht passende Lösungsskizze an, die die erwartete Lösung als Indikator für Kompetenz festlegt und deshalb oft als *Erwartungshorizont* bezeichnet wird (◘ Abb. 14.11).

Aufgabe 1   *Punktesammler*   *(20 + 4 + 4 + 4 = 32 Punkte)*

a) Ein PKW mit einer Masse von 1,5 t fährt mit der konstanten Geschwindigkeit von 130 $\frac{km}{h}$ auf einer

horizontalen Straße.

i) Berechnen Sie seine kinetische Energie.

ii) Nach dem Abbremsen des Fahrzeugs auf 30 $\frac{km}{h}$ besitzt der PKW eine geringere Bewegungsenergie.

Berechnen Sie, wie viel Energie durch den Bremsvorgang in eine andere Energieform umgewandelt

wurde. [Kontrollergebnis: $W_{Bremsen}$ = 925925,9 J]

iii) Der Bremsvorgang erfolgt auf einer Strecke von 250 m. Berechnen Sie die erforderliche Bremskraft.

iv) Bestimmen Sie die Höhe, aus welcher das Auto auf den Boden fallen gelassen werden müsste, damit

die gleiche Arbeit wie in ii) verrichtet wird. Der Luftwiderstand kann vernachlässigt werden.

[Kontrollergebnis: h = 62,9 m]

v) Bestimmen Sie die Leistung aus Teilaufgabe iv).

b) Bestimmen Sie, was wir unter der Energieerhaltung verstehen.

c) Beschreibgen Sie, was wir unter dem Wechselwirkungsprinzip und Wechselwirkungskräften verstehen

und nennen Sie zwei wesentliche Unterschiede zu Kräften im Kräftegleichgewicht.

d) Beschreiben Sie, wie sich elastische Stöße und vollkommen inelastische Stöße unterscheiden.

•   Bei allen Ergebnissen muss der Lösungsweg begründet und nachvollziehbar sein. Die Lösungswege

sind übersichtlich dazustellen, zu gliedern und ggf. durch Text zu erläutern.

•   Denken Sie daran, immer die **benutzte Formel** und die **Einheiten** anzugeben.

◘ **Abb. 14.10**   Exemplarische Klausuraufgabe aus der Einführungsphase der Oberstufe

Die Unterstreichungen in ◘ Abb. 14.11 bei Aufgabenteil c) machen deutlich, welche Eigenschaften des Wechselwirkungsprinzips bzw. der Wechselwirkungskräfte in welcher Form im Unterricht besprochen wurden und in einer vollständigen Lösung erwartet werden. Je nach Unterricht sind hier auch andere Aspekte denkbar, etwa, dass Wechselwirkungskräfte immer derselben Art sind. Während diese Lehrkraft anscheinend (noch) akzeptiert, dass Zahlenwerte auf eine Nachkommastelle der Grundeinheit gerundet werden, wird eine andere Lehrkraft möglicherweise darauf bestehen, dass die Anzahl gültiger Ziffern der Ausgangsgrößen bei der Rundung berücksichtigt werden, und deshalb bei Teilaufgabe a) das Ergebnis *980* kJ erwarten.

Für die Güte einer Leistungsüberprüfung ist wichtig, dass das, was unterrichtet wurde, mit derselben Gewichtung überprüft wird (*Inhaltsvalidität* Kap. Band 2 Methoden und Inhalte, ▶ Kap. 1). Manchmal besteht die Gefahr, dass eine Lehrkraft von einer spontanen Idee oder von einer raffinierten oder eleganten Aufgabenstellung fasziniert ist und diese in die Klassenarbeit aufnimmt, obwohl sie zum Unterricht nicht oder nur zu randständig passt.

Die inhaltliche Gewichtung des Unterrichts abdecken

Für die Gültigkeit der Ergebnisse einer Leistungsüberprüfung ist außerdem wichtig, dass die Aufgabenstellung klar

Aufgabe 1   4 Punkte pro Teilaufgabe = 32 Punkte

a)

  i) $E_{kin} = 978009{,}2$ J   falsche Lösung: $E_{kin} = 27083{,}3$ J bei hoch 2 vergessen

  ii) $\Delta E_{kin} = 978009{,}2$ J - 52083,3 J = 925925,9 J

  iii) $F = \dfrac{W}{s} = \dfrac{925925{,}9 \text{ J}}{250 \text{ m}} = 3703{,}7$ N

  iv) $m \cdot g \cdot h = 925925{,}9$ J

       $h = \dfrac{925926{,}9 \text{ J}}{1500 \text{ kg} \cdot 9{,}81 \frac{m}{s^2}} = 62{,}9$ m

  v) $h = \dfrac{1}{2} \cdot g \cdot t^2 \Rightarrow \Delta t = \sqrt{\dfrac{2 \cdot h}{g}} = \sqrt{\dfrac{2 \cdot 62{,}9 \text{ m}}{9{,}81 \frac{m}{s^2}}} = 3{,}58$ s

       $P = \dfrac{W}{\Delta t} = \dfrac{925925{,}9 \text{ J}}{3{,}58 \text{ s}} = 258646{,}8$ W

       (nachvollziehbare, durch Rundung der Zwischenergebnisse abweichende Ergebnisse sind gültig)

b) Energie kann nicht verloren gehen. Sie wandelt sich in andere Energieformen um und wird so teilweise entwertet.

c) Wirkt ein Körper A eine Kraft auf Körper B aus, so wirkt Körper B eine <u>genauso große</u> Kraft auf <u>Körper A</u> in die <u>entgegengesetzte</u> Richtung aus.
   Wechselwirkungskräfte treten <u>immer</u> auf und wirken auf <u>unterschiedliche</u> Körper.

d) Beim vollkommen inelastischen Stoß wird Energie entwertet und die Objekte bewegen sich danach mit derselben Geschwindigkeit vorwärts. Bei elastischen Stoß passiert beides nicht.

◨ **Abb. 14.11** Lösungsskizze zur Klausuraufgabe als Erwartungshorizont

und eindeutig formuliert ist, mit Angaben zur Art der verlangten Antwort. Wird z. B. zu einer Aufgabe eine ausführlichere Einheitenrechnung erwartet, so muss dies explizit gefordert werden, damit diese in die Leistungsfeststellung einfließen kann. In ◨ Abb. 14.10 wird daher ergänzend zur Aufgabenstellung ausdrücklich darauf hingewiesen, dass die benutzte Formel und die Einheit anzugeben sind. Wird eine Leistungsüberprüfung zur Vermeidung des Abschreibens in zwei Versionen angeboten, muss auf die größtmögliche Gleichwertigkeit der Aufgaben geachtet und nach der Auswertung der Arbeit kontrolliert werden, ob sich in beiden Versionen eine vergleichbare Verteilung der Aufgabenschwierigkeiten zeigt.

Für die Zuverlässigkeit (*Reliabilität*, Kap. 16) der Leistungsüberprüfung reicht die möglichst vollständige inhaltliche Abdeckung des Unterrichts in den Aufgaben nicht aus. Um unterschiedliche Ausprägungen einer Kompetenz im Sinne von Niveaus erfassen zu können, muss mit Aufgaben auf unterschiedlichem Anforderungsniveau möglichst die gesamte erwartete Leistungsspanne der Schülerinnen und Schüler abgebildet werden. Das Kompetenzniveau zeigt sich dann daran, auf welchem Anforderungsniveau Aufgaben noch gelöst werden können.

Unterschiedliche Niveaustufen abdecken

Hinsichtlich der Anforderungsniveaus werden in den Einheitlichen Prüfungsanforderungen in der Abiturprüfung Physik (KMK 2004, S. 10) und den Bildungsstandards im Fach Physik für den mittleren Schulabschluss (KMK 2005, S. 12) drei Anforderungsbereiche unterschieden, die in Anlehnung an die Taxonomie von Bloom (1965) als Wiedergeben (I), Anwenden (II) und Transferieren (III) bezeichnet werden. In den Bildungsstandards wird jedoch betont, „dass die Anforderungsbereiche nicht Ausprägungen oder Niveaustufen einer Kompetenz sind", sondern vielmehr „Merkmale von Aufgaben, die verschiedene Schwierigkeitsgrade innerhalb ein und derselben Kompetenz abbilden können" (KMK 2005, S. 12 f.). Die Frage, was Wiedergabe und was Transfer ist, hängt nämlich vom vorangegangenen Unterricht ab.

Die Anforderungsstufen der Bildungsstandards sind auf den vorangegangenen Unterricht bezogen

So kann dieselbe Aufgabe für eine Lerngruppe Wiedergabe sein, weil sie vorher im Unterricht behandelt wurde, und für eine andere Lerngruppe Transfer erfordern, weil sie nicht besprochen wurde. Insofern kann die Vergleichbarkeit der Anforderungen in zentral gestellten Abiturprüfungen durch die Anforderungsbereiche nur bedingt sichergestellt werden. Eine Alternative bieten Kompetenzmodelle wie das ESNaS-Modell (Kauertz et al. 2010).

Die Oberstufenklausur, aus der die Beispielaufgabe in ■ Abb. 14.10 entnommen wurde, orientiert sich an den Prüfungsanforderungen für das Abitur, indem insgesamt sechs Aufgaben gestellt werden, die bezogen auf den vorangegangenen Unterricht die ganze Breite der unterrichteten Themen (Energieerhaltung, Impulserhaltung, waagerechter Wurf) abdecken. Dabei wurde die erste Aufgabe (■ Abb. 14.10) von der Lehrkraft der Anforderungsstufe I zugeordnet und die übrigen Aufgaben den Anforderungsstufen II und III. Eine Abdeckung verschiedener Schwierigkeitsgrade für alle Themenbereiche und Kompetenzen ist damit nicht unbedingt gegeben.

14

Aufgaben(teile) müssen voneinander unabhängig sein

In der Zusammenstellung von Aufgaben sollte vermieden werden, dass Aufgaben voneinander abhängen, d. h., dass das Lösen einer Aufgabe richtige Zwischenergebnisse einer anderen (Teil–)Aufgabe voraussetzt.

Aufgaben müssen sich auf eine gemeinsame Kompetenz beziehen

Durch Abhängigkeiten werden unterschiedliche Kompetenzen verknüpft, und damit wird es erschwert, jede einzelne separiert beurteilen zu können. In ■ Abb. 14.10 setzt in Aufgabe 1 a) die Differenzbildung in Teil ii) die Fähigkeit voraus, die kinetische Energie berechnen zu können (Teil i). Ein Schüler, der an Teil i) scheitert, wird Teil ii) nicht lösen können. In Teil iii) wird mit dem Zwischenergebnis aus Teil ii) weitergerechnet. Deshalb ist ein Kontrollergebnis für Teil ii) angegeben, um Teil iii) davon zu entkoppeln. Gleiches gilt für die Teile iv) und v).

Mehrfachmessungen erhöhen die Zuverlässigkeit

Je mehr voneinander unabhängige Einzelaufgaben zur gleichen Kompetenz gestellt werden, umso treffsicherer ist das Testergebnis. Gleichzeitig reicht eine einzelne (Teil-)Aufgabe zur Energieerhaltung kaum aus, um das konzeptuelle Verständnis einer Schülerin oder eines Schülers differenziert und treffsicher beurteilen zu können. Sie kann nur zwischen Schülerinnen und Schülern unterscheiden, die die Aufgabe (vielleicht zufällig) lösen oder nicht lösen konnten. In der Beispielklausur wären mehrere Aufgaben notwendig, in denen die Energieerhaltung mit unterschiedlich anspruchsvollen Anforderungen verwendet werden muss. Dabei sollte sich ein systematisches Profil in den Aufgabenlösungen zeigen, z. B. dass alle wenig anspruchsvollen Aufgaben von Schülerinnen und Schülern gelöst werden, die auch die anspruchsvollen Aufgaben lösen, aber nicht umgekehrt.

Bei der endgültigen Zusammenstellung der Leistungsüberprüfung kann es sinnvoll sein, Aufgaben nach den Anforderungen zu staffeln und idealerweise mit leichteren („Punktesammlern" bzw. „Eisbrechern") zu beginnen. Damit die Schülerinnen und Schüler ihre Arbeitsbemühungen einteilen können, ist es zudem hilfreich, pro Aufgabe die Maximalpunktzahl oder ein anderes Maß für die relative Gewichtung anzugeben. Auf die Verteilung der Punkte über die Aufgaben wird in ▶ Abschn. 14.2.3 zur Leistungsbeurteilung eingegangen.

14.2.2 Durchführung der Leistungsüberprüfung

Für die Durchführung einer Leistungsüberprüfung ist wichtig, dass für alle Schülerinnen und Schüler die gleichen Bedingungen herrschen, die so gut wie möglich erlauben, dass die Schülerinnen und Schüler ihre maximale Leistungsfähigkeit entfalten können (*Durchführungsobjektivität*, Kap. 16). Es sollte deshalb eine freundliche und zugleich sachliche Arbeitsatmosphäre in der Klasse geschaffen und für eine störungsfreie Umgebung gesorgt werden. Die Lehrkraft sollte sich unauffällig verhalten und unvermeidbare individuelle Gespräche leise führen. Damit alle Schülerinnen und Schüler die gleichen Bedingungen haben, ist es wichtig, dass die Lehrkraft zusätzliche individuelle Hinweise vermeidet bzw. diese der ganzen Klasse bekannt macht. Wichtig für eine möglichst objektive Durchführung einer Leistungsüberprüfung ist, dass:

- allen Lernenden die gleiche Bearbeitungszeit zur Verfügung steht (z. B. durch gemeinsames Umdrehen der Klausurbögen),
- alle Aufgaben typografisch und grafisch einwandfrei vorliegen und
- allen Lernenden die gleichen Hilfsmittel zur Verfügung stehen.

Objektive Durchführung: gleiche und möglichst optimale Bedingungen

Für Parallelarbeiten, die in verschiedenen Klassen (i. d. R. von verschiedenen Lehrkräften) geschrieben und miteinander verglichen werden sollen, wäre darauf zu achten, dass:

- die Klassen die gleichen Anweisungen erhalten (ggf. schriftliches Testleitermanual) und

— die Arbeiten möglichst zur gleichen Tageszeit und idealerweise am gleichen Wochentag (insbesondere Vermeidung des Kontrastes Montagmorgen vs. Freitagmittag) geschrieben werden.

Dies gilt insbesondere für schulübergreifende, landesweite Erhebungen (Vergleichsarbeiten, Abitur).

In Hinblick auf eine spätere Leistungsbewertung ist zusätzlich die Frage nach dem rechten Maß an Kontrolle und Aufsicht bei der Durchführung der Leistungsüberprüfung zu beantworten. Einerseits muss die Lehrkraft dafür Sorge tragen, dass keine unerlaubten Mittel eingesetzt werden (Abschreiben, Einsagen, Spickzettel, usw.), andererseits sollte sie nicht von vornherein ein übertriebenes Misstrauen an den Tag legen. Wenn es dennoch zu unkorrektem Schülerverhalten kommt, muss die Lehrkraft eine ganze Palette abgestufter Maßnahmen zur Verfügung haben.

Mit mutmaßlichen Täuschungsversuchen differenziert umgehen

Häufig genügt es bei kleineren Unkorrektheiten, wenn sie durch Blickkontakt, Annäherung oder direkte kurze Ermahnung ihre Wachsamkeit signalisiert. Werden ernsthafte Verstöße entdeckt, so ist das zumeist auch für die Lehrkraft unangenehm. Sie muss den Mut zu härteren Maßnahmen haben, die vom Nichtwerten der momentan bzw. zuvor bearbeiteten Aufgabe(n) bis hin zur Vergabe der Note „ungenügend" reichen können. Die jeweiligen Prüfungsordnungen der Länder enthalten Bestimmungen, wie Lehrkräfte mit Täuschungen umzugehen haben und welche Sanktionsmaßnahmen zur Verfügung stehen.

14.2.3 Beurteilung der Schülerleistung

Kriteriengeleitet beurteilen

Unter *Beurteilen* wird die objektivierbare Feststellung von Kompetenzen auf der Grundlage von Kriterien (vgl. ▶ Abschn. 14.1.3) verstanden. Die Kriterien werden dadurch gewonnen, dass Indizien für die Beherrschung der zu leistenden Sache festgelegt werden, die eine inhaltliche Diagnose ermöglichen. Sie können sowohl aus Erkenntnissen aus der Forschung (z. B. zu typischen Schülerfehlvorstellungen) als auch aus dem vorauslaufenden Unterricht abgeleitet sein, wie etwa die Erwartung einer bestimmten Form der Einheitenrechnung oder Rundung. Die Beurteilungskriterien sollten den Schülerinnen und Schülern vor der Leistungsüberprüfung zur Vorbereitung bekannt sein. Hierzu gehören beispielsweise die oben erwähnten Hinweise zur Einheitenrechnung, Rundungsregeln, aber auch Erläuterungen dazu, welche Erwartungshaltung mit bestimmten Operatoren verknüpft ist. Ziel der auf Kriterien basierten Beurteilung ist eine hohe Transparenz (*Objektivität* Kap. 16) und Zuverlässigkeit (*Reliabilität* Kap. 16) der Kompetenzzuschreibung.

14

Die inhaltliche Diagnose kann qualitativ ausfallen (z. B. als Beschreibung/Aufzählung der beherrschten Aspekte einer Sache), aber auch quantitativ sein (z. B. durch die Angabe eines Maßes für den Grad der Beherrschung des Aspekts einer Sache).

Eine quantitative Beurteilung ist grundsätzlich nicht „objektiver" oder „besser" als eine qualitative Beurteilung, denn in beiden Fällen muss von der Beurteilerin bzw. dem Beurteiler eine differenzierte Deutung vorgenommen werden. Qualitative Beurteilungen können auch in quantitative Beurteilungen überführt werden. Stellt die Lehrkraft beispielsweise einen Maßstab für die Qualität im Sinne einer Auflistung auf, welche Aspekte sachangemessen genutzt werden, und hakt diese dann ab, dann lässt sich daraus der Quotient aus der Anzahl der abgehakten und der Gesamtzahl der Aspekte als Maßzahl bilden. Es ist klar, dass durch die Quantifizierung weder die Objektivität noch die Genauigkeit der Beurteilung verbessert werden. Eine quantifizierte Beurteilung lässt sich jedoch in der Regel einfacher in eine Bewertung mittels Noten umwandeln (▶ Abschn. 14.2.4).

Der Beurteilungsbogen (◘ Abb. 14.12) ist ein Beispiel für eine quantitative Beurteilung der Schülerleistung, in dem die Lehrkraft eine Punktevergabe festgelegt hat. Hier zeigt sich,

Qualitativ oder quantitativ beurteilen?

Teilaufgabe 1			
Anforderungen		**Lösungsqualität**	
	Der Prüfling hat …	**Mögliche Punkte**	**Erreichte Punkte**
a) i)	die gegebenen und gesuchten Größen sowie einen Ansatz dargestellt	1	
	die kinetische Energie bestimmt.	3	
ii)	den Ansatz der Energiedifferenz dargestellt.	1	
	die Energiedifferenz bestimmt.	3	
iii)	einen sinnvollen Ansatz wie $W = F \cdot s$ genannt	1	
	die Kraft zum Beispiel mit dem Zusammenhang $F = \frac{W}{s}$ bestimmt.	3	
iv)	einen sinnvollen Ansatz wie $\Delta E_{kin} = m\,g\,h$ genannt.	1	
	mit diesem Ansatz die Höhe bestimmt.	3	
v)	die Fallzeit bestimmt	2	
	die Leistung mit $P = \frac{W}{t}$ berechnet.	2	
b)	die Konstanz der Gesamtenergie in einem geschlossenen System beschrieben.	4	
c)	das Wechselwirkungsprinzip dargestellt und ist dabei auf die Richtung und Größe der Kräfte eingegangen.	2	
	die beiden wesentlichen Unterschiede benannt.	2	
d)	den Unterschied in der Energieentwertung genannt.	2	
	den Unterschied der Geschwindigkeiten nach dem Stoß genannt.	2	

◘ **Abb. 14.12** Beurteilungsbogen zur Klausuraufgabe ◘ Abb. 14.10

dass die Lehrkraft für die Vergabe der vollen Punktzahl u. a. die Angabe eines formelmäßigen Ansatzes sowie der gegebenen und gesuchten Größen erwartet. Dies geht aus der Aufgabenstellung (◘ Abb. 14.10) nicht direkt hervor, könnte aber eine vereinbarte Konvention aus dem Unterricht sein. Hierauf deuten die zwei Hinweise unter der Aufgabenstellung hin. Für viele Anforderungen wird mehr als ein Punkt vergeben. Wie diese verteilt werden, wird in diesem Bewertungsbogen allerdings nicht aufgeschlüsselt. Denkbar wäre beispielsweise, bei Aufgabenteil a) i) einen Punkt für den korrekten Zahlenwert (ein halber Punkt, falls nur das Quadrieren der Geschwindigkeit vergessen wurde), einen Punkt für die korrekte Rundung und einen Punkt für die korrekte Einheitenrechnung zu vergeben. Eine derartige Aufteilung mag die Lehrkraft implizit bei der Punktevergabe berücksichtigen, für die Transparenz der Beurteilung und das Feedback an die Schülerinnen und Schüler wäre eine explizite Angabe sicherlich vorteilhaft. Obwohl ein Beurteilungsbogen, wie er in ◘ Abb. 14.12 vorgestellt wird, im Vorfeld einer Leistungsüberprüfung erstellt wird, sollte es dennoch möglich sein, den Erwartungshorizont zu ergänzen, wenn unvorhergesehene Antworten und Lösungen im Verlauf der Korrektur festgestellt werden. Hier unterscheidet sich die Schulpraxis von der Forschung, da in der Schulpraxis i. d. R. keine erprobten Instrumente eingesetzt werden, die auf Basis eines wohldefinierten theoretischen Konstrukts entwickelt wurden.

Die Beurteilung in einer Leistungsüberprüfung sollte sowohl mit Blick auf einen einheitlichen Maßstab für alle Schülerinnen und Schüler, wie er z. B. mit einem Beurteilungsbogen vorliegt, als auch mit Blick auf die urteilenden Personen vergleichbar erfolgen (*Objektivität* Kap. 16): Die Lehrkraft sollte zu unterschiedlichen Zeitpunkten zu gleichen Deutungen gelangen (intrapersonale Übereinstimmung). Die intrapersonale Übereinstimmung kann geprüft werden, indem die Lehrkraft die zuerst beurteilte Arbeit am Ende noch einmal durchgeht, um eine etwaige Drift bei der Beurteilung zu kontrollieren. Zur Sicherstellung der Güte der eigenen Beurteilungspraxis können auch zwei Lehrkräfte unabhängig voneinander die gleiche Leistungsüberprüfung auswerten und ihre Deutungen vergleichen (interpersonale Übereinstimmung) sowie ggf. Abweichungen diskutieren, um die Beurteilungskriterien auszuschärfen. Klausuren von zwei oder mehr Lehrkräften beurteilen zu lassen, wird aus Zeitgründen in der Schulpraxis umfassend nur für schriftliche Arbeiten realisierbar sein, denen eine besondere Berechtigungs- oder Selektionsfunktion zukommt (z. B. im Abitur).

Je nach Aufgabenformat sind besonders umfassende oder eher wenig anspruchsvolle Bemühungen für eine vergleichbare, objektive Auswertung erforderlich. Während gebundene Aufgaben (Ankreuz- und Zuordnungsaufgaben) leicht objektiv ausgewertet werden können, ist es bei Aufgaben mit frei zu formulierenden

Beurteilungskriterien: eindeutig und transparent aber nicht starr

14

Antworten erforderlich, eine möglichst detaillierte Musterlösung bzw. einen Erwartungshorizont mit Aufschlüsselung der Punktevergabe festzulegen. Da eine Musterlösung alternativen Schülerlösungen nicht gerecht werden kann, ist ein Erwartungshorizont, der die zu leistenden kognitiven Schritte als Anforderungen an die Kompetenz beschreibt, oft besser geeignet. Daran können auch alternative korrekte oder unvollständige, nur teilweise korrekte Lösungen besser beurteilt werden. Im Fall der obigen Klausur (◘ Abb. 14.10) wäre es möglich, folgende Musterlösung für die erste Unteraufgabe von Aufgabe 1 a) als Erwartungshorizont heranzuziehen:

$$E_{\text{kin}} = \frac{1}{2} \cdot m \cdot v^2$$

$$= \frac{1}{2} \cdot 1{,}5\,\text{t} \cdot \left(130\,\frac{\text{km}}{\text{h}}\right)^2$$

$$= \frac{1}{2} \cdot 1500\,\text{kg} \cdot \left(36{,}1\,\frac{\text{m}}{\text{s}}\right)^2$$

$$= 978009{,}25\ldots \frac{\text{kg} \cdot \text{m}^2}{\text{s}^2}$$

$$\approx 980000\,\text{J} = 980\,\text{kJ}$$

Jeder richtige Umformungsschritt (jede Zeile) könnte dann einen Punkt erhalten. Eine Beurteilung der folgenden Schülerlösungen wäre damit aber schwierig, weil die Schüler Lösungsschritte

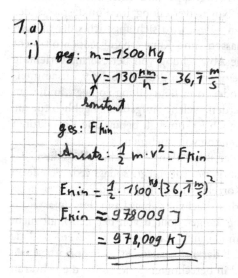
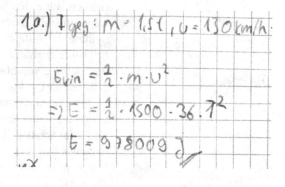

◘ **Abb. 14.13** Schülerlösungen zur ersten Unteraufgabe von Aufgabe 1 a) in ◘ Abb. 14.10

anders zusammenfassen (○ Abb. 14.13). Eine Beurteilung anhand der (aufgeschlüsselten) Kompetenzanforderungen des Beurteilungsbogens (○ Abb. 14.12) ist dagegen gut möglich. So wird man trotz des gleichen Ergebnisses für die rechts abgebildete Lösung weniger Punkte vergeben, weil die Einheiten nicht durchgängig berücksichtigt werden.

Wichtig ist, dass die Punktevergabe nicht an das Anforderungsniveau der Aufgaben gekoppelt ist. Vergibt eine Lehrkraft für anspruchsvollere Aufgaben mehr Punkte, so würden leistungsschwächere Schülerinnen und Schüler zunächst weniger Punkte erreichen, weil sie die anspruchsvollen Aufgaben nicht lösen können. Gleichzeitig würden sie zusätzlich noch weniger Punkte bekommen, weil die für sie nicht lösbare Aufgabe relativ zu den weniger anspruchsvollen Aufgaben stärker gewichtet wird. Die Leistungsbeurteilung wäre damit verzerrt. Eine Verzerrung kann sich auch ergeben, wenn für die Punktevergabe, wie oben beschrieben, die Anzahl der für die Lösung der Aufgabe benötigten Schritte als Maßstab herangezogen wird. Da meist die Aufgaben mit mehreren Lösungsschritten anspruchsvoller sind und die verschiedenen Schritte oft nicht unabhängig voneinander sind, wird dadurch indirekt die anspruchsvollere Aufgabe höher bewertet. Eine bessere Lösung ist also, die für die Lösung einer Aufgabe zu bewältigenden Anforderungen aufzuschlüsseln, je Anforderung einen Punkt zu vergeben und die Bewältigung der Anforderungen möglichst unabhängig voneinander einzuschätzen.

Da von einer Normalverteilung von Kompetenzen in der Schülerpopulation ausgegangen werden kann, wäre bei einer gleichmäßigen Verteilung der Aufgabenanforderungen über die Leistungsspanne einer Lerngruppe und einer nicht verzerrten Beurteilung auch eine Normalverteilung im Punktespiegel der Lerngruppe zu erwarten. Diese wird sich angesichts der kleinen Gruppengrößen im Klassen- und Kursverband jedoch oft nicht ergeben. Eine deutliche Abweichung von der Normalverteilung kann ein Indiz dafür sein, dass ein Problem bei der Zusammenstellung der Aufgaben oder ihrer Beurteilung vorliegt. In diesem Fall sollte analysiert werden, welche Aufgabe maßgeblich für die Abweichung verantwortlich ist, um ggf. behutsame Korrekturen z. B. bei der Punkteverteilung vorzunehmen.

Für die Akzeptanz der Beurteilung ist wichtig, dass die Lehrkraft ihre Beurteilungskriterien offenlegt, sodass jede Schülerin und jeder Schüler die Korrekturmaßnahmen und Punktevergaben in seiner bzw. ihrer Arbeit nachvollziehen kann. Fragen zu konkreten Korrekturentscheidungen sollten von der Lehrkraft nicht als Belästigung verstanden und „abgewimmelt" werden. Jede Schülerin und jeder Schüler hat das Recht, bei Unklarheit um Auskunft zu bitten, und in berechtigten Fällen muss die Lehrkraft natürlich auch bereit sein, eine Korrekturmaßnahme abzuändern.

14.2.4 Bewertung der Schülerleistung

Das *Bewerten* geht über das Beurteilen hinaus, indem ein normativer *Bewertungs*maßstab festgelegt wird, der sich weder aus der
Sache noch aus der Beurteilung direkt ergibt. Der Beurteilung
wird vielmehr von der Bewerterin oder dem Bewerter (willkür-
lich, aber transparent) ein subjektiver Wert zugewiesen. Die
Qualität einer Leistungsbewertung hängt von der Qualität der
zugrunde liegenden Beurteilung ab, erfordert aber zum Teil
zusätzliche Maßnahmen. Das Ergebnis einer Bewertung ist eine
Kategorisierung in Leistungsgruppen (z. B. Notenstufen oder
dichotom in bestanden/nicht bestanden).

> Bewertung schließt an
> Beurteilung an und ist
> normativ

Für die Leistungsbewertung gibt es keine festen Vorgehens-
weisen und meist auch keine bindenden amtlichen Vorschriften.
Sinnvoll und in der Regel akzeptiert ist z. B. eine Bestehens-
grenze bei einem bestimmten Anteil der Gesamtpunktzahl
(z. B. 50 %) anzusetzen, wenn bereits bei der Konzeption der
Leistungsüberprüfung darauf geachtet wurde, dass die entsprechende Punktzahl dem Minimalstandard entspricht. Der
Bereich darüber kann dann gleichmäßig über die vorhandenen
Notenstufen verteilt werden. Im Fall der Beispielklausur (vgl.
Aufgabe in ◧ Abb. 14.10) sind die Notenstufen durch die
Fachschaft der Schule über eine prozentuale Verteilung der
Beurteilungspunkte festgelegt worden. Daran hält sich die Lehr-
kraft bei der Notengebung (◧ Abb. 14.14). Die Bestehensgrenze
wurde auf 45 % (die 4– zählt bereits als Defizit) festgelegt. Dar-
über werden die Notenstufen in 5-%-Stufen eingeteilt, während

Note	Notenpunkte	Prozent	Punkte
1+	15	95	95
1	14	90	90
1-	13	85	85
2+	12	80	80
2	11	75	75
2-	10	70	70
3+	9	65	65
3	8	60	60
3-	7	55	55
4+	6	50	50
4	5	45	45
4-	4	40	40
5+	3	33	33
5	2	26	26
5-	1	20	20
6	0	10	10

◧ **Abb. 14.14**   Festlegung der Notenstufen als Bewertungsmaßstab anhand
des prozentualen Anteils der erreichten Beurteilungspunkte (hier: Punkte).
Da die Gesamtklausur auf insgesamt 100 Punkte ausgelegt ist, sind die Pro-
zent- und Punktegrenzen zufällig gleich

zum unteren Ende der Notenskala größere Bereiche definiert werden.

Sachliche Bezugsnorm: Bewertung verknüpft mit Beurteilungspunkten

Durch ein solches Vorgehen wird eine *sachliche (kriteriums-orientierte) Bezugsnorm* gewählt (Rheinberg 2001), da die Bewertung in Bezug auf ein absolutes Ziel (Kriterium) als angestrebte Kompetenz stattfindet. Die Lernleistung der/des Einzelnen wird mit dem (vorab) festgelegten Lernziel verglichen, sodass die Distanz zum Ziel Auskunft über den Erfolg bisheriger Lernbemühungen gibt. Innerhalb der Fachschaft einer Schule sollte ein einheitliches Schema für die Übersetzung von Beurteilungspunkten in Notenstufen verwendet werden. Für einen fairen Vergleich über Lerngruppen hinweg muss jedoch vorausgesetzt werden, dass in allen Lerngruppen vergleichbare Anforderungen in den schriftlichen Leistungsüberprüfungen gestellt werden. Es kann daher hilfreich sein, gelegentlich einzelne Arbeiten zwischen parallel unterrichtenden Lehrkräften auszutauschen, wenn man sich unsicher bei der Bewertung ist, oder um das Bewertungsverhalten abzugleichen.

Soziale Bezugsnorm: Bewertung relativ zur Lerngruppe

Neben der sachlichen Bezugsnorm werden häufig zwei weitere Bezugsnormen diskutiert (Rheinberg 2001). Bei der *sozialen Bezugsnorm* erfolgt die Bewertung relativ zu einer Referenzgruppe wie dem Klassenverband oder der Jahrgangsstufe auf Schulebene oder Landesebene (z. B. in landesweiten Vergleichsarbeiten). Im Prinzip wird dabei als „gut" eingestuft, was über dem Klassendurchschnitt (in Beurteilungspunkten) liegt, und als „schlecht", was darunter liegt. Konkret könnten z. B. in Anlehnung an die Gauß'sche Normalverteilungskurve die besten 10 % die höchste Note erhalten, 34 % eine mittlere Note usw. Dadurch würden aber alle Klassenarbeiten nivelliert, d. h. gleich gut bzw. gleich schlecht ausfallen. Insbesondere bei kleinen Klassen ist eine Normalverteilung oft nicht gegeben und eine Ausschöpfung nach prozentualen Quoten nicht möglich, wenn Punkt- oder Fehlerzahlen nur sehr gering streuen. Auch wenn eine Normalverteilung der Noten sehr oft von allen Beteiligten als normal empfunden wird, sollte jeder Lehrkraft bewusst sein, dass es durch eine solche Normierung von vornherein eine Gruppe von „Versagern" geben muss. Die Normalverteilung, die bei der Beurteilung der Schülerleistungen erwartet wird, sollte also nicht zur Norm für die Bewertung werden. Hier zeigt sich, wie wichtig eine Trennung von Beurteilung und Bewertung ist. Unterrichtserfolg müsste sich gerade darin zeigen, dass eine möglichst große Zahl an Schülerinnen und Schülern eine festgelegte Bestehensgrenze überschreitet, d. h. der Mittelwert der Leistungsverteilung im positiven Bewertungsbereich liegt und evtl. die Varianz reduziert ist.

Individuelle Bezugsnorm: Bewertung bezogen auf individuellen Lernfortschritt

Bei der *individuellen Bezugsnorm* wird die relative individuelle Leistungsentwicklung bewertet, d. h. die aktuelle Leistung der oder des Einzelnen wird mit ihren oder seinen früheren Leistungen verglichen. Bewertungen dieser Form sind sinnvoll, wenn ein individueller Förderplan vereinbart wurde und dessen Verlauf nachverfolgt werden soll. Die Rückmeldung erfolgt häufig in Form einer ausformulierten Bewertung und bezieht sich auf die Erreichung der vereinbarten Entwicklungsziele. Sie ist besonders geeignet, um individuelle Stärken, Schwächen oder körperliche bzw. geistige Beeinträchtigungen zu berücksichtigen und Lernprozesse individuell zu fördern. Dazu wäre es bereits bei der Beurteilung erforderlich, Aufgabenlösungen individuell bezüglich des Lösungsprozesses zu analysieren, was bei Leistungsüberprüfungen in der Regel nicht sehr gründlich geschieht. Sofern der Leistungsfeststellung eine Selektionsfunktion zukommt, führt die individuelle Bezugsnorm zu unfairen Bewertungen, die der Chancengleichheit widersprechen. Für jemanden mit einer hohen Kompetenz könnte eine weitere Leistungsentwicklung ungleich schwerer sein als für jemanden, der noch am Anfang steht. Für die Selektionsfunktion wird die kriteriumsorientierte Bezugsnorm, die sich auf Leistungen im Fach bezieht, daher trotz möglicher Verzerrungen, die beim Vergleich über Klassen-, Schul- oder Landesgrenzen hinweg auftreten können, am ehesten als eine faire Norm angesehen.

Für die kriteriumsorientierte Bezugsnorm sollte bereits bei der Zusammenstellung der Arbeit eine *inhaltliche* Festlegung der Bestehensgrenze stattfinden, d. h. die Aufgaben so ausgewählt werden, dass die für das Bestehen notwendige Punktzahl von einem „durchschnittlich begabten Schüler" oder einer „durchschnittlich begabten Schülerin" bei kontinuierlicher Mitarbeit im Unterricht auch erreicht werden kann. Die grundlegenden curricularen Lernziele, die zumeist auch für ein erfolgreiches Weiterlernen unverzichtbar sind, bilden die Basis, ihre Beherrschung legt die Bestehensgrenze (Note *ausreichend)* fest. Hinzu kommen die über die Basis hinausgehenden anspruchsvolleren Ziele, deren Ausdifferenzierung den Ausgangspunkt für eine differenzierte Notengebung bildet.

Strittig ist die Frage, ob ein vorab festgelegter Maßstab für eine Klassenarbeit im Nachgang abgeändert werden sollte, wenn der Notendurchschnitt zu gut oder zu schlecht ausfällt. Es besteht der Vorwurf, dass eine nachträgliche Anpassung eine unzulässige Manipulation sei, weil dadurch eine kriteriumsorientierte Bezugsnorm in eine soziale Bezugsnorm umgewandelt wird und eine Lehrkraft dadurch jedes gewünschte Ergebnis herbeiführen kann. Dieser Vorwurf greift aber zu kurz, wenn z. B. eine Lehrkraft im Verlauf der Korrektur feststellt, dass sie durch die Aufgabenschwierigkeit oder den Umfang ihre Schülerinnen und Schüler deutlich überfordert (oder unterfordert) hat. Anders als in der Forschung werden Klassenarbeiten i. d. R. nicht vorher erprobt und angepasst, sodass die Aufgabenschwierigkeit vorab nicht immer gut abgeschätzt werden kann. In diesem Fall besteht

Umgang mit „zu gut" oder „zu schlecht" ausgefallenen Arbeiten die Möglichkeit, entweder die Beurteilung oder die Bewertung zu verändern. Waren die Aufgaben „zu leicht", ist die Problematik natürlich nicht sehr groß. Die Lehrkraft kann bei der Beurteilung die Teilpunkte vielleicht etwas weniger großzügig vergeben als üblicherweise, wird aber nichts am Bewertungsmaßstab ändern können (und wollen) und ihren Schülerinnen und Schülern die guten Noten gönnen. Bei der nächsten Arbeit wird sie dann stärker auf die angemessene Schwierigkeitsstreuung der Aufgaben achten. Im Fall einer deutlichen Überforderung der Schülerinnen und Schüler durch unangemessen schwierige oder zu viele Aufgaben besteht ein größerer Handlungsbedarf, denn schließlich können die Schülerinnen und Schüler für den Missgriff der Lehrkraft nicht verantwortlich gemacht werden. Die Lehrkraft könnte sich dann beispielsweise dazu entschließen, Teilpunkte großzügiger zu vergeben. Sie kann auch erwägen, eine Aufgabe, die kein Einziger lösen konnte, überhaupt nicht zu werten oder auch den gesamten Bewertungsmaßstab zu verschieben. In jedem Fall handelt es sich um Korrekturen, die mit Sorgfalt im Interesse der Schülerinnen und Schüler vorgenommen werden müssen. Man denke an einen Schüler, der nach langer Mühe eine sehr schwere Aufgabe gelöst hat und bei der Rückgabe erfährt, dass die Gewichtung dieser Aufgabe reduziert wurde. In einem solchen Fall wäre wohl die Berücksichtigung von Zusatzpunkten für diesen Schüler bei der Bewertung angebracht.

In diesem Zusammenhang ist die interne Konsistenz einer Leistungsüberprüfung zu erwähnen. Interne Konsistenz ist gegeben, wenn sich für alle Aufgaben zur gleichen Kompetenz ein Muster in der Form einstellt, dass die Lösungswahrscheinlichkeiten für stärkere Schülerinnen und Schüler durchgehend größer sind als für schwächere. Nur in diesem Fall besteht ein Zusammenhang zwischen der Anzahl der gelösten Aufgaben in der Klausur und dem Kompetenzniveau der Schülerinnen und Schüler. Sollte sich herausstellen, dass das Lösungsverhalten einer Schülergruppe bei einer Aufgabe grundsätzlich verschieden ist zu den anderen Aufgaben, dann besteht der Verdacht, dass diese Aufgabe eine andere Kompetenz erfasst. Auch hier ist zu erwägen, diese Aufgabe aus der Bewertung herauszunehmen oder getrennt zu bewerten.

Notengebung kritisch betrachtet

Grundsätzlich gilt, dass eine einzelne Note die in einer Klausur erfassten Kompetenzfacetten nicht hinreichend abbildet. Ebenso ist die Note einer einzelnen Klausur nicht hinreichend für eine treffsichere Bewertung der Kompetenzen von Schülerinnen und Schülern.

Bewertungen können pädagogisch kontraproduktiv sein, etwa wenn die intrinsische Motivation für die Sache selbst durch die Notengebung in eine zweckbestimmte, extrinsische Motivation (bezogen auf den äußeren Wert der Sache) umgewandelt wird oder wenn mit der Bewertung der Leistung eine Bewertung der Person verknüpft wird. Ersteres ist z. B. der Fall, wenn Schülerinnen und Schüler in der Oberstufe die Fächer nicht nach ihrem Interesse, sondern in Hinblick auf die Abiturnote auswählen oder um einer Lehrkraft aus dem Weg zu gehen, bei der sie meinen, aus persönlicher Abneigung keine guten Noten bekommen zu können.

Zum Schluss sei noch auf zwei systembedingte Schwachstellen der Notengebung hingewiesen. Zum einen bilden Noten eine Rang- und keine Intervallskala ab, womit die Abstände zwischen Noten nicht interpretierbar sind: Die Annahme, dass der Abstand zwischen der Note 1 und 2 genauso groß ist, wie der Abstand zwischen der Note 4 und 5, ist schon deshalb nicht gerechtfertigt, weil einige Umrechnungstabellen davon ausgehen, dass für 50 % der Punkte gerade noch die Note 4 zu vergeben ist. Die Noten 5 und 6 teilen sich damit den gleichen Prozentteil wie die Noten 1 bis 4. Auch die Berechnung von Notendurchschnitten ist deshalb fragwürdig. Um dem Charakter einer Rangskala besser zu verdeutlichen, wäre es günstiger, anstelle von Zahlenwerten (z. B. von „Eins" bis „Sechs") Buchstaben (z. B. von „A" bis „F") zur Bezeichnung der Notenstufen zu verwenden. Zum anderen sollte der numerische Aspekt von Noten nicht überbewertet werden. Er ist vor allem sehr problematisch, wenn Noten aus unterschiedlichen Teilbereichen verrechnet werden.

14.3 Herausforderungen beim Diagnostizieren

Die Unterscheidung von Lern- und Leistungsphasen wurde zur Strukturierung dieses Kapitels genutzt, um den unterschiedlichen Zielen der Diagnostik (Förderung, Weiterentwicklung von Material, Sicherung von Qualifikationen) und der damit einhergehenden Wertschätzung von Fehlern Rechnung zu tragen. Schülerinnen und Schüler sollen in Lernphasen Fragen stellen und Fehler machen können, an denen Diagnostik und Förderung ansetzen können. Sie sollen vorhandene Schwierigkeiten offen zeigen, anstatt zu versuchen, diese aus Angst vor Konsequenzen, z. B. einer schlechten Benotung oder dem Gefühl von Blamage, zu verbergen. Die damit einhergehende Forderung der transparenten Trennung von Lern- oder Leistungsphasen stellt die Lehrkraft gerade in der Bewertung der „sonstigen Leistungen", die alle mündlichen, schriftlichen und praktischen Beiträge im Unterricht umfasst, vor eine Herausforderung.

Für eine lernförderliche Fehlerkultur soll in den Lernphasen eine permanente Bewertung der Schülerleistungen zum Zweck der Notengebung vermieden werden. Andererseits soll sich die Benotung der sonstigen Mitarbeit nicht nur auf die Leistungsphasen beschränken, sondern auch auf die Lernphasen erstrecken. Hierbei hilft die Unterscheidung zwischen der Qualität, Quantität und Kontinuität der Mitarbeit. Die Bewertung der

Bewertung in Lernphasen: die „sonstigen Leistungen"

Quantität und Kontinuität der Beteiligung in den Lernphasen steht einem Unterricht, in dem die Schülerinnen und Schüler das Recht haben, Fehler zu machen, nicht entgegen. Hinsichtlich der Qualität besteht in der Lernphase die Möglichkeit, gute Beiträge punktuell als Bonuspunkte für die Leistungsbewertung zu notieren. Dies sollte öffentlich und transparent geschehen, damit nicht der Eindruck einer permanenten Bewertung entsteht. Eine Möglichkeit ist zudem, klar auszuweisen, wann ein Zeitfenster vorliegt, an dem alle oder einzelne Schülerinnen und Schüler zur Leistungsfeststellung genauer beobachtet werden (z. B. „In der nächsten Physikstunde achte ich auf die mündlichen Beiträge von Sabine und Mahmut"). Im Sinne einer den Schülerinnen und Schülern entgegengebrachten Wertschätzung kann die Lehrkraft dabei darauf achten, die Zuweisung so vorzunehmen, dass die Lernenden eine gute Chance haben, in der betreffenden Stunde auch tatsächlich ihr Leistungspotenzial zu zeigen.

Urteilsfehler kennen und vermeiden

Unabhängig davon, ob die Lehrkraft in einer Lern- oder einer Leistungsphase diagnostiziert, bergen Diagnosen immer ein gewisses Risiko, Verzerrungen – sogenannte *Urteilsfehler* – aufzuweisen (Sacher 2009).

So sollte z. B. aus der Vollständigkeit, Leserlichkeit und Strukturiertheit der Heftführung nicht auf ein anderes Merkmal geschlossen werden, z. B. auf fachinhaltliche Kenntnisse (s. dazu *Halo-Effekt* und *logistischer Fehler*, z. B. Sacher 2009, S. 51). Ebenso sollte vermieden werden, dass frühere Beobachtungen und zugehörige Deutungen zu einem Merkmal die aktuelle Deutung und/oder Ursachensuche prägen, also (Vor-)Urteile in die Diagnostik eingehen (s. dazu *Rosenthal-* und *Pygmalion-Effekt*, z. B. Rosenthal und Jacobson 1968). Es wäre etwa bei ❏ Abb. 14.1 denkbar, dass die Lehrkraft aus der (mehr oder weniger gut gestützten) Annahme einer besonderen Begabung Danas darauf schließt, dass die sonst sehr gute Schülerin mit dem Pfeil vom Auge zur Blume die Blickrichtung meint (eine fachlich angemessene Idee) und nicht etwa, dass Licht vom Auge auf den Gegenstand fällt (eine fachlich nicht angemessene Idee). Gerade das Einbringen von Vorurteilen kann zumindest verringert werden, wenn eine Lehrkraft zunächst vermeidet zu schauen, von welcher Schülerin bzw. welchem Schüler ein Produkt vorliegt, sondern sich alleine auf das Produkt fokussiert. Bei bekannten Handschriften oder gegen den Einbezug der Leserlichkeit in die Wertung hilft dieses anonyme Korrigieren allerdings nicht. Vorurteile können sich auch in (zu) geringen Erwartungen an Schülerinnen und Schüler äußern. So tendieren Lehrkräfte manchmal dazu, von eigenen vorhandenen oder fehlenden Kompetenzen auf die der Schülerinnen und Schüler zu schließen: „Wenn ich das als Lehrkraft (nicht) kann, dann können meine Schülerinnen

14

und Schüler das auch (nicht)" (s. dazu *Ähnlichkeitsfehler,* Bortz und Döring 2006, S. 184). Dies kann dazu führen, dass zu einfache Aufgaben gestellt werden und damit das Potenzial von Schülerinnen und Schülern nicht vollständig erfasst wird, was wiederum das Vorurteil verstärken kann.

Bei genauer Betrachtung der typischerweise (und nicht immer ganz einheitlich) beschriebenen Urteilsfehler zeigt sich, dass durch Beachtung der oben angeführten Überlegungen zu guter Diagnostik viele Urteilsfehler minimiert werden können. Dies betrifft besonders die konsequente Abstützung von Deutungen auf *dazu passende* Beobachtungen. Hierfür sollte zunächst einmal sichergestellt werden, dass die Diagnostik überhaupt auf Daten der Lernenden beruht. Bei Vorliegen von Schülerdaten liegt dann die Herausforderung zur Verringerung von Urteilsfehlern darin, die Komponenten der Diagnostik systematisch zu trennen (◘ Abb. 14.3; Beobachtung-Deutung und Deutung-Ursache), sich bewusst zu machen, auf welche Beobachtung sich die Deutung bezieht und ob beide auf dasselbe Kriterium bezogen sind (◘ Abb. 14.8). Auch wenn Deutungen auf passende Beobachtungen abgestützt sind, ist gerade im Zusammenhang mit der Erfassung von Lernschwierigkeiten und Fehlern eine weitere Herausforderung, nicht nur die (scheinbar) fachlich unangemessenen bzw. fehlenden Kenntnisse und Fähigkeiten herauszuarbeiten, sondern auch vorhandene Kompetenzen und die Plausibilität des Handelns aus Schülersicht als Anknüpfungspunkte für Förderung in den Blick zu nehmen.

Die Verringerung von Urteilsfehlern soll die Diagnosen treffsicherer machen. Dennoch ist für Lernphasen hilfreich zu bedenken, dass Lehrerdiagnosen weder im wissenschaftlichen Sinn objektiv-neutral noch besonders genau (reliabel) sein müssen, sondern in dem Bewusstsein für die Ungenauigkeit, Vorläufigkeit und Revisionsbedürftigkeit der Urteile durch *pädagogisch günstige Voreingenommenheit* geprägt sein dürfen (Helmke 2009, S. 128 f.).

Neben den sowohl für Diagnostik in Lern- als auch in Leistungsphasen möglicherweise auftretenden Urteilsfehlern können bei der Bewertung von Leistungen zusätzliche Verzerrungen entstehen. Beziehungseffekte (Nähe, Sympathie oder Antipathie) können beispielsweise bewirken, dass noch nach einem Punkt in der Beurteilung gesucht wird, um einer Person eine bessere Bewertung zukommen zu lassen, oder jemandem ein berechtigter Punkt verweigert wird, um eine bessere Note zu vermeiden. Hierbei kann auch der „Status-quo-Effekt" („Wer einmal eine gute Note erreicht hat, der behält diese auch!") zum Tragen kommen. Durch nachträgliche Änderungen der Beurteilung wird dabei indirekt der Bewertungsmaßstab verzerrt. Beim Bewertungsversagen wird dagegen zwar eine Differenzierung der

Beurteilungskriterien vorgenommen, aber aus moralischen oder strategischen Überlegungen heraus werden die bewertenden Einstufungen schließlich nach leistungsfremden Gesichtspunkten vergeben. Hierzu zählt streng genommen auch der Fall, dass aus pädagogischen Gründen die Bewertung einer Arbeit angehoben wird, um ein Sitzenbleiben zu verhindern.

Eine spezielle Herausforderung für die Diagnostik in Lernphasen besteht darin, in der Komplexität des Unterrichtsgeschehens gut in dem oben beschriebenen Sinne zu diagnostizieren und dabei Urteilsfehler zu minimieren. Die Komponenten der Diagnostik getrennt und ggf. mehrfach zu durchlaufen, benötigt Zeit und erfolgt im Idealfall anhand konservierter Daten wie Schülerprodukten (Statusdiagnostik), Videoaufzeichnungen oder Beobachtungsprotokollen (Prozessdiagnostik). Doch auch im Unterrichtsgeschehen muss die Lehrkraft spontan auf eine Schülerfrage oder experimentelle Handlungen reagieren und dabei entscheiden, welche Rückfrage oder Hilfestellung für wen angemessen ist. Man spricht hier von *informeller Diagnostik* (Ruiz-Primo und Furtak 2007), die ungeplant und im Vorübergehen erfolgt. Um auch hierbei die oben genannten Anforderungen an gute Diagnostik möglichst umfassend zu erfüllen, sollte die Diagnostik zunächst und immer wieder an konservierten Daten und in Situationen mit geringerer Komplexität, z. B. durch Fokussierung auf einzelne Schüler(gruppen), geübt und die eigenen Fähigkeiten schrittweise erweitert werden. Weil der eigene Kompetenzaufbau zum Diagnostizieren anspruchsvoll ist, stellt das schrittweise Erweitern der eigenen Fähigkeiten des Diagnostizierens eine eigenständige Herausforderung dar. Hier kann helfen, neben sich selbst zu treten und den eigenen Prozess des Diagnostizierens zu diagnostizieren und/oder mit anderen Lehrkräften gemeinsam diagnostische Prozesse zu gestalten und zu reflektieren. Zunächst könnte dabei geprüft werden, ob man selbst über eine wertschätzende Einstellung gegenüber Diagnostik verfügt und eine positive, neugierige Einstellung gegenüber den Kompetenzen der Schülerinnen und Schüler mitbringt. Diagnostik hat in diesem Sinne eine forschende Komponente: Es geht darum, etwas über die Lernenden herauszufinden und dabei auch im wissenschaftlichen Sinne zwischen Beobachtung, Deutung und möglichen Ursachen zu trennen. Erst in einem zweiten Schritt könnte die auf sich selbst gerichtete Diagnostik kritisch hinterfragen, ob die Hinweise zu „guter" Diagnostik umgesetzt werden (u. a. differenzierte und alternative Deutungen, Ursachen, Konsequenzen sowie Orientierung auf Kriterien als Brillen). Es kann dafür hilfreich sein, sich einen Diagnosebogen zu erstellen, auf dem das fokussierte Kriterium sowie alle Komponenten der Diagnostik notiert sind und auf dem die eigene Diagnostik fixiert wird. Das Aufbewahren des Bogens und spätere Sichten kann eigene

Informelle Diagnostik im Unterrichtsgeschehen

Diagnostizieren lernen durch systematische Diagnostik des eigenen Vorgehens

14

Lernprozesse im Bereich der Diagnostik sichtbar machen oder darauf hindeuten, wo nach wie vor Entwicklungsbedarf besteht.

Literatur

Alonzo, A. C., Aufschnaiter, C. v. (2018). Moving beyond misconceptions: Learning progressions as a lens for seeing progress in student thinking. *The Physics Teacher, 56*(October), 470–473.

Beck, E., Baer, M., Guldimann, T., Bischoff, S., Brühwiler, C., Müller, P.,... Vogt, F. (2008). *Adaptive Lehrkompetenz. Analyse und Struktur, Veränderbarkeit und Wirkung handlungssteuernden Lehrerwissens.* Münster, New York, München, Berlin: Waxmann.

Bennett, R. E. (2011). Formative assessment: A critical review. *Assessment in Education: Principles, Policy & Practice, 18*(1), 5–25.

BLK – Bund-Länder-Kommission für Bildungsplanung und Forschungsförderung (1997). *Gutachten zur Vorbereitung des Programms Steigerung der Effizienz des mathematisch-naturwissenschaftlichen Unterrichts. Heft 60.* Bonn: BLK. ▶ http://www.blk-bonn.de/papers/heft60.pdf [01.10.2018]

Bloom, B. S. (1965). *Taxonomy of educational objectives I: Cognitive domain.* New York: Longman Green.

Bortz, J., Döring, N. (2006). *Forschungsmethoden und Evaluation für Human- und Sozialwissenschaftler.* Heidelberg: Springer.

Brühlmeier, A. (1980) Einige grundsätzliche Überlegungen zur Notenproblematik. *Schweizer Schule, 67*(24), 905–912. ▶ https://www.e-periodica.ch/digbib/view?pid=scs-003:1980:67::397#397 [24.02.2020]

Emden, M., Sumfleth, E. (2012). Prozessorientierte Leistungsbewertung - Zur Eignung einer Protokollmethode für die Bewertung von Experimentierprozessen. *MNU, 65*(2), 68–75.

Haagen-Schützenhöfer, C., Hopf, M. (2018). Schülervorstellungen zur Optik. In H. Schecker, T. Wilhelm, M. Hopf, R. Duit (Hrsg.), *Schülervorstellungen und Physikunterricht. Ein Lehrbuch für Studium, Referendariat und Unterrichtspraxis* (S. 89–110). Berlin: Springer. ▶ https://doi.org/10.1007/978-3-662-57270-2_5

Hadenfeldt, J. C., Neumann, K., Bernholt, S., Liu, X., & Parchmann, I. (2016). Students' progression in understanding the matter concept. *Journal of Research in Science Teaching, 53*(5), 683–708. doi: 10.1002/tea.21312.

Hammann, M., Phan, T. T. H., Ehmer, M., Bayhuber, H. (2006). Fehlerfrei experimentieren. *MNU, 59*(5), 292–299.

Hascher, T. (2008). Diagnostische Kompetenzen im Lehrberuf. In C. Kraler & M. Schratz (Eds.), *Wissen erwerben, Kompetenzen entwickeln. Modelle zur kompetenzorientierten Lehrerbildung* (S. 71–86). Münster: Waxmann.

Helmke, A. (2009). *Unterrichtsqualität und Lehrerprofessionalität. Diagnose, Evaluation und Verbesserung des Unterrichts* (2. Aufl.). Seelze-Velber: Klett-Kallmeyer.

Helmke, A. (2013). Individualisierung: Hintergrund, Missverständnisse, Perspektiven. *Pädagogik, 65*(2), 34–37.

Horstkemper, M. (2006). Fördern heißt diagnostizieren. In G. Becker, M. Horstkemper, E. Risse, L. Stäudel, R. Werning & F. Winter (Hrsg.), *Friedrich Jahresheft XXIV - Diagnostizieren und Fördern* (S. 4–7). Velbert: Friedrich Verlag.

Ingenkamp, K.-H., Lissmann, U. (2008). *Lehrbuch der Pädagogischen Diagnostik* (6 ed.). Weinheim: Beltz.

Kauertz, A., Fischer, H.E., Mayer, J., Sumfleth, E., Walpuski, M. (2010). Standardbezogene Kompetenzmodellierung in den Naturwissenschaften der Sekundarstufe I. *Zeitschrift für Didaktik der Naturwissenschaften, 16*, 135–153.

Kechel, J.-H. (2016). *Schülerschwierigkeiten beim eigenständigen Experimentieren. Eine qualitative Studie am Beispiel einer Experimentieraufgabe zum Hooke'schen Gesetz.* Berlin: Logos.

KMK – Kultusministerkonferenz (2019). *Standards für die Lehrerbildung: Bildungswissenschaften. Beschluss der Kultusministerkonferenz vom 16.12.2004 i. d. F. vom 16.05.2019* ► https://www.kmk.org/fileadmin/ Dateien/veroeffentlichungen_beschluesse/2004/2004_12_16-Standards-Lehrerbildung-Bildungswissenschaften.pdf [20.02.2020]

KMK – Kultusministerkonferenz (2004). *Einheitliche Prüfungsanforderungen in der Abiturprüfung – Physik. vom 1.12.1989 i. d. F. vom 5.2.2004.* ► https://www.kmk.org/fileadmin/veroeffentlichungen_beschluesse/1989/1989_12_01-EPA-Physik.pdf [01.10.2018]

KMK – Kultusministerkonferenz (2005). *Bildungsstandards im Fach Physik für den Mittleren Schulabschluss.* München, Neuwied: Luchterhand.

Krauss, S., Neubrand, M., Blum, W., Baumert, J., Brunner, M., Kunter, M., Jordan, A. (2008). Die Untersuchung des professionellen Wissens deutscher Mathematik-Lehrerinnen und Lehrer im Rahmen der COACTIV-Studie. *Journal für Mathematik-Didaktik, 29*(3), 233–258.

Maier, U. (2010). Formative Assessment – Ein erfolgversprechendes Konzept zur Reform von Unterricht und Leistungsmessung? *Zeitschrift für Erziehungswissenschaft, 13*, 293–308.

Murmann, L. (2002). *Physiklernen zu Licht, Schatten und Sehen. Eine phänomenographische Untersuchung in der Primarstufe.* Berlin: Logos.

Neumann, K., Boone, W. J., Viering, T., Fischer, H. E. (2013). Towards a learning progression of energy. *Journal of Research in Science Teaching, 50*(2), 162–188.

OECD. (2005). *Formative assessment: Improving learning in secondary classrooms.* Paris: OECD Publishing.

Rheinberg, F. (2001). Bezugsnormen und schulische Leistungsbeurteilung. In: F. E. Weinert (Hrsg.), *Leistungsmessung in Schulen* (S. 59-71). Weinheim: Beltz.

Rogalla, M., Vogt, F. (2008). Förderung adaptiver Lehrkompetenz: eine Interventionsstudie. *Unterrichtswissenschaft, 36*(1), 17–36.

Rogge, C. (2010). *Entwicklung physikalischer Konzepte in aufgabenbasierten Lernumgebungen.* Berlin: Logos.

Rosenthal, R., Jacobson, L. (1968). *Pygmalion in the classroom.* New York: Holt, Rinehart & Winston.

Ruiz-Primo, M. A., Furtak, E. M. (2007). Informal formative assessment and scientific inquiry: Exploring teachers' practices and student learning. *Educational Assessment, 11*(3–4), 237–263.

Sacher, W. (2009). *Leistungen entwickeln, überprüfen und beurteilen. Bewährte und neue Wege für die Primar- und Sekundarstufe.* Bad. Heilbrunn: Julius Klinkhardt.

Schecker, H., Neumann, K., Theyßen, H., Eickhorst, B., Dickmann, M. (2016). Stufen experimenteller Kompetenz. *Zeitschrift für Didaktik der Naturwissenschaften, 22*(1), 197–213.

Schreiber, N., Theyßen, H., Schecker, H. (2014). Diagnostik experimenteller Kompetenz: Kann man Realexperimente durch Simulationen ersetzen? *Zeitschrift für Didaktik der Naturwissenschaften, 20*(1), 161–173.

Schreiber, N., Theyßen, H., Dickmann, M. (2016). Wie genau beurteilen Schülerinnen und Schüler die eigenen experimentellen Fähigkeiten? Ein Ansatz zur praktikablen Diagnostik experimenteller Fähigkeiten im Unterrichtsalltag. *Physik und Didaktik in Schule und Hochschule, 15*(1), 49–63.

Seidel, T., Blomberg, G., Stürmer, K. (2010). „Observer" – Validierung eines videobasierten Instruments zur Erfassung der professionellen Wahrnehmung von Unterricht. *Zeitschrift für Pädagogik, 56. Beiheft*, 296–306.

14

Selter, C., Hußmann, S., Hößle, C., Knipping, C., Lengnink, K., Michaelis, J. (Hrsg.) (2017). *Diagnose und Förderung heterogener Lerngruppen. Theorien, Konzepte und Beispiele aus der MINT-Lehrerbildung.* Münster: Waxmann.

von Aufschnaiter, C., Cappell, J., Dübbelde, G., Ennemoser, M., Mayer, J., Stiensmeier-Pelster, J., Sträßer, R., Wolgast, A. (2015). Diagnostische Kompetenz: Theoretische Überlegungen zu einem zentralen Konstrukt der Lehrerbildung. *Zeitschrift für Pädagogik, 61*(5), 738–757.

von Aufschnaiter, C., Münster, C., Beretz, A.-K. (2018). Zielgerichtet und differenziert diagnostizieren. *MNU-Journal, 71*(6), 382–387.

von Rhöneck, C. (1986). Vorstellungen zum elektrischen Stromkreis und zu den Begriffen Strom, Spannung und Widerstand. *Naturwissenschaften im Unterricht – Physik/Chemie, 34*(13), S. 10–14.

Weinert, F. E. (2001). Concept of competence: A conceptual clarification. In D. S. Rychen & L. H. Salganik (Eds.), *Defining and selecting key competencies* (S. 45–65). Göttingen: Hogrefe & Huber.

Physikalische Fachkonzepte anbahnen – Anschlussfähigkeit verbessern

Rita Wodzinski

© Springer-Verlag GmbH Deutschland, ein Teil von Springer Nature 2020
E. Kircher et al. (Hrsg.), *Physikdidaktik|Grundlagen,* https://doi.org/10.1007/978-3-662-59490-2_15

Trailer

Physikalische Bildung setzt nicht erst mit dem Physikunterricht ein. Schon im Kindergarten können Kinder gezielt an physikalische Phänomene herangeführt werden. Im Sinne des *kumulativen Lernens* erscheint es notwendig, die Bildungsbemühungen in den verschiedenen Phasen sinnvoll aufeinander abzustimmen, um die zur Verfügung stehende begrenzte Lernzeit effektiv zu nutzen.

Mit dem Perspektivrahmen Sachunterricht hat die Gesellschaft für Didaktik des Sachunterrichts ein viel beachtetes Konzept für den Sachunterricht in Deutschland formuliert. Darin werden für den Sachunterricht zwei Anschlussaufgaben charakterisiert. Er muss einerseits an das Vorwissen, die Fragen, Interessen und Lernbedürfnisse der Schülerinnen und Schüler anschließen.

» „Andererseits muss er Anschluss suchen *an das in Fachkulturen erarbeitete, gepflegte und weiter zu entwickelnde Wissen.* Diese Anschlussfähigkeit ist zu sichern durch belastbare Vorstellungen und Konzepte, durch die Möglichkeit, sich sachbezogen neues Wissen und neue Denk-, Arbeits- und Handlungsweisen zu erwerben bzw. zu entwickeln sowie durch Interesse an den Sachen des Sachunterrichts." (GDSU 2013, S. 10)

Dass schon in der Primarstufe in naturwissenschaftliche Denk-, Arbeits- und Handlungsweisen eingeführt werden können, ist unumstritten (Sodian et al. 2002). In welcher Weise und in welchem Maße auch bereits eine verlässliche Grundlage für den Aufbau von Fachkonzepten gelegt werden kann, ist im Vergleich dazu eine neuere Diskussion (Möller et al. 2012).

Einen Überblick über das Kapitel zeigt ◘ Abb. 15.1.

15.1 Besonderheiten des Übergangs von der Primar- zur Sekundarstufe

In vielen Ländern ist das allgemeine Schulsystem in Stufen organisiert, bestehend aus einer Primarstufe, die meist 4–6 Schuljahre umfasst, und einer daran anschließenden Sekundarstufe. Mit Blick auf die Naturwissenschaften ist der Übergang häufig mit einem Einbruch im Interesse verknüpft. Dies ist nicht selten ein Grund, dem Übergang besondere Aufmerksamkeit zu widmen (McCormack et al. 2014; Tröbst et al. 2016; Tytler et al. 2008). Trotz unterschiedlicher Rahmenbedingungen in verschiedenen Ländern (z. B. unterschiedliches Alter bei Schuleinstieg, unterschiedliche Fächerstruktur) ähneln sich die Berichte, dass physikalische Aspekte in der Primarstufe eher eine untergeordnete Rolle spielen und dass Schülerinnen und Schüler den Übergang von der Primarstufe zur Sekundarstufe als Bruch erleben.

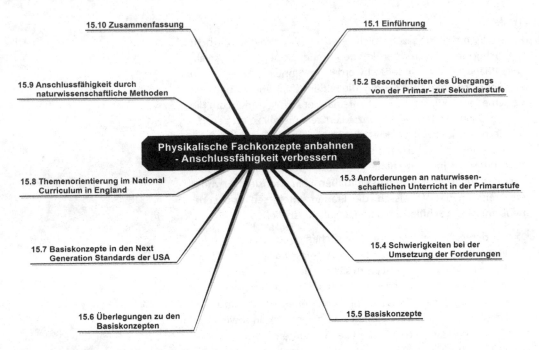

D Abb. 15.1   Übersicht über die Teilkapitel

15

Gründe für
Vernachlässigung der Physik
in der Grundschule

Die in der Praxis der Primarstufe eher geringe Rolle der Naturwissenschaften, insbesondere der Chemie und Physik, hat verschiedene Gründe:

- Viele Lehrkräfte weisen dem Rechnen und Schreiben einen höheren Stellenwert zu als den Naturwissenschaften. Wenn Unterrichtszeit für besondere Veranstaltungen wie z. B. Schulfeste oder Wandertage benötigt wird, geht dies deshalb oft zu Lasten der Naturwissenschaften (Blackwell 2012; Tytler et al. 2008).
- Lehrkräfte in der Primarstufe sind Generalisten. Ihr Interesse an der Chemie und der Physik und auch ihr fachbezogenes Selbstkonzept sind häufig gering (Möller et al. 2004).
- Hinzu kommt, dass die Physik und Chemie in der Lehrerausbildung für die Primarstufe häufig eine untergeordnete Rolle spielen (Peschel 2007).

Übergang aus Sicht der
Schüler

Schülerinnen und Schüler berichten beim Übergang zur Sekundarstufe vor allem über folgende wahrgenommenen Veränderungen:

- Der Kontakt zu den Lehrkräften in der Sekundarstufe ist unpersönlicher (Tytler et al. 2008).
- Der Unterrichtsstil ist weniger handlungsorientiert. Die Schülerinnen und Schüler erleben den Unterricht als weniger kognitiv herausfordernd (Walper et al. 2016).

- Es werden weniger Möglichkeiten genutzt, dass Kinder individuellen Interessen nachgehen können (Tytler et al. 2008; Logan und Skamp 2008).

Mit Beginn der Sekundarstufe werden die Lerngruppen in der Regel aus unterschiedlichen Schulen neu zusammengesetzt. Demzufolge ist das Vorwissen der Schülerinnen und Schüler sehr heterogen. Wichtig wäre deshalb, den Lernstand gründlich zu erheben, um eine Basis für die Weiterarbeit in der Sekundarstufe zu erarbeiten. Das Vorwissen, das Schülerinnen und Schüler in der Primarstufe erworben haben, wird jedoch in der Regel nicht systematisch erhoben. Lehrkräfte der Sekundarstufe wissen zudem häufig wenig über den Lehrplan der Primarstufe und umgekehrt (Kiper 2012; Koch 2006).

Die Ausführungen sollen deutlich machen, dass die Abstimmung der Lehrpläne mit Blick auf einen kohärenten Aufbau fachlicher Konzepte eine wichtige Facette darstellt, um den Übergang von der Primar- zur Sekundarstufe zu verbessern, die Übergangsthematik insgesamt aber noch weitere Facetten beinhaltet. In diesem Beitrag ist der Blick zusätzlich dadurch eingeschränkt, dass der Fokus auf physikalischen Aspekten liegt.

15.2 Anforderungen an naturwissenschaftlichen Unterricht in der Primarstufe

Die aktuelle Diskussion um den naturwissenschaftlichen Unterricht in der Primarstufe wird wesentlich von drei Forderungen bestimmt, die auch die Konzeption des Perspektivrahmens Sachunterricht wesentlich geprägt hat (GDSU 2013):

1. *Naturwissenschaftlicher Unterricht in der Primarstufe soll inhaltlich und methodisch anspruchsvoller werden.* Empirische Untersuchungen der letzten 20 Jahre haben gezeigt, dass Kinder offenbar in den Naturwissenschaften deutlich komplexere und anspruchsvollere Zusammenhänge verstehen können, als dies in dieser Altersstufe erwartet wird. Dies gilt nicht nur im Hinblick auf fachliche Zusammenhänge, sondern auch bezogen auf naturwissenschaftliche Arbeitsweisen und Aspekte von Wissenschaftsverständnis (Bullock und Ziegler 1999; Grygier 2008; Köster 2006; McCormack et al. 2014; Stern und Möller 2004).

   Inhaltlich und methodisch anspruchsvoll

2. *Naturwissenschaftlicher Unterricht in der Primarstufe soll anschlussfähig sein.* Anschlussfähigkeit wird als eine Voraussetzung für das produktive Ineinandergreifen der verschiedenen Bildungsstufen verstanden. Die Forderung nach Anschlussfähigkeit beinhaltet insbesondere, dass in der Primarstufe Kompetenzen bereitgestellt werden, auf die

   Anschlussfähigkeit

der nachfolgende naturwissenschaftliche Fachunterricht aufbauen kann. Der Unterricht in der Primarstufe selbst soll wiederum die Kompetenzen weiterentwickeln, die im Elementarbereich vorbereitet werden (vgl. GDSU 2013).

Kumulativer Wissensaufbau 3. *Naturwissenschaftlicher Unterricht in der Primarstufe soll einen kumulativen und kohärenten Wissensaufbau unterstützen.* Der naturwissenschaftliche Unterricht in der Primarstufe soll u. a. den Aufbau von Fachkonzepten vorbereiten. Diese Forderung ergibt sich aus der Konkretisierung der zuvor genannten Forderungen für den Bereich des Fachwissens. Unter einem Fachkonzept wird dabei zusammenhängendes und strukturiertes Wissen zu einem Teilbereich der Naturwissenschaften verstanden. Ein Fachkonzept schließt neben dem Wissen über Begriffe auch das Wissen über Theorien und Modellbildungen mit ein. Fachkonzepte lassen sich z. B. über Begriffsnetze veranschaulichen.

Beispiel: Fachkonzept *Schatten* Fachkonzepte können unterschiedlich tief und komplex sein. So kann beispielsweise das Fachkonzept *Schatten* in der Primarstufe auf die Optik beschränkt bleiben, während man auch beim Schall oder bei Strahlung allgemein von Schatten spricht. Das Verständnis des Fachkonzepts *Schatten* in der Grundschule anzubahnen kann bedeuten, dass die Schülerinnen und Schüler die Bedingungen für die Entstehung des Schattens benennen und begründete Vorhersagen machen können, wie sich der Schatten verändert, wenn man bestimmte Veränderungen (z. B. die Position der Lampe oder des Schatten werfenden Gegenstandes) vornimmt. Auch kann der Begriff Schatten von einem zweidimensionalen *Schatten an der Wand* zur Vorstellung eines dreidimensionalen Schattenraums erweitert werden. Im späteren Physikunterricht lässt sich dieses Konzept ausbauen und vertiefen, indem z. B. die qualitativen Zusammenhänge über Strahlensätze präzisiert werden. Der Begriff Schatten kann differenziert werden in Kern-, Halb- und Übergangsschatten. Damit kann Schatten genauer festgelegt werden als Raum mit relativer Abwesenheit von Licht anstelle der Beschreibung *Schatten ist da, wo kein Licht hinkommt.* Eine weitere Ausschärfung des Fachkonzepts *Schatten* findet in der Oberstufe statt, wenn Interferenzversuche die Vorstellung von der geradlinigen Lichtausbreitung infrage stellen. Wird das Fachkonzept derartig verfeinert und über die Grenzen der Optik hinaus ausgeweitet, dann wird deutlich, dass es Sinn macht, *Schatten* als Teilkonzept unter das Konzept von Wechselwirkungen zwischen Strahlung und Materie einzuordnen. Das Beispiel soll deutlich machen, wie Konzeptverständnis mit kleinen zusammenhängenden Strukturen beginnt, die in der Begegnung mit Phänomenen erkannt werden. Diese Strukturen werden zunehmend ausgeschärft und angereichert und dann ggf. umgedeutet und in neue übergeordnete Strukturen eingefügt. Zu Beginn geht es bei der Erkundung des Schattens um eine konkrete Auseinandersetzung mit Phänomenen. Je weiter der Unterricht voranschreitet, geht es zunehmend darum, das erworbene Konzept in neue Gesamtzusammenhänge einzuordnen.

15.3 Schwierigkeiten bei der Umsetzung der Forderungen

Der Umsetzung der in ▶ Abschn. 15.2 genannten Forderungen steht eine Reihe von Schwierigkeiten und Hindernissen entgegen.

Was macht Unterricht anspruchsvoll?

1. *Unsicherheit über das anzustrebende Anspruchsniveau.*
   Hinsichtlich der Frage, was inhaltlich anspruchsvollen naturwissenschaftlichen Unterricht in der Primarstufe auszeichnet, gehen die Vorstellungen von Lehrkräften und Bildungsexperten weit auseinander. Mit dem Ziel, die kognitiven Möglichkeiten von Grundschulkindern auszuloten, wurden in den letzten Jahren Unterrichtskonzepte ausgearbeitet, die einer Vorverlagerung von Unterricht aus der Sekundarstufe nahe kommen (z. B. Haider 2008, 2010; Rachel et al. 2010). Auch wenn empirische Studien zeigen, dass in gut vorbereiteten Lernumgebungen mit kompetenten Lehrkräften bestimmte fachliche Zusammenhänge bereits von Grundschulkindern erfasst werden können, muss die Frage gestellt werden, inwieweit sich für die Schülerinnen und Schüler der Grundschule in der Auseinandersetzung mit naturwissenschaftlichen Konzepten ein Sinn erschließt (Giest und Pech 2010).
   Angesichts der erheblichen Schwierigkeiten, die nicht nur Schülerinnen und Schüler, sondern auch Lehrkräfte mit bestimmten naturwissenschaftlichen Konzepten wie dem Teilchenmodell, dem Kraftbegriff oder den Modellen für den elektrischen Strom haben, ist zudem nicht zu erwarten, dass diese Themen in der Unterrichtspraxis in der Breite Einzug finden werden. Viele Lehrkräfte (insbesondere diejenigen, die keine Ausbildung in den Naturwissenschaften durchlaufen haben) werden nicht in der Lage sein, diese Themen kompetent mit Schülerinnen und Schülern zu erarbeiten. Werden die Erwartungen zu hoch gesteckt, besteht die Gefahr, dass bei den Kindern keine Haltung des Hinterfragens und selbstständigen Nachdenkens aufgebaut, sondern eher einem Reproduzieren von Fakten und wenig durchdrungenen Zusammenhängen Vorschub geleistet wird.

Wie viel Physik ist in der Grundschule realistisch?

2. *Begrenzte Unterrichtszeit für naturwissenschaftliche Themen in der Primarstufe.* Für eine Verbesserung der Anschlussfähigkeit an den nachfolgenden naturwissenschaftlichen Unterricht scheint es notwendig zu sein, eine stärkere Verbindlichkeit der zu behandelnden Themen zu schaffen. Allerdings zieht der naturwissenschaftliche Unterricht in der Grundschule eine besondere Stärke auch daraus, dass der Unterricht sich an den Fragen und Bedürfnissen der Kinder orientieren kann. Der Kanon der verbindlich zu bearbeitenden naturwissenschaftlichen Themen muss deshalb eher klein gehalten werden, damit noch ausreichend Freiräume für eine an die jeweilige Lerngruppe angepasste Unterrichtsgestaltung bleiben. Dies ist eine besondere Herausforderung an die Lehrkräfte. Von ihnen müssen die physikalischen (naturwissenschaftlichen) Konzepte in den Fragen der Kinder erkannt und in adäquate physikalische Unterrichtssequenzen transformiert werden.

Der Anteil, den die Naturwissenschaften im Unterricht der Primarstufe einnehmen, ist aus den eingangs genannten Gründen häufig geringer als offiziell vorgesehen. In Australien und Irland werden Naturwissenschaften in der Grundschule etwa drei Stunden pro Woche unterrichtet (McCormack et al. 2014; Tytler et al. 2008). Der Anteil an physikalischen Themen ist meist gering. Nach einer Untersuchung von Altenburger und Starauschek (2011) nehmen in Deutschland physikalische Themen im gesamten 3. Schuljahr etwa 17 h in Anspruch, in Klasse 4 etwa zehn Stunden.

Auch über die bearbeiteten Themen gibt die Studie Aufschluss. In den Klassen 3 und 4 konnten insgesamt nur zehn physikalische Themen identifiziert werden. Fast alle der 30 befragten Lehrkräfte unterrichteten in Klasse 3 oder 4 davon die Themen *Wetter, Wasser* sowie *Wärme* und *Temperatur.* Die Hälfte der Lehrkräfte behandelte das Thema *elektrischer Strom* (Altenburger und Starauschek 2011). Das Thema *Luft* wird meist bereits in Klasse 2 unterrichtet. Nimmt man diese Ergebnisse als Maßstab, kommt man zu dem Schluss, dass pro Schuljahr mehr als zwei gründlich bearbeitete Themen aus dem Bereich Physik/Chemie nicht realistisch sind.

Wie werden Anschlussmöglichkeiten genutzt?

3. *Anschlussmöglichkeiten werden von weiterführenden Schulen kaum genutzt.* Ein guter Übergang setzt voraus, dass die Lehrkräfte der Sekundarstufe an die in der Primarstufe erarbeiteten Kompetenzen anknüpfen. Lehrkräfte der Sekundarstufe haben jedoch meist wenig Einblick in die Arbeit der Primarstufe, und das Bedürfnis nach Austausch mit den Grundschulen ist eher gering (McCormack et al. 2014; Murphy und Beggs 2010). Das führt dazu, dass im

Unterricht der weiterführenden Schulen häufig Themen wiederholt werden, ohne bereits erarbeitete Kompetenzen zu vertiefen (Tytler et al. 2008; Wodzinski 2006).

15.4 Basiskonzepte

Übergeordnete Fachkonzepte, die das naturwissenschaftliche Wissen in besonderer Weise strukturieren, werden als Basiskonzepte bezeichnet. Basiskonzepte sollen im *Sinne von Leitideen* dazu beitragen, die fachwissenschaftlichen Inhalte zu strukturieren und *über die Schuljahre hinweg vertikal* sowie *zwischen den drei Naturwissenschaften horizontal zu vernetzen* (KMK 2005).

Was sind Basiskonzepte?

In Deutschland sind Basiskonzepte für die drei Naturwissenschaften separat formuliert (◘ Tab. 15.1). Sie sind bisher nur für die Sekundarstufe I (Klasse 5–9) in verbindlichen Vorgaben zu finden. Die Bedeutung der Basiskonzepte für die Primarstufe ist bisher noch offen.

Basiskonzepte sind in der didaktischen Diskussion nicht unumstritten. Unklar ist z. B., ob sie lediglich als Planungshilfe für Lehrkräfte dienen sollen, um sicherzustellen, dass die Schülerinnen und Schülern über eine hinreichende Basis verfügen, ihr Verständnis der Basiskonzepte ausdifferenzieren zu können, oder explizit immer wieder der Bezug zu den Basiskonzepten hergestellt werden soll. Um beim obengenannten Beispiel zu bleiben: Soll das Thema *Schatten* explizit als eine besondere Form der Wechselwirkung von Licht und Gegenstand beschrieben werden, oder reicht es aus, darauf hinzuweisen, dass Schatten immer nur dann entsteht, wenn Licht auf einen Gegenstand fällt, ohne dies als Wechselwirkung zu bezeichnen?

Bedeutung der Basiskonzepte

Basiskonzepte spielen auch in der Diskussion bezüglich der Naturwissenschaften in der Primarstufe eine wichtige Rolle. So waren die Bemühungen zur Stärkung der Naturwissenschaften in der Grundschule in den 1970er-Jahren bereits eng mit der Idee von Basiskonzepten verknüpft. In dem SCIS-Programm

Vorläufer von Basiskonzepten im naturwissenschaftlichen Unterricht der Grundschule

◘ **Tab. 15.1** Basiskonzepte für die Sekundarstufe I im Überblick (KMK 2004)

Physik	Chemie	Biologie
Materie	Stoff-Teilchen-Beziehung	System
Wechselwirkung	Struktur-Eigenschafts-Beziehung	Struktur und Funktion
System	Chemische Reaktion	Entwicklung
Energie	Energetische Betrachtung bei Stoffumwandlungen	

(Science Curriculum Improvement Study) von Karplus und
Thier (1969) wurden als die vier zentralen naturwissenschaftlichen Fachkonzepte Materie, Energie, Organismen und Öko-
systeme gewählt. Als zweite Dimension orientierte sich der
Unterricht an den prozessorientierten Konzepten Eigenschaft,
Bezugsrahmen, System und Modell (Karplus und Thier 1969).
Ein adaptiertes Curriculum wurde in Deutschland von Tütken
und Spreckelsen (1970) entwickelt. Als Basiskonzepte dienten
hier „Teilchenstruktur", „Wechselwirkung" und „Erhaltung",
wobei bei „Erhaltung" auch „Energie" mit eingeschlossen war.

Die Reformbemühungen der 1970er-Jahre sind – zumindest
in Deutschland – daran gescheitert, dass die stark vor-
strukturierten Materialien den Kindern wenig Möglichkeit boten,
eigene Fragen und Interessen einzubringen und Motivations-
probleme auftraten. Auch überforderte der Unterricht offenbar
Kinder und Lehrkräfte (Feige 2009; Möller 2001). Lauterbach
urteilte in den 1990er-Jahren:

» Grundschulkinder lernen nicht, die naturwissenschaftlichen
Fachbegriffe zu verstehen, sondern bestenfalls Wörter, die
für sie stehen, assoziativ und grammatikalisch korrekt zu
gebrauchen. (Lauterbach 1992, S. 205).

In der jüngeren Vergangenheit wurde mit „SINUS Transfer Grundschule" (IPN 2004) 2005 ein weiteres Programm zur
Förderung von Mathematik und Naturwissenschaften in der
Primarstufe gestartet. Ausgehend von den Basiskonzepten für die
Sekundarstufe wurden auch hier Basiskonzepte für die Primarstufe vorgeschlagen (Demuth und Kahlert 2007; Demuth und
Rieck 2005), die denen der 1970er-Jahre sehr ähnlich sind, nämlich „Erhaltung der Materie", „Energie" und „Wechselwirkung"
(dem Konzept „Erhaltung der Materie" ist das Teilchenkonzept
untergeordnet). Eine Diskussion zur Relevanz der Basiskonzepte
für die Primarstufe hat in Deutschland bisher kaum stattgefunden. Auf internationaler Ebene sind die Next Generation
Standards der USA zu nennen, die den Ansatz der Basiskonzepte
verfolgen (▶ Abschn. 15.6).

Der Perspektivrahmen Sachunterricht (GDSU 2013)
geht einen Mittelweg. Die Konzeption beschreibt neben den
perspektivenbezogenen Denk-, Arbeits- und Handlungsweisen jeweils zentrale Themenbereiche. Mit Bezug auf die
Physik und Chemie sind dies: Eigenschaften von Stoffen/Kör-
pern, Stoffumwandlungen und physikalische Vorgänge. In den
Erläuterungen der Themenbereiche werden dann die Konzepte
Stoff und Erhaltung der Materie, Energie sowie Wechselwirkung
als zentrale Konzepte hervorgehoben, ohne den Begriff der Basiskonzepte zu verwenden. Die Anlehnung an die Basiskonzepte bei
SINUS Transfer Grundschule ist deutlich.

15

15.5 Überlegungen zu den Basiskonzepten

Die Frage, welche Rolle Basiskonzepte in der Primarstufe zum Aufbau von Fachkonzepten beitragen können, lässt sich kaum empirisch klären. Im Folgenden sind daher Erfahrungen und heuristische Einschätzungen zu den Basiskonzepten zusammengestellt, die zur Klärung der Frage beitragen können. Die Überlegungen illustrieren das Spannungsfeld zwischen den in ▶ Abschn. 15.2 genannten Anforderungen und den in ▶ Abschn. 15.3 aufgeführten Schwierigkeiten bei der Umsetzung der Forderung. Da die Primarstufe in den meisten Bundesländern in Deutschland nur die Klassen 1–4 umfasst, beziehen sich die nachfolgenden Überlegungen nur auf die ersten vier Schuljahre.

15.5.1 Das Konzept der Erhaltung der Materie

Das Konzept der Materie beinhaltet insbesondere ein Verständnis von der Erhaltung der Materie, das in der Primarstufe sinnvoll vorbereitet werden kann. Zentral dafür sind die Themen Luft und Wasser, die zu den Standardthemen der Primarstufe gehören.

Erfahrungsmöglichkeiten zum Materiekonzept

Beispiele für Erkenntnismöglichkeiten sind:

- Luft begegnet uns in verschiedenen Gestalten (Wind, Luftballons, Atemluft, Luft um uns herum). Die Luft nehmen wir oft nicht wahr, aber sie ist immer da.
- Luft ist nicht nichts.
- Luft lässt sich zusammendrücken. Dabei geht keine Luft verloren. Dieselbe Luft nimmt nur weniger Platz ein.
- Luft dehnt sich bei Erwärmung aus. Dabei kommt keine neue Luft dazu. Dieselbe Luft nimmt nur mehr Platz ein.
- Eis ist gefrorenes Wasser. Eine bestimmte Menge Wasser ist gefroren und flüssig gleich viel. Gefrorenes Wasser ist nur in einem anderen (festen) Zustand. Gefrorenes Wasser braucht mehr Platz als flüssiges Wasser.
- Flüssiges Wasser kann sich in gasförmiges Wasser verwandeln. Das passiert beim Sieden (Verdampfen), aber auch beim Verdunsten. Das Wasser ist noch dasselbe Wasser. Es ist nicht weg. Es ist nur in einem anderen (gasförmigen) Zustand.
- Gasförmiges Wasser braucht sehr viel mehr Platz als flüssiges und festes Wasser.
- Auch andere Stoffe können bei Erwärmung oder Abkühlung ihren Zustand verändern (z. B. einige Kunststoffe, Blei, Eisen, Luft).

Im Hinblick auf Anschlussfähigkeit an ein Konzept „Erhaltung der Materie" kommt es darauf an, Kindern diese Erfahrungen zu ermöglichen und auch im Sinne der *Erhaltung der Materie* (Luft, Wasser etc. ist nicht weg, nicht mehr oder weniger geworden) zu interpretieren. Selbstverständlich tragen auch andere Unterrichtsthemen zum Materiekonzept bei. Der Perspektivrahmen Sachunterricht nennt hier insbesondere Rosten und Verbrennung sowie den Kohlenstoffkreislauf. Der Erhaltungsaspekt lässt sich aber z. B. auch im Kontext von Müll und Umweltverschmutzung thematisieren. Ein Teilchenkonzept ist für die hier dargestellten Erkenntnisse nicht erforderlich.

15.5.2 Das Teilchenkonzept

Das Teilchenkonzept ist ein weiteres zentrales Konzept, das dem Konzept der Materie untergeordnet ist und das in seiner Bedeutung für die ersten vier Schuljahre kontrovers diskutiert wird. Vor dem Hintergrund, Kinder frühzeitig an anspruchsvolle Konzepte der Naturwissenschaften heranzuführen, nimmt die Zahl der Befürworter des Teilchenkonzepts in der Grundschule wieder zu. Auch der Perspektivrahmen Sachunterricht formuliert als Kompetenz:

> » Schülerinnen und Schüler können erste Modellvorstellungen über den Aufbau der Materie entwickeln und anwenden (z. B. Lösen und Verdunsten von Stoffen, der Substanzcharakter von Luft und anderen Gasen, einfache Teilchenvorstellung) (GDSU 2013, S. 44).

Häufig wird die Tragfähigkeit von Teilchenvorstellungen für die Erklärung einfacher Phänomene jedoch massiv überschätzt. So stellte auf einer Lehrerfortbildung eine Ausbilderin die Frage, wie man im Unterricht den Versuch zum „Flaschengeist" (◘ Abb. 15.2) in einer 3. Klasse angemessen erklären könne. (Der Versuch ist in der Grundschule sehr verbreitet.). Ihrer Ansicht nach sei der Versuch eigentlich nur über das Teilchenmodell zu erklären. Andere teilten diese Ansicht.

In ähnlicher Weise argumentieren auch Demuth und Rieck (2005). Auch sie sind der Ansicht, das Verhalten der Luft z. B. beim Aufpumpen eines Fahrradschlauches sei nur zu verstehen, „wenn man annimmt, dass Gase aus kleinen, unsichtbaren Teilchen bestehen, die frei in Bewegung sind. Aufgrund dieser Bewegung verteilen sie sich gleichmäßig in jedem Raum, in den sie eindringen" (Demuth und Rieck 2005, S. 6).

Tatsächlich haben Untersuchungen gezeigt, dass Kinder auch nach einem Unterricht zum Teilchenmodell dieses nicht zur Erklärung von Alltagsphänomenen nutzen (Séré 1989). Dies deutet darauf hin, dass sich Kindern der Erklärungswert des Teilchenmodells offenbar nicht erschließt. Auch ist ernsthaft zu fragen, wie sich denn Grundschulkinder ein Teilchenmodell der

15

Pro und kontra Teilchenmodell in der Grundschule

Material:

- Eine leere Flasche
- Eine 50-Cent-Münze

Versuchsdurchführung:

- Stell die Flasche an einen kalten Ort (z. B. Kühlschrank).
- Befeuchte den Rand der Öffnung mit einem nassen Finger.
- Lege eine 50-Cent-Münze auf die Öffnung. Die Öffnung muss ganz abgedeckt sein.
- Lege deine Hände um die Flasche. Warte ein wenig.
- Beobachte und beschreibe.

◘ **Abb. 15.2**   Versuchsanleitung zum „Flaschengeist"

Luft vorstellen sollen. Es ist bekannt, dass eine verbreitete Fehlvorstellung zum Teilchenmodell darin besteht, dass die Luftteilchen als „Teilchen in der Luft" gedeutet werden. Die Vorstellung, dass zwischen den Teilchen tatsächlich nichts ist, ist auch für Erwachsene herausfordernd (▶ Kap. 9). Wenn Kinder sich vorstellen, dass sich die Teilchen überallhin ausbreiten, dann tun sie das vermutlich auf der Grundlage der Vorstellung, dass Luft sich überallhin ausbreitet und die Teilchen mitnimmt. Damit verliert das Teilchenmodell aber an Relevanz.

Für eine Erklärung des Versuchs ist wichtig zu erkennen, dass Luft erwärmt wird und sich bei Erwärmung ausdehnt. Um zu klären, wie diese Ausdehnung zustande kommt, hilft die Vorstellung von der Existenz von Teilchen allein wenig.

Mit Blick auf das Konzept der Erhaltung der Materie ist der Versuch zum Flaschengeist dennoch ergiebig mit Kindern zu diskutieren. Anregungen für das tiefere Durchdenken könnten sein:

- Verschiebt sich vielleicht die Luft durch die Erwärmung nur nach oben, und unten in der Flasche entsteht ein „Luftloch"?
- Steigt die Luft vielleicht nach oben, weil sie leichter geworden ist?
- Würde die Luft auch zur Seite aus der Flasche herausgehen, wenn die Öffnung seitlich wäre?

Auf diese Weise können Kinder angeregt werden, eigene Vorstellungen zu entwickeln, zu diskutieren und zu überprüfen. Das Teilchenmodell liefert für die Beschreibung und das Verstehen des Phänomens im Vergleich dazu für die Kinder keinen Erklärungswert. Im Gegenteil: Es unterstützt eher nicht hinterfragtes Alltagswissen.

Teilchenmodell beim Wasserkreislauf?

Ein anderes Thema, bei dem das Teilchenmodell häufig vorgeschlagen wird, ist der Wasserkreislauf. Das Verdunsten von Wasser wird nicht selten über *vermenschlichte Tröpfchen* dargestellt, die sich z. B. beim Erhitzen nicht mehr festhalten können oder bei Abkühlung gegenseitig wärmen wollen.

Anspruchsvoller Unterricht in der Primarstufe zeichnet sich auch dadurch aus, auf derartige Bilder bewusst zu verzichten. Mit einer Hinführung zum Teilchenmodell haben solche Analogien nichts gemeinsam. Teilchen im Sinne des Teilchenmodells verlieren die Eigenschaften, die der Stoff besitzt. Wassermoleküle haben z. B. nicht die Eigenschaft, flüssig zu sein, Tropfenform zu haben oder Temperatur zu besitzen. Ein Wassermolekül ist eben kein ultrakleiner Wassertropfen.

Experimente und Alltagserfahrungen

Wichtiger ist stattdessen, anhand von Experimenten und Alltagserfahrungen Evidenz zu generieren, …

- dass Wasser beim Verdunsten nicht einfach verschwindet,
- dass Wasser umso stärker verdunstet, je wärmer die Luft ist,
- dass Luft tatsächlich Wasser enthält,
- dass Luft umso mehr Wasser enthält, je wärmer die Luft ist,
- dass das Wasser wieder kondensiert, wenn sich Luft abkühlt.

Lösungsversuche als Kontext für Teilchenvorstellungen in der Grundschule

Aus meiner Sicht kann das Teilchenmodell bestenfalls im Zusammenhang mit Lösungsversuchen von Salz oder Zucker in Wasser sinnvoll vorbereitet werden. Dabei kann man sich die Kristalle in so kleine Teilchen zerlegt denken, dass man sie nicht mehr sehen kann. Das Wasser wird dabei nicht im Teilchenmodell betrachtet. Entscheidend anders im Vergleich zum Teilchenmodell der Luft ist hier, dass Kinder angeregt werden, aus den Beobachtungen eigene Vorstellungen zu entwickeln. Solange diese von den Kindern selbst entwickelten Vorstellungen die Beobachtungen für die Kinder hinreichend erklären, ist dagegen nichts einzuwenden. Problematisch wird es dann, wenn man Kindern Vorstellungen aufdrängt, die für sie keinen erkennbaren Erklärungswert haben und zudem Fehlvorstellungen und Missverständnisse nahelegen, die nicht geklärt werden können.

15.5.3 Das Konzept der Energie

Die Energiefrage ist eines der zentralen gesellschaftlichen Themen, das die öffentlichen Medien bestimmt. Es besteht deshalb weitgehend Konsens, dass die Grundschule an diese Thematik heranführen sollte (GDSU 2013). Inwieweit der naturwissenschaftliche Unterricht in der Primarstufe über das Alltagswissen hinaus einen physikalischen Energiebegriff vorbereiten sollte, ist jedoch ernsthaft zu diskutieren (vgl. Pahl et al. 2010; Starauschek 2008).

15

Erhebliche Schwierigkeiten mit dem Energiebegriff ergeben sich in der Abgrenzung zum Kraftbegriff auf der einen Seite und zum elektrischen Strom auf der anderen Seite. Diese Schwierigkeiten wird man in der Grundschule kaum auflösen können. Die Vorstellung, Energie sei das, womit man etwas tun kann, entspricht dem Alltagsverständnis und reicht für einen ersten Zugang zum Energiebegriff aus. Diese Vorstellung löst jedoch die begrifflichen Abgrenzungsprobleme nicht.

Schwierigkeiten mit dem Energiebegriff

„Energieformen" (kinetische, potenzielle, chemische... Energie) bezeichnen unterschiedliche *Erscheinungsformen* der Energie. Die Unterscheidung in Energieformen ist nicht ganz unproblematisch, da sie suggeriert, es gäbe verschiedene Arten von Energie. Dabei ist das Besondere des Energiekonzepts gerade seine Universalität. Energieformen werden manchmal mit Währungen verglichen, in denen man Energie darstellen kann und in die man Energie *umtauschen* kann. Im Alltag kommt der Begriff der Energieform nicht vor. Eine besondere Herausforderung besteht im Unterricht darin, bei der Betrachtung verschiedener Energieformen die Alltagsvorstellungen zur Energie von der physikalischen Bedeutung abzugrenzen. Dies wird auch dadurch erschwert, dass die Liste der Energieformen beliebig erweiterbar ist (z. B. Schallenergie, Windenergie, Sonnenenergie, Radioenergie, Magnetenergie...) und die Formen nicht klar gegeneinander abgrenzbar sind (Neumann 2018).

Energieformen in der Grundschule?

Im Alltagsverständnis wird Energie eher an Phänomene oder Objekte geknüpft, die Energie besitzen. Dafür wird in der Physik gelegentlich der Begriff Energieträger verwendet. Schwierig wird die Trennung zwischen der Energieform und dem Energieträger insbesondere bei elektrischem Strom, Wärme und Licht.

Im naturwissenschaftlichen Unterricht der Grundschule kann es nicht darum gehen, die Begriffe Energieträger oder Energieformen als Fachbegriffe einzuführen. Dennoch können Kinder auch in der Grundschule wertvolle Erfahrungen sammeln und an Zusammenhänge herangeführt werden, die für den späteren Unterricht von Bedeutung sind. So kommt Starauschek (2008) zu dem Schluss, dass die Grundschule zumindest eine Trennung zwischen der Energie und den Trägern der Energie vorbereiten sollte, ohne dass der Begriff des Energieträgers eingeführt wird. Auf diese Weise kann die Idee von einer abstrakten und universellen Größe Energie angebahnt werden.

Zielvorstellungen zum Energiebegriff in der Grundschule

Am Ende der Grundschulzeit sollten Kinder entsprechend über folgende Kenntnisse im Zusammenhang mit der Energie verfügen (vgl. Kaiser et al. 2010; Zolg und Wodzinski 2007):

- Energie wird benötigt für Licht, Wärme, Bewegung, um etwas zu heben und um Strom zu erzeugen. (Das heißt auch: Energie ist nicht dasselbe wie Licht, Wärme usw.)

- In Licht, Wärme, Bewegung und Strom steckt Energie. Auch in einem hochgehobenen Gegenstand steckt Energie. (Das heißt ebenfalls: Energie ist nicht dasselbe wie Licht, Wärme usw.)
- Energie steckt auch in Nahrung, in Brennstoffen, in Treibstoffen.
- Die Energie im Strom kann man besonders vielseitig nutzen.
- Öl, Gas, Kohle sind wichtige Energieträger, die allerdings nicht unbegrenzt zur Verfügung stehen. (In diesem Kontext macht der Begriff des Energieträgers Sinn.)
- Die Energie von Wind, Sonne und Wasserkraft kann genutzt werden, um Strom zu erzeugen.
- In traditionellen Verbrennungskraftwerken geht immer ein beträchtlicher Teil der Energie in Wärme.
- Die großtechnische Stromerzeugung ist im Prinzip mit der Stromerzeugung im Fahrraddynamo vergleichbar.
- Sonnenkollektoren nutzen die Energie von der Sonne, um Wasser zu erwärmen.
- Wir führen unserem Körper über die Nahrung Energie zu, die für körperliche Betätigung benötigt wird.

Dabei kann auf die Unterscheidung verschiedener Energieformen verzichtet werden. Die Idee, dass Energie fließt bzw. Energie umgewandelt wird, lässt sich auch ohne die Betrachtung von Energieformen verdeutlichen.

Mögliche Hinführung zum Energiekonzept

Zunächst können Beispiele gesammelt werden, in denen „Energie aus der Steckdose" für verschiedene Anwendungen genutzt wird. Dann werden andere Möglichkeiten gesammelt, dasselbe ohne Strom zu tun.

Mit Energie aus der Steckdose …
- kann man einen Mixer betreiben (und z. B. ein Mixgetränk herstellen),
- Wasser heizen,
- einen Aufzug betreiben …

Dasselbe kann man auch auf andere Weise tun. Man kann auch:
- einen Mixer mit der Hand betreiben (Handrührgerät),
- zum Heizen Holz verbrennen,
- Hebearbeit durch Wasserkraft verrichten (in alten Mühlen).

Während im ersten Fall die Energie mit dem Strom aus der Steckdose transportiert wird, steckt sie im zweiten Fall in den Muskeln, im Holz, im strömenden Wasser.

Ein Teil der Energie, die in die Prozesse hineingesteckt wurde, ist am Ende wieder nachweisbar: Das Wasser ist heiß, ihm wurde Energie zugeführt. Auch die hochgehobene Last enthält Energie, die sie vorher nicht hatte, sie kann wieder herunterfallen. Mit einem Thermometer lässt sich nachweisen, dass auch dem Mixgetränk Energie zugeführt wurde.

15

Im Perspektivrahmen Sachunterricht, gehen die dort formulierten Kompetenzen im Zusammenhang mit dem Energiebegriff deutlich weiter. Hier heißt es:
Schülerinnen und Schüler können

- „Energiearten (z. B. Wärme-, Bewegungs- und elektrische Energie) unterscheiden,
- an Beispielen aus dem Alltag Umwandlungsprozesse zwischen den Energiearten beschreiben (z. B. mechanische in elektrische Energie und umgekehrt – Dynamo/Generator, Motor)." (GDSU 2013, S. 44)
- „an Beispielen aus dem Alltag (Ofen/Heizung) Verbrennung als Umwandungsprozesse von chemischer Energie in Wärmeenergie beschreiben und entsprechende Energieträger (z. B. Holz, Kohle, Gas, Öl) benennen und unterscheiden." (GDSU 2013, S. 43)
- „den Verlust an technisch nutzbarer Energie als Qualitätsmerkmal bei der Bewertung von Energieumwandlungen anwenden und daraus Handlungsoptionen ableiten." (GDSU 2013, S. 44).

Der Begriff der Energieformen wird hier in Energiearten umbenannt, vermutlich, um den abstrakteren Begriff der Formen zu umgehen. Der Begriff der Wärmeenergie als Energieform ist fachdidaktisch nicht ganz unproblematisch (Duit 2010). Mit der vierten Kompetenz wird bereits die Vorstellung der Energieentwertung angebahnt, die sich in Untersuchungen als besonders anspruchsvoll herausgestellt hat (Weßnigk 2018).

15.5.4 Das Konzept der Wechselwirkung

Für ein tieferes Verständnis des Kraftbegriffs und der Newton'schen Mechanik ist das Konzept der Wechselwirkung zentral.

Eine Vorbereitung auf die Sichtweise der Newton'schen Mechanik ist z. B. die Einsicht, dass der Boden und die Luft Einfluss auf die Bewegung eines Fahrzeugs nehmen. Eine solche Vorbereitung ist bereits in der Grundschule möglich. Dies mit Kräften beschreiben zu wollen, ist in der Grundschule jedoch unrealistisch und würde vermutlich nur Fehlvorstellungen provozieren.

Das 1. Newton'sche Axiom besagt, dass ein Körper sich unverändert mit gleichbleibender Geschwindigkeit fortbewegt, wenn kein Körper eine Kraft auf ihn ausübt. Oder anders formuliert: Eine Veränderung der Bewegung setzt immer eine Wechselwirkung voraus. Dieser Zusammenhang fordert dazu auf, bei Veränderungen von Bewegungen nach den Wechselwirkungspartnern zu suchen, die zu dieser Veränderung geführt haben. Mit dem 2. Newton'schen Axiom $F = m \cdot a$ lassen sich die zugehörigen Kräfte auch quantifizieren.

Die Idee, dass keine Veränderung ohne Wechselwirkung geschieht, lässt sich über die Mechanik hinaus verallgemeinern. Genau das ist ein zentraler Aspekt des Basiskonzepts Wechselwirkung.

Im Alltagsverständnis dagegen gibt es viele Veränderungen, die ohne erkennbare Wechselwirkung von statten gehen. Selbst bezogen auf die natürliche Umwelt gilt im Alltagsverständnis, dass …

Schwierigkeiten mit dem Konzept der Wechselwirkung

- ein rollendes Fahrzeug von allein zur Ruhe kommt,
- eine angestoßene Schaukel von allein wieder stehen bleibt,
- eine Batterie, die man lange liegen lässt, von allein unbrauchbar wird,
- der Ton einer angeschlagenen Gitarre von allein verstummt,
- eine Tasse Tee von allein abkühlt.

Man kann diese Phänomene unter der Begriff „Wechselwirkung" betrachten und nach den Wechselwirkungspartnern suchen, die die Veränderung bewirken. Um in den ersten beiden Fällen zu erkennen, dass die Veränderung Folge einer Wechselwirkung ist, bedarf es der Vorstellung einer Idealgestalt von Bewegungen, die auch mit dem Hinweis auf Bewegungen im Weltall alles andere als einfach zu akzeptieren ist. Die Ergiebigkeit eines derartigen Ansatzes für Grundschulkinder muss ernsthaft infrage gestellt werden.

Eine gründliche Auseinandersetzung mit den oben genannten Phänomenen schließt immer auch mit ein, zu erkennen, wer alles am Phänomen beteiligt ist, d. h. zu erkennen, dass …

Mögliche Erfahrungen als Hinführung zum Wechselwirkungskonzept

- Schall durch Luft transportiert wird (Wechselwirkung Schallquelle – Luft – Ohr),
- Schall in Musikinstrumenten verstärkt wird (Wechselwirkung Schallquelle – Luft – Resonanzkörper),
- Wärme mit Luft abtransportiert wird (Wechselwirkung Wärmequelle – Luft),
- Wärme in Medien weitertransportiert wird (Wechselwirkung Wärmequelle – Umgebung),
- Licht von einem Gegenstand abgeblockt wird (Wechselwirkung Licht – Gegenstand),
- Licht an einem Spiegel in besonderer Weise umgelenkt wird (Wechselwirkung Licht – Spiegel).

Die Beispiele zeigen: Verständnisfördernd ist nicht die Erkenntnis, dass Veränderungen Folge einer Wechselwirkung sind, sondern das gründliche Durchdringen der Phänomene selbst. Oder anders gesagt: Die Orientierung am Basiskonzept der *Wechselwirkung* unterstützt das Verstehen nicht, aber die gründliche Arbeit an den Phänomenen schafft die Grundlage, um viel später verschiedene Phänomene in einem übergeordneten Kontext von Wechselwirkungen zu erfassen.

15

Im Perspektivrahmen Sachunterricht wird im Vergleich dazu als Kompetenzerwartung formuliert, dass Schülerinnen und Schüler „ausgewählte Phänomene in der Natur und im Alltag mithilfe des Konzepts der Wechselwirkung beschreiben können." (GDSU 2013, S. 44). Als Beispiele für Wechselwirkungen aus der Physik werden der Hebel oder die Bewegung und Stellung von Himmelskörpern genannt. Inwieweit die astronomischen Bewegungen bereits als Wechselwirkung verstanden werden können, wäre zu hinterfragen. Das Konzept der Wechselwirkung wird im Perspektivrahmen zusätzlich auch biologisch akzentuiert, z. B. im Kontext der Angepasstheit von Pflanzen und Tieren an ihren Lebensraum, wo es vermutlich leichter zugänglich ist.

15.6 Basiskonzepte in den Next Generation Standards der USA

Der umfassendste Vorschlag für eine Abstimmung von Bildungsinhalten in den Naturwissenschaften über die Bildungsstufen hinweg findet sich in den 2011 veröffentlichten Next Generation Science Standards (NGSS; NRC 2012). Sie setzen einen Rahmen für die Entwicklung von abgestimmten Curricula vom Kindergarten bis zur 12. Klasse. Ein Ansatzpunkt ist die Reduzierung und Fokussierung auf wenige Kernideen, um ein tieferes Verständnis dieser Kernideen zu ermöglichen.

Die Next Generation Standards orientieren sich insgesamt an drei Dimensionen (NRC 2012, S. 29):

- Arbeitsweisen in den Natur- und Ingenieurswissenschaften
- Basiskonzepte, die in der Anwendung von Natur- und Ingenieurswissenschaften themenübergreifend bedeutsam sind
- Kernideen in vier Wissenschaftsdisziplinen:
  1. Physik
  2. Lebenswissenschaften
  3. Geologie und Weltraumforschung
  4. Ingenieurswissenschaften, Technik und angewandte Wissenschaft

Die Standards geben an, welchen Beitrag die verschiedenen Bildungs- und Klassenstufen zur naturwissenschaftlichen Bildung beitragen sollen. Für die Primarstufe (Klasse 1–5) sind die Angaben für jedes Schuljahr separat gemacht.

Im Folgenden werden nur die Kernideen in den Schuljahren 1–4 näher erläutert und mit den Überlegungen zu den oben diskutierten Basiskonzepten verglichen.

Als Basiskonzepte für die Physik werden benannt:

- Materie und ihre Wechselwirkungen
- Bewegung und Stabilität: Kräfte und Wechselwirkungen

Basiskonzepte in den USA

- Energie
- Wellen und ihre Anwendungen in der Technik und im Informationstransfer

Die ersten drei Basiskonzepte der NGSS decken sich weitgehend mit den in Deutschland für die Primar- und Sekundarstufe I diskutierten Basiskonzepten.

15.6.1 Materie und ihre Wechselwirkungen

Zum Bereich „Materie und ihre Wechselwirkungen" werden für Klasse 2 (und nur da) folgende Kernideen vorgeschlagen (◘ Abb. 15.3):

Die Erhaltung der Materie und Teilchenvorstellungen sollen erst in Klasse 5 thematisiert werden. Verglichen mit den Überlegungen in ► Abschn. 15.5.2 sind die in den NGSS formulierten Ansprüche deutlich bescheidener.

15.6.2 Energie

Die Energie nimmt in den NGSS in den ersten vier Schuljahren den größten Umfang ein (◘ Abb. 15.4). Der fachliche Anspruch ist vergleichbar mit den Überlegungen in ► Abschn. 15.5.3. Auffällig ist, dass auch hier auf eine Unterscheidung von Energieformen verzichtet wird, dafür aber die Idee der Energieträger (wo steckt überall Energie?) implizit unterstützt wird. Im Gegensatz zu der Diskussion in Deutschland wird mit dem Kraftbegriff etwas unbefangener agiert.

15

Disciplinary Core Ideas–Matter and Interactions

Year 2

- Different kinds of matter exist and many of them can be either solid or liquid, depending on temperature. Matter can be described and classified by its observable properties.
- Different properties are suited to different purposes.
- A great variety of objects can be built up from a small set of pieces.

◘ **Abb. 15.3**   Kernideen – Matter and its Interactions (NGSS; ► https://www.nextgenscience.org/dci-arrangement/2-ps1-matter-and-its-interactions, abgerufen am 26.02.2020)

Disciplinary Core Ideas-Energy

Year 4

A: Definitions of Energy

- The faster a given object is moving, the more energy it possesses.
- Energy can be moved from place to place by moving objects or through sound, light, or electric currents.

B: Conservation of Energy and Energy Transfer

- Energy is present whenever there are moving objects, sound, light, or heat. When objects collide, energy can be transferred from one object to another, thereby changing their motion. In such collisions, some energy is typically also transferred to the surrounding air; as a result, the air gets heated and sound is produced.
- Light also transfers energy from place to place.
- Energy can also be transferred from place to place by electric currents, which can then be used locally to produce motion, sound, heat, or light. The currents may have been produced to begin with by transforming the energy of motion into electrical energy.

C: Relationship Between Energy and Forces

- When objects collide, the contact forces transfer energy so as to change the objects' motions.

D: Energy in Chemical Processes and Everyday Life

- The expression "produce energy" typically refers to the conversion of stored energy into a desired form for practical use.

◨ **Abb. 15.4** Kernideen – Energy (NGSS; ► https://www.nextgenscience.org/dci-arrangement/4-ps3-energy, abgerufen am 26.02.2020)

15.6.3 Kräfte und Wechselwirkungen

Dem Basiskonzept Wechselwirkung entspricht in den NGSS as Konzept „Kräfte und Wechselwirkungen", das wiederum einen relativ großen Raum erhält. Standards werden für Klasse 3 formuliert (◨ Abb. 15.5).

Angesichts der bekannten Schwierigkeiten mit dem Kraftbegriff (Kräfte bei ruhenden Körpern, Differenzierung zwischen der Richtung der Kraft und der Bewegungsrichtung, Differenzierung zwischen Kraft und Geschwindigkeit) erscheinen diese Erwartungen jedoch zu hoch gegriffen.

Disciplinary Core Ideas – Forces and Interactions

Year 3

A: Forces and motion

- Each force acts on one particular object and has both strength and a direction. An object at rest typically has multiple forces acting on it, but they add to give zero net force on the object. Forces that do not sum to zero can cause changes in the object's speed or direction of motion.

- The patterns of an object's motion in various situations can be observed and measured; when that past motion exhibits a regular pattern, future motion can be predicted from it.

B: Types of interactions

- Objects in contact exert forces on each other.

- Electric, and magnetic forces between a pair of objects do not require that the objects be in contact. The sizes of the forces in each situation depend on the properties of the objects and their distances apart and, for forces between two magnets, on their orientation relative to each other.

◘ **Abb. 15.5**   Kernideen – Forces and Interactions (NGSS; ▶ https://www.nextgenscience.org/dci-arrangement/3-ps2-motion-and-stability-forces-and-interactions, abgerufen am 26.02.2020)

15.6.4 **Vergleich Deutschland und USA**

Der Vergleich der Ansätze in Deutschland und in den USA zeigt, dass die Basiskonzepte zwar übereinstimmen, dass die Frage, ob und wie weit die Grundschule zum Aufbau dieser Konzepte beitragen kann, aber keineswegs identisch beantwortet wird. Die NGSS begründen den Ansatz der Basiskonzepte mit Ergebnissen aus der Experten-Novizen-Forschung, die zeigen, dass Experten eher mit wenigen tief verankerten Konzepten argumentieren. Die Frage, ob der Aufbau dieser Konzepte besser gelingt, wenn man die Konzepte von Beginn an adressiert, ist aber keineswegs geklärt (vgl. Schecker und Wiesner 2007). Der Ansatz, den Unterricht in der Primarstufe an Basiskonzepten zu orientieren, bedeutet, dass man den Unterricht vom Ende her (*top down*) denkt. Um Kinder an naturwissenschaftliche Arbeitsweisen heranzuführen, muss Unterricht sich in der Primarstufe aber an Fragen orientieren, die für die Kinder in ihrer aktuellen Situation bedeutsam sind und die von Kindern mit Unterstützung der Lehrkraft möglichst eigenständig geklärt werden können. Vor diesem Hintergrund liegt es nahe, den Unterricht eher entlang physikalisch gehaltvollen, aber für Kinder interessanten Themen zu orientieren. Ein Beispiel für diesen Ansatz zur Abstimmung des Unterrichts über die Schulstufen hinweg findet man in England.

15.7 Themenorientierung im National Curriculum in England

Das englische Nuffield-Projekt Science Processes and Concept Exploration (SPACE) wurde von 1990 bis 1999 entwickelt. Das Konzept geht von Themenfeldern statt von Basiskonzepten aus. Ziel ist auch hier der Aufbau anschlussfähiger Konzepte. In dem zugehörigen Lehrerhandbuch *Understanding Science Ideas* (Black und Harlen 1997) werden zentrale naturwissenschaftliche Themen für die Lehrkräfte illustriert und mit fachdidaktischen Überlegungen ergänzt. Zu jedem Thema sind Kernideen formuliert, die den fachlichen Gehalt des Themas kindgerecht auf den Punkt bringen und als inhaltliche Ziele angesehen werden können. Die Überlegungen beziehen sich jeweils auf Unterricht bis zur 6. Klasse. Zum Thema Energie werden beispielsweise folgende Kernideen formuliert:

Sicherung von Anschlussfähigkeit über Themen

- Force is needed to change the movement of an object – to start it moving, speed it up, slow it down, stop it from moving or change its direction.
- Energy can be stored.
- Energy is transferred, for example, by heating or by forces making things move.

Kernideen zur Energie

(Das vollständige Lehrerhandbuch ist im Internet nach vorheriger Anmeldung verfügbar: ▶ https://www.stem.org.uk/elibrary/resource/26971, letzter Zugriff 26.02.2020).

Eine an Themen orientierte Abstimmung des Unterrichts der verschiedenen Schulstufen findet sich auch in den aktuellen Lehrplänen von 2013 wieder (Department of Education 2013). Neben Erläuterungen zu naturwissenschaftlichen Arbeitsweisen sind hier Themen und inhaltliche Unterrichtsziele für die Klassenstufen 1–6 differenziert vorgegeben. Als physikbezogene Themen sind für die Klassenstufe 3 die Themen „Light" und „Forces and Magnets" verbindlich vorgeschrieben, für Klasse 4 die Themen „States of Matter", „Sound" und „Electricity".

Aktuelle Vorgaben in England

Energie ist bis Klasse 6 nicht als verpflichtendes Thema benannt. Im Vergleich zu Deutschland kommt das Thema „Luft" in den ersten vier Schuljahren gar nicht vor.

Als Beispiel für die Konkretisierung der Unterrichtsziele können die Vorgaben des National Curriculum zum Thema „Forces and Magnets" und „States of Matter" dienen (◘ Abb. 15.6).

Die aktuellen Vorgaben beschränken sich damit bei der Hinführung zum Kraftkonzept im Wesentlichen auf die Bereitstellung von Erfahrungen mit Phänomenen. Im Vergleich zum SPACE-Projekt ist der fachliche Anspruch beim Kraft- und Energiebegriff damit deutlich zurückgenommen.

Zusammenfassend wird deutlich, dass die Vorgabe von Themen zwar eine gewisse Verlässlichkeit schafft, welche Phänomene im Unterricht behandelt werden. Solange der Unterricht aber

---

Forces and Magnets

Year 3

Pupils should be taught to:

- compare how things move on different surfaces
- notice that some forces need contact between two objects, but magnetic forces can act at a distance
- observe how magnets attract or repel each other and attract some materials and not others
- compare and group together a variety of everyday materials on the basis of whether they are attracted to a magnet, and identify some magnetic materials
- describe magnets as having two poles
- predict whether two magnets will attract or repel each other, depending on which poles are facing.

States of Matter

Year 4

Pupils should be taught to:

- compare and group materials together, according to whether they are solids, liquids or gases
- observe that some materials change state when they are heated or cooled, and measure or research the temperature at which this happens in degrees Celsius (°C)
- identify the part played by evaporation and condensation in the water cycle and associate the rate of evaporation with temperature.

◘ **Abb. 15.6**   Konzeptbezogene Ziele im National Curriculum zum Thema „Forces and Magnets" und „States of Matter" (▶ https://www.gov.uk/government/publications/national-curriculum-in-england-science-programmes-of-study/national-curriculum-in-england-science-programmes-of-study, abgerufen am 26.02.2020)

15

darüber nicht hinausgeht, ist der Beitrag zur Konzeptentwicklung vermutlich begrenzt.

15.8 Anschlussfähigkeit durch naturwissenschaftliche Methoden

Die Ausführungen zeigen, dass der Weg hin zu fachlicher Fundierung und zu Anschlussfähigkeit nicht zwangsläufig über Basiskonzepte führt. Anschlussfähiger Unterricht zu Naturwissenschaften ist möglicherweise weniger durch die Orientierung an bestimmten ausgewählten Fachkonzepten oder Themen gekennzeichnet als vielmehr dadurch, dass der Unterricht in der Grundschule überhaupt vernetztes und strukturiertes naturwissenschaftliches Wissen aufbaut, das über die reine Begegnung mit Phänomenen hinausgeht.

Ein Beispiel aus einem Unterricht zum Thema *Luft* in einer 2. Jahrgangsstufe soll illustrieren, wie eng Konzeptentwicklung und naturwissenschaftliches Vorgehen dabei verknüpft sein können.

Die Lehrerin hatte mit den Kindern den bekannten Versuch durchgeführt, einen Luftballon in einer Flasche aufzublasen (s. Randspalte). Um diese Erfahrung möglichst vielen Kindern zu ermöglichen, kamen verschiedene Flaschen unterschiedlicher Größe zum Einsatz. Die Kinder machten dabei die nicht beabsichtigte Beobachtung, dass sich der Ballon besser aufblasen lässt, wenn die Flasche größer ist. Die Lehrerin bestätigte die Klasse darin, eine interessante Beobachtung gemacht zu haben, der sie in der nächsten Stunde genauer auf die Spur gehen wollten. Zur nächsten Stunde brachte die Lehrerin eine besonders große Flasche mit. Sie klärte mit den Kindern zunächst, was sie aufgrund der Erfahrungen aus der letzten Stunde erwarteten: Wenn die Vermutung stimmte, dann musste das Aufblasen nun noch besser gehen, was sich im Versuch auch deutlich zeigte. Gemeinsam mit der Lehrerin versuchten die Kinder zu klären, woran das wohl liegen könnte. Sie arbeiteten heraus, dass dies an der Luft in der Flasche liegen muss und daran, dass jeweils unterschiedlich viel Luft in den Flaschen ist. Damit der Luftballon Platz hat, muss die Luft in der Flasche zusammengedrückt werden. Wenn viel Luft in der Flasche ist, dann lässt sich die Luft auch weiter zusammendrücken. Zur Überprüfung schlug die Lehrerin vor, nun mit dem Mund zusätzliche Luft in die verschieden großen Flaschen hineinzupressen. Auf diese Weise konnten die Kinder die Zusammenhänge noch einmal körperlich erfahren und aus anderer Perspektive verstehen: Je größer die Flasche ist, desto mehr Platz ist für zusätzliche Luft. Beim aufgeblasenen Luftballon passiert dasselbe. Es ist lediglich der Ballon um die zusätzliche Luft herum. Darum geht das Aufblasen in der großen Flasche leichter.

Unterrichtsbeispiel: Kompression von Luft

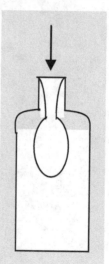

Skizze zum Versuch

Das Beispiel zeigt, wie der Aufbau von Fachkonzepten und naturwissenschaftliches Vorgehen hier Hand in Hand gehen. Ausgehend von einer Beobachtung wurden Fragen entwickelt, denen ernsthaft und sorgfältig auf den Grund gegangen wurde. Die Kinder entwickelten dabei aus den Erfahrungen heraus Vorstellungen zur Erklärung des Phänomens. Diese Vorstellungen wurden untereinander ausgetauscht, kritisch überprüft und auf die neue Situation des Hineinblasens von Luft angewendet. Die Kinder entwickelten dabei eigene Bilder von der unsichtbaren Luft in der Flasche. Diese Bilder kommen noch ganz ohne Teilchen aus, aber unterstützen dennoch die Vorstellung davon, was Luft ist und wie sich Luft verhält. Im Sinne der Basiskonzepte könnte man sagen: Die Luft wird als Wechselwirkungspartner für dieses Phänomen erkannt. Es werden zusätzlich Erfahrungen gesammelt, die zum Konzept der Erhaltung der Materie beitragen.

Der besondere Reiz dieser Episode liegt darin, dass sie sich aus der Situation heraus zufällig entwickelt hat. Und nur vor diesem Hintergrund ist der Unterricht in dieser Form sinnvoll. Für sich betrachtet ist das Experiment mit den unterschiedlich großen Flaschen für Kinder einer 2. Klasse nicht bedeutsam.

Um wie in diesem Beispiel Möglichkeiten für den Aufbau von Fachkonzepten erkennen zu können, braucht es aufseiten der Lehrkräfte eine hohe fachliche Souveränität. Um die Anschlussfähigkeit zu verbessern, ist es deshalb notwendig, die Lehrerausbildung in der Primarstufe zu verbessern, damit Lehrkräften ermutigt und befähigt werden, naturwissenschaftlichen Unterricht fachlich und fachmethodisch anspruchsvoll zu planen und durchzuführen (Möller et al. 2012).

15.9 Zusammenfassung

Das Kapitel ging der Frage nach, ob und wie Unterricht in der Primarstufe zur Anbahnung von Fachkonzepten beitragen kann und welche Rolle dabei Basiskonzepte spielen können, um die Anschlussfähigkeit zu verbessern. Der Vergleich der Überlegungen in Deutschland, den USA und England hat gezeigt, dass dazu unterschiedliche Auffassungen vertreten werden. Während die USA sich in der Konzeption des naturwissenschaftlichen Unterrichts an Basiskonzepten orientieren, verfolgt England eine Orientierung an Themen. Der Perspektivrahmen bildet mit der Vorgabe von sehr grob gefassten Themenbereichen und einer Benennung von zentralen Konzepten eine Art Zwischenlösung.

Dass dem naturwissenschaftlichen Unterricht in der Primarstufe eine Relevanz für die Anbahnung von Fachkonzepten zukommt, ist unumstritten. In der Frage der Realisierung gibt es jedoch unterschiedliche Vorstellungen.

Entscheidend ist, dass Kinder an wenigen Themen gründlich und intensiv gearbeitet haben und einen ersten Einblick darin erhalten, was es bedeutet, einen Sachverhalt naturwissenschaftlich zu hinterfragen und zu verstehen. Dazu ist die Begegnung mit Phänomenen unerlässlich. Verstehen geht aber über die Phänomene hinaus. Es setzt erst ein, wenn Phänomene verknüpft und gemeinsame Strukturen erkannt werden, die sich zunehmend von den konkreten Phänomenen ablösen. Dies ist der erste Schritt zur Bildung von Fachkonzepten, der dann in einer weiteren Folge zur Strukturierung des Wissens entlang von Basiskonzepten führen kann.

An wenigen Beispielen erarbeiten, was Verstehen heißt

Die Themen *Luft* und *Wasser* sind im Hinblick auf die Anbahnung eines Materiekonzeptes unverzichtbar. Es ist notwendig, dass Lehrkräfte eine Orientierung haben, welche Facetten der Themen für den Aufbau des Materiekonzepts wichtig sind und welche realistisch in der Grundschule bearbeitet werden können. Würde der Unterricht sich allerdings nur auf diese Aspekte beschränken, würde man die Schülerinnen und Schüler in ihrer Neugier und ihrem Interesse an der Erkundung ihrer Umwelt aber unnötig eingrenzen. Welche Phänomene sich zu hinterfragen lohnen, sollte nicht ausschließlich mit Blick auf die nachfolgende Schulstufe entschieden werden, sondern auch mit Blick auf das Interesse der Kinder.

Luft und Wasser als Hinführung zum Materiekonzept

Auch zum Thema „Energie" kann Grundschulunterricht beitragen, indem es an das Alltagsverständnis von Energie heranführt. Die Möglichkeiten zur Anbahnung des Fachkonzepts „Energie" sollten dabei aber nicht überschätzt werden.

Energie

Das Basiskonzept der Wechselwirkung bietet als Leitlinie wenig Orientierung. Jedes physikalische Thema könnte dazu einen Beitrag leisten, allerdings ohne dass sich für Lernende daraus ein übergeordneter Sinn ergibt.

Wechselwirkung

Bei den für die Grundschule denkbaren physikalischen Themen wie z. B. Schwimmen und Sinken, Elektrizität, Magnetismus, Schall oder Spiegel ist die Bedeutung in Hinblick auf die Anbahnung von Fachkonzepten meines Erachtens austauschbar. Hier kann und muss eine Auswahl getroffen werden. Ob es im Sinne der Anschlussfähigkeit hilfreich ist, eine Auswahl einheitlich festzulegen, oder ob mehr Möglichkeiten der freien Gestaltung ggf. dazu beitragen, Potenziale besser zu nutzen, ist unklar.

Um eine relative Breite von Erfahrungen mit naturwissenschaftlichen Phänomenen zu ermöglichen, sollten Gelegenheiten genutzt werden, naturwissenschaftliche Aspekte mit nicht naturwissenschaftlichen Themen zu verknüpfen (z. B. Kleidung → Wärmedämmung, Bauen → Stabilität und Schwerpunkt, Müll → Magnetismus, das alte Ägypten → Rolle und Rampe, Fahrzeugbau → Reibung usw.). Gerade die Verbindung

Eine breite Phänomenbasis schaffen

mit technischen Themen bietet hier viele Möglichkeiten, die in der aktuellen Diskussion um die Stärkung der Naturwissenschaften vielleicht zu wenig genutzt werden.

Literatur

Altenburger, P., Starauschek, E. (2011). Welchen Anteil haben physikalische Themen am Sachunterricht in Klasse 3 und 4? In: Höttecke, D. (Hrsg.). *Naturwissenschaftliche Bildung als Beitrag zur Gestaltung partizipativer Demokratie.* Münster, Deutschland: Lit-Verlag, 232–234.

Black, P., Harlen, W. (1997). Nuffield Primary Science. Understanding science ideas. A guide for primary teachers. Abgerufen am 10.08.2018 von ▶ https://www.stem.org.uk/system/files/elibrary-resources/2016/01/Understandingscienceideas.pdf

Blackwell, A. (2012). An investigation of pupils and teachers at the point of transition from primary to post primary school: Issues in the teaching and learning of science. MA Thesis, University of Limerick.

Bullock, M, Ziegler, A. (1999). Scientific reasoning: Developmental and individual differences. In: Weinert, F. E. & Schneider, W. (Hrsg.). *Individual development from 3 to 12.* Cambridge, England: Cambridge University Press, 38–54.

Demuth, R., Kahlert, J. (2007). *Übergänge gestalten. Modul G 10 Naturwissenschaften. SINUS-Transfer Grundschule.* Kiel, Deutschland: IPN. Abgerufen am 26.02.2020 von ▶ http://www.sinus-an-grundschulen.de/fileadmin/uploads/Material_aus_STG/NaWi-Module/N10.pdf

Demuth, R., Rieck, K. (2005). *Schülervorstellungen aufgreifen – grundlegende Ideen entwickeln. Modul G 3 Naturwissenschaften. SINUS-Transfer Grundschule.* Kiel, Deutschland: IPN. Abgerufen am 26.02.2020 von ▶ http://www.sinus-an-grundschulen.de/fileadmin/uploads/Material_aus_STG/NaWi-Module/N3.pdf

Department of Education (2013). Science programmes of study: Key stages 1 and 2. National Curriculum in England. Abgerufen am 26.02.2020 von ▶ https://assets.publishing.service.gov.uk/government/uploads/system/uploads/attachment_data/file/425618/PRIMARY_national_curriculum_-_Science.pdf

Duit, R. (2010). Wege in die Wärmelehre. *Naturwissenschaften im Unterricht-Physik, 115,* 4–7.

Feige, B. (2009). *Der Sachunterricht und seine Konzeption.* Bad Heilbrunn, Deutschland: Klinkhardt.

GDSU – Gesellschaft für Didaktik des Sachunterrichts (Hrsg.) (2013). *Perspektivrahmen Sachunterricht.* Bad Heilbrunn, Deutschland: Klinkhardt.

Giest, H., Pech, D. (2010). Anschlussfähige Bildung im Sachunterricht. In: Giest, H. & Pech, D. (Hrsg.). *Anschlussfähige Bildung im Sachunterricht.* Bad Heilbrunn, Deutschland: Klinkhardt, 11–22.

Grygier, P. (2008). *Wissenschaftsverständnis von Grundschülern im Sachunterricht.* Bad Heilbrunn, Deutschland: Klinkhardt.

Haider, M. (2008). Der Stellenwert von Analogien für den Aufbau naturwissenschaftlicher Konzepte im Sachunterricht am Beispiel „Elektrischer Stromkreis". In: Höttecke, D. (Hrsg.). *Naturwissenschaftlicher Unterricht im internationalen Vergleich.* Münster, Deutschland: Lit-Verlag, 283–285.

Haider, T. (2010). Energie – ein Grundschulthema? Skizzierung eines möglichen Zugangs zu Energie in der Grundschule. In: Höttecke, D. (Hrsg.). *Entwicklung naturwissenschaftlichen Denkens zwischen Phänomen und Systematik.* Münster, Deutschland: Lit-Verlag, 116–118.

IPN – Leibniz Institut für die Pädagogik der Naturwissenschaften (2004). *SINUS-Transfer Grundschule – Weiterentwicklung des mathematischen und naturwissenschaftlichen Unterrichts an Grundschulen.* Bonn, Deutschland: BLK.

Kaiser, A., Lüschen, I., Reimer, M. (2010). *Erneuerbare Energien in der Grundschule.* Hohengehren, Deutschland: Schneider-Verlag.

Karplus, R., Thier, H. (1969). *A new look at „Elementary School" Science. Science curriculum improvement study.* Chicago, USA: Rand McNally.

Kiper, H. (2012). Übergänge im Schulsystem und das Curriculum – Kritische Anfragen. in: Berkemeyer, N., Beutel, S.-I., Järvinen, H. & van Ophuysen, S. (Hrsg.). *Übergänge bilden – Lernen in der Grund- und weiterführenden Schule.* Neuwied: Wolters Kluwer, 47–70.

KMK (2004). *Bildungsstandards im Fach Physik für den Mittleren Schulabschluss.* München, Deutschland: Luchterhand.

KMK (2005). *Bildungsstandards im Fach Chemie für den mittleren Bildungsabschluss.* München, Deutschland: Luchterhand.

Koch, K. (2006). Der Übergang von der Grundschule in die weiterführende Schule als biographische und pädagogische Herausforderung. In: Ittel, A., Stecher, L., Merkens, H. & Zinnecker, J. (Hrsg.), *Jahrbuch Jugendforschung* (6. Ausgabe). Wiesbaden: VS, 69–92.

Köster, H. (2006). *Freies Explorieren und Experimentieren – eine Untersuchung zur selbstbestimmten Gewinnung von Erfahrungen mit physikalischen Phänomenen im Sachunterricht.* Berlin, Deutschland: Logos-Verlag.

Lauterbach, R. (1992). Naturwissenschaftlich orientierte Grundbildung im Sachunterricht. In: Riquarts, K. et al. (Hrsg.). *Naturwissenschaftliche Bildung in der Bundesrepublik Deutschland. Band 3: Didaktik.* Kiel, Deutschland: IPN, 191–256.

Logan, M., Skamp, K. (2008). Engaging students in science across the primary and secondary interface: Listening to the students' voice. *Research in Science Education, 38,* 501–527.

McCormack, L., Finlayson, O. & McCloughlin, T. (2014). The CASE Programme implemented across the primary and secondary school transition in Ireland. *International Journal of Science Education, 36,* 2892–2917.

Möller, K. (2001). Lernen im Vorfeld der Naturwissenschaften – Zielsetzungen und Forschungsergebnisse. In: Köhnlein, W. & Schreier, H. (Hrsg.). *Innovation Sachunterricht – Befragung der Anfänge nach zukunftsfähigen Beständen.* Bad Heilbrunn, Deutschland: Klinkhardt, 275–298.

Möller, K., Jonen, A., Kleickmann, T. (2004). Für den naturwissenschaftlichen Unterricht qualifizieren. *Grundschule, 36*(6), 27–29.

Möller, K., Hardy, I., Lange, K. (2012). Moving beyond standards: How can we improve elementary science learning? A German perspective. In: Bernholt, S., Neumann, K. & Nentwig, P. (Hrsg.). *Making it tangible: Learning outcomes in science education.* Münster, Deutschland: Waxmann, 31–54.

Murphy, C., Beggs, J. (2010). A Five-Year Systematic Study of Coteaching Science in 120 Primary Schools. In: Murphy, C. & Scantlebury, K. (Hrsg.). *Coteaching in International Contexts: Research and Practice. Cultural Studies of Science Education.* Dordrecht, Heidelberg, London, New York: Springer, 11–34. ▶ https://doi.org/10.1007/978-90-481-3707-7_2

Neumann, K. (2018). Energieverständnis entwickeln. Physikdidaktische Erkenntnisse und Implikationen für die Unterrichtspraxis. *Naturwissenschaften im Unterricht- Physik, 164,* 7–9.

NRC – National Research Council (2012). *A Framework for K-12 Science Education: Practices, Crosscutting Concepts, and Core Ideas.* Washington DC, USA: The National Academies Press.

Pahl, E.-M., Peters, S., Komorek, M. (2010). energie.bildung – Physik im Kontext von „Energiebildung". *PhyDid B – Didaktik der Physik - Beiträge zur DPG-Frühjahrstagung.* Abgerufen am 26.02.2020 von ▶ http://www.phydid.de/index.php/phydid-b/article/view/166/174

Peschel, M. (2007). Konzeption einer Studie zu den Lehrvoraussetzungen und dem Professionswissen von Lehrenden im Sachunterricht der Grundschule in NRW. Das Projekt SUN. In: Lauterbach, R., Hartinger, A., Feige, B. & Cech, D. (Hrsg.). *Kompetenzerwerb im Sachunterricht fördern und erfassen*. Bad Heilbrunn, Deutschland: Klinkhardt, 151–160.

Rachel, A., Heran-Dörr, E., Waltner, C., Wiesner, H. (2010). Modellvorstellung zum Magnetismus: Vergleich Primar- und Sekundarstufe. In: Höttecke, D. (Hrsg.). *Entwicklung naturwissenschaftlichen Denkens zwischen Phänomen und Systematik*. Münster, Deutschland: Lit-Verlag, 110–112.

Schecker, H., Wiesner, H. (2007). Die Bildungsstandards Physik. Orientierungen - Erwartungen - Grenzen - Defizite. *Praxis der Naturwissenschaften - Physik in der Schule, 56,* 5–13.

Séré, M.-G. (1989). Children's conceptions of the gaseous state, prior to teaching. *European Journal of Science Education, 8,* 413–425.

Sodian, B., Thoermer, C., Kircher, E., Grygier, P., Günther, J. (2002). Vermittlung von Wissenschaftsverständnis in der Grundschule. In: M. Prenzel & J. Doll (Hrsg.), *Bildungsqualität von Schule: Schulische und außerschulische Bedingungen mathematischer, naturwissenschaftlicher und überfachlicher Kompetenzen*. Weinheim, Basel: Beltz, S. 192–206. (= 45. Beiheft der Zeitschrift für Pädagogik)

Starauschek, E. (2008). Das Thema „Energie" in der Grundschule. In: Höttecke, D. (Hrsg.). *Kompetenzen, Kompetenzmodelle, Kompetenzentwicklung*. Münster, Deutschland: Lit-Verlag, 167–169.

Stern, E., Möller, K. (2004). Der Erwerb anschlussfähigen Wissens als Ziel des Grundschulunterrichtes. In: Lenzen, D., Baumert, J., Watermann, R. & Trautwein, U. (Hrsg.). *PISA und die Konsequenzen für die erziehungswissenschaftliche Forschung. Zeitschrift für Erziehungswissenschaft. Beiheft 3/2004*. Wiesbaden, Deutschland: VS Verlag für Sozialwissenschaften/ GWV Fachverlage, 25–36.

Tröbst, S., Kleickmann, T., Lange-Schubert, K., Rothkopf, A., Möller, K. (2016). Instruction and Students' Declining Interest in Science: An Analysis of German Fourth- and Sixth-Grade Classrooms. *American Educational Research Journal, 53,* 162–193.

Tütken, H., Spreckelsen, K. (1970). *Zielsetzung und Struktur des Curriculum (sic!).* Frankfurt, Deutschland: Diesterweg.

Tytler, R., Osborne, J., Williams, G., Tytler, K., Cripps Clark, J. (2008). *Opening up pathways: Engagement in STEM across Primary-Secondary school transition*. Canberra, A.C.T., Australien: Australian Department of Education, Employment and Workplace Relations.

Walper, M., Pollmeier, K., Lange, K., Kleickmann, T., Möller, K. (2016). From General Science Teaching to Discipline-Specific Science Teaching: Physics Instruction and Students' Subject-Related Interest Levels During the Transition from Primary to Secondary School. In: Papadouris, N., Hadjigeorgiou, A. & Constantinou, C. (Hrsg.). *Insights from Research in Science Teaching and Learning. Contributions from Science Education Research. Volume 2*. Springer International Publishing Switzerland, 271–288.

Weßnigk, S. (2018). Energieerhaltung und –Entwertung. Ein wichtiges, aber schwieriges Thema in Naturwissenschaft und Gesellschaft. *Naturwissenschaften im Unterricht- Physik, 164,* 2–5.

Wodzinski, R. (2006). Zwischen Sachunterricht und Fachunterricht. Naturwissenschaftlicher Unterricht im 5. und 6. Schuljahr. *Naturwissenschaften im Unterricht- Physik, 93,* 4–9.

Zolg, M., Wodzinski, R. (2007). Energie im Fluss. *Weltwissen Sachunterricht, 3,* 22–26.

15

Serviceteil

Stichwortverzeichnis

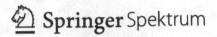
Springer Spektrum